PRINCIPES

DE

PHONÉTIQUE EXPÉRIMENTALE

PAR

L'abbé P.-J. ROUSSELOT

Professeur à l'Institut catholique de Paris
Directeur du Laboratoire de Phonétique expérimentale du Collège de France

TOME I

Ne se vend plus séparément.
L'ouvrage complet en 2 volumes coûte **60** francs net.

PARIS
4, RUE BERNARD-PALISSY, 4

LEIPZIG
16, SALOMONSTRASSE, 16

H. WELTER, ÉDITEUR

1897-1901

OUVRAGES DE PHILOLOGIE ET DE LINGUISTIQUE

PRINCIPES

DE

Phonétique Expérimentale

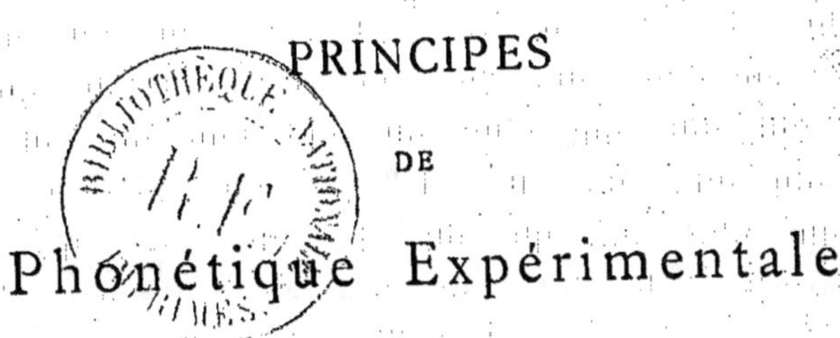

PRINCIPES

DE

Phonétique Expérimentale

TABLEAU

DES SIGNES ET DES CARACTÈRES PHONÉTIQUES

MUSIQUE

V. D. = vibration double. V. S. vibration simple. Indice des gammes : *c* (all.) = *ut₂* (franç.), *c₁* = *ut₃*, p. 11 ; + « plus aigu que », − « moins aigu que », p. 18.

ALPHABET

Les lettres latines ont la même valeur qu'en français.

Voyelles : *u* (ou fr.) *o a e i œ* (eu fr.) *u ы* (russe).

Signes diacritiques : Voy. ouverte (`), fermée (´), moyenne (sans signe), nasale (˜), demi-nasale (˜˜), p. 581 ; tonique (.), longue (¯), brève (˘), moyenne (sans signe).

Semi-voyelles : *u̯ u̯ i̯* (presque voyelles), p. 859. *w* (ou fr.) *ẅ* (u fr.) *y* (y fr.) (consonnes).

Consonnes : *b p d t g k q*
     m n ṅ
     v f z̧ s j (*j* fr.) *ҫ* (*ch* fr.)
     ҫ̌ (*ch* doux all.) *ĉ* (*ch* dur all.), *h* (*ĉ* sonore).
     l r ṙ (gressayée), *r̂* (voisine de *ĉ*).

Aspiration ('); Aïn (').

Signes diacritiques : mouillées (̮), semi-occlusives (ˆ), p. 633. Interdentales (.). Avulsives ('). Spirantes (ˆ). Variations de sonorités ('), p. 525. Indices (₁ ₂ ₃), p. 525. Sons intermédiaires : lettres superposées.

Sons mourants ou naissants : petits caractères.

Sons inspiratoires : lettres renversées, p. 489.

PRINCIPES

DE

PHONÉTIQUE EXPÉRIMENTALE

PAR

L'abbé P.-J. ROUSSELOT

Professeur à l'Institut catholique de Paris

Directeur du Laboratoire de Phonétique expérimentale du Collège de France

TOME 1

PARIS

4, RUE BERNARD-PALISSY, 4

LEIPZIG

16, SALOMONSTRASSE, 16

H. WELTER, ÉDITEUR

1897-1901

PRINCIPES

DE

PHONÉTIQUE EXPÉRIMENTALE

INTRODUCTION

En écrivant ce livre, je me suis proposé un double but : préparer à l'étude des parlers vivants d'après la méthode expérimentale et réunir en un corps de doctrine les principales acquisitions dont cette nouvelle méthode a enrichi la phonétique.

On trouvera sans doute qu'il est un peu tôt pour écrire un manuel de ce genre. Tel a été aussi mon avis, et il a fallu, pour me décider à l'entreprendre, les flatteuses sollicitations d'un maître et le désir de faire progresser, en la mettant en lumière, une méthode qui, plus que toute autre, sollicite la collaboration d'un grand nombre d'ouvriers.

Maintenant que le travail est fini, j'espère que, tel quel, il ne sera pas sans utilité. Car, il faut bien le dire, les procédés des sciences expérimentales sont assez étrangers aux linguistes. Une sorte de terreur superstitieuse s'empare d'eux dès qu'il s'agit de toucher au mécanisme le plus simple. Il fallait donc leur montrer que la difficulté est moindre qu'ils ne se la figurent et leur faire entrevoir le champ immense que l'expérimentation ouvre devant eux.

La phonétique est une science toute nouvelle, et l'un de

ceux qui l'ont dénommée vit encore[1]. C'est cette partie de la linguistique qui décrit les sons du langage et en explique les transformations.

La tâche du phonéticien est double : il doit être observateur et historien. On peut donc distinguer deux sortes de phonétiques : la phonétique descriptive et la phonétique historique. Et, de fait, certains phonéticiens, suivant le but qu'ils se proposaient, la nature des matériaux qu'ils avaient sous la main, ou la tournure de leur esprit, se sont appliqués soit à l'une soit à l'autre. Mais il est bien difficile de se cantonner dans l'étude des faits actuels sans jeter un regard curieux sur l'histoire, et de contrôler les documents historiques des étapes disparues sans recourir à l'observation des faits contemporains.

Ces deux parties sont tellement liées entre elles qu'il ne semble guère possible d'exceller en l'une sans être maître en l'autre : la première fournit à la seconde des bases positives d'interprétation ; mais la seconde soulève des problèmes qui attirent l'attention de l'observateur et jalonne la marche des évolutions.

C'est par l'histoire que la phonétique a d'abord été constituée. Il ne pouvait en être autrement. Les vastes horizons ouverts par la comparaison de langues sœurs écrites dans des lieux et des temps fort éloignés les uns des autres, étaient seuls de nature à captiver les regards des premiers

---

1. La *phonétique* doit son nom à MM. Bréal et Baudry. Les introducteurs de cette science dans notre pays ont longtemps hésité entre les deux appellations *phonétique* et *phonologie*. Ils ont fini par rejeter la seconde, qui, avec notre transcription, peut signifier la « science du meurtre (φόνος) ».

maîtres. L'observation directe, trop restreinte et trop profonde à la fois, ne sollicite que des disciples.

La phonétique historique est souvent bien laborieuse. Les documents dont elle dispose sont si incomplets et si peu sûrs ! C'est avec des ruines qu'elle est obligée de construire son édifice. Mais que de fois j'ai été ravi de voir avec quel art, réunissant à propos des débris grossiers, elle leur restitue leur forme première et la vie !

C'est dans ce travail de reconstitution que réside tout l'effort intellectuel et toute la joie du savant. Aussi redoute-t-il, en s'appliquant à la phonétique descriptive, de devenir simple spectateur.

Qu'il se tranquillise. La lutte qui fait son bonheur, il la retrouvera plus vive et plus fructueuse. Ce sera la lutte contre la nature, qui cache ses secrets, mais qui aussi aime à se laisser vaincre par une poursuite acharnée et féconde en ressources.

Ils l'ont bien éprouvé, ceux qui, s'écartant du champ de l'histoire où les premiers moissonneurs ont laissé peu à glaner, se sont dirigés vers les parlers vivants et ont demandé à l'observation le fondement même de leurs études. Leur horizon limité s'est éclairci, et dans un faible espace ils ont retrouvé en action les grandes lois de la phonétique générale.

Leur oreille suffit d'abord à leurs besoins. Mais bientôt la nécessité d'un contrôle et d'un auxiliaire se fit sentir. On eut recours aux yeux, qui purent saisir les mouvements organiques les plus simples, et l'on imagina quelques procédés pour favoriser la vision. Ce n'était pas assez. On chercha à inscrire la parole, les mouvements phonateurs, et l'on demanda à des expériences appropriées la solution des problèmes que soulève l'étude du langage.

Déjà l'acoustique et la physiologie avaient préparé la voie. La phonétique descriptive y entra résolument et devint expérimentale.

Je croirai avoir accompli ma tâche, si je n'oublie aucune des données scientifiques qui sont nécessaires pour conduire les expériences avec méthode et les interpréter avec sûreté, pour utiliser les appareils connus et en construire de nouveaux, si en un mot je mets le lecteur à même de résoudre expérimentalement les problèmes phonétiques qui se poseront devant lui.

Dans ce but je traiterai :

1° Des éléments acoutisques de la parole ;

2° Des moyens naturels d'observation et d'expérimentation ;

3° Des moyens artificiels d'expérimentation ;

4° De l'analyse physique de la parole (timbre) ;

5° Des organes de la parole ;

6° De l'analyse physiologique de la parole.

Enfin je terminerai par un 7ᵉ chapitre, où j'appliquerai la méthode à la solution de divers problèmes de phonétique, et par un *appendice* sur l'emploi de la méthode expérimentale dans l'enseignement des langues étrangères et la correction des vices de prononciation.

Le phonéticien expérimentateur ne peut faire son œuvre sans le concours désintéressé d'un grand nombre de personnes. A cet égard, je contracte tous les jours des obligations nouvelles, dont je dois, forcément, seul, garder le souvenir. Mais je tiens à nommer mes deux élèves, MM. Oussof et Grégoire, qui m'ont été si utiles, et dont j'espère tant.

CHAPITRE Ier

ÉLÉMENTS ACOUSTIQUES DE LA PAROLE

La parole se compose de bruits, qui suffisent à en caractériser les divers. éléments, et de sons, qui la rendent perceptible au loin. Les bruits seuls existent dans la parole
chuchotée.

Le bruit et le son résultent, comme chacun sait, de
mouvements vibratoires exécutés par des corps élastiques
et transmis à notre oreille par l'intermédiaire de l'air. Ils se
distinguent d'après leur mode de composition ; mais l'un et
l'autre ont pour élément primitif l'*onde* sonore ou aérienne.

Supposons une impulsion mécanique quelconque (celle,
par exemple, d'une pierre ou d'une feuille qui tombe)
s'exerçant à la surface d'une eau tranquille : aussitôt les
molécules comprimées s'infléchissent, soulevant les molécules voisines, et deux circonférences, l'une en creux, l'autre
en relief, apparaissent autour du point ébranlé. Bientôt le
calme se rétablit au centre, et les deux cercles se propagent
au loin. La surface, d'abord plane, offrirait alors la coupe
suivante :

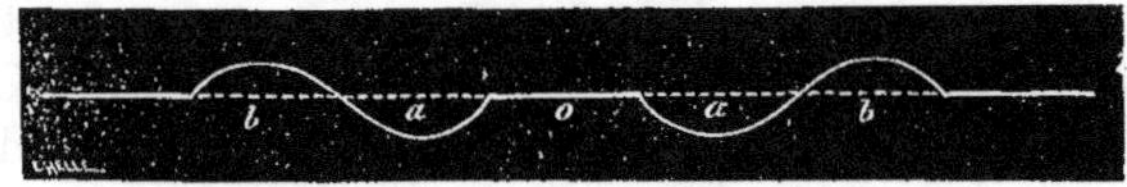

Fig. 1.

o, centre d'ébranlement ; *a a*, circonférence de compression ; *b b*, circonférence de soulèvement.

Je viens de décrire une onde liquide.

Les ondes aériennes sont analogues. Sous l'impulsion d'un corps élastique, les molécules d'air se condensent, non plus seulement à la surface comme l'eau d'un bassin, mais suivant une sphère qui s'étend dans tous les sens. C'est la première moitié de l'onde. Parvenu à la limite extrême de sa course, le corps élastique revient sur lui-même et dépasse en arrière son point de repos, d'une quantité égale à celle de son premier déplacement. Dans ce second mouvement, en sens inverse, il dilate les molécules de l'air, et une nouvelle sphère se forme, concentrique à la première : c'est la sphère de dilatation, répondant à la circonférence de dépression. Alors l'onde est complète.

Si maintenant, au lieu d'une impulsion unique, nous supposons une série d'impulsions successives, il se produit à la surface du bassin une série analogue d'ondes concentriques qui rident la surface de l'eau et lui donnent la forme d'une ligne sinueuse.

Dans les deux cas que nous venons de considérer l'onde est *simple*. Mais elle devient *complexe*, si à l'impulsion principale se joignent des impulsions secondaires. Alors les sinuosités de la surface sont modifiées par les courbes des ondes accessoires.

Les choses ne se passent pas autrement dans l'air. Un diapason à branches épaisses, s'il est mis en mouvement, donne une série d'ondes sonores *simples* dont la figure est celle d'une sinusoïde.

Une onde qui se *réfléchit* sur une surface dans l'air libre, sur le fond d'un tube fermé ou sur la couche d'air qui enveloppe un tube ouvert ; une corde vibrante, qui dans son mouvement de totalité se subdivise en plusieurs parties aliquotes ; un corps élastique, qui ébranle par *influence* d'autres corps solides ou une masse d'air contenue dans une cavité quelconque : toutes ces sources sonores donnent naissance à des ondes *complexes*.

Les ondes complexes peuvent être constituées de deux manières. Ou bien elles sont dues à un mouvement vibratoire pendulaire (analogue à celui du pendule), auquel viennent s'ajouter des mouvements accessoires qui sont avec le premier dans le même rapport que des nombres simples, comme 1, 2, 3, 4, 5, 6, etc., sont entre eux, c'est-à-dire 2 fois, 3 fois, etc., plus rapides ; ou bien elles sont comme des agglomérats d'ondes indépendantes, sans lien et sans commune mesure.

Les premières donnent à notre oreille l'impression du *son* ; les secondes, celle du *bruit*.

Dans un son complexe, on appelle *son fondamental* celui qui résulte de l'onde principale ; *harmoniques*, les sons partiels qui sont dus aux ondes secondaires.

Nous avons à considérer, dans les ondes sonores, l'*amplitude*, la *période*, la *phase* et le *mode de composition* ; dans le son, l'*intensité*, la *hauteur* et le *timbre*. Un son, en effet, est *fort* ou *faible*, *aigu* ou *grave*, il a telle ou telle *nuance* qui fait connaître la source d'où il émane (le son du violon ne se confond pas avec celui d'un instrument de cuivre). Les deux premières qualités se retrouvent dans tous les sons ; la troisième est propre aux sons complexes.

L'*intensité* du son a pour mesure la *force vive* du mouvement vibratoire générateur ; elle est donc *proportionnelle au carré de la vitesse du corps vibrant*, ou *au carré de l'amplitude des vibrations*, c'est-à-dire de la largeur de l'onde. Dans l'air libre, l'amplitude des vibrations diminue rapidement : *elle est inversement proportionnelle au carré de la distance de la source*. Si la transmission se fait au moyen de tuyaux, l'intensité se conserve même à de grandes distances.

La *hauteur* du son dépend de la rapidité du mouvement vibratoire, ou de la durée de la *période*, ou bien encore de la *longueur des vibrations*. La longueur elle-même des vibrations se déduit de deux données : la *vitesse de propagation* du son dans le milieu où elle se produit, et le *nombre des vibrations* successives qui ont eu lieu dans l'unité de temps.

L'unité de temps adoptée est la seconde, et la vitesse de propagation moyenne (v) du son dans l'air sec et tranquille est de 337 mètres par seconde, à une température de 10 degrés (330^m 7 à *zéro*). Il est clair, d'après cela, que, d'une part, des ondes consécutives durant chacune une seconde auraient 337 mètres de longueur; que, d'autre part, 337 vibrations se succédant de même pendant une seconde auraient chacune 1 mètre, etc. Il s'ensuit que, pour trouver la longueur d'une onde (ou d'une vibration), il faut diviser v par le nombre de vibrations qu'exécute le corps sonore pendant une seconde.

Mais, comme la hauteur n'a rien d'absolu, et qu'elle résulte pour nous uniquement du rapport de deux sons, il nous suffit, en éliminant le facteur commun v, de comparer le nombre des vibrations produites pendant une seconde.

Nous dirons donc que deux sons sont d'égale hauteur ou à l'*unisson*, quand ils se composent d'un égal nombre de vibrations par seconde; qu'ils sont à des hauteurs différentes, l'un plus grave, l'autre plus aigu, si le premier a moins de vibrations que le second.

Les musiciens ont dressé plusieurs échelles des sons, ou

gammes, de telle manière que le plus aigu représente le double exact des vibrations du plus grave, et chacune de ces gammes a été divisée en sept parties ou notes qui portent chez nous les noms de *ut (do), ré, mi, fa, sol, la, si,* la 8ᵉ note étant la 1ʳᵉ de la gamme suivante, et que les Allemands désignent par les lettres *c, d, e, f, g, a, h* (les Anglais disent *b*).

Les rapports entre ces notes sont marqués par les chiffres suivants :

ut	ré	mi	fa	sol	la	si	ut
1	$\dfrac{9}{8}$	$\dfrac{5}{4}$	$\dfrac{4}{3}$	$\dfrac{3}{2}$	$\dfrac{5}{3}$	$\dfrac{15}{8}$	2

Ou bien :

$$\frac{24}{24} \quad \frac{27}{24} \quad \frac{30}{24} \quad \frac{32}{24} \quad \frac{36}{24} \quad \frac{40}{24} \quad \frac{45}{24} \quad \frac{48}{24}$$

En calculant ces divers intervalles, on trouve les rapports :

ut	ré	mi	fa	sol	la	si	ut
$\dfrac{9}{8}$	$\dfrac{10}{9}$	$\dfrac{16}{15}$	$\dfrac{9}{8}$	$\dfrac{10}{9}$	$\dfrac{9}{8}$	$\dfrac{16}{15}$	

qui représentent : $\dfrac{9}{8}$ un ton majeur,

$\dfrac{10}{9}$ un ton mineur,

$\dfrac{16}{15}$ un demi-ton majeur.

Le rapport entre le ton majeur et le ton mineur est $\dfrac{9}{8} : \dfrac{10}{9} = \dfrac{81}{80}$ *(comma)*.

Pour les besoins de la musique, on peut hausser ou baisser chaque note d'un demi-ton. La note haussée est dite *diésée;* la note baissée est *bémolisée.* On *dièse* une note ou on la *bémolise* en multipliant le nombre de ses vibrations dans le premier cas par $\frac{25}{24}$, dans le second par $\frac{24}{25}$.

Le *dièse* est représenté par le signe ♯, et le bémol par ♭. En Allemagne, la note diésée est suivie de la syllabe *is*, par exemple *fis* = *fa* ♯ ; la note bémolisée, de *s* (*es, as*) ou *es* (*ces, des, ges*), sauf le *si* ♭, qui a pour équivalent *b*.

La gamme ainsi constituée peut être reproduite sans difficulté sur des instruments à positions variables, le violon, par exemple ; mais, comme elle amènerait une grande complication pour les instruments à notes fixes (pianos, harmoniums, etc.), les musiciens ont adopté une gamme dite *tempérée*, composée uniquement de *demi-tons* égaux. Il ne faut pas oublier cette particularité si l'on emploie des lames d'harmonium comme base d'expérience.

Les gammes ne sont pas déterminées avec précision. A défaut d'une limite fixe pour les sons perceptibles, on s'en tient à peu près aux usages reçus.

La gamme, en 1700, d'après Sauveur, se réglait sur un *la* de 405 vibrations (810 demi-vib.). Mais, les orchestres ayant la tendance de hausser leurs instruments, le diapason a varié dans les diverses villes d'Europe : il a même atteint 452,5 et 455,5 vibrations.

Une commission réunie à Paris en 1858 a adopté celui de Lissajous 435 v. (870 demi-v.) : c'est le diapason *normal* en France. Les physiciens allemands ont, en général, conservé la détermination de Scheibler, 440 v., qui a l'avantage de donner, pour la plupart des notes, des nombres de vibrations entiers. M. Kœnig se règle sur un *ut* de 512 demi-vibrations à 20° c.

Les différentes gammes sont distinguées au moyen d'*indices* qu'on ajoute à chaque note. Cet indice varie en France et en Allemagne. Nous appelons la_3 le *la* du

apason, celui qui répond au *médium* de la voix de
mme. Le *la₂* est pour nous le *médium* de la voix d'homme,
le *la₄* le contre-la. Les gammes au-dessous sont notées
-1 et —2. En Allemagne, la gamme 2 ne porte aucun
dice; *ut₃* a l'indice 1 (c_1); les gammes au-dessous de *c* sont
stinguées par des majuscules (C, C_1, etc.)[1].

Des distinctions aussi grossières que sont celles des
ammes et des notes ne sauraient nous suffire. C'est par
ibrations ou fractions de vibration que nous établirons
os calculs. Mais, pour fixer les résultats et les rendre sen-
bles, il est quelquefois commode de recourir à la notation
usicale. C'est pour ce motif, et pour faciliter la lecture des
tudes faites sur le timbre, que je donne ici le nombre des
ibrations répondant à chaque note[2], d'abord d'après le
iapason français, ensuite d'après le diapason des physiciens
llemands.

---

1. Il ne faut pas oublier cette remarque quand on lit des
raductions de livres allemands; car la transcription y est
ouvent fautive, comme, par exemple, dans celle de la
Théorie physiologique de la musique de Helmholtz.

2. Il serait superflu de tenir compte de la distinction entre
gamme *mélodique* (ou pythagoricienne) et gamme *harmonique* (ou de Ptolémée). J'ai donné la dernière qui constitue
la gamme usuelle. Celle de Pythagore a pour formule :

ut	ré	mi	fa	sol	la	si	ut
1	$\dfrac{9}{8}$	$\dfrac{81}{64}$	$\dfrac{4}{3}$	$\dfrac{3}{2}$	$\dfrac{27}{16}$	$\dfrac{243}{128}$	2

Ou :

ut	ré	mi	fa	sol	la	si	ut
	$\dfrac{3^2}{2^3}$	$\dfrac{3^4}{2^6}$	$\dfrac{2^2}{3}$		$\dfrac{3^3}{2^4}$	$\dfrac{3^5}{2^7}$	

V. Mercadier (*Journal de physique*, I, p. 109-118).

OCTAVES

Notes	Ut_{-2}	Ut_{-1}	Ut_1	Ut_2	Ut_3	Ut_4	Ut_5	Ut_6	Ut_7
Ut....	16,3125	32,625	65,25	130,5	261	522	1044	2088	4176
Ré....	18,3515625	36,703125	73,40625	146,8125	293,625	587,25	1174,5	2349	4698
Mi....	20,390625	40,78125	81,5625	163,125	326,25	652,5	1305	2610	5220
Fa.....	21,75	43,5	87	174	348	696	1392	2784	5568
Sol....	24,46875	48,9375	97,875	195,75	391,5	783	1566	3132	6264
La.....	27,1875	54,375	108,75	217,5	435	870	1740	3480	6960
Si ♭...	29,3625	58,725	117,45	234,9	469,8	939,6	1879,2	3758,4	7516,8
Si.....	30,5859375	61,171875	122,34375	244,6875	489,375	978,75	1957,5	3915	7830
Ut ♯..	16,9921875	33,984375	67,96875	135,9375	271,875	543,75	1087,5	2175	4350
Ré ♯..	19,1162109375	38,232421875	76,46484375	152,9296875	305,859375	611,71875	1223,4375	2446,875	4893,75
Fa ♯..	22,65625	45,3125	90,625	181,25	362,5	725	1450	2900	5800
Sol ♯..	25,48828125	50,9765625	101,953125	203,90625	407,8125	815,625	1631,25	3262,5	6525
La ♯..	28,3203125	56,640625	113,28125	226,5625	453,125	906,25	1812,5	3625	7250

Les Allemands comptent, pour les gammes correspondant à nos gammes ut_1 — ut_6 :

NOTES	GAMME C	GAMME c	GAMME c_1	GAMME c_2	GAMME c_3	GAMME c_4
Ut....	C 66	c 132	c_1 264	c_2 528	c_3 1056	c_4 2112
Ré....	D 74,25	d 148,5	d_1 297	d_2 594	d_3 1188	d_4 2376
Mi....	E 82,5	e 165	e_1 330	e_2 660	e_3 1320	e_4 2640
Fa....	F 88	f 176	f_1 352	f_2 704	f_3 1408	f_4 2816
Sol....	G 99	g 198	g_1 396	g_2 792	g_3 1584	g_4 3168
La....	A 110	a 220	a_1 440	a_2 880	a_3 1760	a_4 3520
Si♭....	B 118,8	b 237,6	b_1 475,2	b_2 950,4	b_3 1900,8	b_4 3801,6
Si....	H 123,75	b 247,5	b_1 495	b_2 990	b_3 1980	b_4 3960
Ut ♯..		cis 137,5	cis_1 275	cis_2 550	cis_3 1100	cis_4 2200
Ré ♯..		dis 154,68	dis_1 309,37	dis_2 618,75	dis_3 1237,5	dis_4 2475
Fa ♯..		fis 183,33	fis_1 366,66	fis_2 733,33	fis_3 1466,66	fis_4 2933,33
Sol ♯..		gis 206,25	gis_1 412,5	gis_2 825	gis_3 1650	gis_4 3300
La ♯..		ais 229,16	ais_1 458,33	ais_2 916,66	ais_3 1833,33	ais_4 3666,66

Pour M. Kœnig (il compte par *demi-vibrations*), la gamme de ut_3 est ainsi composée :

ut	ré	mi	fa	sol	la	si ♭	si
512	576	640	682,66...	768	853,33...	921,6	960

Les chiffres de la *gamme naturelle* sont assez différents de ceux de la *gamme tempérée*. Dans cette dernière, l'octave seule est respectée. Voici, pour qu'on en juge, les deux gammes comprises entre le la_3 (celui du diapason normal) et le la_4, l'intervalle étant de 435 vibrations, soit 36,25 pour chaque demi-ton :

	la_3	si_3	ut_4	$ré_4$	mi_4	fa_4	sol_4	la_4
G. temp. :	435	507,50	543,75	616,25	688,75	725	797,50	870
G. nat. :	—	489,375	522	587,25	652	696	783	—

Ces différences, sensibles seulement pour une oreille exercée, ne choquent personne.

On le voit, les intervalles musicaux comportent une certaine indécision qui les rendrait impropres à la phonétique, alors même qu'ils seraient moins étendus.

Les limites ordinaires des voix humaines sont : BASSE-TAILLE fa_1-$ré_3$, BARYTON la_1-fa_3, TÉNOR ut_2-la_3, CONTRALTO mi_2-ut_4, MEZZO-SOPRANO sol_2-mi_4, SOPRANO si_2-sol_4. Il est bon de s'en souvenir, quand on lit les travaux sur le timbre, pour se rendre compte des voix qui ont été utilisées et, aussi, pour corriger quelques erreurs.

Composition des ondes sonores. — Les exemples suivants nous apprendront sur la composition des ondes sonores tout ce qu'il importe de savoir.

1° Composition de deux ondes de même amplitude, de même période et de même phase. — Dans ces conditions, les ondes commencent en même temps et sont par conséquent de même sens : les impulsions élémentaires s'ajoutent.

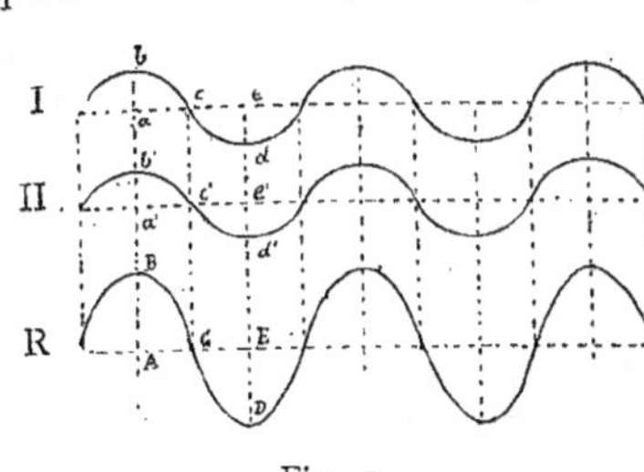

Fig. 2.

Résultante : une onde de même période, mais d'une amplitude double : il y a *renforcement* du son (fig. 2).

$$a\,b + a'b' = A\,B.$$

De même,

$$e\,d + e'd' = E\,D,$$

etc.

2° Composition de deux ondes de même amplitude, de même période, mais avec une différence de phase de $\frac{1}{2}$ (fig. 3). — La première est en retard d'une demi-onde sur la seconde. Dans ce cas, les dilatations de l'une correspondent aux condensations de l'autre. Donc elles s'annulent. Il y a *interférence* et *extinction* du son.

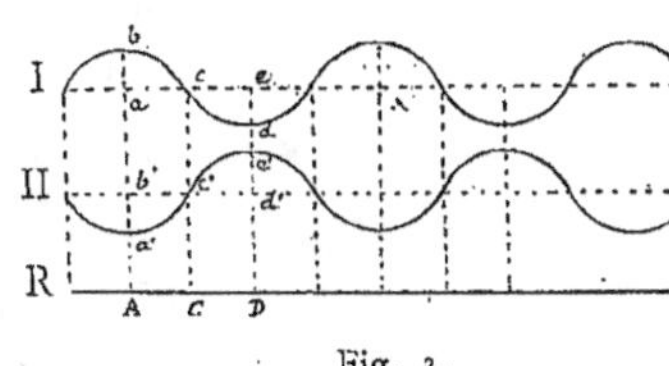

Fig. 3.

$$a\,b - a'b' = 0;$$
$$e\,d - e'd' = 0;$$
$$c = 0, \quad c' = 0.$$

3° Composition de deux ondes de même amplitude, de même période, mais avec une différence de phase plus grande ou plus petite que $\frac{1}{2}$. — La première commence quand la seconde est déjà en a (fig. 4). A mi-distance entre a et b, il y a interférence, puisque

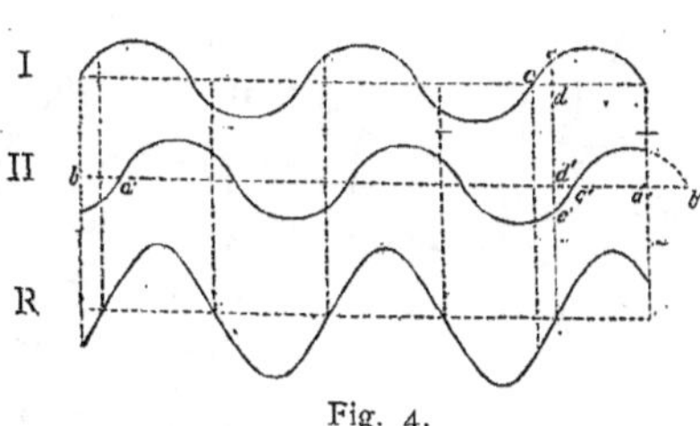

Fig. 4.

$e\,d - e'd' = 0$; pour tous les autres points les amplitudes s'ajoutent ou se retranchent suivant qu'elles sont ou non de même sens. Le son reste de même hauteur, mais il est en partie *étouffé*.

4° Composition de deux ondes de même phase, de même amplitude, mais d'une différence de période égale à $\frac{1}{2}$. — Les deux ondes commencent en même temps aux points a et α (fig. 5). La plus petite est contenue 2 fois dans la plus grande ; par conséquent, l'amplitude, qui est *zéro* en a, sera également *zéro* en d et en b. La résultante sera donc une courbe de même période que la grande ; mais elle sera modifiée par la petite, dont les amplitudes tantôt s'ajouteront et tantôt se retrancheront ; par exemple, nous avons :

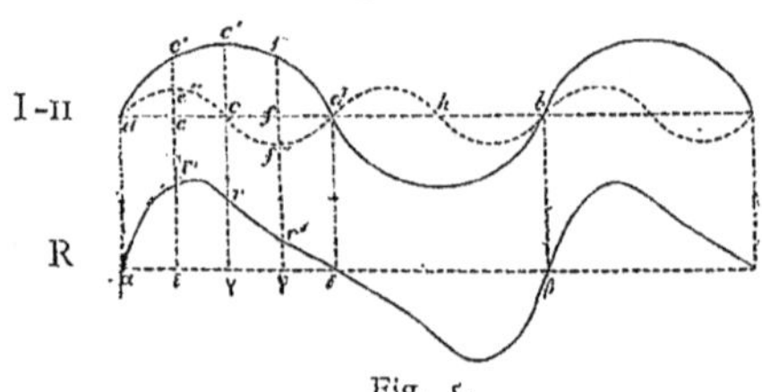

Fig. 5.

$$\varepsilon\,r' = e\,c' + e\,c'' ;$$
$$\gamma\,r = c\,c' ;$$
$$\varphi\,r'' = ff' - ff''.$$

Le son aura la hauteur du composant le plus grave ; il sera modifié dans son *timbre*.

5° Composition de deux ondes de même phase, de même amplitude, mais d'une différence de période égale à $\frac{1}{3}$. — La petite onde est contenue 3 fois dans la grande (fig. 6). Le cas est analogue au précédent et se résout de même. Il a l'avantage de nous mon-

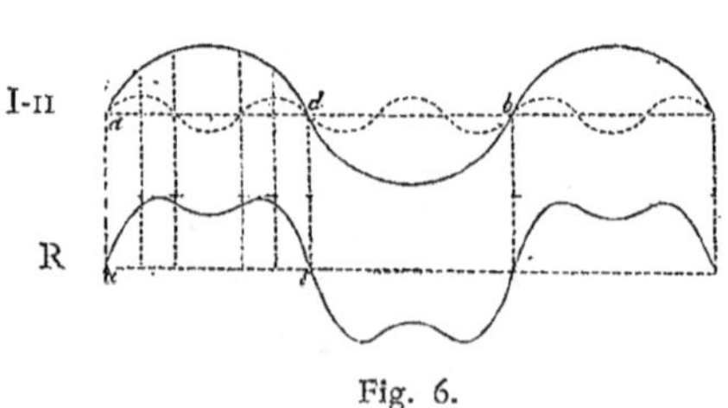

Fig. 6.

dent et se résout de même. Il a l'avantage de nous montrer l'influence très sensible que produit une plus grande différence de période.

Timbre. — Le principe de la théorie du timbre des sons musicaux a été posé par Monge[1], mais c'est à Helmholtz que nous en devons l'analyse complète. Cette qualité particulière, qui nous fait distinguer des sons de même intensité et de même hauteur, est due aux harmoniques qui s'ajoutent au son fondamental.

La série des harmoniques, en prenant, par exemple, ut_1 (65,25 v. d.) comme son fondamental, est la suivante :

1	2	3	4	5
65,25	130,5	195,75	261	326,25
ut_1	ut_2	sol_2	ut_3	mi_3

6	7	8	9	10
391,5	456,75	522	587,25	652,5
sol_3	$+la\sharp_3\,(453)$	ut_4	$ré_4$	mi_4

11	12	13	14	15
717,75	783	848,25	913,5	978,75
$-fa\sharp_4\,(725)$	sol_4	$+sol\sharp_4\,(815)$ $-la_4\,(870)$	$+la\sharp_4\,(906)$	si_4

etc.

Dans cette série, 2, 4, 8, 16,... sont les octaves $\left(\dfrac{2}{1}\right)$ successives du son fondamental; 3, 6, 12,... la quinte $\left(\dfrac{3}{2}\right)$ supérieure au 2ᵉ son partiel et ses octaves; 5, 10,...

---

1. Résal, *Comptes rendus de l'Académie des Sciences*, 1874, t. LXXIX, p. 821, d'après A. Suremain-Missery, *Théorie acoustico-musicale*, 1793.

la tierce majeure $\left(\dfrac{5}{4}\right)$ au-dessus du 4e son partiel et son octave,...; **9**,... la seconde majeure au-dessus du 8e son partiel,.... Quant à **7**, **11**, **13**, **14**,... ils ne correspondent exactement à aucune note de la gamme.

Si, au lieu de prendre ut_1 comme note fondamentale, nous avions choisi, je suppose, si_{-1} (61,17 v.), le son partiel **3** ne correspondrait pas exactement à $fa\sharp_2$, parce que la quinte $si\text{-}fa\sharp_2$ contient un demi-ton mineur. Dans des cas analogues, on ajoute à la note la plus voisine les signes $>$ ou $+$ « plus aigu que », $<$ ou $-$ « plus grave que ». Exemple : $> fis_2$, ou $fis_2 +$, ou encore $+ fa\sharp_4$ désignent un son plus aigu que fis_2 ($fa\sharp_4$).

Helmholtz a établi que les différents timbres résultent du *nombre*, du *rang* et de l'*intensité* des harmoniques.

Voici les règles générales qu'il a lui-même tirées de ses recherches sur les relations du timbre avec la composition du son :

« 1° Des sons simples, comme ceux des diapasons associés à des tuyaux résonnants, ceux des grands tuyaux bouchés de l'orgue, présentent beaucoup de douceur, de charme, n'ont aucune dureté, mais ils manquent d'énergie et sont sourds dans les régions graves.

2° Les sons accompagnés d'une série d'harmoniques graves de moyenne intensité, jusqu'au sixième environ, sont pleins et d'un bon emploi en musique. Comparés aux sons simples, ils ont quelque chose de plus riche, de plus fourni, et sont cependant parfaitement harmonieux et doux, tant que les harmoniques supérieures font défaut. A cette catégorie appartiennent les sons du piano, des tuyaux ouverts de l'orgue, les sons faibles et doux de la voix humaine et du cor, ces derniers formant la transition du côté des sons munis d'harmoniques élevés, tandis que les flûtes et les jeux de flûtes, avec peu de vent, se rapprochent des sons simples.

3° Quand les sons partiels impairs existent seuls, comme dans les petits tuyaux bouchés de l'orgue, les cordes du piano pincées au milieu et la clarinette, le son prend un caractère creux et même nasillard, pour un grand nombre d'harmoniques.

4° Si le son fondamental domine, le timbre est plein; il est vide, au contraire, si l'intensité du son fondamental ne l'emporte pas suffisamment sur celles des harmoniques. Ainsi le son de grands tuyaux ouverts de l'orgue est plus plein que celui des petits tuyaux de même nature; le son des cordes est plus plein lorsqu'elles sont ébranlées par les marteaux du piano que lorsqu'elles sont frappées avec un morceau de bois ou pincées par les doigts; le son des tuyaux associés à des appareils résonnants appropriés est plus plein que celui des mêmes tuyaux sans caisses résonnantes.

5° Quand les harmoniques supérieurs, à partir du sixième ou du septième, sont très-nets, le son devient aigre et dur. Nous en trouverons l'explication dans les dissonances que forment entre eux ces harmoniques supérieurs. Le degré de mordant peut varier; avec une faible intensité, les harmoniques supérieurs ne diminuent pas essentiellement la possibilité de l'emploi musical du son; ils augmentent, au contraire, le caractère et la puissance d'expression de la musique. Dans cette catégorie figurent, avec une importance particulière, les sons des instruments à archet, puis la plupart des instruments à anche, le hautbois, le basson, l'harmonium, la voix humaine. Les sons durs et éclatants des instruments de cuivre sont extraordinairement pénétrants, et, par suite, donnent l'impression d'une grande puissance à un plus haut degré que les sons de même hauteur mais d'un timbre doux... [1] »

On a vu plus haut que la position relative des ondes partielles, ou *différence de phase*, modifie la composition de l'onde résultante. Il est naturel de se demander si elle a une influence sur le timbre. Helmholtz s'est posé la question et en a cherché la solution au moyen d'une série harmonique de diapasons. Il a produit un grand nombre de combinaisons de sons en faisant varier la différence de phase, et il n'a « jamais vu la plus petite modification se produire dans le timbre [2] ».

Plusieurs physiciens ont résolu la question comme Helmholtz. De son côté, M. Kœnig, dont il faut lire les « remarques sur le timbre [3] », après avoir fait des expériences sur lesquelles nous aurons à revenir, ne pense pas que l'influence de la différence de phase des harmoniques sur le timbre soit à négliger. Mais, comme je me borne ici à indiquer les principes généraux admis de tous, je renvoie au chapitre IV pour les théories qui s'en écartent un peu [4].

---

1. Helmholtz, *Théorie physiologique de la musique*, traduction Guéroult (Masson, 1874), p. 150-151.

2. *Ibid.*, p. 161.

3. *Quelques expériences d'acoustique* (Paris, quai d'Anjou, 27), p. 218-243.

4. A ceux qui désirent plus de détails sur l'acoustique, je conseillerais, comme livre élémentaire, le *Traité de physique* de M. Branly (Poussielgue, 1895), et, pour des études plus approfondies, les ouvrages déjà cités de Helmholtz et de M. Kœnig et les *Phénomènes physiques de la phonation et de l'audition* de Gavarret (Masson, 1877).

CHAPITRE II

MOYENS NATURELS D'OBSERVATION
ET D'EXPÉRIMENTATION

L'œil suit aisément, malgré leur complexité, les ondes qui se croisent à la surface d'un bassin. Du reste, un flotteur, placé à portée, rendrait visibles par ses oscillations les mouvements d'élévation et de dépression de chaque vague.

Les ondes aériennes échappent à nos yeux; mais une membrane, tendue sur leur trajet, reproduirait leurs mouvements successifs de compression et de dilatation. Nous avons reçu de la nature, cachée dans l'épaisseur du rocher, au fond d'un canal largement ouvert dans l'atmosphère, une membrane de cette sorte, celle du tympan, et (ce qui montre combien la comparaison des ondes aériennes aux ondes liquides est juste) les impressions vibratoires qu'elle reçoit nous arrivent par l'intermédiaire d'un milieu liquide auquel elle les communique. Telle est notre oreille, formée de la réunion de trois appareils : l'un qui recueille les ondes sonores, un second qui les transmet, le troisième qui les perçoit. Nous avons le devoir de la décrire à ce triple point de vue, avant de passer à l'examen des appareils que la méthode expérimentale lui associe comme auxiliaires : l'expérimentateur a besoin de la connaître à fond, dans quelques parties au moins, pour en profiter pleinement, et surtout pour l'imiter. Puis nous dirons comment il faut en faire l'éducation.

ARTICLE I

Description de l'oreille[1].

De la portion extérieure de l'oreille (le pavillon), nous n'avons rien à dire : elle est connue de tous. Quant au conduit qui amène les ondes sonores à la membrane du tympan, il suffit de remarquer qu'il présente une direction flexueuse et qu'il varie de diamètre[2] (fig. 7). Les ondes sonores se réfléchissent sur les parois de ce canal et arrivent amplifiées à l'appareil de transmission.

L'oreille *moyenne*, ou *tympan*, a pour but de transformer les vibrations aériennes en vibrations liquides. Elle se compose d'une caisse pleine d'air communiquant avec l'arrière-cavité des fosses nasales par la *trompe d'Eustache*.

Cet appareil mérite de nous arrêter plus longtemps ; il

---

1. J'ai suivi pas à pas dans cette description l'excellent *Traité d'anatomie humaine* de M. TESTUT (Paris, Gustave Doin). J'en ferai autant pour toutes les données anatomiques qu'il nous est utile de connaître. Il est donc juste d'y renvoyer les lecteurs qui désireraient une description complète : je n'en connais pas de plus claire, ni de plus précise.

2. Variations des diamètres :

	Grand diamètre	Petit diamètre
Commencement du conduit cartilagineux	9^{mm},08	6^{mm},54
Fin du conduit cartilagineux....	7 79	5 99
Commencement du conduit osseux	8 67	6 07
Fin du conduit osseux.........	8 13	4 60

(Bezold.)

nous présente un excellent modèle pour l'exploration des
ondes sonores.

Le tympan peut être comparé à un cylindre très court
dont les bases, l'une et l'autre curvilignes, se regardent par
leur convexité. La distance qui sépare ces deux bases varie

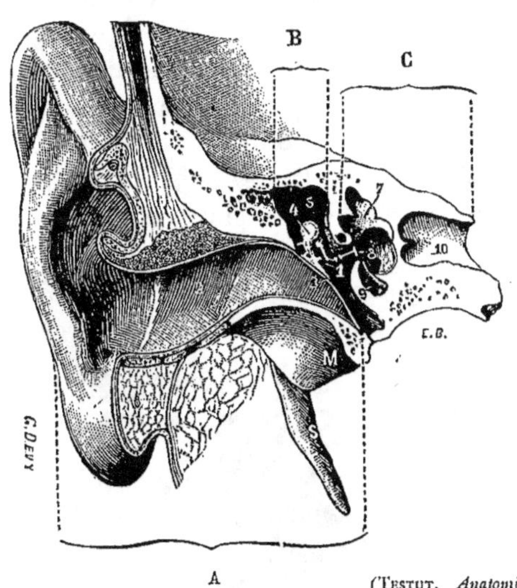

(Testut, *Anatomie.*)

Fig. 7.

Coupe vertico-transversale de l'appareil auditif. .

A. Oreille externe. — B. Oreille moyenne. — C. Oreille interne. —
(M. Apophyse mastoïde. — S. Apophyse styloïde.)

1. Insertion du tendon du muscle du marteau. — 2. Conduit auditif externe. — 3. Membrane
du tympan. — 4. Marteau et chaîne des osselets. — 5. Orifice d'entrée des cavités mastoï-
diennes. — 7. Vestibule. — 8. Fenêtre ovale. — 9. Fenêtre ronde. — 10. Conduit
auditif interne.

de 1 à 2 millim. au centre, de 3 à 6 à la circonférence.
Ces deux bases représentent : l'une la membrane du tympan, l'autre la cloison de l'oreille interne. Nous ne nous
occuperons que de ces deux parois et de la chaîne d'osselets
qui les unit.

La *membrane du tympan* est mince (1/10 de millim.), un peu bombée en dedans, excepté dans sa partie inférieure, de l'ombilic à la périphérie, où la courbure est tournée en dehors. Par sa forme, elle se rapproche du cercle : son diamètre vertical est de 10 ou 11 millim., son diamètre horizontal ordinairement de 10 millim. (soit une différence entre les deux de 1/2 ou 1 millim.). Elle fait avec l'horizon un angle de 30° à 35° chez le nouveau-né, de 40° à 45° chez l'adulte, c'est-à-dire qu'une verticale menée de son pôle supérieur rencontrerait le conduit auditif externe à 6 millim. en dehors du pôle inférieur (fig. 7 et 9). Il paraît qu'elle est d'autant plus sensible qu'elle est plus voisine de la verticale.

Elle est fixée au moyen du *bourrelet annulaire*, dans la rainure (*sulcus tympanicus*) du *cercle* ou plutôt du croissant

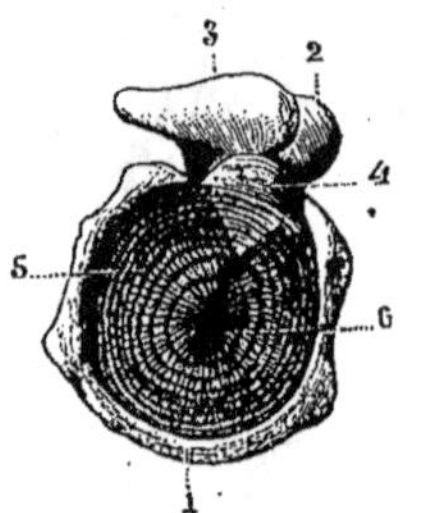

(Testut, *Anatomie.*)

Fig. 8.

Membrane du tympan vue par sa face externe.

1. Cercle tympanal. — 2. Marteau. — 3. Enclume. — 4. Membrane flaccide. — 5. Fibres circulaires. — 6. Ombilic d'où partent les fibres radiées.

tympanal, et, dans l'espace laissé libre par les cornes du croissant, elle se rattache à la paroi supérieure du conduit auditif par la *membrane flaccide* (moins épaisse et plus lâche), ui est quelquefois accidentellement percée d'un orifice (*trou de Rivinus*). Quoique très mince, la membrane du tympan est douée d'une grande résistance. Elle doit cette qualité à une couche fibreuse interne placée entre la peau du conduit auditif externe et la muqueuse de la caisse qui la revêtent tout entière. La couche fibreuse se compose, de dehors en dedans, d'abord de fibres *radiées* qui se détachent du bourrelet circulaire, puis de fibres *circulaires* qui, très denses à la périphérie, s'amincissent en se rapprochant du centre, enfin de fibres *dendritiques* qui envoient des prolongements dans tous les sens (fig. 8).

En face de la membrane du tympan se trouve la paroi de l'oreille interne, qui renferme les organes de la perception auditive. Cette paroi osseuse est percée de deux trous : la fenêtre *ronde* (diam. de 1 1/2^{mm} à 2), qui est fermée par une membrane analogue à celle du tympan (fig. 7 et 12); la fenêtre *ovale*, où vient se terminer la chaîne des osselets.

La *fenêtre ovale* est allongée dans le sens transversal. Son grand axe a de 3 millim. à 3 1/2^{mm}; son petit 1 1/2^{mm}. Le bord supérieur est concave; le bord inférieur, le plus souvent rectiligne (fig. 7, 9 et 12).

La chaîne des osselets qui va de la membrane du tympan à la fenêtre ovale se compose de trois petits osselets, solidement attachés entre eux par des articulations, de telle sorte qu'un mouvement communiqué au premier ou au dernier se répercute sur tous les autres. Ce sont : le *marteau*, l'*enclume* et l'*étrier* (fig. 7, 8 et 9).

Le *marteau* (22 à 24 milligrammes) est pris par le manche entre la couche fibreuse et la couche muqueuse de la membrane du tympan. Il est maintenu en position par quatre ligaments : l'un le rattache à la voûte de la caisse (lig. supérieur), deux autres à la paroi externe (lig. externe et lig. postérieur), le quatrième à la base du crâne, dans le voisinage de l'épine du sphénoïde (lig. antérieur).

L'*enclume* (25 milligr.) est reliée à la paroi de la caisse par le sommet de sa branche supérieure (lig. postérieur), souvent aussi à la voûte (lig. supérieur).

L'*étrier* (2 milligr.) pénètre dans la fenêtre ovale à la

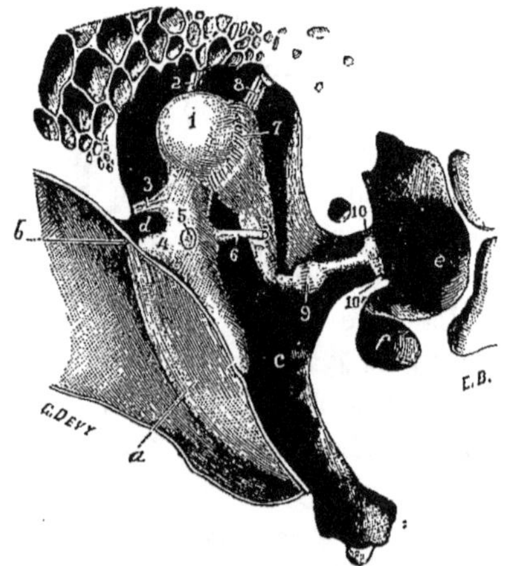

(TESTUT, *Anatomie*.)

Fig. 9.

Chaîne des osselets et leurs ligaments, vus par leur face antérieure.

1. Marteau. — 2. Son ligament supérieur. — 3. Son ligament externe. — 4. Apophyse courte. — 5. Surface de section de son apophyse grêle. — 6. Tendon du muscle du marteau. — 7. Articulation du marteau avec l'enclume. — 8. Ligament supérieur de l'enclume. — 9. Articulation de l'enclume et de l'étrier. — 10 et 10'. Ligament annulaire de l'étrier.

a. Membrane du tympan. — b. Membrane flaccide. — c. Caisse du tympan. — d. Poche de Prussak. — e. Vestibule, avec les orifices des canaux demi-circulaires. — f. Rampe tympanique du limaçon.

manière d'un bouchon. Il en épouse la forme : bord supérieur convexe, bord inférieur rectiligne ou légèrement concave, extrémité postérieure arrondie, extrémité antérieure pointue. Le bord de l'étrier ne touche pas le pourtour de la fenêtre ovale ; il règne entre les deux une fente circulaire, qui va grandissant depuis l'extrémité postérieure, où elle mesure 15μ ($\frac{15}{1000}$ de millim.), jusqu'à l'extrémité antérieure, où elle atteint 100μ. Cette fente est comblée par le *ligament annulaire*, composé de fibres en partie conjonctives, en partie élastiques, qui rattache ainsi l'étrier à la paroi de l'oreille interne (fig. 9 et 11 B).

La chaîne des osselets obéit à deux muscles : le muscle du marteau et le muscle de l'étrier.

Le muscle du marteau est long de 20 à 25 millim. Parti du bord supérieur de la trompe, il arrive à la fenêtre ovale,

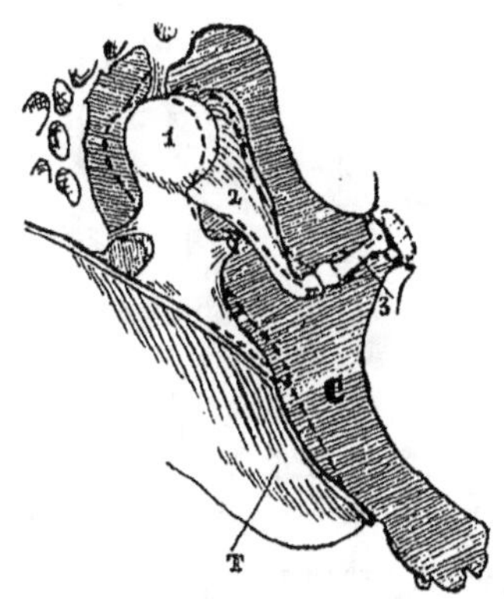

Fig. 10.
(d'après TESTUT.)

C. Caisse du tympan. — T. Membrane du tympan. — 1. Marteau. — 2. Enclume. — 3. Étrier.
La ligne pointillée marque la position que prennent les osselets et la membrane du tympan lorsque le muscle du marteau se contracte.

d'où il se dirige vers l'extrémité supérieure du manche du marteau. Lorsqu'il agit, il attire à lui le point sur lequel il s'insère. Le marteau, maintenu par ses ligaments, bascule, porte la tête en dehors et le bout du manche en dedans. Le corps de l'enclume suit la tête du marteau, et sa branche verticale refoule l'étrier dans la fenêtre ovale (fig. 10).

Ainsi, le muscle du marteau a pour effet de tendre la membrane du tympan et de comprimer le liquide de l'oreille interne. Par là, il protège le nerf auditif contre les chocs trop violents.

Le muscle de l'*étrier* naît à la base du crâne, dans le *canal*

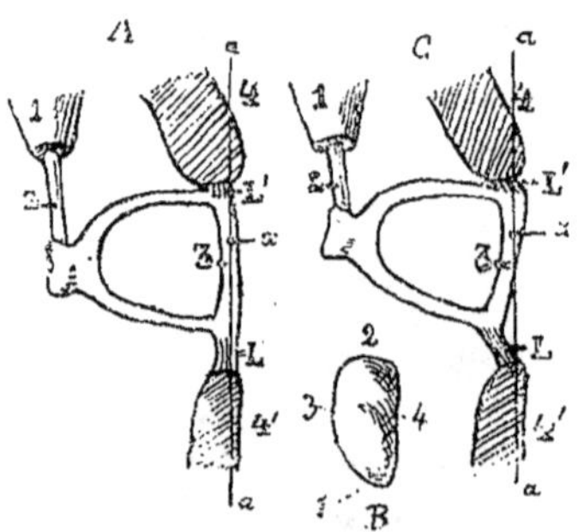

Fig. 11.

(d'après TESTUT.)

A. Étrier au repos. — *B*. Base de l'étrier vue par sa face interne. — *C*. L'étrier après la contraction de son muscle.

B : 1. Extrémité antérieure. — 2. Extrémité postérieure. — 3. Bord supérieur. — 4. Bord inférieur.

A et *C* : 1. Pyramide. — 2. Tendon du muscle de l'étrier. — 3. Base de l'étrier. — 4. Rebord postérieur de la fenêtre ovale ; 4'. son rebord antérieur. — *L*. Partie antérieure (la plus longue) du ligament annulaire ; *L'*. sa portion postérieure. — a a. Diamètre antéropostérieur de la fenêtre ovale. — x. Axe de rotation.

de la pyramide, d'où il sort par un tendon grêle qui va s'attacher au col de l'étrier. Lorsqu'il se contracte, le col de l'étrier est attiré en arrière. Ce mouvement a un double effet. D'une part, il enfonce légèrement l'extrémité postérieure dans la fenêtre ovale, mais en même temps il retire d'une quantité plus considérable l'extrémité antérieure : par là, il diminue la pression dans l'oreille interne. D'autre

part, il repousse la branche verticale de l'enclume qui
entraîne en dedans la tête du marteau et en rejette le
manche en dehors. La membrane du tympan se trouve
ainsi détendue et parfaitement disposée pour vibrer au
moindre mouvement ondulatoire. Le muscle de l'étrier est
donc « le muscle qui écoute » (fig. 11).

On le voit, l'oreille moyenne répond parfaitement à sa
destination. Le problème à résoudre était celui-ci : transmettre les vibrations de l'air à un liquide, milieu beaucoup
plus dense que le premier. L'équilibre voulu est maintenu
automatiquement entre le liquide, l'air intérieur et l'air
extérieur, par les muscles de l'oreille moyenne et ceux de
la trompe d'Eustache. L'inertie du liquide est vaincue par
les dimensions de la membrane du tympan comparée à celle
de l'étrier, par sa forme et par sa position.

L'*oreille interne*, celle où s'accomplit le phénomène de

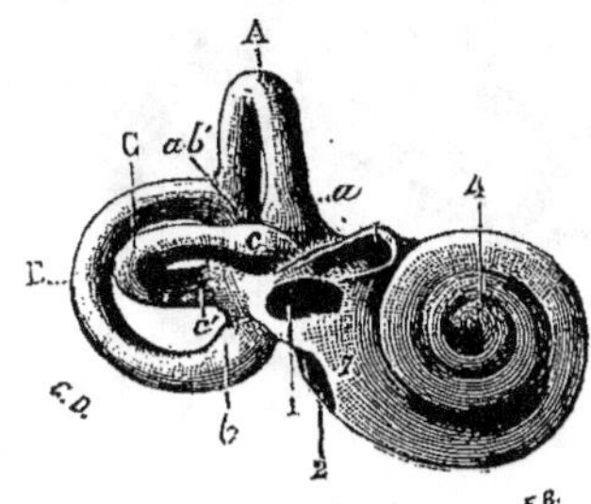

(Testut, *Anatomie*.)

Fig. 12.

Labyrinthe osseux isolé et vu par sa face externe.

A. Canal demi-circulaire supérieur (*a*. son extrémité ampullaire). — *B*. Canal demi-circulaire
postérieur (*b*. son extrémité ampullaire; *a'b'*. canal commun aux deux extrémités non
ampullaires des canaux *A* et *B*). — *C*. Canal demi-circulaire externe (*c*. son extrémité
ampullaire; *c'*. son extrémité non ampullaire).

1. Fenêtre ovale. — *2*. Fenêtre ronde. — *4*. Limaçon.

l'audition, se compose de cavités osseuses auxquelles leur

complexité a fait donner le nom de *labyrinthe*. Ce sont :
le *vestibule*, les *canaux demi-circulaires* et le *limaçon* (fig. 12).

Le *vestibule* est une sorte de carrefour qui communique
en dehors avec le tympan, en dedans avec les canaux et le
limaçon. Il a la forme d'une chambre ovale, longue de
6 millim., large de 3 millim., haute de 4 à 5. Les *canaux
demi-circulaires* sont disposés sur le vestibule en anse de
panier. Deux sont verticaux : l'un perpendiculaire (c'est le
supérieur, 15 millim.), l'autre parallèle à l'axe du rocher
(*postérieur*, 18 millim.) ; le troisième est horizontal (*externe*,
12 millim.). Ils s'élargissent tous à l'une de leurs extrémités
en forme d'ampoule (*orifice ampullaire*).

Le *limaçon* (fig. 13) se compose de trois parties : 1° un

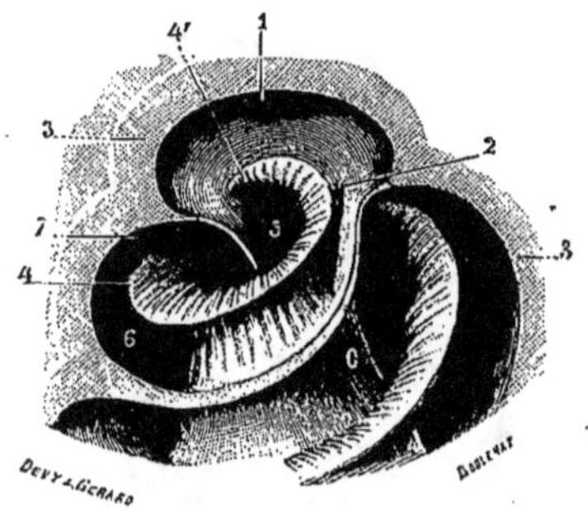

(TESTUT, *Anatomie*.)

Fig. 13.
Sommet du limaçon vu par en haut.

C. Columelle.

1. Coupole. — 2. Lamelle semi-infundibuliforme de la lame des contours. — 3. Lame des
contours. — 4. Lame spirale ; 4'. son crochet. — 5. Rampe tympanique. — 6. Rampe
vestibulaire.

noyau (*columelle*) (hauteur 3 mm., base 3 mm.) percé de
petits canaux qui reçoivent le nerf auditif : *canal afférent,
canal spiral* ou *de Rosenthal* et *canal efférent* ; 2° un tube

ylindrique (*lame des contours*) (28 à 30 millim.), qui est
ouvert par la base et qui, après avoir formé autour du
noyau trois tours de spire, se termine par une extrémité
fermée (*coupole du limaçon*); 3° une lamelle osseuse (*lame
spirale*), qui, adhérente au tube cylindrique par son bord
interne seulement, partage celui-ci en deux moitiés communiquant, l'une avec le tympan (*rampe tympanique*),
l'autre avec le vestibule (*rampe vestibulaire*) (fig. 13, 14, 15).

Le labyrinthe livre passage au nerf auditif, qui chemine
dans le conduit auditif interne, à travers des lames criblées
de petits trous, et situées dans la paroi interne du vestibule
et à la base du limaçon. Il s'ouvre sur le cerveau par l'*aqueduc
du vestibule*.

Les cavités du labyrinthe renferment, nageant dans un
liquide (*périlymphe*) et rempli par un autre (*endolymphe*),
un système de sacs et de tubes membraneux qui sont adhé-
rents à une partie de la paroi et maintenus en position par
des travées fibreuses. Les sacs sont dans le vestibule; les
tubes, dans les cavités cylindriques.

Les sacs du vestibule (*utricule*, long. 3 ou 4 millim.,
larg. et haut. 2 millim., et *saccule*, 2 millim. de diamètre)
sont mis en communication entre eux par le canal *endo-
lymphatique*, logé dans l'aqueduc vestibulaire. L'*utricule*
reçoit les tubes membraneux demi-circulaires, et le *saccule*
est relié au canal du limaçon (*canal cochléaire*) par le *canalis
reuniens* de Hensen. C'est dans les sacs et les canaux que
sont disposés les organes sensoriels.

Au point où s'épanouit le nerf auditif dans l'utricule et
le saccule (*taches acoustiques*), la muqueuse laisse voir
trois sortes de cellules : 1° des cellules dites *basales*, reposant sur la membrane mince qui recouvre le périoste;
2° des cellules *de soutien*, en forme de fuseau, entre les-

quelles se trouve un plexus serré de fibres nerveuses (*plexus basal*) ; 3° les cellules *sensorielles*, qui ressemblent à des dés à coudre, munies d'un prolongement inférieur qui s'unit à l'une des fibrilles du plexus basal, et d'un cil supérieur volumineux et très long.

Les crêtes acoustiques des ampoules des canaux demi-circulaires ont une structure analogue.

Enfin, dernier détail important à signaler, on trouve dans l'utricule, le saccule et les ampoules, de petits cristaux de carbonate de chaux.

Le canal cochléaire repose à la fois sur la paroi du tube

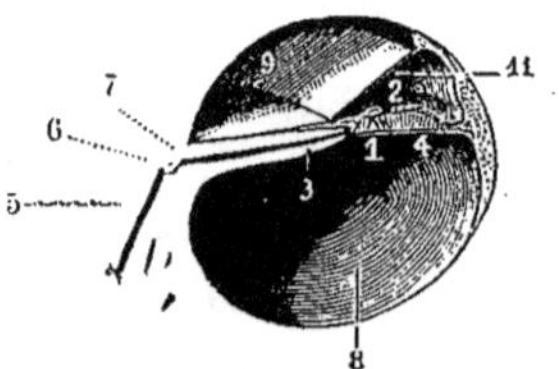

(TESTUT, *Anatomie.*)

Fig. 14.

Coupe transversale de l'une des spires du limaçon (*demi-schématique*).

1. Organe de Corti. — *2.* Canal cochléaire. — *3.* Lame spirale osseuse et canal efférent. — *4.* Membrane basilaire. — *5.* Canal afférent. — *6.* Canal de Rosenthal. — *7.* Canal efférent. — *8.* Rampe tympanique. — *9.* Rampe vestibulaire. — *11.* Membrane de Reissner.

cylindrique par le *ligament spiral* et sur la lame spirale par la *bandelette sillonnée*[1]. Il intercepte donc complètement les deux rampes du limaçon, dont il est séparé par deux membranes, la *membrane de Reissner* et la *membrane basilaire*. C'est sur cette dernière que reposent, dans un équilibre parfait, les organes auditifs (fig. 14 et 15).

---

1. Largeur au 1ᵉʳ tour, 800 μ; largeur au 2ᵉ tour, 700 μ. Hauteur au 1ᵉʳ tour, 500 μ; hauteur au 2ᵉ tour, 380 μ.

Au niveau de la partie interne de la membrane basilaire,
'endroit où se rendent les divisions terminales du nerf
ditif en sortant par les *foramina nervina* de la bandelette
lonnée, la muqueuse du canal cochléaire se soulève pour
·mer l'*organe de Corti*. Le centre est occupé par une série
rcades, entre les piliers[1] desquelles passent les fibres
rveuses. A droite et à gauche des arcades, on voit, assises
r leurs cellules de soutien (*cellules de Deiters*), et enca-
ées par des cellules de transition (*cellules de Claudius*),

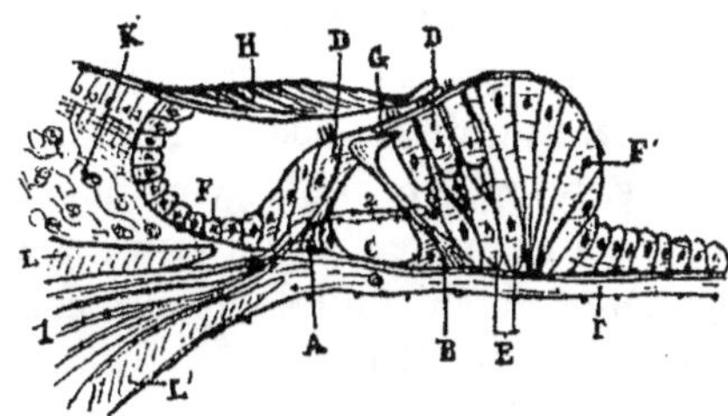

Fig. 15.

(d'après Testut.)

Organe de Corti (schéma).

. Pilier interne. — *B*. Pilier externe. — *C*. Tunnel de Corti. — *D*. Cellules auditives internes.
— *D'*. Cellules auditives externes, avec leurs cils. — *E*. Cellules de Deiters. — *F* et *F'*.
Cellules internes (*F*) et externes (*F'*) de Claudius. — *G*. Membrane réticulaire. — *H*. Membrane de Corti. — *I*. Membrane basilaire. — *K*. Crête spirale. — *L*, *L'*. Lame spirale
osseuse.

1. Faisceaux nerveux efférents. — 2. Fibres externes.

es rangées des *cellules auditives*[2]. Au-dessus s'étend la *mem-*
brane réticulaire (fig. 15).

Les cellules auditives ont, comme celles du vestibule,

---

1. Piliers internes, 6 000 (nombre); piliers externes,
4 500.

2. Cellules auditives internes, 3 300; cellules auditives
externes, 18 000.

la forme d'un dé à coudre. La partie plane, adhérente à la membrane réticulaire, porte les *cils auditifs* disposés en fer à cheval et recouverts de la *membrane de Corti*, qui joue à leur égard le rôle d'un étouffoir. La partie arrondie de la cellule donne naissance à un seul prolongement axile qui se dirige vers la membrane basilaire et se continue avec l'une des fibres du nerf auditif.

S'il est vrai, comme bien des raisons portent à le croire, que les ampoules des arcs demi-circulaires sont les organes du sens de l'espace ou de l'équilibration, il ne reste pour l'audition proprement dite que les vésicules du vestibule et le limaçon. Les premières, qui répondent à l'organe rudimentaire des poissons, recueilleraient les vibrations irrégulières et nous donneraient l'impression du bruit, tandis que les vibrations régulières, ébranlant les organes complexes et multiples du limaçon, seraient perçues comme sons musicaux.

ARTICLE II

Éducation de l'oreille.

On voit par ces détails sommaires, mais tous choisis en vue du sujet qui nous occupe, quel merveilleux instrument est l'oreille, combien elle est propre à inspirer les expérimentateurs, et à quel point, étant donnés le nombre et la variété de ses organes, elle est susceptible d'éducation. L'exemple des musiciens, des accordeurs surtout, et des acousticiens suffirait du reste à le prouver.

Le phonéticien doit donc mettre au premier rang dans ses études préparatoires la formation de son oreille. Plus loin, nous rechercherons les moyens de corriger, de com-

ter les données qu'elle fournit, mais nous ne trouverons
int celui de nous en passer. Quand l'oreille se recon-
it impuissante, il faut bien la suppléer ; mais, dans les cas
 elle suffit (et ils sont nombreux), nul moyen d'expéri-
entation n'est aussi rapide ni aussi commode. C'est grâce
elle, et à elle seulement, que j'ai pu suivre d'étape en
ape diverses évolutions phonétiques (*l*, *k*, *g*, *s* + cons.,
etc.), découvrir le lieu où elles ont pris naissance et mar-
er chacun de leurs progrès, de leurs arrêts momentanés,
 leurs reculs même, et entrevoir leur cause dans les
odifications physiologiques qui s'accomplissent en nous [1].
ais, pour que l'oreille rende ces services, il faut qu'elle soit
ercée, ou plutôt il faut s'être habitué à saisir ses impres-
ons, c'est-à-dire à les écouter et à les analyser, en d'autres
ermes à les comparer.

Savoir écouter et comparer, c'est tout l'art du phonéti-
ien. En général, on cherche à savoir non *comment* on dit,
ais *ce* qu'on dit. Dès que le sens apparaît nettement à
'esprit, on néglige le son. D'où il suit qu'à moins d'en
voir fait une étude spéciale, nul ne sait comment il parle,
i (si ce n'est dans des cas très particuliers) comment les
utres parlent. Chacun se fait des sons, formes élémentaires
du langage, une idée fixe, et c'est d'après cette idée que l'on
se règle dans leur emploi. Aussi n'a-t-on pleine conscience
que de ceux qui répondent à une nuance de la pensée, et
encore ne s'aperçoit-on pas des modifications que le *groupement* et l'*expression* leur font subir. Il y a plus : les
appréciations de l'oreille se lient si intimement aux sensations de l'organe phonateur que l'on croit entendre ce que

----

1. Voir *Les modifications phonétiques du langage*.

l'on croit prononcer, alors même que l'on prononce mal. Les exemples à l'appui ne sont pas rares, et chacun peut en trouver. Les habitants des environs de Dreux disent *Drëy*, avec un *y* final qui n'échappe à personne si ce n'est à eux. Moi-même, dans le mot de mon patois que j'écris *căpĕ* « chapeau », je n'ai jamais senti le petit *y* que M. Gilliéron et d'autres m'ont signalé. Plusieurs enfants qui avaient des vices de prononciation et n'avaient qu'une seule articulation pour deux sons différents, par exemple *kwa* pour *toi* et *quoi*, ne distinguaient pas les sons à l'oreille avant d'avoir été renseignés sur la façon de les produire correctement (Voir l'*Appendice*).

Il en est de même, quand on écoute : on n'analyse pas ; on se contente de l'impression générale, et, si l'on a à rendre compte du son entendu, on y supplée en prenant dans sa mémoire les sons que l'on aurait voulu produire.

Il est facile de s'en convaincre par une expérience bien simple. Prononcez devant une personne non prévenue, et avec une rapidité convenable pour ne pas éveiller son attention, quelques mots comme ceux-ci : « Mon *pauf* Pierre », et priez-la de répéter très lentement ; elle vous répondra sans hésiter : « Mon *pauvre* Pierre » ou « Mon *pauv* Pierre », suivant ses propres habitudes de langage. Je suppose ici une personne qui a conservé au moins le sentiment du *v* dans *pauvre* ; il en serait autrement si le *v* avait été remplacé par *f* dans son parler. Mais si, au lieu de dire des mots connus, vous proférez des articulations vides de sens, par exemple : « *pô pôf pô* », l'auditeur pourra être surpris, vous prier de recommencer, mais il répétera exactement.

Ainsi s'explique l'imperfection auditive des indigènes et la finesse d'ouïe des étrangers. Le phonéticien qui veut

udier sa propre langue est donc à ce point de vue dans
ne position défavorable. Tout à ce qu'il veut dire, il ne
rend pas garde à ce qu'il dit réellement.

Mais l'étranger lui-même n'est pas, à d'autres égards,
ans une situation plus avantageuse. S'il n'a pas la tentation
'entendre des sons *voulus*, il a celle d'entendre des sons
onnus, soit ceux de sa propre langue, soit ceux des langues
trangères qu'il a étudiées, en même temps qu'il est d'une
rande dureté d'ouïe pour les sons *inconnus*.

J'ai été à même de constater le fait dans d'excellentes
onditions au séminaire roman de Greifswald. Le profes-
eur, M. Koschwitz, se livrait avec ses étudiants à des
xercices de transcription phonétique sur un parler du Midi
le la France. On désira faire la comparaison avec le parler
le Cellefrouin. Je m'empressai de traduire dans mon dia-
ecte le texte proposé, la parabole de l'Enfant prodigue, et
e me mis à le dicter aux auditeurs, qui étaient de diverses
arties de l'Allemagne (Posen, Poméranie, Province Rhé-
ane, Mecklenbourg, Prusse occidentale, Silésie). Le premier jour, la transcription, pour beaucoup, fut déplorable.
Il y avait de tout : de l'allemand, du provençal, du français;
même des mots avaient été ajoutés [1]. Les habitudes antérieures d'audition persévéraient et mettaient le trouble
dans le jugement porté sur les impressions acoustiques. Le
second jour, un grand progrès se fit sentir; mais il y avait
encore beaucoup à reprendre. Une articulation (*pp*) n'avait
été saisie par personne : elle était entendue pour la première fois; la plupart des voyelles étaient notées avec de

---

1. *eŋ* pour *ẽ*, *sãᵢm* pour *sõ*, *plu* ou *plù* pour *pú*, *djœn* pour
jĕn, *dízi* pour *disĭt*, etc.

nombreuses variantes (2 pour *ŭ*, 4 pour *ĕ*, autant pour *ĭ*, 5 pour *ă*); un *ĭ* final avait été confondu avec *é*[1].

J'ai renouvelé la même expérience à Paris avec un Wallon, un Russe, un Arménien de Constantinople, un Prussien, un Danois, un Normand, un Champenois et un Lorrain, en prenant pour texte le conte du *Petit Poucet*, dont j'ai noté le début phonétiquement dans *Les modifications phonétiques du langage*[2].

1. J'avais dit : *ppă   dăĭmĕ   mĕ   skĕ   dĕ   mĕ   r vĕn ĭ*

Variantes :

	ppă	dăĭmĕ	mĕ	skĕ	dĕ	mĕ	r vĕn ĭ
Posen	pă	ù é					ê
Province Rhénane	—	u é	é				c
Poméranie	—	- -	č				ĭ
Mecklenkourg	—	ù č	e				rĕvĕn\é / rĕv nĭi
Mecklenbourg	—	u c	c				ĕ ĕ i
Prusse occidentale	—	- é	č				rĕv n é
Silésie	păr	ù č	é				ĕ ĕ é

	č	l	pĕr	fĭ	l	pàrtăj	dĕ	sō	byē
Posen	ē		ĕ	ĭ	lĕ	a á	ĕ		
Prov. Rh.	{ elĕ / el }		ĕrĕ	ĭ	l	ă ā	ĕ		
Pomér.	e	lĕ	pĕr	i	lĕ	ă ā	-		
Meckl.	el		—	ĭ	{ lĕ / l }	à á	ĕ		
Meckl.	e	lĕ	—	i	lĕ	a á	-		
Pr. occ.	—	—	—	ĭ	—	- a	ĕ		
Silés.	é	—	—	i	—	- á	-		

2. P. 125 et suiv.

Les résultats ont été analogues. Je me borne à citer quelques exemples. L'*i* de *ăvĭ* « avait » a été confondu avec *é* (Prussien), avec *i* (Russe); l'*é* de *pyér* « pierres » a été entendu *è* (Prussien, Wallon, Normand, Danois), *i* (Russe); l'*ă* de *făm* « femme » a sonné *a* (Prussien, Wallon), entre *æ* et *a* (Russe), *o* (Arménien). Devant un repos, les voyelles nasales paraissaient faiblement nasalisées au Russe (*avyã* « avaient »), pures et suivies de *n* à l'Arménien (*ãfăn* « enfant », *lõtăn* « longtemps »). L'*l* du mot *lŭ*, dans *fŏb kĕ nãjã lŭ pàrdr* « faut bien que nous allions les perdre », n'a jamais, quoique je l'aie répété plusieurs fois, été entendue par l'Arménien, qui a toujours noté *ŭ*, etc.

La difficulté à saisir les sons auxquels on est étranger est un fait banal que l'on peut constater tous les jours. Sans aller chercher mes exemples au loin, il me suffit de rappeler que l'*l* mouillée si bien sentie dans le Midi de la France ne se distingue pas d'un *y* pour un Parisien : c'est que l'*l* mouillée a disparu du Centre de la France.

En revanche, l'oreille acquiert une grande finesse quand une distinction de sens l'exige. J'ai assisté un jour à une discussion animée, entre deux Aostains issus de deux villages voisins, sur la valeur d'une rime, qui, bonne pour l'un, était impossible pour l'autre. La différence de son, quoique perceptible pour mon oreille, était réellement bien faible; mais, comme elle répondait à une nuance notable de sens dans le village où elle était sentie, elle y avait pris une importance considérable.

De même, il peut se faire que, par une circonstance analogue, un son sans force significative dans une langue et passant inaperçu pour les indigènes, soit facilement saisi par un étranger habitué à lui attribuer une certaine valeur. Un Serbe fraîchement arrivé à Paris retrouve dans nos voyelles toniques toutes les variétés d'accentuation si caractérisées qui existent dans les siennes. Je n'oserais dire qu'il a tort; je suis bien plutôt porté à croire qu'il a raison.

Il est des nuances que la simple attention suffit à faire découvrir. Il en est d'autres qui exigent une éducation véritable de l'oreille.

Le plus sûr moyen d'y réussir, c'est de se mettre en rapport avec un phonéticien doué d'une oreille sensible et exercée, et, autant que possible, appartenant à un autre groupe linguistique. A cet égard, je dois beaucoup à M. Gilliéron : il m'a rendu attentif à des nuances que mon oreille ne saisissait pas naturellement. Même si l'on est privé du secours d'un maître, il est possible, grâce à des exercices appropriés, de faire soi-même de son oreille un instrument extraordinairement délicat. Le premier de ces moyens, c'est la comparaison.

Le musicien ne saisit que des intervalles; le phonéticien ne perçoit aussi que des rapports de nuances. Écouter et comparer beaucoup de nuances diverses, tâcher de les distinguer, de les classer, de découvrir le rapport qui existe entre elles, c'est le moyen de s'habituer à saisir les moindres indications de l'oreille. Mais, pour arriver à un prompt résultat, il faut procéder avec ordre et recourir aux moyens auxiliaires qui sont immédiatement à notre portée. D'abord on compare entre elles les diverses nuances de sons d'une même langue, comme, par exemple, les a de *palle, pas, partir, il part, Pâques, Pâquerette, Parnasse*. Le moyen de mieux saisir la nuance, c'est de rapprocher ces divers **a** les uns des autres, par l'élimination successive des consonnes qui les séparent : par exemple, bien écouter *pat pá, papá, aá*, en conservant bien soigneusement le timbre de chaque voyelle.

On compare encore avec profit des mots qui contiennent la même voyelle : *bibi, i i; bébé, e é.* On tâche de n'oublier aucun des groupements où peut se rencontrer le son qui est à l'étude, et de ne pas céder trop vite à la tentation de conclure d'une combinaison à une autre, quelque frappante que paraisse l'analogie. Après avoir considéré chaque son dans des mots isolés, il reste à l'étudier dans la phrase, en variant sa place, en le mettant au commencement, au milieu, à la fin. Enfin il faut changer la vitesse, le ton du débit. Toutes ces circonstances influent sur la qualité du son, et l'oreille, attentive, finit par s'en apercevoir.

Il faut aussi faire appel au sentiment que nous avons des contractions musculaires, au sens du toucher, à la vue, et s'aider des différences qui existent dans le jeu des organes pour reconnaître les différences acoustiques. Le miroir, ou simplement le petit doigt placé de manière à effleurer la langue, donnent des indications très précieuses.

Lorsque le son est complexe, comme par exemple dans les diphtongues, un bon moyen de remarquer les éléments composants, c'est de prononcer en exécutant les mouvements organiques requis avec une extrême lenteur. Alors il est facile de distinguer les sons qui se fondaient pour l'oreille dans le chaos d'une confuse unité.

Lorsqu'on étudie, non son propre parler, mais celui d'une autre personne, deux précautions importantes sont à prendre : écouter de très près, et limiter son attention.

La distance joue un grand rôle dans l'impression que les sons produisent sur l'oreille. Tout phonéticien voudra s'en rendre compte au moins une fois et refaire l'expérience que j'ai rapportée dans *Les modifications phonétiques du langage* [1].

---

1. P. 38 et suiv.

Je me proposais de reconnaître la puissance d'assimilation que possède chaque groupe de consonnes, et je les articulais, soit à haute voix, soit en chuchotant, à des distances variables d'un auditeur, qui répétait à très haute voix et très lentement ce qu'il avait entendu. Les résultats, très intéressants pour le mécanisme de mon dialecte, n'ont pas été moins utiles pour la méthode générale de l'exploration linguistique. Il y a des groupes de consonnes qui ne peuvent être sûrement décomposés qu'à 10 ou 15 ^{cm}. Il importe donc d'avoir l'oreille aussi rapprochée que possible de la personne qu'on observe, tout en recommandant à celle-ci de parler d'une voix modérée.

Une attention portée sur un trop grand nombre d'objets est insuffisante pour chacun. Cette remarque trouve son application quand une phrase contient un ou plusieurs sons difficiles. Il faut dans ce cas limiter son attention successivement à chaque son et faire répéter autant de fois qu'il est nécessaire. La personne à qui l'on demande ce service a besoin d'être avertie, non du point particulier sur lequel se porte l'attention, mais du motif de cette tactique : autrement, elle croirait avoir mal dit et courrait risque de faire évanouir le phénomène observé. Ainsi, comme un chasseur indifférent pour tous les petits oiseaux qui se lèvent devant lui, mais uniquement attentif au gibier dont il connaît le gîte, le phonéticien n'a d'oreilles que pour le son qu'il attend au passage : il n'a rien entendu avant, il n'entendra rien après, dans la crainte de diminuer le souvenir de l'impression reçue. Il écoutera même plusieurs fois ainsi le même son, et notera avec soin toutes les variations qu'il entendra se produire.

Dans certains cas aussi, il pourra s'aider des sensations tactiles et musculaires éprouvées par son sujet; mais il n'acceptera les renseignements qui lui seront fournis qu'avec réserve : l'erreur, en effet, est très facile en cette matière, même chez des savants, à plus forte raison chez des personnes inexpérimentées.

Enfin l'observateur doit appeler à son secours le contrôle de ses yeux. Quand il verra, par exemple, les lèvres se rapprocher ou la langue s'allonger d'une façon anormale, son attention sera sollicitée et son oreille entendra ce qui auparavant passait pour elle tout à fait inaperçu.

Rien n'est meilleur pour achever l'éducation de l'oreille que l'étude des parlers d'une famille, d'un village, d'une région. La nécessité de saisir des nuances extrêmement délicates oblige à une attention toujours en éveil et aiguise merveilleusement le sens de l'ouïe.

C'est à la suite d'une exploration de ce genre, en 1879, après deux mois d'observations attentives autour du Plateau Central, à travers l'Angoumois, le Poitou, la Marche et le Bourbonnais, que je sentis pour la première fois les différences qui existent entre le parler de ma mère et le mien. Ce fut pour moi une découverte, et, chaque fois que j'ai pu, depuis, grouper les membres d'une même famille, les grands parents, les pères, les mères, les enfants, ou des personnes issues de villages voisins, j'ai toujours vu se renouveler le même spectacle : diverses étapes phonétiques très rapprochées se révélaient à mon oreille, et d'ordinaire j'ai pu les faire remarquer aux sujets intéressés, tout surpris de ne s'en être pas aperçus plus tôt. Aucune condition, en effet, n'est plus favorable que celle-là pour arriver à une constatation précise de la vérité : il n'y a pas à craindre l'inexactitude qui naît de l'oubli possible entre deux observations isolées.

On m'a objecté dans ce cas un autre danger : celui d'une

influence réciproque qui détruirait la sincérité des témoignages. Cette crainte est chimérique. Une enquête simultanée, loin d'amener aucun trouble, provoque, au contraire, l'intérêt et vient au secours de la mémoire. Mais, pour qu'il en soit ainsi, il importe qu'elle se fasse rapidement, et que l'observateur ne la retarde pas en consacrant trop de temps à ses notes. C'est une affaire d'arrangement. Si les sujets observés ont été placés soit par rang d'âge, soit (s'il s'agit de lieux) suivant la marche géographique de l'évolution, et si le cahier de notes a été disposé en conséquence, un seul trait de plume suffira pour constater les formes semblables ou marquer les divergences, comme dans le modèle suivant qui reproduit une de mes enquêtes.

	Dinan	St-Carné	Meillac	Corseul	Quessoy	Mon-contour	Plénée-Jugon	Cesson
lapin	*lapẽ*	*y* —	—	*l ĩ*	*ẽẹ*	*ãụ*	*ĕụ*	*ẽ*

C'est-à-dire :

—	*yapẽ*	*yapẽ*	*lapĩ*	*lapẽẹ*	*lapãụ*	*lapĕụ*	*lapẽ*

Mais, je dois me hâter de le reconnaître, même formée par tous ces moyens, l'oreille ne peut suffire à nous renseigner sur tout ce qu'il nous importe de savoir. Elle n'entend pas tout, et nous ne pouvons pas assigner une valeur à tout ce qu'elle entend. C'est à ce point qu'il devient nécessaire de recourir à des moyens d'investigation plus en rapport avec les besoins de notre esprit. Bien plus : les appréciations fondées sur les sensations purement acoustiques ont toujours quelque chose de relatif qui dépend de la qualité de l'oreille et des habitudes de celui qui les utilise. Il serait bien étonnant si les linguistes, qui s'entendent à peu près sur la transcription des sons, se trouvaient d'accord sur leur valeur réelle. Je suis bien sûr qu'à moins d'une entente préalable, deux savants mettront deux valeurs différentes, bien rapprochées, si l'on veut, mais, je maintiens le mot, différentes, sur un même signe reconnu et adopté par eux. Nous avons chacun, en dehors des différences naturelles et acquises, des habitudes de langage qui s'imposent à notre appréciation. L'échelle des sons n'est pas la même pour tous, et nous manquons de la note fixe qui servirait de base à nos appréciations. Ici encore, la recherche des procédés d'expérimentation, qui nous permettent d'atteindre la réalité en dehors de nous, s'impose au phonéticien désireux de dire ce qui est et non ce qu'il sent, de substituer la réalité objective à l'impression personnelle, d'agrandir sa puissance visuelle et auditive, et d'étendre le champ de ses études au delà des limites étroites assignées à nos sens.

CHAPITRE III

MOYENS ARTIFICIELS D'EXPÉRIMENTATION

Les méthodes d'investigation qui viennent au secours de nos sens dans l'étude du son peuvent se réduire à trois : la *méthode acoustique*, qui ne s'adresse qu'à l'oreille, la *méthode optique*, qui ne parle qu'aux yeux, et la *méthode graphique*, qui nous donne une image matérielle visible et palpable des phénomènes. Mais la photographie, en nous permettant de fixer les images, fait en grande partie rentrer la seconde méthode dans la troisième. Nous allons en premier lieu nous occuper de la méthode graphique, qui est de beaucoup la plus importante.

ARTICLE I

Méthode graphique.

Les premiers débuts de cette méthode remontent à 160 ans. Mais ses progrès ont été si lents qu'on peut la dire toute nouvelle. Imaginée par les météorologistes (marquis d'Ons-en-Bray 1734, Magellan 1779, Rutherford 1794), elle a été successivement appliquée à la mécanique (J. Watt, Poncelet [1]), à l'astronomie (Prazmowski, Hänckel, Hirsch

---

1. Marey, *La méthode graphique*, p. 113.

et Plantamour, enfin Wolf[1]), à la chronographie (Thomas Young, les frères Weber, Wertheim, Duhamel[2]), à la physiologie (Ludwig 1847, Volkman, Helmholtz, Vierordt, etc. [3]), enfin à la phonétique.

Le premier en France, M. Marey entra dans la voie inaugurée par les physiologistes allemands. Mais il a laissé bien loin derrière lui tous ses devanciers. Après avoir demandé à la méthode graphique ses plus belles découvertes, il s'en est fait l'apôtre et il en est devenu le législateur.

Voici comment il en détermine le domaine propre : « Quand l'œil cesse de voir, l'oreille d'entendre, et le tact de sentir, ou bien quand nos sens nous donnent de trompeuses apparences, les appareils inscripteurs sont comme des sens nouveaux d'une précision étonnante[4]... (Ils) mesurent les infiniment petits du temps ; les mouvements les plus rapides et les plus faibles, les moindres variations des forces ne peuvent leur échapper. Ils pénètrent l'intime fonction des organes où la vie semble se traduire par une incessante mobilité[5]. »

Non seulement la physiologie expérimentale est sortie tout armée du laboratoire de M. Marey, mais on peut dire que la phonétique expérimentale elle-même y a fait ses premiers pas.

Déjà, sans doute, comme j'aurai l'occasion de le dire,

---

1. Marey, *La méthode graphique*, p. 144.
2. *Ibid.*, p. 110, 137.
3. *Ibid.*, p. 112.
4. *Ibid.*, p. 108.
5. *Ibid.*, p. III.

des expériences avaient été faites, en vue d'éclaircir certains
faits se rapportant à la phonation, par Valentin, Cagnard-
Latour, etc., au point de vue physiologique ; par Donders,
Helmholtz, Kœnig, etc., au point de vue acoustique ; mais
personne n'avait posé les bases d'une méthode générale
pouvant s'étendre à la phonétique tout entière.

C'est de la Société de linguistique de Paris[1] que partit
l'initiative. Le 3 novembre 1874, M. Gaidoz appela l'attention de la Société sur plusieurs instruments de phonétique
descriptive. Il serait curieux de savoir lesquels : le compte
rendu ne le dit pas, et, dans le sens propre du mot, à ma
connaissance, il n'en existait pas encore. Le 21 novembre,
une commission est nommée. M. Havet en faisait partie.
C'est lui qui eut le rôle actif. Il se mit en rapport avec
M. Marey. Le laboratoire du Collège de France était justement alors fréquenté par le Dr Rosapelly, qui venait de
déployer beaucoup d'ingéniosité dans ses recherches sur
la circulation du foie[2]. Le choix du Maître tomba naturellement sur lui pour l'organisation des expériences.

Les résultats de cette collaboration ont été publiés par
M. Rosapelly dans les *Travaux du laboratoire de M. Marey*
(année 1876[3]), d'où ils sont passés dans tous les traités de
physiologie. Les deux expérimentateurs, à l'aide d'appareils
inscrivant simultanément, l'un les mouvements des lèvres,
un autre les vibrations du larynx, un troisième la pression
de l'air dans le nez, étudièrent des groupes formés de con-

---

1. *Bulletin de la Société de linguistique.*

2. *Recherches théoriques et expérimentales sur les causes et le
mécanisme de la circulation du foie* (thèse, 1873).

3. *Inscription des mouvements phonétiques* (*Travaux du
laboratoire de M. Marey*, II, p. 109-131).

sonnes labiales et de la voyelle *a* (*appa, abba, amma, affa, avva, awwa, apba, apva, afva, apma, ampa, ampma, abma, amba, ambma*).

Ils trouvèrent une égale pression des lèvres pour *p*, pour *b* et pour *m*, pour *f* et pour *v*; avec des vibrations du larynx pour *b, m, v*; enfin un écoulement de l'air par le nez pour *m* et pour l'explosion du *p* et du *b* dans le groupe *pm bm*. M. Havet rapprocha ce dernier phénomène du *yama* des Hindous.

Si les compétences propres à chacun des deux collaborateurs, celle du physiologiste et celle du linguiste, s'étaient trouvées réunies dans la même personne, la phonétique expérimentale était fondée.

On n'alla pas plus loin, et, malgré quelques essais dont je parlerai, les choses en étaient encore là, ou à peu près, dix ans plus tard, en 1885, quand je me trouvai aux prises avec la difficulté de donner aux sons de mon patois une expression exacte. Je faisais part de mon embarras au Maître auprès de qui j'ai toujours trouvé des lumières. M. Gaston Paris me dit : « Une expérimentation mécanique seule peut donner la sécurité. » Sur-le-champ, je rêvai à la réalisation pratique de cette idée, et je fis appel à l'esprit inventif de mon jeune ami, Jules Deseilligny, alors « volontaire » à Rouen, qui était le confident de toutes mes pensées. Deux jours après, je reçus un croquis représentant une plaque téléphonique munie d'un levier écrivant sur un cylindre noirci. Ce fut le point de départ de mes recherches postérieures. L'appareil fut modifié et devint l'*Inscripteur électrique de la parole*.

J'avais en même temps fait la connaissance de M. Verdin, puis de M. Rosapelly, qui m'initièrent aux procédés de M. Marey. Mes recherches portèrent d'abord sur le timbre. Heureusement les objections de M. Morf[1] contre mes notations phonétiques m'attirèrent, en 1889, dans une autre voie. Pour les défendre, je recourus à des inscriptions simultanées que je fis avec le concours si empressé et si amical de M. le Dr Rosapelly. Une fois en route, je me laissai entraîner par mon sujet, et j'abordai successivement l'assimilation, l'intensité, la durée, la hauteur musicale, la recherche des phénomènes inconscients, qui forment la Ire partie de mon livre sur *Les modifications phonétiques du langage*[2], remettant à un autre moment les études plus ingrates sur le timbre des voyelles.

Je n'eus alors aucune connaissance des études entreprises en Allemagne dans le même sens. Celles de M. Wagner sur son dialecte[3] et de Schwan sur l'accent français[4] sont de la même époque; mais, fondées sur l'emploi d'un seul appareil, elles ont bien moins de portée que les simples

---

1. *Göttingische gelehrte Anzeigen*, année 1889, p. II et suiv.

2. Paris, 1891. Le premier chapitre avait été détaché l'année précédente et publiée sous ce titre : *La méthode graphique appliquée à la phonétique*, à l'occasion du mariage Deseilligny-Talma (1890).

3. *Der gegenwärtige Lautbestand des Schwäbischen in der Mundart von Reutlingen*, dans le Programme du collège de Reutlingen (1891); *Ueber die Verwendung des Grützner-Marey'-schen Apparats und des Phonographen zu phonetischen Untersuchungen*, dans les *Phonetische Studien*, IV (année 1890), p. 68-82.

4. *Der französische Accent*, dans *Archiv für das Studium der neueren Sprachen und Litteraturen* (1890).

essais de MM. Rosapelly et Havet. Depuis, M. Vietor a adopté les procédés de M. Wagner et leur a fait faire un notable progrès.

Quant aux recherches sur le timbre des voyelles, elles sont restées presque exclusivement l'apanage de l'Allemagne et ne sont pas encore, à proprement parler, sorties des laboratoires de physique et de physiologie.

Les procédés d'inscription se réduisent à deux classes : ou bien le mouvement à explorer est tracé par l'organe lui-même sur un appareil fixe mis à sa portée ; ou bien le mouvement transmis à un organe écrivant est reçu sur un plan mobile, ou appareil enregistreur. Je vais décrire les uns et les autres avec tous les détails nécessaires pour en obtenir un bon fonctionnement.

§ Ier.

INSCRIPTION DIRECTE

Il n'y a qu'un seul appareil du premier ordre qui soit employé en phonétique : c'est le palais artificiel.

Palais artificiel.

L'idée de placer un palais artificiel dans la bouche pour recueillir le tracé des mouvements de la langue s'est présentée indépendamment à plusieurs expérimentateurs : elle m'est venue à la lecture du livre de M. Lenz sur *les Palatales*. Mais elle a été réalisée pour la première fois et à peu près en même temps par M. Kingsley et par M. Hagelin.

Avant eux, on se servait d'un enduit qu'on mettait sur le palais ; la langue, en produisant une articulation, enlevait cet enduit et conservait ainsi la trace de ses mouvements.

C'est Oakley-Coles (1871) qui a eu, le premier, recours à ce moyen. Il employait un mélange de farine et d'eau gommée [1]. Ce procédé fut imité par Grützner (1879)[2], par Techner (1880)[3], par moi-même en 1887[4], par Rudolph Lenz (1887). Divers progrès furent réalisés dans l'expérimentation. Lenz employait un enduit composé d'encre de Chine, de farine et de colle; il prenait soin de bien essuyer sa langue pour la débarrasser de tout excès de salive; il observait bien avec une ou deux glaces les points touchés et il en transportait l'image sur des moulages en plâtre de son palais préparés d'avance [5].

M. Norman W. Kingsley [6] prit du palais un moulage en plâtre sur lequel il estampa une feuille de vulcanite noire; il conserva les dents. Le palais artificiel était recouvert de craie humectée d'alcool.

M. J. Balassa se servit du même procédé dans ses études sur le hongrois [7].

M. Hagelin (1889) est venu à Paris recueillir les docu-

1. *Transactions of the Odontological Society of Great Britain*, IV (n. ser.), p. 110 (1871).

2. *Physiologie der Stimme und Sprache*, dans le *Handbuch der Physiologie* de L. Hermann (Leipzig, 1879), tome I, 2ᵉ partie, p. 204.

3. *Internationale Zeitschrift für allgemeine Sprachwissenschaft*, Leipzig, I (1884), p. 140.

4. *Revue des patois gallo-romans*, I.

5. *Zur Physiologie und Geschichte der Palatalen*, Gütersloh, 1887 (thèse).

6. *Internationale Zeitschrift für allgemeine Sprachwissenschaft*, III (1887), p. 225.

7. *Ibid.*, IV (1889), p. 130.

ments dont il s'est servi pour son mémoire sur le français [1]. Il faisait prendre par un dentiste le moulage des palais de ses sujets d'étude et confiait ces moulages à une maison de galvanoplastie pour y faire déposer une légère couche de métal. Il supprimait toute la partie qui entourait les dents et noircissait le palais artificiel, ainsi obtenu, avec du vernis du Japon (vernis noir à l'alcool), qui sèche rapidement. Pour chaque expérience, il le blanchissait avec du pastel mou, et, l'empreinte obtenue, il le faisait photographier.

Le moyen employé par M. Hagelin a deux inconvénients : il est onéreux et il met l'expérimentateur dans la dépendance de trop de personnes. Si l'on ne craint pas la dépense, il est plus simple de demander le palais artificiel au dentiste, qui fera un estampage excellent, bien supérieur à la pièce obtenue par la galvanoplastie. Mais le phonéticien expérimentateur ne doit recourir qu'à lui-même pour ces sortes de travaux. Passe encore qu'il s'adresse aux autres quand il a du temps devant lui pour ses expériences. Mais, à compter sur autrui, il s'expose à perdre de bonnes occcasions.

Pour moi, je ne suis arrivé à tirer un bon parti des palais artificiels que depuis que je me suis mis à les fabriquer.

Rien n'est plus facile que de prendre le moulage. Il suffit de se procurer soit du plâtre à mouler, soit du godiva, et des formes pour le moulage de la bouche.

Si l'on veut prendre le moulage avec du plâtre, on commence par fermer, avec de la cire, l'extrémité postérieure de la forme ; puis on gâche son plâtre avec de l'eau tiède dans laquelle on a fait fondre du sulfate de potasse granulé (30 grammes pour un litre). Quand le plâtre forme une

---

1. *Stomatoskopiska undersökningar af franska språkljud*, Stockholm, 1889.

pâte épaisse, on en remplit la forme et on l'applique très
exactement sous le palais, en l'y maintenant quelques
minutes. Lorsque le plâtre est pris, on casse les rebords
qui dépassent et l'on retire le moule. Si l'on veut donner
à la pièce un grande dureté, il suffit de la plonger dans de
l'huile bouillante.

Je conseillerais plutôt le godiva, substance qui a la propriété de se ramollir à la chaleur et de se durcir rapidement à la température ordinaire. L'emploi en est à la fois
plus simple, plus agréable pour le patient et plus rapide. On
tient pendant quelque temps le godiva plongé dans de l'eau
bouillante, et on le rend malléable dans toutes ses parties;
puis on le dispose sur la forme et l'on opère vivement.

Il importe, quand on prend le moulage, de veiller à ce
que les dents soient tout près du bord de l'appareil : autrement, on perdrait une partie importante du palais. Pendant
les quelques minutes nécessaires pour que la matière se
durcisse, il faut conseiller à son sujet de garder la bouche
ouverte, tout en maintenant la forme : c'est un petit soulagement dont il est raisonnable de ne pas le priver.

Avec le godiva, la forme même n'est pas nécessaire. Il
suffit de mettre celui-ci en boule, quand il est ramolli, de
le placer sur un petit carton ou sur le bout d'une règle plate
et de l'introduire ainsi dans la bouche. On obtient même
de la sorte un moulage plus complet du palais. Quand le
godiva est retiré, on le plonge dans de l'eau froide, si on
veut lui faire reprendre sur-le-champ sa dureté naturelle.

On choisit alors un des nombreux procédés suivant
lesquels on peut construire le palais artificiel.

Si l'on veut obtenir un dépôt galvanique, on prend un
contre-moule en plâtre. Pour cela, on mouille la pièce avec
de l'eau de savon, puis on l'entoure de terre glaise ou de

cire, ou simplement d'une bande de papier en bouchant bien toutes les issues avec de la cire et l'on verse dessus du plâtre liquide. Quand le contre-moule est bien sec on le détache, puis on le plonge dans un bain de stéarine, et, quand il est bien saturé et refroidi, on l'enduit de plombagine en poudre sur la face qui doit recevoir le dépôt métallique. On le leste avec un plomb que l'on fixe à la cire, et l'on attaque avec un fil de cuivre. Sur ce fil on a enroulé un autre fil de cuivre fin, dont la pointe vient s'appuyer en faisant ressort sur le centre de la surface à recouvrir; mais on prend bien garde de ne pas enlever la plombagine.

On a préparé à l'avance, dans une petite cuve en verre ou en grès (fig. 16), une solution saturée de sulfate de cuivre additionnée d'un dixième d'acide sulfurique, et on y a placé

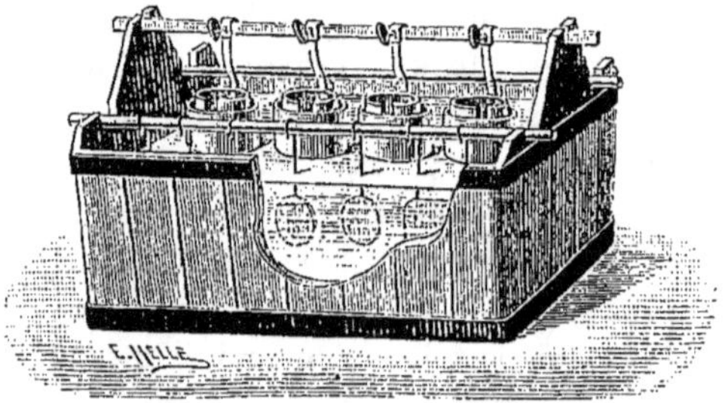

Fig. 16.

un vase poreux contenant une plaque de zinc et de l'eau pure. On suspend alors le moule dans le bain en face du vase poreux et on le relie au moyen du fil de cuivre à la plaque de zinc. Quand le dépôt a commencé à se faire, on ajoute quelques gouttes d'acide dans le vase poreux. L'opération peut bien demander une douzaine d'heures. Il n'y a aucun inconvénient à retirer le moule du bain pour se rendre compte de l'épaisseur du dépôt.

Quand la couche est suffisante, on détache la pièce du moule, on enlève avec des ciseaux ou on laisse, à son choix, la place des dents; puis, après l'avoir décapée dans de l'eau acidulée, on la fait bouillir, pour la noircir, dans une solution de sulfure de sodium ou dans du sulfhydrate d'ammoniaque portés à l'ébullition, à moins qu'on ne préfère l'enduire d'une couche de vernis.

Le palais artificiel ainsi construit a coûté du temps et du travail, mais il aura l'avantage de pouvoir servir indéfiniment. Quand on ne réclame de lui qu'un service momentané, il vaut mieux recourir à des procédés plus simples et plus rapides. J'en indiquerai deux, que j'emploie journellement.

Le premier consiste à faire le palais avec un mélange de papier filtre fin et résistant, de craie en poudre et d'une colle forte liquide sans mauvais goût, par exemple la *seccotine* ou le *liquid glue*. Voici comment on procède. On verse une goutte d'huile sur le moule, dont on casse les rebords, qui gêneraient inutilement l'estampage; puis on étend dessus une feuille de papier filtre trempée dans de l'eau, en l'appliquant avec soin. Il vaut mieux la déchirer, pour lui donner la forme voulue, que la plier. Puis on fait un mastic avec la poudre et la colle, et l'on en met une couche mince sur le papier. Enfin on applique une nouvelle feuille de papier (sèche, si l'on est pressé, — mouillée, si l'on a le temps), et on l'estampe bien avec les doigts et avec une petite pointe mousse en bois (un bout d'allumette ou de crayon, par exemple). On laisse sécher. Quand la pièce est à moitié sèche, il n'est pas mauvais de l'estamper de nouveau, afin de mieux faire ressortir toutes les rugosités du palais; mais cela n'est pas nécessaire.

On le voit, l'opération n'est pas longue et elle se fait

très bien sur le godiva. Une nuit, une demi-journée, est suffisante pour le séchage. Avec des ciseaux on suit exactement le contour des dents, et l'on vernit.

Quand les palais artificiels en papier sont un peu humectés, ils s'appliquent très bien ; mais ils ne sauraient fournir un long usage sans être séchés de temps en temps, soit au feu, soit à la flamme d'une lampe.

Le moyen le plus expéditif de beaucoup, et le seul possible souvent en voyage, c'est l'estampage d'une feuille d'étain de $\frac{2}{10}$ mm d'épaisseur (on en trouve dans le commerce) ou de deux feuilles minces collées ensemble avec un vernis souple, comme en emploient les vélocipédistes, le Ripolin, par exemple. Si l'on a eu soin de recouvrir d'avance un côté avec ce vernis, on n'a plus, au moment de l'expérience, qu'à estamper en mettant la face vernie sur le godiva. On presse bien avec le pouce, au besoin avec un petit morceau de bois mou pointu ; on enlève la place des dents, et la pièce est finie. Quelques minutes ont suffi pour la préparer. L'inconvénient du palais artificiel en étain, c'est qu'il est trop malléable. Une personne maladroite, au lieu de le faire adhérer doucement au moyen d'une pression légère du pouce, le placera mal et le comprimera jusqu'à le déformer. Naturellement, il ne pourra tenir, et l'opération sera à recommencer. Dans ce cas, on le remet sur le moule pour lui rendre sa forme normale. Mais il y a un moyen de venir en aide à l'expérimentateur : c'est de mettre, sur la face qui doit adhérer au palais, une légère couche de colle forte. Le succès, dans ce cas, ne se fait pas attendre.

En un quart d'heure, ainsi, une expérience peut être faite, et une difficulté résolue.

Pour blanchir la face inférieure du palais artificiel, la

simple craie suffit. Le point essentiel est que la couche soit légère et peu adhérente, par conséquent bien séchée avant chaque expérience. Pour ne pas enlever le blanc en mettant en place le palais artificiel, on se frotte le bout des doigts avec la craie. Naturellement, il faut s'abstenir de toucher le palais avec la langue, avant et après l'articulation explorée, tant que le palais artificiel n'aura pas été retiré. On ne laissera pas non plus de salive dans la bouche, car autrement le tracé perdrait sa netteté et sa précision.

Les points touchés par la langue se distinguent en noir, la craie ayant été enlevée. Pour transporter ces points sur le papier, on prépare un patron en carton léger (une carte de visite). En maintenant le palais sur le carton, sans appuyer pour ne pas le déformer, on fait le tour avec un crayon et l'on coupe de façon à enlever le trait. On place le patron, la partie des dents en avant, de manière à avoir le côté droit du palais à sa gauche, et l'on trace les figures destinées à encadrer les résultats obtenus. Le palais est ainsi représenté comme s'il était renversé sur la table, la partie postérieure placée du côté de l'observateur. Ce renversement de la figure facilite le report du dessin, car il n'y a qu'à dessiner les lignes comme on les voit, en s'aidant des échancrures des bords et, au besoin, du compas.

Il n'y a aucune utilité à photographier les tracés. Comme on le verra, les tracés n'ont pas la rigueur mathématique qui justifierait une méthode si précise, si dispendieuse et si lente; et, dans les cas où une comparaison rigoureuse s'impose, les mesures prises au compas et les traits faits à la pointe sur le palais lui-même donnent de meilleurs résultats que des photographies dont les contours manquent souvent de netteté.

Il faut d'ordinaire procéder à ce report avec une certaine

rapidité, car les parties à peine touchées par la langue sèchent rapidement et perdent la trace du contact. Cette remarque peut être utilisée pour juger le degré de la pression exercée par la langue sur le palais. Si l'on considère attentivement le palais artificiel après l'expérience, on voit le blanc de la craie reparaître successivement et d'autant plus vite que la pression a été moindre.

Le palais artificiel est un moyen d'observation fort commode. Mais il faut reconnaître qu'il modifie la condition dans laquelle les articulations sont produites. Souvent, en effet, il provoque un petit zézaiement. Mais, comme l'épaisseur du métal s'ajoute à chaque articulation, on peut supposer qu'elle n'en change pas le rapport, et c'est la seule chose qui nous intéresse.

Il y a plus, le palais artificiel, quand il modifie le son, nous fournit de très utiles renseignements. Par exemple, j'ai remarqué chez une Parisienne que le k devant $é$ est ordinairement mouillé. Or, lorsqu'elle place l'appareil dans sa bouche, ce même k s'entend presque toujours dur. Qu'en conclure? Sinon que la langue ne fait que commencer à s'écarter du palais, puisqu'une épaisseur de moins de $\frac{1}{10}$ de millimètre, à laquelle j'ai réduit le palais pour la circonstance, suffit pour faire disparaître toute trace de mouillure.

Le palais artificiel, comme il sera dit plus loin, permet l'étude des articulations, non seulement quand elles sont isolées, mais encore quand elles sont convenablement placées dans des membres de phrase.

On entrevoit d'ici les résultats qu'on peut espérer de cette méthode si simple, qui est à la portée de tous.

§ II.

INSCRIPTION INDIRECTE

Nous traiterons successivement :

1° des appareils enregistreurs ;
2° des appareils inscripteurs ;
3° du réglage des appareils et de l'interprétation des tracés.

I

APPAREILS ENREGISTREURS

Le mouvement transmis à un levier inscripteur ou à une pointe se traduit par des oscillations exécutées à droite et à gauche, ou bien en avant et en arrière du point de repos. Si ces oscillations se produisent sur un plan immobile capable d'en recevoir l'empreinte, elles tracent des lignes de longueur variable qui se recouvrent. Mais, si le plan qui les enregistre est doué de mouvement et se dérobe devant l'organe inscripteur, les tracés obtenus prennent la forme de courbes qui rendent visibles les diverses positions de la pointe et, par conséquent, les variations d'amplitude du mouvement.

Supposons une tige maintenue en o et oscillant à droite et à gauche de o', avec les amplitudes variables $o'a$ et $o'b$, $o'a'$ et $o'b'$, $o'a''$ et $o'b''$, etc. Supposons encore que la pointe soit munie d'une plume, de façon à pouvoir imprimer sa trace sur le plan fixe $ABCD$. Les divers tracés seront confondus ; la courbe $a''\,b''$ représentera seulement la plus grande amplitude (fig. 17). Mais si le plan A B C D devient

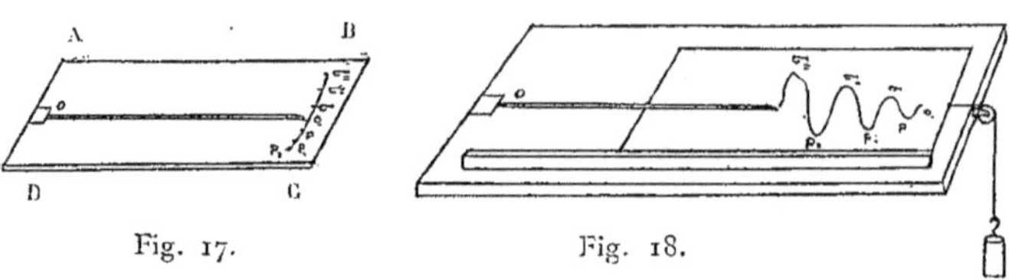

Fig. 17.   Fig. 18.

mobile, chacune des excursions de la pointe sera parfaitement distincte (fig. 18).

Nous sommes ainsi en possession de l'une des deux données nécessaires pour caractériser un mouvement, la *direction*. Reste à acquérir la deuxième, la *vitesse* ou la mesure du temps. Elle résulterait tout naturellement de la vitesse même du plan, si celle-ci était uniforme. Autrement, il faudrait la demander à un appareil spécial, ou chronographe.

La forme de l'appareil enregistreur est en soi indifférente. On a employé le cylindre (marquis d'Ons-en-Bray, 1734); une bande de papier noirci animée d'un mouvement de translation (Rutherford[1], vers 1794); une plaque de verre enfumée, tombant d'après le système employé dans la machine d'Atwood (Harless), attirée par un ressort à boudin, suspendue à l'extrémité d'un long pendule (Fick[2]), tirée à la main sur un chariot (Schneebeli[3], Hensen[4]),

---

1. Marey, *La méthode graphique*, p. 113-114.
2. *Ibid.*, p. 509-510.
3. *Archives des sciences physiques et naturelles* (Genève), n° du 15 février 1879.
4. *Zeitschrift für Biologie*, t. XXIII (année 1887), p. 291-302.

disposée en forme de disque et tournant au moyen d'un mouvement d'horlogerie [1].

La lame de verre enfumée présente des avantages. Le principal, à mes yeux, c'est qu'une surface plane d'inscription ne déforme pas les tracés qu'elle reçoit comme fait une surface cylindrique, ainsi que nous le dirons plus loin.

Quant aux défauts que Schneebeli reproche au papier, frottement contre la pointe, déformations hygrométriques, différences de tension, ils peuvent être corrigés ou compensés par l'emploi d'un papier bien glacé, par la transcription sur la feuille même de l'échelle du temps, par les soins de l'expérimentateur.

L'inconvénient de la lame de verre, c'est qu'il est difficile de lui donner un mouvement régulier. Quand je l'emploie pour mes projections, je me contente de la faire tirer à la main le long d'une règle fixe, sur un plan bien uni, au moyen d'une ficelle attachée à la cire. C'est suffisant pour des figures de démonstration. C'est suffisant encore toutes les fois que l'on cherche, non la durée absolue du temps, mais la simple concordance de deux mouvements. Schneebeli a facilité le mouvement par l'emploi d'un chariot. Je donne ci-contre la figure de celui de M. Hensen (fig. 19).

Les deux coulisseaux (C, C) sont revêtus intérieurement de lames de verre destinées à favoriser le glissement du chariot (CH), qui lui-même est évidé pour diminuer la résistance. La plaque enfumée est fixée au moyen de griffes faisant ressort.

Les appareils inscripteurs sont portés sur un châssis pouvant basculer autour du point *o* et s'appuyant sur la lame

---

1. Marey, *Du mouvement dans les fonctions de la vie*, p. 421.

de verre par une pointe de bois, de façon à ce que les appareils gardent bien le contact. La vis V sert à élever ou

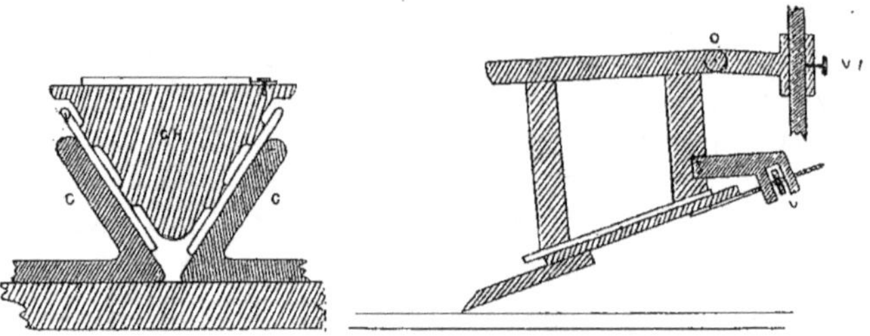

Fig. 19.   Fig. 20.

Chariot enregistreur de Hensen.

à abaisser le châssis, la vis V' à le maintenir sur un point fixe (fig. 20).

La bande de papier animée d'un mouvement de translation a, elle aussi, ses avantages : elle rend possibles des expériences de longue durée. Elle peut être entraînée de deux manières : soit par un seul cylindre en rotation contre

Fig. 21.

Petit enregistreur clinique.

lequel elle est pressée au moyen de deux galets d'ivoire,

comme dans le *polygraphe* de M. Marey[1] ou le petit enregistreur clinique de M. Verdin (fig. 21), soit par deux
cylindres qu'elle enveloppe, l'un contenant le mouvement

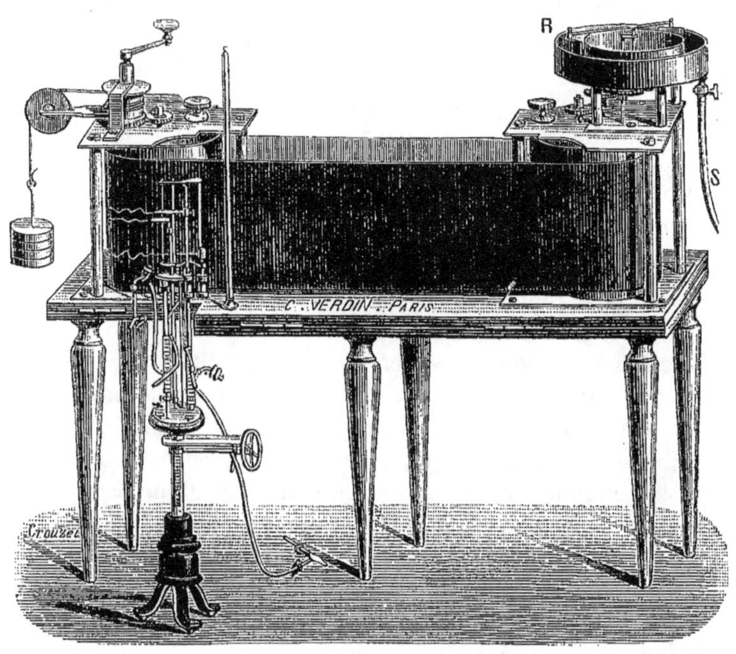

Fig. 22.

Enregistreur à poids.

d'horlogerie, l'autre portant un régulateur et tournant folle-
ment sur un axe (fig. 22). Tel est l'appareil dont se sert

---

1. Marey, *Du mouvement dans les fonctions de la vie*,
p. 149.

M. Marey depuis ses premières expériences. Le mouvement
est entraîné par des poids, ce qui permet d'en faire varier à
volonté la vitesse, et il est réglé par des ailes et de la glycé-
rine contenue dans la cuvette R. Des dispositions nouvelles
permettent de faire les inscriptions soit verticalement, soit
horizontalement, et de régler le contact des appareils inscripteurs avec la plus grande facilité. La bande de papier a
24 centim. de large et peut avoir de 2 à 6 mètres de long.

L'appareil construit pour M. Wagner, par M. Albrecht
de Tubingue, est du même genre, mais plus simple.
M. Vietor en a donné la figure avec une description [1] :
deux cylindres, un mouvement d'horlogerie mû par un
ressort, des coulisses et des vis de réglage, une seule
vitesse, et une bande de papier d'une largeur de $0^m, 20$ et
d'une longueur pouvant varier entre $1^m, 10$ et $1^m, 60$.

Ces appareils peuvent difficilement se passer du contrôle
d'un chronographe, car, en dehors de tout autre motif, la
tension seule du papier, qui, dépendant uniquement d'une
pression musculaire, ne saurait être obtenue d'une façon
identique dans tous les cas, est une cause suffisante d'irrégularité.

Le cylindre ne présente pas cet inconvénient. Tournant
sur des pointes métalliques, il n'est pas influencé dans sa
marche par le papier qu'il porte, et ce papier lui-même
peut être si exactement tendu qu'il n'introduit aucun élément nouveau d'erreur.

Le cylindre se prête en outre plus facilement à l'emploi
des régulateurs.

Certains expérimentateurs se sont contentés de le mou-

----

1. *Die neueren Sprachen*, 1894.

voir à la main, à l'aide d'une manivelle. D'autres ont eu recours à des mouvements d'horlogerie, d'abord sans viser à la précision ; puis on a cherché à les régulariser. Dans ce but, Ludwig employait un balancier[1] ; Morin, des ailes ; Foucault et Villarceau, un volant compensateur. Helmholtz a imaginé un régulateur électrique. C'est le régulateur Foucault qui a été généralement adopté dans les laboratoires.

Le mouvement d'horlogerie qui anime le cylindre enregistreur doit, pour répondre aux besoins de l'expérimentation, laisser le choix entre plusieurs vitesses différentes.

La vitesse, en effet, qu'il convient de lui donner dépend de la rapidité des mouvements à enregistrer : des mouvements lents, inscrits sur un plan qui se déplacerait rapidement, donneraient des tracés qui ressembleraient à des lignes droites ; des mouvements rapides, inscrits sur un plan mû lentement, ne se distingueraient pas les uns des autres.

Lorsque l'expérience peut contenir tout entière dans un tour de cylindre, un simple pied suffit pour maintenir à portée les appareils inscripteurs. Mais, si l'inscription se prolongeait au delà du tour entier, elle recouvrirait les lignes précédemment tracées, et le résultat de l'expérience serait compromis. Pour obvier à cet inconvénient, on a eu recours aux inscriptions en hélice (Donders[2]). Celles-ci sont dues à un double mouvement : révolution du cylindre autour de son axe, et déplacement, suivant la perpendiculaire, soit du cylindre lui-même, soit des organes inscrip-

---

1. Marey, *Du mouvement dans les fonctions de la vie*, p. 132.
2. Marey, *La méthode graphique*, p. 458.

teurs. On obtient le déplacement du cylindre en lui donnant pour axe une vis qui s'enfonce à mesure qu'elle tourne sur ses coussinets, comme dans le phonautographe de Scott ou le phonographe d'Edison. Quand ce sont les organes inscripteurs qu'on veut faire déplacer, on les dispose sur un *chariot* qui les écarte peu à peu, suivant un mouvement régulier et parallèle à la génératrice du cylindre. De quelque façon que le déplacement soit opéré, le style inscripteur trace une série de lignes parallèles qui se développent sans interruption comme autant de spires et couvrent la feuille tout entière.

Le chariot peut être entraîné au moyen d'une corde de transmission par le même mouvement que le cylindre, ou avoir son moteur spécial. Dans le premier cas, les deux mouvements obtenus à l'aide d'un seul moteur donnent des tracés d'une correction parfaite ; mais la marche de l'appareil peut en être ralentie. Dans le second, le cylindre n'éprouve aucun retard ; mais les variations de vitesse qui ne peuvent pas manquer de se produire entre les deux moteurs nuisent à l'exactitude des tracés.

Même pour les inscriptions qui ne demandent qu'un seul tour de cylindre, le chariot a son utilité : il permet de faire glisser les appareils inscripteurs suivant une ligne parfaitement horizontale et parallèle à la génératrice, ce qui dispense de réglages successifs et ennuyeux.

Cela dit au point de vue général et théorique, j'aborde la description de l'appareil qui me semble le mieux répondre aux besoins de la phonétique expérimentale, le cylindre enregistreur avec chariot mû par un mouvement d'horlogerie muni d'un régulateur Foucault, tel qu'il est construit par M. Verdin (fig. 23).

Le cylindre est formé d'un tube de laiton parfaitement
calibré. On arrive à ce résultat en pratiquant, dans les parois
des deux bases, des trous qui permettent de régulariser le
poids. Un cylindre bien calibré reste immobile dans toutes
les positions qu'on lui donne.

Le cylindre est suspendu par son axe, entre l'un des arbres
du mouvement et une colonne de butée, au moyen d'une

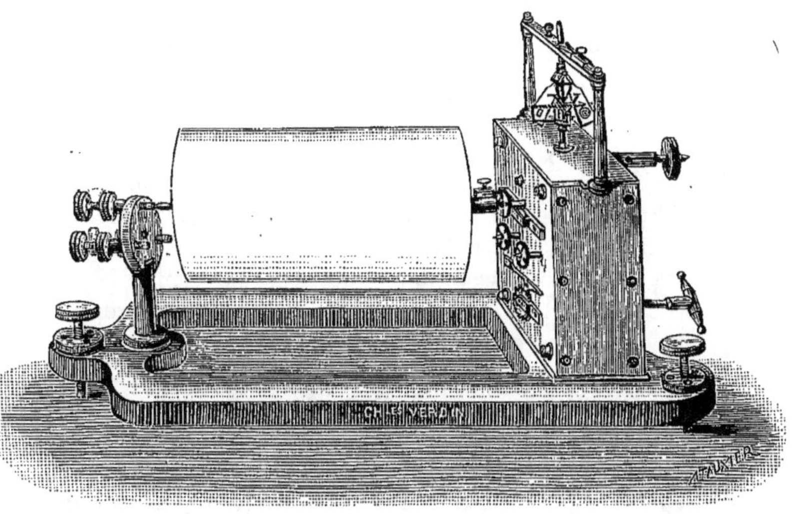

Fig. 23.

Cylindre enregistreur
avec mouvement d'horlogerie et régulateur.

vis contre-pivot. Cette vis est maintenue en place par une
vis calante. D'autre part, l'axe du cylindre est fixé à l'arbre
du mouvement au moyen d'un toc. Ce petit appareil vient
de recevoir un perfectionnement important. Le toc du
cylindre porte un petit verrou qui entre dans le toc du mou-

vement. Avec ce verrou on établit ou on supprime aisément la dépendance du cylindre et du moteur.

Pour enlever le cylindre, on le maintient en dessous, d'une main, pendant qu'avec l'autre on desserre la vis calante, puis la vis de butée. Quand on sent qu'il se détache, on le retire avec précaution. Pour le replacer, on procède d'une façon inverse : on l'adapte au rouage, puis on maintient la pointe de son axe en face de la vis de butée jusqu'à ce qu'on ait amené le contact, tout en laissant un peu de jeu entre les pivots. On serre la vis calante. Il ne reste plus qu'à pousser le verrou du toc, si l'on veut produire l'entraînement.

Le mouvement d'horlogerie possède trois axes, qui donnent au cylindre trois vitesses différentes : un tour à la seconde, un tour en 8 secondes, un tour en une minute.

Un frein placé sur le cadre du régulateur permet à volonté la mise en marche et l'arrêt.

Le régulateur se compose de deux ailes, munies de masses de réglage, qui s'étendent ou s'abaissent en proportion de la tension du ressort moteur, opposant ainsi, au moment opportun, tantôt plus, tantôt moins de résistance, et régularisent la marche de l'appareil.

Le bon fonctionnement des ailes dépend de l'élasticité de leurs ressorts et de la position des masses. Il est facile de se rendre compte, avec la main, de la qualité des ressorts. Quant à la position que doivent occuper les masses, elle ne peut être déterminée qu'expérimentalement. Il s'agit de trouver le point précis où le contre-coup des variations du ressort moteur peut être ressenti par les ailes. Chargées trop haut, celles-ci, devenues trop légères, atteignent leur maximum d'amplitude avec les pressions moyennes et sont impuissantes à contre-balancer les pressions fortes ; chargées trop bas, elles répondent bien aux pressions considérables, mais elles opposent une résistance invincible à des variations moindres, suffisantes toutefois pour compromettre l'uniformité du mouvement.

Pour mettre le régulateur au point, on compte, à des moments séparés, le nombre de tours que le cylindre exécute dans un temps donné (une minute, par exemple). Une marque faite à la craie et mirée avec un autre point fixe, ou bien un signal collé au cylindre et frappant à chaque tour sur un obstacle quelconque, permet de compter ces tours très exactement. Si le nombre obtenu varie, on observe le mouvement des ailes : si celles-ci s'étendent complètement, il faut baisser les masses ; dans le cas contraire, il faut les relever. Quand on est arrivé à un bon résultat, il convient de recourir à un moyen plus sûr : on inscrit les vibrations d'un diapason et l'on peut par là obtenir un réglage, sinon parfait, du moins très satisfaisant ; en tout cas, on limite très exactement les erreurs possibles.

Les expériences faites sur mon appareil m'ont appris : 1° que les trois premiers tours du cylindre sont irréguliers, en raison de l'inertie des rouages ; 2° que les derniers subissent une légère accélération ; 3° que les autres, pendant la durée d'une expérience, sont sensiblement uniformes. Il n'y a qu'à se conduire en conséquence : laisser faire quelques tours au cylindre avant de l'utiliser, et ne pas attendre, pour le remonter, que le ressort soit à fond.

Le chariot est porté sur un bâti de fonte indépendant (fig. 24), qui peut être rattaché à celui du mouvement d'horlogerie au moyen de deux butoirs (B, B). Il se meut sur deux rails au moyen de galets à gorge. Par une petite lame cachée dans le pied, il s'engrène dans la vis entraînante. On soulève cette lame au moyen de l'anneau qui forme la

base de la tige verticale, et alors le chariot peut être conduit indépendamment de la vis. Lorsque la vis est reliée
au moteur, les changements de place à la main ne pourraient pas se faire autrement. Aux deux extrémités, la lame
engrenante tombe en dehors de la vis : c'est la position de
repos du chariot.

L'axe de la vis motrice porte à l'une de ses extrémités

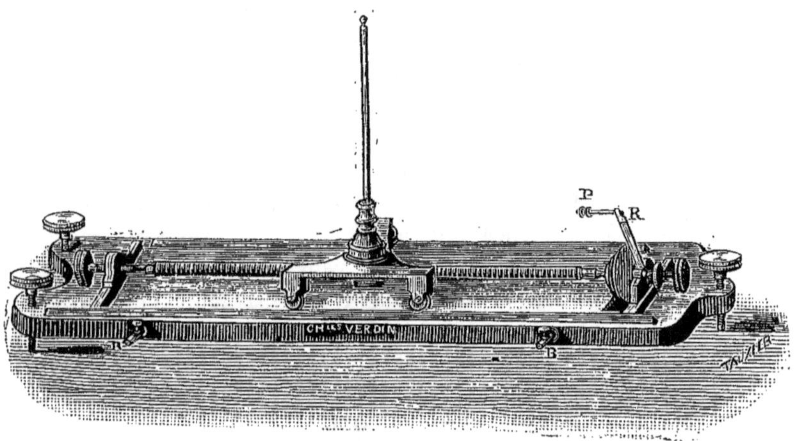

Fig. 24.

Chariot.

une poulie à plusieurs gorges qui correspond à une poulie
semblable fixée à un axe postérieur du rouage d'horlogerie.
Une corde passant par ces deux poulies, et tendue au
moyen d'un ressort (R), transmet le mouvement du
rouage au chariot. Les diverses gorges des deux poulies
permettent de faire varier la vitesse du chariot et par conséquent l'écartement des lignes inscrites sur le cylindre. On
obtient l'écartement le plus grand en reliant la gorge la

plus grande de la poulie du rouage avec la plus petite de la poulie du chariot. Inversement, on obtient l'écartement le plus petit en unissant la gorge la plus grande du chariot avec la plus petite du rouage. Le ressort tenseur doit être assez flexible pour compenser les irrégularités ou le nœud de la corde de transmission.

C'est sur la tige du chariot que s'adapte le *support de côté à réglage* qui reçoit les appareils inscripteurs. Un support fixe ne rendrait pas le même service. Il est nécessaire, en effet, de pouvoir à son gré rapprocher ou écarter les plumes du cylindre, soit en tournant la vis de réglage, soit en appuyant avec le doigt sur le levier. Il faut placer le support de façon à pouvoir utiliser la feuille tout entière. On ne pouvait le faire autrefois que pour certaines vitesses ; depuis que j'ai introduit un nouveau support à réglage, inverse du précédent, on le peut pour toutes (fig. 33, 66).

Mon appareil contient une autre nouveauté dont l'emploi s'impose aux phonéticiens. Les expériences que l'on faisait jusqu'ici n'exigeaient pas une grande vitesse du chariot ; on ne prenait en général qu'un seul tracé à la fois ; mais la nécessité de faire marcher de front plusieurs plumes m'a obligé à doter mon chariot d'une vis à pas très large. De plus, des trois vitesses normales de l'appareil, il n'y en a guère qu'une qui nous convienne, la moyenne ; les deux autres sont, ou trop lente, ou trop rapide. Mais la vitesse moyenne est elle-même trop lente dans certains cas ; j'ai donc ralenti la plus rapide et légèrement accéléré la moyenne.

Ces deux appareils, qui en réalité n'en font qu'un, le cylindre avec mouvement d'horlogerie et le chariot, étant bien connus, il nous reste à dire comment on les fait fonctionner.

Avant tout, il faut les disposer sur une table solide, et les placer l'un et l'autre bien horizontalement. On peut se servir, à cet effet, d'un niveau à bulle d'air; les vis calantes rendent le réglage très facile.

Le chariot se met devant le cylindre de telle façon que celui-ci, quand il est en mouvement, se dérobe devant lui par en haut et en arrière. On conçoit que, si le cylindre tournait dans le sens inverse, il replierait sur elles-mêmes les plumes des appareils inscripteurs.

Puis, sans changer le cylindre de place, mais après l'avoir rendu libre en retirant le verrou, s'il y a lieu, on colle dessus une feuille de papier glacé que l'on a eu soin de gommer préalablement. Pour cela, on passe le côté non gommé en dessous du cylindre, d'arrière en avant; on saisit ce côté de la main gauche, on le serre bien contre le métal et l'on applique dessus le côté gommé. De la sorte, les pointes des styles glisseront sans peine; si l'opération avait été faite dans l'autre sens, elles se seraient heurtées contre le rebord.

Le papier collé, on le noircit en promenant dessous, d'une façon régulière et continue, un corps fumeux que l'on tient d'une main, pendant que de l'autre on fait tourner le cylindre d'arrière en avant avec une vitesse convenable. Il faut que la couche de noir de fumée déposée sur la feuille soit fort mince, mais pourtant suffisamment noire. La petite bougie à mèche épaisse, qu'on appelle *rat de cave*, est excellente; le *Wachsstock*, qui répond en Allemagne, pour l'usage qu'on en fait, à notre rat de cave, n'est pas bon : il a trop de cire et trop peu de mèche. J'emploie aussi volontiers du camphre que je brûle dans une cuillère ; mais, si l'on veut que la couche ne soit pas trop épaisse, il faut tourner très rapidement.

Le noircissage achevé, il n'y a plus qu'à disposer sur le support les appareils inscripteurs, puis, quand tout sera prêt, à fixer le cylindre à l'arbre du mouvement en poussant le verrou du toc et à relâcher le frein qui retient le moteur.

Quand l'expérience sera finie, on resserrera le frein, on rendra au cylindre sa liberté en retirant le verrou, et, en maintenant la feuille d'un doigt, on la coupera suivant la ligne de collage, avec un canif; on prendra les deux bords par le milieu; puis on tirera l'un en haut, tout en maintenant l'autre jusqu'à ce qu'il n'y ait plus à craindre que le bord inférieur ne touche au pied de l'appareil. La feuille, ainsi détachée, est posée sur la table avec précaution; on y écrit à la pointe tous les renseignements utiles, et on la vernit.

Le vernissage est une opération qu'il ne serait pas agréable de recommencer pour chaque feuille. Aussi me suis-je fait construire un petit meuble où chaque feuille repose sur une planchette qui glisse dans une coulisse. Je puis ainsi en conserver une trentaine superposées les unes aux autres.

Le vernis que j'emploie se compose de laque blanche (80 grammes), de térébenthine de Venise (50 grammes), dissoutes dans un litre d'alcool à brûler, le tout filtré au papier. Il y a un résidu qu'on laisse déposer, si l'on ne veut pas qu'il empâte le filtre. Le filtrage est, du reste, assez long, surtout si on ne renouvelle pas les filtres souvent. Quand le vernis se trouve un peu faible, il suffit de le laisser quelques heures à l'air pour lui donner, par l'évaporation de l'alcool, le degré de concentration qui convient.

On verse le vernis dans une petite cuvette en forme de demi-cylindre et l'on y trempe les feuilles. Il n'y a pas d'autre précaution à prendre que d'empêcher la surface noircie de toucher à quoi que ce soit autre que le vernis. Les feuilles retirées sont suspendues à des fils de fer, à l'aide d'épingles de blanchisseuses, pour qu'elles puissent s'égoutter et sécher, ce qui ne demande que quelques minutes.

Chronographes. — L'appareil enregistreur que je viens de décrire est bien près d'avoir une vitesse uniforme, mais enfin il ne l'a pas; d'autre part, sa vitesse peut être modifiée d'une manière variable par le chariot. Un organe mesurant le temps avec précision en est donc le complément indispensable.

Le premier, Thomas Young eut l'idée de joindre, aux inscriptions des phénomènes enregistrés sur un cylindre, le tracé simultané des vibrations d'une tige élastique dont on aurait par avance déterminé la durée. Wertheim et Duhamel substituèrent aux tiges les diapasons, qui se règlent beaucoup plus facilement, soit par la méthode de Lissajous (méthode optique), soit par celle de M. Kœnig (méthode des battements).

D'autres ont eu recours à un compteur (Helmholtz) ou à une sirène, mus par l'appareil d'horlogerie [1].

Le seul moyen vraiment pratique est l'emploi du diapason. En fixant une plume légère à l'une des branches du diapason, il est facile, comme je le montrerai page 78, de recueillir directement ses vibrations en même temps que l'on prend les tracés des mouvements observés. Un moyen, plus commode encore, consiste à entretenir électriquement les vibrations du diapason (Helmholtz, Regnault,

---

1. Marey, *Du mouvement dans les fonctions de la vie,* p. 419.

Foucault [1]) et à les inscrire au moyen d'un signal électrique (voir page 103) ou d'un tambour à levier [2].

Le choix du diapason dépend de la vitesse à mesurer. Les diapasons de 25 ou 50 vibrations (v. d.) à la seconde conviennent aux mouvements lents; ceux de 200 à 1000, aux mouvements rapides.

Il est bon de prendre, sur chaque feuille, au moins une fois le tracé du diapason : on a ainsi une échelle toute préparée et qui éprouve les mêmes variations que les tracés auxquels elle doit s'appliquer.

Il y aurait bien aussi à tenir compte des différences de température, puisque les diapasons en subissent l'influence et que le nombre de leurs vibrations (v. s.) est en général, d'après les expériences de M. Kœnig [3], diminué de $\frac{1}{8943}$ lorsque la température s'élève de 1° c. Mais cette quantité est si faible ($\frac{1}{3577}$ de seconde par 10° c. pour mon diapason de 400 demi-vibrations), qu'elle m'a paru jusqu'ici tout à fait négligeable.

Appareil enregistreur de voyage.

Les appareils de laboratoire ont cet inconvénient, qu'ils sont d'un transport difficile. Aussi me suis-je trouvé fort embarrassé quand j'ai voulu, l'été dernier, emporter, à travers les villages de la Bretagne, l'appareil dont je m'étais servi jusqu'à ce moment et qui n'avait fait avec moi dans mes voyages que des stations peu nombreuses et prolongées. Il

1. Marey, *La méthode graphique*, p. 110.
2. *Ibid.*, p. 136 et 464.
3. Kœnig, *Quelques expériences d'acoustique*, p. 189.

me fallait opérer des réductions, de manière à pouvoir porter moi-même tout mon laboratoire à la main : appareils, cuve, vernis, provision de feuilles, outils, etc.

L'appareil enregistreur dut donc être bien simplifié. Voici à quoi, après des perfectionnements successifs, il a été réduit : une planchette en bois blanc, avec deux supports verticaux et une coulisse. L'un des supports porte une vis contre-pivot; l'autre, un petit moteur fait d'un vieux réveille-matin, qui suffit, par la seule butée de son arbre contre l'axe du cylindre, pour opérer l'entraînement.

L'élasticité des supports permet d'introduire le cylindre sans qu'il soit utile de toucher à la vis une fois qu'elle est bien réglée. On fait varier la vitesse en montant le ressort plus ou moins ou bien en pressant du doigt l'axe du cylindre. Dans la coulisse, circule à frottement doux une petite masse de bois, qui porte la tige de soutien pour les appareils inscripteurs et, monté sur une bascule, le diapason écrivant, que l'on peut à son gré rapprocher ou écarter du plan enregistreur. L'appareil est simple, très précis puisqu'il permet de calculer les moindres durées, peu coûteux, et avec cela peu encombrant, car, en perçant un large trou dans l'une de ses bases, j'ai fait servir le cylindre à l'emballage des appareils délicats.

Depuis seulement, j'ai vu le petit enregistreur que M. Verdin a construit pour la clinique (fig. 21), et qui pourrait fort bien être approprié aux explorations des phonéticiens en voyage.

Les progrès qu'a faits la photographie l'ont rendue propre à compléter et même à remplacer les procédés d'inscription que je viens de signaler. J'en dirai un mot à l'occasion, en décrivant les appareils inscripteurs.

II

APPAREILS INSCRIPTEURS

La parole nous présente deux ordres de phénomènes à inscrire : la parole elle-même et les mouvements organiques qui la produisent.

Je parlerai successivement des appareils dont nous disposons pour l'un et l'autre objet, en commençant par les appareils inscripteurs des mouvements organiques.

Inscripteurs des mouvements organiques.

Quelle que soit leur diversité, les appareils inscripteurs ont tous le même but : recueillir un mouvement et l'inscrire sur le plan enregistreur. Ils sont donc doués d'un double organe : l'un *explorateur*, l'autre *écrivant*.

Ces deux organes sont mis en communication au moyen de l'air ou de l'électricité.

A. — APPAREILS INSCRIPTEURS A AIR.

Le premier appareil inscripteur qui ait été introduit en physiologie est le *kymographion* de Ludwig [1], destiné à mesurer la pression sanguine. Il se composait d'un manomètre avec flotteur muni d'un levier et s'adaptait aux artères d'un animal vivant. J'ai souvent songé à utiliser un appareil analogue, mais j'ai craint les soubresauts de la colonne de mercure. M. Weeks, qui l'a essayé, s'est heurté à cet inconvénient.

Après l'appareil de Ludwig parurent ceux de Helmholtz

---

1. Marey, *Du mouvement dans les fonctions de la vie*, p. 130.

et de Vierordt pour l'exploration des mouvements musculaires (myographes)[1]. Enfin M. Marey, étudiant avec
M. Chauveau les mouvements du cœur, fut amené, par la
difficulté même de l'expérimentation, à confier l'exploration
et l'inscription à deux appareils distincts, qu'il relia par un
caoutchouc. C'est ainsi qu'il dota la science de deux outils
excellents : le tambour à levier et le tambour explorateur.

Organe écrivant.

Tambour à levier. — Le tambour à levier ne fut d'abord
qu'une cuvette de cuivre munie d'un tube pour la transmission et couverte à sa partie supérieure d'une membrane
de caoutchouc; le style était maintenu en contact avec la
membrane au moyen d'un petit fil également en caoutchouc[2]. Mais les perfectionnements ne se firent pas

Fig. 25.

Tambour à levier.

attendre. Un disque d'aluminium collé sur la membrane
reçut à son centre une petite fourchette métallique qui
s'articulait avec le levier (fig. 25), et celui-ci fut rendu mobile
entre les parois de la pièce qui porte la fourchette, de sorte

1. Marey, *Du mouvement dans les fonctions de la vie*,
p. 133-135.
2. *Ibid.*, p. 140, 147.

qu'on en peut graduer suivant les besoins la puissance ampli-
ficatrice [1]. Les améliorations qui ont suivi et dont quelques-
unes sont dues à M. Chauveau, ont eu pour but de faciliter
l'emploi de l'appareil. Une articulation permet de faire
mouvoir le style vers la droite ou vers la gauche. Quand
les déplacements doivent être très étendus, on est obligé
de porter le style du côté opposé à celui vers lequel ils
doivent se produire, si l'on ne veut pas qu'il abandonne le
cylindre. Enfin deux vis de réglage ont été ajoutées : l'une (A)
repousse l'appareil vers le cylindre ou le retire en arrière,

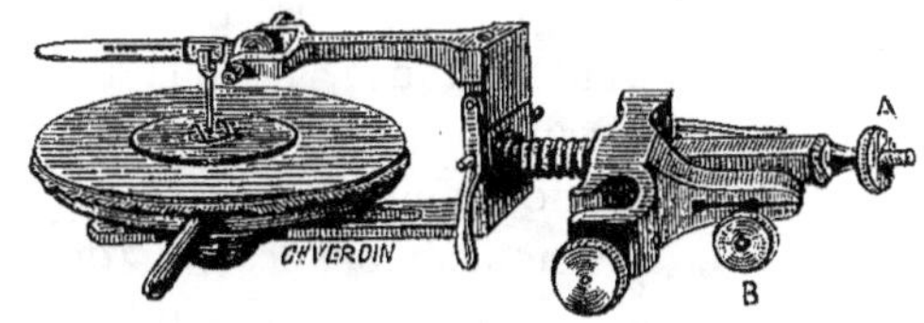

Fig. 26.

Tambour à levier (nouveau modèle).

l'autre (B) élève ou abaisse le style. La virole a été fendue
pour permettre de placer ou de retirer le tambour, dans
une expérience complexe, sans qu'il soit nécessaire de
toucher aux autres appareils inscripteurs. Ce dernier modèle
laisse pourtant encore quelque chose à désirer : il est trop
épais et prend une place exagérée, ce qui est très gênant
dans les inscriptions simultanées (fig. 26).

En physiologie on ne demande au tambour à levier que
d'inscrire des mouvements d'une certaine amplitude; en
phonétique expérimentale, ce n'est pas assez : nous lui

---

1. Marey, *Du mouvement dans les fonctions de la vie,*
p. 148.

demandons en outre de rendre les vibrations. Mes premiers essais dans ce sens datent du 4 avril 1886; je fis mes expériences avec un tambour, réunissant, pensions-nous, M. Verdin et moi, toutes les conditions d'une sensibilité exquise : elles échouèrent, comme elles devaient. Deux ans plus tard, au cours d'expériences que nous faisions ensemble, M. le Dr Rosapelly eut l'idée de rechercher la pression de l'air dans le nez : or, par bonheur, tous nos tambours fraîchement montés étant occupés, il en prit un vieux dont la membrane toute ratatinée avait besoin, selon nous, d'être renouvelée; mais, ô miracle! non seulement la pression de l'air était marquée, mais la ligne au lieu d'être droite, se trouvait formée d'une série de petites sinuosités. Une inscription simultanée avec les vibrations du larynx prouva que nous avions les vibrations nasales. C'est avec ce tambour, devenu tout à coup précieux pour nous, qu'ont été pris les tracés utilisés dans ma thèse sur *Les modifications phonétiques du langage*. Chose étonnante! nous n'eûmes, ni M. Rosapelly ni moi, l'idée d'essayer avec ce tambour l'inscription directe de la parole. Mes précédents insuccès m'avaient conduit sur une autre voie, où j'avais réussi. Je me contentai de chercher le moyen de donner à un tambour neuf la qualité d'un vieux. J'y parvins en le chargeant de plombs pendant quelques jours et en détendant le plus possible la membrane. Les choses en restèrent là jusqu'au 15 février 1891, où le hasard vint encore une fois me servir. Je cherchais la pression de l'air au sortir de la bouche. Or, au lieu de prendre la vitesse la plus lente du régulateur, comme je faisais d'ordinaire pour l'étude de ce phénomène, je laissai mon cylindre sur l'axe moyen qu'il occupait; et, autre circonstance favorable, n'ayant sous la main qu'un petit bout de tuyau, je m'en contentai.

Mes tambours n'étaient plus neufs, et ils me donnèrent
des tracés analogues à ceux qu'avait obtenus par le nez le
Dr Rosapelly. Je corrigeais alors les épreuves de ma thèse, et
je consignai à la page 252, sans dire comment je les avais
obtenus, les résultats nouveaux. Le temps me manquait
pour étudier les conditions du phénomène. Je ne le fis
qu'en 1893, lorsque j'appris par les journaux de Berlin
que M. Vietor avait trouvé le moyen de recueillir sur les
lèvres les vibrations du larynx (fig. 27). M. Vietor n'avait

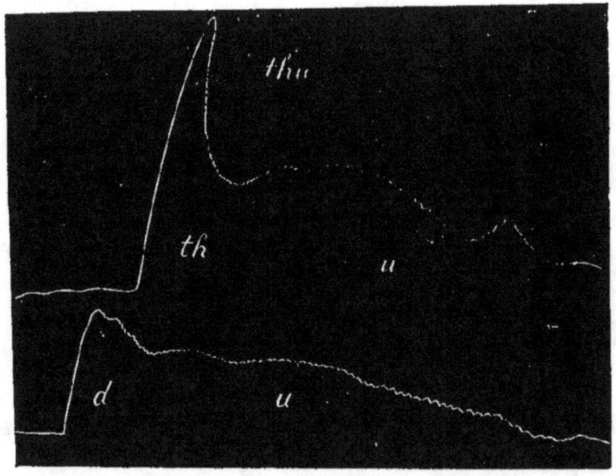

Fig. 27.

Tracés obtenus par M. Vietor
au moyen d'un tambour à levier.

pas pénétré la vraie cause du phénomène et attribuait son
succès à la forme de l'embouchure qu'il avait choisie.
L'embouchure n'est pas indifférente, mais c'est la qualité
de la membrane qui intervient comme condition essen-

tielle [1] : ce qu'il faut, c'est une membrane *rigide*, peu tendue, avec un large disque, et non, comme je l'avais supposé d'abord, une membrane *flexible*, très tendue, avec un disque étroit. Si j'avais réfléchi que dans l'oreille la membrane du tympan est une membrane rigide, que la membrane des phonographes est rigide aussi, que la membrane de la fenêtre ovale ne dépasse que de quelques centièmes de millimètre la base de l'étrier, qui remplit le rôle du disque d'aluminium dans notre tambour à levier, je n'aurais pas commis cette erreur.

M. Chauveau a eu l'heureuse idée de faire construire des tambours à petite cuvette. Ce sont les meilleurs, toutes les fois que la masse d'air ébranlée est minime.

Je dispose maintenant de quatre sortes de tambours à levier, gradués suivant leur degré de flexibilité : un tambour flexible (membrane mince tendue et disque étroit), un tambour moyen (membrane rigide peu tendue, avec disque étroit), un tambour rigide (membrane très résistante posée sur le tambour sans être tendue et disque large), enfin un tambour rigide à petite cuvette.

J'ai essayé d'une membrane en vessie de porc. Les résultats ont été bons quand elle était humide; sèche, elle rend difficilement. On pourrait essayer du papier, du parchemin, etc.

Pour être à même de faire ces essais ou de réparer des accidents, il importe de savoir tendre les membranes sur les tambours. Voici comment on opère. Après avoir décollé le disque et détaché de son support la cuvette du tambour, on fixe celle-ci par le tube de communication sur un étau, ce qui est plus commode, ou on la maintient comme on

---

1. *Le maître phonétique,* janvier 1894.

peut entre ses genoux ou sur une table; on étend dessus la membrane et on l'attache solidement. Puis on remonte la cuvette et l'on recolle avec un petit fer chauffé le disque, que l'on place bien au milieu au moyen d'un patron circulaire.

La qualité des membranes n'est pas constante. Elle varie avec l'état de l'atmosphère, et c'est là un point qui mérite toute l'attention des expérimentateurs. Quand il n'y a que des mouvements d'une amplitude considérable à explorer, aucune différence sensible ne se trahit. Mais dès qu'il s'agit de vibrations, les influences atmosphériques se font sentir à un tel point que d'un jour à l'autre les mêmes appareils perdent et reprennent la faculté de les reproduire.

C'est cette inconstance des tambours à levier qui m'a porté à leur substituer, surtout pour l'inscription de la parole, un appareil que j'ai construit sur le modèle de l'oreille.

Dans les expériences délicates, comme celles qui ont pour objet la recherche des vibrations, le choix d'un bon style inscripteur a son importance. On en fait en bambou et en paille de seigle. Je préfère ces derniers. Mais pour tous une pointe en corne bien flexible et bien pointue est nécessaire. Cette pointe s'attache avec un peu de cire à modeler. Quand la pointe est émoussée, on l'aiguise avec une lime bien fine sur un morceau de liège et on la retaille au canif en l'appuyant sur une surface dure. Plusieurs fois j'ai été entravé dans mes recherches par l'insensibilité d'un tambour, et tout le mal venait de la rigidité du style; un coup de lime, et l'obstacle était écarté. La plume doit être fixée solidement au levier de métal au moyen d'un petit manchon d'aluminium; s'il est besoin, on presse cette pièce entre les mâchoires d'une pince.

Il ne suffit pas de veiller à la qualité de la plume; il faut encore établir une juste proportion entre les deux bras du levier. On modifie celle-ci, dans les modèles nouveaux, en faisant glisser le manchon de la chape le long du levier et le corps du tambour le long de la coulisse. Ce n'est pas seulement la dimension des tracés à obtenir qui est en cause, mais aussi le degré de sensibilité dont on a besoin. Plus la chape est rapprochée de l'axe du levier, ou (ce qui revient au même) plus le bras écrivant est long par rapport au petit, plus les tracés sont agrandis; mais c'est au détriment de la sensibilité : la force d'inertie augmente d'autant. Aussi, quand on veut recueillir des vibrations, faut-il résister à l'idée que l'agrandissement le plus considérable est le meilleur : une bonne place pour la chape est à 3 ou 4^{mm} du point d'appui. Si l'on voulait des tracés de grande amplitude, il vaudrait mieux, dans ce cas, allonger le grand bras que raccourcir le petit.

Organe explorateur.

L'organe explorateur n'a pas de forme déterminée. Il se modèle sur l'organe même à explorer, et peut se réduire à une simple ampoule en caoutchouc ou bien comprendre un tambour explorateur avec ses accessoires.

Ampoules exploratrices. — Elles sont rondes, ovales ou

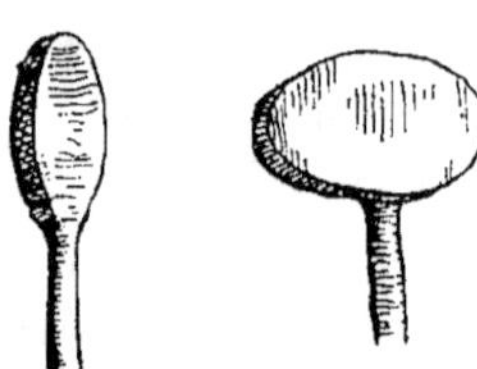

Fig. 28.
Ampoules exploratrices.

allongées, grandes ou petites, épaisses ou minces, résistantes ou flexibles (fig. 28), suivant la forme des organes et la nature des mouvements à explorer.

Tambour explorateur. — Le tambour explorateur revêt aussi différentes formes et se prête à de nombreuses combinaisons. Il se compose essentiellement d'une cuvette et d'une membrane.

Tantôt on applique directement la membrane sur l'organe, tantôt on interpose un bouton central, si l'on veut limiter l'exploration, ou une tige rigide, si l'on désire atteindre un point éloigné. D'autres fois, on a recours à des leviers qui reçoivent la pression et la communiquent au tambour. Dans certains cas, il est bon d'employer de grandes cuvettes; dans d'autres (lorsque le déplacement est faible), les petites sont préférables.

La tension et la flexibilité de la membrane changent aussi suivant l'objet des recherches : les mouvements non vibratoires peuvent être saisis par toutes sortes de membranes; les vibrations réclament des membranes rigides.

Variables dans leur forme, leurs dimensions et leurs qualités, les tambours explorateurs le sont aussi dans leur mode d'attache. Ils doivent être maintenus en position, de telle sorte que la membrane ne soit impressionnée que par un mouvement unique, celui qui fait l'objet des recherches, ou du moins facile à distinguer des mouvements accessoires qui viendraient s'y ajouter. Ceintures, courroies élastiques, constructions métalliques sont employées tour à tour suivant la place sur laquelle on peut prendre son point d'appui.

Parmi les appareils usités en physiologie, je n'en vois que deux ou trois qui puissent être adaptés à notre usage. Ce sont les *myographes* et les *pneumographes*.

Les *myographes* (Helmholtz, Marey) servent à explorer le gonflement des muscles. Ils se composent d'une capsule avec un ressort intérieur qui fait un peu saillir la membrane et se termine extérieurement par un bouton. « La capsule s'applique par sa face élastique sur le muscle que l'on veut explorer; on la maintient fortement serrée et immobilisée au moyen d'un bandage roulé. [1] »

Les *pneumographes* inscrivent les changements de volume de la cage thoracique pendant la respiration. M. Marey s'est d'abord servi, dans ce but, d'un cylindre élastique main-

Fig. 29.

Pneumographe de P. Bert.

tenu par un ressort à boudin et fermé à ses deux extrémités par des rondelles de métal avec crochet central. Un tube

---

1. Marey, *La méthode graphique*, p. 201.

latéral communiquait avec le tambour inscripteur. La ceinture, dont on s'entourait la poitrine, était attachée aux deux
crochets[1]. Paul Bert changea la partie élastique de place :
il fit le tube de métal et le ferma à chaque bout par des
membranes. Plus tard, M. Marey a pris un tambour monté
sur une lame d'acier élastique et fixé à la fois, par sa cuvette

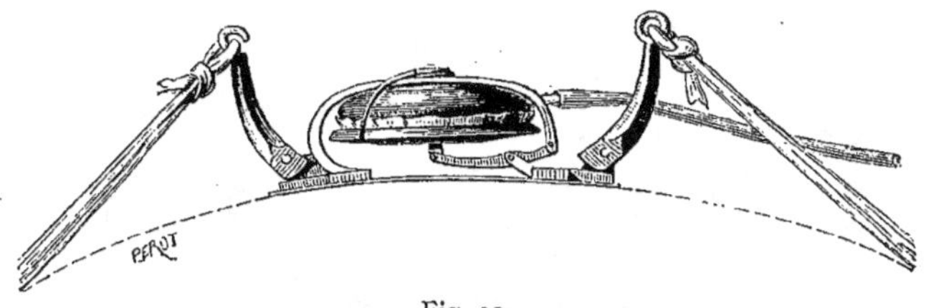

Fig. 30.

Pneumographe de M. Marey.

et par sa membrane, à deux branches divergentes auxquelles
s'attache la ceinture[2]. Cet appareil, excellent pour la physiologie, ne donne pas d'inscriptions assez amples pour la
phonétique. J'en ai construit un, formé d'une large cuvette
et de deux leviers amplificateurs qui sont attachés à la ceinture par leurs bras les plus courts. Enfin, M. Verdin en a
fait un autre, qui est d'un emploi facile et qui donne des
amplitudes considérables. Il est formé de deux capsules
maintenues sur une plaque au moyen de vis, ce qui permet de régler aisément la tension de la ceinture. Une

---

1. Marey, *Du mouvement dans les fonctions de la vie*,
p. 163.
2. Marey, *La Méthode graphique*, p. 203.

courroie passée sur le cou permet de suspendre l'appareil

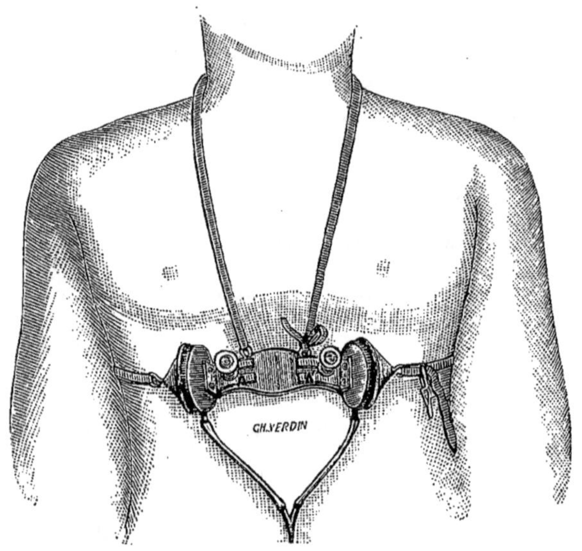

Fig. 31.

Pneumographe de M. Verdin.

en face du point que l'on veut explorer (fig. 29, 30, 31).

Les appareils construits uniquement en vue des recherches de phonétique sont les explorateurs des lèvres, du voile du palais, de la langue, du larynx.

Explorateurs des mouvements des lèvres. — Le premier appareil de ce genre est dû à M. le Dr Rosapelly (fig. 32). Il « se compose de deux petites branches terminées chacune par un petit crochet plat en argent qui doit embrasser l'une des lèvres dans sa courbure. La gouttière l' se place sous la lèvre supérieure, la gouttière l sous la lèvre inférieure... Cette dernière seule est mobile; or, quand la lèvre inférieure s'élève, cela fait basculer la branche l autour de son

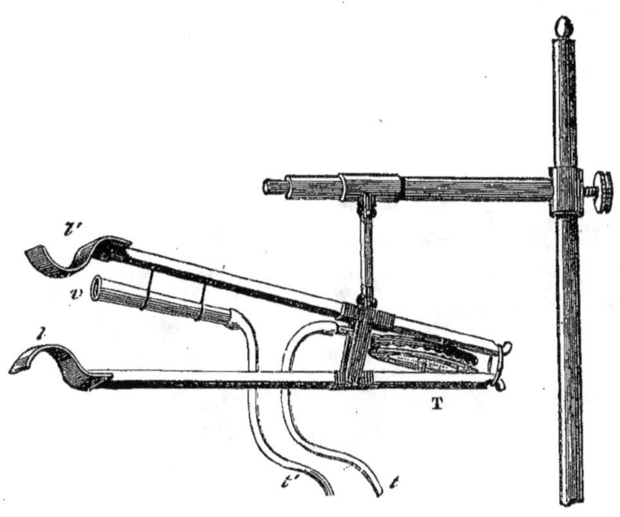

Fig. 32.

Explorateur des lèvres, de M. Rosapelly.

articulation, forçant ainsi les deux extrémités opposées des deux branches à s'éloigner l'une de l'autre en tendant un petit anneau de caoutchouc qui sert de ressort antagoniste. Dans ce mouvement, une traction s'exerce sur la membrane du tambour à air T... La raréfaction de l'air dans ce tambour se transmet, au moyen d'un tube de caoutchouc t, jusqu'au tambour à levier...[1] ». Cet appareil, improvisé avec des pièces toutes faites qui se trouvaient dans le laboratoire, n'est pas des plus commodes. C'est pourquoi j'ai été amené à le remplacer.

Celui que j'ai construit se compose de deux cuvettes superposées dont les membranes sont reliées par des articulations à deux leviers qui se croisent en forme de tenailles. La pression des lèvres, s'exerçant sur l'extrémité libre des

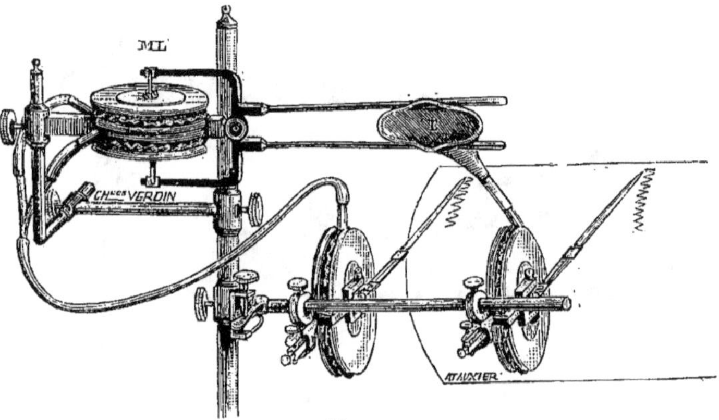

Fig. 33.

Explorateurs des lèvres et de la parole accouplés au moyen d'une embouchure.

leviers, se communique aux membranes et, par elles, soit à deux tambours inscripteurs, soit à un seul quand les deux cuvettes sont réunies par un tube en Y. On a de la sorte soit les mouvements de chaque lèvre isolée, soit les divers degrés d'ouverture de la bouche. J'ai encore facilité l'expérimenta-

---

1. Rosapelly, *Inscription des mouvements phonétiques* (*Travaux du laboratoire de M. Marey*, année 1876, p. 119).

tion en rendant les tambours mobiles autour de l'axe du support (fig. 33).

J'ai employé depuis peu deux nouveaux appareils pour compléter l'exploration des mouvements des lèvres. Un tambour, prenant son point fixe sur le menton à l'aide d'une

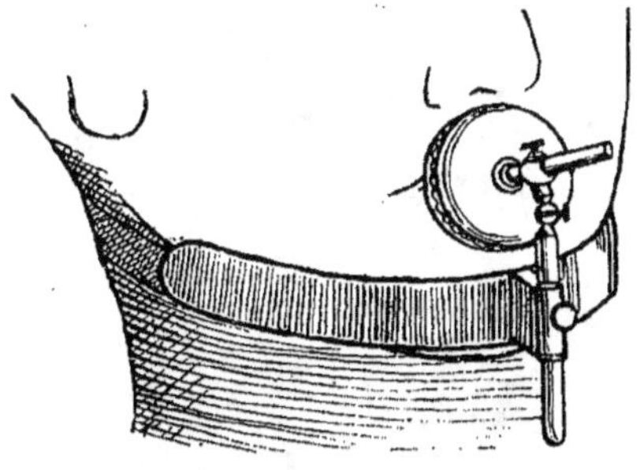

Fig. 34.

Explorateur des mouvements horizontaux des lèvres.

simple lame d'acier, donne d'une façon générale les mouvements horizontaux (fig. 34). Un autre, maintenu par une tige articulée qui s'attache au front et à la mâchoire supérieure, permet d'explorer tous les points des lèvres et les commissures, au moyen d'un style allongeable à volonté. Il importe de bien fixer les tambours avec des courroies élastiques, de façon qu'ils ne suivent pas eux-mêmes les mouvements qu'ils doivent transmettre.

Enfin, j'ai eu recours, pour l'exploration des mouvements verticaux des lèvres, aux petites ampoules dont je me sers pour recueillir les mouvements de la langue (fig. 36). Le résultat est excellent : on obtient ainsi, non seulement les variations de fermeture, mais aussi les vibrations.

Explorateur du voile du palais. — Le modèle le plus

récent (fig. 35) est de M. Weeks. Un tambour est tenu
verticalement en face de la bouche par une tige soudée à
un cercle de fer. Le levier T porte un style A formé de
deux fils d'aluminium, qui sont d'abord tordus ensemble,

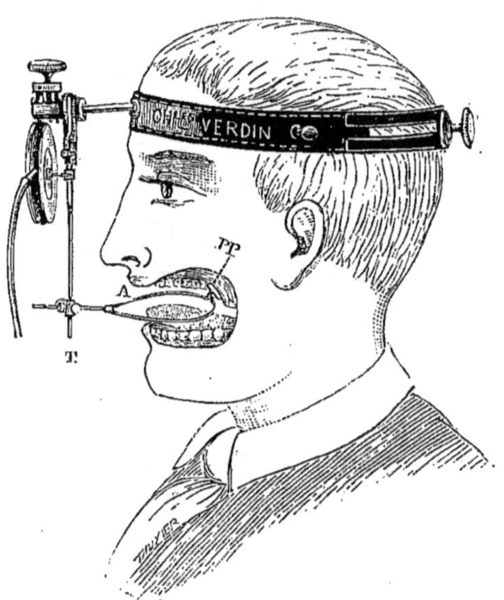

Fig. 35.

Explorateur du voile du palais.

puis s'écartent pour renfermer entre eux la langue, et
enfin se rejoignent pour s'attacher à un petit bouton de
plâtre qui se colle au-dessus de la luette PP.

L'emploi de cet appareil est assez pénible. Mais il l'est
beaucoup moins sans doute que celui de M. Allen, consis-
tant en une tige qui, pénétrant dans le nez, reçoit par un

bout arrondi les impulsions du voile du palais, et les écrit
par son autre bout, pointu, sur un cylindre vertical [1].

Pour moi, je me suis contenté jusqu'ici de la méthode
indirecte inaugurée par M. le Dr Rosapelly. Je juge des
mouvements du voile du palais d'après la quantité d'air qui
sort par le nez.

Explorateurs de la langue. — M. le Dr Rosapelly a eu, au
cours de nos expériences de 1889, l'idée d'étudier les mou-

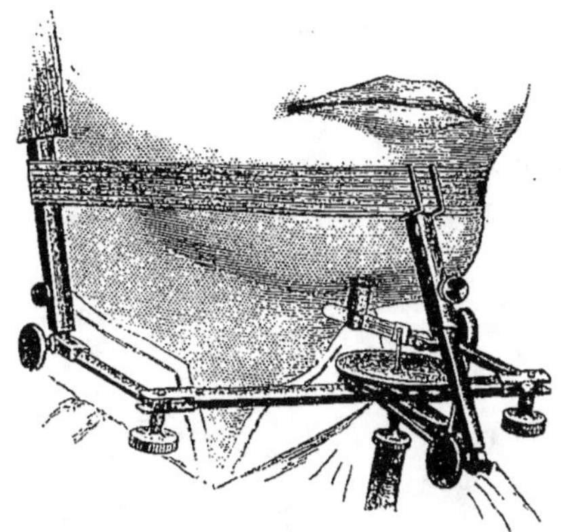

Fig. 36.

Explorateur externe de la langue.

vements de la langue sous le menton. Il fixa le tambour
explorateur à une pièce de cuivre fondue d'après un mou-

---

1. Allen H., *On a new method of recording the motions of
the soft palate*, dans *Transactions of the college of physicians of
Philadelphia*, 3e série, vol. III (1884). Il en est rendu
compte dans l'*Internationale Zeitschrift für allgemeine
Sprachwissenschaft*, t. II, p. 287-290.

lage de son menton. Cet appareil servit pour nous deux. Mais, lorsque je voulus en construire un, il me fallut songer au moyen de le rendre applicable à toutes sortes de tailles. J'ai heureusement atteint mon but avec la charpente représentée fig. 36. Toutes les tiges de suspension peuvent s'allonger à volonté; les autres pièces, grâce à leurs articulations, peuvent encadrer tous les visages. Les courroies s'attachent sur la tête et sur la nuque. Le tambour glisse dans une rainure et se fixe au moyen d'une vis par le tube de transmission. Le bouton du levier explorateur est mobile et peut s'appliquer aux divers points de la surface musculaire.

Je viens de réduire cette charpente à une simple lame d'acier qui s'attache au menton par une ganse élastique.

Fig. 37.

Explorateur externe de la langue.

Elle soutient, au moyen d'un support articulé, un tambour rigide, qui s'applique exactement sur le muscle. On obtient ainsi à la fois la pression de la langue et les vibrations (fig. 37).

J'ai déjà, en 1889, étudié la pression de la langue sous
le palais, au moyen d'un tambour fait avec mon palais artificiel recouvert d'une membrane. Depuis peu, j'ai eu l'idée
de me servir de petites ampoules de caoutchouc, variées de
formes et de dimensions, qui me permettent d'atteindre la
langue dans toutes ses positions, et qui me donnent, elles
aussi, les vibrations ainsi que les mouvements (fig. 28).

Explorateurs du larynx. — Mécontent de l'explorateur
électrique, dont je parlerai tout à l'heure, je cherchai dès
1889 le moyen d'inscrire les vibrations du larynx à l'aide
d'un tambour. Mais, comme je ne connaissais pas encore les
conditions requises pour l'inscription des mouvements vibratoires, je ne réussis pas. Je fus pourtant assez heureux pour
inscrire les vibrations cherchées, au moyen d'une capsule

Fig. 38.

Capsule exploratrice du larynx.

appliquée sur la peau tendue (fig. 38). Cette capsule me
rendit des services ; mais elle exige l'emploi des deux mains,
l'une étendant la peau, l'autre soutenant l'appareil. Je viens
de chercher à nouveau le tambour explorateur du larynx, et,
cette fois, je n'ai rencontré aucune difficulté. Le petit tambour, couvert d'une membrane rigide, emboîte le larynx
et s'attache autour du cou par une cravate de caoutchouc.
Il fonctionne à merveille, sans que l'on ait à s'occuper de
lui. Il donne les vibrations et, de plus, les mouvements de
projection en avant du larynx et permet de distinguer par

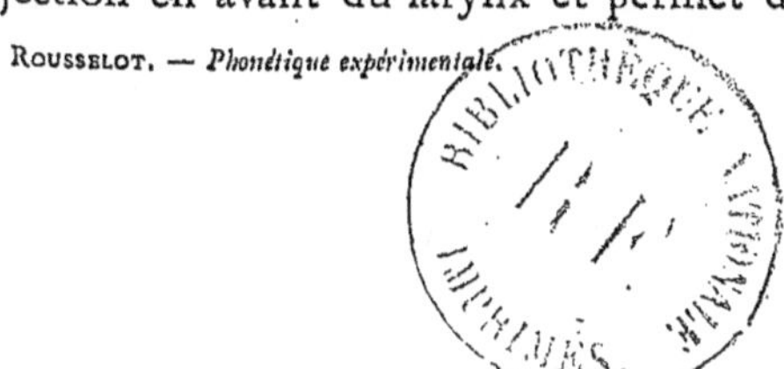

ses différences de pression plusieurs sortes d'articulations (fig. 40).

Vers 1889, M. Piltan fit construire, pour ses études de musique, sur les dessins du Dr Rosapelly, un appareil pour inscrire les mouvements verticaux du larynx. Les supports viennent buter contre le cou, où ils sont maintenus en

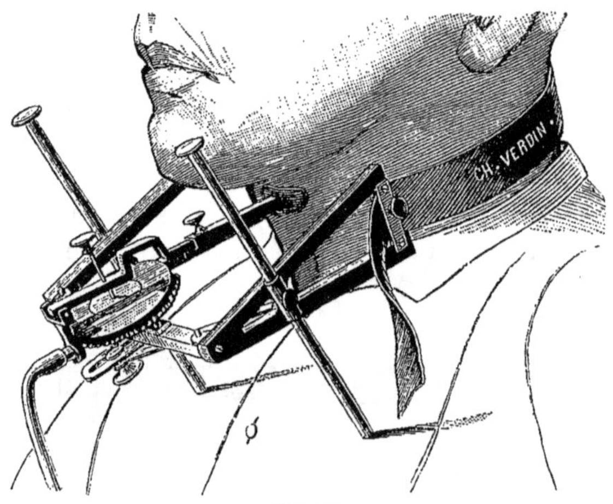

Fig. 39.

Explorateur des mouvements verticaux du larynx.

place par une courroie, et sur la poitrine, par deux tiges mobiles. Le tambour porte un large disque sur lequel vient reposer, au moyen d'une vis, un levier qui est appuyé sur le larynx. Cet organe, en remontant, entraîne le levier, et la membrane se détend ; en s'abaissant, il comprime, au contraire, l'air du tambour (fig. 39).

Ayant eu l'occasion d'inscrire aussi les mouvements du larynx, j'ajoutai à l'appareil un tambour vertical, contre lequel venait se buter une seconde tige appuyée sur le larynx ; celle-ci me donnait les mouvements horizontaux.

Souvent je me suis demandé pourquoi cette tige ne serait pas utilisée pour l'inscription des vibrations : alors l'explorateur aurait été complet. Aujourd'hui le problème est résolu.

Le tambour attaché sur le larynx donne, avons-nous dit, les vibrations et les mouvements horizontaux. De plus, il suit le larynx dans ses déplacements verticaux ; il suffit donc, pour inscrire les trois phénomènes, de le relier à un second tambour établi dans une position stable. Une pièce de cuivre s'appliquant bien sur le haut de la poitrine et atta-

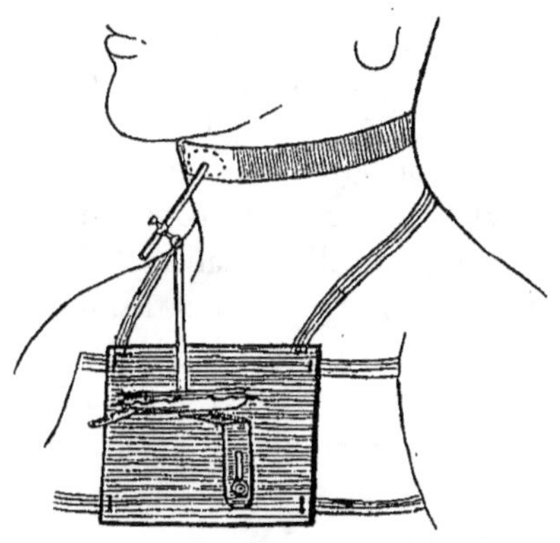

Fig. 40.

Explorateur général du larynx.

chée solidement par-dessous les bras m'a paru offrir un point d'appui suffisant ; un petit plateau horizontal susceptible d'être élevé ou abaissé (pour faciliter le réglage) porte le second tambour ; et une tige rigide s'articulant à la fois sur le disque de celui-ci et sur le tube du tambour supérieur sert à transmettre le mouvement (fig. 40).

Explorateurs des mâchoires, des muscles, etc. — Il est facile, sur le modèle des appareils que je viens de décrire, d'en construire d'autres dont l'utilité serait indiquée par de nouveaux problèmes. Ainsi, on peut mesurer les mouvements d'élévation des mâchoires avec l'explorateur des lèvres, l'élévation de la houppe du menton avec le même appareil, en donnant à une de ses branches une rallonge qui s'applique sous le menton, pendant que l'autre appuie sur le muscle, etc.

Transmission.

La transmission entre le tambour explorateur et l'appareil écrivant se fait au moyen d'un tube de caoutchouc[1]. Ni la longueur, ni la rigidité de ce tube ne sont indifférentes.

Comme la transmission du mouvement par le moyen de l'air dans les tubes ne se fait pas instantanément, il importe de connaître le temps qu'elle demande. M. Marey l'a mesuré, et il a trouvé que la vitesse de transmission des signaux à air, voisine, dans les tubes larges, de la vitesse du son, se réduit, dans les tubes de 4^{mm} de diamètre, à 280^{m} par seconde[2] : ce qui donne, pour un tube d'un mètre, un retard de

---

1. « L'idée de transmettre un mouvement à distance au moyen de tubes pleins d'air appartient à Ch. Buisson. En 1858, nous avions essayé d'obtenir cette transmission à l'aide d'un tube de plomb muni à ses extrémités d'ampoules de caoutchouc. » (Marey, *La méthode graphique*, p. 445.)

2. Marey, *La méthode graphique*, p. 479.

$\frac{1}{280}$ de seconde entre le moment de la production du phénomène et celui où il s'inscrit.

Ce fait est sans conséquence quand on ne recueille
qu'une seule inscription, ou quand on en prend plusieurs
avec des tubes d'égale longueur. Mais dès qu'il s'agit de
comparer des tracés obtenus dans des conditions différentes, il y a lieu de s'en préoccuper.

Il suit de là qu'il ne faut donner au tube de transmission que la longueur nécessaire pour que l'expérimentateur
ne soit pas gêné dans ses mouvements.

La brièveté de la voie de transmission, assez indifférente
pour les mouvements étendus, devient, quand on veut
recueillir des vibrations, une condition de succès d'autant
plus indispensable que l'état de l'atmosphère est plus défavorable. Par des temps humides ou orageux, j'ai été obligé
de réduire à quelques centimètres la distance entre l'explorateur et le tambour écrivant. Au contraire, lorsque l'air
était très sec, j'ai pu la porter à près de deux mètres, et
obtenir néanmoins des tracés très beaux, quoique d'une
faible amplitude.

Enfin, il faut tenir compte de l'élasticité du tube. La
pression de l'air développée par des mouvements énergiques n'en est pas sensiblement diminuée. Mais il en va
tout autrement pour les vibrations. A ce point de vue, les
tubes rigides sont de beaucoup préférables.

B. — APPAREILS INSCRIPTEURS ÉLECTRIQUES.

Organe écrivant.

Signal électrique de M. Marcel Deprez. — Les appareils
électro-magnétiques nous offrent un moyen commode pour

inscrire à distance des mouvements quelconques. Mais ils présentent une double cause d'erreur, qui est en même temps, pour les mouvements rapides, une double difficulté : l'inertie du fer doux, qui n'obéit pas instantanément à la force développée par l'électricité, et la persistance de l'action magnétique après la rupture du courant. En d'autres termes, il y a le temps de l'aimantation et celui de la désaimantation, qu'il faut réduire de beaucoup, si l'on veut rendre un signal électrique capable de suivre des mouvements vibratoires un peu rapides.

M. Marcel Deprez s'est appliqué à résoudre ce problème. Dans ce but, il a employé (fig. 41) une armature de

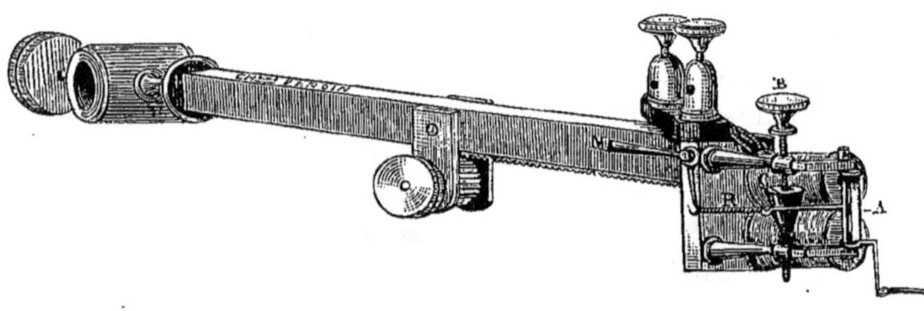

Fig. 41.

Signal électrique.

fer doux très légère (A) et l'a fixée sur un levier à bras inégaux, dont le plus long est attiré par un ressort antagoniste d'une grande puissance (R). Un butoir (C) en limite le déplacement. Ainsi l'aimantation et la désaimantation se font rapidement, et, l'armature restant toujours à une faible distance des pôles des bobines électro-magnétiques, un nouveau courant trouve l'appareil prêt a subir son influence. Le levier bascule autour de deux pointes. La plume est perpendiculaire à l'axe de suspension. Une manette (M) facilite la tension du ressort, et la vis B, en attirant plus ou moins le cône de butée, règle la course du levier. Enfin une tige à crémaillère, avec pignon d'entraînement, permet de mettre la plume en contact avec le cylindre.

Cet appareil, créé par M. Deprez, doit beaucoup à M. Marey[1], qui l'a adapté à son usage. Je n'ai trouvé que deux modifications à lui faire subir pour l'accommoder pleinement au mien : allonger la tige, pour la mettre en harmonie avec les nouveaux tambours inscripteurs, et placer le corps du signal sur l'axe même de celle-ci, pour gagner de la place. L'appareil est délicat : une vis un peu trop serrée en arrête la marche ; un équilibre exact doit exister entre la puissance d'attraction de l'électro-aimant et celle du ressort ; l'amplitude de la course doit être en rapport avec le nombre de vibrations à recueillir. On conçoit que le réglage parfait de l'appareil offre des difficultés et qu'il ne puisse se faire sans quelques tâtonnements.

Organe explorateur.

L'emploi du signal électrique exige un interrupteur de courant. Cet interrupteur est pour nous soit le diapason chronographe, soit l'explorateur du larynx.

Diapason chronographe. — Le diapason est attaché solidement par sa soie à une culasse de fonte ; l'une de ses branches porte un petit fil de platine, au contact duquel peut être amené au moyen d'une vis un petit plateau de même métal. Le courant pénètre dans le diapason par la

---

1. Marey, *La méthode graphique*, p. 471 et suiv.

culasse et se trouve interrompu par les vibrations, qui écartent du plateau le fil de platine. Une bobine disposée à proximité de l'une des branches entretient le mouvement.

Pour monter l'appareil, il faut former, entre les deux pôles d'une pile, un circuit qui embrasse le diapason et

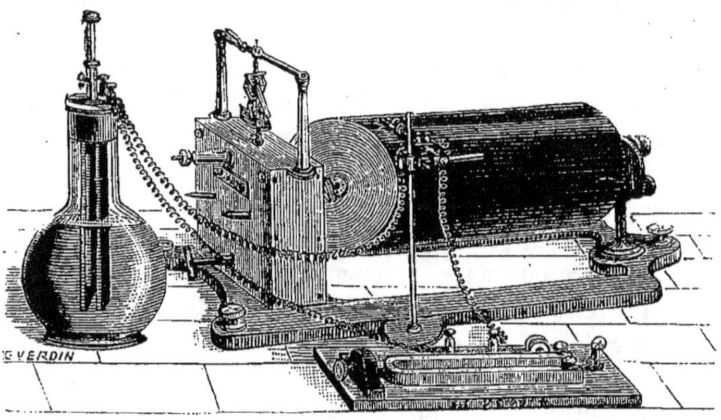

Fig. 42.
Diapason chronographe.

le signal. Un fil va de l'une quelconque des bornes de la pile au diapason ; un autre, du diapason au signal ; un troisième, du signal à la pile (fig. 42).

La pile la plus commode pour cet usage est la pile Grenet, ou pile au bichromate[1], avec facilité de faire plonger à volonté le zinc dans le liquide.

---

1. Eau bouillante . . . .   1 litre.
Bichromate de potasse . . . .   100 gr.
    (ou de soude . . . .   90 gr.)
Acide sulfurique . . . .   50 gr.

Lorsque l'on veut mettre l'appareil en marche, on immerge le zinc, puis, après une minute laissée à la pile pour qu'elle entre en fonctionnement, on donne une chiquenaude au diapason. Si le signal ne répond pas, il faut vérifier tous les contacts. A supposer que rien ne cloche, on s'assure si le plateau n'est pas trop éloigné du fil de platine, ou bien encore si le ressort du signal n'est pas trop lâche ou trop tendu. Si, au contraire, la branche du diapason est violemment attirée par la bobine, ou bien si la plume du signal saute et ne fait pas un tracé régulier, c'est qu'il y a trop d'électricité, et l'on relève un peu le zinc : les courants faibles sont les meilleurs.

Il peut arriver encore que le diapason refuse de s'ébranler. Ce cas s'est présenté pour moi après un voyage : c'est que l'une des deux vis était desserrée. Le remède est facile.

On se sert en général, pour les diapasons de 25 ou 50 vibrations (v. d.) à la seconde, du chronographe de M. Marey, qui est un signal électrique à grande course [1], et qui a l'avantage de donner des tracés étendus et très visibles. Le diapason de 200 vibrations (v. d.) à la seconde, qui est d'un usage plus commun en phonétique, réclame le signal de M. Deprez. Mais celui-ci ne suffirait déjà plus pour les diapasons dépassant 400 ou 500 vibrations (v. d.) à la seconde.

Explorateur électrique du larynx. — L'interrupteur qui sert à recueillir les vibrations des cartilages du larynx (fig. 43, 44, 45) pour les transmettre au signal électrique a été construit par M. le Dr Rosapelly. C'est une modification de l'appareil dont M. Marey s'est servi pour

---

1. Marey, *La méthode graphique,* p. 466.

l'exploration des mouvements rapides. « Cet appareil est
basé sur l'inertie d'une masse élastiquement suspendue;
comme cette masse ne peut obéir aux mouvements rapides
qui sont communiqués aux pièces qui l'environnent, elle
constitue une sorte de point fixe contre lequel une série
de chocs viennent se produire. » La fig. 43 représente

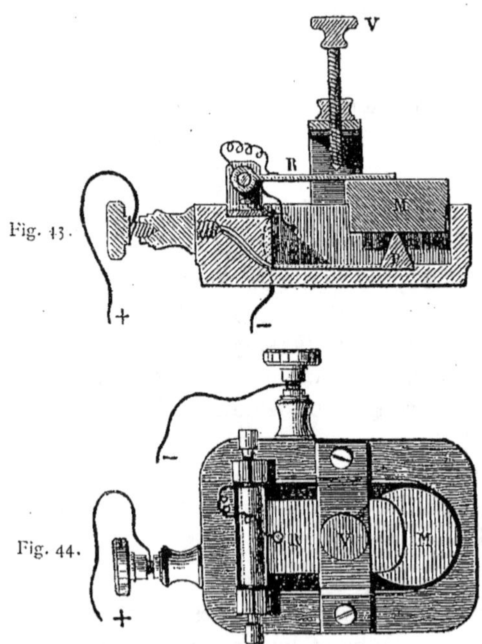

l'appareil en élévation; la fig. 44, en plan. « Une masse de
cuivre M est suspendue à l'extrémité d'un ressort R. Au-
dessous de la masse est une pointe de platine P qui se

trouve exactement en contact avec la masse, de manière à former un circuit électrique. La masse, et la pointe sur laquelle elle repose, sont renfermées dans une petite caisse légère formée de bois et de caoutchouc durci, de façon à isoler entre eux les deux bouts du circuit de pile, sauf au point de contact de M sur P. Une vis de réglage V, appuyant sur le ressort au voisinage de la masse, limite l'amplitude

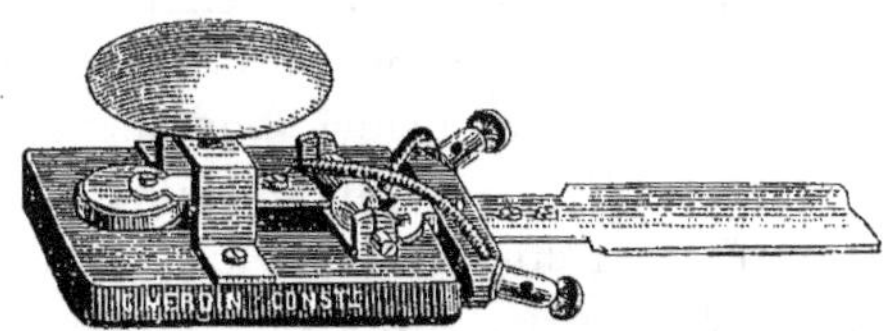

Fig. 45.

Explorateur électrique du larynx.

des mouvements de l'appareil autour de la masse immobile qui en occupe le centre [1]. »

L'expérience se prépare comme celle de la chronographie électrique. On relie par un fil la pile à l'explorateur, par un second l'explorateur au signal, par un troisième le signal à la pile. Mais les difficultés de l'expérimentation sont encore plus grandes. Avant de l'essayer, on fera bien de s'exercer à trouver le point où les vibrations se font sentir, et la position qu'il faut donner à l'appareil. On sera averti, par un petit cliquetis régulier, quand on aura réussi. Il faut, avant tout, choisir une position où l'on soit bien stable : par exemple, s'appuyer sur le dossier d'une chaise avec l'arrière-bras maintenu sur le côté, ou mieux sur une

---

1. Rosapelly, *Inscription des mouvements phonétiques* (*Travaux du laboratoire de M. Marey*, II, p. 117-118).

table avec les deux bras solidement établis. On prend l'appareil par le manche et l'on applique la partie carrée sur le côté du larynx en appuyant vers le haut. On produit en même temps un son laryngien continu, par exemple *ou*, qui est le plus facile à saisir; si l'on n'entend aucun frémissement répondre dans l'appareil, on rapproche vers soi, peu à peu, par des mouvements presque insensibles, le manche de l'appareil; puis, si l'appareil reste muet, on l'écarte de la même manière. Si, pendant ces essais, on entend un petit coup brusque suivi d'un silence complet, c'est l'indice que l'on a passé par la bonne position : il faut alors y revenir bien doucement. Quand on l'a trouvée, on tâche de la maintenir. Alors on prononce d'autres voyelles, surtout *a*. Il y aura encore quelques changements à faire dans la position de l'appareil pour qu'il soit bien accordé à tous les sons; mais ces changements sont légers; l'essentiel, c'est de trouver d'abord à peu près le point. Certaines personnes le rencontrent du premier coup; d'autres, après des tâtonnements plus ou moins longs; d'autres ne parviennent pas à le saisir. Tout dépend de la solidité de la main.

Quand on sait se servir de l'explorateur, on se dispose pour l'expérience. Cette fois, il faudra bien écouter, pour le réglage, non le cliquetis de l'explorateur, mais celui du signal. Le réglage n'est parfait que lorsque celui-ci fait entendre un bruit régulier. Du reste, on le voit aisément aux tracés : ceux qui répondent à un bruit constant, sans saccades, sont très beaux, toutes les vibrations étant marquées très nettement; les autres, au contraire, sont pleins de vides, et le nombre des vibrations est impossible à compter.

Les difficultés de bien régler cet appareil et, une fois

réglé, de le maintenir en position, rendent les expériences bien laborieuses et souvent incomplètes. En tout cas, on n'obtient avec lui que la place et le nombre des vibrations, mais pas du tout leur forme et leur amplitude.

Quoi qu'il en soit, il m'a rendu des services, et il m'en rendra encore comme moyen de contrôle.

A. Gentilli eut l'idée d'inscrire les mouvements complexes de l'organe phonateur, mais particulièrement ceux de la langue, au moyen de leviers et de la transmission électrique. Il paraît qu'il a introduit dans la bouche jusqu'à cinq tiges pour explorer les positions des diverses parties de la langue pendant l'articulation d'un mot, d'une phrase [1].

Avant de clore ce paragraphe, il me reste à signaler deux autres procédés pour inscrire les mouvements organiques : l'un, « au moyen d'un téléphone en contact avec le nerf vif et le muscle [2] », pratiqué par MM. Josef Kràl et F. Mareš; l'autre, au moyen de la photographie saisissant les positions successives de l'organe en fonction, comme a fait M. Demeny, dans le laboratoire de M. Marey, pour les lèvres au moment de la parole [3].

---

1. Gentilli, *Der Glossograph*, Leipzig, 1882 ; Bergonié, *Les phénomènes physiques de la phonation* (thèse d'agrégation), Paris, 1883, p. 94.

2. *Listy filologické*, t. XX (année 1893), et *Revue des revues*, t. XVIII, p. 146.

3. *Comptes rendus de l'Académie des Sciences*, t. CXIII (1891), p. 216, et *Journal de physique*, année 1893, p. 328.

Inscripteurs de la parole.

La parole nous est portée par la colonne d'air qui s'échappe à travers les organes phonateurs par la bouche et le nez. Ces deux courants d'air peuvent être recueillis : ensemble ou séparément, comme masse dynamique et vibrante, ou seulement avec l'un ou l'autre de ces deux caractères.

Phonautographe de Scott. — C'est un simple ouvrier typographe, mort marchand de photographies, Léon Scott, qui

Fig. 46.

Phonautographe de Scott.

le premier réalisa l'inscription de la parole. Son appareil (fig. 46) a été construit par M. Kœnig vers 1864[1] ; il est

---

1. *Annales du Conservatoire des Arts et métiers*, octobre 1864.

aujourd'hui démodé : mais il contient tous les organes
essentiels qui auraient pu en faire un bon instrument :
membrane extensible à volonté, avec style vertical en soie
de porc, cornet amplificateur, mouvement de bascule pour
le réglage, cylindre enregistreur avec déplacement suivant
son axe. M. Morey y apporta un petit perfectionnement :
il fit agir le style sur un levier parallèle à la membrane [1].

Capsules manométriques. — M. Kœnig (1882) utilisa la
propriété vibratoire des membranes d'une façon fort ingé-
nieuse (fig. 47). « La disposition sur l'emploi de laquelle

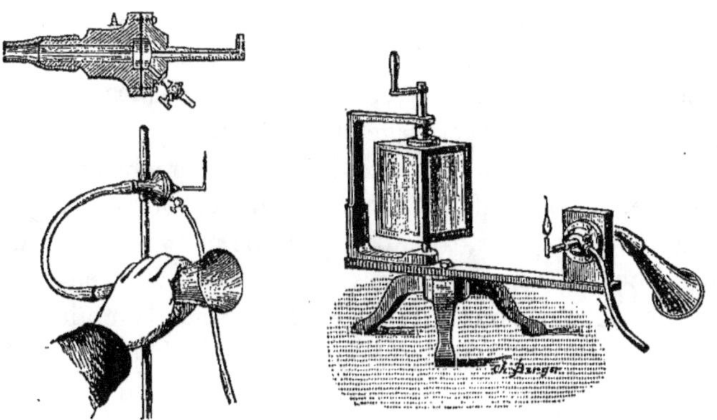

Fig. 47.

Appareil à flammes manométriques.

repose essentiellement ma méthode..., dit M. Kœnig,
consiste en une cavité pratiquée dans une planchette de bois
et fermée par une mince membrane; deux tubes s'y
engagent, dont l'un peut amener du gaz d'éclairage, et l'autre,

---

1. *Journal de physique*, année 1875, p. 349.

terminé par un bec, donne issue à ce gaz et permet de l'allumer. Maintenant, supposons que l'air se condense ou se dilate brusquement devant la membrane ; dans le premier cas, la membrane chassée vers l'intérieur de la capsule comprime le gaz qui s'y trouve, et par suite la flamme s'allonge ; dans le second, la membrane est tirée en dehors, la cavité s'agrandit, et par suite de la raréfaction du gaz, la flamme aspirée devra se raccourcir [1]. » Les variations de cette flamme perçues directement produisent à l'œil un léger trouble, comme font des diapasons vibrants ; mais, si on reçoit l'image sur un miroir tournant formé de quatre faces argentées, elles nous apparaissent comme une série de dentelures qu'il est possible de fixer par le dessin. C'est ainsi que procédait M. Kœnig. Depuis, en substituant le cyanogène au gaz d'éclairage, le Dr Stein a pu les photographier [2] (1877). M. Doumer les a photographiées à son tour avec un objectif à foyer très court, en brûlant le gaz, après l'avoir carburé, dans de l'oxygène pur [3], et en réduisant, pour les sons très aigus, la flamme à 2^{mm} environ. De plus, il a su introduire dans les images la notion de temps au moyen d'une flamme chronographe actionnée par un diapason ou un tuyau d'orgue [4].

Logographe de Barlow. — Cet instrument, construit depuis quelques années déjà, a été décrit dans un mémoire lu à la Société royale de Londres en décembre 1874. « L'objet

---

1. Kœnig, *Quelques expériences d'acoustique*, p. 47-48.
2. Marey, *La méthode graphique*, p. 647.
3. *Comptes rendus de l'Académie des Sciences*, 1886, t. CIII, p. 340-342.
4. *Ibid.*, 1887, t. CV, p. 222-224 et 1247-1249.

que je me proposais d'atteindre, dit l'auteur dans le *Journal de physique*, en 1879 [1], était d'obtenir un tracé des forces pneumatiques qui accompagnent les articulations de la voix humaine, sous la forme de diagrammes… assez caractérisés pour être lisibles… L'appareil présente une petite embouchure de trompette dont l'extrémité élargie se termine en une ouverture de $0^m,07$. Cette ouverture est couverte par une mince membrane de caoutchouc. Un bras léger d'aluminium fixé au cadre de l'ouverture vient appuyer sur le centre de la membrane et porte à cette extrémité mobile un petit pinceau de martre imbibé de couleur. Une bande de papier comme celle des appareils télégraphiques passe dessous… L'embouchure présente une petite ouverture latérale pour l'échappement de l'air. D'ailleurs, quand on parle dans cette embouchure, il faut que les lèvres soient légèrement pressées contre les bords, de manière à éviter toute perte de l'air par les côtés et à forcer tout l'air expiré à passer dans cette trompette. L'élasticité du bras d'aluminium, combinée à celle de la membrane, constitue une sorte de ressort qui est pressé plus ou moins vers l'extérieur suivant la force et les variations des actions pneumatiques… »

Cet appareil présente à certains égards un progrès sur celui de Scott. Mais l'idée d'enregistrer au moyen du pinceau n'était pas bonne. Les vibrations, quand même elles auraient été ressenties par la membrane, couraient risque de ne pas s'inscrire.

Phonographe. — Les téléphones de Ries (1863), d'Elisha Gray (1870), celui de Graham Bell surtout (1876) avaient

---

1. P. 78-79.

montré qu'il est possible de faire répéter un son par une plaque vibrante. M. Edison eut l'heureuse idée de faire servir le tracé des mouvements vibratoires à la reproduction même du son. Le phonographe fut présenté à l'Académie des Sciences de Paris le 11 mars 1878.

L'inscription était faite (fig. 48) par une plaque (*aa*) très mince fixée à la partie postérieure d'une embouchure, au moyen d'un style fort court et rigide (*p*) placé en dessous à l'extrémité d'un ressort (*f*) dont les vibrations propres

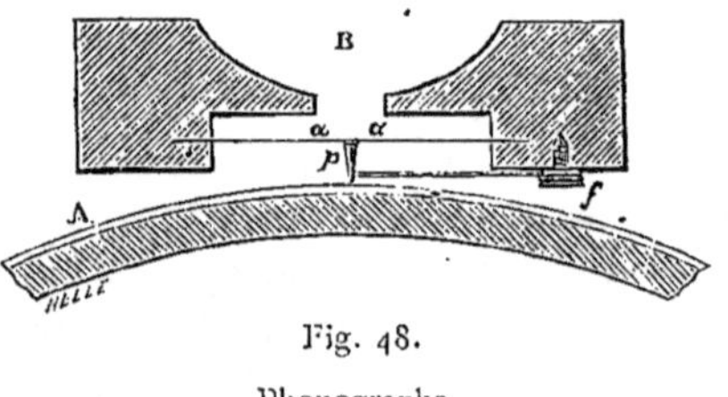

Fig. 48.

Phonographe.

étaient amorties par de petits tubes de caoutchouc. Elle se gravait dans une feuille d'étain (A) collée sur un cylindre à rainure hélicoïdale et à déplacement horizontal tourné à la main. Pour faire répéter le son, on ramenait le style au point de départ et on le faisait repasser par le chemin qu'il venait de se tracer : alors la plaque, reproduisant les mêmes mouvements, répétait le son excitateur.

Divers perfectionnements ont été apportés dans la construction, dans le choix des membranes, dans la forme et le nombre des styles. Le plus important a été la substitution, à l'étain, d'un cylindre de cire, dont la conservation est illimitée. Il est dû aux constructeurs du *graphophone*, imitation de l'appareil d'Edison. Un moteur électrique ou

un mouvement d'horlogerie et un chariot ont aussi avan-
tageusement remplacé la manivelle primitive. La figure 49
représente le *phonographe* d'Edison dans son état actuel.

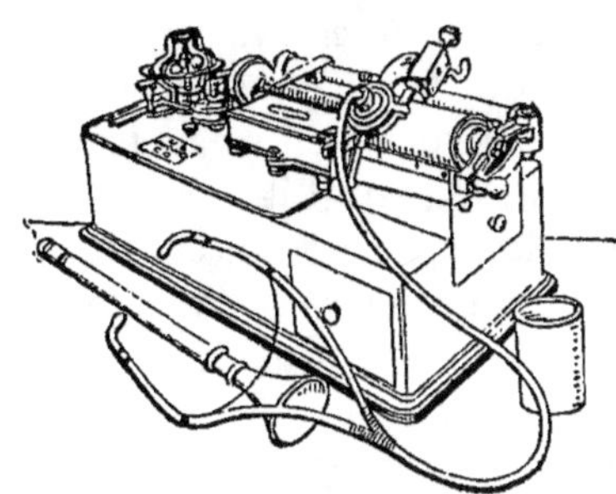

Fig. 49.

Phonographe d'Edison.

Le *graphophone* et le *phonographe* ne font, en réalité, qu'un
seul appareil. Ils ne diffèrent que par des détails accessoires
et peuvent se suppléer, à tel point que les sons gravés sur
l'un sont reproduits par l'autre. Le graphophone, moins
encombrant (9 kilos), convient le mieux pour les excursions philologiques.

La facilité avec laquelle les vibrations s'impriment dans
la cire permet d'associer le phonographe à un autre
inscripteur de la parole et aux divers appareils d'analyse.
On acquiert ainsi : d'un côté, le son emmagasiné, avec sa
représentation visible contrôlée par l'oreille; de l'autre, les
tracés nécessaires à l'interprétation, si difficile et si complexe, des phonogrammes.

La vitesse du cylindre, qui peut varier entre 50 et 140
tours à la minute, se règle au moyen d'un écrou. Le chiffre
de 120 est considéré comme le meilleur. On compte les

tours en effleurant du doigt une petite masse de cire collée sur le cylindre, ou la vis de l'arbre du mouvement.

Pour introduire le rouleau de cire, on abaisse la chaise de butée, et on le présente avec trois doigts, sans toucher à la surface, le bout biseauté en avant.

En soulevant le petit levier de la glissière, on rend le chariot mobile et l'on éloigne en même temps du cylindre les organes inscripteurs; en l'abaissant, on engrène le chariot et l'on met les styles en contact avec la cire.

Le style qui sert à graver n'est pas le même que celui qui répète. Il y a de même deux tubes : l'un, à embouchure, pour parler; l'autre, à deux branches, pour écouter[1].

Dès qu'il parut, le phonographe fut utilisé pour les inscriptions phonétiques. M. Alfred M. Mayer, au moyen d'un levier amplificateur, traça sur un verre noirci le profil des élévations et des dépressions faites par le style dans la feuille d'étain. Le bras court de son levier était fixé à une pointe semblable au style et placé sous la membrane vibrante[2]. Pour obtenir ses tracés, il faisait tourner lentement le cylindre devant la plaque de verre, qui s'avançait d'un mouvement régulier.

L'expérience exigeait une double opération. M. R. Roig y Torres la réduisit à une seule. Voici comment : il remplaça la membrane métallique par une membrane de mica entièrement libre par les bords et soutenue en son centre par un axe de caoutchouc fixé à un petit ressort; cet axe

---

1. On trouvera auprès des représentants de M. Edison tous les renseignements nécessaires pour le bon fonctionnement du phonographe et du graphophone.

2. *Journal de physique*, année 1878, p. 114.

portait le style court pour la gravure sur l'étain, puis, perpendiculairement à l'axe de ce style, une pièce métallique munie d'une tige très légère et très longue dont
les vibrations s'inscrivaient sur un cylindre noirci. Les
deux cylindres obéissaient à un même mouvement d'horlogerie [1].

MM. Fleeming Jenkin et J. A. Ewing eurent recours à
un mécanisme plus complexe en vue d'agrandir les mouvements de la plaque du phonographe répétant. Soient le
cylindre du phonographe Ph, sa membrane M; une tige de
verre la relie à un triangle de paille Tr maintenu à son
sommet par un axe autour duquel il oscille librement;
un fil de soie communique le mouvement à un siphon
inscripteur qui est plongé dans un verre d'encre et qui

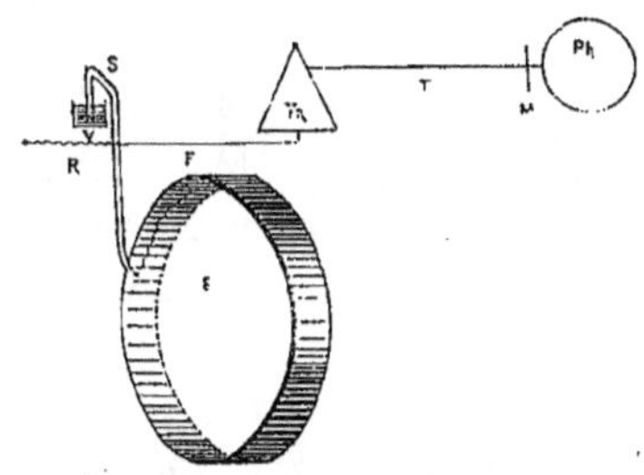

Fig. 50.

Appareil d'agrandissement de Jenkin et Ewing.

projette le liquide sur une roue enregistrante. Ils obtenaient
ainsi un agrandissement d'environ 400 fois pour les ampli

1. *Journal de physique*, année 1880, p. 422.

tudes et de 7 pour les longueurs [1]. Ils communiquèrent les résultats obtenus à la Société royale d'Édimbourg en juin et juillet 1878. La figure que j'en donne ici (fig. 50) est tout à fait schématique.

M. J. Lahr agrandit les courbes du phonographe à l'aide de deux tambours : l'un suivait avec son style le tracé de la feuille d'étain; l'autre, en communication avec le premier, inscrivait sur le cylindre noirci [2].

Plus récemment, M. Hermann a fait des études importantes avec le nouveau phonographe. Le style, en repassant sur les traits gravés dans la cire, mettait en mouvement un petit miroir maintenu à portée sur un axe mobile. Un rayon était projeté sur le miroir et réfléchi sur un cylindre en rotation [3], comme pour l'appareil dont nous parlerons bientôt.

On a essayé, dès le principe, l'étude directe des phonogrammes à l'aide du microscope et l'on en a donné des reproductions. Je signalerai celles de M. Persifor Frazer [4] (1878), de M. Bocke [5] (1891). M. Marichelle, dans l'espoir d'y trouver à la simple vue la caractéristique des sons, les a fait dessiner à son tour. Il est meilleur de les photo-

---

1. *Transactions of Royal Society of Edinburgh*, t. XXVIII, p. 745-779.

2. *Wiedemann's Annalen der Physik und Chemie* (1886), t. XXVIII, p. 94-119, et *Journal de physique*, année 1887, p. 526-529.

3. *Pflüger's Archiv für gesammte Physiologie* (année 1893), t. LIII, p. 1-7.

4. *The Nature*, t. XVIII, p. 101-102.

5. *Pflüger's Archiv*, t. L (planches II et III).

graphier (ce qu'a très bien fait M. Monpillard), ou de les
recouvrir d'un léger dépôt galvanique que l'on peut
détacher en le coupant suivant la génératrice du cylindre
sans faire perdre à la cire la faculté de reproduire le son.

Phonautographe de Schneebeli. — L'année même où parut
le phonographe, Schneebeli communiquait à la Société
des sciences naturelles de Neuchâtel des courbes de différentes voyelles (fig. 52) obtenues avec un appareil qui se
rattache au phonautographe de Scott et au téléphone
(fig. 51). La pointe fixe portée à l'extrémité de la lame
mobile trace une ligne droite en même temps que le style

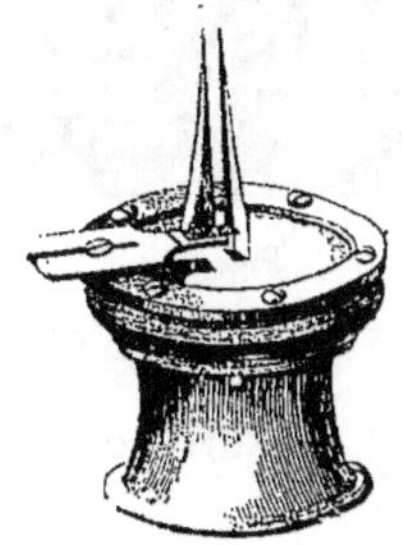

Fig. 51.

Phonautographe de Schneebeli.

inscrit ses vibrations. Cette ligne droite facilite la mesure
des tracés. L'inscription se fait, comme nous avons dit, sur
des lames de verre couvertes d'une légère couche de noir
de fumée et fixées sur un chariot qui passe rapidement
au-dessous des pointes, tiré à la main, sans autre contrôle
chronographique que la note même sur laquelle la voyelle
était chantée. Un micromètre, composé de deux vis micro-

métriques perpendiculaires l'une à l'autre, comme le support d'un tour, servait à mesurer les tracés [1].

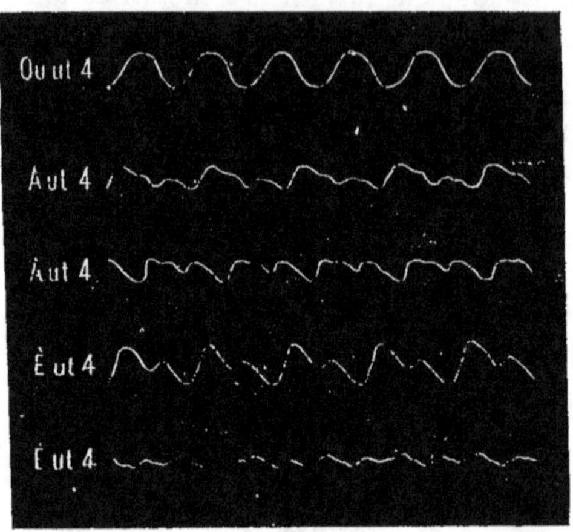

Fig. 52.

Voyelles d'après Schneebeli. (Réduction de 1/3.)

Pour s'épargner ces mesures difficiles, on chercha des moyens d'agrandissement.

M. E. W. Blake [2] adapta à la plaque d'un téléphone un fil

---

1. Schneebeli, *Sur le timbre des voyelles*, dans les *Archives des sciences physiques et naturelles* de Genève (15 février 1879).

2. *The American Journal of science and arts*, 1878, second semestre, p. 55, et *Journal de physique*, année 1879, p. 251. — Voir aussi *The Nature*, t. XVIII, p. 338-340. — Le dispositif adopté était le suivant : miroir incliné de 45° sur l'horizon; héliostat envoyant sur le miroir un

d'acier rigide (fig. 53). C'est le style de sa membrane. Mais, au lieu d'écrire directement, ce fil s'accroche au centre de la partie postérieure d'un miroir suspendu entre deux pointes

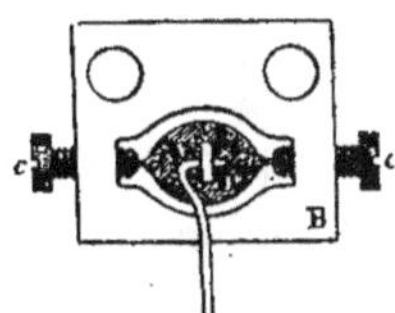

Fig. 53.
Appareil à miroir de Blake.

parallèlement à la membrane et dans un plan perpendiculaire à celle-ci. Les moindres mouvements de la membrane se transmettent au miroir et, par un rayon solaire réfléchi, s'inscrivent sur une plaque photographique qui se meut

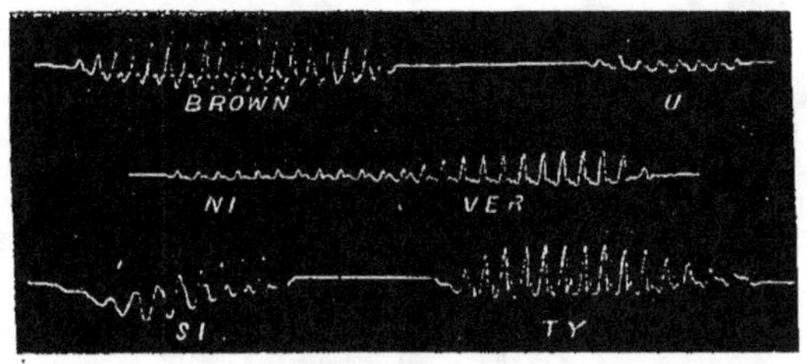

Fig. 54.
Tracés obtenus par Blake. (Réduction de 1/3.)

avec une vitesse constante. Nous donnons ci-dessus (fig. 54) un échantillon, très réduit, des tracés obtenus. La

rayon horizontal qui se réfléchissait verticalement; au-dessous, à quelques pieds de distance, une lentille, et, au foyer de celle-ci, un chariot portant la plaque sensible.

plaque vibrante avait 2 3/4 pouces de diamètre, et la vitesse était, pour les voyelles, de 21 1/2 pouces par seconde; pour *Brown University*, de 40. La tige et le miroir ne détruisent pas les sons, car le téléphone auquel on les avait adaptés conservait ses qualités comme transmetteur et récepteur.

W. H. Preece et A. Stroh (1879) remplacèrent, après plusieurs essais, la membrane métallique par une feuille mince de caoutchouc qu'ils rendirent rigide au moyen d'un cône de papier. Une tige implantée dans le cône faisait mouvoir un tube très fin de verre chargé d'encre d'aniline. L'inscription se faisait sur une bande de papier mue par un mécanisme semblable à celui qu'on emploie pour le télégraphe [1].

M. L. Boltzmann [2] se servit d'une plaque microphonique, qu'il plaça au-dessus d'une capsule pleine d'air. Au centre, et perpendiculairement à son plan, la membrane métallique portait une lame de platine très mince. « On éclaire fortement, dit-il, la lame avec la lumière solaire, et, à l'aide d'un microscope solaire, on forme sur un écran l'image de l'ombre de cette lame. En recevant la lumière sur une lentille cylindrique, on transforme cette image rectiligne en un point qui se photographie sur un cylindre tournant. »

MM. H. Rigollot et A. Chavanon [3] ont eu recours à une

---

1. *Proceedings of the Royal Society*, London, 1879, t. XXVII, p. 358-366.

2. *Sitzungsberichte der mathematisch-naturwissenschaftlichen Classe der Kaiserlichen Akademie der Wissenschaften in Wien*, 1882, p. 241, et *Journal de physique*, 1883, p. 195.

3. *Journal de physique*, année 1883, p. 553.

membrane plus élastique. Voici la description de leur appareil (fig. 55) : « La *capsule palmoptique* (παλμικός, relatif aux vibrations) se compose d'une boîte ABC dont l'intérieur a la forme d'un paraboloïde de révolution. Le point formant le sommet du paraboloïde est percé d'une ouverture munie d'un ajutage CD, dont l'orifice, à l'intérieur de la boîte, occupe la position du foyer.... La base de la capsule est fermée par une membrane très mince, très élastique, EF : le collodion est la substance qui convient le mieux. Au centre de la membrane est fixé un petit prisme de caoutchouc p faisant saillie extérieurement de 3 ^{mm} environ. Ce prisme vient buter contre un miroir de verre argenté M ayant la forme et les dimensions d'un carré de 5 ^{mm} de côté, mobile autour d'un fil de platine ac de $\frac{1}{10}$ de milli-

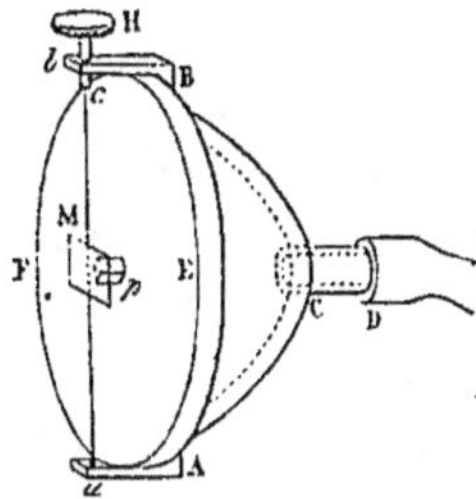

Fig. 55.

Capsule palmoptique.

mètre de diamètre, qui est tendu entre les deux montants Aa, Bb, placés sur les côtés de la capsule. On peut d'ailleurs modifier la tension de ce fil et le tordre plus ou moins au moyen d'un bouton H, ajusté à frottement dur dans un

des montants latéraux de la capsule. » On place la capsule
de façon que le fil de platine soit vertical. Puis on conduit
le faisceau lumineux sur le miroir et on le projette sur un
miroir tournant ou un papier sensible.

M. Hermann, avant de se servir du phonographe, avait
employé, pour ses études sur le timbre des voyelles, des
membranes munies de miroirs de verre argentés ; d'abord
il donna à ses miroirs 10^{mm} de diamètre et un poids de
8 centig. [1], puis 5^{mm} de diamètre, 2 ou 3 dixièmes de
millimètre d'épaisseur, et réduisit le poids à 2 centig. [2]. Un
rayon émanant d'une lampe placée à 2^{m} de la membrane
tombait sur le miroir et était projeté sous un angle de 35°
sur un cylindre garni d'un papier sensible situé à 50^{cm}.
Le rayon sortait de la lampe par une fente verticale
et frappait le cylindre à travers une fente horizontale,
en sorte qu'un point seulement atteignait le papier
sensible.

Le miroir était porté sur une lame de mica attachée au
cadre de la membrane et collé près du centre, par l'intermédiaire d'un petit morceau de bois, avec de la cire à cacheter.
La lame de mica était à 4^{mm} de la membrane. Dans l'espace
compris entre les deux était placé un petit matelas de
ouate qui servait d'étouffoir.

M. Hermann a expérimenté diverses sortes de membranes : le fer, le mica, le verre, la baudruche (c'est ce
qu'il a trouvé de meilleur). Du reste, l'emploi varié des
membranes est pour lui un principe, chacune ayant des

---

1. *Pflüger's Archiv für gesammte Physiologie*, t. XLV
(année 1889), p. 582-592.

2. *Ibid.*, t. XLVII, p. 44-49 et 347-351.

mouvements propres. La figure 56 représente les tracés

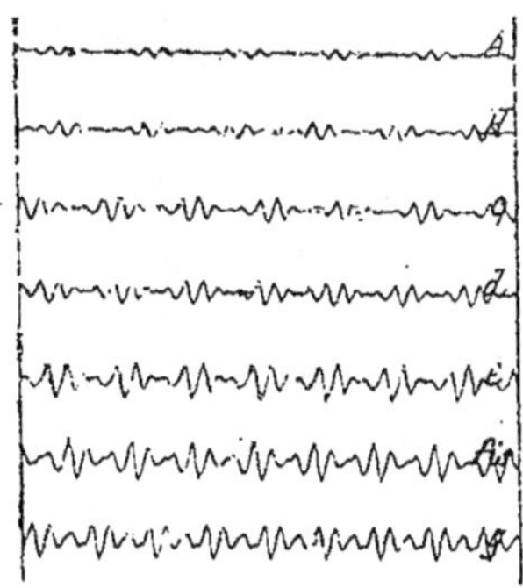

Fig. 56.

Voyelle *o* (plaque de verre).

qu'il donne de la voyelle *o* inscrite au moyen d'une plaque de verre.

Téléphone écrivant. — Le Dr Boudet de Pâris essaya d'utiliser les deux parties du téléphone pour l'inscription de la parole. Il construisit des microphones spéciaux et arma le récepteur, à la place d'une membrane, d'un long levier inscripteur. Un fort ressort d'acier attaché sur le rebord de l'appareil tendait à rapprocher le fer doux de la barre aimantée, pendant qu'un autre ressort, fixé à une petite colonne avec treuil de réglage, agissait en sens contraire. Le fer doux portait une longue tige d'aluminium terminée par une plume[1].

---

1. *Comptes rendus de l'Académie des Sciences* (1879), t. LXXXVIII, p. 847-849.

Je ne crois pas que l'appareil ait servi à quoi que ce soit. Je l'ai trouvé tout construit chez M. Verdin, et je l'ai essayé dans mes premières expériences. Est-ce imperfection de réglage? est-ce vice de l'appareil? je n'ai obtenu que des tracés où les mouvements propres du levier se mêlent aux attractions électro-magnétiques.

A ma demande, M. Verdin le modifia sur-le-champ. Il allégea dans des proportions considérables le fer doux et le ressort d'acier, et il ajouta un second ressort antagoniste opposé au premier, qui attirait le style vers la barre aimantée, faisant ainsi équilibre au ressort d'acier. L'armature se trouvait de la sorte suspendue élastiquement en face de la force électro-motrice, en état d'en ressentir toutes les influences. La disposition était bonne : je le vois aujourd'hui en maniant après dix ans l'appareil pour le décrire. Les tracés obtenus ne répondirent pas à mon attente. Cependant je viens d'en découvrir à la loupe plusieurs qui sont excellents. Je ne les vis pas alors, perdus qu'ils étaient parmi des tracés informes, et je cherchai d'un autre côté.

Une plaque téléphonique munie d'une pointe centrale ne m'ayant donné aucun bon effet, je songeai au signal électrique de M. Deprez. Les résultats aussi ne purent me contenter. Le levier, limité dans son cours, ne suivait pas toutes les impressions de la parole. Mais là, je vis clairement les conditions à réaliser : il fallait que l'armature fût suspendue librement dans le champ d'influence de l'électro-aimant.

Comme dans le même temps je cherchais à faire parler des membranes élastiques, l'idée d'utiliser les membranes se rencontra dans mon esprit avec celle de profiter du pouvoir amplificateur des microphones, et j'arrivai sans peine à l'inscripteur électrique de la parole.

Inscripteur électrique de la parole (fig. 57). — Après avoir essayé plusieurs sortes de microphones, je m'arrêtai à celui de M. Verdin. Cet appareil est formé d'une chaîne de trois

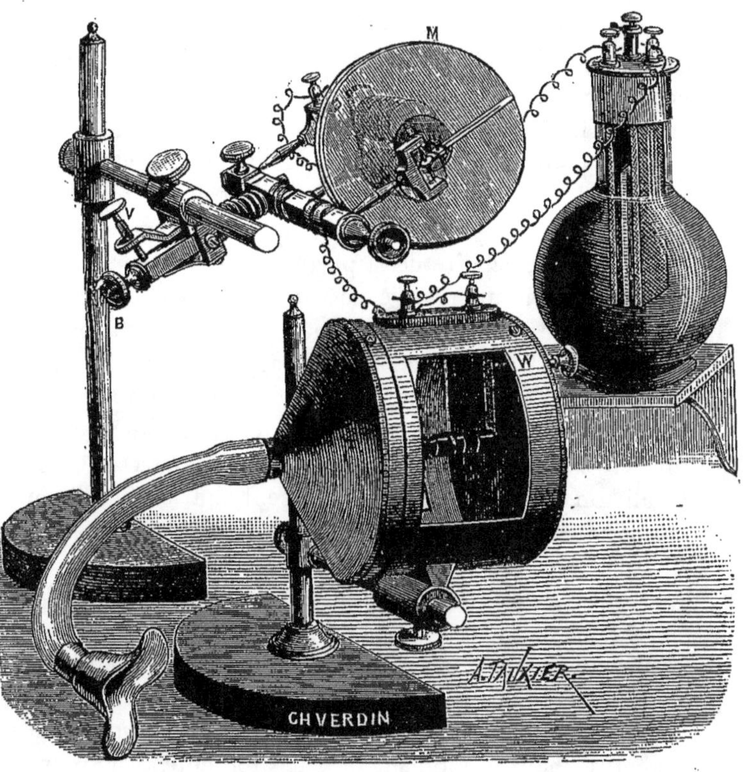

Fig. 57.

Inscripteur électrique de la parole.

charbons horizontaux : le premier, fixé au centre de la membrane métallique ; le second, suspendu par une tige mobile ;

le troisième, attaché à un ressort d'acier, qui obéit à une vis de réglage. Une embouchure conduisait la voix sur le centre de la membrane. Avec le temps, plusieurs modifications furent apportées à l'instrument primitif : une ouverture fut pratiquée dans les flancs de la boîte, pour aider dans l'opération délicate du réglage et dans le contrôle des pièces, qui exigeait auparavant un démontage complet; les charbons furent réduits de beaucoup, les premiers ne répondant pas pour les sons très aigus; enfin un cône de cuivre fut placé devant la membrane. Cette disposition, que j'empruntai au graphophone de 1889, m'a paru augmenter de beaucoup la sensibilité de la plaque vibrante.

Pour obtenir un réglage parfait, il est bon de séparer complètement les charbons; puis on les rapproche petit à petit avec la vis (W), en tenant l'appareil incliné vers la bouche, de façon que le charbon du milieu s'appuie sur celui de la membrane, et pendant ce temps on fait entendre une voyelle, *a*, par exemple. Tant que le contact n'est pas établi, on sent un petit tressautement, qui est occasionné par la retombée du second charbon sur le premier. Mais dès que le contact est suffisant, on est averti par un frémissement régulier qui répond à la voyelle. Si l'on avait dépassé le point, on sentirait une certaine dureté dans la communication, et les sons d'une très faible intensité ne produiraient aucun effet. Aussitôt que les charbons sont amenés à un contact doux, on fait bien de s'arrêter et de remettre, pour le moment où l'appareil entier sera monté, le soin de terminer le réglage.

L'appareil inscripteur se compose d'un électro-aimant, que j'ai voulu fort, afin de contre-balancer autant que possible la résistance des pièces nécessaires pour l'inscription, armature, style et levier. L'armature, en forme de disque, est fixée sur une membrane (M) de parchemin verni, qui est portée sur un cadre circulaire. Le style implanté dans le disque communique ses mouvements à un levier inscripteur. Un bouton permet de rapprocher ou d'éloigner le cadre de l'électro-aimant; une coulisse, d'allonger ou de raccourcir le petit bras du levier. Enfin, deux vis (V et B) servent à régler la pointe du levier sur le tambour enregistreur : l'une (B) fait mouvoir l'appareil d'avant en arrière, l'autre (V) de haut en bas.

La force motrice peut être empruntée à un accumulateur ou à une pile. Je me sers de deux piles au bichromate, d'un litre chacune. Une seule suffirait. Mais, avec deux, le réglage est beaucoup plus facile. Pendant que l'on descend le zinc, on a l'œil sur l'appareil inscripteur; dès que le levier est déplacé et attiré par l'électro-aimant, on arrête l'immersion et l'on fixe le zinc.

Comme l'appareil exige une certaine force motrice, il faut des fils un peu gros.

Mes expériences du début ont été longtemps entravées par ce fait, que j'employais, à mon insu, des fils trop petits ou une pile insuffisante.

Quand l'appareil fonctionne et que la parole se transmet aisément, il peut y avoir lieu de modérer la marche. En effet, des mouvements d'une trop grande amplitude s'inscrivent mal : la plume saute et ne trace que des lignes interrompues. Il faut alors ou diminuer la surface du zinc immergé (ce qui est le plus commode), ou écarter légèrement la membrane des bobines, ou faire appuyer un peu plus la pointe du levier sur le tambour, ou parler d'un peu plus loin. C'est par des essais répétés qu'on arrive à un réglage tel que les tracés présentent avec beaucoup de clarté un grand nombre de détails. Parfois on entend la membrane redire les paroles qu'on lui demande d'inscrire : on peut être sûr alors que l'inscription est mauvaise; en l'écartant un peu, elle parlera moins bien, mais elle écrira mieux.

Quand on parle dans l'embouchure (plus ou moins près, suivant la force électro-motrice dont on dispose), la plaque microphonique, se mettant à vibrer, modifie en raison de ses déplacements successifs le contact des charbons et, par suite, l'intensité du courant qui les traverse. Ces modifications se traduisent dans l'électro-aimant par des variations analogues de force, et dans la membrane inscriptrice par des

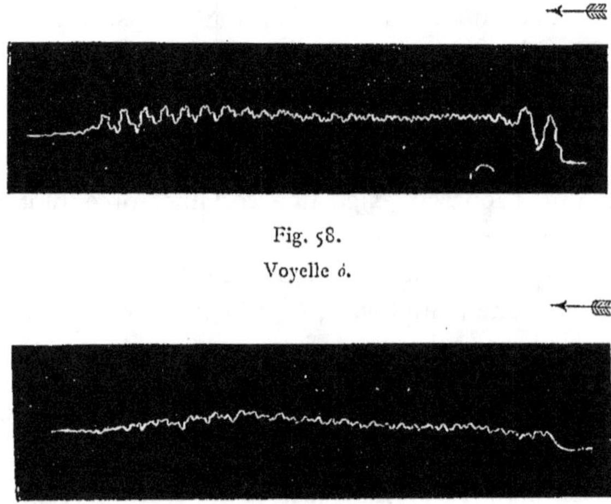

Fig. 58.

Voyelle *ó*.

Fig. 59.

Voyelle *a*.

mouvements semblables à ceux de la plaque du microphone, mais d'une amplitude beaucoup plus grande. Cet agrandissement est dû à l'intensité du courant, à l'action considérable que peut exercer sur lui une cause légère et à l'élasticité de la membrane écrivante. Ainsi se trouve réalisé un véritable *microscope de la parole*. — Je reproduis ici, d'après un agrandissement fait à la chambre claire et réduit ensuite par la photographie, les voyelles *ò* (400 v. d.) de *or* (fig. 58) et *a* (320 v.d.) de *patte* (fig. 59).

Tambour à levier. — Le tambour à levier nous fournit le meilleur moyen d'apprécier les changements de volume et de vitesse de la colonne d'air, et, d'une manière suffisante, dans bien des cas, ses vibrations; mais le mode d'expérience doit changer avec le but que l'on se propose.

Si l'on recherche la masse totale de l'air émis pour une articulation donnée, il faut recueillir le souffle sur les

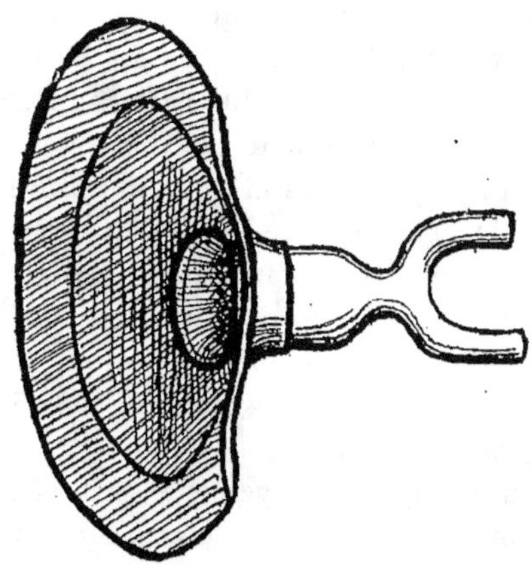

Fig. 60.

Embouchure avec tube double.

lèvres au moyen d'une embouchure soit de caoutchouc (fig. 60) soit de métal (fig. 57), dans le nez avec deux petites

olives (fig. 61), et le conduire à deux tambours flexibles,
ou à un seul, en interposant, au besoin, dans le trajet, si

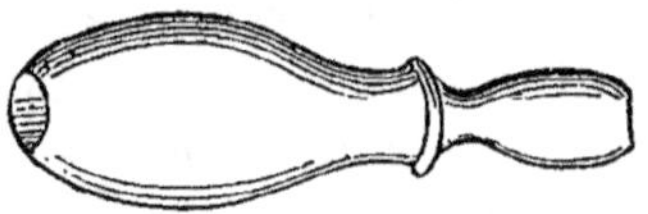

Fig. 61.
Olive nasale.

la pression était trop grande, un vase à double tubulure.

Quand on veut comparer plusieurs articulations entre
elles, il devient nécessaire de ménager une voie d'écoulement, afin que l'air, après chacune d'elles, puisse reprendre
dans l'appareil son équilibre normal.

Si les recherches ne portaient que sur les changements de
volume et de vitesse, il suffirait de ne pas envelopper entièrement la bouche et de recueillir l'air d'une seule narine.

Les vibrations s'obtiennent au moyen d'un tambour
rigide, et encore l'inscription n'est-elle sûre que si le
déplacement de la membrane n'a été ni considérable, ni
rapide : autrement, les vibrations auraient fort bien pu
échapper à l'appareil. Aussi, un petit trou pratiqué sur les
bords du tambour favorise-t-il l'inscription, et une membrane montée depuis vingt ans, comme je viens d'en rencontrer une, est-elle excellente.

Un tambour de rigidité moyenne inscrit bien la pression
et les vibrations. Mais si on veut les explorer ensemble dans
les meilleures conditions possible, il est plus sûr de recourir
à deux tambours, l'un flexible, l'autre rigide, mis en
communication avec une même embouchure au moyen
d'un tube en Y (fig. 60).

Il importe au bon succès de l'expérience que l'embouchure soit bien placée : on tient l'embouchure de métal

appliquée sur l'un des côtés de la bouche, et l'embouchure de caoutchouc sur la partie inférieure de la lèvre d'en bas, de façon qu'elle ne fasse qu'un, pour ainsi dire, avec cet organe.

Lorsque d'autres explorations doivent être associées à celle de la colonne d'air, on emploie des embouchures spéciales. L'une est échancrée (fig. 64), pour le passage des appareils ; une autre est très flexible, pour s'unir à l'explorateur des lèvres (fig. 33, T), et présente une voie de dégagement, pour que l'air, poussé dans le tambour, puisse s'écouler librement pendant la fermeture de la bouche.

L'idée de construire des appareils inscripteurs de la parole à l'imitation de l'oreille est venue à divers expérimentateurs, et d'une façon sans doute indépendante, puisque chacun d'eux a obéi à une inspiration particulière.

Clarence J. Blake songea surtout à la qualité de la membrane ; M. Fick paraît avoir été plus frappé par le mode d'attache du marteau, et M. Hensen par la courbure de la membrane tympanique. J. Blake se servit d'un tympan humain pour son appareil. Les tracés qu'il obtint sont très beaux, mais ils ne lui parurent pas rendre toutes les vibrations de la voix[1]. J. Fick se félicite aussi des résultats dus à la disposition imaginée par lui : la propriété de la membrane de vibrer pour tous les sons s'en serait trouvée fort accrue.

Sprachzeichner (fig. 62, 19 et 20). — Après plusieurs essais, M. Hensen choisit une membrane de baudruche de 36^{mm} de diamètre, et lui donna la forme conique en l'appliquant tout humide et en la laissant sécher sur un manchon de

---

1. *Archives of ophthalmology and otology*, t. V (1876), n° 1.

bois[1]. Le style a été souvent modifié : il peut être une tige d'aluminium de 1 ^{mm} d'épaisseur et de 3 de largeur. Il est attaché à un axe A, qui est maintenu entre deux pinces P P (dont le détail est figuré en P′), et fixé au centre de la

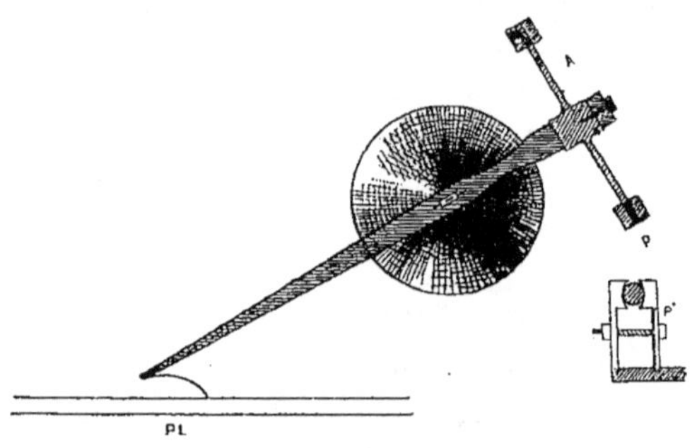

Fig. 62.

Sprachzeichner.

membrane à l'aide d'une pièce métallique placée à l'intérieur. Le style ne présente donc aucune articulation, en sorte que, pour vibrer, il doit se plier ou tordre son axe. La pointe écrivante était faite d'un éclat de verre soufflé et placée à l'extrémité du style et au-dessous, comme on le voit dans la gravure, disposition qui la maintient, pendant qu'elle vibre, en contact avec le plan enregistreur (PL). Mais M. Pipping[2] lui a substitué un diamant, qui raye le verre et donne des tracés beaucoup plus nets qu'une pointe cheminant dans du noir de fumée.

Pour que l'humidité de l'air expiré ne modifie pas la

1. *Zeitschrift für Biologie*, t. XXIII (année 1887), p. 291-302.

2. *Ibid.*, t. XXVII, p. 13-25.

forme de la membrane, on la protège par une membrane de caoutchouc très lâche que l'on place devant.

On a d'abord employé une embouchure communiquant avec l'appareil au moyen d'un tube de caoutchouc. M. Pipping l'a supprimée et remplacée par un carton troué en face de la membrane.

Le même support portait l'appareil et le diapason chronographe ; mais M. Pipping remarqua les inconvénients de ce voisinage et le fit cesser.

Le *Sprachzeichner* doit aux travaux pour lesquels il a été utilisé une importance qui le distingue, avec l'appareil de M. Hermann, des simples essais que je signale à titre de renseignements. Voici un spécimen des tracés de M. Pipping

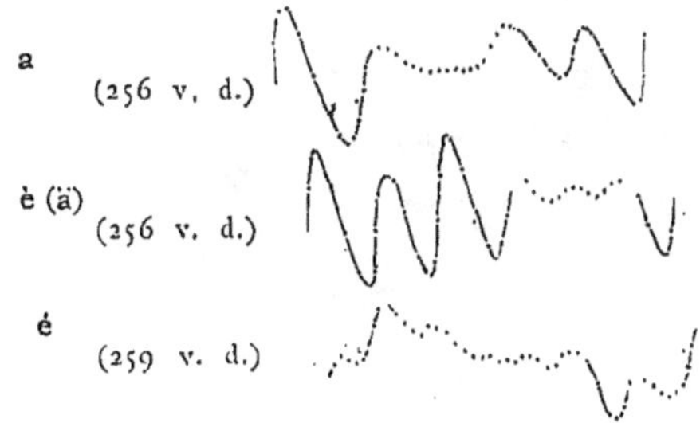

Fig. 63.
Voyelles inscrites par le Sprachzeichner.

(fig. 63) : ils représentent une période des voyelles *a*, *è* (*ä*), *é*, chantées et donnant, les deux premières, 256 vibrations (v. d.) à la seconde, la dernière 259 [1].

Oreille inscriptrice. — L'inscription directe des vibrations de la parole au moyen d'une membrane de caoutchouc, que

1. *Ueber die Theorie der Vocale*, Helsingfors, 1894.

j'ai pratiquée depuis le mois de décembre 1893, m'a conduit à construire un nouvel appareil. Le tambour à levier, comme inscripteur de la parole, a plusieurs défauts. L'amplitude trop grande de ses mouvements lui fait perdre bien des vibrations. La membrane de vessie corrige en partie cet inconvénient, mais elle en a d'autres : elle est dure et parfois trop résistante. Les variations atmosphériques se font sentir pour l'une et pour l'autre d'une façon bien gênante.

Je réfléchissais à tous ces inconvénients, au moment où j'étudiais l'anatomie de l'oreille, et je fus bien vite persuadé qu'un appareil, construit sur le modèle de cet organe, les supprimerait pour la plupart. Une embouchure mobile fixée à un tuyau coupé en sifflet conduit directement l'air

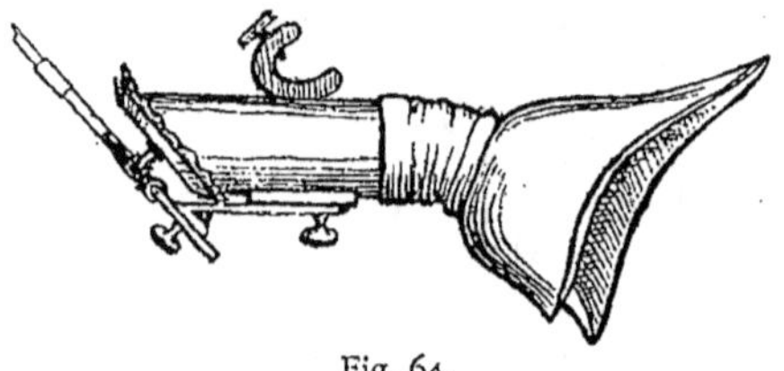

Fig. 64.

Oreille inscriptrice.

vibrant sur une membrane rigide, placée sous le même angle que celle du tympan ; une rondelle solide, comme la base de l'étrier, porte les organes inscripteurs ; un tube intérieur qui entre à frottement fait varier, suivant le besoin, la tension de la membrane ; deux coulisses permettent de ramener toujours le style dans une position perpendiculaire au plan vibrant ; une trousse de tubes s'emboîtant les uns dans les autres modifie la surface de la membrane, sa forme, son inclinaison ; enfin, une virole soudée sur le côté et une tige de support rendent très faciles l'emploi et le réglage de l'appareil (fig. 64).

L'avantage spécial que présente l'oreille inscriptrice, c'est celui d'être toujours et par tous les temps prête à fonctionner, de donner des tracés d'une netteté parfaite et de ne perdre aucune vibration. Non seulement elle sert à recueillir l'air sonore au sortir de la bouche, mais elle est également sensible à celui qui prend son issue par le nez. De plus, appliquée sur le larynx, elle en reproduit les vibrations.

Photographie directe de la parole. — Les divers procédés d'inscription de la parole que nous venons d'énumérer reposent tous sur ce principe, que les membranes reproduisent les vibrations du son excitateur. M. Raps a tenté d'atteindre les vibrations elles-mêmes, et il a été assez heureux pour y réussir. On sait que les physiciens se sont rendus maîtres des faisceaux lumineux, à tel point qu'ils peuvent les diviser, les diriger selon leurs besoins, produire des différences de phases et les amener ainsi à l'interférence [1], enfin, après les avoir réunis, en recueillir l'image. Quand les faisceaux interférents ont traversé, avant leur réunion, des courbes d'air tranquilles, les images sont constituées par des bandes parallèles alternativement sombres et claires. Mais, si l'on introduit entre les deux faisceaux une différence de marche périodique, en conduisant l'un dans un milieu calme, l'autre dans un milieu animé d'un mouvement vibratoire, les bandes oscillent et forment des courbes sinusoïdales parallèles, qui révèlent le caractère des vibrations de l'air.

---

1. Comparer page 15.

Après avoir expérimenté la méthode avec un tuyau
sonore qui était traversé, à la hauteur d'un nœud, par l'un
des faisceaux interférents, tandis que l'autre passait en
dehors, M. Raps a recueilli les vibrations produites dans
l'air libre par la voix humaine. Une source lumineuse très

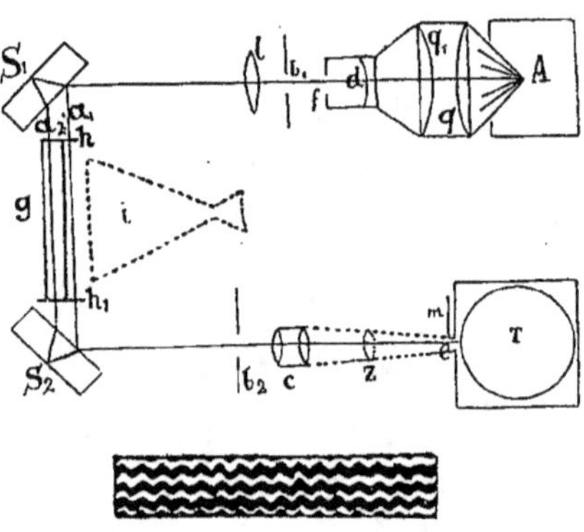

Fig. 65.

Dispositif de Raps pour photographier la parole.
Voyelle *ou* (*u*) chantée sur *ré*₂.

intense A (fig. 65) envoie, par le moyen des lentilles q et q_1,
un faisceau lumineux parallèle d, qui, sortant à travers la
fente f de 2^{cm} sur 5 et le diaphragme b_1, tombe sur la lentille l, dont le foyer est de 15^{cm}, et de là sur la glace épaisse S_1
de l'appareil à produire des interférences de Jamin. Là, le
rayon est divisé en deux faisceaux, a_1 et a_2, qui se dirigent
parallèlement vers le miroir S_2. Le faisceau a_1 passe dans l'air
libre; a_2, à travers un tube g, de 15^{cm} de longueur, à parois
métalliques épaisses et terminé par des glaces de verre h et h_1,
qui débordent assez pour être traversées par le faisceau a_1.
A 4 ou 5^{cm} du tuyau, s'ouvre le pavillon d'un porte-voix, i,

dans lequel les voyelles sont chantées, provoquant des condensations et des dilatations dans l'air libre, tandis que l'air demeure tranquille dans le tube. Les deux faisceaux se réunissent au sortir de S_2, après avoir été amenés à l'interférence, et sont projetés, à l'aide d'un objectif de Voigtländer, c, dans le champ d'une fente, l, large de 1 à 2^{mm} et haute de 2^{cm}. Une lentille χ augmente l'intensité lumineuse, et un diaphragme b_2 empêche l'entrée des réflexions secondaires. La fente est perpendiculaire à la direction des franges; elle est fermée par un obturateur automatique électrique m. Derrière, est placé un tambour, T, revêtu de papier sensible, qui se déroule perpendiculairement à la fente. La mise au point se fait sur un verre dépoli que l'on substitue au tambour.

Pour obtenir la figure des voyelles, il est nécessaire de les chanter d'une voix forte. Encore n'a-t-on pu avoir d'images nettes que pour a, o, ou (u) ; les voyelles e, i, u $(\ddot{u})$ sont restées indistinctes.

Avant de s'arrêter au dispositif que je viens de décrire, M. Raps avait tenté de recueillir les vibrations de la voix dans des cavités dont il variait la forme et la dimension; mais il y renonça bientôt pour se débarrasser des résonances étrangères, dont l'influence est considérable [1]. Je donne, comme spécimen, la voyelle ou (u) chantée sur $ré_2$.

---

1. *Wiedemann's Annalen der Physik und Chemie* (année 1893), nouvelle série, t. L, p. 193 et suiv. : compte rendu dans le *Journal de physique*, année 1894, p. 139-141.

III

RÉGLAGE ET INTERPRÉTATION DES TRACÉS

DISPOSITION DES APPAREILS

En règle générale, on s'efforce de multiplier les termes de comparaison, mais on n'est pas moins attentif à épargner au sujet en expérience le plus de gêne possible. On y parvient par un choix judicieux des moyens d'expérimentation et par une bonne disposition des appareils.

Appareils explorateurs. — Nous savons déjà comment on peut prendre une même émission de voix de deux manières différentes et introduire un explorateur dans la bouche tout en recueillant le souffle qui en sort (p. 132 et 133). Supposons une expérience plus compliquée, par exemple : inscrire la voix par trois moyens différents (électricité, tambour rigide, tambour flexible) en même temps que les vibrations du nez et les mouvements des lèvres, soit six tracés à obtenir d'un seul coup. Ce qui ajoute à la difficulté, c'est l'obligation d'établir les appareils explorateurs à une faible distance du cylindre. Le croquis (fig. 66) nous présente un excellent modèle d'arrangement. Toutes les pièces sont fixées à l'aide de supports variés sur la tige du chariot. Un contrepoids placé sur le pied maintient l'équilibre. En haut, nous avons le microphone B, qui correspond avec l'inscripteur de la parole C. Une embouchure A conduit à la fois la colonne d'air dans le microphone et dans les deux tambours D (le rigide, celui qui exige la plus courte transmission) et E (le flexible). Les branches de l'explora-

teur des lèvres (H) arrivent devant l'embouchure de façon
à être pincées par les lèvres sans nuire à la bonne direction
de la colonne d'air ; le mouvement est transmis au tam-

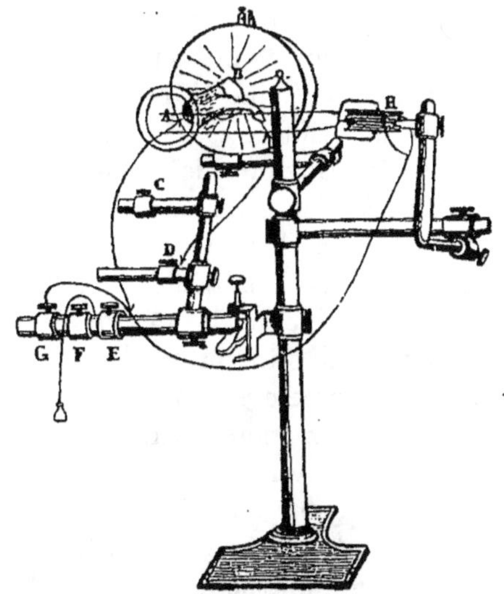

Fig. 66.

bour G. Enfin l'exploration nasale se fait au moyen de la
petite olive, d'un tube court et du tambour F. Rien n'em-
pêcherait de prendre en même temps les vibrations du
larynx, le jeu des muscles de l'abdomen, la gravure du
phonographe, et le sujet n'en serait pas autrement embarrassé.

Lorsque le phonographe doit être de la partie, on
adapte le tube en Y immédiatement à l'embouchure pour
abréger la voie de transmission avec les autres appareils.

Dans les dialogues, un seul inscripteur de la parole, de

préférence l'inscripteur électrique, est mis en rapport par un tube à plusieurs branches avec les divers interlocuteurs.

Appareils inscripteurs. — La première chose à faire, c'est de choisir le point du cylindre où l'inscription aura lieu, par conséquent de régler la position des tambours et celle du chariot. En effet, étant donné que les plumes, en se déplaçant, tracent, non des lignes droites, mais des arcs de cercle, la courbure du cylindre est une cause de déformation, qu'il devient nécessaire de réduire autant que possible ou de déterminer exactement au moins une fois pour toutes les positions. Il n'y a pas à en tenir compte lorsque la plume arrive au contact vers le milieu du cylindre au-dessus de son axe; mais, à mesure qu'elle s'écarte de cette ligne, la déformation ne fait que s'accroître.

La déviation de la plume due à la courbure du cylindre peut se calculer mathématiquement. On trouve, par exemple, que pour une plume de 113^{mm} de longueur, un cylindre de 65^{mm} de rayon, une distance de 146^{mm} entre l'axe de la plume et celui du cylindre, si le point observé est à 44^{mm} de la position initiale de la plume, la déviation attribuable à la courbure du cylindre est inférieure à 2 millimètres.

Une expérience graphique conduit au même résultat. On colle une feuille de papier avec soin, suivant une ligne bien droite et parallèle à la génératrice du cylindre. Quand la feuille sera noircie, on appliquera sur l'un des points de cette ligne (à la limite extrême du collage par en bas) la pointe de l'une des plumes et on lui fera décrire un arc étendu. Puis, on découpera une partie de la feuille, qu'on redressera en la tendant bien horizontalement, et, la pointe de la plume étant revenue exactement à sa position première, on lui fera décrire un nouvel arc. La distance entre ces deux arcs à un point donné marquera l'influence de la courbure du cylindre. Cette différence est négligeable, dans les conditions indiquées plus haut, pour des tracés d'environ 20 ou 25 ^{mm}.

Lorsque l'expérience n'exige qu'un seul appareil inscripteur, tout le réglage consiste à produire entre la pointe de la plume et le cylindre un contact convenable. Or, ce contact varie suivant la nature de l'inscription à obtenir. Les tracés étendus, comme ceux des lèvres, de la colonne d'air, des mouvements du thorax, demandent, pour être continus, une certaine pression de la plume. Les mouvements vibratoires, au contraire, ne peuvent être obtenus que si la plume effleure à peine la surface du plan enregistreur.

D'une manière générale, on peut dire que la plume n'appuie pas assez, quand elle rebondit sur le papier et laisse des noirs ; qu'elle appuie trop, quand elle donne un tracé empâté et peu distinct. Quelquefois on est obligé de se résigner à l'un ou à l'autre de ces deux inconvénients, suivant la nature du renseignement cherché. C'est à l'essai seulement que l'on voit le degré de pression qui convient le mieux. Il ne faut pas regretter, du reste, le temps que l'on passe à ces tâtonnements préparatoires : c'est d'eux que dépend le succès de l'expérience et la perfection des tracés.

Quand la plume est bien réglée pour un point du cylindre, il faut s'assurer qu'elle l'est également bien pour tous les autres. On prend alors le chariot et on le promène tout le long de la génératrice du cylindre, en choisissant pour cet essai la partie du papier qui est immédiatement au-dessous de la ligne de collage. Le tracé obtenu permet de constater l'horizontalité relative des appareils ; plus tard, il sera utilisé pour le déchiffrement.

On veille autant que possible à ce que les plumes tombent sur le cylindre perpendiculairement à la génératrice. La correction des tracés y est intéressée. Mais pourtant il est des cas où une disposition différente s'impose. Par exemple, si le déplacement de la plume est tel qu'à l'extrémité de sa course celle-ci sorte du plan enregistreur, il devient nécessaire de lui donner plus de champ à parcourir en la rapprochant du tambour.

La déviation due à l'élasticité de la plume et à sa position par rapport au plan enregistreur peut facilement s'apprécier, grâce au procédé suivant. On règle la plume de façon qu'elle effleure à peine la surface du papier noirci, et que la pression soit nulle. On la déplace légèrement à droite et à gauche. Alors la ligne tracée dira : 1° la longueur de l'arc sur laquelle l'influence de la courbure du cylindre est sans effet sensible; 2° si le plan dans lequel se meut la plume est bien parallèle à la génératrice du cylindre, ce qui a lieu quand l'arc décrit s'étend autant à droite qu'à gauche du point initial. Un second arc construit de façon à recouvrir le premier, mais avec une certaine pression de la plume, montrera la déviation qu'il convient d'attribuer à l'élasticité de celle-ci.

Lorsque l'expérience réclame l'emploi simultané de plusieurs appareils écrivants, et c'est le cas le plus ordinaire, il y a plusieurs précautions préliminaires à prendre, soit pour que l'opération réussisse, soit pour que la comparaison des tracés puisse se faire avec sécurité.

Avant tout, il faut placer le support de côté bien parallèlement à la génératrice du cylindre. Ce point est essentiel, car il serait impossible autrement d'arriver à un bon réglage pour toute la longueur de la feuille. On a obtenu ce résultat quand les plumes de deux tambours fixés au support et transportés par le chariot tout le long de la feuille tracent deux lignes rigoureusement parallèles.

Si le support de côté ne suffisait pas, ou si l'on avait des plumes de diverses longueurs, on pourrait disposer des tiges additionnelles (fig. 66) qui toutes obéiraient à la vis de réglage et par conséquent ne compliqueraient en rien l'expérience.

Puis on fixe sur le support les différents appareils inscripteurs à des distances telles les uns des autres, qu'ils ne se nuisent pas mutuellement et qu'il n'y ait pas de place perdue. J'aime bien que toutes mes plumes exécutent leurs mouvements de gauche à droite : la lecture est plus agréable, toutes les amplitudes étant dans le même sens. Cependant quelquefois, je renverse certains appareils pour gagner de la place. On s'assure que la disposition est bonne en faisant marcher toutes les plumes avec leur maximum de déplacement. Il n'est pas inutile d'adopter un ordre, toujours le même, pour la place à donner à chaque genre d'inscription : l'œil se fait des habitudes, et rien de ce qui peut aider à la lecture n'est à négliger.

On procède ensuite au réglage des pointes, opération qui consiste à les amener toutes à toucher le cylindre sur une ligne droite suivant la génératrice. Pour cela, on se sert de vis de réglage, ou l'on fait glisser plus ou moins en avant ou en arrière les plumes le long de la tige métallique du levier. Mais en même temps il faut se préoccuper du contact de la pointe avec le cylindre : comme il est modifié par chaque déplacement il faut toujours le ramener au degré convenable.

Quand on a beaucoup de plumes à régler, il importe de procéder avec ordre, si l'on ne veut pas prolonger outre mesure les tâtonnements et s'exposer à recommencer plu-

sieurs fois la même besogne. On choisit d'abord la plume
la plus courte; quand elle est en contact avec le cylindre,
on règle sur elle la seconde; puis on pousse le chariot, de
façon que l'une des deux plumes puisse atteindre le tracé
de l'autre : si les deux tracés se confondent, le réglage est
bon ; sinon, il est facile de le rectifier. On procède de
même pour chacune des autres plumes.

Quand ce travail est fini, on fait avancer lentement (pour
ne pas imprimer aux plumes de mouvements propres) le
chariot tout le long de la feuille. Les plumes doivent ne
tracer qu'une ligne unique. Si elles se séparaient à un certain endroit, c'est que le support n'aurait pas été bien placé,
et tout serait à recommencer.

Pourtant, si l'on était pressé, on pourrait se contenter
du réglage individuel de chaque appareil, en marquant, par
un simple déplacement du chariot, la position relative des
plumes. La lecture des tracés en serait rendue un peu plus
pénible par la nécessité d'éliminer une quantité superflue,
mais elle n'en serait pas moins exacte.

LIGNES DE CONSTRUCTION ET RECTIFICATION DES TRACÉS

Les appareils convenablement disposés, il reste à prendre
les lignes qui seront utiles pour la lecture. D'abord on fait
tracer à l'une des plumes une ligne sur le bord de la feuille
en faisant tourner le cylindre avec le doigt : cette ligne
servira à mener les perpendiculaires. Puis on conduit le
chariot à l'endroit même où devra se faire la première expérience. Toutes les plumes toucheront la ligne déjà tracée
suivant la génératrice du cylindre. Alors on fera décrire à
chacune d'elle un arc de cercle, soit en pressant les appareils
explorateurs, soit en soufflant dedans. Lorsque chaque

plume est bien revenue à sa place, ou qu'on l'y a ramenée de force au besoin, on fait tourner le cylindre à la main de manière à inscrire (fig. 67) une légère partie du rayon correspondant à chaque arc. Nous avons donc : AB, la généra-

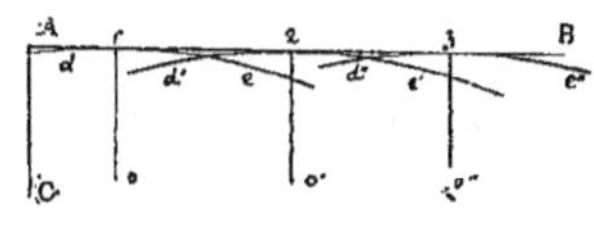

Fig. 67.

trice du cylindre; AC, la circonférence; 1, 2, 3, les pointes de trois plumes prenant contact avec le cylindre suivant AB; de, $d'e'$, $d''e''$, les arcs de déplacement des plumes.

Ces lignes suffisent pour établir une comparaison rigoureuse entre les tracés, et d'ordinaire on ne peut guère en prendre d'autres au cours des expériences.

Mais, si l'on avait le temps, quand les tracés sont recueillis, on pourrait tracer, sur le cylindre, les autres lignes de construction, qui demandent sur la feuille détachée, l'emploi de la règle et de l'équerre.

La feuille, chargée d'inscriptions et vernie, est disposée sur une planchette à dessin, de façon que la ligne AB prenne la gauche et que AC occupe le bas. Elle se présente alors comme dans la fig. 68. Une règle est fixée suivant la ligne AC; une autre suivant AB. Les choses étant ainsi disposées, on élève facilement avec l'équerre toutes les perpendiculaires dont on a besoin, les unes parallèles à AB, les autres à AC.

Les perpendiculaires élevées sur AC servent à établir les rapports de temps qui existent entre les différents mouvements inscrits; celles qui sont élevées sur AB aident à reconnaître l'amplitude de ces mêmes mouvements. On trace ces lignes, soit avec un crayon très dur, soit avec une pointe sèche.

Toutes les fois que le tracé ne s'écarte pas de la ligne que la plume inscrirait à vide, en admettant que les pointes aient été, comme nous le supposons dans la figure, rigoureusement réglées, tous les points situés sur chaque perpendiculaire sont synchroniques. C'est le cas pour h, i, j. Mais, dès que le tracé prend une certaine amplitude, il devient nécessaire de tenir compte de l'arc de déplacement. Le point l, par exemple, n'occupe pas dans la feuille sa position réelle. Il doit être rapproché de la ligne AB d'une quan-

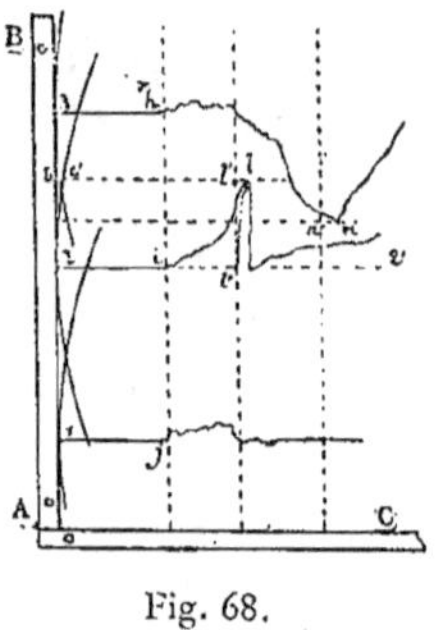

Fig. 68.

tité égale au déplacement du levier tournant sur son axe, c'est-à-dire de la longueur $c'b$, et par conséquent reporté en l'. Il en est de même pour le point n, qui est en réalité en n'. Pratiquement, on prend avec un compas la hauteur du tracé (l, par exemple) au-dessus de la ligne qui aurait été faite à vide ($2\ 2'$); on reporte cette hauteur sur AB, en partant de l'extrémité du rayon (2), puis on mesure la distance qui sépare ce point et l'arc (bc'). Cette mesure, reportée à gauche du point à déterminer (l), nous donne la position réelle (l').

Toutes ces constructions peuvent être obtenues sur le cylindre. Avec une plume quelconque, on trace les parallèles à AC, en faisant tourner le cylindre; les perpendiculaires sur AC, en déplaçant le chariot. Les points écartés sont ramenés à leur position vraie à l'aide de la plume même qui les a tracés, en lui faisant décrire des arcs de cercles passant par ces mêmes points et retombant sur la ligne normale (l'').

Si l'on tenait à rectifier un tracé tout entier et non pas seulement sur un point déterminé, on reporterait à côté l'arc de déplacement $2\ c'$ avec la perpendiculaire 2 B. L'arc $2\ c'$ se fait avec une ouverture de compas égale à la longueur totale du levier, en prenant le centre sur le prolongement de la ligne tracée à vide. Puis on mènerait une série de parallèles qui, coupant le tracé à rectifier et l'arc de déplacement, atteindraient la perpendiculaire. Les différentes longueurs

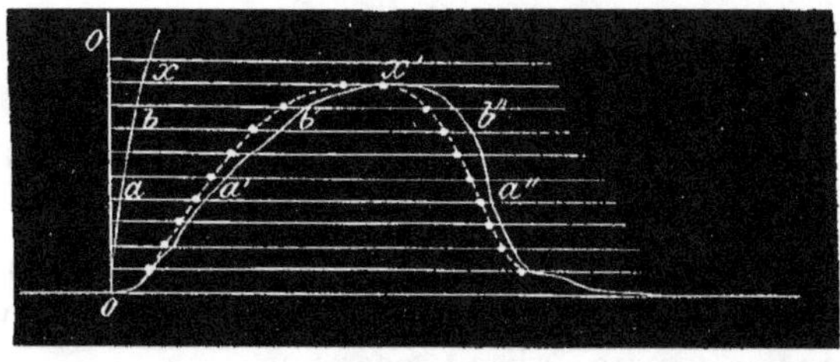

Fig. 69.   (MAREY)

comprises entre celle-ci et l'arc doivent être retranchées du tracé suivant chacune des parallèles. Chaque point ayant été ramené ainsi à sa position vraie, il n'y a plus qu'à les unir par une ligne continue, qui donne la forme réelle du tracé[1]. La figure 69, empruntée à M. Marey, représente la construction toute faite.

Enfin, une dernière rectification reste à faire, mais seulement lorsque les pointes n'ont pas été rigoureusement mises en ligne droite. L'avance ou le retard des unes ou des autres doit, naturellement, être ajouté ou retranché. Ainsi, nous ne pouvons comparer entre eux les points r, s, t (fig. 70) qu'en tenant compte des différences de position des plumes

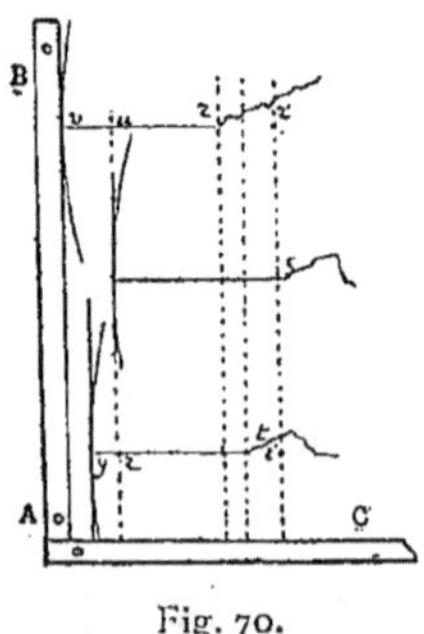

Fig. 70.

au départ. Si nous prenons, comme base de comparaison, le point s, il faudra écarter r jusqu'en r' ($rr' = vu$) et t jusqu'en t' ($tt' = yz$).

Cette correction se fait facilement : il suffit de connaître, une fois pour toutes, le retard ou l'avance d'une plume et d'en tenir compte à chaque opération.

Si l'on avait eu le loisir de tracer toutes les lignes de construction avant le décollage de la feuille, toutes ces opérations accomplies au moyen des appareils inscripteurs mêmes dont il s'agit de contrôler l'action seraient meilleures encore ;

---

1. Marey, *La méthode graphique*, p. 505.

car toutes les causes d'erreur seraient du coup éliminées, non
seulement celles qui sont dues à la forme même des tambours, mais aussi celles qui proviennent de la courbure
du cylindre, de l'élasticité des plumes, du défaut de parallélisme et de verticalité dans la position des appareils écrivants par rapport au plan enregistreur.

MICROSCOPIE ET MICROGRAPHIE

La lecture des tracés peut quelquefois se faire à l'œil nu.
Mais la plupart du temps, elle exige l'emploi des loupes et
même du microscope. Une bonne installation micrographi-
que est donc le complément indispensable d'un bon
outillage inscripteur.

Une forte loupe à manche et à long foyer est ce qu'il y a
de mieux pour regarder sur le cylindre au cours des expériences, afin de s'assurer si les vibrations sont bien rendues.

Une loupe à deux verres, montée sur trois pieds, est
très commode pour travailler sur la feuille détachée : elle
suffit, en général, pour reconnaître le point où commencent
les vibrations et pour en déterminer le nombre.

Le microscope sert à contrôler ou à rectifier les points
restés douteux, à observer la forme des vibrations, à les
dessiner ou à les photographier.

Le microscope que m'a construit M. Nachet répond à
tous mes besoins actuels. D'abord, il possède un oculaire
à grand champ qui permet d'embrasser du même coup
d'œil une large surface (50^{mm} avec un grossissement de
14 diamètres); puis, il est porté à l'extrémité d'une
potence, mobile sur un chariot doué d'un double mouvement, longitudinal et transversal, devant une table de verre
fixe et suffisamment grande pour recevoir une feuille

d'inscriptions tout entière. Je puis ainsi ou faire glisser à la main ma feuille sous l'objectif, ou fixer ma feuille et promener dessus mon objectif dans tous les sens.

Les phonogrammes, reproduits à la galvanoplastie, s'observent de même, étendus sur une planchette et fixés par des punaises. Quant aux rouleaux du phonographe, on les suspend dans le champ du microscope sur un cylindre que l'on fait tourner à la main.

Je dispose de quatre objectifs qui me donnent des agrandissements de 14 à 150 diamètres. De plus forts grossissements ne pourraient être employés avec avantage, à cause de la difficulté qu'il y aurait à éclairer, et ils ne semblent pas utiles.

Lorsque je veux comparer deux tracés microscopiques, je les dessine l'un et l'autre à la chambre claire, et les moindres différences sautent aux yeux.

Il arrive que l'emploi de la chambre claire offre quelques difficultés. Le point essentiel pour s'en servir commodément, c'est de bien égaliser la lumière au moyen de la petite glace mobile.

Pour les mesures à prendre sous la loupe ou le microscope, on peut employer le petit compas micromètre que j'ai construit et qui donne d'une façon très lisible à l'œil nu les $\frac{1}{200}$ de millimètre, ou bien un micromètre oculaire qui entraîne, sous l'impulsion d'une vis, un fil d'araignée dont le déplacement se lit sur le tambour.

EXPRESSION NUMÉRIQUE DES TRACÉS

Au point de vue numérique, on peut considérer dans les tracés deux quantités : la longueur et la hauteur (dans les phonogrammes, la profondeur). La première correspond à la durée, la seconde à la force vive du phénomène.

La longueur est d'une interprétation facile. Elle se traduit en secondes et fractions de seconde d'après une échelle graduée sur la vitesse du plan enregistreur. Étant donné que le cylindre déroule tant de centimètres en une seconde, on prend cette longueur et on la divise en dix parties; puis, pour plus de commodité, on ajoute une onzième partie que l'on divise également en dix. Ce sont ces divisions additionnelles qui donneront les fractions de dixième de seconde, ou les centièmes. Soit à chercher la durée, en centièmes de seconde, du tracé (fig. 71). Je vois du premier

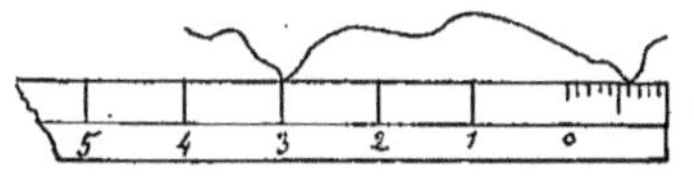

Fig. 71.

coup d'œil qu'il contient un peu plus de 3 dixièmes. J'applique donc la division 3 sur le commencement du tracé, et je trouve 3 dixièmes + 6 centièmes, ou 36 centièmes.

Pour les mesures précises, on inscrit en même temps que le phénomène les vibrations d'un diapason. Il suffit alors, pour obtenir des chiffres, d'embrasser par des perpendiculaires la ligne du diapason avec le tracé tout entier. Le nombre des vibrations donnera la quantité cherchée.

L'interprétation de la hauteur des tracés est plus complexe. Elle dépend de la pression exercée sur la membrane, et cette pression est due, soit à une poussée organique, soit à un déplacement d'air qui peut agir en raison de son volume ou de sa vitesse. La question s'est posée à moi quand j'ai voulu comparer les tracés de l'air expiré, obtenus au moyen d'un tambour, avec les chiffres que me donnait un compteur à air [1], et me rendre compte des déplacements du levier provoqués par la colonne d'air parlante.

J'ai pris un compte-gouttes que j'ai mis en communication avec le tambour inscripteur, puis, à l'aide de pressions faites avec des pinces de diverses tailles, j'ai envoyé dans le tambour des quantités d'air correspondant à la surface comprimée. Puis, remplissant d'eau le compte-gouttes, j'ai renouvelé les mêmes pressions, recevant dans un tube le liquide expulsé à chaque fois, et j'ai pu savoir à combien de centimètres cubes d'eau correspondait la force qui avait amené les déplacements successifs du levier inscripteur. Dans cette expérience, une amplitude de 9^{mm} répondait à 622$^{mm^3}$, une de 8^{mm} à 502$^{mm^3}$, une de 5^{mm} à 340$^{mm^3}$, une de 3^{mm} à 250$^{mm^3}$, une de 2^{mm}3 à 140$^{mm^3}$. Le cubage exact de ces petites quantités est gêné par le ménisque de la surface; il aurait été plus sûr de procéder par pesées.

J'ai de même, ayant pratiqué une issue dans le conduit, jugé à l'aide d'une pompe les effets de la vitesse de la colonne d'air sur l'amplitude du tracé.

Depuis, je me suis servi de poids ou plutôt de pièces de monnaie que j'empilais sur la membrane du tambour explorateur avant l'expérience, et je notais les déplacements successifs de la plume sur le cylindre. Pour cette opération, il faut imiter avec soin le mode d'action de la force que l'on veut explorer. Une pile composée de pièces de 50 cent., 1 fr., 2 fr., 5 fr., n'agira pas de la même manière si elle appuie sur la membrane par sa petite base ou par sa grande.

---

1. *Les modifications phonétiques du langage*, p. 62.

M. Marey introduisait ses sondes dans un flacon à plusieurs tubulures, dont l'une communiquait avec un manomètre à mercure, l'autre avec un réservoir d'air : sous la pression normale, le mercure et le levier étaient à zéro. Quand il comprimait l'air jusqu'à ce que la colonne de mercure s'élevât d'un, deux, trois centimètres, la plume du tambour prenait sur le cylindre des positions correspondantes à ces différentes pressions [1].

On peut trouver d'autres moyens encore. Il s'agit simplement d'appliquer aux tambours une force connue dans les conditions imposées par les données de l'expérience à tenter, afin de pouvoir juger, par comparaison, de la force inconnue qui fait l'objet des recherches.

ARTICLE II

Méthode optique.

Je ne parlerai que de quelques procédés auxquels la photographie n'a pas été encore appliquée et de ceux qui permettent de lire sur un cadran l'effet observé.

Phonéidoscope. — En 1877, M. Sedley Taylor recherchait les modifications imprimées par la voix aux bandes colorées qui prennent naissance sur la légère membrane des bulles de savon quand elles sont suffisamment minces. Pour ses expériences, il avait construit un appareil, qu'il appelait *phonéidoscope*, et qui n'était, au fond, qu'un tube contourné en L, mis en communication avec une embouchure. Il rendit compte de ses observations sur l'intensité, la hau-

---

1. *La circulation du sang*, p. 111.

teur, etc., dans la *Nature* [1]. Je retiens celle-ci : « Quand une voyelle est tranquillement chantée sur une seule note, la figure colorée est constante; mais quand la voyelle est prononcée dans le ton ordinaire de la conversation, il y a changement de figure avant que le son ne s'arrête. L'altération graduelle du son, quand on prononce une simple voyelle, est ainsi rendue perceptible à l'œil. »

Les expériences de M. Taylor sont faciles à refaire avec un tube élastique muni, à une extrémité, d'un cercle métallique et, à l'autre, d'une embouchure, comme celui qui sert pour la gravure du son dans le phonographe. On trempe le bout de métal dans une légère eau de savon, et, au moment où les bandes colorées ont atteint le centre du cercle, on émet, en les prolongeant, les sons dont on recherche la figure phonéidoscopique.

M. Taylor alla plus loin : « Il m'a paru intéressant, dit-il, de rechercher ce que deviendraient les couleurs d'une lame liquide mince, si l'on faisait vibrer la lame en dirigeant sur elle des ondes sonores. Le phonéidoscope a pour but de trancher cette question. Il consiste en un cylindre vertical qui supporte une plaque métallique, dans laquelle est découpée une ouverture propre à retenir une lame liquide. Au moyen d'un tube de caoutchouc, dont une extrémité est creusée dans le cylindre vertical et dont l'autre aboutit à une embouchure commode, on fait agir, sur la surface inférieure de la lame, des vibrations d'un son régulier quelconque, soit d'un instrument de musique, soit de la voix humaine. Le résultat de cette action est que les bandes de couleurs s'arrangent en une figure régulière, qui demeure à peu près

---

1. *The Nature*, t. XVII, p. 426-427 et 447.

constante pendant un temps assez considérable, pourvu que
le son excitant ne subisse aucun changement... En outre,
les figures présentent un caractère tout à fait spécial, savoir
des tourbillons associés par couples et tournant dans des
directions opposées. La vitesse de rotation des tourbillons
dépend exclusivement de l'intensité du son excitant....
L'articulation des voyelles fait ressortir les différences de
timbre d'une façon saillante. Les nuances délicates entre
les *u* français et allemand, entre le *o* et le *ö*, le *e* et le *ä* de
cette dernière langue sont ainsi nettement présentées. Si
nous venons à l'étude des diphtongues, nous voyons que la
figure phonéidoscopique passe successivement de celle de
la première voyelle composante à la seconde...[1] ». M. Ward
avait déjà fait des expériences analogues dans le laboratoire
de M. Spottiswoode.

De son côté, M. Adrien Guébhard fit connaître à la
Société de physique un autre procédé phonéidoscopique[2].
Il produisait « de très beaux anneaux d'interférence par la
condensation de la vapeur d'eau à la surface, *fraîchement
nettoyée*, d'un mercure très impur[3]. Les bandes colorées que
l'on obtient ainsi peuvent être considérées comme de véritables courbes de niveau, peignant en section plane la dis-
tribution des densités de vapeur à l'intérieur du jet humide
au moment du refroidissement. De là mille applications

---

1. *Journal de physique*, année 1879, p. 92.

2. *Journal de physique*, année 1880, p. 242. Communiqué
antérieurement au congrès de Montpellier (*Association française pour l'avancement des sciences*), 1879.

3. Cette surface est aussi brillante et moins mobile que
celle du mercure chimiquement pur.

diverses à l'étude interne des mouvements gazeux, et, en particulier, des courants de la voix, qui, naturellement saturés d'humidité, peuvent imprimer sur le mercure des diagrammes caractéristiques. Il suffit, pour cela, d'émettre les diverses voyelles au-dessus du miroir métallique, sur un ton bien pur et bien soutenu, pendant quelques secondes, mais sans effort anormal et seulement avec assez d'intensité, ou à une distance assez faible pour que la vapeur d'eau contenue dans l'haleine n'ait pas le temps de se mettre en désaccord, en vertu de son élasticité de tension, avec le jet gazeux qui lui sert de véhicule. » M. Guébhard, se livrant à ces expériences en décembre, put trouver une vérification de son procédé en faisant fondre, par l'émission des différentes voyelles, le givre qui se déposait sur les vitres. « Sans insister sur quelques observations qui ressortent à première vue de ces tableaux (la classification naturelle en trois familles à partir de l'*a*; la parenté deux à

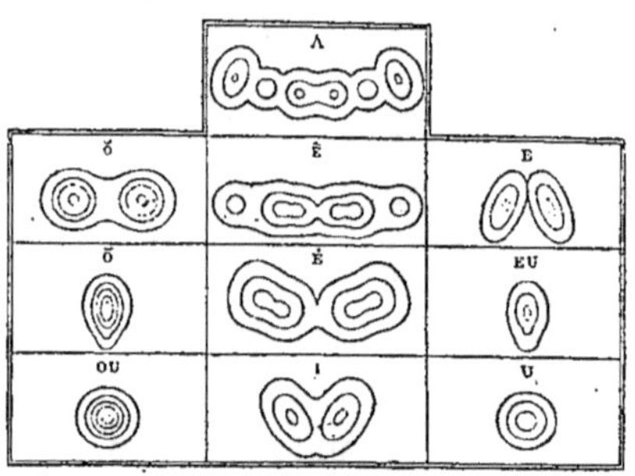

Fig. 72.

Figure phonéidoscopique

deux des sons *au, eu, ou, u,* en allemand *o, ö, u, ü*; la dérivation au moyen de *e, eu,* au lieu de *i, u,* des nasales *in, un*).

on remarquera, d'une manière générale, le manque d'homogénéité transversale du jet sonore, accusé par la présence, dans les figures, de plusieurs centres de plus fortes densités. De là résulte nécessairement qu'au moment de se propager dans le milieu ambiant, l'émission vocale ne présente pas seulement l'état vibratoire longitudinal d'une colonne cylindrique, tel que le peignent aux yeux les flammes manométriques, tel que l'enregistrent les procédés graphiques, mais encore un état vibratoire très complexe, normal au sens de la propagation, et dont l'influence ne saurait être négligeable dans la composition de l'onde qui porte à l'oreille, fondus en un même timbre-voyelle, des sons parfois discordants. » (fig. 72).

Lorsque j'entrepris de reproduire ces belles courbes, je n'eus pas d'abord la chance de réussir : c'était pendant les jours les plus chauds de juillet, circonstance très défavorable. Sur le conseil de M. Guébhard, je plaçai le mercure dans un endroit frais, je m'humectai la bouche avant chaque expérience, et j'observai dans le reflet d'un fond blanc mat : le succès fut complet.

Phonomètre de Lucae. — Cet appareil a pour but de mesurer la pression de l'air expiré dans la parole. Il se compose d'un tube fermé par une petite soupape en verre ou en aluminium, qui retombe par son propre poids et qui est armée d'une aiguille indicatrice. L'air est reçu à l'aide d'une embouchure, fait basculer la plaque, et l'aiguille marque sur un cadran gradué l'amplitude du déplacement[1].

Spiromètre. — Le spiromètre est un compteur à air sec.

---

1. *Archiv für Physiologie*, année 1878, p. 588.

La graduation du cadran peut être complétée de façon à permettre la lecture des centimètres cubes. A l'aide d'une embouchure de caoutchouc, qui prend bien la bouche, on

Fig. 73.

Spiromètre.

envoie tout l'air d'une articulation dans l'appareil, et on en lit la quantité sur le cadran. On peut, si l'on veut, ramener l'aiguille à zéro après chaque opération (fig. 73).

Glosso-dynanomètre. — Cet appareil (fig. 74), dû à M. le Dr Féré, est une modification du sphygmomètre de M. Bloch[1]. Ce n'est, en somme, qu'un petit ressort à

----

1. *Comptes rendus de la Société de biologie* (année 1889), 9e série, t. I, p. 278.

boudin, qui indique en grammes la résistance de la langue
hors de la bouche.

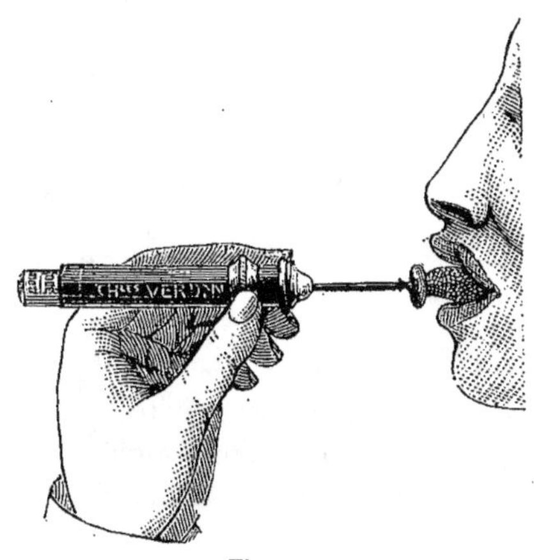

Fig. 74.

Glosso-dynamomètre.

Pour me rendre compte de la force d'élévation de la
langue dans sa position normale sous le palais, j'ai construit
un glosso-dynamomètre à poids, formé d'une tige fixe et
d'un levier qui se croisent à la façon d'une pince. La tige
fixe s'appuie par un cran sur les dents inférieures et supporte
à l'aide d'une poulie la ficelle du plateau qui constitue la
résistance. Le bras du levier sur lequel doit s'exercer l'action
de la langue s'allonge à volonté et peut ainsi explorer
toutes les parties supérieures de la masse musculaire.

Laryngoscopie. — On peut voir le larynx de deux
manières : par réflexion, au moyen du *laryngoscope* (Garcia,
Türk, Czermak), ou directement, à l'aide de l'*autoscope*

(Kirstein). Dans les deux cas, on se sert, pour éclairer l'intérieur de la gorge, d'un miroir réflecteur qu'on se fixe sur le front, et, pour observer, d'un petit miroir dans la première méthode, d'un abaisse-langue spécial dans la seconde[1].

ARTICLE III

Méthode acoustique.

APPAREILS D'ANALYSE

Resonnateurs. — Ce sont des cavités, d'une forme quelconque, limitées par des parois rigides et polies, qui présentent une ouverture de dimensions convenables.

Fig. 75.

Résonnateur.

Parmi les sons que peut rendre le résonnateur, il en est un (le plus grave) qu'il renforce en général quand celui-ci

---

1. *Annales des maladies de l'oreille, du larynx*, etc., mars 1896.

est produit dans son voisinage [1]. Helmholtz a utilisé les résonnateurs pour l'étude du timbre. Ceux que l'on emploie à cet usage sont sphériques et présentent deux orifices : le plus grand sert de pavillon; le petit s'introduit dans l'oreille. Lorsque la note pour laquelle le résonnateur est accordé est émise devant l'appareil, celui-ci vibre bruyamment (fig. 75).

M. Kœnig a facilité les recherches en construisant des

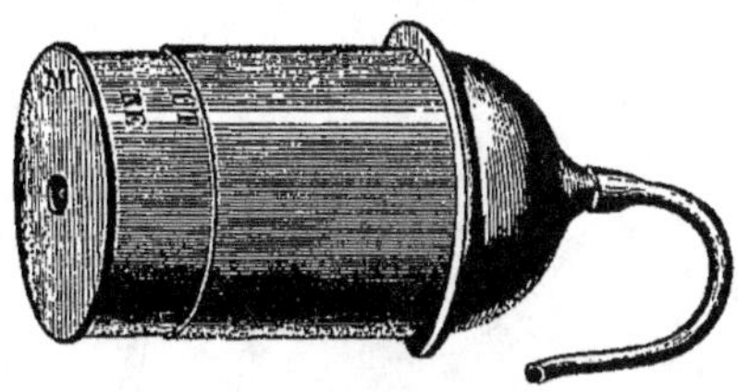

Fig. 76.

Résonnateur à tirants gradués.

résonnateurs à tirants gradués, qui peuvent servir pour plusieurs notes (fig. 76). De plus, il a très heureusement combiné les résonnateurs avec ses capsules manométriques, dans un appareil (fig. 77) qui révèle à première vue le mode de composition des sons complexes. Chaque résonnateur d'une série harmonique, que l'on peut varier à son gré, est mis en rapport avec une flamme, de telle sorte que, si l'on produit devant l'appareil un son donné de même

---

1. Brillouin, dans le *Journal de physique*, année 1887, p. 222.

hauteur que la note fondamentale, tous les sons partiels,

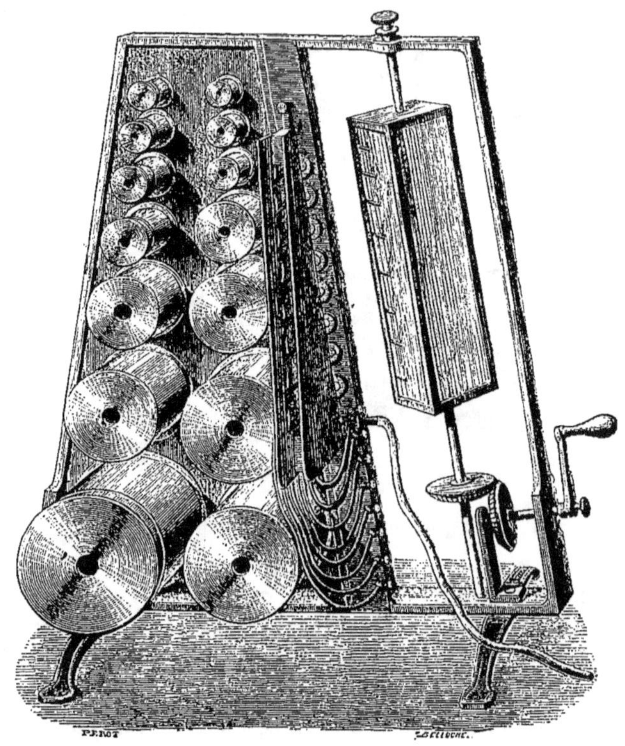

Fig. 77.

Appareil pour l'analyse du timbre par les flammes manométriques.

avec leur rang et leur intensité, se montreront sur le miroir tournant [1].

---

1. *Quelques expériences d'acoustique*, p. 70-74.

Diapason avec poids glissants. — Un diapason, accordé de façon à renforcer le son propre de la cavité buccale disposée pour une voyelle donnée, devient un bon instrument de recherche, s'il est muni de poids qui permettent de faire varier le nombre de ses vibrations.

. L'appareil est d'un emploi délicat, et j'avoue que, sans les leçons de M. Kœnig, je n'aurais pas cru prudent de l'utiliser. C'est ce qui explique pourquoi les conseils donnés aux linguistes par Helmholtz sont restés à peu près sans effet. Avec un peu d'exercice, l'oreille, pourtant, s'habitue à saisir le degré de renforcement du diapason et à s'arrêter avec confiance sur un nombre précis. Une fois même, ce n'est pas moi seul qui ai senti la différence, mais toutes les personnes témoins de l'expérience. C'était à Ruffec (Charente); j'étais chez une de mes cousines avec une trentaine de personnes, presque toutes parentes et d'âges très variés, une quinzaine d'enfants. M. le Curé et ses vicaires s'y trouvaient aussi. Nous étions tous du pays, sauf un vicaire, qui était des Pyrénées. Le diapason, disposé pour mon *á*, passe successivement devant toutes les bouches et fait entendre un son intense, qui ressemblait assez à un *á*. Devant une seule, il conserve un petit son grêle : c'était devant la bouche pyrénéenne. L'expérience recommencée demeure sans résultat. Le malheureux vicaire, confus, était déjà traité d'étranger. Je l'ai réhabilité en rendant le diapason plus aigu d'une quinzaine de vibrations. J'ai renouvelé la même expérience, depuis, avec des étrangers et avec le même succès.

Si l'on veut se rendre bien compte du point précis où le renforcement a lieu, on n'a qu'à tenir le diapason vibrant devant la bouche et faire varier l'ouverture des lèvres. On entendra *á ó, á ó,* ... puis, au moment où le diapason sera près de s'éteindre, on ne distinguera plus que l'un des deux sons. Si c'est *á* qui se maintient, on peut juger que le réglage est bon, et la note propre de l'*á* trouvée.

Phonographe. — Cet appareil peut servir à des expériences qui ont pour but de rechercher les modifications que les changements de hauteur absolue produisent dans la parole. En effet, sans changer les rapport mutuels que les sons partiels ont entre eux, on les rend plus graves ou plus aigus suivant que, pour les faire répéter, l'on diminue ou l'on augmente la vitesse employée pour les inscrire.

APPAREILS DE SYNTHÈSE

On peut reproduire artificiellement la parole, soit pour l'analyser, soit pour vérifier une analyse déjà faite.

Le premier, R. Willis[1] (1828), s'inspirant des machines parlantes de Kratzenstein[2] et de Kempelen[3], a reproduit les voyelles avec des anches associées à des tubes résonnants de longueurs variables. Les expériences qu'il fit avec son appareil ont servi de base à sa théorie.

Helmholtz demanda à un procédé plus scientifique la recomposition des sons qu'il avait décomposés par l'analyse. Il associa huit diapasons harmoniques, qu'il pouvait exciter et régler à volonté. Je représente ici le modèle

---

1. *On the vowel-sounds, and on reed-organ-pipes,* dans *Transactions of the Cambridge Philosophical Society* (année 1830), t. II, p. 231-268.
2. Académie de Saint-Pétersbourg, 1780.
3. *Le mécanisme de la parole,* Vienne, 1791.

perfectionné de cet appareil, construit par M. Kœnig
(fig. 78).

Les dix diapasons donnent la suite des harmoniques à
partir de ut_2 (dans le système de M. Kœnig, 128 v. d.)

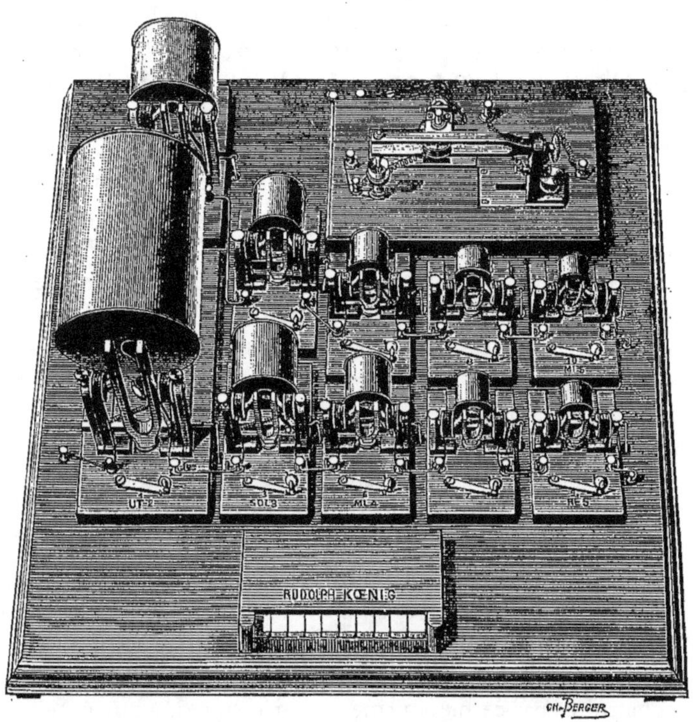

Fig. 78.

Appareil pour reproduire les voyelles, de Helmholtz.

comme note fondamentale. Ils sont fixés verticalement
entre des électro-aimants. Le courant excitateur est rendu

intermittent par un diapason interrupteur à l'unisson du plus grave de la série. Chaque diapason est muni d'un tuyau de renforcement que l'on peut ouvrir, plus ou moins, à l'aide d'un clavier. Lorsque les tuyaux sont fermés, les diapasons s'entendent à peine ; mais on les fait résonner, chacun avec l'intensité voulue, en appuyant sur les touches. Dans l'appareil primitif de Helmholtz, la note fondamentale était sib_4 (120 v. d., d'après sa manière de compter).

En se basant sur les théories de Helmholtz et les expériences de Jenkin et Ewing, W. H. Preece et Stroh [1] ont construit un ingénieux appareil, *the synthetic curve machine* (fig. 79), qui donne automatiquement les courbes des sons composés d'harmoniques et, dans la pensée des auteurs, des voyelles. Une série de roues, A, B, C, D, E, F, G, H, est combinée de telle sorte que A représente le son fondamental, B, C, etc., les autres sons composants : par conséquent, pendant que A fait un tour, B en fait deux, C, trois, etc. Le mouvement est communiqué au moyen d'une autre roue, qui déplace en même temps une tablette enregistrante mobile dans une glissière. Des fils de soie relient les roues deux à deux, communiquent leur action à des leviers et, par ceux-ci, animent une plume. On obtient les différences d'intensité en portant le point d'attache des fils de soie plus ou moins près du centre, celles de phase en le déplaçant suivant les différents rayons. Les courbes construites par ce mécanisme sont découpées, à une échelle

---

1. *Proceedings of the Royal Society* (1879), t. XXVIII, p. 358-366.

réduite, dans un disque de cuivre, et placées sur un cylindre

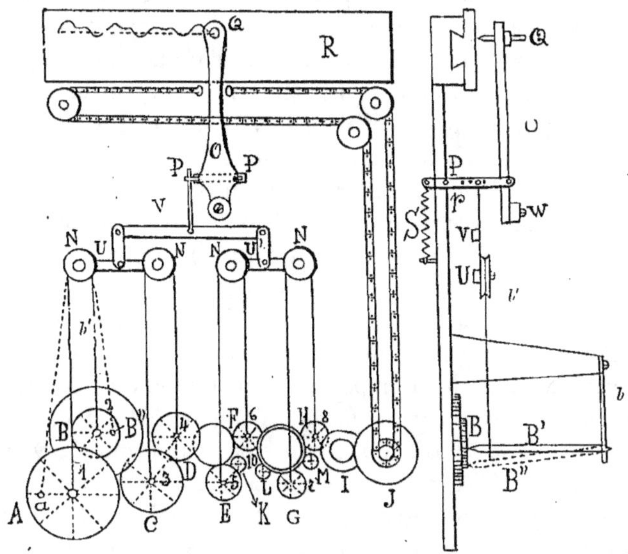

Fig. 79.

Synthetic curve machine.

A droite, vue de face ; à gauche, vue de profil.

A, B, C, D, E, F, G, H. Roues représentant les sons partiels. — K, L, M. Roues supplémentaires faisant 10, 12, 16 tours. — a. L'un des trous creusés, en rayonnant du centre, sur la
ace des roues, pour recevoir les tiges d'acier. — B'. L'une des tiges d'acier, maintenue
par le ressort b et portant le fil de soie b'. — B". Position prise par B' en raison du mouvement. — U et U'. Leviers animés par les fils de soie passant sur les cylindres à gorge N.
— V. Levier articulé avec U, U'. — P. Levier articulé avec V, pivotant autour de p et
maintenu à l'aide du ressort à boudin S. — O. Levier inscripteur pivoté sur P, portant la
plume Q et maintenu par le contrepoids W. — R. Planchette enregistrante, déplacée au
moyen de poulies et de chaînes par la roue J. — I. Roue armée d'une manivelle, communiquant le mouvement à tout le système.

devant le style d'un phonographe qui en suit toutes les
sinuosités et rend le son qu'elles représentent.

M. Landois reproduit aussi quelques voyelles avec une
série tuyaux d'orgue, dont il peut, à son gré, régler
l'intensité.

En vue de représenter le travail de la nature, ce savant physiologiste a construit un résonnateur d'après le moulage de la bouche disposée pour l'émission de la voyelle *á*, et le place au-dessus de l'anche d'un tuyau d'orgue quelconque, qui remplit le rôle du larynx. Le son qui se fait entendre est un *á* plus ou moins distinct suivant que l'air est envoyé par brusques saccades ou à jet continu.

M. R. J. Lloyd[1] a recherché, lui aussi, l'imitation de la nature, mais avec moins de précision. Se fondant sur une observation de Liscovius rappelée par lord Rayleigh, que « la résonance d'une bouteille en partie pleine d'eau n'est pas influencée dans sa hauteur par le fait que la bouteille est inclinée », il a pensé que, pour ses études sur le timbre, il devait attacher plus d'importance au volume qu'à la forme exacte du résonnateur buccal. Pour reproduire l'*i*, par exemple, il se servait d'une bouteille cylindrique de verre qui formait la chambre de résonance, d'un bouchon de liège qui était creusé en manière de vestibule, et d'un tube de verre qui, obstrué à son extrémité interne de paillettes de verre, de bois ou de métal, faisait office de sifflet et remplaçait le larynx chuchotant, car c'est sur la voix chuchotée que portaient ses expériences. Un tube de caoutchouc lui permettait de souffler dans l'appareil et de tenir celui-ci transversalement et très près de son oreille. Pour d'autres voyelles, il remplaçait la bouteille par un cylindre de verre dont il modifiait au besoin la longueur.

Enfin M. Kœnig nous a donné, dans sa *sirène à ondes*, le

---

1. *Speech sounds : their nature and causation*, dans *Phonetische Studien*, III (année 1890), p. 275, 278; IV (année 1890), p. 39; V (année 1891), p. 125.

moyen, soit de combiner des sons harmoniques, en produisant, avec la plus grande facilité, des différences d'intensité et de phase, soit de faire parler une courbe obtenue au moyen d'un enregistreur quelconque. Dans cet appareil, la courbe d'un mouvement vibratoire, découpée dans une

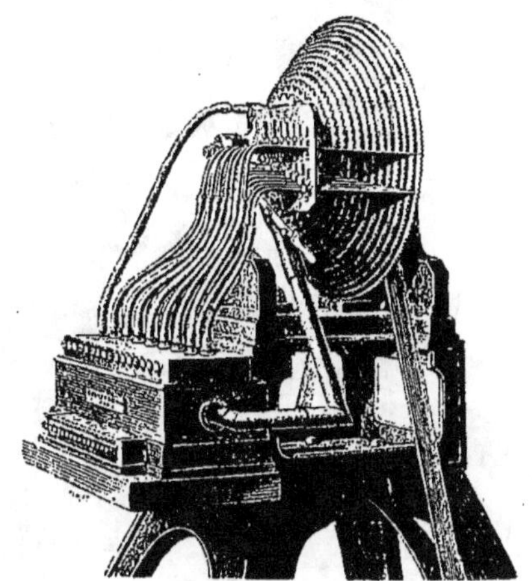

Fig. 80.

Sirène à ondes pour la composition des sons.

bande de métal, glisse sur la fente étroite d'un porte-vent et l'allonge ou la raccourcit périodiquement, suivant la loi qu'elle exprime [1].

La sirène à ondes, disposée pour la composition des sons, est formée des sinusoïdes des 16 premiers harmoniques, montées sur un axe tournant, et d'autant de porte-vent, dont

---

1. Kœnig, *Quelques expériences d'acoustique*, p. 226.

Fig. 81.

Nouvelle sirène à ondes.

on peut instantanément faire varier la direction et le débit, par conséquent provoquer des différences de phase et d'intensité (fig. 80).

La reproduction du son d'après une courbe donnée n'exige, avec la courbe du son découpée, qu'un simple mouvement circulaire et un portevent à fente étroite.

M. Kœnig vient de publier un très important travail où il étudie les diverses conditions dans lesquelles se produit le son dans une sirène perfectionnée[1], qui, par la possibilité qu'elle fournit d'amener instantanément des interférences, se prête mieux que les anciennes aux recherches de phonétique.

Cet appareil (fig. 81) possède deux axes et deux sommiers concentriques aux axes. Sur chacun des sommiers s'ouvrent quatre porte-vent à fentes étroites et à directions variables. Le sommier inférieur peut être placé sous le premier axe (comme dans la figure) ou sous le second, de manière à faire parler une deuxième courbe, qui est esquissée en blanc ; il est fixe dans ces deux positions. Le sommier supérieur, au contraire, peut s'incliner vers l'inférieur, et son degré d'inclinaison est marqué par une aiguille sur un cadran. Lorsque l'aiguille est à zéro, les huit fentes étant à des distances égales, les deux masses sonores produites par les deux sommiers (à supposer que les sinusoïdes soient égales en nombre à huit ou à un multiple de huit) n'ont entres elles aucune différence de phase et répondent au type représenté figure 2. Mais, lorsque l'aiguille est amenée sur l'une des divisions du cadran, il y a entre les masses sonores une différence de phase correspondante au chiffre

1. *Wiedemann's Annalen*, t. LVII (année 1896), p. 339-388.

atteint, soit de $\frac{1}{6}$, $\frac{1}{3}$, $\frac{1}{2}$, etc. Prenons, par exemple, un son complexe formé d'un son fondamental et de son octave ($1 : 2$). L'aiguille étant à zéro, les deux sommiers agissant comme un seul, rien n'est changé dans le son, sauf que l'intensité est doublée : c'est le cas représenté dans la figure 2. Mais, si nous portons l'aiguille sur 2, nous produisons une différence de phase de $\frac{1}{2}$ pour le son fondamental qui est éteint (cr. fig. 3), tandis que l'octave, dont la différence de phase est zéro, se trouve renforcée (cf. fig. 2). Cela devient sensible à l'œil si l'on transporte sur la figure 5 un calque des courbes I et II, de façon que le point a du calque coïncide avec le point b de la figure : on voit alors que les périodes du son fondamental prennent deux directions opposées et, par conséquent, arrivent à l'interférence, pendant que les périodes de l'octave se superposent. Si, d'autre part, nous portons l'aiguille sur 4, la différence de phase sera de $\frac{1}{4}$: d'où interférence pour l'octave et augmentation de l'intensité pour le son fondamental, comme on peut le constater en portant le point a du calque sur le point c de la figure 5. Par le même procédé, on se rendra compte (fig. 6) comment dans un son composé d'un son fondamental et de la douzième ($1 : 3$), une différence de phase de $\frac{1}{6}$ éteint l'harmonique, celle de $\frac{1}{3}$ le renforce, celle de $\frac{1}{2}$ amène à l'interférence les deux sons composants. Donc, étant donnée la courbe d'un son complexe (d'une voyelle, par exemple), on peut, avec l'appareil de M. Kœnig, ou bien reproduire le son et vérifier l'exactitude de la courbe, ou bien, en éteignant et en renforçant tour à tour chacun des harmoniques, faire l'analyse approximative de cette même courbe.

CHAPITRE IV

ANALYSE PHYSIQUE DE LA PAROLE

TIMBRE

Comme l'onde sonore, base unique de l'analyse physique, suffit, par son action sur l'oreille, à nous faire reconnaître les qualités du son : timbre, hauteur, durée, intensité; de même elle devrait, par la courbe qu'elle livre à nos appareils, suffire à la décomposition intégrale de la parole indépendamment de toute relation avec sa source. De fait, il en est ainsi toutes les fois qu'une articulation isolée ou placée dans des conditions favorables fournit la matière de nos recherches. Mais, dès que plusieurs articulations consécutives s'offrent à notre analyse, la limite qui sépare chacune d'elles dans la courbe de la voix est de telle nature que, pour la déterminer d'une manière précise, le concours de l'observation physiologique est souvent indispensable.

L'analyse purement physique de la parole n'a donc pu être tentée avec quelque chance de succès que pour le timbre et dans les conditions toutes spéciales où un son peut être considéré isolément. Les recherches plus complexes sur la hauteur, la durée et l'intensité exigent d'autres données.

C'est donc uniquement du timbre en général que nous nous occuperons dans ce chapitre. Les travaux des physiciens et des physiologistes sont déjà nombreux et importants; mais il reste encore beaucoup à faire, même pour fixer la méthode. Aussi, passant légèrement sur les questions de doctrine et de théorie, je m'arrêterai de préférence sur les procédés mis en usage, et j'indiquerai quelques-uns des résultats qui permettent de les mieux comprendre et de les juger.

Nous consacrerons un premier article aux voyelles, un second aux consonnes.

ARTICLE I

Timbre des voyelles.

Willis[1], en cherchant à produire les voyelles avec son anche et ses tubes résonnants, s'aperçut qu'avec les tubes les plus courts il obtenait i, et qu'en les allongeant successivement, il en tirait d'abord è, puis a, puis o, enfin ou; que, pour une plus grande longueur, les voyelles se représentaient dans l'ordre inverse. La mesure des tuyaux[2] lui donna la note caractéristique des voyelles anglaises :

i	e		a		å		o
see	pet	pay	pad	part	paw	nought	no
sol_7	ut_7	$ré_6$	fa_5	$mi\,\flat_5$	sol_4	$mi\,\flat_4$	ut_4

Il y a accord pour les voyelles graves o, å, a (part)

---

1. Voir p. 166.

2. Les longueurs correspondantes sont, en pouces (pouce $= 25^{mm},31$) : 0,38 (?); 0,6; 1; 1,8; 2,2; 3,05; 4,07. — Helmholtz a corrigé une faute dans la notation musicale :

avec les notes trouvées plus tard par Helmholtz, désaccord pour les autres. « Pour les voyelles aiguës, dit Helmholtz, Willis a trouvé des sons relativement trop élevés, parce que les longueurs d'onde deviennent plus petites que la dimension des tubes, et que, par conséquent, le calcul ordinaire de la hauteur, d'après la longueur du tuyau, n'est plus applicable. » De plus, e et i n'étaient pas bien distinctes.

Willis a confirmé les résultats obtenus par lui au moyen d'une autre méthode. Un ressort élastique en fer, soulevé par les dents d'une roue tournant rapidement, donne un son d'autant plus aigu qu'il est plus court. Or, en diminuant progressivement la longueur du ressort pour une même vitesse, il obtenait des sons analogues à ou, o, a, é, i.

D'après ces données, Willis a conçu une théorie générale des voyelles. « Il suppose, dit Helmholtz, que les secousses qui produisent le son de la voyelle sont elles-mêmes des sons qui se perdent rapidement, et correspondent au son propre du ressort dans sa dernière expérience, ou à la faible résonance que produit une secousse ou une petite explosion de l'air dans la cavité de la bouche agissant comme caisse résonante d'un tuyau à anche. En réalité, on entend quelque chose d'analogue au son des voyelles, lorsqu'on fait battre une petite verge contre les dents, tout en donnant à la bouche la forme qu'elle affecte pour les

---

d_3b au lieu de d_2b. Il faut de même lire *pad* ou quelque chose d'analogue au lieu de *paa*. La série des voyelles de Willis répond à : *ĭ, ĕ, ė, à, á, ă, ŏ, ó* (*sĭ, pĕt, pėy, păd, párt, pă; nŏt, nów,* dans la prononciation des environs de Londres).

différentes voyelles. La description du mouvement sonore, donnée par Willis, concorde assez bien avec la réalité, mais elle ne donne que l'espèce et la nature du mouvement de l'air; elle ne dit rien de la réaction particulière à l'oreille en présence de ce mouvement. L'oreille le décompose en une série d'harmoniques, selon les lois de la vibration par influence; c'est ce que montre l'analyse du son de la voyelle, soit par l'oreille seule, soit avec des résonnateurs. [1] »

Au jugement de Helmholtz, la théorie des voyelles a été établie pour la première fois par Wheatstone en 1837 dans une critique des expériences de Willis [2].

Grassmann, qui sans doute était doté d'une ouïe extrêmement délicate, faisait, vers 1850, des recherches sur le timbre des voyelles, sans aucun autre instrument que son oreille. Sa théorie, indiquée en peu de mots dans un programme de collège [3], a été développée en 1877 dans un article étendu [4].

Il classe les voyelles en trois séries :

1° ou (u), u (ü), i, caractérisés par un seul harmonique, dont la hauteur varie dans les proportions suivantes :

ou, depuis la note la plus grave jusqu'à c_3 (ut_5);

u, entre c_3 et e_4 (mi_6);

i, à partir de e_4 et au-dessus;

2° a, caractérisé par les 8 premiers sons partiels, d'une intensité égale pour chacun, mais inférieure à celle du son fondamental;

---

1. Helmholtz, *Théorie physiologique de la musique*, p. 148-150.

2. *London and Westminster Review*, octobre 1837.

3. *Stettiner Programm* 1854.

4. *Wiedemann's Annalen*, I (année 1877), p. 606-629.

3° **o, eu, é**, etc., intermédiaires entre a et l'une des voyelles de la première série :

En sorte que l'on aurait

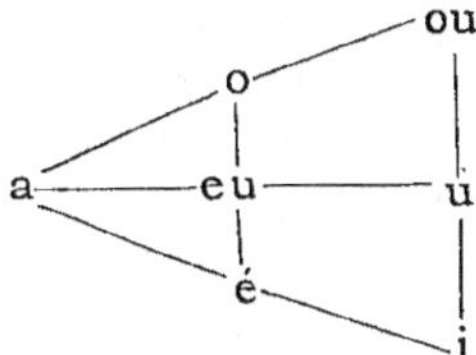

Donders [1] eut recours à des procédés qui offrent plus de sécurité, sans être encore bien pratiques. Il avait remarqué qu'en soufflant dans les embouchures isolées des instruments construits pour reproduire les voyelles, on obtient un *bruit* tout aussi caractéristique que le son rendu par l'appareil entier. Il fut, par là, amené à considérer la cavité buccale, dans le chuchotement, comme une embouchure isolée traversée par un courant d'air. D'après cette idée, et tout en reconnaissant qu'une analyse complète devrait tenir compte de tous les tons partiels composants, Donders s'appliqua à définir le *ton dominant* du bruit propre à chaque voyelle. Pour atteindre ce but, il indiqua trois méthodes : comparer pendant le chuchotement chacune des articulations; disposer la cavité buccale pour l'émission d'un son, et diriger sur les bords un courant d'air avec un tube aplati, ou faire vibrer devant les lèvres une série de diapasons

---

1. *Archiv für die holländischen Beiträge für Natur- und Heilkunde*, I, p. 157.

Voir Gavarret, *Phénomènes physiques de la phonation*, p. 380 et suiv. (Ses notations renferment plusieurs erreurs).

jusqu'à ce qu'on ait reconnu, au maximum du renforcement, à quelle hauteur elle est accordée.

Donders s'en tint à la première méthode et fit porter ses déterminations sur les voyelles hollandaises. Il les divisa en plusieurs classes :

1° **ou**, fa_3; **u**, la_4. — Le bruit propre de ce type est presque uniquement constitué par le ton dominant et se rapproche beaucoup d'un son simple.

2° **o** (AU), $ré_3$; **o** (OR), sol_3; **a**, $si\flat_3$. — Le bruit propre n'est pas invariable : la moindre différence de hauteur dans le ton dominant suffit pour changer la voyelle.

3° **é**, $ut\sharp_5$, avec un autre ton dominant plus grave.

4° **eu** (SŒUR), mi_2; **eu** (EUX), sol_2.

5° **i**, fa_5, avec des tons secondaires plus élevés.

M. Trautmann, pour venir en aide à son oreille, eut l'idée d'accorder des diapasons au bruit de chuchotement de chaque voyelle. On y arrive en limant les branches ou en les chargeant de poids supplémentaires. Il a trouvé les notes suivantes, qui sont seulement approximatives :

ou, g_2 (sol_4); **o** fermé, b_2 (si_4); **o** ouvert, d_3 ($ré_5$); **a** grave (PAS), f_3 (fa_5); **a** (italien CANE), g_3 (sol_5); **è**, b_3 (si_5); **é**, d_4 ($ré_6$); **i**, f_4 (fa_6); **eu**, b_3 (si_5); **u**, c_4 (ut_6).

Il a vérifié, dit-il, ces résultats sur des centaines de personnes à qui il faisait chuchoter les voyelles allemandes écrites sans ordre sur un tableau, ou à qui il demandait de répéter, d'abord à haute voix, puis en les chuchotant, des voyelles déjà prononcées par lui. Les divergences étaient limitées de telle sorte que les voyelles différentes restaient d'ordinaire dans leur domaine respectif[1].

---

1. Trautmann, *Die Sprachlaute*, Leipzig, 1886.

A la méthode de Donders se rattache le procédé qui consiste à frapper les dents avec l'ongle pendant que les organes sont disposés pour la production de la voyelle, le souffle étant suspendu. De cette façon, M. Bourseul[1] a trouvé pour les voyelles françaises les valeurs relatives suivantes :

a	â	o	ô	ou
(par)	(pâle)	(poste)	(Pau)	(tout)
mi	*do*	*sol*	*mi*	*do*

é	è	eu	eu	u
(thé)	(tête)	(peur)	(peu)	(rue)
fa	*si*	*ré*	*fa*	*si*

En disant successivement **a** (PAR), **é** (THÉ) et **i**, il trouvait *mi, si, ré.*

Au lieu de frapper sur ses dents, M. Auerbach[2] opérait, dans les mêmes conditions, des percussions sur son larynx. Il a obtenu les notes suivantes :

w anglais, de b à e_4 ($si\,\flat_2$-mi_3); **ou**, f_4 (fa_3); **o**, a_4 (la_3); **à** suédois[3], c_2 (ut_4); **a** grave, f_2 (fa_4); **a** aigu, de g_2 à b_2 (sol_4-$si\,\flat_4$); (**ä**) **è**, de c_2 à d_2 (ut_4-$ré_4$); **e**, de g_4 à a_4 (sol_3-la_3); **i**, f_4 (fa_3); **y** anglais, de b à e_4 ($si\,\flat_2$-mi_3); **eu** (**ö**), de gis_4 à a_4 ($sol\sharp_3$-la_3); **ü**, de e_4 à f_4 (mi_3-fa_3).

Des déterminations aussi vagues et des méthodes aussi peu sûres ne peuvent être d'aucun secours pour le linguiste.

---

1. *Journal de physique*, année 1878, p. 378.
2. *Wiedemann's Annalen*, III (année 1878), p. 152-157.
3. Cette voyelle sonne, pour l'oreille d'un Français, à peu près comme un *ó* fermé (**au**) prononcé avec les lèvres projetées en avant.

Il en a va tout autrement de celles de Helmholtz. L'illustre physicien allemand s'est servi d'une série de diapasons qu'il faisait vibrer devant sa bouche disposée pour l'émission des voyelles, sauf pour **u** et **i**, qu'il détermina, d'après la méthode de Donders, par le frôlement que produit le courant d'air lorsqu'on profère les voyelles en chuchotant[1].

Il trouva :

1° Un seul son propre, pour :

ou	o	a $\left(\substack{\text{allemand}\\\text{du Nord}}\right)$	a $\left(\substack{\text{anglais}\\\text{italien}}\right)$
f (*fa₂*)	b_1 (*si* ♭₃)	b_2 (*si* ♭₄)	d_3 (*ré₅*)

2° Un son aigu et un son grave de résonance, résidant le premier dans la partie antérieure, le second dans la partie postérieure de la bouche, pour :

	è (ä)	é	i
aigu.....	g_3-*as₃* (*sol₅*-*la* ♭₅)	b_3 (*si* ♭₅)	d_3 (*ré₅*)
grave...	d_2 (*ré₄*)	f_4 (*fa₃*)	environ f (*fa₂*)

	eu	u
aigu....	*cis₃* (*ut*♯₅)	g_3-*as₃* (*sol₅*-*la* ♭₅)
grave...	f_4 (*fa₃*)	f (*fa₂*)

« L'influence que ces résonances, conclut Helmholtz, exercent sur le timbre de la voix est exactement la même que celles que nous avons déjà appris à reconnaître dans les instruments à anche artificielle. Elles renforcent tous ceux des harmoniques qui coïncident avec l'un des sons

---

1. Voir p. 11, note 1.

propres de la cavité buccale, ou qui en sont tout au moins assez voisins, tandis qu'elles étouffent plus ou moins les autres. L'extinction des sons non renforcés est d'autant plus frappante que la cavité de la bouche est plus resserrée, soit entre les lèvres, comme dans l'**ou**, soit entre la langue et le palais, comme dans l'**i** et l'**u**.

Ces différences entre les harmoniques des différentes voyelles, continue-t-il, peuvent être très facilement et très nettement appréciées au moyen des résonnateurs, au moins toutes les fois qu'il s'agit des sons de l'octave d'indice 2 ou 3.[1] »

Helmholtz ne se contenta pas d'analyser les voyelles : il chercha à les reproduire artificiellement avec l'appareil décrit page 167.

Laissons-lui encore la parole :

« J'ai fait la première série d'expériences avec les huit diapasons allant du $si\flat_1$ au $si\flat_4$. Je pouvais reproduire l'**ou**, l'**o** et l'**eu**, et même l'**a**, mais celui-ci n'était pas très mordant, parce que les harmoniques ut_5 et $ré_5$, immédiatement au-dessus de $si\flat_4$, caractéristique, faisaient défaut dans l'expérience.

Le son fondamental de cette série, le $si\flat_1$, pris tout seul, donnait un **ou** très sourd, beaucoup plus sourd que le langage ne peut le produire. Le son se rapprochait de l'**ou** quand on faisait vibrer en même temps, mais faiblement, le second et le troisième son partiel $si\flat_2$ et fa_3.

On obtenait un très bel **o** en donnant fort le $si\flat_3$, et plus faiblement le $si\flat_2$, le fa_3 et le $ré_4$. Le son fondamental, $si\flat_1$, devait être un peu étouffé.

---

1. *Théorie physiologique de la musique*, p. 144.

En modifiant brusquement la position des couvercles des résonnateurs, de manière à rendre au $si\,b_4$ toute sa force et à affaiblir tous les harmoniques, l'appareil donnait très bien et très nettement un **ou** après un **o**.

J'obtenais un **a** ou plutôt un **å**, en faisant sortir aussi forts que possible les sons les plus élevés de la série, du cinquième au huitième, et en affaiblissant les autres.

Quant aux voyelles de la seconde et de la troisième série, caractérisées par des sons encore plus aigus, on ne peut que très imparfaitement les reproduire en donnant leurs résonances graves... L'appareil donnait un **è** (**ä**) passablement net, quand je renforçais surtout le quatrième et le cinquième sons partiels, en affaiblissant les plus graves, et une espèce d'**é** quand je renforçais le troisième, affaiblissant tous les autres. La différence de ces deux voyelles avec l'**o** consistait principalement en ce que le son fondamental et ses octaves devaient être beaucoup plus faibles dans l'**è** (**ä**) et l'**é** que dans l'**o**.

Pour pouvoir étendre les expériences aux voyelles ouvertes, je me suis fait construire plus tard encore les diapasons $ré_5$, fa_5, lab_5, sib_5 (les deux derniers sonnent déjà très faiblement), et j'ai pris pour son fondamental le $si\,b_2$, au lieu du $si\,b_4$ de tout à l'heure. J'ai pu alors reproduire très bien l'**a** et l'**è** (**ä**); l'**é** était au moins beaucoup plus net que précédemment. Mais je n'ai pu atteindre jusqu'au son caractéristique de l'**i**.

Avec cette série de diapasons plus aigus, le fondamental $si\,b_2$, pris tout seul, donnait encore l'**ou**.

Le même diapason, modérément ébranlé, et accompagné de son octave $si\,b_3$, donnée avec force, et de la douzième fa_4, plus faible, donne l'**o**, dont la caractéristique est précisément le $si\,b_2$.

On obtient l'**a** en ajoutant au $si\,\flat_2$ le $si\,\flat_3$ et le fa_4 avec une intensité modérée, et en faisant résonner énergiquement le $si\,\flat_4$ et le $ré_5$, comme sons caractéristiques.

Pour changer l'**a** en **è** (ä), il faut un peu renforcer le $si\,\flat_3$ et le fa_4, voisins de la caractéristique grave $ré_4$, étouffer le $si\,\flat_4$ et donner toute la force possible au $ré_5$ et au fa_5.

Pour l'**é**, il faut donner aux deux sons les plus graves de la série, $si\,\flat_2$ et $si\,\flat_3$, une intensité modérée, parce qu'ils avoisinent la résonance grave fa_3, et faire sortir aussi fort que possible les sons les plus aigus fa_5, $la\,\flat_5$, $si\,\flat_5$. Mais je n'ai pu encore réussir aussi bien pour cette voyelle que pour les autres, parce que les diapasons aigus étaient trop faibles, et que les harmoniques, immédiatement au-dessous du son caractéristique, ne pouvaient, on le voit, entièrement disparaître .[1] »

Enfin, Helmholtz demanda à son appareil de trancher la question de savoir si le timbre est altéré par une variation de la différence de phase, et, après ses expériences, il crut pouvoir répondre que « le timbre de la portion musicale d'un son dépend seulement du nombre et de l'intensité des sons partiels, mais *non de leur différence de phase* .[2] »

M. Kœnig a complété les déterminations de Helmholtz pour **i** et pour **ou**. Il s'est fait un diapason assez aigu pour le premier et a rendu la résonance du second plus facilement appréciable, pendant qu'il chuchotait devant le diapason, en armant son oreille du résonnateur correspondant.

---

1. *Théorie physiologique de la musique*, p. 157-158 (200-201 de l'édition allemande).

2. *Ibid.*, p. 161.

Il a trouvé que la note fixe caractéristique de l'i est $si\,b_6$ et celle de l'ou $si\,b_2$[1].

Ainsi il a pu établir la série :

ou	o	a	e	i
$si\,b_2$	$si\,b_3$	$si\,b_4$	$si\,b_5$	$si\,b_6$

Mais sur la question de l'influence de la phase sur le timbre, il est d'un avis opposé. Ses expériences avec la sirène à ondes lui ont montré que Helmholtz avait été mal servi par ses diapasons. En combinant, par exemple, les sons 1, 3, 5, 7, avec des intensités égales, il a obtenu pour les différences de phase $\frac{1}{4}$ et $\frac{3}{4}$ un son fort et nasillard, et pour les différences o et $\frac{1}{2}$ un son très faible, plus doux et moins nasillard. Le timbre produit par la combinaison de ces harmoniques pouvait, pour une certaine hauteur du son fondamental, être comparé à un **è** (æ), qui se rapprochait d'un **é** quand la différence de phase était zéro, et d'un **a** quand elle était $\frac{1}{4}$[2].

Sur la composition même des sons musicaux, M. Kœnig a mis en lumière deux faits qui corrigent ce que la théorie de Helmholtz semblerait avoir de trop absolu. Il a démontré : d'abord, que les corps sonores produisent des sons partiels voisins des harmoniques plutôt que des harmoniques véritables[3]; puis, que l'oreille accepte comme vrais

---

1. *Quelques expériences d'acoustique*, p. 42-46.

2. *Ibid.*, p. 228 ; p. 242, note. — M. Kœnig (*Wiedemann's Annalen*, t. LVII, p. 555) maintient ces conclusions contre les objections de M. Hermann (*Pflüger's Archiv*, LVI, p. 467).

3. *Ibid.*, p. 218-222.

timbres musicaux les vibrations résultant de la superposition d'un son fondamental et d'harmoniques légèrement faux, et même des compositions de sons arbitraires pourvu que le caractère périodique soit conservé [1].

Qvanten [2], de son côté, a invoqué contre la théorie de Helmholtz un fait qui vaut uniquement contre une conception trop étroite du type vocalique, à savoir que la cavité buccale ne prend pas pour chaque voyelle une forme toujours constante et identique à elle-même.

M. F. Auerbach [3] employa dans ses analyses la méthode des résonnateurs. Il chantait les voyelles sur un ton donné, présentait successivement à son oreille les différents résonnateurs correspondant à la série des sons harmoniques, comparait ceux-ci deux à deux et en notait l'intensité relative. Puis, chantant de nouveau la même voyelle sur une autre note, en général sur c (ut_2), g (sol_2), c_1 (ut_3) et g_1 (sol_3), il recommençait les mêmes observations.

Les tableaux suivants contiennent les résultats de ses expériences. L'intensité de chaque son composant est calculée d'après une intensité totale de 100.

---

1. *Ueber Klänge mit ungleichförmigen Wellen*, dans *Annalen der Physik und Chemie*, XXXIX (1890), p. 403-411, et *Journal de physique*, année 1891, p. 528.

2. *Zur Helmholtz'schen Vokaltheorie*, dans *Poggendorf-Annalen der Physik und Chemie* (année 1875).

3. *Untersuchungen über die Natur des Vokalklangs*, dans *Poggendorf-Annalen*, VIII (volume complémentaire, 1878), p. 177-225. — *Die physikalischen Grundlagen der Phonetik*, dans *Zeitschrift für neufranzösische Sprache und Literatur*, t. XVI, p. 117 et suiv.

		I	II	III	IV	V	VI	VII	VIII	IX	X	XI
ou fermé	c	27	25	14	22	7	4	1				
	g	33	30	16	14	5	1					
	c_1	40	28	10	19	3						
	g_1	49	?	?	?	?						
ou ouvert	c	20	31	23	16	5	3	2				
	g	18	45	24	8	3	2					
	c_1	39	39	18	3	1						
	g_1	61	28	9	2							
o ouvert	c	9	16	36	14	12	9	4	1			
	g	19	46	17	11	6	1					
	c_1	25	42	21	10	2						
	g_1	42	38	16	3							
å	c	5	7	11	31	14	16	10	4	1		
	g	12	18	38	19	9	3	1				
	c_1	15	41	32	10	2						
	g_1	30	50	16	2							
a ouvert	c	5	7	12	20	15	30	7	4	1		
	g	8	13	17	30	22	8	2				
	c_1	11	21	36	22	8	2					
	g_1	19	42	25	10	2						

		I	II	III	IV	V	VI	VII	VIII	IX	X	XI
e	c	9	13	25	18	10	8	7	5	2	1	
	g	12	16	24	24	12	6	3	2	1		
	c_1	21	27	31	10	5	4	2	1			
	g_1	40	33	13	8	3	2	1				
i	c	10	16	12	21	14	9	7	5	3	2	1
	g	12	17	28	18	10	7	4	2	1	1	
	c_1	12	16	22	21	13	9	5	2	1		
	g_1	24	28	18	14	9	4	2	1			
ü	c	23	25	17	16	11	5	2	1			
	g	19	22	26	23	8	3	1				
	c_1	35	22	20	14	7	2					
	g_1	48	29	:5	6	2						
œ	c	9	12	31	19	10	11	5	2			
	g	18	26	25	17	9	4	1				
	c_1	16	27	32	20	4	2					
è (ä)	c	9	9	8	14	23	19	11	5	2		
	g	12	20	27	19	12	6	3	1			
	c_1	14	21	39	15	7	3	1				
	g_1	40	35	17	5	3	1					

M. Auerbach suppose que ces chiffres sont le produit de deux facteurs : l'un absolu, l'autre relatif, en sorte que les harmoniques varieraient, non seulement suivant leur hauteur absolue, mais encore suivant leur rang, double valeur qu'il s'est appliqué à dégager par une opération très simple. Appelons x le facteur qui dépend du rang et y celui qui dépend de la hauteur absolue. Les sons partiels de la 1re série étant......... c , c_1, g_1, c_2, c_2, g_2, », c_3, d_3;
ceux de la 2e....... g , g_1, d_2, g_2, b_2, d_3, »;
ceux de la 3e....... c_1, c_2, g_2, c_3, e_3, g_3;
ceux de la 4e....... g_1, g_2, d_3, g_3, b_3,
nous obtiendrons la transformation suivante :

a

Ton	I	II	III	IV	V	VI	VII	VIII	IX
c	$x_1 y'_c$	$x_2 y'_{c_1}$	$x_3 y'_{g_1}$	$x_4 y'_{c_2}$	$x_5 y'_{e_2}$	$x_6 y'_{g_2}$	»	$x \ y'_{c_3}$	$x_9 y'_{d_3}$
g	$x_1 y'_g$	$x_2 y'_{g_1}$	$x_3 y'_{d_2}$	$x_4 y'_{g_2}$	$x_5 y'_{b_2}$	$x_6 y'_{d_3}$	»		
c_1	$x_1 y'_{c_1}$	$x_2 y'_{c_2}$	$x_3 y'_{g_2}$	$x_4 y'_{c_3}$	$x_5 y'_{e_3}$	$x_6 y'_{g_3}$			
g_1	$x_1 y'_{g_1}$	$x_2 y'_{g_2}$	$x_3 y'_{d_3}$	$x_4 y'_{g_3}$	$x_5 y'_{b_3}$				

Donnons une valeur quelconque à x_1, je suppose 5, et, à l'aide du premier tableau, cherchons la valeur des x et des y pour l'a :

1re série :

1) $x_1 y'_c = 5$; donc, $y'_c = 1.$

2) $x_1 y'_g = 8$; donc, $y'_g = \dfrac{8}{5}.$

3) $x_1 y'_{c_1} = 11$; donc, $y'_{c_1} = \dfrac{11}{5}.$

4) $x_1 y'_{g_1} = 19$; donc, $y'_{g_1} = \dfrac{19}{5} = 3,8.$

2ᵉ série :

1) $x_2 \, y_{c_1} = 7$; donc, $x_2 = 7 : \dfrac{11}{5} = \dfrac{7 \times 5}{11} = 3,18.$

2) $x_2 \, y_{g_1} = 13$; donc,
$$\begin{cases} x_2 = 13 : \dfrac{19}{5} = \dfrac{13 \times 5}{19} = 3,42. \\[2mm] y_{g_1} = 13 : \dfrac{7 \times 5}{11} = \dfrac{13 \times 11}{35} = 4,08. \end{cases}$$

Il est inutile d'aller plus loin. Il suffit d'avoir montré la marche suivie par l'auteur. Remarquons toutefois que les résultats des opérations se contrôlent les uns les autres : nous avons déjà obtenu pour x_2 les valeurs très rapprochées 3,18 et 3,42, pour y_{g_1} les nombres 4,08 et 3,80.

M. Auerbach est ainsi arrivé à dresser deux tableaux qui représentent: l'un, la valeur de x, ou l'intensité dépendant du rang des harmoniques; l'autre, la valeur de y ou l'influence de la hauteur absolue. Je ne donne ici, à titre d'exemple, que ce qui regarde les voyelles ou fermé, a et i :

VALEUR DE x.

Voyelles	I	II	III	IV	V	VI	VII	VIII	IX	X	XI	XII	XIII	XIV
ou	27	17	8	12	4	3	1							
a	27	18	17	17	15	7	5	3	2	1				
i	27	21	15	11	9	7	6	5	5	4	4	3	2	1

VALEUR DE y.

Voyelles	c	g	c_1	g_1	c_2	g_2	c_3	g_3	c_4	g_4	c_5	g_5	c_6	g_6	c_7
ou	1	1,2	1,5	1,9	1,9	1,3	1,0								
a	1	1,6	2,2	4,0	6,0	12,0	10,0	8,0	6,0	4,0	2,0	1,0			
i	1	1,2	1,4	2,2	4,0	4,4	5,2	4,0	3,0	2,5	2,0	1,7	1,4	1,2	1,0

Preece et Stroh refirent la synthèse des voyelles, avec cet avantage que leur machine (voir page 168) leur permettait de faire varier non seulement l'intensité mais encore la hauteur du son. Aussi ont-ils pu apporter quelques remarques nouvelles. Entre f et b (fa_2 et si_2), la voyelle **ou** se compose principalement du son fondamental; mais, pour lui conserver le caractère de l'**ou**, en descendant la gamme, les 2e et 3e sons partiels deviennent nécessaires. A la même hauteur, le 2e son partiel prédomine dans la voyelle **o** et le 1er peut être considérablement réduit; mais, quand on descend la gamme, le 3e et le 4e sont indispensables : autrement, ce qui est un **o** à $b\,b$ ($si\,b_2$) devient **ou**, une octave plus bas. Quant à la voyelle **a** (**ah**), les expérimentateurs constatent qu'elle est la plus facile à produire, qu'elle se compose essentiellement des 3e, 4e, 5e et 6e sons partiels, les 1er et 2e étant très faiblement représentés. On trouvera page 198 le tableau de leurs expériences en regard des résultats auxquels sont arrivés Helmholtz et M. Kœnig.

Tout récemment, M. Lloyd (p. 170) a renouvelé, en les perfectionnant, les procédés de Willis. Après avoir déterminé la forme et les dimensions du résonnateur vocalique et vérifié ses mesures par la reproduction approximative du son, il s'est appliqué à en déduire la hauteur de la résonance la plus aiguë et de la résonance la plus grave au moyen de deux formules, dont la seconde a été établie expérimentalement par Sondhauss avec des bouteilles à long col (voir lord Rayleigh, *Theory of sound*, t. II, p. 173) :

$$(1) \qquad n = \frac{V}{2\,L}\,,$$

$$(2) \qquad N = 46\,705\ \frac{\sigma^{1/2}}{L^{1/2}\,S^{1/2}}\,.$$

V = vitesse du son, soit, à la température moyenne de
l'air émis dans la parole (35°), 341375^{mm} par seconde;
L = longueur, en millimètres, du col de la bouteille;
σ = section du col en millimètres carrés;
S = volume, en millimètres cubes, de la bouteille.

Le résultat exprime en vibrations (v. d.) la résonance la
plus aiguë (n), celle du goulot, et la plus grave (N), celle
de la totalité.

Soient les données fournies par l'auteur pour la voyelle
française u :

Section du tube, 93$^{mm^2}$;
Longueur du tube, 50^{mm}, 6;
Volume de la bouteille, 185326$^{mm^3}$.
Nous avons :

$$n = \frac{341\,375}{2 \times 50,6} = 3373 \text{ ou } g\sharp_4 \,;$$

$$N = 46705 \times \frac{\sqrt{93}}{\sqrt{50,6} \times \sqrt{185\,326}} = 147 \text{ ou } c\sharp \,.$$

Le rapport des deux résonances,

$$R = \frac{n}{N}$$

ou [1]
$$R = 3,6546 \frac{S^{1/2}}{L^{1/2}\,\sigma^{1/2}} \,,$$

ou plus simplement encore, puisque $\sigma \times L$ n'est autre
chose que le volume (s) du tube,

$$R = 3,6546 \frac{S^{1/2}}{s^{1/2}} \,,$$

est, pour M. Lloyd, la caractéristique de la voyelle. D'où
il suit que, si S et s viennent à changer, le rapport R
(*radical ratio*) demeurant le même, la voyelle ne change

---

1. On remarquera que $\dfrac{\sqrt{L}}{L} = \dfrac{\sqrt{L}}{\sqrt{L}\sqrt{L}} = \dfrac{1}{\sqrt{L}}$

pas : conséquence qui se trouve vérifiée par l'expérimentation.

Ce rapport serait, par exemple, pour : i, de 41 à 43 ; u (ü), 23 ; é, 19 ; è, 17 ; á, 7 ; a, 5 ; o, 2 ; u (ou), 1. Les nuances intermédiaires seraient aussi nettement caractérisées.

On ne peut contester que les méthodes dont nous nous sommes occupés jusqu'ici ne fassent une large part à l'appréciation personnelle. Les méthodes graphiques ne méritent pas ce reproche; mais (comme nous le verrons) leurs résultats ne sont point encore à l'abri de toute critique.

Les procédés mis en usage se réduisent à deux : l'analyse des flammes manométriques et l'analyse des courbes.

M. Kœnig a lui-même posé les bases de l'analyse de ses flammes. Un son simple donne une série de flammes simples qui correspondent chacune à une vibration complète ; un son composé donne des flammes découpées en dentelures plus ou moins nombreuses, qui représentent les harmoniques. C'est ce que montre très bien un tuyau d'orgue fermé, à l'extrémité duquel se trouvent à la fois le nœud du son fondamental (1) et celui du premier harmonique, qui est de rang impair (3). Si l'on souffle faiblement, le son

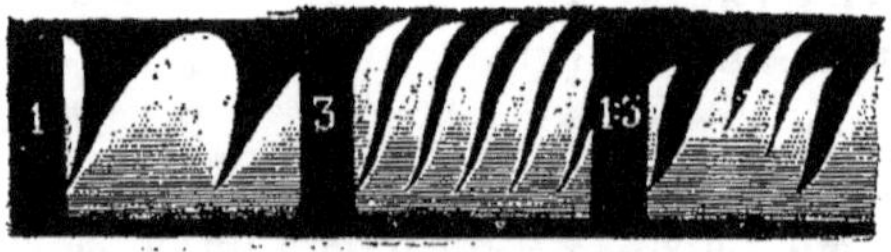

Fig. 82.

Deux sons simples combinés (Kœnig).

fondamental seul se fait entendre et apparaît sur le miroir (fig. 82, 1) ; si l'on force le courant, les trois dents de l'harmonique (3) prennent la place du fondamental ; enfin, si le courant est un peu modéré, les deux sons se forment en même temps, et l'on voit se dessiner les flammes des deux sons combinés (*1 : 3*).

M. Kœnig s'est contenté de dessiner un tableau des voyelles **ou, o, a, é, i** et de rechercher dans les images l'influence de la note caractéristique. Voici ce qu'il a constaté pour l'**ou**, en l'étudiant dans les meilleures conditions :

La note caractéristique de cette voyelle (448 v. s.) se rapproche du 3ᵉ son partiel de *ré*₁ (432 v. s.), de *mi*₁ (480 v. s.), du 2ᵉ son partiel de *la*₁ (426,6 v. s.) et de *si*₁ (480 v. s.) et

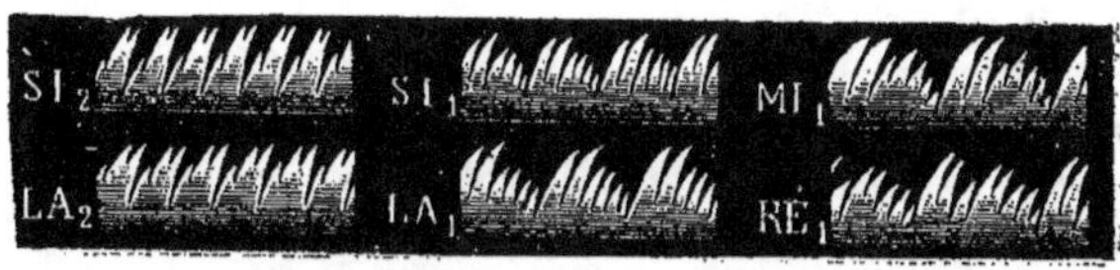

Fig. 83.

Voyelle **ou** (Kœnig).

des sons fondamentaux *la*₂ et *si*₂. Aussi peut-on remarquer que « dans les images de *la*₂ et de *si*₂, le son fondamental prédomine sensiblement, tandis que les images de *la*₁ et de *si*₁ accusent un partage distinct en deux groupes principaux, et celles de *ré*₁ et de *mi*₁, un partage en trois groupes[1] » (fig. 83).

M. Doumer a repris, avec la précision que donne la photographie, les recherches de M. Kœnig pour **i** et **u**. « Si, dit-il après avoir indiqué la disposition de l'appareil (page 112), l'on chante devant la membrane de la capsule manométrique l'une de ces voyelles, en ayant soin de l'émettre avec pureté, on constate que la dent fondamentale est découpée par un grand nombre de dents plus petites et

---

1. *Quelques expériences d'acoustique*, p. 55-67.

qui généralement sont équidistantes et égales entre elles. Les photographies que j'ai ainsi obtenues sont fort nettes et d'un calcul très facile. » Le son aigu comparé au son fondamental s'est trouvé avec celui-ci dans le rapport suivant, qui est toujours harmonique :

Chanteurs	Son fondamental v. s.	Son aigu v. s.	Rang du son aigu
	VOYELLE i		
1er (baryton)	524	4192	8^e
—	512	4096	8^e
—	516	4127	8e (— 1 v. s.)
3e (ténor)	452	4520	10^e
—	427	4270	10^e
4e (ténor)	619	4333	7^e
—	556	4448	8^e
6e (basse)	522	4176	8^e
	VOYELLE u		
1er (baryton)	534	3738	7^e
—	525	3675	7^e
2e (ténor)	484	3388	7^e
—	450	3600	8^e
—	499	3493	7^e
3e (baryton)	419	3352	8^e
—	440	3520	8^e

D'où M. Doumer conclut que la note caractéristique de i est comprise entre ut_6 et $ré_6$, suivant la hauteur du son fondamental ; que celle de l'u correspond à la_5, avec un écart qui lui permet d'aller de sol_5 à si_5.

L'analyse des voyelles au moyen des flammes manométriques par l'intermédiaire d'une série harmonique de résonnateurs (page 163) se fait d'elle-même et donne des résultats qui sautent aux yeux. Voici comment M. Kœnig expose ceux qu'il a obtenus avec son appareil accordé sur ut_2 :

« Quand on chante un **ou**, outre le son fondamental, l'octave accuse des vibrations assez intenses, et parfois, mais rarement, on remarque une action très faible sur le troisième ton.

o influence énergiquement la flamme du troisième et du quatrième ton, tandis que l'octave vibre plus faiblement que pour **ou**. L'o produit encore des dentelures sur la cinquième traînée; mais elles sont très faibles.

Le maximum d'intensité pour â (**oa**) remonte encore plus haut : c'est au quatrième et au cinquième ton que les bandes sont ici le plus profondément découpées, tandis que les harmoniques graves s'affaiblissent.

L'action de la voyelle **a** s'étend jusqu'à la septième flamme, et c'est la quatrième, la cinquième et la sixième qui vibrent avec le plus d'intensité.

Lorsqu'on chante un **é**, le ton fondamental est accompagné de l'octave et de la douzième, la première faible, la seconde très intense; la double octave et sa tierce vibrent avec une intensité moyenne, et la flamme n° 7 accuse une faible trace du septième ton.

i chanté sur ut_2 imprime, au ton fondamental et à l'octave seuls, de très fortes vibrations, tandis que les autres flammes restent immobiles. [1] »

Comme il est intéressant d'embrasser d'un coup d'œil l'analyse de M. Kœnig (K) et la synthèse de Helmholtz (H) avec celle de Preece et Stroh (P), j'en réunis les résultats dans un même tableau, où + + signifie *très intense*, + *intense*, ± *assez intense*, — *faible*, — — *très faible*. Sur les deux séries harmoniques de Helmholtz et de M. Kœnig, voir page 167.

---

1. *Quelques expériences d'acoustique*, p. 72.

Voyelles		I	II	III	IV	V	VI	VII	VIII	IX	X	XI	XII	XVI
		ut_2	ut_3	sol_3	ut_4	mi_4	sol_4		ut_5					
		B	b	f_1	b_1	d_2	f_2	as_2	b_2	d_3	f_3	as_3	b_3	
ou	K	+	±	−−										
	H	+	−	−										
(oo)	P	++	+	−−										
o	K		−	+	+	−−								
	H	−	±	±	+	±								
	H		±		+		±								
(o)	P	−	−	−	±	±	−		−					
à	K		−	−	+	+								
	H	−	−	−	−	++	++	++	++					
a	K				+	+	+	−						
	H		±		±		±			+	+			
(ah)	P	±	+	±	−									
è (ä)	H	−	−	−	+	−	−	−	−					
	H				+	++	+			−	++	++		
é	K		−	++	±	±		−−						
	H		±	++	±			−			++	++	++	
(a)	P	±		±					++					
i	K	++	++											
(ee)	P	±	−						−					±

L'analyse des courbes sonores repose sur le théorème de Fourier et sur la loi de G.-S. Ohm :

1° « Toute forme quelconque de *vibration régulièrement périodique* peut être considérée comme la *somme algébrique de vibrations pendulaires*, dont les durées sont : 1, 2, 3,..., fois *moins grandes* que celle du mouvement vibratoire considéré. Un mouvement vibratoire donné, *régulier* et *périodique*, ne peut être décomposé que d'*une seule manière*, en un nombre déterminé de vibrations *pendulaires*. » (Fourier)

2° « L'oreille n'a la sensation d'un *son simple* que lorsqu'elle rencontre une *vibration pendulaire*, et elle décompose *tout autre mouvement périodique de l'air* en une série de *vibrations pendulaires* qui correspondent chacune à la sensation d'un son simple. » (Ohm)

Soit une courbe sonore dont la figure 84 représente une période. Construisons deux axes rectangulaires Ox et Oy,

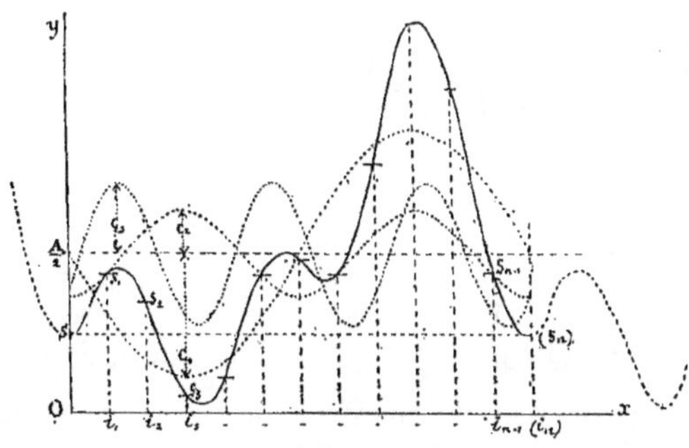

Fig. 84.

Décomposition d'une période.

de façon que Ox soit parallèle à la droite qui joint les deux extrémités de la période, et que Ox passe par le commencement de la période.

Le théorème de Fourier s'exprime analytiquement par :

$$y = \frac{1}{2} A_0 + A_1 \cos \frac{2\,\pi}{T} x + A_2 \cos \frac{2\,\pi}{T} 2\,x + \ldots\ldots$$

$$+ B_1 \sin \frac{2\,\pi}{T} x + B_2 \sin \frac{2\,\pi}{T} 2\,x + \ldots\ldots(1).$$

ou encore :

$$y = \frac{1}{2} A_0 + C_1 \sin \left(\frac{2\,\pi}{T} x + \alpha_1 \right) + C_2 \sin \left(\frac{2\,\pi}{T} 2\,x + \alpha_2 \right) + \ldots \ (2).$$

T est la durée de la période; y, *l'ordonnée*; x, *l'abscisse*.

A_0 est une quantité constante qui résulte de la position arbitraire de l'axe des x; $\frac{1}{2} A_0$ est l'ordonnée de la parallèle à Ox, axe moyen des courbes composantes.

A_1, A_2, A_3..., B_1, B_2, B_3... sont des constantes d'intégration relatives à chaque mouvement pendulaire partiel.

Les quantités A_i et B_i (1), i étant l'indice d'un son composant quelconque, sont donnés par :

$$A_i = \frac{2}{T} \int_0^T y \cos \frac{2\,\pi}{T} i\,x.\,dx \qquad\qquad (3)$$

et
$$B_i = \frac{2}{T} \int_0^T y \sin \frac{2\,\pi}{T} i\,x.\,dx \qquad\qquad (4)$$

$\int_0^T$ indique la somme que l'on obtiendrait en remplaçant successivement, dans la quantité soumise à ce signe, x et y par les coordonnées des différents points de la période depuis O jusqu'à T; cette courbe étant supposée formée de points séparés mais infiniment voisins, et dx étant l'accroissement de x qui fait passer d'un point à un autre.

En prenant seulement des points très voisins, on obtient des valeurs approximatives pour A_i et B_i.

Dans la pratique, on place l'axe des x suffisamment loin de la courbe pour ne pas la couper ; on divise la période T en n parties égales, et l'on prend $dx = \dfrac{T}{n}$, d'où pour les abscisses (x) des divisions successives :

$$0 \qquad \frac{T}{n} \qquad 2\,\frac{T}{n} \qquad 3\,\frac{T}{n}\ldots, \qquad n-1\,\frac{T}{n}$$

on mesure les ordonnées correspondantes

$$y_0 \qquad y_1 \qquad y_2 \qquad y_3\ldots, \qquad y_{n-1}$$

ou $\quad$ Os $\quad$ $i_1\,s_1$ $\quad$ $i_2\,s_2$ $\quad$ $i_3\,s_3\ldots,$ $\quad$ $i_{n-1}\,s_{n-1}$

et, faisant les sommes indiquées par (3) et (4), on obtient :

$$\frac{n}{2}\,A_i = y_0 + y_1 \cos\frac{2\pi}{n}\,i + y_2 \cos\frac{2\pi}{n}\cdot 2i + \ldots + y_{n-1} \cos\frac{2\pi}{n}\,(n-1)i \qquad (5)$$

$$\frac{n}{2}\,B_i = \qquad y_1 \sin\frac{2\pi}{n}\,i + y_2 \sin\frac{2\pi}{n}\cdot 2i + \ldots + y_{n-1} \sin\frac{2\pi}{n}\,(n-1)i \qquad (6)$$

Par la seconde formule, qui se déduit de la première en posant :

$$C_i = \sqrt{A_i^2 + B_i^2} \qquad\qquad (7)$$

et

$$\operatorname{tg}\alpha_i = \frac{A_i}{B_i}, \qquad\qquad (8)$$

sont mises en évidence :

les oscillations ou $\frac{1}{2}$ amplitudes C_1, C_2, $C_3\ldots$,

et les phases α_1, α_2, $\alpha_3\ldots$.

Nous pourrons ainsi calculer les sons composants jusqu'à celui de rang $\dfrac{n}{2}$, auquel on ne peut plus appliquer la formule (6), car celle-ci donne $B_{\frac{n}{2}} = 0$, indépendamment des valeurs de y_0, y_1, y_2, …. (*Voir l'appendice.*)

Exemple : Proposons-nous d'analyser la courbe (fig. 84) avec 12 divisions ou 12 ordonnées (ce qui revient au même puisque la 13ᵉ ordonnée (y_{12}) ne sert pas dans le calcul) :

Les formules (5) et (6) donnent [1] :

$$6\,A_0 = y_0 + y_1 + y_2 + \dots\dots\dots + y_{11}.$$

$$6\,A_1 = y_0 + y_1 \cos 30^\circ + y_2 \cos 60^\circ \qquad - y_4 \cos 60^\circ - y_5 \cos 30^\circ$$
$$- y_6 - y_7 \cos 30^\circ - y_8 \cos 60^\circ \qquad + y_{10} \cos 60^\circ + y_{11} \cos 30^\circ.$$

$$6\,B_1 = y_1 \sin 30^\circ + y_2 \sin 60^\circ + y_3 + y_4 \sin 60^\circ + y_5 \sin 30^\circ$$
$$- y_7 \sin 30^\circ - y_8 \sin 60^\circ - y_9 - y_{10} \sin 60^\circ - y_{11} \sin 30^\circ.$$

$$6\,A_2 = y_0 + y_1 \cos 60^\circ - y_2 \cos 60^\circ - y_3 - y_4 \cos 60^\circ + y_5 \cos 60^\circ$$
$$+ y_6 + y_7 \cos 60^\circ - y_8 \cos 60^\circ - y_9 - y_{10} \cos 60^\circ + y_{11} \cos 60^\circ.$$

$$6\,B_2 = y_1 \sin 60^\circ + y_2 \sin 60^\circ \qquad - y_4 \sin 60^\circ - y_5 \sin 60^\circ$$
$$+ y_7 \sin 60^\circ + y_8 \sin 60^\circ \qquad - y_{10} \sin 60^\circ - y_{11} \sin 60^\circ.$$

$$6\,A_3 = y_0 - y_2 + y_4 - y_6 + y_8 - y_{10}.$$

$$6\,B_3 = y_1 - y_3 + y_5 - y_7 + y_9 - y_{11}.$$

$$6\,A_4 = y_0 - y_1 \cos 60^\circ - y_2 \cos 60^\circ + y_3 - y_4 \cos 60^\circ - y_5 \cos 60^\circ$$
$$+ y_6 - y_7 \cos 60^\circ - y_8 \cos 60^\circ + y_9 - y_{10} \cos 60^\circ - y_{11} \cos 60^\circ.$$

$$6\,B_4 = y_1 \sin 60^\circ - y_2 \sin 60^\circ \qquad + y_4 \sin 60^\circ - y_5 \sin 60^\circ$$
$$+ y_7 \sin 60^\circ - y_8 \sin 60^\circ \qquad + y_{10} \sin 60^\circ - y_{11} \sin 60^\circ.$$

$$6\,A_5 = y_0 - y_1 \cos 30^\circ + y_2 \cos 60^\circ \qquad - y_4 \cos 60^\circ + y_5 \cos 30^\circ$$
$$- y_6 + y_7 \cos 30^\circ - y_8 \cos 60^\circ \qquad + y_{10} \cos 60^\circ - y_{11} \cos 30^\circ.$$

$$6\,B_5 = y_1 \sin 30^\circ - y_2 \sin 60^\circ + y_3 - y_4 \sin 60^\circ + y_5 \sin 30^\circ$$
$$- y_7 \sin 30^\circ + y_8 \sin 60^\circ - y_9 + y_{10} \sin 60^\circ - y_{11} \sin 30^\circ.$$

Mesurons les ordonnées (y) et effectuons les opérations, nous souvenant que sin 30°, cos 60° = 0,5 et cos 30°,

---

1. Pour les lignes trigonométriques qui y figurent, voir les définitions et la réduction des arcs au 1ᵉʳ quadrant dans une trigonométrie élémentaire.

$$\sin 60° = \frac{\sqrt{3}}{2} = 0{,}866\ldots$$ Puis A_i et B_i obtenus, cherchons les amplitudes (7) et par là les intensités (p. 7),
enfin les phases (8). (Vérifier sur la figure.)

Cette méthode d'analyse fut inaugurée à la fois par
Jenkin et Ewing et par Schneebeli, qui en communiquèrent
les résultats, les premiers à la Société royale d'Édimbourg
en juin et juillet 1878, le second à la Société des sciences
naturelles de Neuchâtel en novembre de la même année.

Jenkin et Ewing ont inscrit leurs courbes au moyen de
l'appareil décrit page 117, et ils ont pris pour leurs calculs
12 ordonnées et quelquefois 24. Les amplitudes des sons
composants, pour les voyelles o (OH!), ou (FOOD), å, a, leur
ont paru être les suivantes (je ne donne que quelques-uns
de leurs résultats) :

Voyelle	Note fondament^{le}	Voix	SONS SIMPLES					
			I	II	III	IV	V	VI
å	d ($ré_2$)	5	19	26	20	30	7	3
	e (mi_2)		23	39	32	40	6	2
	f (fa_2)		14	18	14	23	2	0
	g (sol_2)		24	44	32	15	3	0
	a (la_2)		41	48	48	3	6	2
a	e	5	12	23	11	15	9	3
	f		24	29	12	24	1	1
	g		23	35	24	25	6	0
	a		37	62	46	20	4	3
	b (si_2)		20	51	56	8	3	2
	c_1 (ut_3)		20	48	58	15	10	0
	d_1 ($ré_3$)		9	22	14	3	2	2

Voyelle	Note fondament^{le}	Voix	SONS SIMPLES					
			I	II	III	IV	V	VI
O	G (sol_1)	1	13	0	15	40	8	4
	A (la_1)	1	15	15	18	29	6	3
		5	15	8	22	21	4	0
	c (ut_2)	1	18	95	61	33	3	0
		3	19	48	33	18	2	4
	d	1	44	134	82	16	22	10
		4	20	46	21	3	4	1
		5	33	72	56	5	7	2
	g	1	69	103	27	6	2	2
		5	32	50	3	6	1	2
	c_1	1	110	160	15	10	10	7
		3	37	30	1	4	1	1
		4	54	25	0	3	2	1
		5	47	41	5	3	3	2
	f_1 (fa_3)	1	121	71	7	1	5	4
		5	53	19	6	2	3	1
ou	B (si_1)	5	18	50	28	3	5	1
	c	5	31	74	41	4	6	3
	d	5	33	107	14	4	3	0
	e	1	27	127	12	14	2	2
		5	34	148	18	7	6	3
	f	1	21	108	7	13	6	2
		5	23	135	5	10	3	5
	g	1	22	136	6	16	3	1
		5	38	128	9	4	10	11
	a	1	13	120	12	12	4	0
	$b\flat$ ($si \flat_2$)	1	22	189	12	38	2	8
		5	250	8	11	1	1	2
	b	5	287	26	12	3	8	0
	c_1	5	85	3	0	3	2	2
	d_1	1	94	7	0	2	3	2
	e_1 (mi_3)	5	136	6	2	4	3	1

Schneebeli a analysé les courbes de son phonautographe
(p. 119) et établi ses calculs avec 12 ordonnées quand la
courbe lui paraissait simple, avec 24 quand elle était plus
compliquée. Je corrige sa notation musicale, qui est trop
haute d'une octave. Guillaume, son aide de laboratoire,
est de langue française.

Sons partiels	o (Schneebeli)				o (Guillaume)
I	mi_2 1,0000	sol_2 1,0000	ut_3 1,0000	mi_3 1,0000	ut_3 1,0000
II	mi_3 10,8520	sol_3 26,724	ut_4 27,2848	mi_4 29,760	ut_4 20,1328
III	1,0755	0,7344	0,3816	0,1341	0,1341
IV	0,2304	0,1520	3,5168	2,7344	2,7344
V	0,1235		0,0075		
VI	0,00504		1,4112		

Sons partiels	ou (Schneebeli)	ou (Guillaume)	a		è	é
I	ut_3 0,0040	ut_3 1,0000	ut_3 1,000	1,0000	ut_3 1,000	ut_3 1,000
II	ut_4 0,0882	ut_4 0,2660	ut_4 2,8484	6,8492	ut_4 2,8680	ut_4 5,1040
III	0,0016	0,0450	1,2528	0,1692	0,0477	0,00297
IV		0,0064	0,8192	3,1168	0,0384	0,0123
V			0,1275	0,0150		0,0125
VI			0,0540	0,5004		0,0297

M. Lahr a analysé, avec 24 ordonnées, les courbes
obtenues comme nous avons dit page 118. Il chantait ses
voyelles sur f_1 (fa_3). Le tableau suivant donne les intensités.

Sons partiels	ou (u)		u (ü)		i		a (grave)	a		°a		o		è (ä)		œ (ö)		é	
I fa_3	1	1	1	1	1	1	1	1	1	1	1	1	1	1	1	1	1	1	1
II fa_4	0,284	0,268	0,114	0,618	0,044	0,076	1,288	0,880	0,604	13.200	13,222	24,416	16,000	1,052	0,372	0,760	0,928	1,014	0,704
III ut_5	0,030	0,025	0,872	0,037	0,009	0,027	1,128	0,909	0,999	0,225	0,270	1,404	0,882	27,220	8,163	3,896	1,998	0,081	0,027
IV fa_5	0,011	0,067	0,080	0,032	0,006	0,032	2,214	1,840	1,232	9,968	19.200	22,848	27.520	7,328	2,796	2,560	0,432	0,112	0,048
V la_5	0,010	0,070	0,003	0,083	0,002	0,025	1,625	1,375	1,250	0,558	5,150	1,000	1,550	25,650	22,500	1,250	2,350	0,002	0,008
VI ut_6		0,106	0,019	0,072	0,338	»	2,375	1,800	1,800	7,740	29.736	1,260	0.216	31,716	30.132	0,072	0,900	»	0,006
VII »		0,005	0,005		0,049	0,005	1,587	2,107	2,450	0,450	0,147	0.196	0,049	9,075	9,114	0,019	0,147	0,887	0,008
VIII fa_6			0.006		0,025	0,192	2,896	0,048	1,786	1,382				11,840	13,376	0,241	0,038	0,384	1,145
IX sol_6					0,032		0,340	0.405		0,243				4,293			0,064	0,324	2,107
X la_6					0,030		0,298	0,090		0,170				1,620			0,020	0,050	0,129
XI »					0,002		0,048							0,121			0.012	0,024	0.040
XII ut_7					0,014									0,003			0,005		

Quelques-unes de ces courbes, avec celle de l'o de
Schneebeli, ont été soumises au contrôle de l'expérience
par M. Eichhorn, qui les a fait parler au moyen de la
sirène à ondes. L'a et l'è (ä) sont très nets; l'ou n'est pas
bien; l'o, de même que celui de Schneebeli, peut se reconnaître avec beaucoup d'attention; l'u (ü) fait entendre un
ou (u); l'i a donné des résultats négatifs [1].

M. Hensen n'a étudié que la courbe d'une seule voyelle,
à titre d'exemple pour montrer l'emploi de son appareil [2].

En revanche, M. Pipping a publié d'importants travaux [3].
Je ne cite que quelques-uns de ses nombreux résultats,
renvoyant pour le reste à son dernier mémoire *Ueber die
Theorie der Vocale* [4]. Il a calculé, sur 48 ordonnées, les
courbes des voyelles chantées et des voyelles parlées. Ses
calculs, comme ses expériences, ont été faits avec un soin
et une précision irréprochables. Ses voyelles, autant qu'il
m'a été possible d'en juger par la prononciation d'un de ses
compatriotes, sont : *a* fermé, *é* fermé, *i* fermé, *ou* fermé
(écrit *o*), *ü* intermédiaire entre *ou* et *u* (écrit *u*), *u* différent de l'*u* français (écrit *y*), *ó* fermé avec les lèvres projetées en avant (écrit *å*), *è* (écrit *ä*), *eu* ouvert (écrit *ö*),
eu fermé (écrit *ø*).

---

1. *Die Vocalsirene*, dans *Wiedemann's Annalen*, XXXIX
(année 1890), p. 148-154.

2. *Zeitschrift für Biologie*, t. XXIII (année 1887), p. 291-
302.

3. *Ibid.*, t. XXVII (année 1890), p. 1-80. *Om Hensens
Fonautograf som ett hjälpmedel f. språkvetenskapen*, Hel-
singsfors, 1890.

4. Dans *Acta Societatis Scientiarum Fennicæ*, t. XX, n° 11;
Helsingfors, 1894.

Voyelles chantées :

Voyelle	Note fondamentale V. D.	I	II	III	IV	V	VI	VII	VIII	IX	X	XI	XII	XIII	XIV
					AMPLITUDES DES SONS PARTIELS										
a	128	4,4	6,5	2,0	1,8	4,2	13,2 g_2+	12,1 a_2+	20,3 h_2+	18,3 d_3—	8,7 dis_3+	4,5	4,0		
	144	2,8	5,8	4,4	4,0	10,7 f_2+	25,8 a_2—	15,2 h_2+	21,5 d_3—	3,0	4,9	1,9			
	160	4,7	6,5	3,5	6,3	16,9 g_2+	16,4 ais_2+	21,2 cis_3	14,5 dis_3+	5,9	2,6	1,6			
	256	8,6	7,7	19,5 g_2—	24,0 h_2+	27,4 dis_3+	6,2	1,5	1,5	2,7 d_4—	0,9				
	412	14,4	23,7 gis_2—	56,6 dis_3—	2,5	1,0	1,8								
e	160	8,9	61,9 dis_1+	9,5 ais_1+	2,0	0,6	1,5	1,8	2,1 dis_3+	2,7 f_3+	3,0 g_3+	0,5	1,4	1,6	2,5 cis_4
	192	20,9 g—	66,7 g_1—	1,1	0,9	1,5	1,0	2,4 c_3+	2,6 g_3—	1,0 a_3—	0,2	1,1 c_4	0,6	0,0	0,6
	259	49,1 c_1—	19,7 c_2—	1,2	2,9	8,4 e_3—	11,3 g_3—	1,5	5,9 c_4—	0,0	0,9	0,9	1,8	0,9	0,0
	370	90,1 fis_1—	2,1	2,5	3,5 fis_3—	0,9	0,9 cis_4—	0,0	1,1	0,0	0,0	0,0	0,0	0,0	0,0
	436	85,6 a_1—	3,4	6,4 e_3—	1,5	0,6	1,3 e_4—	1,2	0,0	0,0	0,0	0,0	0,0	0,0	0,0
i	261	66,1 c_1—	5,3	1,2	0,8	1,7	0,8	1,2	7,5 c_4—	11,1 d_4—	0,4	1,1 f_4+	0,2	1,3	0,5
	293	85,0 d_1—	1,6	1,0	1,9	0,7	0,8	3,3 h_3+	3,4 d_4—	0,2	1,4 fis_4—	0,2	0,2	0,3	0,1
ou (o)	104	21,4	71,4 g_1—	7,2											
	106	47,9 c_1—	48,6 c_2—	3,5											
	340	83,8 c_1+	16,2 c_2+												
u (u)	146	13,5	67,1 d_1—	5,1	0,8	0,7	2,4	[4,4]	4,3 d_3—	1,6	1,1	0,7			
	166	16,1	57,9 c_1	2,5	2,2	0,8	2,5	10,0 d_3—	5,8 c_3	1,4	0,8	0,8			
	211	66,3 gis	14,9 gis_1	1,9	1,9	1,9	1,7	12,0 dis_3	1,3	0,5	1,2				
	250	28,1 h	22,2 h_1	6,4	3,0	25,5 dis_3	10,2 fis_3	4,7							
	256	47,6 h+	10,5 h_1+	2,0	7,0	28,1 dis_3+	4,7								
	279	89,2 cis_1	0,9	1,4	5,1 cis_3	2,4	1,0								
	391	84,2 g_1—	6,3	8,1 d_3—	1,4	0,5									

Voyelles parlées :

Voyelle	Note fondamentale V. D.	AMPLITUDES DES SONS PARTIELS													
		I	II	III	IV	V	VI	VII	VIII	IX	X	XI	XII	XIII	XIV
e	216	6,1	61,1 a_1-	2,2	4,5	1,9	1,7	2,8	3,7	3,9	5,2 c_4+	3,7	3,2		
	219	5,2	64,5 a_1-	3,7	3,6	1,3	1,8	4,4 fis_3+	3,6	2,6	5,1 cis_4-	1,0	3,3		
	308	23,4 dis_1-	24,4 dis_2-	3,5	1,4	11,9 g_3-	4,6	11,9 c_4+	13,8 dis_4-	2,7	2,3				
$\overset{u}{\underset{(u)}{u}}$	323	86,3 dis_1+	1,7	0,9	10,6 dis_3+	0,6									
	332	83,1 e_1-	2,4	1,9	10,8 e_3-	1,9									
	337	79,7 c_1+	1,5	3,6	11,0 e_3+	4,3									

Pour les autres voyelles étudiées par M. Pipping, je me
borne à indiquer les sons partiels qui ressortent le plus :

Voyelles chantées :

u
(y)

146 v. d. : II d_1- 67 ; XIV h_3+ 1,0 ; XV cis_4- 0,6 ; XVII dis_4- 1,7.

165 I e 30,3 ; II e_1 41,0 ; XII h_3 2,6 ; XIV d_4- 1,9 ; XV dis_4- 3,6.

198 I g 70,9 ; II g_1 9,6 ; X h_3 2,2 ; XII d_4 1,3.

256 I $h+$ 88,9 ; VIII h_3+ 2,3 ; X dis_4+ 1,1.

320 I dis_1+ 80,4 ; VI ais_3+ 3,4 ; VIII dis_4+ 1,9.

ó
(å)

131 v. d. : II c_1 53,6 ; III g_1 11,6 ; IV c_2 16,2.

146 II d_1- 33,8 ; III a_1- 20,8 ; IV d_2- 14,1 ; V fis_2- 14,1.

160 II dis_1+ 28,2 ; III ais_1+ 44,2 ; IV dis_2+ 14,7 ; V $g+$ 6,9.

197 I g 40,7 ; II g_1 32,5 ; III d_1 16,5 ; IV g_2 10,2.

220 II a_1 69,8 ; III e_2 15,0 ; IV a_2 7,5.

243 I $h-$ 63,5 ; II h_1- 26,7 ; III fis_2- 9,8.

318 I dis_1+ 52,1 ; II dis_2+ 29,8 ; ais_2+ 15,7.

376 I fis_1 35,7 ; II fis_2 48,0.

è (ä)

128 v. d.: VI fis_2+ 15,5 ; X dis_3+ 15,3 ; XI f_3 11,8 ; XII fis_3+ 15,2.

170 — V gis_2+ 8,7 ; VIII e_3+ 19,3 ; IX fis_3+ 16,3 ; X gis_3+ 11,8.

192 — IV fis_2+ 16,0 ; VII e_3 23,6 ; VIII fis_3+ 27,3.

220 — IV a_3 10,7 ; VI e_3 35,9 ; VII g_3- 28,6.

256 — III fis_3+ 15,3 ; V dis_3+ 33,6 ; VI fis_3+ 33,0.

310 — I dis_1- 20,3 ; II dis_2- 10,0 ; III ais_2- 12,2 ; IV dis_3- 30,1 ; V g_3- 27,4.

490 — I h_1- 15,0 ; II h_2- 69,6 ; III fis_3- 11,7.

eù (œ)

160 v. d.: II dis_1+ 49,6 ; III dis_2+ 11,6 ; X g_3+ 6,9.

170 — II e_4+ 56,6 ; IX fis_3+ 5,0.

220 — II a_4 52,7 ; VI e_3 10,0 ; VII g_3- 8,1.

199 — II g_1 73,3 ; IX a_3 10,1.

240 — I $ais+$ 26,8 ; II ais_4+ 20,1 ; VI f_3+ 15,4 ; VII gis_3 21,2.

256 — I $h+$ 36,1 ; II h_4+ 16,7 ; V dis_3+ 14,0 ; VI fis_3+ 23,0.

370 — I fis_4- 88,3 ; IV fis_3- 3,9.

424 — I gis_4+ 85,7 ; III dis_3+ 6,2 ; IV gis_3+ 6,1.

490 — I $h1-$ 79,8 ; III fis_3- 12,2.

eú (ø)

160 v. d.: IV dis_2+ 24,9 ; VII cis_3 14,7 ; VIII dis_3+ 23,1.

170 — IV e_2+ 25,4 ; VI h_2+ 9,6 ; VII d_3 23,8 ; VIII e_3+ 12,1.

210 — III dis_2 32,2 ; VI dis_3 16,7.

231 — III f_2- 18,1 ; V d_3- 17,3 ; VI f_3- 34,0.

256 — I 8,2 ; II h_4+ 14,2 ; III fis_2+ 11,9 ; IV h_2+ 21,2 ; V dis_3+ 30,6.

270 — I 29,3 ; II fis_2- 43,6 ; III 9,6 ; IV fis_3- 16,2.

Voyelles parlées :

u (y)

260 v. d.: I c_1- 63,9 ; VII a_3+ 6,0 ; VIII c_4- 8,5.

299 — I d_1+ 72,7 ; VII c_4- 4,6 ; VIII d_4+ 11,1.

300 — I d_1+ 71,0 ; VII c_4- 6,8 ; VIII d_4+ 10,8.

327 — I e_1- 82,7 ; VII cis_4+ 7,7.

è
(ä)
$\left\{\begin{array}{l}\end{array}\right.$ 307 v. d.: I 12,5 ; III *ais*$_2$— 16,3 ; V *fis*$_3$+ 21,5 ; VI *ais*$_3$— 25,4.

347 I 16,9 ; IV *f*$_3$— 25,4 ; V *a*$_3$— 28,7.

369 I *fis*$_1$— 31,7 ; IV *fis*$_3$— 23,3 ; V *ais*$_3$— 24,6.

eù
(o)
$\left\{\begin{array}{l}\end{array}\right.$ 275 v. d.: I *cis*$_4$— 23,8 ; II *cis*$_2$— 17,9 ; V *f*$_3$— 11,5 ; VI *gis*$_3$— 14,7 ; VII *ais*$_3$+ 20,2.

294 I *d*$_1$ 29,3 ; II *d*$_2$ 19,8 ; V 9,9 ; VI *a*$_3$ 17,0 ; VII 9,3.

La comparaison de ces chiffres est instructive. Elle l'est encore bien plus dans les tableaux de M. Pipping, qui présentent un plus grand nombre de notes et l'analyse de plusieurs vibrations de la même voyelle choisies à différents moments de la durée totale.

L'analyse de chacune des vibrations successives d'une voyelle serait très intéressante. J'en trouve une qui se rapporte aux 4 premières vibrations de **ou** (o), 367 v. d. La voici telle qu'elle est donnée par l'auteur :

	VIBRATION 1		VIBRATION 2		VIBRATION 3		VIBRATION 4	
	Amplitude	Phase	Amplitude	Phase	Amplitude	Phase	Amplitude	Phase
I *fis*$_1$—	90,4	± 0°	88,9	± 0°	92,6	± 0°	88,5	± 0°
II	9,7	—130°	11,9	—108°	7,4	—139°	10,1	—125°

La méthode d'analyse fondée sur le théorème de Fourier a trouvé un adversaire dans la personne de M. Hermann. Frappé de la forme générale de ses courbes et du caractère hypothétique de l'analyse pratiquée avant lui, ce savant[1] chercha dans une autre voie la solution du problème. Les courbes fournies par son appareil (p. 125) représentent presque constamment une petite période qui oscille en intensité pendant la durée d'une plus grande. Or, il lui a été facile de constater que la grande période correspond au son fondamental ; par là, il fut induit à penser que la petite pourrait bien répondre de même au son caractéristique de la voyelle. La durée de la petite période comparée à la grande donnerait donc la note cherchée, et cela par un procédé extrêmement simple. Si l'on avait, par exemple, une petite période qui serait contenue $5,34$ fois dans la grande, et que celle-ci fût de $146,8$ v. d. à la seconde, le ton caractéristique de la voyelle serait $146,8 \times 5,34 = 783$, c'est-à-dire sol_4.

C'est à l'analyse même de Fourier que M. Hermann demanda la confirmation de son hypothèse, mais au moyen d'un petit artifice. A supposer que sa théorie soit juste et que la voyelle soit caractérisée par un son, qui n'est pas nécessairement un harmonique du son fondamental, l'analyse ne pourra pas donner celui-ci directement, mais elle en trahira la présence par les intensités qu'elle attribuera aux harmoniques voisins. Le moyen de dégager le rang véritable du son caractéristique consisterait donc à chercher le rang moyen correspondant à toutes les intensités qui ressortent le plus. Pour cela, M. Hermann multiplie chacune des amplitudes par son rang, fait la somme des produits obtenus et la divise par la somme des amplitudes : le

---

1. *Pflüger's Archiv*, t. XLV (année 1889), p. 582-592 ; XLVII (année 1890), p. 42-44, 44-53, 347-391 ; XLVIII (année 1891), p. 181-194, 543-574, 574-577 ; LIII (année 1892), p. 1-51.

quotient donne le rang du son caractéristique. Enfin il multiplie par celui-ci la hauteur du son fondamental et obtient la note même qui caractérise la voyelle. Soient les amplitudes des sons partiels de la voyelle a calculées d'après une amplitude totale de 2^{mm}.

a

Note chantée	I	II	III	IV	V	VI	VII	VIII	IX	X
G (sol_1)						0,12	0,37 f_2	**0,42** g_2	0,11	0,12
A (la_1)					0,13	0,30 c_2	**0,33** $< g_2$	0,10	0,09	0,08
H (si_1)	0,05		0,09	0,22	0,37 dis_2	**0,45** fis_2	0,10	0,15		
C (ut_2)	0,11			0,19	**0,54** c_2	0,38 g_2	0,16	0,09	0,10	
d ($ré_2$)				0,29 d_2	**0,52** fis_2	0,08	0,18		0,06	
e (mi_2)			0,13	**0,55** c_2	0,28 gis_2	0,24	0,07			
fis ($fa\sharp_2$)			0,30 cis_2	**0,61** fis_2	0,07	0,11	0,11			
g (sol_2)	0,11		0,39 d_2	**0,55** g_2	0,21	0,11	0,08			
a (la_2)			**0,71** e_2	0,18	0,18	0,09				
b (si_2)			**0,74** fis_2	0,17	0,13					
c_1 (ut_3)		0,41 c_2	**0,54** g_2	0,40 c_3	0,11					
d_1 ($ré_3$)		0,71 d_2	0,31 a_2	0,26						

En appliquant à ces données son procédé de calcul, M. Hermann a trouvé l'ordre et la hauteur du son caractéristique.

Voyelle **a**	Son caractéristique		
Note chantée	Ordre	Nombre de vibrations	Note
G 98	7,67	752	$>$ fis_2 $(+\ fa\sharp_4)$
A 110	6,96	766	$>$ fis_2 $(+\ fa\sharp_4)$
H 123,5	5,35	661	$>$ e_2 $(+\ mi_4)$
c 130,8	5,47	715	$>$ f_2 $(+\ fa_4)$
d 146,8	5,34	784	g_2 $(\quad sol_4)$
c 164,8	4,66	768	$<$ g_2 $(-\ sol_4)$
fis 185	4,27	790	$>$ g_2 $(+\ sol_4)$
g 196	3,97	778	$<$ g_2 $(-\ sol_4)$
a 220	3,70	814	$<$ gis_2 $(-\ sol\sharp_4)$
h 246,9	3,41	842	$>$ gis_2 $(+\ sol\sharp_4)$
c_1 261,7	3,14	822	$<$ gis_2 $(-\ sol\sharp_4)$
d_1 293,7	2,65	778	$<$ g_2 $(-\ sol_4)$

Essayons nous-mêmes de la méthode, par exemple, pour la voyelle **a** chantée sur la note si_2.

D'après l'avant-dernier tableau, les harmoniques 3, 4, 5 ressortent avec des amplitudes respectives de 0,74, 0,17, 0,13. La note fondamentale est de 246,9 v. d. à la seconde.

Donc nous aurons :

$$\frac{0{,}74 \times 3 + 0{,}17 \times 4 + 0{,}13 \times 5}{0{,}74 + 0{,}17 + 0{,}13} \times 246{,}9 = 842{,}78.$$

La note caractéristique est de 842,78 v. d., c'est-à-dire entre $sol\sharp_4$ et la_4.

Les résultats qu'on obtient ainsi sont très voisins de ceux auxquels conduit la simple comparaison de la petite période avec la grande, comme on le voit dans le tableau qui suit, où les longueurs sont données en millimètres.

NOTE chantée	LONGUEUR de la grande période	LONGUEUR de la petite période	SON CARACTÉRISTIQUE	
			Nombre de vibrations	Note
G	18,5	2,4	756	$> fis_2$
A	16,3	2,5	717	$> f_2$
H	14,9	2,6	708	$> f_2$
c	13,6	2,55	698	f_2
d	11,6	2,4	710	$> f_2$
e	10,9	2,3	781	$< g_2$
fis	9,8	2,5	725	$< fis_2$
g	9,1	2,5	714	$> f_2$
a	8,2	2,5	714	$> f_2$
h	7,3	2,6	693	$< f_2$
c_1	6,8	?		
d_1	6,2	?		

C'est ainsi que M. Hermann assigne aux voyelles **a**, **e**, **i**, **o**, **ou** les régions propres de résonance qui suivent[1] :

a   **e**   **i**   **o**   **ou**

de e_2 à gis_2 de h_3 à c_4 de d_4 à g_4 de d_2 à e_2 de c_2 à d_2

(mi_4-sol_4)   (si_5-ut_6)   ($ré_6$-sol_6)   ($ré_4$-mi_4)   (ut_4-$ré_4$)

Une analyse plus récente et plus complète[2], faite sur les courbes du phonographe, a donné des variantes et a indiqué deux régions de résonance pour **e** et pour **ou**.

e   **i**   **o**   **ou**

d_2-c_2, ais_3-h_3 e_4-f_4 c_2-dis_2 e_4-f_4, d_2-c_2

($ré_4$-ut_4, $la\sharp_5$-si_5)   (mi_6-fa_6)   (ut_4-$ré\sharp_4$)   (mi_3-fa_3, $ré_4$-mi_4)

å   **è (ä)**   **eu (ö)**   **u (ü)**

e_2-f_2 c_2-c_2, fis_3-ais_3 f_3-g_3 a_3-h_3

(mi_4-fa_4)   (ut_4-mi_4, $fa\sharp_5$-$la\sharp_5$)   (fa_5-sol_5)   (la_5-si_5)

Voici quelques-uns des chiffres obtenus au moyen de l'analyse de Fourier, sur lesquels s'appuient ces résultats. L'amplitude des sons partiels est donnée en dixièmes de millimètre, l'amplitude du son complexe étant de 10 millimètres. Les chiffres entiers représentent donc des centièmes de l'amplitude totale.

---

1. Dans l'article inséré dans le t. LIII de l'*Archiv* de Pflüger, M. Hermann suppose :

o   **ou**

cis_2 — e_2 c_2 — c_2

2. *Pflüger's Archiv*, t. LIII, p. 1-51.

NOTE CHANTÉE c (ut_2)

Voyelles	c	c_1	g_1	c_2	e_2	g_2	$<ais_2$	c_3	d_3	e_3	$f\text{-}fis_3$	g_3	$gis\text{-}a_3$	$<ais_3$	$<b_3$	c_4	$>cis_4$	d_4
a	4,5	2,6	1,8	5,8	16,2	16,1	7,7	12,2	5,3	1,9	2,2	2,3	2,2	1,1	0,9			
	5,9	7,9	2,0	7,3	26,8	14,2	5,5	7,5	4,6	1,8								
o	6,7	10,7	18,4	14,6	18,1	4,7	2,5	1,3	1,0	0,5								
ou	4,8	23,0	10,0	5,8	22,8	3,0	0,5	1,3	1,3	2,0	1,5	1,9	1,4	1,6	0,5			
é	9,1	20,9	16,5	4,1	7,2	1,7	2,5	1,0	1,4	0,8	0,3	0,9	1,5	2,9	4,5	1,2		
i	12,4	27,3	10,4	4,1	2,6	0,8	1,9	3,3	2,9	2,2	2,1	0,8	3,5	0,8	2,8	1,1	1,3	2,1
è (ä)	3,4	13,2	3,6	6,0	39,4	5,4	1,8	2,5	3,1	1,3	1,8	2,7	0,6	0,9	0,9	2,1	1,0	0
eu (ö)	14,6	33,5	11,4	1,4	5,6	1,0	3,7	2,2	1,3	1,3	2,8	1,4	0,8	0,8	0,9	0,6		
å	8,0	12,7	2,0	13,3	25,5	12,1	3,4	1,2	1,0	0,4								

NOTE c_1 (ut_3)

Voyelles	c_1	c_2	g_2	c_3	e_3	g_3	$<ais_3$	c_4	d_4	e_4	$f\text{-}fis_4$	g_4	$gis\text{-}a_4$	$<ais_4$	$<b_4$	c_5
a	8,1	14,6	15,4	24,8	4,4	4,3	5,6	4,6	2,3	2.9						
	13,2	24,1	9,0	25,2	3,1	4,6	1,0	1,0	2,3	2,0						
u	30,2	31,5	20,4	7,6	2,9	3,0	1,3	0,2	2,7	0,6						
ou	38,0	25,7	3,5	0.8	0,3	0,2	0,7	0,3	0,3	0,2						
é	13,2	34,0	7,7	5,1	2,7	3,1	8,2	2,7	2,3	1,5	1,0	2,1	0,3	0,8	0,5	0,5
è (ä)	12,2	36,3	9,5	10,2	1,2	2,5	4,0	1,2	1,0	1,3						
eu (ö)	21,3	26,6	3,2	5,2	5,8	3,9	1,6	1,9	1,2	0,9	1,0	0,8	0,5	0,3	0,4	0,6
å	13,7	35,0	13,4	5,1	2,4	2,4	0,9	0,9	0,5	0,5						

NOTE g (sol_2)

Voyelles	g	g_1	d_2	g_2	b_2	d_3	$>f_3$	g_3	$>a_3$	b_3	$>cis_4$	d_4	$>c_4$	$>f_4$	$<fis_4$
u (ü)	52,3	7,1	3,9	1,6	1,4	2,0	4,2	2,8	2,1	1,2	1,6	0,5	0,4	0,0	0,5

La théorie de M. Hermann a été combattue par M. Pipping au nom de la physiologie, l'oreille ne faisant en somme que l'analyse de Fourier, par M. Hensen au nom de la physique, une lamelle d'air vibrante, comme celle qui passe par le larynx, ne pouvant faire résonner que des masses d'air dont le son propre correspond à l'un de ses harmoniques ou en est si voisin qu'il est capable de le faire ressortir. Des expériences ont été essayées pour et contre; mais elles paraissent s'être montrées tour à tour favorables à ceux qui les faisaient [1].

M. Kœnig a reproduit, avec sa nouvelle sirène à ondes, quelques voyelles d'après les courbes de M. Hermann. Les résultats, suffisants pour **a**, **e**, **o**, ont été mauvais pour **ou** [2]. Mais l'appareil de M. Kœnig permet de pousser plus loin et de chercher la source de l'erreur en reproduisant l'un après l'autre chacun des sons partiels (p. 173). Or, la courbe construite d'après les données de M. Hermann rend bien les sons partiels indiqués. L'erreur serait donc dans la courbe. (Comparez les expériences de Eichhorn, p. 207.)

L'analyse de M. Hermann a été continuée par M. Bœke, de Alkmaar en Hollande, qui a étudié la petite et la grande période d'après des mesures directes prises sur les tracés mêmes du phonographe (p. 118).

---

1. Sur cette controverse, voir : PIPPING (avec note de HENSEN), *Zeitschrift für Biologie*, XXVII, p. 433-438 ; — HERMANN, *Pflüger's Archiv*, t. XLVIII, p. 181-194 ; — HENSEN, *Zeitschrift für Biologie*, XXVIII, p. 39-48. Voir aussi : LLOYD, articles déjà cités, dans *Phonetische Studien*; PIPPING, *Zeitschrift für französische Sprache und Litteratur*, t. XV, p. 157-171 ; LLOYD, *ibid.*, t. XVI, p. 201-208.

2. *Wiedemann's Annalen*, LVII, p. 382 et suiv.

Voici la plupart de ses voyelles :

Voyelles	n	L	l	$n.\dfrac{L}{l}$	Résultats de Hermann
å	181	102,5	42,3*	438	»
ò (ouvert)	201,4	92	41 *	452	»
ŏ	210,5	87,5	37 *	500	»
ō	184	100	35 *	526	617
ou (u)	206	90	32 *	579	567
ă	206	90	29 *	640	»
ă (de *ai*)	184	100	25,5*	722	»
ā	190	97,5	25 *	741	725
ŭ (dans *ui*)	214,5	86,5	9,7	1913	»
ŭ	223	93	8,5	2177	»
ū (üh)	236	78	7,6	2424	»
ĕ	247	75	8,5	2178	»
eu (ö)	206	90	7,5	2472	»
ī	200,5	92,5	7,5	2472	2561
ī (dans *ai*)	205	90,5	7,5	2473	»
ī (dans *ui*)	239	77,5	7,5	2470	»
ĭ	217	85	7	2634	»
ē	217	85	6,4	2882	.2004
è	255,5	72,5	6	3088	»

Dans ce tableau :

n = note fondamentale,

L = longueur de la grande période,

l = longueur de la petite,

$n. \dfrac{L}{l}$ = son caractéristique.

Les chiffres marqués d'un astérisque se rapportent à des périodes que l'on pourrait croire doubles et que l'auteur a comptées comme simples pour demeurer d'accord avec M. Hermann. L'entreprise, en effet, offre des difficultés énormes, et l'auteur a dû se laisser guider, dans bien des cas, par les conclusions de son maître.

Dans ses premières opérations, M. Bœke n'avait tenu compte que de la longueur et de la largeur des tracés. Comme contrôle, il en établit de nouvelles sur leur profondeur. Il calculait celle-ci d'après la largeur, reportait en millimètres sur le papier les points ainsi obtenus et analysait la courbe qui en résultait, avec 40 ordonnées, selon les procédés de M. Hermann. Le son caractéristique de l'**a**, qui aurait, suivant la première façon de mesurer, de 640 à 722 vibrations, se trouverait en avoir, d'après la seconde, de 1037 à 1080.

Enfin M. Bœke s'est appliqué à faire ressortir l'influence que la note fondamentale lui paraît avoir sur la hauteur du son caractéristique de l'**a**; celui-ci serait d'autant plus aigu que la note fondamentale serait plus élevée. Ainsi, pour un **a** chanté depuis e (132 v. d.) jusqu'à d_1 (297 v. d.), le son caractéristique monterait depuis 865 jusqu'à 1185 v. d.[1].

La photographie directe des vibrations de la voix dans

------

1. *Mikroskopische Phonogrammstudien*, dans *Pflüger's Archiv*, t. L (année 1891), p. 297-318.

l'air libre (p. 137) a montré à M. Raps le son fondamental avec un harmonique supérieur, qui varie dans les limites suivantes, d'après le diapason de 435 vibrations (v. d.) :

a fermé   o   ou (u)

$f_2\text{-}a_2$ ($fa_4\text{-}la_4$) $b_2\text{-}d_2$ ($si_4\text{-}ré_4$) $gis_1\text{-}e_2$ ($sol\sharp_3\text{-}mi_4$)

soit pour le détail :

SONS partiels	VOYELLES																	
	a								o					ou (u)				
I	b	cis	d	gis	fis	f	a	c_1	a	b	cis_1	d_1	e_1	a	b	cis_1	d_1	gis
II																b_1	cis_2	d_2	gis_1
III	fis_2	gis_2	a_2					g_2					b_2	c_2				
IV				gis_2	fis_2	f_2	a_2			b_2	cis_3	d_3						
V									cis_3									

Enfin, je dois signaler les expériences faites avec le phonographe qui ont été apportées comme argument dans la discussion sur la nature des voyelles, et d'abord celles qui consistent à transposer la masse totale d'un son à des hauteurs variées.

Clarence, J. Blake et R. Cross de Boston [1], sont les premiers, je crois, qui se soient livrés à des observations de ce

---

1. *The Nature*, t. XVIII, p. 93-94.

genre, dans le but de vérifier la théorie de Helmholtz. Voici quelques-unes de leurs expériences :

1° On grave les voyelles **ou** et **o** pendant que le cylindre fait un tour par seconde. A la même vitesse, le son se reproduit fidèlement. A une vitesse double, **ou** est indistinct; **o** donne clairement *ĕ*. A une vitesse moitié moindre, on entend *ou, au*.

2° Le cylindre tourne à des degrés différents de vitesse. En débutant par une vitesse moindre, **o** est entendu d'abord *au*, puis *ō, ë, ĕ*, qui retombe à *ĕ*, si on ralentit un peu.

3° La voyelle **è** (**ä**), gravée à la vitesse d'un demi-tour par seconde, se fait entendre *au*, qui se change en *ä* à la vitesse d'un tour, en *ĭ* à celle de trois par seconde.

4° On prononce plusieurs fois successivement la voyelle **o**, tout en augmentant la vitesse de rotation. Si l'on reproduit le son avec une vitesse uniforme et lente, on entend *au* et *ou* ; avec une vitesse plus rapide, *ĕ* et *i*.

Les expériences de Blake et Cross datent de près de trente ans. Nous pouvons les refaire aujourd'hui avec plus de précision ; mais il reste toujours à éliminer l'équation personnelle. Je les ai renouvelées plusieurs fois, d'abord seul, puis avec le concours de mon neveu Fauste Laclotte, qui est des environs d'Agen, par conséquent d'un autre dialecte que moi, et qui a des habitudes acoustiques différentes.

Nous avons gravé mes voyelles (P), celles de Fauste (F), celles de mon beau-frère qui est de Damazan (L), et celles de ma sœur (E), avec des vitesses de rotation de 32, 30, 25 et 15 tours par $\frac{1}{4}$ de minute sur des cylindres ayant 172 ou 174 millim. de circonférence.

Nous avons choisi, pour faire répéter les voyelles gravées, des nombres de tours répondant à des intervalles de la gamme musicale (p. 9), c'est-à-dire, en descendant, avec

30 tours, la tierce 25, la quinte 20, l'octave 15 ; avec 32 : la seconde 30, la quarte 24, la sixte 20, la septième 18, l'octave 16 (on peut y joindre la tierce 26, 6..., soit 133, 3... en $\frac{5}{4}$ de minute, la quinte 21, 3... ou 64 en $\frac{3}{4}$ de minute). Le chiffre de 24 est plus commode encore : il donne des nombres entiers pour chaque intervalle (en comptant pour la seconde grave 85 tours en 1 minute, et pour la septième 27 en $\frac{1}{2}$ minute). En outre, il permet de monter d'une quinte, ce qui suffit, car au delà les voyelles parlées ne sont plus distinctes, et de descendre de plus d'une octave, au-dessous de laquelle les bruits reproduits sont un peu ce que l'on veut.

Je donne ici les résultats de notre dernière expérience, faites sur mes voyelles (tableau nº 1) et sur celles de Fauste (tableau nº 2), gravées à 24 tours et appréciées par chacun de nous isolément. Les voyelles gravées sont : á fermé, à ouvert, è ouvert, é fermé, i moyen, eu ouvert (*œ̀*), eu fermé (*œ́*), u moyen, o ouvert (*ò*), o fermé (*ó*), ou moyen (*u*), an (*ã*), in (*ĕ̃*), on (*õ*), un (*œ̃*).

On peut lire ces tableaux de deux manières : 1º de haut en bas ; 2º en partant du ton sur lequel la parole a été proférée. La première lecture nous apprend comment les voyelles, altérées par la transposition d'une quinte aiguë, reprennent, en descendant vers la note d'émission, leur timbre naturel ; puis comment, transposées au-dessous, elles s'altèrent de nouveau jusqu'à se perdre dans une diphtongue indistincte (-) ou un son d'abord mourant (*petit caractère*) puis imperceptible (-). La seconde lecture nous fait voir par quelle série d'intervalles la masse sonore peut passer sans que le timbre de la voyelle soit modifié sensiblement.

La lettre P marque mes appréciations ; F, celles de Fauste.

TABLEAU N° I.

VOYELLES ENTENDUES (P / F pairs 1–8)

Nombre de tours	Intervalle musical	P	F	P	F	P	F	P	F	P	F	P	F	P	F	P	F
36	Quinte aiguë.	à	à	ă	ă	à	è	ě	é	ï	i	ć	è	ě	é	i	i
32	Quarte »	—	—	—	—	è	—	e	—	—	—	—	—	—	—	—	—
30	Tierce »	—	á	—	—	—	—	—	—	—	i	—	—	—	—	—	—
27	Seconde »	á	—	—	—	—	—	—	é	—	—	—	—	—	é	—	—
24	Ton de la parole.	á	á	à	à	è	ć	é	é	i	i	œ	œ	œ	œ	u	u
21,25	Seconde grave.	—	—	—	ă	—	—	—	—	—	—	—	—	u	—	—	—
20	Tierce »	—	—	—	—	—	—	ě	i	—	i	—	—	—	—	—	—
18	Quarte »	—	—	—	á	—	—	ì	u	i	-	—	—	ñ	—	—	—
16	Quinte »	—	—	—	—	—	—	—	—	-	-	œ́	—	—	—	—	—
15	Sixte »	å	—	á	—	œ	—	u	—	-	-	œ̃	—	—	—	—	ú
13,5	Septième »	—	å	—	—	—	—	—	—	—	œ	—	—	—	—	—	i
12	Octave »	—	—	—	—	—	—	—	—	—	u	—	—	—	—	—	—

VOYELLES ENTENDUES (P / F pairs 9–15)

Nombre de tours	Intervalle musical	P	F	P	F	P	F	P	F	P	F	P	F	P	F
36	Quinte aiguë.	á	á	ò	ò	u	u	ā	ā	ē	ê	õ	å	æ	æ
32	Quarte »	—	—	ó	—	—	—	—	—	—	—	—	õ	—	—
30	Tierce »	å	—	—	ó	—	—	—	—	—	—	—	—	—	—
27	Seconde »	—	å	ó	—	—	—	—	—	—	—	—	—	—	—
24	Ton de la parole.	ò	ò	ó	ó	u	u	ā	ā	ē	ê	õ	õ	æ	œ̃
21,25	Seconde grave.	ó	—	—	—	u	u	—	—	—	—	—	—	—	ã
20	Tierce »	—	—	—	—	u	—	—	—	—	—	—	—	—	õ
18	Quarte »	—	—	—	—	—	—	—	—	—	—	—	—	—	—
16	Quinte »	—	—	—	—	u	—	—	—	—	—	—	—	—	õ
15	Sixte »	—	—	—	—	—	—	—	—	—	—	—	—	—	õ
13,5	Septième »	—	ò	—	u	—	u	õ	á	æ	ė	õ	ò	—	ò
12	Octave »	œ́	—	—	—	—	—	—	—	—	—	—	—	—	ò

TABLEAU N° 2.

Sous l'en-tête « VOYELLES ENTENDUES », chaque groupe de deux colonnes est noté P / F.

Nombre de tours	Intervalle musical	P	F	P	F	P	F	P	F	P	F	P	F	P	F	P	F	P	F	P	F	P	F	P	F	P	F	P	F	P	F
36	Quinte aiguë.	à	à	à	ǎ	à	è	è	é	i	i	è	è	ě	é	i	i	á	á	ò	ò	ó	ó	ā	ã	ẽ	ē	ē	ā	ẽ	ẽ
32	Quarte »							è										â		o			uî	ã						œ	
30	Tierce »	á	á																												
27	Seconde »							é										o	ò	ó			u			õ	õ	ã		œ	
24	Ton de la parole.	á	á	à	à	è	è	è	é	i	i	œ	œ	é	é	u	u	ò	ò	ó	ó	u	u	ã	ã	ẽ	ẽ	õ	õ	œ	œ
21,25	Seconde grave.			á	á											uœ						ó		u	u			ã		u	
20	Tierce »																							u							
18	Quarte »									i	i	u	-			u															
16	Quinte »									u	u	-	-			u	i					u									
15	Sixte »												-	é		é						-									
13,5	Septième »										ù	-	-			é	ò							a		è		ò		à	
12	Octave »				-				-								-													-	

A ces tableaux j'ajoute, à titre de renseignement, le résumé de nos expériences précédentes. L'absence de note restrictive prouve qu'il y a eu identité dans les transformations des voyelles émises et accord dans l'appréciation des auditeurs.

1° Voyelles gravées a 32 et 30 tours au 1/4 de minute et répétées a des vitesses différentes en descendant la gamme.

Voyelle émise : _á_

ÉMISSION	AUDITION		
_á_	_å_	_ò_	_œ̀_
32ª	sixte		octave
32ᵇ	septième	octave	dixième
30	quinte		octave

Voyelle émise : _à_

ÉMISSION	AUDITION		
_à_	_á_	_ò_	_œ̀_
32ₐ	sixte		octave
32ᵦ	sixte	octave	dixième
30	quinte		octave

Voyelle émise : è.

ÉMISSION	AUDITION			
è	é	å	àè	áè
(L) 32^a			quarte (P)	sixte (P) octave (F)
(F) 32^a				sixte (P) octave (F)
(F) 32^b	sixte (F) septième (P)	septième (F)		
(E) 32^a	sixte (F)		sixte (P) octave (F)	
(P) 32^a				sixte (F
(P) 32^b		septième (F)		octave (P)
(P) 30				quinte

Voyelle émise : é.

ÉMISSION	AUDITION			
é	i	ü	àè	áé
(L)(E) 32^a	sixte			
(L)(E) 30	quarte (F) quinte (P)			octave
(F) 32^a	septième (F)	sixte	octave	
(F) 30	quarte (P)			
(F) 32^a	quarte (P) sixte (F)			
(F) 32^b	quarte			octave
(F) 30	quinte (F)			

Voyelle émise : *i*.

i s'affaiblit graduellement. — L'*i* de Fauste, gravé avec une vitesse de 32 tours, sonne pour moi *u* à la sixte.

Voyelle émise : *à*.

à, observé par Fauste, se conserve jusqu'à la fin ; pour mon oreille, il devient *é* :

(L, F) 32^a, à la sixte ; (E) 32^a, à la quarte ; (E, F) 30, à la quinte.

Voyelle émise : *é*.

é se conserve, sauf dans les cas suivants :

é (P, E) devient *u* $\begin{cases} \text{pour } 32^a, \text{ à l'octave;} \\ \text{ » } 30, \text{ à la tierce (P);} \end{cases}$

é (P)   se nuance en *u*, pour 32^b, à la septième ;

é (L, F) devient *u* $\begin{cases} \text{pour } 32^a, \text{ à la quinte (P);} \\ \text{ » } 30, \text{ à la septième (F).} \end{cases}$

Voyelle émise : *u*.

u (P, E) s'affaiblit graduellement et se perd en *œ* ;

u (L, F) se modifie, avant de disparaître, en *u* (P).

Voyelles émises : *ò* et *ó*.

ÉMISSION	AUDITION	
	ò	*u*
ò $\begin{cases} \text{(P)} \\ \text{(F)} \end{cases}$	quarte (P) quinte (P)	quinte quinte
ó $\begin{cases} \text{(P)} \\ \text{(E, F, L)} \end{cases}$		quarte quinte

Voyelle émise : *u*.

u s'affaiblit graduellement, comme l'*i*.

Nasales.

Les nasales perdent peu à peu leur nasalité, qui disparaît complètement entre la quinte et l'octave, sans que nous puissions établir une règle précise.

Comme modifications, notons seulement :

$ã$ entendu $õ$ à la sixte ; —

$ẽ$ (P) entendu, à la sixte, $œ̃$ (P), $ã$ (F) ; enfin $ẽ$ (L, F, E) devenant $œ̃$ à la sixte (P).

2° VOYELLES GRAVÉES A 30 TOURS AU 1/4 DE MINUTE ET RÉPÉTÉES A 36 (un peu moins d'une TIERCE au-dessus).

VOYELLE ÉMISE à 30 tours	VOYELLE ENTENDUE à 36 tours
$á$ (P, E)	$á$ (P)
$é$ (P, E, F, L)	$é$
$æ̀$ (P)	$è$
$œ́$ (P, E, F)	$é$
$ò$ (P)	$á$

Nasales. — Pour moi, mais non pour Fauste,

$ã$ (P, L)	devient	$á$;
$ẽ$ { (P)	»	$è$;
{ (L)	»	$á$;
$õ$ { (P)	»	$ò$;
{ (F, L)	»	$œ̃$;

$œ̃$ seul persiste.

3° VOYELLES GRAVÉES A 15 TOURS AU 1/4 DE MINUTE ET RÉPÉTÉES A DES VITESSES PLUS GRANDES. — La gravure à cette vitesse est défectueuse pour les voyelles parlées, car, dès que l'on atteint 25 tours en les faisant répéter, les sons deviennent indistincts.

Nous n'avons guère à relever que :

         è (P)   devenu   *è*

et   *ò* (P, F)   »   *á*, à la tierce aiguë.

Des conclusions ressortent de ces faits. Mais, avant de les formuler, il est bon de multiplier et d'étendre les observations.

Le phonographe se prête encore à un autre genre d'expériences. On peut, après avoir gravé un son, le renverser et le faire répéter en commençant par la fin. Pour cela, on rogne le cylindre de cire, on le rabote intérieurement de façon à pouvoir l'introduire par les deux bouts et le centrer convenablement.

M. Hermann, dans sa réplique à M. Kœnig[1], rapporte qu'un éminent physicien anglais lui a signalé l'influence du renversement phonographique sur le timbre de l'*a* : cette voyelle, reproduite à rebours du sens de la gravure, prendrait la nuance qu'elle a dans la bouche d'un Prussien ou d'un Tyrolien. Les expériences de M. Hermann contredisent cette assertion et les miennes aussi. J'ai inscrit côte à côte les voyelles **a** fermé, **é**, **i**, **o** fermé, **o** ouvert, en sorte que, à l'audition, une voyelle directe succédait à une voyelle inverse ou réciproquement. Or, dans ces conditions très favorables pour l'acoustique, je n'ai pu découvrir aucune différence. Si le fait signalé à M. Hermann est réel, il faut qu'il soit dû, comme le soupçonne le célèbre physiologiste de Kœnigsberg, à un vice dans l'expérimentation, ou peut-être à une variété dialectale.

---

1. *Wiedemann's Annalen*, t. LVIII (année 1896), p. 400.

ARTICLE II

Timbre des consonnes.

On ne peut vraiment pas dire que les physiciens se soient occupés des consonnes.

Donders a recherché la hauteur du bruit caractéristique de différentes sortes d'**r**. Ce serait, d'après lui, pour :

r_1 (**r** labiale), de 76 à 316 v. d. ;
r_2 (**r** linguale), de 30 à 35 v. d. ;
r_3 (**r** grasseyée), de 19 à 28 v. d. ;
r_4 (**r** des Bas-Saxons, *'aïn* des Arabes), 30 v. d.

D'après Donders encore, le bruit de **f**, **s**, **ch** est plus élevé que celui de **v**, **z**, **j**[1].

Helmholtz compare les bruits qui caractérisent la plus grande partie des consonnes aux petits bruits qui accompagnent la production des sons musicaux. D'après lui, le **j** allemand (**y**) et le **w** anglais sont dus à un simple renforcement des voyelles **i** et **ou**. Il classe à part **r** et **l**, qui sont produits « par un tremblement irrégulier dans la bouche », et il assimile **m** et **n** aux voyelles[2]. Ces deux consonnes se distingueraient en ce que les harmoniques sur **n** sont un peu moins étouffés que sur **m**[3].

---

1. D'après Gavarret, *Phénomènes physiques de la phonation et de l'audition*, p. 370-374.
2. *Théorie physique de la musique*, p. 95.
3. *Ibid.*, p. 148.

M. Kœnig n'a relevé que la forme de ses flammes mano-métriques[1].

M. Wendeler[2] trouve dans ses courbes 23 vibrations par seconde pour son **r** (il ne dit pas laquelle), 43 pour son **ch**.

---

1. *Quelques expériences d'acoustique*, p. 69-70.

2. *Ein Versuch, die Schallbewegung einiger Konsonanten graphisch darzustellen*, dans *Zeitschrift für Biologie*, t. XIII (année 1887), p. 303.

CHAPITRE V

ORGANES DE LA PAROLE

Une description complète des organes de la parole nous entraînerait bien au delà du but que nous devons nous proposer ici. Nous nous bornerons donc à ce qui est nécessaire pour définir au point de vue physiologique les éléments du langage et pour en expliquer les transformations.

L'homme ne possède pas d'organes spéciaux uniquement destinés à la parole. Il utilise pour cet objet : 1° l'appareil respiratoire, 2° le larynx, 3° le pharynx, 4° la bouche, 5° le nez, 6° enfin, certaines parties du système nerveux. Ce sera le sujet d'autant d'articles.

ARTICLE I

Appareil respiratoire.

La parole et, d'une façon générale, tous les sons du langage sont produits par le courant d'air de la respiration. Ce courant est double : l'un entre dans les poumons, l'autre en sort. Sous ces deux formes, il peut servir à l'expression de la pensée ou de la volonté. Mais c'est surtout au courant expiratoire que nous avons recours, n'employant le courant inspiratoire que dans des cas isolés et pour des intentions spéciales.

Le principal organe de la respiration, les *poumons* (fig. 85, P) échappent à notre observation directe. Du reste,

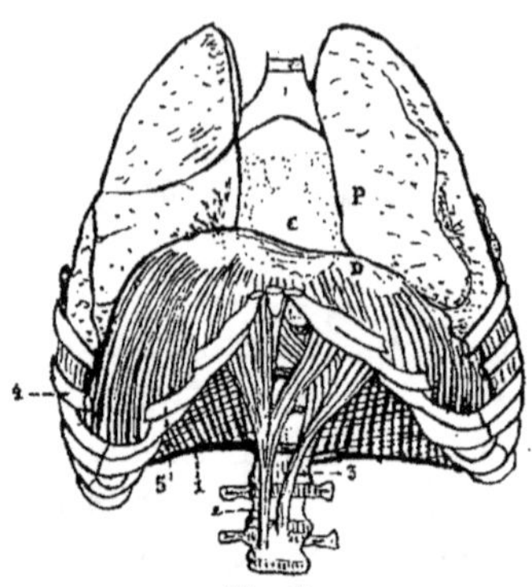

Fig. 85.
Poumons et diaphragme.
C. Cœur. — *P.* Poumon. — *D.* Diaphragme.
1. Coupe des faisceaux postérieurs du diaphragme. — *2.* Pilier droit. — *3.* Pilier gauche. —
4. Section de la 8e côte.

leur capacité, ou plutôt la quantité d'air disponible qu'ils peuvent tenir en réserve pour la parole, seule intéresse le phonéticien. Elle peut se déterminer facilement au moyen du *spiromètre* (p. 159), ou même d'un simple tambour avec interposition d'un vase à double tubulure (p. 131) et une échelle graduée (p. 153). Cette donnée est nécessaire dans l'étude comparée du régime de l'air propre aux articulations de diverses personnes ou même d'une seule personne considérée à des moments différents. Sans elle, en effet, on serait exposé à prendre pour des variétés dialectales des différences purement individuelles ou transitoires. J'ai déjà fait ces observations, et j'ai pu constater que la quantité d'air employée pour la parole dépend à la fois de la capacité absolue des poumons, et de l'état momentané du sujet parlant, par exemple : s'il est assis ou debout, s'il sort de son lit ou revient de la promenade, etc. [1]. D'où il suit que toute expérience ayant pour objet la dépense de l'air phonateur a comme prélude obligatoire la constatation de l'état actuel de la capacité pulmonaire.

Les forces vives qui concourent, avec l'élasticité des poumons, à l'acte de la respiration sont les muscles inspirateurs et les expirateurs, les uns et les autres agissant directement sur la *cage thoracique*.

La *cage thoracique* est formée en arrière par la colonne vertébrale, en avant par le sternum, sur les côtés par la double rangée des côtes. Elle est limitée en bas par le diaphragme.

Les côtes, grâce aux muscles qui les séparent (les *inter-*

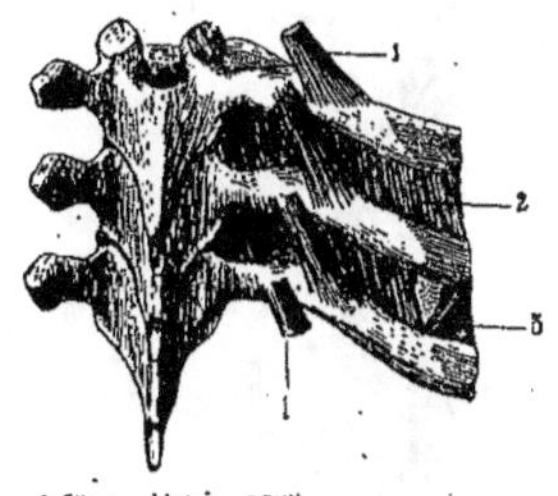

Fig. 86.
(d'après Testut.)
Surcostaux et intercostaux.
1. Surcostaux. — 2. Intercostaux internes. — 3. Intercostaux externes.

costaux, fig. 86, *2, 3*) et à leur obliquité sur la colonne vertébrale, augmentent et diminuent périodiquement la capacité du thorax, suivant qu'elles sont soulevées ou abaissées. Ce double mouvement a pour effet l'appel et le rejet alternatifs de l'air. C'est le jeu du soufflet. Les muscles respiratoires sont donc les muscles qui ont pour action d'élever ou d'abaisser les côtes.

---

1. *Les modifications phonétiques du langage*, p 61. et suiv.

On distingue deux types de respiration : la respiration *costo-supérieure* et la respiration *costo-inférieure.*

Dans le premier type, qui est le plus commun chez les femmes, le rôle principal dans l'inspiration appartient aux muscles de la région supérieure :

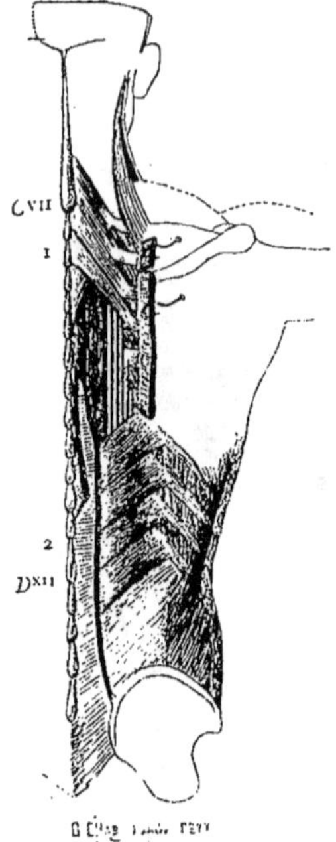

Fig. 87.
(d'après TESTUT.)

Les deux petits dentelés postérieurs. (Le petit et le grand rhomboïde ont été soulevés et érignés en dehors; le grand dorsal a été enlevé.)

1. Petit dentelé postérieur et supérieur. — *2.* Petit dentelé postérieur et inférieur. C^VII. 7e vertèbre cervicale. — D^XII. 12e vertèbre dorsale.

1° Les *surcostaux*, entre les extrémités postérieures des côtes et les apophyses des vertèbres (fig. 86, *1*) ;

2° Les *scalènes* (σχαληνός, inégal), entre les premières côtes et les vertèbres cervicales (fig. 102, *16, 17* ; 104, *16*) ;

3° Le *petit dentelé postérieur et supérieur*, entre le ligament cervical, la 7ᵉ cervicale, les trois premières dorsales et les côtes (fig. 87, *1*).

A ces muscles se joignent dans l'inspiration forcée :

1° Le *sterno-cléido-mastoïdien* (fig. 102, *14*), entre la partie

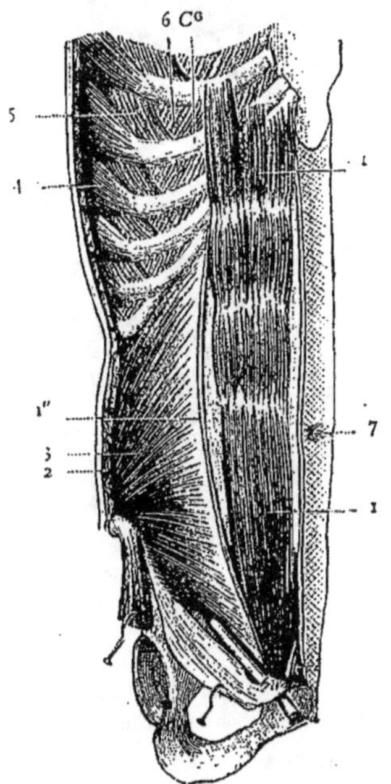

Fig. 88.

(d'après TESTUT.)

Muscles de l'abdomen (couche moyenne).

1. Grand droit ; *1′.* faisceaux d'insertion ; *1″.* coupe de sa gaine. — *2.* Coupe du grand oblique. — *3.* Petit oblique. — *4.* Grand dentelé. — *5.* Intercostaux externes. — *6.* Intercostaux internes. — *7.* Ombilic. — *C⁶*, 6ᵉ côte..

supérieure du thorax et l'apophyse mastoïde (fig. 100, C);

2° Le *grand dentelé* (fig. 88, *4*; 89, *2*), entre les neuf ou dix premières côtes et le bord spinal de l'omoplate;

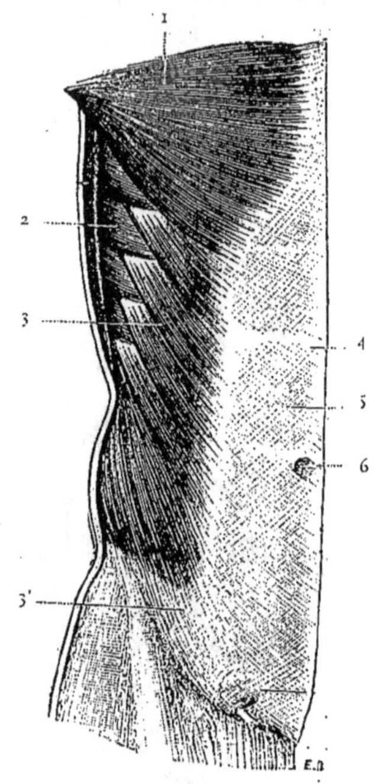

Fig. 89.

(d'après Testut.)

Muscles de l'abdomen (couche superficielle).

1. Grand pectoral. — *2*. Grand dentelé. — *3*. Grand oblique; *3'*. son aponévrose d'insertion. — *4*. Ligne blanche. — *5*. Grand droit enfermé dans sa gaine. — *6*. Ombilic.

3° Le *grand pectoral* (fig. 89, *1*), entre les six ou sept premières côtes, le sternum, la clavicule, etc.;

4° Le *petit pectoral*, situé au-dessous du précédent, entre les côtes et l'apophyse caracoïde de l'omoplate.

Dans le type de respiration costo-inférieur, qui est celui des hommes, c'est l'action du *diaphragme* qui prédomine. Ce muscle (fig. 86) s'insère sur le bord supérieur des six dernières côtes et s'élève en forme de dôme. En se contractant, il agrandit le thorax suivant ses trois diamètres : vertical, antéro-postérieur et transversal.

L'expiration s'accomplit d'ordinaire par le retour naturel

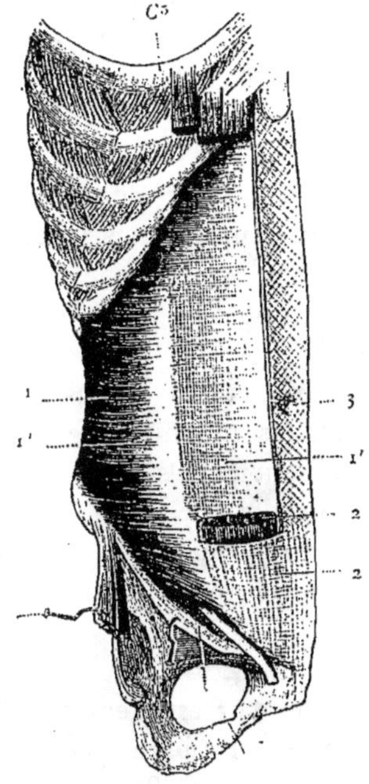

Fig. 90.
(d'après Testut.)

Muscles de l'abdomen (couche profonde).
1. Transverse ; 1'. son aponévrose. — 2. Grand droit ; 2'. sa gaine. — 3. Ombilic. —
4. Arcade crurale. — C⁵, 5ᵉ côte.

des organes à leur position première. Mais, quand elle

réclame un effort, comme dans la parole notamment, elle a besoin du concours des muscles qui peuvent abaisser les côtes, à savoir :

1° Le *petit dentelé postérieur et inférieur* (fig. 87, *2*), entre les quatre dernières côtes et les dernières dorsales ou les premières lombaires;

2° Le *grand droit* (fig. 88, *1*; 90, *2, 2'*), entre la pointe du sternum (apophyse xiphoïde), les 5ᵉ, 6ᵉ et 7ᵉ côtes et le corps du pubis;

3° Le *grand oblique* (fig. 89, *3*) entre les sept ou huit dernières côtes et l'os coxal, l'arcade crurale (fig. 90, *4*) et la ligne blanche (fig. 89, *4*);

4° Le *petit oblique* (fig. 87, *3*), entre les dernières côtes et la ligne blanche, les deux ou trois vertèbres lombaires et le pubis;

5° Le *transverse* (fig. 90, *1*), entre la colonne vertébrale et la ligne blanche.

Le régime du souffle employé dans la phonation et les mouvements musculaires qu'il nécessite sont des documents précieux pour le phonéticien. Ils lui font connaître le début et l'intensité de la lutte vocale : par conséquent, ils le renseignent sur le travail phonateur, la nature des articulations, les variations de force et certaines modifications de timbre.

Pour déterminer la direction et le volume de la colonne d'air, le moyen le plus sûr est d'explorer les mouvements de la cage thoracique à l'aide du pneumographe (p. 88) placé dans la région des 7ᵉ ou 8ᵉ côtes chez les hommes, des côtes supérieures chez les femmes. On remarquera d'une façon générale que les inspirations deviennent plus profondes et que l'expiration se ralentit dans l'acte de la parole; que le surplus de l'air mis en réserve est normalement expulsé par le nez après l'arrêt de la voix et avant l'inspiration suivante, et qu'une légère avance dans ce mouvement lui fait nasaliser dans certains dialectes les voyelles finales ; que le volume d'air expiré est inversement proportionnel à la force d'occlusion, et que les diverses étapes de l'évolution du *k* et du *g* latins, par exemple, concordent avec une augmentation progressive de la dépense d'air jointe à une détente simultanée de la puissance occlusive. Mais, comme les tracés obtenus pour chaque articulation sont assez peu étendus, il est nécessaire de recourir à un petit artifice pour rendre les différences appréciables [1] : on répète plusieurs fois de suite la même syllabe, puis on calque les tracés, on les transporte les uns sur les autres en faisant coïncider les lignes d'inspiration, et le degré de la dépense relative de l'air, faite pour chaque articulation,

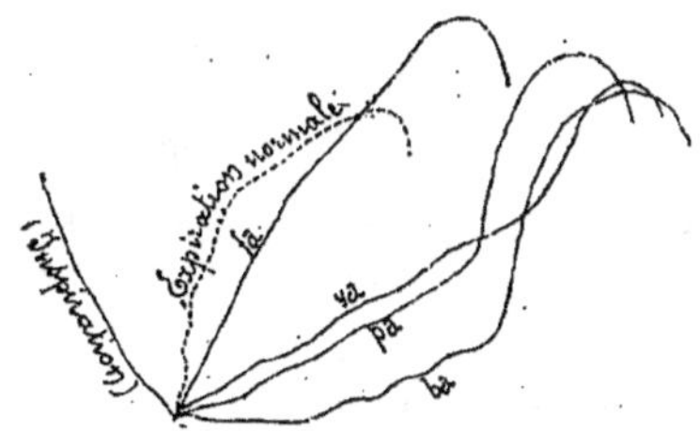

Fig. 91.
Comparaison de la dépense d'air d'après les tracés du thorax.

saute aux yeux. On le voit nettement dans la figure 91, où le volume de l'air expiré est d'autant plus considérable que le tracé se rapproche davantage de la verticale.

---

1. *Les modifications phonétiques du langage*, p. 61-62.

La détermination et la mesure de l'effort organique se font aussi au moyen du pneumographe appliqué sur les muscles expirateurs. Comme ceux-ci ne se contractent qu'en se raccourcissant, ils se gonflent dès qu'ils se mettent en œuvre, et leur tracé a pu être confondu avec celui d'une inspiration. On prépare l'expérience en recherchant préalablement, à l'aide du toucher, les points les plus favorables à l'exploration : le petit dentelé postérieur et inférieur, le grand droit au-dessus du nombril, les obliques et le transverse sur les côtés de l'abdomen donnent des mouvements d'une certaine ampleur; lorsque l'on est couché sur le dos, la projection de l'abdomen en avant est très notable et fournit de très beaux tracés.

Le jeu des muscles expirateurs nous procure le premier

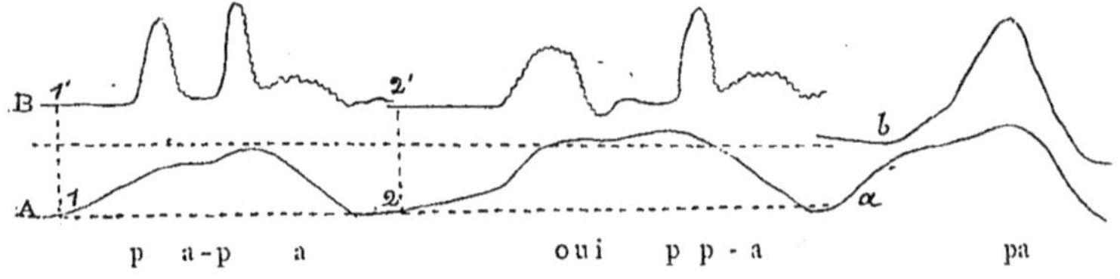

Fig. 92.

Travail des muscles de l'abdomen.

A. Tracé des muscles de l'abdomen. — *B.* Tracé des mouvements de la colonne d'air parlante (les vibrations sont représentées schématiquement). — *1*, *1'*, *2*, *2'*, début du travail phonateur. — *a*, contraction des muscles de l'abdomen pour la syllabe *pa* prononcée d'une voix modérée. — *b*, contraction musculaire pour la même syllabe dite d'une façon très énergique.

indice du travail vocal. Ainsi, dans la figure 92, le tracé supérieur (B), qui est celui de la colonne d'air prise au sortir de la bouche, ne fait connaître que le moment de l'explosion; mais le tracé de la contraction musculaire de l'abdomen (A) nous montre, en se redressant, l'instant précis où le mécanisme de la parole s'est mis en branle.

Certaines consonnes sont caractérisées par l'intervention des muscles expirateurs. Ce sont :

1° Les *aspirées*, qui se distinguent nettement, à ce point de vue, de toutes les autres consonnes, y compris le *ch* dur allemand ;

2° Les consonnes dites *redoublées*, qui diffèrent des simples par l'intensité et la durée. Comparer (fig. 92) *papa* et *oui ppa*. L'amplitude du tracé (A) marque l'intensité de l'effort.

Les autres articulations ne demandent une action bien sensible des muscles expirateurs que dans la prononciation énergique. Comparer (fig. 92) *pa* prononcé d'une voix modérée (*a*) et dit avec effort (*b*). Si donc on voulait juger, par le travail musculaire de l'abdomen, de l'intensité relative des syllabes, il faudrait parler d'une voix forte et animée.

En dehors de l'exploration musculaire, nous pouvons encore, et même plus commodément, reconnaître le souffle phonateur, en le recevant au sortir de la bouche et du nez dans le spiromètre ou le tambour à levier. Il y a cette différence entre les deux procédés que le spiromètre convient uniquement aux articulations isolées, tandis que le tambour peut également bien servir pour les groupes de syllabes (voir p. 131). La figure 92 montre la concordance des tracés de l'air expiré avec ceux des muscles expirateurs.

L'air est conduit hors des poumons par un canal rigide, la *trachée-artère* (fig. 99, F), qui nous donne des indications concordantes avec celles des muscles expirateurs. On y ressent, en effet, très bien la pression de l'air comprimé dans les poumons en vue des articulations énergiques et la production de sons très aigus.

Cagniard-Latour a eu l'occasion d'étudier directement,

sur un malade portant une fistule de la trachée, la pression de l'air dans le chant et le cri. Voici les indications fournies par son manomètre introduit dans la fistule :

Chant sur un ton modérément élevé, pression de 160^{mm} d'eau ; chant sur un ton plus élevé, avec même force de voix, pression de 200^{mm} ; cris d'appel, 945^{mm} [1].

Pour l'expiration normale, Valentin avait trouvé une pression de 60^{mm} ; pour une expiration énergique, 140^{mm} [2].

La trachée se compose d'une membrane fibreuse, de cercles cartilagineux et de fibres musculaires, le tout tapissé d'une membrane muqueuse. Elle est douée d'une grande élasticité : elle peut s'allonger, se raccourcir, entraînée ou repoussée par le larynx, et se dilater sous l'effet de la colonne d'air expiré.

La dilatation latérale de la trachée est saisie très commodément par les deux branches de l'explorateur des lèvres (p. 92) ; sa projection en avant et son mouvement ascensionnel par l'explorateur du larynx (p. 99).

ARTICLE II

Larynx.

Le *larynx* est l'organe producteur du son proprement dit. Il est situé au sommet de la trachée-artère et maintenu en

---

1. De Meyer, *Les organes de la parole*, p. 142. — Pour deux expériences analogues sur le ton normal, voir : *C. R. de l'Ac. des sc.*, t. IV (1837), p. 201 (cas Legris, 160^{mm}) ; journal *L'Institut*, 1837, p. 131 (cas Jeanne Colar, 130^{mm}).

2. *Ibid.*, p. 141. — Le nez fermé, l'air était repoussé dans un manomètre assujetti à la bouche.

position par des muscles qui le rattachent à l'os hyoïde et
à la base supérieure du thorax. La charpente du larynx est
formée de plusieurs pièces cartilagineuses (fig. 93) :

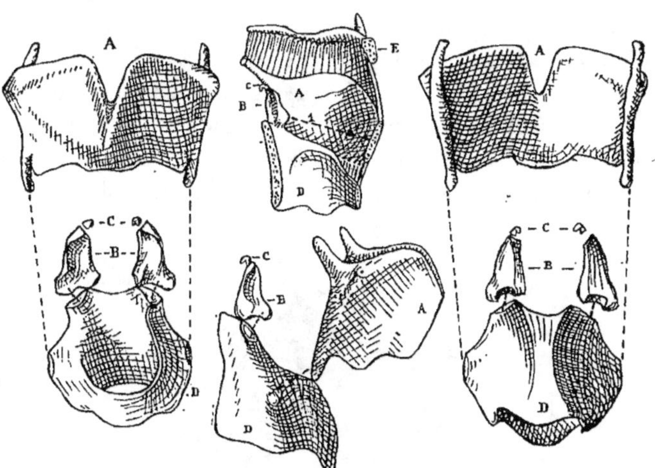

Fig. 93.

Cartilages du larynx.

(A gauche, vue de face; au milieu, vues de côté : 1° à l'intérieur, 2° à l'extérieur;
à droite, vue de la face postérieure.)

A. Cartilage thyroïde. — *B*. Cartilage aryténoïde. — *C*. Cartilages corniculés. —
D. Cartilage cricoïde. — *E*. Os hyoïde.
1. Corde vocale.

1° Le *cartilage cricoïde* (κρίκος, anneau), D, qu'on peut
comparer à une bague dont le chaton serait tourné en
arrière, est relié par une membrane au premier anneau de
la trachée et sert de point d'appui pour les cartilages thyroïde et aryténoïde.

2° Le *cartilage thyroïde* (θυρεός, bouclier), ou pomme
d'Adam, A, s'articule par ses cornes inférieures avec le

cartilage cricoïde, auquel il est uni dans sa partie moyenne par une membrane très élastique et très résistante (*crico-thyroïdienne*). Il est relié à l'os hyoïde : sur les côtés, par ses cornes supérieures et de petits cordons fibreux (les *ligaments thyro-hyoïdiens*) (fig. 97, *1*); au milieu, par la membrane *thyro-hyoïdienne* (fig. 96, *5*; 97, *1'*);

3° Les *cartilages aryténoïdes* (ἀρύταινα, vase pour puiser), B, ont la forme d'une pyramide triangulaire et, au nombre de deux, s'articulent par leur base avec le bord supérieur du cartilage cricoïde. En avant et en arrière des facettes

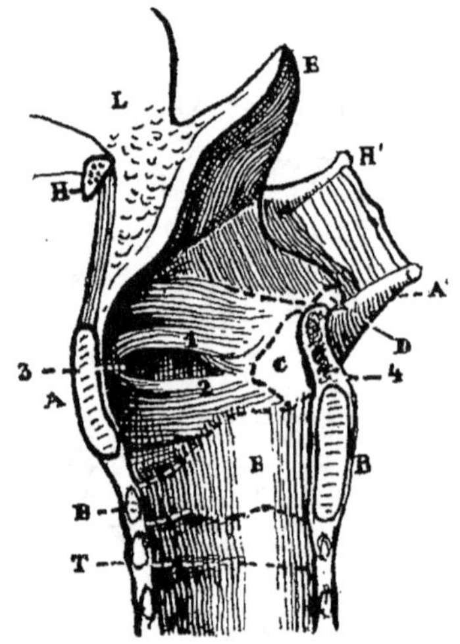

Fig. 94.

Larynx (coupe sagittale).

A. Cartilage thyroïde; *A'.* sa corne supérieure. — *B.* Cartilage cricoïde. — *C.* Cartilage aryténoïde. — *D.* Cartilage corniculé. — *E.* Épiglotte. — *H.* Os hyoïde; *H'.* sa grande corne. — *L.* Base de la langue. — *T.* Trachée.
1. Corde vocale supérieure. — *2.* Corde vocale inférieure. — *3.* Ventricule. — *4.* Muscle ary-aryténoïdien.

articulaires, les bases des aryténoïdes se prolongent par deux apophyses, l'une *interne*, l'autre *externe*.

4° Les *cartilages corniculés*, C, sont situés immédiatement au-dessus des aryténoïdes.

5° L'*épiglotte* (fig. 94, E; 99, *17*), qui joue à l'égard du larynx le rôle d'un couvercle, s'attache au thyroïde par une languette fibreuse et aux aryténoïdes par deux ligaments larges et minces.

C'est entre l'angle rentrant du thyroïde et les aryténoïdes que s'étendent, adhérentes sur toute leur longueur au cartilage, les cordes vocales (les deux supérieures et les deux inférieures, fig. 94, *1* et *2*), séparées les unes des autres par les ventricules de Morgagni (fig. 94, *3*). Elles sont formées chacune par un repli de la muqueuse, une lame élastique (les ligaments *thyro-aryténoïdiens*) et un faisceau musculaire qui n'a d'importance que dans les cordes vocales inférieures. Les points d'insertion des cordes vocales sur les aryténoïdes sont : pour les supérieures, la partie moyenne de la face antéro-externe; pour les inférieures, l'apophyse interne.

Les cordes vocales inférieures méritent seules leur nom, car les supérieures peuvent être incisées sans nuire sérieusement à la phonation.

Elles circonscrivent entre elles une fente qui porte le nom de *glotte*. La partie de la glotte qui est constituée par les cordes vocales est dite glotte *interligamenteuse* ou *vocale*; elle mesure de 20 à 24^{mm} chez les hommes, de 19 à 20^{mm} chez les femmes. Celle qui se trouve comprise entre les deux faces internes des aryténoïdes est désignée sous le nom de glotte *cartilagineuse* ou *respiratoire*.

Toutes les pièces du larynx, sauf le cartilage corniculé, donnent insertion à des muscles, auxquels, pour la plupart, elles prêtent leurs noms. Ces muscles sont au nombre de 15, dont 11 sont propres au larynx, et, sur ces onze, 10 vont par paires. Nous les décrirons sommairement les uns après les autres.

I. Muscles propres au larynx :

1° Les *thyro-aryténoïdiens* (fig. 95, A, *1*, *1'*) s'attachent sur les deux tiers inférieurs de l'angle rentrant du thyroïde,

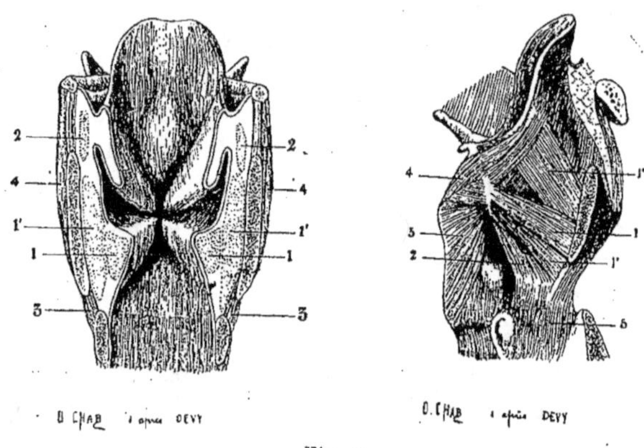

Fig. 95.

A   (d'après Testut.)   B

Larynx (coupe frontale).   Larynx (vue latérale, l'aile du thyroïde incisée et érignée en bas).

A. 1. Thyro-aryténoïdien, faisceau interne ; 1'. faisceau externe. — 2. Aryténo-épiglottique. — 3. Crico-thyroïdien. — 4. Thyro-hyoïdien.

B. 1. Thyro-aryténoïdien. 1'. son faisceau arysyndesmien ; 1". son faisceau thyro-épiglottique. — 2. Crico-aryténoïdien latéral. — 3. Crico-aryténoïdien postérieur.

puis ils se divisent en deux faisceaux : l'un interne, cheminant dans les cordes vocales inférieures, l'autre externe. Le faisceau interne, prismatique triangulaire, se fixe sur l'apophyse vocale de l'aryténoïde ; le faisceau externe, aplati transversalement, sur le bord externe du même cartilage, depuis la base jusqu'au sommet (fig. 95, B, *1*, *1'*, *1'*).

2° Les *crico-aryténoïdiens latéraux* (fig. 95, B 2), situés en dedans des ailes du thyroïde, s'étendent de la partie latérale du bord supérieur du cricoïde à l'apophyse externe de l'aryténoïde.

3° Les *crico-aryténoïdiens postérieurs* (fig. 97, 3 ; 95, B, 3) prennent chacun naissance sur la face postérieure du chaton du cricoïde. De là, leurs fibres, suivant des directions diverses, les unes horizontales, les autres presque verticales, se jettent sur un petit tendon qui est attaché à l'apophyse externe de l'aryténoïde.

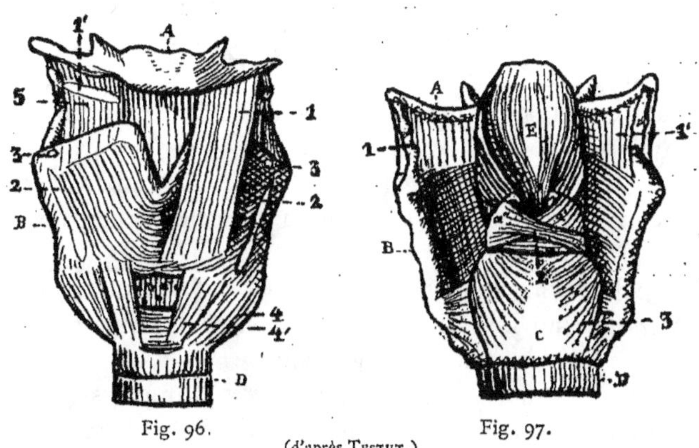

Fig. 96.   Fig. 97.

(d'après Testut.)

Larynx (vue postérieure).   Larynx (vue antérieure).

A. Os hyoïde. — *B*. Cartilage thyroïde. — *C*. Cartilage cricoïde. — *D*. Trachée. — *E*. Épiglotte.

Fig. 96 : 1, 1'. Thyro-hyoïdien.— 2. Insertion supérieure du sterno-thyroïdien. — 3. Insertion du pharyngo-staphylin. — 4, 4'. Crico-thyroïdien. — 5. Membrane thyro-hyoïdienne.
Fig. 97 : 1. Ligament thyro-hyoïdien. 1'. Membrane thyro-hyoïdienne.— 2. Ary-aryténoïdien. — 3. Crico-aryténoïdien postérieur.

4° L'*ary-aryténoïdien* (fig. 97, 2 ; 94, 4), muscle impair, se compose de deux portions : une portion *oblique*, formée de deux faisceaux (*a, a'*) qui s'entre-croisent, reliant chacun la partie postérieure de l'apophyse de l'un des aryténoïdes avec le sommet de l'autre; une portion *transversale*, qui rattache les bords extérieurs des deux aryténoïdes.

5° Les *crico-thyroïdiens* (fig. 96, *4, 4'*) s'insèrent en bas sur la face antérieure du cricoïde, et de là se portent, en rayonnant, sur le thyroïde.

6° Les *aryténo-épiglottiques* (fig. 95, A, *2*), petits muscles peu importants qui vont du sommet des aryténoïdes à l'épiglotte.

II. Muscles prenant leurs insertions sur le larynx et sur les parties voisines :

1° Les *sterno-thyroïdiens* (fig. 102, *12*; 96, *2*), situés au-dessous des sterno-cléido-hyoïdiens, s'insèrent d'une part sur le premier cartilage costal et la poignée du sternum, d'autre part sur les deux tubercules de la face externe du thyroïde.

2° Les *thyro-hyoïdiens* (fig. 96, *1, 1'*) continuent les précédents et s'attachent sur le bord inférieur du corps et des grandes cornes de l'os hyoïde.

3° Le *constricteur inférieur du pharynx* (fig. 100, *3*) prend naissance sur le thyroïde et sur le cricoïde, puis se dirige vers la face postérieure du pharynx.

4° Les *stylo-pharyngiens* (fig. 100, *5*), muscles longs et grêles, descendent des apophyses styloïdes et, passant entre les constricteurs du pharynx, viennent s'insérer en partie sur l'épiglotte et le thyroïde.

5° Les *palato-pharyngiens* ou *pharyngo-staphylins* (fig. 96, *3*). Voir p. 265.

Le fonctionnement du larynx a été étudié par un grand nombre de physiologistes et d'après des méthodes variées. Les uns (Garcia, 1855; Türck, Czermak, 1857; Bataille, 1861; Vacher, 1877; Oertel, Hirschberg, 1878) ont fait leurs observations sur l'homme vivant; d'autres (Jelenffy, 1873; Michael, 1876), sur la glotte malade; d'autres (Magendie, 1816; Longet, 1841; Segond, 1849;

Krause, 1884; Hooper, 1885), sur l'animal, au moyen de la vivisection; d'autres encore (Cagniard-Latour, 1836[1]; J. Müller, 1845; Harless, Fournié, 1866; Spitta, 1875; Koschlakoff, 1884), sur des larynx artificiels; d'autres enfin (Ferrein, 1741; Müller, Liscovius, 1846; Merkel, 1857; Lermoyez, 1886), sur le cadavre. M. Lermoyez a renouvelé les expériences de ses devanciers et en a fait d'autres, notamment sur des cholériques auxquels il appliqua l'excitation électrique. Son travail[2] est d'un grand intérêt. Je ne puis mieux faire que de l'analyser et d'y renvoyer le lecteur.

Voici d'abord comment, depuis Müller, se pratique l'expérience sur le cadavre. Le larynx est rapidement disséqué et toutes les parties sus-glottiques enlevées. Un fil, attaché sur le thyroïde, au point d'insertion des cordes vocales pend verticalement et soutient un plateau pour les poids qui simuleront l'action du crico-thyroïdien. Du même point part un autre fil, qui se dirige horizontalement en arrière et se réfléchit sur une poulie, pour représenter le muscle thyro-aryténoïdien. Les cartilages aryténoïdes, traversés par une broche horizontale, sont maintenus fixés sur une planchette, ainsi que le chaton du cricoïde. Enfin, un tube de caoutchouc adapté à la trachée permet d'y envoyer le souffle.

Par ce moyen, M. Lermoyez a constaté, entre autres faits, les suivants :

1° La glotte intercartilagineuse étant ouverte dans toute sa largeur, quelles que soient la tension des cordes vocales et

---

1. Société philomatique de Paris (*L'Université*, années 1836 et suiv.).

2. *Étude expérimentale sur la phonation*, Paris, Octave Doin, 1886 (200 pages). — On y trouvera la bibliographie du sujet.

la pression de l'air, aucun son ne peut être obtenu ; mais, dès que les apophyses vocales arrivent au contact, on voit se détacher deux membranes grises qui viennent vibrer dans la lumière de la glotte, qu'elles rétrécissent, et un son flûté (la voix de tête) se fait entendre.

Dans ces conditions, la muqueuse seule vibre : car, d'une part, si l'on pique avec une aiguille la partie vibrante, il n'y a que la muqueuse de traversée ; si on touche celle-ci, le son est altéré ; si on la coupe, le son cesse ; d'autre part, on peut toucher la partie ligamenteuse sans modifier le son ; un point noir, placé dessus, reste immobile.

2° Si, sans rien changer à l'expérience, on exerce avec une pince en T une légère pression de chaque côté de la glotte de dehors en dedans, les oscillations vibratoires prennent plus d'étendue, l'espace fusiforme central se rétrécit, et le son produit a un timbre mordant mieux anché et plus sonore : c'est la voix de poitrine [1].

La muqueuse et le ligament fibreux sont alors en vibration. On s'en assure en piquant avec une aiguille la partie vibrante, en touchant successivement et en coupant la muqueuse et le ligament, en plaçant un point noir sur la couche fibreuse : le muscle ne vibre pas. Ce dernier fait est confirmé par les expériences pratiquées sur les animaux.

3° Le larynx étant en position d'équilibre vocal et émettant un son donné, on fait monter le son d'environ dix

---

1. Les différences signalées ici entre la voix de fausset et celle de poitrine ne sont pas les seules qui existent. Les parties sus-glottiques sont aussi le siège de différences marquées et faciles à observer : contraction dans le premier cas, relâchement dans le second (cf. Benneti dans les *Mémoires de l'Académie des sciences* (1838), t. XVI, p. LI-LIV).

notes en tirant de haut en bas sur l'angle du thyroïde, d'une tierce en comprimant de dehors en dedans les lames du même cartilage. Par contre, on fait baisser le son d'une quarte à une sixte en tirant d'avant en arrière sur le thyroïde, d'une tierce environ en appuyant de dedans en dehors sur ses lames.

Müller, opérant sur un larynx d'homme avec une pression d'air toujours égale, a établi la concordance suivante entre la hauteur musicale et la tension exprimée en grammes :

NOTES	GAMMES			
	2	3	4	5
	Grammes	Grammes	Grammes	Grammes
ut	—	24	120	448
ut♯	—	32	128	472
ré	—	40	136	560
ré♯	—	45	155	592
mi	—	48	171	plus de son
fa	—	56	187	—
fa♯	—	64	208	—
sol	—	72	248	—
sol♯	—	80	272	—
la	—	88	304	—
la♯	8	96	352	—
si	16	104	400	—

4° Les cordes vocales étant maintenues à un degré fixe de tension musculaire, un changement de pression de l'air expiré peut faire varier la hauteur du son d'une quinte dans l'octave inférieure, d'une tierce dans l'octave supérieure. Quand le son monte ainsi par simple accroissement de la force du souffle, la glotte est d'autant plus large et les cordes vocales sont d'autant plus bombées que le son est plus élevé.

Le larynx était en position de voix de poitrine, si l'on augmente la force du souffle, le son monte d'une quarte sans changer de timbre; mais si l'on souffle avec une force extrême, il atteint l'octave, et passe au registre du fausset : dans ce cas, la muqueuse seule vibre et l'espace glottique est devenu fusiforme.

Des recherches électriques de M. Lermoyez sur les muscles des cholériques, nous retiendrons ceci :

1° Les ary-aryténoïdiens excités transversalement à travers la muqueuse pharyngienne rapprochaient en masse les deux cartilages aryténoïdes et accolaient leurs faces internes dans toute leur portion verticale, de façon à effacer complètement la glotte intercartilagineuse;

2° Les thyro-aryténoïdiens, qui s'électrisent très facilement, se gonflaient et entraînaient en avant les aryténoïdes vers le thyroïde;

3° Les cordes supérieures se contractaient sur les larynx d'hommes;

4° Le ventricule de Morgagni se contractait et perdait de sa capacité, fournissant ainsi un appui à la théorie qui fait de cet organe une sorte de résonnateur s'accordant avec le son de la glotte ou l'un de ses harmoniques.

Sur ces expériences, il est facile d'édifier une théorie générale de la phonation.

La première condition à réaliser pour la production de la voix et de ses modulations c'est un certain degré d'occlusion de la glotte et de tension des cordes vocales.

L'occlusion de la glotte intercartilagineuse est produite par l'*ary-aryténoïdien*; celle de la glotte ligamenteuse, par les *crico-aryténoïdiens latéraux*.

L'*ary-aryténoïdien* rapproche, par un mouvement de translation directe, les bords postérieurs des aryténoïdes; mais il laisse une certaine liberté aux apophyses vocales.

Les *crico-aryténoïdiens latéraux*, de leur côté, en exerçant une traction sur les apophyses externes, repoussent en dedans les apophyses vocales et les accolent fortement l'une

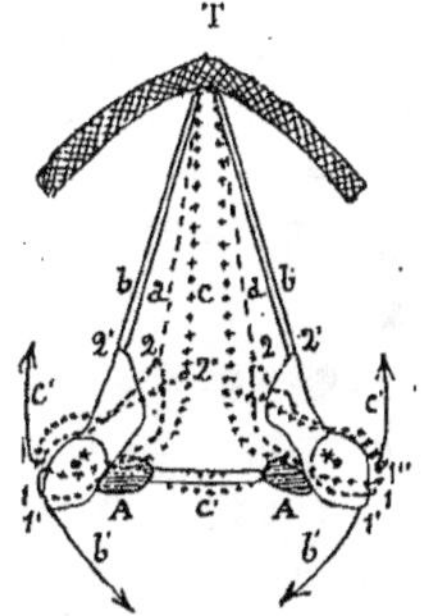

Fig. 98.

Action des muscles crico-aryténoïdiens (schéma).

T. Cartilage thyroïde. — *A*. Aryténoïde.
b'. Action des muscles crico-aryténoïdiens postérieurs. — *c'*. Action des crico-aryténoïdiens latéraux.

a. Position de repos des cordes vocales. — *b*. Position des cordes vocales après la contraction des crico-aryténoïdiens postérieurs (*b'*). — *c*. Position des cordes vocales après la contraction des crico-aryténoïdiens latéraux (*c'*).

1. Apophyse externe attirée en 1' par *b'*, en 1" par *c'*. — 2. Apophyse vocale repoussée en 2' par *b'*, en 2" par *c'*.

Deux pointillés différents indiquent la position normale des cordes vocales et des aryténoïdes, et celle qui résulte de l'action de *b'*; la ligne pleine, celle qui est prise en conséquence de *c'*.

contre l'autre (fig. 98). L'accolement des apophyses vocales, indispensable dans l'émission des sons aigus, n'est pas nécessaire pour la production des sons graves.

La tension des cordes vocales ne peut être obtenue que

si le thyroïde et les aryténoïdes ont été préalablement fixés.

Or, l'immobilisation du thyroïde est due à la contraction simultanée des *thyro-hyoïdiens*; celle des aryténoïdes, à l'action combinée des péri-aryténoïdiens à laquelle concourent, comme antagonistes des deux muscles dilatateurs de la glotte, les *crico-aryténoïdiens postérieurs*. Par leurs fibres verticales, ceux-ci font latéralement glisser en dehors et en bas les aryténoïdes sur les surfaces articulaires obliques des cricoïdes, et luttent contre l'ary-aryténoïdien; par leurs fibres horizontales, ils tirent en dedans les apophyses postérieures des aryténoïdes et, les faisant pivoter sur leurs axes verticaux, dirigent en dehors les apophyses vocales, entrant ainsi en lutte contre les crico-aryténoïdiens latéraux, qui les portent en dedans (fig. 98). Résultante : l'immobilisation des aryténoïdes.

La tension des cordes vocales est obtenue au moyen des muscles *crico-thyroïdiens*, qui, en faisant basculer le cricoïde sur le thyroïde, éloignent de la base des aryténoïdes l'angle rentrant du thyroïde et, par conséquent, allongent les cordes vocales. Telle est l'action générale de ces muscles; mais elle peut se décomposer en trois forces, à savoir : A, élevant le cricoïde; B, tirant le thyroïde en avant et le cricoïde en arrière, avec le *constricteur inférieur* du pharynx comme antagoniste; C, rapprochant les lames du thyroïde et éloignant l'angle antérieur, en luttant contre l'élasticité du cartilage et les muscles *sterno-thyroïdiens*.

Les cordes tendues, il reste à les libérer pour la production de la voix. Ce rôle revient, dans la voix de poitrine, au faisceau interne des *thyro-aryténoïdiens*. Quoiqu'on ait fait de ces muscles des constricteurs des cordes vocales, il semble bien qu'ils aient pour fonction principale de relâcher, en se contractant, les cordes vocales ligamenteuses, et de leur permettre d'entrer en vibration. De plus, en se gonflant, ils exercent sur elles une pression latérale de dehors en dedans qui assure le maintien de la voix de poitrine. Dans la voix de fausset, le ligament vocal reste accolé au muscle et la muqueuse seule peut vibrer, détachée par le courant d'air. Cette manière de voir s'appuie non seulement sur les faits déjà rapportés, mais encore sur l'observation laryngoscopique faite en éclairant fortement le cou chez des sujets maigres : « On voit la lumière, dit M. Stœrk, paraître de mieux en mieux à travers les cordes vocales à mesure que le son monte, jusqu'à ce que, dans le registre de fausset, il semble n'y avoir plus qu'une fine membrane qui recouvre la source lumineuse ». Quant aux faisceaux externes des thyro-aryténoïdiens, ils ne serviraient, d'après M. Lermoyez, qu'à accommoder la cavité résonnante des ventricules laryngiens.

Lorsque les muscles tenseurs et relâcheurs sont dans un état d'équilibre parfait, le son qui est émis répond à une note donnée : c'est *l'intonation normale*. M. Lermoyez a résumé ses observations à ce sujet dans le tableau suivant :

Voix	Étendue du registre de poitrine	Intonation normale
Basse	$fa\sharp_1$ — $fa\sharp_3$	mi_2
Baryton	$fa\sharp_1$ — sol_3	mi_2
—	la_1 — si_3	mi_2
—	sol_1 — sol_3	sol_2
—	la_1 — fa_3	fa_2
—	la_1 — la_3	mi_2
—	la_1 — la_3	sol_2
Ténor	$ré_2$ — si_3	sol_2
—	$ré_2$ — ut_4	sol_2
—	ut_2 — ut_4	$la\flat_2$
Ténor-trial	fa_1 — la_3	la_2

Indépendamment de la contraction des muscles thyro-aryténoïdiens, qui les tendent activement, les cordes vocales subissent de la part de l'air expiré une tension passive. C'est grâce à cette double force que la compensation vocale peut s'établir, c'est-à-dire qu'une note peut être variée dans son intensité sans être modifiée dans sa hauteur. Dans ce cas, la tension active des cordes vocales diminue quand la tension passive augmente, et inversement, de façon que la somme des deux tensions reste constante.

Telles sont les principales données que nous devons aux travaux des physiologistes et qu'il nous importe de connaître. Tout autre cependant est l'objet propre de nos recherches : ce n'est pas, en effet, pour eux-mêmes que nous étudions les mouvements organiques, mais seulement en vue des renseignements philologiques qu'ils contiennent. A cet égard, nous avons à nous occuper des vibrations des cordes vocales, de leurs positions quand elles ne vibrent pas, des déplacements du larynx.

Les vibrations des cordes vocales nous fournissent les documents les plus précieux : elles nous permettent de distinguer les sonores et les sourdes consécutives, de mesurer d'une façon absolue le degré d'assimilation des consonnes sourdes et des sonores contiguës, de saisir les débuts encore inconscients comme les derniers moments non sentis de certaines évolutions, d'apprécier à une vibration près la hauteur musicale de tous les sons laryngiens. Recueillir ces vibrations est donc l'une des tâches les plus importantes qui nous incombent. Heureusement l'ébranlement vibratoire des cordes vocales se communique aux membranes et aux cartilages voisins, où il est facile de le saisir. Il suffit d'appliquer l'ampoule laryngienne (p. 97) sur le thyroïde, soit en face, soit de côté, ou bien sur la membrane thyro-hyoïdienne, pour obtenir le résultat voulu. L'explorateur électrique (p. 105) se place plutôt de façon à atteindre par son bord supérieur les cornes de l'os hyoïde. La capsule ouverte (p. 97) doit être introduite latéralement entre les cornes de l'os hyoïde et l'échancrure du thyroïde, en avant des cornes; on se trouve, en cet endroit, dans le voisinage du sommet des aryténoïdes, et les vibrations s'y font sentir avec une plus grande amplitude. Du reste, la place la plus avantageuse pour l'exploration n'est pas la même chez tous les sujets : avec un peu de tâtonnement, on arrive vite à la trouver.

Ce n'est pas seulement sur le larynx que nous pouvons en recueillir les vibrations. La colonne d'air qui sort par la bouche et le nez nous les livre, modifiées sans doute, mais fidèlement reproduites pour le nombre et la place. La poitrine, l'abdomen tout entier, et, dans la région supérieure, les muscles qui forment le plancher de la bouche, la langue, les lèvres, les ailes du nez, le dessus du crâne même, vibrent à l'unisson du larynx et se laissent explorer par l'embouchure de caoutchouc représentée figure 60, mise en communication avec un tambour rigide.

Lorsque les cordes vocales entrent en vibration, la glotte est fermée; lorsque le souffle sort librement, la glotte est ouverte. Il y a une position intermédiaire où les cordes vocales sont moins rapprochées que dans l'émission de la voix, moins écartées que dans le souffle. C'est cette position qu'elles prennent, par exemple, dans le chuchotement des sons laryngiens. Dans ce cas, le mouvement normal est exécuté, mais seulement d'une façon incomplète. On peut juger du degré de fermeture de la glotte par la quantité d'air qu'elle laisse passer, soit d'après les tracés de la cage thoracique, soit d'après l'exploration buccale.

Les mouvements auxquels obéit le larynx se font dans le sens vertical et dans le sens horizontal. Tous ces déplacements, qui varient suivant la pression de l'air dans la trachée, la tension musculaire, l'élévation de la langue, fournissent le moyen d'isoler plusieurs articulations, d'apprécier le degré d'intensité, de reconnaître l'élévation et l'abaissement du ton. M. Martel[1] a obtenu isolément les tracés du cricoïde et du thyroïde pendant la respiration normale et dans le chant. Celui du thyroïde reste toujours à la même place; celui du cricoïde monte à mesure que la voix s'élève. Les mouvements verticaux et horizontaux du larynx sont aisément recueillis avec l'appareil décrit p. 99.

ARTICLE III

Pharynx et voile du palais.

PHARYNX. — Le pharynx est une sorte de carrefour où arrive l'air expiré au sortir du larynx et d'où il se dirige vers l'extérieur, soit par la bouche, soit par le nez, soit par les deux issues à la fois, une sorte de soupape suspendue à l'entre-croisement des deux voies, le *voile du palais*, pouvant obstruer l'une ou l'autre ou les laisser libres toutes les deux.

---

1. *Étude expérimentale sur les fonctions du muscle crico-thyroïdien*, dans *Archives de physiologie*, 1883, t. I, p. 582.

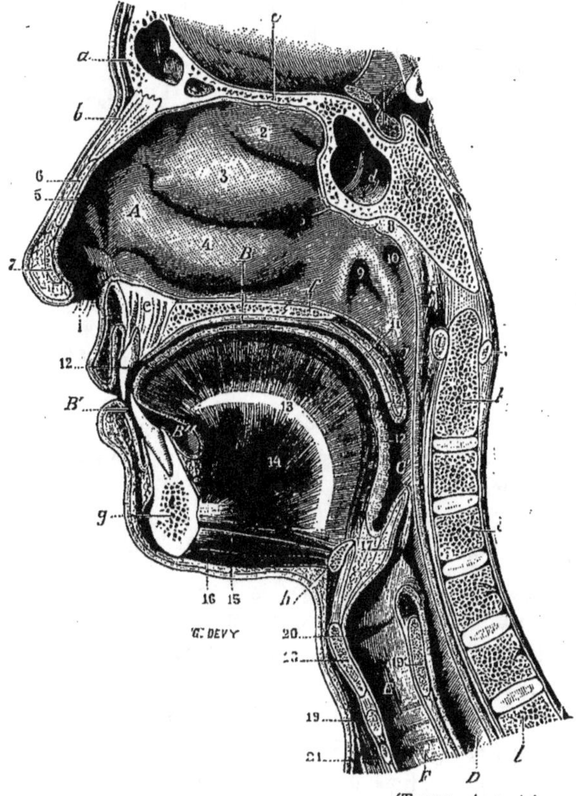

(Testut, *Anatomie*.)

Fig. 99.

Coupe sagittale de la face et du cou.

A. Fosse nasale droite. — *B*. Cavité buccale ; *B'*. Vestibule ; *B''*. Région sublinguale. — *C*. Pharynx nasal ; *C'*. Pharynx buccal. — *D*. Œsophage. — *E*. Larynx. — *F*. Trachée-artère.

1. Narine droite. — 2. Cornet supérieur. — 3. Cornet moyen. — 4. Cornet inférieur. — 5, 5'. Muqueuse des fosses nasales. — 6. Cartilage latéral du nez. — 7. Cartilage de l'aile du nez. — 8. Amygdale pharyngienne. — 9. Orifice pharyngien de la trompe d'Eustache. — 10. Fossette de Rosenmüller. — 11. Voile du palais et luette. — 12. Muqueuse linguale ; 12'. Formen cæcum.— 13. Septum lingual.— 14. Muscle génio-glosse. — 15. Muscle génio-hyoïdien. — 16. Muscle mylo-hyoïdien. — 17. Épiglotte. — 18. Cartilage thyroïde. — 19, 19'. Cartilage cricoïde. — 20. Ventricule du larynx. — 21. Premier cerceau de la trachée.

a. Os frontal et sinus frontal. — *b*. Os propre du nez. — *c*. Lame criblée de l'ethmoïde. — *d*. Sphénoïde et sinus sphénoïdal. — *e*. Maxillaire supérieur. — *f*. Palatin et palais dur. — *g*. Maxillaire inférieur. — *h*. Os hyoïde. — *l*. Vertèbres cervicales.

On divise le pharynx en trois portions (fig. 99) : nasale (C), buccale (C'), laryngienne. Les dimensions de chacune, à l'état de repos, sont :

	Longueur	Diamètre transversal	Diamètre antéro-postérieur
Portion nasale.....	4^{cm},5	4^{cm}	2^{cm}
Portion buccale....	4	5	4
Portion laryngienne.	5	de 3 à 2	2

Au moment de la déglutition, le pharynx peut perdre le quart de sa hauteur totale, soit de 3 à 4^{cm}.

Le pharynx se compose de trois couches superposées : la muqueuse, la couche fibreuse ou aponévrose, et la couche musculeuse.

L'aponévrose (fig. 100, *4*; 101, *h*) constitue la charpente du pharynx, mais elle n'occupe que la paroi postérieure et les parois latérales.

Les muscles du pharynx, pairs et symétriques, sont de chaque côté au nombre de cinq : trois *constricteurs* et deux *élévateurs*.

Les muscles constricteurs (fig. 100) se distinguent en *supérieur* (*1*; fig. 101, *g*), *moyen* (*2*; fig. 102, *9*; fig. 103, *9*) et *inférieur* (*3*; fig. 102, *10*), qui s'imbriquent de bas en haut, l'inférieur recouvrant en partie le moyen, et celui-ci le supérieur. Leur action commune consiste à porter en avant la paroi postérieure du pharynx et à rapprocher l'une de l'autre les deux parois latérales. Les deux inférieurs, possédant des points d'appui fixes sur le raphé de l'aponévrose pharyngienne, et une extrémité mobile sur l'os hyoïde ou sur le larynx, ont encore la propriété de soulever, en même temps que l'os hyoïde et le larynx, la partie inférieure du pharynx, qui leur est intimement unie.

Les muscles élévateurs sont les *glosso-staphylins*, que nous allons retrouver dans le voile du palais, et les *stylo-pharyn-giens*, dont nous avons déjà parlé à propos du larynx.

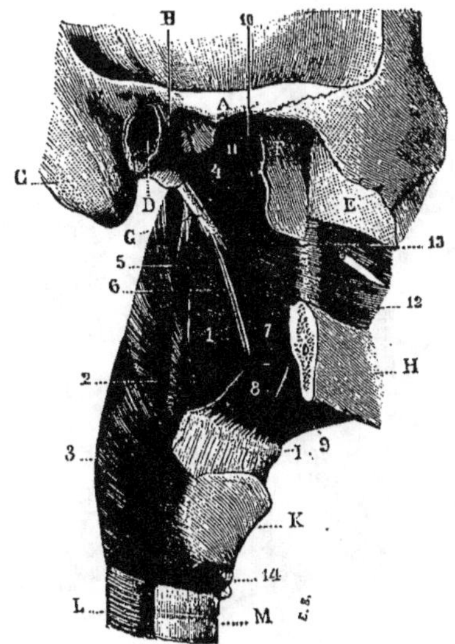

(TESTUT, *Anatomie*.)

Fig. 100.

Muscles du pharynx (côté droit).

A. Arcade zygomatique. — *B*. Cavité glénoïde. — *C*. Apophyse mastoïde. — *D*. Conduit auditif externe. — *E*. Tubérosité du maxillaire supérieur. — *F*. Apophyse ptérygoïde. — *G*. Apophyse styloïde. — *H*. Maxillaire supérieur. — *I*. Os hyoïde. — *K*. Cartilage thyroïde. *L*. Œsophage. — *M*. Trachée.

1. Constricteur supérieur du pharynx. — *2*. Constricteur moyen. — *3*. Constricteur inférieur. — *4*. Aponévrose pharyngienne. — *5*. Stylo-pharyngien. — *6*. Stylo-hyoïdien. — *7*. Stylo-glosse. — *8*. Hyo-glosse. — *9*. Mylo-hyoïdien. — *10*. Péristaphylin externe. — *11*. Péristaphylin interne. — *12*. Buccinateur. — *13*. Aponévrose buccinato-pharyngienne. — *14*. Crico-thyroïdien.

La paroi antérieure du pharynx est mitoyenne entre cet organe, le nez, la bouche et le larynx. Elle présente de haut en bas (fig. 101 et 99) : 1° les deux orifices postérieurs des fosses nasales; 2° la face postérieure du voile du palais; 3° l'isthme du gosier avec la racine de la langue; 4° l'épiglotte.

VOILE DU PALAIS. — Le voile du palais est une cloison

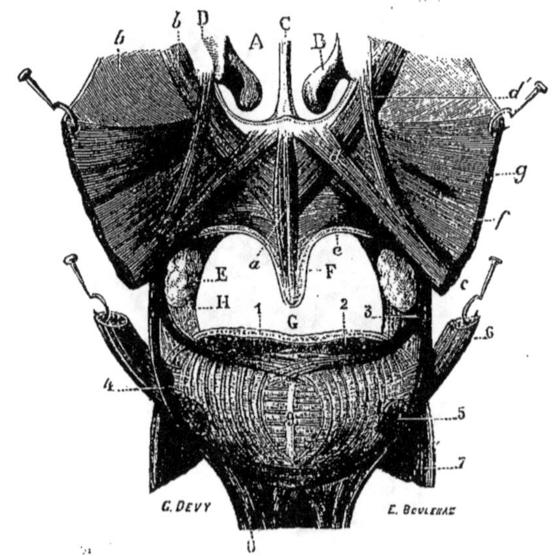

(TESTUT, *Anatomie*.)

Fig. 101.

Voile du palais et coupe transversale de la langue pratiquée en arrière des amygdales (segment antérieur).

A. Cavité des fosses nasales. — *B*. Cornets inférieurs. — *C*. Cloison. — *D*. Portion cartilagineuse de la trompe d'Eustache. — *E*. Amygdales. — *F*. Luette. — *G*. Cavité buccale. — *H*. Pilier antérieur du voile du palais.

1. Muqueuse de la langue. — *2*. Lingual supérieur. — *3*. Amygdalo-glosse. — *4*. Pharyngo-glosse. — *5*. Lingual inférieur. — *6*. Stylo-glosse. — *7*. Hyo-glosse. — *8*. Génio-glosse. — *9*. Septum lingual.

a. Palato-staphylin. — *b*. Péristaphylin interne. — *c*. Pharyngo-staphylin (*d*. faisceau interne; *d'*. faisceau externe; *e*. fibres venant du voile du palais; *f*. fibres internes). — *g*. Constricteur supérieur du pharynx. — *h*. Membrane fibreuse du pharynx.

formée d'une aponévrose, de muscles et d'une muqueuse, qui fait suite à la voûte de la bouche et s'infléchit suivant un plan incliné vers l'intérieur du pharynx (fig. 99, *11*).

Le bord inférieur du voile du palais se prolonge par la *luette* (fig. 101, F), que l'on désigne encore sous les noms d'*uvula* et de σταφυλή. De la base de la luette, partent quatre replis membraneux qui vont de là, comme les arceaux d'une voûte, se reposer sur la langue et sur le pharynx, interceptant entre eux une fossette où se loge l'amygdale. Ce sont les piliers du voile du palais : on les voit facilement, les postérieurs débordant sur les antérieurs. Les piliers antérieurs (fig. 101, H) circonscrivent l'*isthme du gosier* ; les piliers postérieurs séparent la portion buccale du pharynx de sa portion nasale, et forment un orifice qu'on pourrait appeler l'*isthme du naso-pharynx*.

Cinq paires de muscles communiquent au voile du palais ses divers mouvements. Ce sont :

1° Les *palato-staphylins* ou *azygos de la luette* (fig. 101, *a*), qui, prenant leur point fixe sur l'aponévrose du palais, soulèvent la luette et raccourcissent le voile du palais dans le sens de sa longueur ;

2° Les *pétro-staphylins*, ou *péristaphylins internes* (fig. 101, *b*; 100, *11*), sorte de sangle fixée à la face inférieure du rocher, qui porte en haut la partie moyenne du voile ;

3° Les *sphéno-staphylins* ou *péristaphylins externes* (fig. 100, *10*), qui, partant de l'apophyse ptérygoïdienne du sphénoïde et de la trompe d'Eustache, glissent à l'aide d'un tendon sur le crochet ptérygoïdien, tendant le voile, sur lequel ils s'insèrent à la façon d'un éventail ;

4° Les *pharyngo-staphylins* (fig. 101, *c*), qui naissent à la face postérieure du voile, d'où ils se portent, à travers les piliers postérieurs, en partie sur la ligne médiane du pharynx, en partie sur le larynx (fig. 96, *3*), resserrant par leurs contractions l'isthme naso-pharyngien, et soulevant le pharynx et le larynx ;

5° Les *glosso-staphylins* (fig. 103, 7), qui, s'étendant de la face inférieure du voile à la base de la langue en suivant les piliers antérieurs, abaissent le voile et portent la langue en haut et en arrière.

Nous sommes maintenant à même d'expliquer complètement le jeu du voile du palais.

A l'état d'inaction, le voile repose sur la langue, l'isthme du gosier est fermé, et tout l'air de la respiration passe par le nez. Pour ouvrir au souffle la voie de la bouche et lui fermer celle du nez, le voile se soulève et se porte en arrière, en même temps que les parois du pharynx viennent à sa rencontre et que les piliers postérieurs se rapprochent ; la fermeture de l'isthme naso-pharyngien est alors complète. Par contre, pour fermer énergiquement la voie buccale, le voile s'abaisse dans l'isthme du gosier, rétréci par les contractions des piliers antérieurs, et s'accole fortement avec la langue accourue au-devant de lui. Enfin, le voile peut prendre une quatrième position : soulevé par les muscles constricteurs, il se maintient libre entre les deux issues, la bouche et le naso-pharynx, permettant à l'air expiré de s'écouler par l'une et par l'autre.

Ainsi, l'occlusion complète s'accomplit par l'action combinée des muscles du voile et de ceux du pharynx ou de la langue. L'occlusion incomplète ne met en jeu que les muscles propres du voile. Il n'est pas rare de rencontrer des cas anormaux de cette occlusion incomplète. Une paralysie survenue dans le jeune âge peut mettre pendant longtemps les enfants dans l'impossibilité de faire entendre des sons purs, non infectés de nasonnement, et d'articuler les consonnes qui ont leur point d'articulation dans l'arrière-bouche.

La grande mobilité du voile du palais et le concours

obligé qu'il doit obtenir des parties voisines, pour remplir
son rôle entièrement, font qu'il est le siège de nombreuses
variations, qui retentissent d'une façon très sensible sur le
langage. Il est donc du plus haut intérêt d'en étudier avec
attention tous les mouvements.

Passavant a eu l'occasion de les observer chez un individu
qui présentait une fente congénitale du palais donnant vue
sur le haut de la paroi postérieure du pharynx. Ce savant a
remarqué que, dans l'occlusion du pharynx, il se produisait
sur la paroi un bourrelet transversal de 5 à 6 ^{mm} d'épaisseur
et de 9 à 10^{mm} de largeur, qui venait se placer près du voile.

Czermak montra expérimentalement, au moyen d'un fil
de fer introduit par le nez, que l'élévation du voile du palais
suit une progression croissante pour les voyelles **a, é, o,
ou, i**. Plus tard, il put vérifier ce fait sur une malade, chez
laquelle une opération rendait visible la face postérieure du
voile du palais, et il constata que, dans l'émission de l'**i**, le
voile s'élevait en arrière, au-dessus du plan correspondant
au plancher des fosses nasales, sous un angle d'environ 10°,
que pour l'**ou** il touchait le pharynx à 6^{mm} au-dessous,
pour l'**o** et l'**é** à 6^{mm} encore plus bas; que pour l'**a** il
s'abaissait encore légèrement en arrière.

Czermak confirma ces résultats au moyen d'une expérience : il se fit verser de l'eau, à l'aide d'un petit tube,
dans la partie la plus reculée des fosses nasales, tandis qu'il
prononçait **i**, puis il émit successivement les autres voyelles.
Pour **i, ou, o, e**, l'eau resta maintenue, mais elle com-
mença à couler avec **a** : la fermeture pour cette voyelle
était donc impuissante à contre-balancer le poids du liquide.

Passavant reprit les expériences de Czermak avec du lait
et obtint le même résultat. Pour prouver l'occlusion complète, même pour **a**, il introduisit, par le nez, dans le pha-

rynx, un fil de fer de la force d'un gros fil à coudre. Quand le voile du palais était abaissé, on pouvait aisément imprimer des mouvements latéraux à la branche qui était dans le pharynx ; mais on ne le pouvait pas pendant l'émission de l'a [1].

Passavant poussa ses recherches plus loin encore. Voulant savoir jusqu'à quel degré l'occlusion du pharynx est nécessaire pour que les voyelles buccales conservent leur pureté, il introduisit un fil dans le pharynx, de façon à pouvoir, avec les deux bouts, passant l'un par le nez, l'autre par la bouche, détacher du point de contact le voile du palais. Aucun trouble ne se faisait remarquer dans la prononciation pour des écartements légers ; mais, dès qu'on avait dépassé un certain degré, le son nasal survenait tout à coup. Pour acquérir une notion plus précise du phénomène, l'habile expérimentateur disposa derrière le voile du palais un morceau de sonde en caoutchouc de 5 cm de long. Or, des tubes de 3,14 et de 12,56 millimètres carrés de section n'amenèrent aucun trouble ; mais un tube de 28,27 millimètres carrés détermina la nasalisation de certaines consonnes, sans pourtant modifier les voyelles [2].

Ces constatations concordent, au moins pour ce qui concerne les voyelles, avec les données de la phonétique historique : elles font prévoir, en effet, que la vocalisation des voyelles doit commencer par a, et, si elle continue à se développer, finir par i. C'est en effet ce qui est arrivé en

---

1. De Meyer, *Les organes de la parole*, p. 159-161, traduction de Claveau. Paris, Félix Alcan, 1885.

2. *Ibid.*, p. 169-170.

français et ce qui s'observe dans plusieurs langues où la nasalisation, à son début, est encore inconsciente, comme dans le russe, par exemple. D'autre part, il se rencontre (et nous aurons l'occasion d'en parler) des dialectes où un écoulement anormal et assez abondant de l'air par le nez ne produit pas une nasalisation bien appréciable.

Les procédés d'exploration que je viens de rappeler ne sont pas, il faut l'avouer, d'un emploi bien commode. Czermak lui-même en avait un plus simple : il parlait en se mettant une petite glace devant le nez ; Brücke conduisait l'air de sa bouche et de son nez, au moyen de deux tuyaux, en face de deux bougies, et, voyant, par les oscillations de la flamme, la voie suivie par l'air expiré, il en concluait la situation du voile du palais. Ces moyens peuvent être encore employés, en l'absence de plus précis ; mais ils doivent céder le pas à ceux qui ont été indiqués ci-dessus, p. 93-95 et 131.

Le voile du palais ne peut pas être suppléé dans ses fonctions comme modérateur de la nasalisation. Nous verrons plus tard (*appendice sur la correction des vices de la prononciation*) que les efforts tentés pour fermer à l'air l'orifice antérieur des fosses nasales demeurent sans effet sur le timbre.

ARTICLE IV

Bouche.

Nous considérerons successivement : la voûte et les parois de la bouche, la langue, les lèvres, enfin la mâchoire inférieure.

Voûte de la bouche. — La voûte de la bouche s'étend du bord inférieur et des piliers du voile du palais jusqu'aux dents.

La partie postérieure, qui appartient au voile du palais, est fréquemment désignée sous le nom de *palais mou*. Elle s'étend en avant jusqu'à l'os palatin (fig. 99, *f*) et comprend le tiers seulement de la voûte totale.

Le palais mou prend une part active dans la phonation, soit par son contact avec la langue, soit par les battements de la luette, soit par les contractions des piliers antérieurs.

La partie antérieure de la voûte buccale, ou *palais dur*, est le palais proprement dit. Aucune limite apparente ne la sépare de la précédente : le jeu seul du voile du palais, en rendant sensible la ligne où s'arrête la portion fixe, permet une délimitation précise.

La voûte palatine se compose de trois couches : une *osseuse*, une *glanduleuse* et une *muqueuse*. La couche glanduleuse est disposée de chaque côté de la ligne médiane, ou *raphé*; elle devient de moins en moins épaisse à mesure qu'on s'avance sur le devant, et disparaît au niveau des canines. Dans son tiers antérieur, la voûte du palais présente tout un système de crêtes rugueuses à directions variables, qui sont molles au toucher.

Il suit de cette composition que le palais rend, à la percussion, un bruit différent, suivant le point où le choc est produit : les parties dures sont plus sonores, les parties molles plus sourdes. Il en est de même des bruits de succion et des articulations que la langue fait entendre contre le palais. Aussi une oreille instruite par l'expérience peut-elle déterminer approximativement, sans aucun autre secours, le lieu où le contact s'est fait. Il n'est donc pas étonnant que la topographie de la voûte palatine ait servi de base à la distinction des articulations buccales.

On distingue, en général, quatre régions dans le palais : une région antérieure ou *dentale*, une région postérieure ou *vélaire*, une région médiale ou *palatale* proprement dite, enfin une région latérale ou *marginale*.

L'exploration du palais, utile pour elle-même, l'est surtout pour les indications qu'elle nous fournit sur les mouvements de la langue. Nous avons vu, pages 52 et suiv., et page 97, le moyen de s'acquitter de cette importante mission.

PAROIS DE LA BOUCHE. — Les dents de devant ont, dans la parole, une fonction analogue à celle de la voûte palatine et fournissent des renseignements de même nature : elles limitent les mouvements de la langue et donnent au son un timbre particulier.

Quant aux joues, elles favorisent par leur élasticité l'emmagasinement de l'air destiné à la production de certaines labiales.

LANGUE. — Le squelette de la *langue* est constitué par l'os hyoïde et par deux lames fibreuses, la membrane *hyo-glossienne* et le *septum médian*.

L'os hyoïde (fig. 99, *h*; 100, I; 102, *8*) est suspendu dans la partie antérieure du cou au moyen de muscles qui le rattachent, en haut, au crâne et à la mâchoire inférieure : *stylo-hyoïdiens* (fig. 102, *5*; 100, *6*), *digastriques* (fig. 102, *4*, *4'*, *4"*), *mylo-hyoïdiens* (fig. 102, *6*; 100, *9*; 99, *16*) et *génio-hyoïdiens* (fig. 99, *15*; 103, *4*); en bas, à l'omoplate : *omo-hyoïdiens* (fig. 102, *11*, *11'*); au sternum et à la clavicule : *sterno-thyroïdiens* (fig. 102, *12*) continués par les *thyro-hyoïdiens* (fig. 96, *1*) et les *sterno-cléido-hyoïdiens* (fig. 102, *13*).

La membrane *hyo-glossienne* se détache du bord supérieur de l'os hyoïde entre les deux petites cornes et occupe transversalement la partie postérieure de la langue.

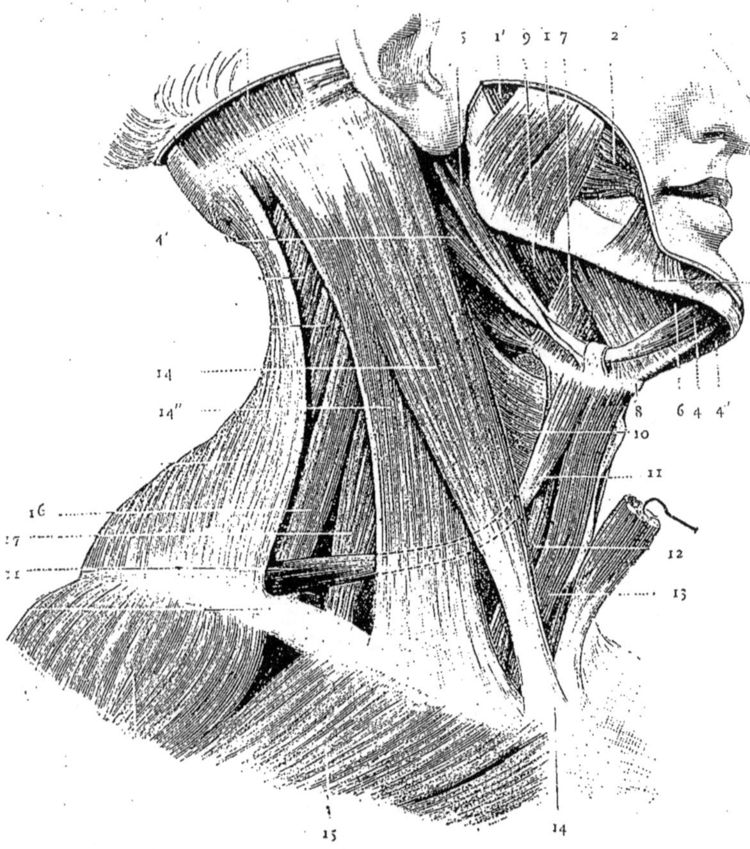

Fig. 102.

(d'après Testut.)

Muscles de la région latérale du cou, après l'enlèvement du peaucier.

1. Masséter. — *2*. Buccinateur. — *3*. Triangulaire des lèvres. — *4*. Digastrique, ventre antérieur ; *4'*. ventre postérieur. — *4"*. Digastrique du côté opposé. — *5*. Stylo-hyoïdien. — *6*. Mylo-hyoïdien. — *7*. Hyo-glosse. — *8*. Os hyoïde. — *9*. Constricteur moyen du pharynx. — *10*. Constricteur inférieur du pharynx. — *11*. Omo-hyoïdien, ventre antérieur ; *11'*. ventre postérieur. — *12*. Sterno-thyroïdien. — *13*. Sterno-cléïdo-hyoïdien. — *14, 14', 14"*. Sterno-cléïdo-mastoïdien. — *15*. Grand pectoral. — *16*. Scalène postérieur. — *17*. Scalène antérieur.

Le *septum médian* (fig. 99, *13*; 101, *9*) est placé de champ à 3 ou 4^mm au-dessous de la face dorsale et s'étend depuis la membrane hyo-glossienne jusqu'à la pointe de la langue; il revêt la forme d'une faux.

Les muscles de la langue sont au nombre de dix-sept et forment huit paires. Six naissent sur des os voisins : *génio-glosses, hyo-glosses, stylo-glosses*; six, sur des organes voisins : *palato-glosses, pharyngo-glosses, amygdalo-glosses*; trois, à la fois sur des os et des organes voisins : *lingual supérieur* (unique), *lingual inférieur*; enfin, deux sont intrinsèques à la langue : les *transverses*.

1° *Génio-glosses* (fig. 103, *5*; 99, *14*; 101, *8*). — Ce sont les plus volumineux des muscles de la langue. Ils s'insèrent en avant, à l'aide d'un court tendon sur les apophyses *géni*. De là, les fibres *postérieures* se portent en bas et en arrière sur la partie supérieure de l'os hyoïde, où elles se fixent; les fibres *antérieures* décrivent une courbe et vont se terminer dans la pointe de la langue; les fibres *moyennes* rayonnent vers la face dorsale, depuis la membrane hyo-glossienne jusqu'à la pointe, et se terminent sous la muqueuse.

Les fibres postérieures élèvent l'os hyoïde, et avec lui le larynx et la langue elle-même.

Les fibres moyennes attirent la langue en avant et la projettent hors de la cavité buccale.

Les fibres antérieures, au contraire, portent la pointe de la langue en bas et en arrière.

Lorsque tous les faisceaux du génio-glosse agissent simultanément, la langue se pelotonne et s'appuie fortement sur le plancher de la bouche.

2° *Stylo-glosses* (fig. 103, *1, 1'*; 100, *7*; 101, *6*). — Ces muscles longs et grêles s'étendent des apophyses styloïdes aux parties latérales de la langue. Ils portent celle-ci en haut et en arrière et tendent à l'appliquer fortement contre le voile du palais.

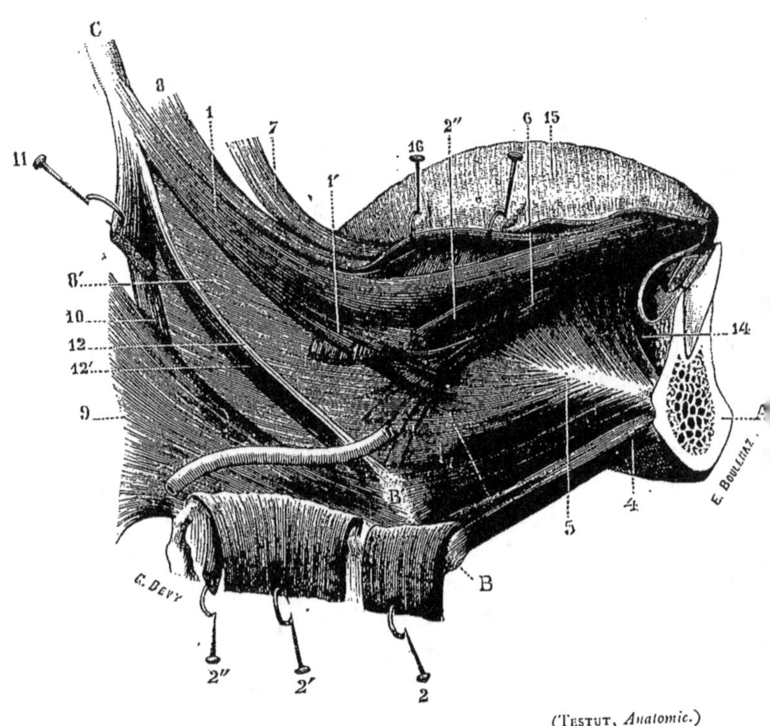

(Testut, *Anatomie*.)

Fig. 103.

Muscles profonds de la langue.

A. Maxillaire inférieur sectionné immédiatement au dehors des apophyses géni. — *B.* Os hyoïde; *B'.* sa petite corne. — *C.* Apophyse styloïde.

1, 1'. Stylo-glosse. — 2, 2'. Hyo-glosse (basio-glosse, 2; cérato-glosse, 2', 2''). — 4. Génio-hyoïdien. — 5. Génio-glosse. — 6. Lingual inférieur. — 7. Palato-glosse (glosso-staphylin). — 8, 8'. Pharyngo-glosse. — 9. Constricteur moyen du pharynx. — 10. Stylo-pharyngien — 11. Stylo-hyoïdien. — 12. Ligament stylo-hyoïdien; 12'. stylo-hyoïdien profond. — 14. Bourse séreuse. — 15. Muqueuse du dos de la langue.

3° *Hyo-glosses* (fig. 103, 2, 2'; 100, 8; 101, 7). — Ils prennent leur insertion sur le corps de l'os hyoïde (*basio-*

glosses, fig. 103, 2) et sur les grandes cornes (*cérato-glosses*, fig. 103, 2', 2'') et se terminent dans la partie latérale et inférieure de la langue. Ce sont des muscles abaisseurs; ils compriment la langue transversalement; et, lorsque celle-ci a été portée en avant par les génio-glosses, ils la ramènent dans la cavité buccale.

4° *Palato-glosses* ou *glosso-staphylins* (fig. 103, 7; 101, *a*). — Ces muscles sont situés dans les piliers antérieurs du palais; ils portent la langue en haut et en arrière.

5° *Pharyngo-glosses* (fig. 103, 8, 8'; 101, 4). — Ils viennent des constricteurs supérieurs du pharynx, et ont la même action que les précédents.

6° *Amygdalo-glosses* (fig. 101, 3). — Descendant des amygdales à la base de la langue, les deux amygdalo-glosses forment une espèce de sangle qui porte en haut la base de la langue et tendent à l'appliquer contre le voile du palais.

7° *Lingual supérieur* (fig. 101, 2). — C'est un muscle impair et médian. Il s'attache en arrière sur les petites cornes de l'os hyoïde et sur le repli *glosso-épiglottique*. Partis de ces trois points, les faisceaux se rapprochent et forment une seule nappe qui occupe la partie moyenne de la langue et se continue jusqu'à la pointe. Sur les côtés, ce muscle se confond avec les fibres longitudinales du palato-glosse, du pharyngo-glosse et du stylo-glosse, avec lesquels il forme sur la face de la langue une sorte de gouttière musculaire à concavité inférieure.

Le lingual supérieur élève la pointe de la langue et la porte en arrière.

8° *Lingual inférieur* (fig. 103, 6; 101, 5). — Cette paire de muscles tire sa principale origine des petites cornes de l'os hyoïde, d'où elle se porte vers la pointe de la langue, qu'elle attire en bas et en arrière.

9° *Transverses*. — Ces deux muscles s'attachent sur les deux faces du septum lingual et se terminent de chaque côté sur la muqueuse de la langue. En se contractant, ils rapprochent les bords de la ligne médiane; comme conséquence, la langue s'amoindrit, s'effile et projette sa pointe hors de la bouche.

On conçoit qu'avec cette richesse musculaire la langue soit l'agent le plus actif de l'articulation buccale. Elle peut, en effet, produire une occlusion énergique sur deux points avec une extrême facilité : en arrière, avec le concours du voile du palais; en avant, grâce à l'extrême mobilité de sa pointe. Les sons qu'elle y produit ont quelque chose de sec et d'éclatant. Dans la partie médiane, elle a moins de force, manquant de muscles spéciaux pour s'appliquer à cet endroit sur la voûte palatine. Aussi n'y donne-t-elle naissance qu'à des sons plus mous, qu'on appelle *mouillés*. Cette mollesse dans l'occlusion peut également se produire aux extrémités et amener des résultats analogues.

Au lieu de fermer momentanément toute issue au courant d'air, la langue peut encore, en se rapprochant plus ou moins du palais, diminuer dans des proportions variables, et pour des positions très diverses, le passage laissé à l'air expiré. Le son qui en résulte ressemble à un frôlement, à un sifflement, qui revêt autant de nuances qu'il y a de variétés dans la manière de le produire.

Enfin la langue peut battre l'air en faisant entendre un roulement caractéristique.

En conséquence de cette part prépondérante qu'elle prend dans la production de la parole, la langue est naturellement la cause principale des évolutions phonétiques, non seulement parce qu'elle subit comme les autres organes l'influence des groupements articulatoires, mais par le seul fait des transformations de force dont elle est le siège. Qu'il n'y ait pas, par exemple, un équilibre parfait entre ses forces musculaires, un mouvement tendra à s'amoindrir ou à se substituer à un autre, et une évolution commencera; que pendant plusieurs générations la même tendance s'accentue, et l'évolution deviendra triomphante; qu'au contraire, la vigueur revienne au muscle, et l'évolution, entravée, pourra disparaître.

L'exploration minutieuse des mouvements et de la force de la langue est donc de la dernière importance, et le phonéticien ne devra négliger aucun moyen de la rendre aussi complète que possible; il recourra au palais artificiel (p. 52), aux ampoules exploratrices (p. 97), à l'explorateur externe (p. 95), au miroir, au glosso-dynamomètre (p. 160), à tous les moyens de mesure qu'il pourra imaginer.

Il nous importe également de déterminer avec soin les positions fixes que prend la langue pour les diverses articulations. L'exploration est, en somme, plus facile que celle des mouvements. La sensibilité de la langue au contact du palais, ou du petit doigt introduit dans la bouche quand le contact n'aurait pas lieu autrement, suffit dans bien des cas à nous renseigner.

M. Charles H. Grandgent [1] a imaginé un procédé plus rigoureux. Après avoir préparé, à l'aide d'un moulage et de mesures prises avec une baguette, une esquisse de la voûte de sa bouche depuis les dents jusqu'à la luette, il mesurait avec de petites pièces de carton ovales de 5 à 25 ^{mm}, fixées à un fil d'argent, les diverses distances qui existaient

---

1. *Vowel measurements*, dans *Publications of the Modern Langage Association of America*, Supplément au vol. V, n° 2 (1890).

pendant l'émission de chaque voyelle, entre sa langue et son palais, et les reportait sur son dessin en prenant comme point de repère le tranchant des dents supérieures.

M. Harold W. Atkinson vient de me communiquer une méthode qui est à la fois plus sûre et plus facile. Il prend la position de sa langue au moyen d'un ruban de godiva (p. 55) ramolli dans l'eau bouillante, qu'il enfonce aussi avant que possible dans la bouche et qu'il fixe aux dents supérieures. Quand le godiva est durci, il le retire, et, l'ajustant sur les dents d'un moulage en creux de sa voûte palatine scié dans le sens de la longueur, il a du même coup la courbure du palais et celle de la langue. Il ne reste plus qu'à les fixer l'une et l'autre en les découpant dans une feuille de papier fort ou d'ébonite. Le temps un peu long que demande le godiva pour se durcir dans la bouche peut être de beaucoup diminué et même réduit à un instant, si l'on dirige dessus un jet d'eau froide. Par ce moyen, l'expérience deviendrait même plus exacte, car le godiva insuffisamment durci s'infléchit, et, comme le point de repère est loin de l'extrémité du ruban, le moindre abaissement donnerait une erreur considérable. Au lieu d'un simple ruban, M. Atkinson emploie encore une lame de godiva de la largeur de la langue, et obtient ainsi la représentation totale de la courbure supérieure de cet organe. Il pourrait encore prendre à la fois le moulage de la langue et de la voûte palatine, et toute chance d'erreur serait écartée.

Les lèvres. — Le muscle essentiel des lèvres, c'est *l'orbiculaire* (fig. 104, 7). On peut le considérer comme formé de quatre muscles, deux supérieurs et deux inférieurs, qui, unis au milieu, s'entre-croisent aux commissures. On remarque deux zones de contraction, qui sont, par rapport

au centre de l'orifice buccal, la zone intérieure et la zone
extérieure. Les contractions de la première zone froncent les
lèvres et les portent en arrière en les appliquant contre les

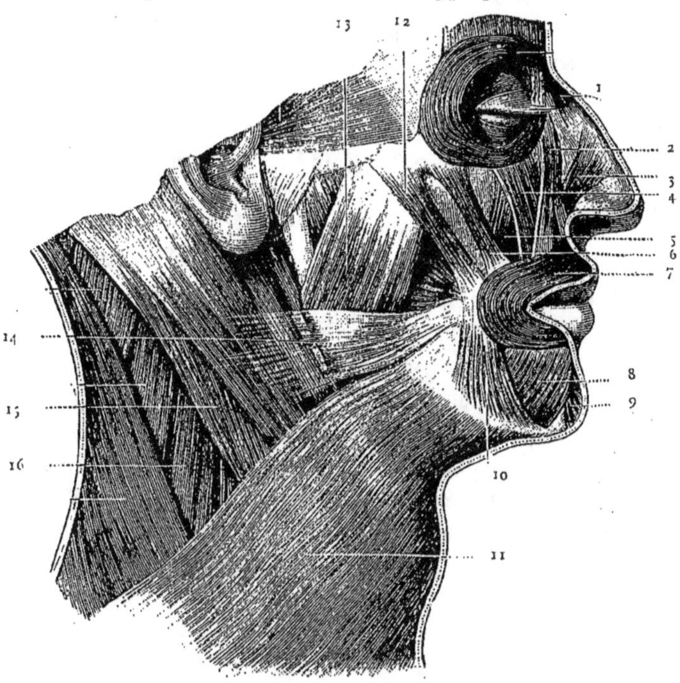

Fig. 104.
(d'après Testut.)
Muscles de la face, couche superficielle.

1. Pyramidal du nez. — 2. Élévateur commun de l'aile du nez et de la lèvre supérieure. —
3. Transverse du nez. — 4. Élévateur propre de la lèvre supérieure. — 5. Canin. — 6. Petit
zygomatique. — 7. Orbiculaire des lèvres. — 8. Carré du menton. — 9. Houppe du
menton. — 10. Triangulaire des lèvres. — 11. Peaucier. — 12. Grand zygomatique. — 13.
Masséter. — 14. Risorius. — 15. Sterno-cléido-mastoïdien. — 16. Scalène postérieur.

dents; celles de la seconde les froncent également, mais les
projettent en avant.

Les autres muscles sont (fig. 104) :

1° Pour la lèvre supérieure : les *élévateurs communs des ailes du nez et de la lèvre supérieure* (2); les *élévateurs propres de la lèvre supérieure* (4); et les *petits zygomatiques* (6), qui attirent en haut les parties moyennes des lèvres; les *canins* (5; 106, 6), qui élèvent un peu en dedans les parties voisines des commissures;

2° Pour la lèvre inférieure : les *carrés du menton* (8; 106, 8), qui la renversent en dehors et l'attirent en bas; les *houppes du menton* (9), qui, en attirant en haut la saillie mentonnière, soulèvent, par une action purement mécanique, la lèvre inférieure et la renversent en dehors;

3° Pour les commissures : les *buccinateurs* (fig. 102, 2; 106, 12) et les *risorius de Santorini* (fig. 104, 14), qui les portent en arrière; les *grands zygomatiques* (fig. 104, 12), qui les attirent en haut; les *triangulaires des lèvres* (fig. 104, 10; 102, 3), qui les abaissent.

Le rôle le plus actif dans la parole appartient à l'orbiculaire : c'est lui qui réalise la plupart des mouvements requis dans la prononciation des labiales; la houppe du menton intervient dans les articulations fortes, comme *pp*, *mm*, pour augmenter l'occlusion ; le buccinateur participe à l'émission de certaines voyelles qui demandent allongement de la fente buccale.

Les mouvements des lèvres nous fournissent de nombreux points de repère pour la détermination et l'analyse des autres tracés; ils ont en outre l'avantage d'être d'une exploration facile (voir p. 90-93 et 109). Quant aux positions fixes des lèvres, on peut encore plus aisément les mesurer et les dessiner.

MACHOIRE INFÉRIEURE. — La mâchoire inférieure vient

au secours de la langue et des lèvres dans l'exécution de
leurs mouvements phonateurs. Elle est constituée par un
seul os, le maxillaire inférieur, qui nous offre à considérer
plusieurs points, à savoir, en commençant par le haut : le
condyle, apophyse qui s'articule avec le crâne ; l'apophyse
coronoïde (fig. 106), où vient s'attacher le temporal ; la
gouttière *mylo-hyoïdienne* (105, *3*) ; les apophyses géni
supérieures (*5*) et les inférieures (*4*).

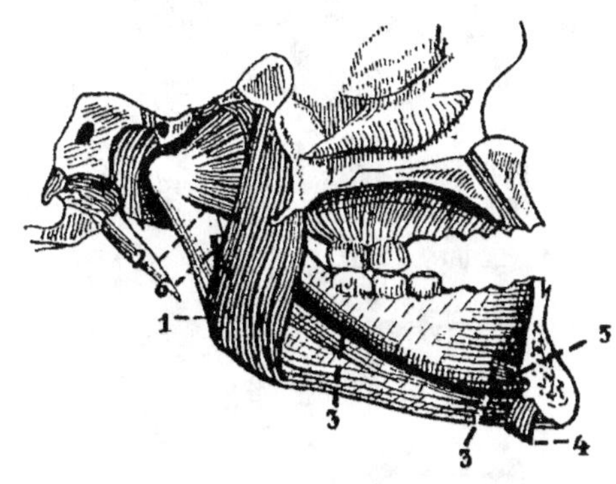

Fig. 105.

Muscles ptérygoïdiens.

1. Ptérygoïdien interne. — *2*. Ptérygoïdien externe. — *3*. Mylo-hyoïdien. —
4. Génio-hyoïdien. — *5*. Génio-glosse. — *6*. Épine de Spyx.

La cavité dans laquelle la mâchoire inférieure vient
s'engager, ou *cavité glénoïde* (fig. 100, B), est formée dans
les temporaux.

L'articulation se fait au moyen d'un ménisque fibreux de
forme elliptique, épais à la périphérie et aminci au centre,
qui accompagne le condyle dans ses déplacements. Elle est
maintenue par plusieurs ligaments.

Les muscles de la mâchoire inférieure sont les suivants :

1° Les *temporaux* (fig. 106, *1*). — S'insérant comme un éventail en haut et en arrière de la mâchoire, vers laquelle ils dirigent des fibres à direction verticale, oblique et horizontale, ils élèvent le maxillaire contre les dents supé-

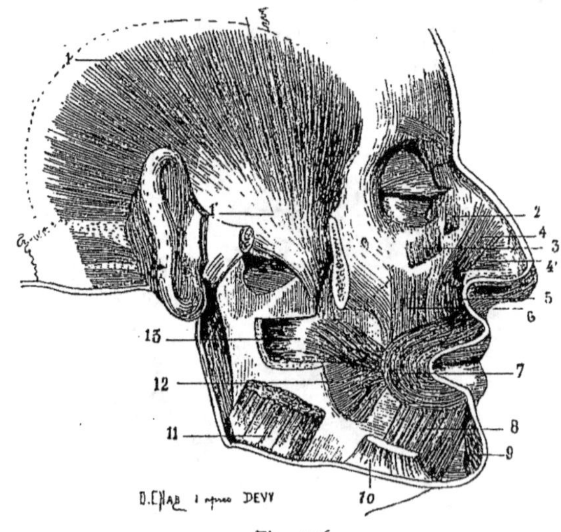

Fig. 106.

(d'après Testut.)

Muscles de la face (couche profonde).

1. Temporal; *1'*. son tendon. — *2*. Élévateur commun de l'aile du nez et de la lèvre supérieure. — *3*. Élévateur propre de la lèvre supérieure. — *4*. Transverse du nez; *4'* Dilatateur propre des narines. — *5*. Myrtiforme. — *6*. Canin. — *7*. Orbiculaire des lèvres. — *8*. Carré du menton. — *9*. Houppe du menton. — *10*. Triangulaire des lèvres. — *11*. Masséter. — *12*. Buccinateur. — *13*. Constricteur supérieur du pharynx.

rieures, et le ramènent en arrière quand il a été projeté en avant.

2° Les *masséters* (fig. 102, *1*; 104, *13*; 106, *11*). — Ils descendent de l'arcade zygomatique (fig. 100, A) sur la face externe de la branche montante du maxillaire. C'est une paire de muscles élévateurs.

3° Les *ptérygoïdiens internes* (fig. 105, *1*). — Ils prennent naissance dans la fosse ptérygoïdienne et s'insèrent à la face de l'angle interne du maxillaire. Ce sont aussi des élévateurs; ils impriment, de plus, quelques mouvements de latéralité.

4° Les *ptérygoïdiens externes* (fig. 105, *2*). — Provenant de la face externe de l'apophyse ptérygoïde et de la fosse zygomatique, ils se fixent sur le col du condyle, qu'ils attirent en avant. Lorsque les deux ptérygoïdiens externes agissent en même temps, ils impriment à la mâchoire un mouvement de projection; le retour en arrière se fait au moyen du temporal. Lorsqu'un seul se contracte, il déplace le condyle sur lequel il s'insère, l'autre restant immobile, et la mâchoire est portée du côté opposé.

5° Les *digastriques* (fig. 102, *4, 4' 4"*),

6° Les *génio-hyoïdiens* (fig. 105, *4*; 99, *15*),

7° Les *mylo-hyoïdiens* (fig. 100, *9*; 102, *6*). — Prenant tous leur point d'appui sur l'os hyoïde, ils abaissent le maxillaire.

Tout le monde sait l'importance des mouvements imprimés par les muscles *élévateurs* et *abaisseurs* de la mâchoire pour la parole. L'action des ptérygoïdiens externes est moins connue; mais elle a une importance considérable, au moins chez certains sujets, pour la production exacte de quelques articulations, particulièrement du *ch* et du *j* français, comme nous le verrons plus loin.

Un tambour maintenu devant la bouche avec un style rigide appuyé sur les dents inférieures donne très bien les mouvements en avant de la mâchoire. Quant aux mouvements verticaux, ils ne présentent aucune difficulté : l'explorateur des lèvres (p. 86), ou une simple ampoule (p. 92) placée entre les dents suffit pour les recueillir.

Pour mesurer l'abaissement de la mâchoire inférieure

dans les positions fixes des voyelles, M. Grandgent[1] avait collé, sur la houppe de son menton, une petite bande de carton divisée en millimètres, avec le zéro au bas de l'échelle ; puis il tenait fixée à son front une petite baguette qui, descendant le long de la pièce de carton, atteignait le zéro quand la bouche était fermée. On devine le reste. Mais ces sortes de mesure se prennent tout aussi bien et plus commodément avec un simple compas.

ARTICLE V

Nez.

Nous nous occuperons successivement : des fosses nasales, des cavités annexes et des narines.

Fosses nasales. — Considérées uniquement au point de vue qui nous occupe, les *fosses nasales* (fig. 107, 99 et 101) sont de longs couloirs osseux séparés par une mince cloison, tapissés par le périoste et une membrane muqueuse, qui donnent passage à l'air de la respiration. En arrière, elles s'ouvrent sur la partie supérieure du pharynx par deux orifices quadrilatères. En avant, elles communiquent avec les narines par une ouverture fort étroite, ayant la forme d'un triangle très allongé dont le sommet se dirige en avant et en dedans.

Le plancher est un peu incliné d'avant en arrière (fig. 99). Il ne faut pas oublier cette disposition dans les expériences ; souvent j'ai vu diriger l'olive exploratrice vers la partie

---

1. *Ouvrage cité* p. 277.

supérieure de la narine, de façon à la buter contre la paroi : naturellement, l'exploration, dans ce cas, ne donnait aucun résultat.

Le cartilage de la cloison qui suit le plan médian est rarement vertical. Il y a aussi quelquefois lieu de tenir compte de cette obliquité, qui peut rendre l'introduction de l'olive plus facile d'un côté que de l'autre.

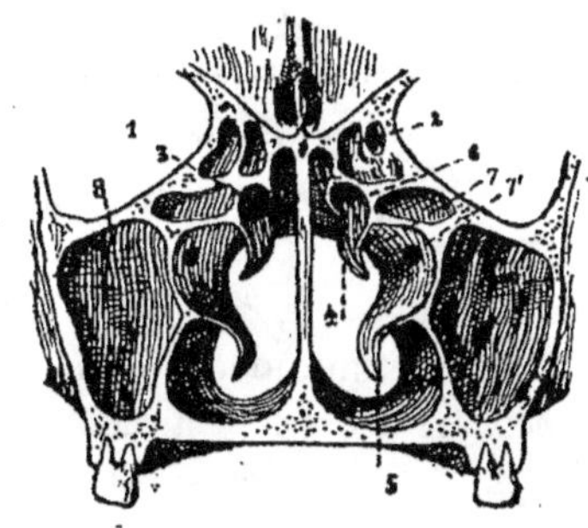

Fig. 107.
(d'après TESTUT.)

Coupe verticale et transversale des fosses nasales.

1. Orbite. — 2. Cellules ethmoïdales. — 3. Cornet supérieur. — 4. Cornet moyen. — 5. Cornet inférieur. — 6. Méat supérieur. — 7. Méat moyen, en communication en 7' avec l'infundibulum. — 8. Sinus maxillaire.

Les parois externes, qui s'étendent, comme la cloison, de la voûte au plancher, sont plus compliquées. Il se détache de chacune trois lames osseuses contournées, dont le bord inférieur flotte dans la fosse nasale : ce sont les *cornets*, que l'on distingue en *supérieurs* (fig. 107, *3*; 99, 2), *moyens* (fig. 107, *4*; 99, *3*) et *inférieurs* (fig. 107, *5*; 99, 4). Les parties de la cavité limitées par les lames des cornets sont désignées sous les noms de *méats* (fig. 107) *supérieurs* (6), *moyens* (7) et *inférieurs*.

CAVITÉS ANNEXES. — C'est dans ces méats que viennent s'ouvrir les *cavités annexes* des fosses nasales, à savoir : les *sinus frontaux*, les *sinus sphénoïdaux*, les *cellules ethmoïdales* postérieures et antérieures, les *sinus maxillaires*. Toutes ces cavités sont tapissées par des prolongements de la muqueuse nasale.

1° Les *sinus frontaux* (fig. 99, *a*) sont creusés en dessus et à côté de l'échancrure nasale. Une cloison les sépare. Ils coiffent en quelque sorte l'*infundibulum* de l'ethmoïde (*c*).

Les *sinus sphénoïdaux* (fig. 99, *d*) sont deux vastes cavités qui occupent le corps du sphénoïde et sont divisées par une ou plusieurs cloisons. Ils s'ouvrent chacun dans les méats supérieurs.

Les *cellules ethmoïdales* (fig. 107, 2 ; 99, *c*), formées par les lamelles très minces de l'ethmoïde, se divisent de chaque côté en deux groupes. Le groupe postérieur vient s'ouvrir dans le méat supérieur, comme les sinus sphénoïdaux ; le groupe antérieur communique, au moyen de l'*infundibulum* (cellule à ouverture supérieure fort large), avec le sinus frontal en haut et avec le méat moyen en bas.

Les *sinus maxillaires* (fig. 107, *8*) sont creusés chacun dans l'épaisseur de l'apophyse pyramidale du maxillaire supérieur. Les parois en sont fort minces, et des cloisons les divisent assez souvent en cavités secondaires. Les sinus maxillaires s'ouvrent également dans les méats moyens.

Ce n'est donc que par deux fentes étroites dissimulées derrière les cornets que les cavités annexes communiquent avec les fosses nasales. Celles-ci, de leur côté, offrent à l'air expiré une entrée plus spacieuse qu'à l'air inspiré. Il s'ensuit que les cavités annexes reçoivent l'air expiré comprimé dans les fosses nasales et sont particulièrement disposées pour prendre part à la production de la parole. Ce sont évidemment ces cavités closes qui produisent les résonances nasales, analogues aux sons composés d'harmoniques de rangs impairs (cf. p. 19). Mais là ne se borne pas, semble-t-il, leur rôle. Elles pourraient bien avoir une part dans la production de certaines voyelles. En l'absence d'une exploration directe, j'apporterai à l'appui le fait bien connu de la résonance crânienne observée pour l'**i**, puis les tracés qu'il est possible de prendre dans le conduit auditif externe. Nuls pour **a**, ils sont très nets pour **é, i, o, eu, ou**, etc., c'est-à-dire pour les voyelles qui, exigeant une occlusion énergique, ébranlent fortement les parois supérieures du tube vocal. Les résonances qui se communiquent ainsi au conduit auditif externe, sans doute par la trompe d'Eustache, et que l'on sent très bien en se mettant les doigts dans les oreilles, ne peuvent pas manquer de retentir dans les cavités annexes des fosses nasales.

Enfin, il convient de rappeler que toutes les vibrations laryngiennes se communiquent aux fosses nasales dans certaines conditions avantageuses. Mais il est toujours facile de les distinguer des vibrations nasales proprement dites, par ce fait qu'elles ne sont pas accompagnées d'un écoulement de l'air par le nez.

NARINES. — Les *narines* sont les vestibules des fosses nasales. Elles se composent de cartilages, d'une membrane fibreuse et d'une couche musculaire.

Les muscles agissent tous sur l'aile du nez, mais dans deux sens opposés : les uns la rapprochent, les autres l'écartent de la ligne médiane ; comme conséquence, les premiers rétrécissent l'orifice antérieur des fosses nasales, les seconds l'agrandissent.

Les muscles constricteurs sont : les *transverses* ou *triangulaires du nez* (fig. 104, *3* ; 106, *4*) et les *myrtiformes* (fig.

106, *4′*), en grande partie recouverts par l'orbiculaire des lèvres. Les muscles dilatateurs sont : les *élévateurs communs des ailes du nez et de la lèvre supérieure* (fig. 104, 2) et les *dilatateurs propres des narines* (fig. 106, 4′).

Les muscles du nez ne prennent une part active dans la production de la parole que dans des cas exceptionnels : quand il s'agit, par exemple, d'émettre des nasales fortes, de suppléer à l'insuffisance du voile du palais. J'ai observé ces deux cas : le premier, dans les Alpes, chez des indigènes de Favrie et de Germaniano, pour la nasale issue de *dn* (*nné* == denier); le second, chez des sujets frappés de paralysies infantiles, qui cherchaient à intercepter le courant d'air en resserrant l'orifice antérieur des fosses nasales. Une petite fossette qui se creusait au point d'insertion supérieur de l'élévateur commun pour les uns, du myrtiforme pour les autres, trahissait le travail des muscles mis en jeu.

Les vibrations nasales se sentent fort bien avec le doigt, et l'exploration en est facile. On se sert d'ordinaire d'une petite olive (fig. 61) que l'on introduit dans l'une des narines. On pourrait encore employer l'oreille inscriptrice (p. 136) en disposant le pavillon de façon à recevoir le courant d'air, ou l'explorateur électrique (p. 105) légèrement appuyé sur l'une des ailes du nez.

ARTICLE VI

Mécanisme nerveux de la parole.

Le système nerveux, qui est le centre de toutes nos opérations vitales, le régulateur de la nutrition, l'intermédiaire entre nos différents organes, l'instrument obligé de tous nos mouvements instinctifs, ou volontaires, joue nécessairement dans la parole un rôle prépondérant. Il importe donc, à notre objet, tout en évitant les détails qui pourraient être innombrables, de le considérer dans ses traits les plus généraux et de nous rendre compte de son action immédiate sur le mécanisme phonateur et sur la faculté même du langage. La méthode que nous avons exposée jusqu'ici ne nous abandonnera pas sur ce terrain nouveau. Si le système nerveux, chez l'homme, échappe à une expérimentation directe, nous y suppléons en partie par la vivisection pratiquée sur les animaux et par les observations que les maladies, les accidents, les vices de prononciation et la marche des évolutions phonétiques nous permettent de faire sur nos semblables.

§ Ier

NOTION GÉNÉRALE DU SYSTÈME NERVEUX

Le système nerveux se compose, comme chacun sait : 1° d'un axe central, qui comprend l'*encéphale* (cerveau, cervelet, isthme de l'encéphale et bulbe) et la *moelle épinière* ; 2° de cordons périphériques (les nerfs); 3° du grand sympathique.

Le CERVEAU (fig. 108) se divise en deux hémisphères réunis par le *corps calleux* (fig. 109, *Cc.*, *Spl*). Il est sillonné, à sa surface, par des anfractuosités qui dessinent des lobes et des circonvolutions. Chaque hémisphère est formé : d'une *écorce* (fig. 110, *E*) de substance grise; d'une masse de substance blanche, le *centre oval* (*Co*); et de noyaux centraux, gris, dont les plus importants sont : la *couche optique* ou Thalamus (*Th*), le *noyau caudé* (*NC*) et le *noyau lenti-*

culaire (*NL₁*, *NL₂*, *NL₃*), entre lesquels pénètre une lame de substance blanche, la *capsule interne* (*Cia, Cig, Cip, Cirl*).

L'ISTHME DE L'ENCÉPHALE (fig. 111) unit entre eux le cerveau, le CERVELET (*Cer*) et la moelle. Il est formé principalement des *pédoncules cérébraux* (*Péd. c*), des *pédoncules cérébelleux*, de la *protubérance annulaire* (Pr A) et du *bulbe rachidien*.

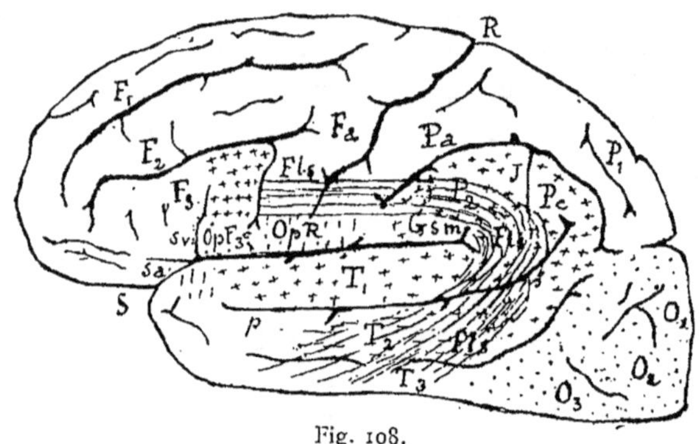

Fig. 108.

Face externe de l'hémisphère gauche.

F₁, F₂, F₃, Fa. Lobe frontal (1ʳᵉ, 2ᵉ, 3ᵉ circonvolutions frontales, et frontale ascendante). — *Fls*. Faisceau longitudinal supérieur, vu en transparence. — *Gsm*. Gyrus supramarginalis, ou partie antérieure de la 2ᵉ pariétale. — *J*. Incipure de Jensen, qui limite en avant le pli courbe. — *O₁, O₂, O₃*. Lobe occipital (1ʳᵉ, 2ᵉ, 3ᵉ circonvolutions occipitales). — *Op F₃*. opercule, partie qui recouvre le lobe de l'insula (fig. 110, *I*), ou pied de la 3ᵉ frontale; *Op R*. Opercule rolandique ou pli de passage fronto-pariétal. — *Pa, P₁, P₂*. Lobe pariétal (pariétale ascendante, 1ʳᵉ et 2ᵉ circonvolutions pariétales). — *Pc*, Pli courbe (partie postérieure de la 2ᵉ pariétale) qui coiffe l'extrémité du sillon parallèle. — *p* Sillon parallèle. — *R*. Scissure de Rolando. — *S*. Scissure de Sylvius; *Sa*. sa branche antérieure horizontale; *Sv*. sa branche verticale.
Le croisillé indique les centres de la zone du langage (centre des images motrices ou de Broca. *OpF₃*, — centre des images auditives ou de Wernicke, *T₁* — centre des images visuelles ou de Dejerine, *Gm* et *Pc*). Les traits verticaux marquent les portions de l'écorce sus-jacentes aux faisceaux d'association; les traits horizontaux, la partie du centre des images auditives non comprise dans la zone du langage; les points, le centre des images visuelles générales.

Le BULBE (B) est situé au-dessous de la protubérance et constitue avec celle-ci la région *bulbo-protubérantielle*, remarquable par l'entrecroisement des faisceaux nerveux et par

l'émergence des NERFS CRANIENS. C'est une masse de substance blanche dans laquelle sont disséminés les noyaux
gris des nerfs qui s'en détachent.

La MOELLE ÉPINIÈRE (fig. 112) renferme : 1º un cordon
central de substance grise où l'on distingue les cornes *antérieures* (*Coa*), et les cornes *postérieures* (*Cop*); 2º trois cordons de substance blanche (antérieur, *Ca*; latéral, *Cl*; et
postérieur, *Cp*).

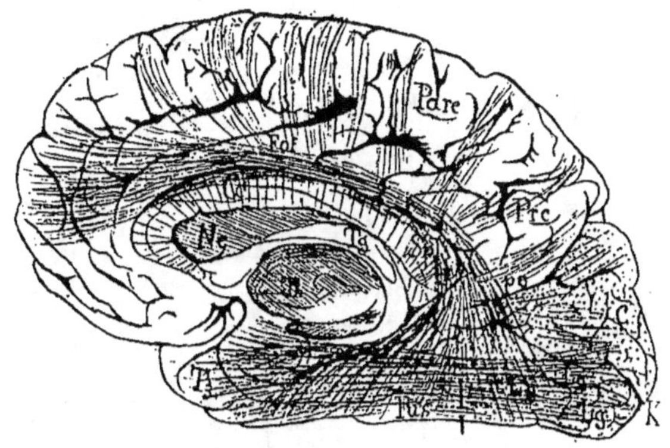

Fig. 109.
(croquis d'après DEJERINE.)
Face interne de l'hémisphère droit.

C. Cunéus. — *Cc.* Tronc du corps calleux. — *Fli.* Faisceau longitudinal inférieur, et *Foj*,
faisceau occipito-frontal vus par transparence. — *Fus.* Lobule fusiforme. — *K.* Scissure
calcarine. — *Lg.* Lobule lingual. — *Nc.* Noyau candé. — *Parc.* Lobule paracentral. — *po.*
Sillon pariéto-occipital. — *Prc.* Précunéus. — *T₃.* 3ᵉ circonvolution temporale. — *Spl.*
Splénium ou bourrelet du corps calleux.— *Tg.* Trigone. — *Th.* Thalamus ou couche optique·

Les cornes antérieures envoient des fibres qui constituent les *racines antérieures* (*Ra*) de la moelle. Les cornes
postérieures, au contraire, reçoivent les terminaisons des
racines postérieures (*Rp*) dont les cellules d'origine siègent
dans les *ganglions spinaux* (G S). Les racines antérieures et

les branches périphériques des cellules des racines postérieures forment les NERFS RACHIDIENS (Nr).

L'élément dernier, auquel se réduit le système nerveux[1], est le *neurone* (fig. 113), véritable unité physiologique qui

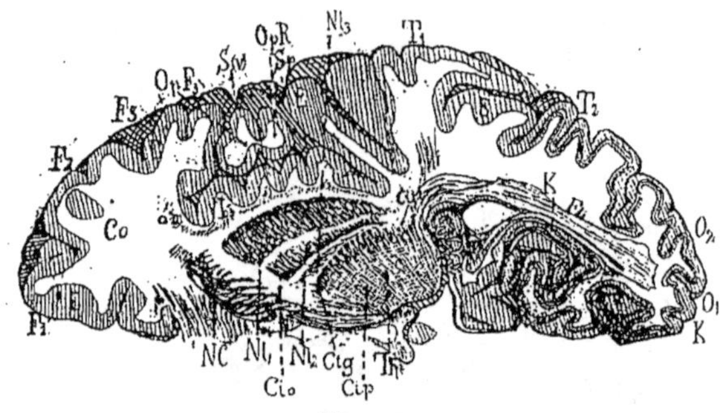

Fig. 110.

(croquis d'après DEJERINE.)

Coupe horizontale de l'hémisphère droit.

Am, avant-mur. — *Cia*. segment antérieur de la capsule interne ; *Cig*. genou de la capsule interne ; *Cip*. segment postérieur de la capsule interne ; *Cirl*. segment retrolenticulaire de la capsule interne. — *Co*. centre ovale. — *E*. Écorce cérébrale. — F_1, F_2, F_3, 1re, 2e, 3e circonvolutions frontales. — *Fli*. Faisceau longitudinal inférieur. — *I*. Lobe de l'insula. — *K*. Scissure calcarine. — *NC*. Noyan caudé ; Nl_1, Nl_2, Nl_3, 1er, 2e, 3e segments du noyau lenticulaire. — O_1, O_2, 1re et 2e circonvolutions occipitales. — OpF_3. Opercule de la 3e circonvolution frontale ; *OpR*. Opercule rolandique. — *Sp*. Branche postérieure et *S(v)* branche verticale de la scissure des Sylvius. — T_1, T_2, 1re et 2e circonvolutions temporales.

a son autonomie propre, si bien que toute lésion affectant l'une de ses parties retentit sur les autres.

Chaque neurone se compose : 1° d'une cellule ; 2° d'un ou plusieurs prolongements ; 3° d'arborisations terminales.

---

1. L'étude du système nerveux a été renouvelée dans le cours de ces dernières années. A consulter : *Anatomie des centres nerveux*, de M. et Mme Dejerine, gr. in-8°, 806 pages. Il y aura deux volumes : le premier seul a paru. — Rueff, 1895.

Les *cellules* sont formées par un délicat réseau de fibrilles
protoplasmiques, noyées au sein d'une substance intermédiaire, et par un noyau central. De formes et de dimensions
très variées, elles se distinguent en pyramidales, étoilées,

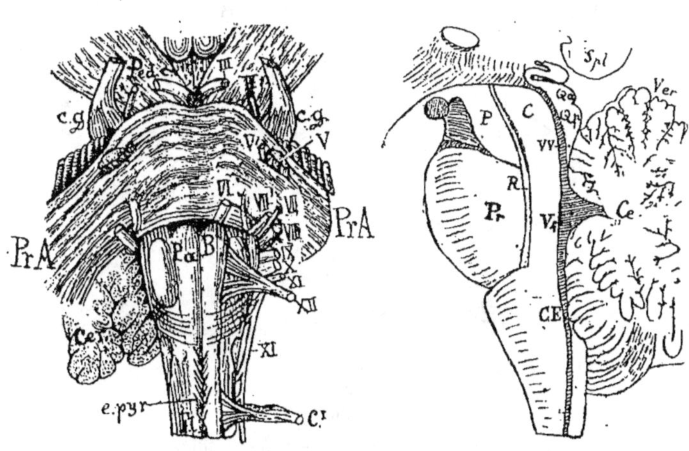

Fig. 111.

(croquis d'après Dejerine.)

Bulbe et Protubérance annulaire.

A gauche : Face antérieure.

B. Bulbe. — *Cer*. Cervelet. — *Cg*. corps genouillés et bandelettes optiques. — *C*¹. Première
paire cervicale. — *e. pyr*. Entre-croisement des pyramides. — *Fl*. Faisceau latéral. — *Pa*.
Pyramide antérieure. — *Ped. c*. Pédoncule cérébral. — *Pr A* protubérance annulaire.
III. Nerf moteur oculaire commun. — *IV*. Pathétique. — *V*. Trijumeau ; *V'*, sa petite racine.
VI. Moteur oculaire externe. — *VII*. Facial ; *VII'*. intermédiaire de Wrisberg. — *VIII*.
Auditif. — *IX*. Glosso-pharyngien. — *X*. Pneumogastrique. — *XI*. Spinal. — *XII*. Hypo-
glosse.

A droite : Coupe sagittale.

C. Calotte ou étage supérieur du pédoncule. — *CE*. Canal de l'épendyme. — *Cr*, Cervelet.
— *P*. Pied du pédoncule cérébral. — *Pr*. Protubérance. — *Qa, Qp*, Tubercules quadrijumeaux antérieurs et postérieurs. — *R*. Ruban de Reil médian. — *Spl*, splénium. — *V₄*,
4ᵉ Ventricule. — *Ver*. Vernis. — *VV*. Valvule de Vieussens.

multipolaires, bipolaires, unipolaires..., géantes, moyennes,
petites, etc. Elles siègent dans la substance grise de l'écorce,

des noyaux centraux, du bulbe, de la moelle, des ganglions sympathiques.

Les prolongements, véritables conducteurs nerveux, sont de deux sortes : *dendritiques* ou *cylindre-axiles*.

Les dendrites naissent des fibrilles de la cellule et se subdivisent en une multitude de ramifications variées (panaches,

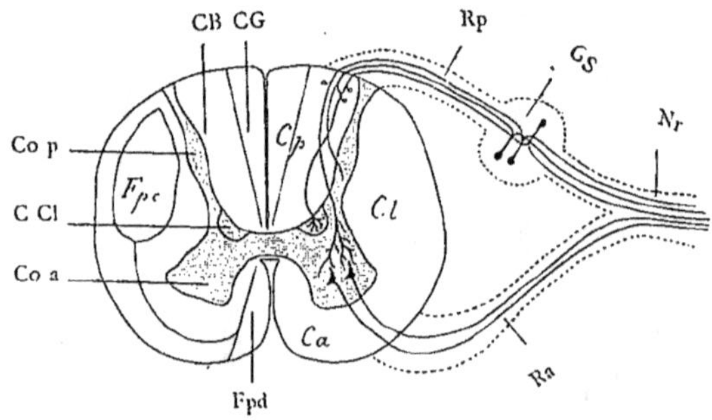

Fig. 112.

(d'après DEJERINE.)

Schéma de la moelle épinière et d'une paire rachidienne.

Ca. Cordon antérieur; *Cl*, latéral : *Cp*, postérieur. — *C B*. Cordon de Burdach; *C G*, cordon de Goll. — *C Cl*. Colonne de Clarke. — *Co a*. Corne antérieure; *Co p*, corne postérieure. — *F p c*. Faisceau pyramidal croisé; *F p d*, Faisceau pyramidal direct. — *G S*. Ganglion spinal. — *Nr*. Tronc de nerf rachidien. — *R a*. Racine antérieure; *R p*, racine postérieure.

bois de cerfs, etc.), d'ordinaire courtes, mais pouvant aussi s'étendre fort loin, jusque dans la substance blanche. Les cellules unipolaires en sont dépourvues.

Le cylindre-axe est, en général, unique. Il naît du corps cellulaire par un cône d'origine (dans les cellules de Deiters et les cellules de Golgi); exceptionnellement, il sort d'une dendrite (dans les cellules de Cajal). La longueur des cylindres-axes varie : ceux des cellules de Golgi (fig. 113, *4*) et de Cajal (fig. 113, *2*) sont courts; ceux des cellules de Deiters (fig. 113, *1*, *3*) sont longs et peuvent atteindre ou même dépasser la moitié de la longueur du

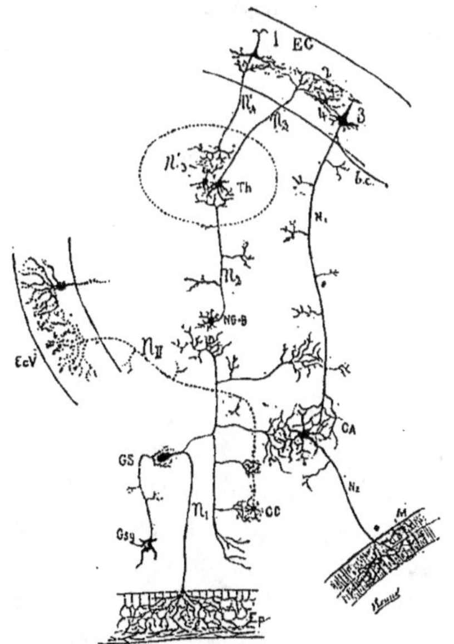

Fig. 113.

(d'après DEJERINE.)

Schéma de quelques neurones moteurs et sensitifs de l'homme.

bc. Branche du neurone N_1 qui se rend dans le corps calleux. — *CA.* Corne antérieure de la moelle; *CC.* colonne de Clarke. — *EC.* Écorce cérébrale. — *EcV.* Écorce du cervelet (vernis supérior). — *Ep.* Épiderme. — *GS.* ganglion spinal. — *Gsy.* Grand sympathique. — N_1, N_2. Neurones moteurs; n_1, n_2 ... n_3, n'_2, etc., neurones sensitifs. — *NG + B.* noyau des cordons de Goll et de Burdach. — *Th.* Thalamus.

1. Cellule pyramidale. — *2.* Cellule de Cajal. — *3.* Cellule pyramidale. — *4.* Cellule de Golgi.

corps. D'ordinaire, les cylindres-axes envoient sur leur trajet des *collatérales* plus ou moins nombreuses.

Les cylindres-axes forment la partie essentielle des *fibres nerveuses*, qui constituent par leurs groupements les faisceaux du système central et les nerfs périphériques. Ils entrent pour une grande part dans la constitution de la substance blanche.

Les *fibres centrales* se distinguent, suivant leurs trajets, en fibres d'*association*, fibres *commissurales*, fibres de *projection* et fibres *centripètes*.

Les fibres d'association du cerveau font communiquer deux régions plus ou moins éloignées de l'écorce.

Les fibres commissurales relient les deux hémisphères entre eux. Telles sont, par exemple, les fibres du lobe frontal et celles du lobe occipital qui, après avoir traversé, les premières le tronc (fig. 109, *Cc*), les secondes le bourrelet (*Spl*) du corps calleux, se rendent dans l'hémisphère opposé.

Les fibres de projection naissent de tous les points de la corticalité et convergent vers les régions centrales de l'hémisphère. Celles des secteurs antérieur et postérieur (deux tiers antérieurs du lobe frontal, partie postérieure du lobe pariétal, lobe occipital) s'arrêtent dans le thalamus. Celles du secteur moyen, c'est-à-dire de la région rolandique, du lobule paracentral, du pied des trois circonvolutions frontales, de la partie antérieure du lobe pariétal, vont directement, par la capsule interne, dans le pied du pédoncule cérébral[1], d'où elles se portent vers les noyaux des nerfs périphériques. Mais, avant d'y arriver, elles subissent, pour la plupart, un entrecroisement : les fibres motrices bulbaires, un peu au-dessus du bord inférieur de la protubérance (fig. 111); les fibres sensitives et les fibres rachidiennes, dans le bulbe (les premières au collet, les secondes à la partie inférieure). C'est pour ce motif que les lésions d'un hémisphère se font sentir sur le côté opposé du corps.

---

1. Dejerine, *Comptes rendus de la Société de biologie*, 1893, p. 193; — 1897, séance du 19 février.

Les fibres centripètes proviennent des régions sous-corticales (corps opto-striés) et vont finir dans l'écorce cérébrale.

Les *fibres périphériques* naissent des noyaux du bulbe, de la moelle, ou des ganglions cérébro-rachidiens, et se dirigent vers la périphérie ; elles constituent l'âme des câbles nerveux.

Les *arborisations*, qui terminent les cylindres-axes et leurs collatérales, établissent par voie de simple contact la communication, dans le système central, de neurone à neurone ; dans le système périphérique, d'un neurone à un élément moteur ou sensitif.

La *voie motrice* et la *voie sensitive* se distinguent donc avant tout par le mode de terminaison du neurone périphérique. Mais la première diffère encore de la seconde par une moindre complexité : la voie motrice ne demande que deux neurones ; la voie sensitive en exige au moins trois.

Pour rendre ces notions plus sensibles, j'emprunte à M. Dejerine[1] un schéma (fig. 113), où sont marquées les connexions de neurones les plus simples.

Le système de droite figure la *voie motrice*, soit deux neurones : N_1, avec sa cellule pyramidale (*3*) qui siège dans l'écorce cérébrale (EC), son cylindre-axe qui envoie une branche (*bc*) au corps calleux, et ses arborisations qui s'épanouissent autour de la cellule du second neurone dans le noyau (CA) d'un nerf moteur (c'est ici la corne antérieure de la moelle) ; N_2, dont les dendrites sont enveloppées par N_1, et dont les arborisations s'étalent à la surface d'un muscle (M).

Le système de gauche représente la *voie sensitive* avec sa chaîne plus compliquée de neurones. Le neurone sensitif

---

1. *Anatomie des centres nerveux*, p. 180.

n_1, dont la cellule, occupant un ganglion spinal (G S), est en contact avec les dendrites d'un neurone sympathique (Gsy), communique par son cylindre-axe périphérique avec l'épiderme (Ep), par son cylindre-axe central soit avec un neurone cérébelleux n_{II} dans la colonne de Clarke (CC), soit avec un neurone moteur (N_2) dans la corne antérieure (CA), soit avec une collatérale de N_1, soit enfin dans les cordons postérieurs (de Goll et de Burdach, $NG+B$) avec un neurone bulbo-protubérantiel, n_2. Ce second neurone, arrivé dans le thalamus (Th), entre en connexion avec un neurone de troisième ordre. Celui-ci peut être un neurone à long cylindre-axe, n_3, qui va s'arboriser dans l'écorce au voisinage d'une cellule pyramidale (*1*), d'une cellule de Cajal (*2*) et d'une cellule de Golgi (*3*), ou bien un neurone à cylindre-axe court (cellule de Golgi) n'_3, qui établit la connexion avec un quatrième neurone n_4, à cellule pyramidale (*1*).

Ainsi, on peut concevoir le système nerveux, avec ses chaînes de neurones, comme un admirable réseau télégraphique dont les postes centraux, échelonnés sur l'écorce cérébrale, sont, au moyens de postes de relais et d'un nombre prodigieux de fils, toujours en relation entre eux et avec toutes les parties du territoire qui leur est soumis.

§ II

MÉCANISME PHONATEUR

Le mécanisme nerveux qui préside aux mouvements phonateurs appartient à la voie motrice (fig. 113), et comprend deux ordres de neurones : des neurones corticaux et des neurones moteurs.

Les neurones *corticaux* ont leurs cellules distribuées par groupes dans la zone rolandique et aboutissent les uns aux noyaux des nerfs moteurs bulbo-protubérantiels; les autres, aux cornes antérieures de la moelle. Les premiers, qui constituent le faisceau articulatoire, partent de la région operculaire (pied de la troisième circonvolution frontale et des circonvolutions ascendantes frontale et pariétale, fig. 108 *OpF₃, OpR*)[1]. De là, ils vont occuper le genou de la capsule interne (fig. 110, *Cig*), puis la portion interne du pédoncule cérébral.

Les neurones du second ordre commencent soit dans les noyaux des nerfs moteurs du bulbe, soit dans les cornes antérieures, et, après avoir cheminé dans les cordons des nerfs périphériques, vont étaler leurs arborisations terminales à la surface des muscles phonateurs.

Les neurones *bulbaires*, qui commandent aux organes supérieurs (mâchoire, lèvres, ailes du nez, langue, voile du palais, pharynx, larynx), entrent dans la composition des nerfs *trijumeau, glosso-pharyngien, pneumogastrique, spinal* et *grand hypoglosse.*

Le *trijumeau* (fig. 111, V) anime par sa petite branche motrice (v') tous les muscles masticateurs.

Le *facial* (fig. 111, VII) innerve quelques muscles du voile du palais, les muscles digastrique et stylo-hyoïdien,

---

1. Semon et Horseley, *British medical Journal,* an. 1889, p. 1383-1384. — Dejerine, *Comptes rendus de la Société de biologie,* an. 1891, p. 155. Voir, pour prendre une idée rapide de la question : Dʳ P. Rangé, *Les troubles neuro-moteurs du larynx,* dans la *Revue internationale de rhinologie, otologie et laryngologie du Dʳ Natier,* an. 1895, p. 157-166.

deux muscles de la langue (le glosso-staphylin et le stylo-glosse), enfin les muscles des lèvres et du nez (le buccinateur, les zygomatiques, le canin, les élévateurs de la lèvre supérieure et de l'aile du nez, le dilatateur des narines).

Le *glosso-pharyngien* (fig. 111, IX) envoie quelques filets moteurs aux muscles constricteurs du pharynx, digastrique, stylo-hyoïdien et stylo-glosse.

Le *pneumogastrique* ou nerf *vague* (fig. 111, IX) concourt à l'innervation des organes vocaux par sa *branche pharyngienne*, par le *laryngé supérieur* qui descend dans le muscle circo-thyroïdien, et par le *laryngé inférieur* ou *récurrent* qui, remontant du thorax, va s'épanouir dans les autres muscles internes du larynx.

Le *spinal*, ou *accessoire* du pneumogastrique (fig. 111, XI), fournit, par sa branche externe, des rameaux aux muscles sterno-cléido-mastoïdien et trapèze.

On a attribué longtemps à la branche interne du spinal, qui s'anamostose avec le pneumogastrique, le rôle moteur dans l'innervation du pharynx et du larynx. Mais des expériences récentes, jointes à l'étude des noyaux au moyen des coupes sériées, contredisent l'ancienne manière de voir [1].

Le *grand hypoglosse*, qui est exclusivement moteur, se distribue à tous les muscles de la région sous-hyoïdienne, au génio-hyoïdien et aux muscles de la langue.

---

1. Onodi, *Rapport de l'accessoire avec l'innervation du larynx* (Congrès de Vienne, 25 septembre 1895), dans la *Revue internationale de rhinologie*, etc., an. 1895, p. 269. — Grabower, *Deutsche Zeitschrift für Nervenheilkunde*, 1896, vol. IX, liv. 1 et 2, p. 82, et compte rendu par M. Marinesco, dans la *Presse médicale*, an. 1896, p. 703.

Les neurones *rachidiens* qui vont animer les muscles du thorax et de l'abdomen commencent : les uns (nerfs du diaphragme, du sterno-cléido-mastoïdien, du trapèze, du grand et du petit pectoral, du grand dentelé), dans la région cervicale ; les autres (nerfs des intercostaux, les surcostaux, des petits dentelés postérieurs, et des muscles de l'abdomen), dans la région dorsale.

Enfin, il convient de mentionner les neurones *sympathiques* qui se mêlent à la branche interne du spinal, au glosso-pharyngien, au grand hypoglosse et au nerf du diaphragme.

Le fonctionnement du mécanisme phonateur commence à être assez bien connu. En excitant, avec de faibles courants électriques, des points déterminés de l'écorce cérébrale du singe, à l'extrémité inférieure de la frontale ascendante et de la troisième circonvolution frontale, MM. Horseley et Beevor provoquent des mouvements très précis de la langue, des lèvres et des cordes vocales[1]. De son côté, M. Onodi a reconnu chez le chien l'existence du centre cortical de la phonation ; mais en même temps il a constaté que ce centre n'est pas indispensable, puisque la voix persiste, après sa destruction totale, dans l'un et l'autre hémisphère. Le centre, plus profond, qui conserve la voix dans l'expérience précédente, a pu être localisé[2], au moyen de sections successives, dans une région qui comprend avec les tubercules

---

1. *Philosophical Transactions*, 1890, p. 187.

2. Onodi, *Les centres cérébraux de la phonation* (Congrès de Vienne, 25 septembre 1895), dans la *Revue internationale de laryngologie*, etc., an. 1895, p. 269.

quadrijumeaux un espace de 8^{mm} à la partie supérieure du quatrième ventricule (fig. 111, *Qa*, *Qp*, *V₄*).

Depuis longtemps, on a sectionné les nerfs périphériques, et l'on sait que les animaux, privés du spinal, ne peuvent retenir leur souffle et n'émettent que des sons brefs et saccadés ; qu'un chien, à qui le grand hypoglosse a été coupé, laisse pendre sa langue entre les dents, impuissant à la retirer en arrière ; que l'arrachement des laryngés paralyse les cordes vocales.

Mais toutes ces expériences sont grossières. La maladie en fait elle-même de bien plus délicates. Tantôt elle se cantonne dans un nerf isolé, comme la paralysie du facial, celle du trijumeau ; tantôt elle se généralise peu à peu, comme la paralysie diphtérique qui, survenant après la guérison de l'angine, débute presque toujours par le voile du palais et gagne souvent les muscles du larynx et de la respiration. Tantôt elle frappe d'une manière brusque et soudaine ; tantôt elle progresse lentement et par étapes régulières, réalisant le tableau complet des évolutions phonétiques dues à un affaiblissement graduel de l'effort vocal. J'ai nommé la paralysie *labio-glosso-laryngée* de Duchenne (de Boulogne). Cette affection, sous sa forme vraie, détruit peu à peu les cellules des nerfs bulbaires ; et les muscles s'atrophient en conséquence. On voit la langue diminuer progressivement de volume, s'engourdir et se coller sur le plancher de la bouche, les lèvres refuser de s'arrondir, le voile du palais et les constricteurs du pharynx s'immobiliser, les élévateurs des mâchoires perdre leur force, les cordes vocales s'amincir, devenir inertes et demeurer écartées. Le son s'altère en raison de l'affaiblissement des muscles phonateurs. Les consonnes qui demandent une élévation considérable de la langue sont les premières à disparaître, remplacées par un bruit de souffle ; des résonances nasales infectent toute la prononciation ; les sons laryngés ou se prolongent trop, ou s'établissent difficilement. (Voir l'*Appendice*).

Des phénomènes analogues se présentent, avec l'atrophie en moins, lorsque les lésions portent sur les neurones corticaux.

L'examen anatomique, après la mort, vient donner leur explication aux phénomènes observés sur le vivant. C'est ainsi que l'on a pu reconnaître qu'une lésion limitée à la région rolandique coïncidait avec l'abolition complète de la parole, que l'on a pu suivre, grâce à la dégénérescence des fibres consécutive à la lésion, le trajet du faisceau articulatoire ; que l'on a constaté, dans les cas de paralysie incomplète, une destruction des cellules proportionnée à la diminution des muscles. Ce dernier fait, surtout, qui se produit dans tous les cas d'atrophie d'origine nerveuse, est de la plus haute importance, car il suggère une hypothèse sur la cause vraisemblable de certaines évolutions phonétiques. Au lieu d'une destruction relativement rapide des centres phonateurs, supposons une modification plus lente et également progressive de ces mêmes centres, se produisant, non plus dans l'individu, mais au cours de générations successives, de telle sorte que le nombre des neurones diminue ou croisse régulièrement : il se produira, dans chaque génération nouvelle venant à la vie, un amoindrissement ou une augmentation de la puissance musculaire qui se manifestera, suivant les noyaux modifiés, par des transformations proportionnelles dans le jeu des lèvres, de la langue, du voile du palais ou du larynx. Ces modifications seront ou trop légères pour frapper l'attention, ou trop tenaces pour céder à des efforts incompétents. Alors, comme aucune gymnastique appropriée ne viendra rendre

sa vigueur normale à l'organe affaibli, si une restauration
ne se fait pas par les seules forces de la nature dans la
génération suivante, les changements demeureront acquis
et l'évolution phonétique aura progressé d'un pas. Que la
diminution du nombre des neurones s'accélère, ou se ralen-
tisse, ou s'arrête; l'efficacité de l'influ volontaire sera modifiée en conséquence, et l'évolution ou se précipitera, ou
subira un retard, ou se fixera à l'une de ces étapes qu'elle
peut conserver pendant des siècles.

§ III

FACULTÉ ET ZONE DU LANGAGE[1]

Le mécanisme phonateur ne se meut pas de lui-même;
il est sous la dépendance d'un organisme plus complexe qui
constitue la faculté du langage. La pensée, en effet, a
besoin, pour pouvoir être exprimée par la parole, de revê-
tir une forme spéciale que nous nommons le langage intérieur, c'est-à-dire de s'identifier avec un groupe d'images,
les unes sensorielles, les autres motrices, qui lui donnent un
corps et permettent de la transformer en mouvements. Or,
les centres où s'accomplissent toutes ces opérations sont
avant tout des centres de souvenir, en relation étroite
entre eux et avec les centres sensibles et moteurs. Si, en
effet, dans les premiers débuts de la vie, nous ne possédons
des choses que des *images réelles* perçues par les centres
généraux, nous ne tardons pas à associer à ces images :
d'abord les images des mots entendus, ou *images auditives*

---

1. A consulter Mirallié, *De l'aphasie sensorielle* (thèse),
Paris, Steinheil, 1896, on y trouvera une bibliographie

des mots; puis, à la suite d'efforts épellatoires essayés pour reproduire les mots entendus, les images commémoratives des mouvements phonateurs, ou *images motrices d'articulation*; plus tard, enfin, les images des syllabes et des mots lus et écrits, ou *images visuelles des lettres et des mots*.

Les centres où s'emmagasinent ces différentes images, avec leurs faisceaux d'association, forment la zone du langage. Ils occupent sur le cerveau l'hémisphère gauche chez les droitiers, l'hémisphère droit chez les gauchers, et se groupent le long de la scissure de Sylvius, sur les confins des territoires moteur et sensoriel.

Le centre des images motrices d'articulation, ou centre de Broca[1], siège dans le pied de la 3e circonvolution frontale (fig. 108, OpF_3), en contact immédiat avec les origines corticales des nerfs phonateurs; le centre des images auditives des mots, ou centre de Wernicke[2], dans la 1re temporale (T_1), à l'extrémité supérieure du lobe temporal, zone attribuée à l'audition et à proximité du centre de Broca; enfin le centre des images visuelles des

---

générale de l'aphasie, à laquelle je renvoie le lecteur; — Thomas et Roux, *Comptes rendus de la Société de biologie*, 1895-96; — Thomas, *De l'aphasie motrice corticale* ou aphasie de Broca, article fort intéressant qui paraîtra bientôt, et que l'auteur a bien voulu me communiquer en manuscrit. Ces travaux sont remarquables par la méthode et la rigueur d'observation que M. Dejerine a su inculquer à ses élèves pour l'étude de l'aphasie.

1. *Bulletin de la Société anatomique*, 1861, août, p. 330; novembre, p. 398.

2. Wernicke, *Der aphasische symptomcomplex*, Breslau, 1874.

lettres et des mots, ou centre de Dejerine [1], dans le gyrus
supra-marginalis (*Gsm*) et dans le pli courbe (*Pc*) qui, d'une
part, sont en relation intime avec la face interne du lobe
occipital, lèvres de la scissure Calcarine (fig. 105, *K*);
lobules lingual (*Ll*) et fusiforme (*Fus*), centre de la vision
générale [2], et, d'autre part, occupent le point le plus rapproché des centres de Wernicke et de Broca.

Les faisceaux d'association propres à ces centres sont : le
faisceau longitudinal supérieur ou faisceau arqué (fig. 108,
Fls), composé de courtes fibres d'association qui traversent
la région sous-jacente aux lobes occipital et temporal et à
l'opercule sylvien (fig. 110, *OpF₃, OpR*); le *faisceau occipito-
frontal* (fig. 109, *Fof*) composé aussi de fibres courtes, qui
mettent en rapport *l'Insula* (fig. 109, I) d'un côté avec la
3ᵉ frontale et de l'autre avec la 2ᵉ temporale, constituant
ainsi la voie la plus courte entre le centre de Broca et celui
de Wernicke ; enfin le *faisceau longitudinal inférieur* (fig. 109
et 110, *Fli*), qui relie le lobe occipital, et en particulier la
zone visuelle, au lobe temporal, centre des images auditives [3].

On peut donc vraisemblablement ajouter à la zone du
langage, avec M. Thomas, le lobe de l'insula et l'opercule
rolandique où viennent se relayer les fibres d'association
des centres d'images.

C'est aux lésions qui affectent la zone du langage et à
leurs effets que nous devons les renseignements les plus

---

1. *Comptes rendus de la Société de biologie*, 1891, p. 167-173.

2. Vialet, *Les centres cérébraux de la vision* (thèse), Paris,
1893.

3. Dejerine, *Anatomie des centres nerveux*, I, p. 756, 758,
769.

précis sur la formation du langage intérieur. Ces lésions produisent des affections variées que l'on est convenu de désigner sous le nom d'*aphasie*. Il ne sera pas inutile de nous y arrêter un instant.

Les aphasies se divisent en deux classes, en *corticales* et *sous-corticales*, suivant que les lésions dont elles relèvent ont leur siège en dedans ou en dehors de la zone du langage. Les premières sont caractérisées par ce fait qu'elles altèrent le langage intérieur sur toutes ses formes (parole, audition, lecture, écriture), tandis que les secondes ne suppriment qu'une fonction, celle dont l'organe est atteint directement, et laissent subsister toutes les autres.

Commençons par les aphasies sous-corticales, qui présentent les types les plus simples.

APHASIES SOUS-CORTICALES. Conservation du langage intérieur. — La lésion est en dehors de la zone du langage, par conséquent : soit entre le centre de Broca et les centres des mouvements articulatoires, soit entre le centre de Wernicke et le centre auditif commun, soit entre le centre de Dejerine et le centre visuel commun. D'où trois formes : aphasie motrice, surdité verbale et cécité verbale, toutes les trois pures, sans influence de l'une sur l'autre.

Aphasie motrice sous-corticale. — La possibilité seule d'articuler a disparu. Fait intéressant à noter : le malade conserve très bien la notion de la syllabe ; il fait, quand il essaye de parler, autant d'efforts expiratoires qu'il y a de syllabes dans le mot.

Surdité verbale pure. — La parole n'est pas entendue, par conséquent le malade ne peut ni répéter ni écrire sous dictée.

Cécité verbale pure. — Perte de la lecture mentale. Le

malade ne peut comprendre l'écriture qu'en suivant le tracé des lettres avec le doigt. La copie devient un dessin. La parole est conservée.

Aphasie corticale. Altération du langage intérieur. — On distingue : l'aphasie *totale*, l'aphasie *motrice* et l'aphasie *sensorielle*.

Aphasie totale. — La zone du langage est complètement détruite.

Aphasie motrice corticale[1]. — Le centre de Broca est atteint soit en lui-même, soit dans ses connexions ordinaires. Les mouvements articulatoires peuvent être exécutés : le malade meut les lèvres, la langue, le voile du palais, fait vibrer le larynx, etc. Mais la faculté d'appliquer ces divers mouvements à la parole est abolie. Certains malades peuvent cependant prononcer quelques syllabes purement automatiques qui leur servent pour toutes leurs réponses.

Le retour de la parole est très lent. Les premiers mots qui se présentent sont les verbes à l'infinitif ou de simples noms, d'abord pour répondre aux questions posées, plus tard pour exprimer des désirs. Les mots en série (jours de la semaine, noms de nombre, etc.) reviennent tous ensemble et ne peuvent être isolés. Enfin, quand, grâce aux suppléances qui s'établissent soit dans le même hémisphère, soit dans l'hémisphère opposé, la parole sera entièrement restaurée, les phrases resteront plus courtes et la prononciation moins rapide.

La parole répétée est au début profondément atteinte.

---

1. Je résume en partie l'article de M. Thomas cité plus haut.

Mais, dans la période d'amélioration, elle prend le pas sur la parole spontanée. Le mot est reconquis le premier. Quant aux phrases, le malade n'en peut reproduire d'abord que le dernier mot, ou bien il les mutile par ses omissions au point de les rendre incompréhensibles. MM. Thomas et Roux ont hâté singulièrement la répétition des mots en appelant l'attention de leurs malades sur les mouvements des lèvres et de la langue. Je n'ai pu obtenir le mot « Salpé-trière » d'un aphasique, déjà en voie de guérison, qu'en lui faisant suivre, à l'aide du doigt, les mouvements de la langue dans ma bouche et dans la sienne.

La lecture à haute voix revient en même temps et de la même manière que la parole. Elle est au début très défec-tueuse, criblée de fautes, d'omissions, de confusions, de transpositions, de changements de toute sorte.

L'écriture spontanée et sous dictée est abolie. Quelques mots usuels seuls ont échappé au désastre; certains même sont écrits, qui ne peuvent être prononcés. Cependant l'aphasique écrit sous dictée les lettres isolées, souvent même la première lettre d'une syllabe ou d'un mot, mais sans pouvoir retrouver les autres. Le retour de l'écriture sous dictée présente les mêmes phases que celui de la lecture.

La copie seule est possible, mais seulement la copie ser-vile faite lettre à lettre. Elle s'améliore avec le temps et l'exercice.

La mimique et le chant sont souvent moins touchés en raison des associations qu'ils possèdent en dehors de la zone du langage.

En revanche, la faculté de comprendre la parole parlée est maintenue; toutefois, elle subit des diminutions qui prouvent bien la solidarité des centres du langage intérieur. Il n'en est pas de même de la lecture mentale, qui est détruite, sauf pour quelques mots (les plus familiers), les emblèmes connus, les chiffres et les nombres peu élevés. Celle-ci se restaure peu à peu suivant un ordre qui est toujours le même. Le malade reconnaît : en premier lieu, le dessin du mot; puis l'association des syllabes; enfin l'association des lettres. Les sons simples figurés par plusieurs lettres, comme *eau*=*ô*, lui offrent le plus de difficulté. On arrive à classer ses progrès en lui présentant à lire des mots écrits d'une façon insolite (verticalement, ou avec les syllabes séparées, ou avec les lettres largement espacées).

Toutes ces observations nous permettent, en poussant notre analyse plus loin, de rechercher ce que sont devenues dans l'aphasie motrice les images visuelles, auditives, motrices et la faculté de les évoquer, deux choses qui constituent le langage intérieur :

1° Les images *visuelles* des lettres sont intactes et peuvent être évoquées spontanément; mais les images visuelles des syllabes et des mots sont très altérées. Même avec les cubes alphabétiques dont M. Mirallié se sert pour supprimer l'écriture et la remplacer par un acte purement intellectuel, les malades, qui peuvent représenter leur nom et quelques mots, sont incapables de rendre leur pensée.

2° L'aphasique conserve les images *auditives*, puisqu'il comprend ce qu'on lui dit. Mais peut-il les évoquer spontanément? Ce qui revient à dire : l'aphasique pense-t-il avec des mots ou seulement avec des images générales? Pour le savoir, on s'est adressé aux aphasiques guéris, et l'on a tenté des expériences[1]. Les réponses obtenues

---

1. On a demandé aux malades si, durant leur affection, les noms des objets auxquels ils pensaient résonnaient ou

n'ont pas été concordantes, mais les expériences, faites par MM. Thomas et Roux, semblent bien prouver que l'image auditive n'est pas évoquée. Quoi qu'il en soit, ce qu'il importe de noter, c'est que, durant la période d'amélioration de l'aphasie, l'évocation spontanée des images auditives, comme du reste les autres opérations phoniques, est lente et pénible : le malade cherche d'abord son mot pendant plusieurs secondes, puis il fait des mouvements des lèvres et de la langue, et, après quelques essais, il arrive enfin à l'émission voulue. Au contraire, si l'on fournit à l'aphasique l'image auditive en lui soufflant le mot ou seulement la première syllabe du mot, on obtient une réponse immédiate. Les voies de communication sont donc bien défectueuses.

3° La faculté d'évoquer les images *motrices* d'articulation est entièrement abolie, mais s'ensuit-il que ces images sont toujours détruites? L'expérience de MM. Thomas et Roux prouve que non, puisque leurs malades, réfractaires à la simple audition, ont réappris par la vue le mécanisme de la parole. L'aphasie motrice serait donc moins la perte de la faculté d'articuler, que la perte de la faculté de provoquer l'articulation par l'image auditive. Il y aurait dissociation des éléments auditifs et moteurs, dont l'union chez l'enfant a constitué le mot. Cette notion, outre qu'elle est tirée de l'expérimentation, a encore l'avantage de rendre raison des faits observés. En effet, la destruction du mot entraîne la

non à leur oreille. On a essayé, en présentant un objet, de faire dire nombre des syllabes contenues dans le nom (Lichtheim), ou de faire reconnaître une syllabe non significative du nom dans un groupe de syllabes assemblées au hasard (Thomas et Roux).

perte de la parole spontanée, la perte de la faculté de syllaber, par conséquent la perte de la lecture mentale et de l'écriture, qui supposent l'une et l'autre l'épellation ou image *auditivo-motrice* du mot, sauf lorsque celui-ci peut être considéré comme un idéogramme et compris comme un dessin.

Aphasie sensorielle corticale. — Lésion de la 1re temporale, du gyrus supra-marginalis, du pli courbe. — Quoique les malades entendent et voient d'une façon normale, ils ne peuvent comprendre la parole et la lecture. Au début, la surdité et la cécité verbales sont nettement accusées ; mais, suivant que la lésion prédomine à la 1re temporale ou au pli courbe, on voit l'une ou l'autre s'atténuer sans pourtant disparaître complètement. Presque toujours le malade reconnaît son nom, plus rarement celui de ses proches ; parfois il comprend certains mots. Dans tous les cas, cependant, un examen attentif ne tarde pas à révéler la cécité ou la surdité verbale.

La parole naturellement est atteinte, mais à des degrés et sous des aspects divers, suivant la nature et l'importance de la lésion. Si une interruption complète se produit entre les images motrices et les images auditives, on voit apparaître le type de l'aphasie motrice. Si le centre de perception auditive seul est atteint, et que les associations *auditivo-motrices* anciennes soient intactes, la parole spontanée se maintient ; mais, privée de ses rapports avec les perceptions actuelles, elle est vide de sens ; et le malade, s'efforçant de suppléer à ce qu'il sent bien lui manquer, devient un verbeux. Si les associations *auditivo-motrices* sont partiellement atteintes, la faculté d'articuler persévère, mais les syllabes se brouillent et le langage devient un jargon plus ou moins informe. Si enfin les perceptions actuelles sont simplement limitées, les questions les plus simples, celles qui ont rapport à la vie de tous les jours, pourront seules être comprises et recevoir des réponses convenables. Mais la parole répétée est toujours très défectueuse; cela se conçoit puisqu'elle est fondée sur les seules perceptions actuelles.

L'écriture est très altérée : le malade en général peut écrire son nom, mais comme un idéogramme (interrompu dans son dessin, il ne saura le continuer); il copie, mais seulement trait pour trait. En réalité, l'écriture spontanée, sous dictée et sur copie, est supprimée. Exceptionnellement, l'écriture présente des troubles comparables à ceux de la parole spontanée : elle est facile, courante, bien régulière, mais elle ne répond à aucune idée; d'autre fois elle présente des lacunes, des syllabes sont passées ou redoublées : c'est un véritable jargon écrit.

Avec le temps, ces phénomènes peuvent s'atténuer par suite de l'adaptation de nouveaux centres et de nouvelles connexions; mais ils ne disparaissent pas complètement.

On le voit, l'étude du mécanisme intérieur du langage et de la représentation de l'idée n'est pas hors de propos en phonétique. Elle nous donne la clef de diverses modifications que le jeu de l'organisme phonateur n'explique pas : les substitutions irrationnelles d'articulations, les transpositions de certaines syllabes et de certaines lettres, qui proviennent d'erreurs de transmission. Elle nous fait mieux comprendre la mutuelle dépendance du système phonateur et de l'oreille. Ce sont les images auditives qui déclanchent le mécanisme de l'articulation et qui en modèrent le fonctionnement; mais c'est l'exercice des mouvements phonateurs qui affine l'ouïe et lui donne sa dernière perfection.

Des erreurs d'articulation tromperont l'oreille, comme des erreurs d'oreille égarent l'articulation. Et, comme c'est l'ouïe qui tient le premier rôle dans l'enseignement du langage, il est naturel de ne pas refuser à l'imperfection des images auditives une part dans la marche des évolutions phonétiques.

CHAPITRE VI

ANALYSE PHYSIOLOGIQUE DE LA PAROLE

L'analyse physiologique de la parole définit les éléments
du discours d'après le jeu organique qui leur a donné naissance.

On a mis en doute la valeur scientifique de ce procédé,
par la raison qu'il n'existe pas un lien nécessaire entre les
mouvements phonateurs et le son. Il est vrai que deux
organismes très dissemblables par exemple, celui de
l'homme et celui du perroquet, peuvent arriver à produire
un même effet acoustique[1]; mais l'objection est ici sans
valeur. Ce qu'il faudrait prouver, c'est, non que deux
mouvements différents peuvent aboutir au même son, mais
que deux sons différents peuvent résulter de deux mouvements identiques; et cela, on ne le prouvera pas.

L'analyse physiologique n'est pas seulement légitime,
elle est nécessaire. Sans elle, dans l'état actuel de nos con-
naissances, nous ne saurions ni distinguer sûrement les
diverses articulations dans les tracés mécaniques de la voix,
ni les définir d'une façon intelligible, ni rendre compte de
leurs transformations. C'est dire que, sans elle, non seulement la phonétique n'existerait pas, mais que l'analyse
physique elle-même du son serait privée d'un complément
indispensable.

---

1. Pipping, *Ueber die Theorie der Vocale*, p. 3-4.

Comme moyen de définition, la méthode physiologique se recommande en particulier par sa clarté. En effet, quand nous lisons comment un son se produit, les mouvements décrits s'esquissent comme d'eux-mêmes dans notre pensée, et, grâce à leurs associations avec des sons connus, nous donnent du son proposé une image d'autant plus voisine de la réalité que notre éducation phonétique est plus complète.

Au reste, c'est à l'observation physiologique que se réfèrent la plupart des documents que nous possédons sur la prononciation aussi bien des langues anciennes que des langues modernes. Nous ne pourrons point en aborder ici la discussion; mais l'expérimentateur avisé n'aura garde de les ignorer, surtout ceux que nous devons à l'école phonétiste contemporaine; car il y trouvera ample matière à expériences et des faits bien observés [1].

---

1. On n'attend pas de moi une liste complète des livres qui peuvent être consultés avec fruit. Tout au plus, puis-je fournir quelques indications sommaires destinées aux débutants.

Pour la philologie ancienne, recourir aux grammairiens et aux notes éparses dans les auteurs. On trouvera un certain nombre de citations, par exemple, dans : *Rudiménta latino-gállica*, Lutetiæ, ex officina Roberti Stéphani, 1585; J. Matthiæ, *de Litteris*, Basileæ, 1594, réimprimé dans la *Zeitschrift* de Techmer, an. 1889, p. 90-132; Oskar Fochde, *Die Anfangsgründe der römischen Grammatik*, Leipzig, 1892.

Pour le sanskrit : *Rig-Veda Prātiçākya*, éd. Müller ou Régnier; *Atharva-Pratiçākya*, éd. Whitney, dans *Journal of the American Oriental Society*, t. VII (an. 1862) et X (an.

Nous traiterons successivement :

1° De deux questions préliminaires;

2° Des éléments simples de la parole;

3° Des éléments groupés;

4° Des qualités des éléments de la parole (durée, hauteur musicale, intensité);

5° Des modifications phonétiques.

1872); *Taittirīya Prātiçakya*, éd. Whitney, *ibid.*, t. IX (an. 1871).

Les études modernes de phonétique soit historique, soit descriptive seront facilement à la portée de l'expérimentateur. A signaler entre autres : William Holder, *Elements of speech*, London, 1669; De Kempelen, *Le mécanisme de la parole*, Vienne, 1791 (très intéressants pour leurs dates); Brücke, *Grundzüge der Physiologie und Systematik der Sprachlaute*, Vienne, 1855, 2ᵉ éd., 1876; Sievers, *Grundzüge der Phonetik*, Leipzig, 1876, 4ᵉ éd., 1893; Vietor, *Elemente der Phonetik*, Heilbronn, 1884, 3ᵉ éd., 1893; Trautmann, *Die Sprachlaute...*, Leipzig, 1886; Jesperson, *The articulations of speech sounds...*, Marburg, 1889; Paul Passy, *Étude sur les changements phonétiques*, Paris, 1890.

M. Storm a fait une revue critique des ouvrages de phonétique dans le 1ᵉʳ volume de son *Englische Philologie*, Leipzig, 1892. M. Koschwitz rend compte de ceux qui ont paru entre 1892 et 1895 (dans *Romanischer Jahresbericht*, II, p. 29 et suiv.). Enfin, M. Breymann a donné une liste complète avec sommaires des livres parus dans toutes les branches de la phonétique, de 1876 à 1895 (*Die Phonetische Literatur*, Leipzig, 1897, 170 pages).

ARTICLE I

Questions préliminaires.

Deux questions se posent avant toutes les autres, à savoir : Sur quels sujets faut-il étudier les éléments de la parole ? — Comment représenter les résultats des analyses ? Nous avons donc à nous occuper : 1° du choix des sujets à expériences; 2° de l'alphabet.

§ I

CHOIX DES SUJETS A EXPÉRIENCES

Il est clair que la portée d'une analyse dépend de la valeur du sujet sur lequel on l'a faite. L'expérimentateur doit donc choisir les sujets de ses expériences, ou plutôt il peut prendre n'importe lequel, pourvu qu'il se rende un compte exact de sa valeur au point de vue linguistique, et qu'il n'attribue pas aux résultats obtenus plus de portée qu'il ne convient.

Chacun ne vaut pleinement que pour sa langue maternelle, considérée dans un lieu et dans un temps déterminés. En dehors de cette langue dont le mécanisme est normal, restriction faite des cas exceptionnels qui se dénoncent d'eux-mêmes, on est exposé à se trouver, pour toutes les autres, apprises dans la suite, en face d'accommodations inté-ressantes à connaître sans doute, mais qui altèrent la pureté des mouvements traditionnels. Est-ce à dire qu'il n'est pas possible d'arriver à la reproduction parfaite d'une langue étrangère ? Je ne veux pas le nier; mais le succès est toujours problématique. La pureté auditive du son n'est même pas une garantie suffisante, car des sons identiques peuvent être dus à des jeux organiques différents. Nous en rencontrerons plusieurs exemples, et l'on en cite qui tiennent du prodige : une jeune fille des environs de Nantes qui avait perdu la langue par suite de la petite vérole et qui serait arrivée à demander du pain et à parler[1] ; un homme, présenté à une réunion de médecins, à qui on avait enlevé le larynx et supprimé toute communication de la trachée avec la bouche, et qui, en emmagasinant de l'air dans une petite poche au-dessus de la trachée, était arrivé à parler et à se faire comprendre[2]. Ces suppléances merveilleuses, qui ne peuvent évidemment pas entrer ici en ligne de compte, montrent du moins de quelles ressources dispose la nature, et avec quelle prudence il faut procéder à la localisation des mouvements articulatoires si l'on ne tient compte que de leurs effets acoustiques.

On ne peut donc approuver la méthode suivie par certains observateurs pour l'étude des prononciations étrangères à la leur. Ils s'efforcent de les reproduire en se guidant par l'oreille et les yeux ; puis, quand ils y ont réussi au gré des indigènes, ils décrivent les mouvements exécutés par eux, tels qu'ils les sentent, et les enseignent comme le mécanisme normal du son étudié. Il est difficile de faire autrement, quand on pose le *sens musculaire* comme critérium dernier en phonétique. Mais on avouera que cette

----

1. *Traité de la formation mécanique des langues* (édition de l'an IX), I, p. 108.

2. *Revue internationale de laryngologie*, an. 1894, p. 222 (Société de laryngologie, New-York, 22-24 mai).

méthode ne peut donner qu'une sécurité bien relative. L'expérimentateur, lui, ne doit pas s'en contenter; il observera les faits directement là où ils se produisent, et il choisira autant de sujets pour ses expériences que l'exigera la variété de ses recherches.

Les sujets que l'on proposera comme représentant des types purs du parler d'un lieu quelconque, seront triés avec le plus grand soin. On les prendra non seulement indigènes, mais encore issus de parents indigènes, et l'on s'assurera qu'aucune influence étrangère d'une certaine importance n'a pu altérer la pureté native de leur prononciation.

Quand on possédera ainsi des types tout à fait purs, on pourra tirer parti des expériences faites sur des sujets dont le langage offrira une plus grande complexité.

Chaque feuille d'expérience doit donc être accompagnée de tous les renseignements géographiques, généalogiques, sociaux, chronologiques, nécessaires pour placer les résultats obtenus dans leur vraie catégorie et en apprécier la juste valeur.

C'est faute d'avoir fait des observations suffisantes sur des sujets compétents, que la plupart des grammairiens modernes identifient l'*l* mouillée, inconnue aujourd'hui de la plupart des Français du Nord, avec *ly*; que plusieurs phonéticiens se sont refusés à reconnaître l'existence d'un *l* mouillé, d'un *d* mouillé, d'un *k* mouillé, etc., distincts du *ly*, *dy*, *ky*..., etc. On a jugé, semble-t-il, pour *l* mouillée, d'après de vagues prescriptions recommandant encore de faire entendre une *l* et non pas seulement un *y*. C'était insuffisant pour retrouver un son perdu. On aurait pu, au besoin, se renseigner auprès des grammairiens des siècles derniers qui, n'ayant qu'à s'observer eux-mêmes pour rendre compte du mécanisme de cette articulation, nous en ont laissé des descriptions exactes. M. Havet paraît être le premier qui ait eu l'idée de recourir à l'observation directe des sujets possédant l'*l* mouillée dans leur langue[1]. Mais cela même aurait pu ne pas suffire. On l'a bien vu pour les explosives mouillées. La simple audition induirait plutôt en erreur, car une oreille non encore exercée n'entend que *ly*, *ty*, *dy*... Et ici je dois faire un aveu, qui est instructif. Quoique je n'aie jamais pu confondre *ly* et *l* mouillée, *ny* et *n* mouillée, cependant je ne suis parvenu à distinguer nettement *ty* et *t* mouillé, *dy* et *d* mouillé qu'après avoir constaté sur des palais artificiels la différence des mouvements articulatoires propres aux uns et aux autres.

Quand il s'est livré à une scrupuleuse information, l'expérimentateur a un second devoir à remplir, celui de présenter ses conclusions pour ce qu'elles valent réellement. S'il croit pouvoir généraliser un fait, d'accord; mais qu'il le dise, et ne nous laisse pas supposer des documents plus nombreux, qu'il ne possède pas. En lisant, dans le *Traité de la formation mécanique des langues,* du président De Brosses[2], que le *s* est un sifflement nasal, on est quelque peu surpris, d'autant que le mécanisme des consonnes nasales était bien connu au xviiie siècle et que l'auteur s'est montré plus d'une fois observateur attentif. D'où vient l'erreur? Uniquement, je crois, d'une expérience personnelle indûment généralisée.

Les cas d'insuffisance du voile du palais ne sont pas rares :

---

1. Thurot, *De la prononciation française depuis le XVIe siècle,* II, 297-307; Sarcey, feuilleton du *Temps,* 19 août 1895.
2. Tome I, p. 107, 113, 116-117, 136 et 139.

j'en ai rencontré en Allemagne comme en France, et cela sans que la prononciation m'ait paru sensiblement altérée. Il est alors facile de constater pour certaines articulations non nasales, pour *s* (par exemple), une émission anormale de l'air par le nez. De Brosses, qui était « d'un tempérament faible et délicat [1] », eut sans doute ce défaut; son tort aura été de le prêter à tout le monde.

C'est aussi en se basant sur leur propre manière de prononcer que Bèze, Périon, d'Olivet, Batteux (pour ne citer que des anciens) ont donné de l'accent français des règles fausses [2] si l'on considère le français de Paris, mais exactes pour leur français régional.

On évitera tous ces défauts, en donnant une liste sincère des documents utilisés, avec tous les détails propres à éclairer la critique. Le lecteur ayant été mis en état de juger par lui-même, on pourra sans inconvénient généraliser à son gré : le correctif sera à côté de chaque affirmation et permettra toujours de ramener les choses au point.

Le degré de généralisation dont sont susceptibles les expériences particulières est une question sur laquelle nous aurons à revenir (art. V); mais nous pouvons dire dès maintenant que les expériences faites sur des sujets bien choisis montrent assez vite : 1° ce qui convient à une seule classe d'individus, à une seule localité, ou bien à toute une région, à tout un pays; 2° quand la plus grande réserve s'impose dans les conclusions, quand, au contraire, la généralisation la plus étendue est permise. L'expérimentateur n'aura donc qu'à se laisser conduire et inspirer par les expériences mêmes.

---

1. Note de son éditeur, p. 3.

2. Gaston Paris, *Étude sur le rôle de l'accent latin dans la langue française*, p. 15.

§ II

L'ALPHABET

Il ne peut pas être question de conserver aucun de nos
alphabets vulgaires, l'alphabet français moins que tout
autre. Chacun connaît leur fastueuse indigence. Dès le
XVIe siècle, on a songé à les enrichir[1] ou à les remplacer[2]. Au XVIIe siècle, on voit naître cette idée que l'alphabet doit peindre les mouvements phonateurs. Aussi

---

1. Jacques Dubois, *In linguam gallicam Isagωge*, Pari-
siis, 1531; *Briefve Doctrine pour deuëment escripre selon la
propriété du langaige Françoys*, 1533 (il y en a deux édi-
tions : *Bibl. nat. rés.* ye 1409 et ye 1632; la seconde
est la plus importante. Cet opuscule a été reproduit dans
le travail d'un de mes élèves : Maurice Lambert, *Étude des
signes diacritiques ou orthographiques en français*. (C. R.
du 4e congrès scientifique international des catholiques,
Fribourg, 1898); Jacques Pelletier du Mans, *Dialogue de
l'Ortografe e Prononciation Françoęse*, 1550; Louis Meigret,
Le tretté de la grammęre francoęze, 1550; P. de La Ramée,
Grammaire, 1572; Baïf, *Étrénes de poęzie fransoęze*, 1574;
Joubert, *Traité du Ris*, 1579, etc.

2. Rambaud, *La Declaration des abus que l'on commelen
escrivant...*, 1578. On trouvera des spécimens et d'autres
indications dans l'article de M. Brunot, *la langue française
au XVIe siècle* (Petit de Julleville, *Hist. de la lang. et de la
litt. fr.*).

van Helmont[1] attribue-t-il ce mérite aux lettres hébraïques

1. F. M. B. ab Helmont, *Alphabeti vere Naturalis hebraici*

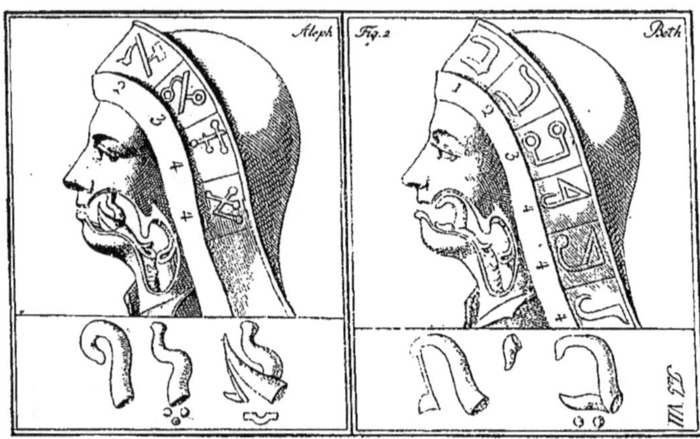

Fig. 114

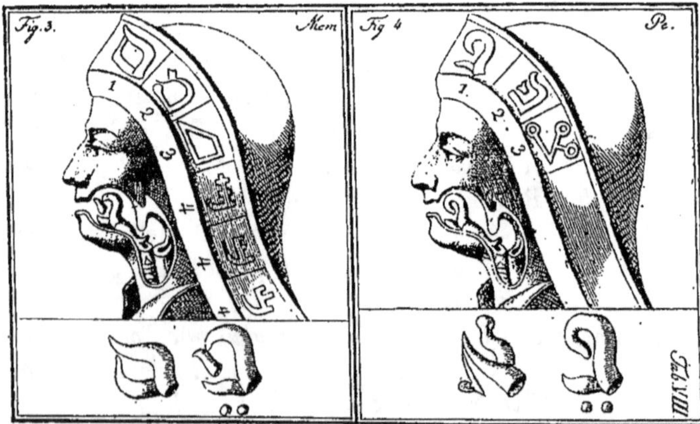

Fig. 115

brevissima delineatio..., Sulzbaci, 1667. Je donne, à titre de

qu'il croit révélées par Dieu. John Wilkins [1] compose un
alphabet entier d'après ce principe. En même temps, on
cherchait un alphabet universel où les mots seraient écrits
à la façon des chiffres et deviendraient lisibles pour toutes
les nations [2]. Au XVIIIe siècle, De Brosses entreprit de
réaliser ces deux idées dans son « alphabet organique et
universel composé d'une voyelle et de six consonnes »
avec signes modificatifs. Il en donna deux formes : une,
hiéroglyphique, où chaque articulation était représentée
par une grossière image de l'organe qui le produit ; l'autre,
plus simple, plus méthodique et plus expéditive [3].

Avec notre siècle, les progrès de la linguistique font
surtout désirer un alphabet universel assez riche pour
rendre les nuances les plus délicates des sons.

Lepsius [4] construit son *alphabet-étalon* avec des caractères

---

curiosité, un spécimen des figures qui servent à établir
l'étrange système de l'auteur d'après la reproduction très
exacte du baron de Kempelen.

1. *An essay towards a real character and a philosophical
language*, London, 1668. La partie importante pour nous
a été rééditée par Techmer, dans son *Internationale
Zeitschrift* (an. 1889), p. 149 et suivantes.

2. J. Becker, *Character pro notitia linguarum universalis...*, Francofurti, 1661 ; G. Dalgarn, *Ars signorum,
vulgo character universalis...*, Londini, 1661 ; Ath. Kir-
cher, *Polygraphia nova et universalis...*, Romæ, 1663.

3. *Traité de la formation mécanique des langues*, I, 163, etc.

4. *Standard alphabet for reducing unwritten languages and
foreign graphic systems*, London, 1855, 2e éd., 1863. (C. R.
de Whitney, *Journal of the american oriental society*, an. 1862,
p. 299-332).

romains et des signes diacritiques. Du Bois-Reymond [1] propose quelques signes nouveaux.

Brücke rajeunit l'alphabet organique dans un mémoire présenté, en 1863, à l'Académie des sciences de Vienne (section de philologie) [2]; M. Bell le perfectionne à son tour dans son *Visible speech* [3]; et Rumpelt [4] lui donne une forme sténographique combinée de telle sorte que la parenté des sons soit indiquée par la ressemblance des signes.

Enfin, M. Jespersen recourt, pour figurer les sons, non plus à de simples signes, mais à des formules représentant la part de chacun des organes dans leur production [5]. Cette notation algébrique a des avantages, m'a-t-on dit, dans l'enseignement.

L'alphabet de Bell, légèrement modifié [6], a été proposé par M. Sweet dans un petit livre fort commode [7]. Néanmoins, tout en se référant quelquefois aux signes du

---

1. *Kadmus oder allgemeine Alphabetik* vom physikalischen, physiologischen und graphischen Standpunkt, Berlin, 1862.

2. *Ueber eine neue Methode der phonetischen Transcription* (t. XLI, p. 223-285).

3. Alex. Melville Bell, *Visible speech*, 1867, et *Popular manual of vocal Physiology and visible speech* (2ᵉ éd.), 1891.

4. *Das natürliche System der Sprachlaute*, Halle, 1869.

5. *The articulations of speech sounds represented by means of analphabetic symboles*, Marburg, 1889.

6. *Transactions of the philological Society*, an. 1880-1881, p. 177-225.

7. *A primer of phonetics*, Oxford, 1890 (p. VIII-113).

Visible speech, les linguistes n'en font point usage dans leurs transcriptions.

On préfère, en général, à l'exemple de Lepsius, s'en tenir à l'alphabet latin qui a l'avantage d'être connu et de renfermer plusieurs éléments utilisables d'une grande clarté. On est d'accord naturellement pour en éliminer tous les signes superflus ou à valeur multiple, et l'on admet théoriquement la loi : un seul signe pour un son, un seul son pour un signe. Mais une grande variété règne dans le choix des enrichissements nouveaux. Les uns n'hésitent pas à mélanger diverses sortes de lettres, des capitales, des minuscules, des romaines, des italiques, des caractères gras, des lettres grecques, des signes en usage dans les manuscrits, à les renverser, à utiliser les signes de ponctuation et, en un mot, toutes les ressources qui se trouvent dans les imprimeries ; on arrive ainsi à une représentation, peu séduisante à l'œil sans doute, mais économique et variée, des sons. Ce système, commode pour l'impression, plaît encore à une certaine classe de lecteurs ennemis des signes diacritiques : car il y en a. Et je ne m'en plaindrais pas, s'ils n'étaient en même temps ennemis du grand nombre des caractères, ou si je pouvais leur supposer l'esprit divinatoire d'un certain musicien de la garde, qui, m'a-t-on dit, ne jouait à son aise un morceau qu'après l'avoir débarrassé de ses dièses et de ses bémols, superfluités encombrantes pour lui. Les autres, obéissant à des sentiments d'esthétique et surtout persuadés que réduire la gamme des sons à des intervalles fondamentaux bien connus et marquer les nuances par des modificateurs à signification fixe, c'est apporter un grand soulagement à la mémoire, n'hésitent pas, malgré la dépense qui en résulte, à bannir de leur alphabet tout caractère disparate et à multiplier les signes diacritiques.

Au premier genre appartiennent, par exemple, le système graphique de M. P. Passy (1887), et de sa revue, *le Maître phonétique*, celui de Kräuter, employé en Alsace, et celui de MM. Lyttkens et Wulff[1] pour lequel a été dépensé une grande somme d'ingéniosité ; au second genre, le système de M. Boehmer, usité parmi les romanistes allemands, et celui de l'ancienne *Revue des patois gallo-romans*, aujourd'hui de la *Société des Parlers de France* et de *la Parole*.

Le choix, du reste, entre ces différents systèmes me paraît assez indifférent, au moins pour ce qui concerne les phonéticiens. Il suffit que chaque auteur dresse une table bien exacte des signes qui lui sont particuliers et qu'il la place dans un lieu bien apparent de son volume, de préférence en première page. Toutefois, on commence à sentir le besoin d'une entente pour arriver à un système unique. Les orientalistes ont pris les devants. Ils ont arrêté, au congrès de Genève (1894), un alphabet qui répond à leurs besoins actuels. On me saura peut-être gré de le trouver ici avec quelques-uns de ses équivalents :

TRANSCRIPTION DU SANSKRIT

Congrès des Orientalistes (session de Genève)	Grammaire de Wackernagel
voyelles	
a	*a*
ā	*.ā*
i	*i*

---

1. *Congrès des orientalistes de Christiania*, Stockholm, 1889.

Congrès des Orientalistes (session de Genève)	Grammaire de Wackernagel	Autres transcriptions en usage
voyelles		
ī	*ī*	
u	*u*	
ū	*ū*	
ṛ	*ṛ*	*ri* (tend à disparaître)
r̄	*r̄*	
ḷ	*ḷ*	*li* (tend à disparaître)
ḹ	*l̄*	
e	*e*	*ē*
ai	*ai*	*āi*
o	*o*	*ō*
au	*au*	*āu* [1]
occlusives gutturales		
k	*k*	
kh	*kh*	*kʻ*
g	*g*	
gh	*gh*	*gʻ*
ṅ	*ṅ*	*ṅ*

---

1. La différence des transcriptions *e*, *o* d'une part, *ē*, *ō* de l'autre ; et *ai*, *au* d'une part, *āi*, *āu* de l'autre ne provient pas d'une différence d'interprétation : il est certain que *e* et *o* étaient des longues et que le premier élément de *ai*, *au* était long. Les notations *e*, *o*, *ai*, *au* sont donc incomplètes. Elles sont néanmoins de plus en plus employées ; elles ne donnent en effet lieu à aucune ambiguïté, parce qu'il n'existait en sanskrit ni *e*, *o* brefs, ni *ai*, *au* à premier élément bref.

Congrès des Orientalistes (session de Genève)	Grammaire de Wackernagel	Autres transcriptions en usage
palatales		
c	*c*	*č*
ch	*ch*	*č'*
j	*j*	*ǰ*
jh	*jh*	*ǰ'*
ñ	*ñ*	
cérébrales		
t	*t*	
th	*th*	*t'*
d	*d*	
dh	*dh*	*d'*
n	*n*	
dentales		
t	*t*	
th	*th*	
d	*d*	
dh	*dh*	*d'*
n	*n*	
labiales		
p	*p*	
ph	*ph*	*p'*
b	*b*	
bh	*bh*	*b'*
m	*m*	
demi-voyelles		
y	*y*	*i* (tend à sortir de l'usage)
r	*r*	
l	*l*	
v	*v*	

Congrès des Orientalistes (session de Genève)	Grammaire de Wackernagel	Autres transcriptions en usage
sifflantes		
1° palatale		
ś	ś	ç (très employé en France)
2° cérébrale		
ṣ	ṣ	*sh* et *š* (Brugmann)
3° dentale		
s	s	
h sonore		
h	h	
(*l* cérébrale)		
ḷ	ḷ	
(anusvāra, sorte d'émission nasale)		
ṁ	ṃ	̨ (par exemple *a̦*, *i̦*, *u̦*)
(anunāsika)		
m̐		
(visarga, *h* sourde employée à la fin des syllabes)		
ḥ	ḥ	

En attendant que les phonéticiens, imitant les orientalistes, adoptent un système graphique commode et suffisamment souple pour se prêter au progrès à venir de la
science, je conserve ici, en le modifiant un peu pour lui
donner un caractère plus général, celui des *Parlers de
France* et de *la Parole*.

Dans ce système, combiné en vue d'un objet déterminé
(la transcription des parlers de France), on a utilisé toutes
les ressources de l'alphabet français, adoptant tous les caractères simples et à signification unique, modifiant certains
autres pour en préciser le sens, généralisant l'usage des
signes diacritiques pour noter des nuances ou figurer des

sons étrangers à notre langue littéraire. De plus, on a eu
recours à la superposition des lettres pour représenter des
sons intermédiaires entre deux autres plus connus, et à des
exposants pour déterminer l'étape de leur évolution ;
enfin on a introduit des caractères d'un corps plus petit
pour peindre aux yeux l'état précaire des sons qui sont en
voie de naître ou de mourir.

En vue d'éviter autant que possible toute équivoque,
on a repoussé en principe les caractères et les signes qui,
ayant par ailleurs une autre signification, pourraient être
mal interprétés par un lecteur oublieux.

L'exposé détaillé de ce système graphique se trouve naturellement lié à l'étude des articulations. On peut en voir
le tableau complet en tête du volume.

Mais ce serait se tromper étrangement que d'attribuer à
un alphabet quelconque une valeur absolue, car aucun
n'est une image fidèle de la réalité. Ce caractère n'appartient qu'à l'inscription simultanée de la parole et des mouvements phonateurs. La méthode graphique permet donc
de réaliser l'idée tant caressée et en apparence chimérique
d'un alphabet universel, l'*alphabet phonographique*, dans
lequel chaque articulation serait représentée avec ses caractères généraux qui font son unité et, en même temps, avec
les modifications dues soit aux groupements, soit aux dialectes, qui constituent son individualité. Dans cet alphabet
nouveau, chaque lettre se composerait, non d'un ensemble
plus ou moins complexe de lignes ou de points à valeur
conventionnelle, non de formules abstraites, mais des tracés
mêmes produits par l'articulation correspondante. Nous en
rencontrerons de nombreux éléments dans les articles qui
suivent. Toutefois une telle écriture, je m'empresse de le
reconnaître, n'est pratique que pour des études spéciales

de peu d'étendue et n'a nullement la prétention de se substituer entièrement aux systèmes approchés de transcription phonétique.

ARTICLE II

Éléments simples de la parole.

Nous entendons ici par éléments simples de la parole, les articulations telles qu'elles peuvent être produites isolément ou telles qu'elles se présentent dans les groupes élémentaires en dehors desquels elles ne sauraient exister ou être parfaitement comprises.

Nous les considérerons non seulement dans l'acte phonateur qui leur donne naissance, mais encore dans les modifications et les mouvements vibratoires de la colonne d'air parlante, qui se rapportent au travail musculaire comme à leur cause, et sans lesquels, par conséquent, l'étude physiologique du langage ne pourrait être qu'incomplète et tronquée.

Cet article se divise en trois paragraphes. Le premier sera consacré aux parties constitutives des articulations; le deuxième, à leurs qualités générales; le troisième, à leur classification.

§ I

PARTIES CONSTITUTIVES DES ARTICULATIONS

Nous considérerons d'abord les actes physiologiques des articulations, puis leur effet acoustique (à savoir s'il est simple ou double); en troisième lieu, nous ferons la com-

paraison microscopique des divers temps de l'acte articulatoire et de la voix.

I

ACTES PHYSIOLOGIQUES DES ARTICULATIONS

Au point de vue physiologique, chaque articulation se
divise en trois actes : la mise en position des organes ou
tension, la *tenue* et la *détente*. En effet, pour produire un
son quelconque, l'organe vocal doit quitter un état indifférent pour prendre la position voulue, maintenir celle-ci
quelques instants et ensuite l'abandonner.

C'est ce que nous pouvons représenter à l'aide des deux
schémas A et B qui figurent les deux types du mouvement :

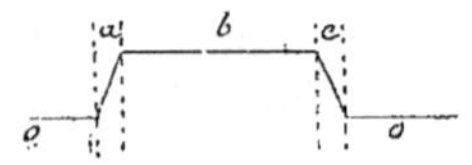

Fig. 116.

Mouvement articulatoire pris au point où l'organe se resserre, à l'aide d'une
ampoule (fig. 28) et d'un tambour à levier (fig. 26).

o, Position de l'organe avant et après l'articulation. — *a*, Tension. —
b, Tenue. — *c*, Détente.

A. Le canal vocal se resserre (fig. 116). L'état premier
(soit le repos, soit l'ouverture de la bouche) est marqué
par la partie inférieure de la ligne (*o o*), l'entrée en activité
de l'organe par la partie montante (*a*), la tenue par la portion horizontale qui suit (*b*), enfin la détente et le retour à
l'état primitif par la ligne descendante (*c*).

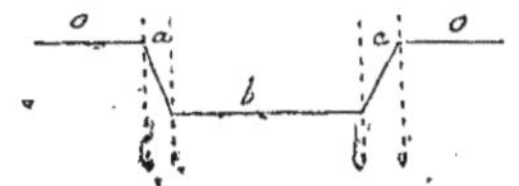

Fig. 117.

Mouvement articulatoire correspondant à l'ouverture de l'organe. Même
disposition expérimentale que pour la fig. 117.

B. Le canal vocal s'ouvre (fig. 117). — Le tracé reproduit le précédent, mais en sens inverse : État premier,
o o; tension *a*; tenue, *b*; détente, *c*.

Ces schémas nous aideront à mieux comprendre les
tracés réels qui présentent bien les mêmes éléments, mais
non avec la même régularité.

Examinons successivement les voyelles et les consonnes.

VOYELLES ISOLÉES

Les voyelles nous fournissent les cas les plus simples,
car elles s'isolent facilement. Soit, par exemple, *u* et *á*
(fig. 118).

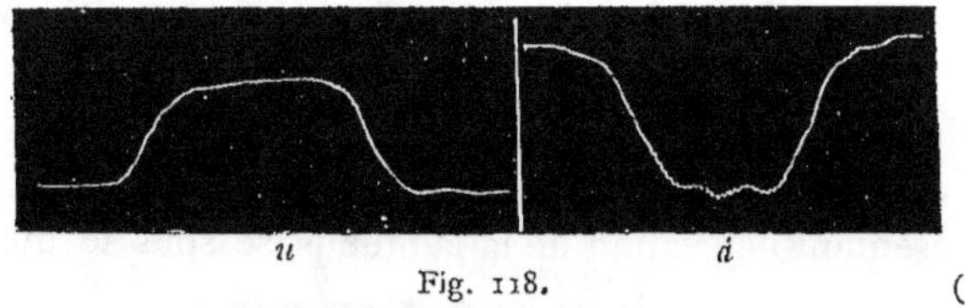

Fig. 118.   (R)

Mouvement de la langue pris au moyen d'une ampoule exploratrice placée entre
cet organe et le palais.
Les vibrations marquent la place de la voyelle.

u. — Le dos de la langue se porte vers le palais, puis
revient à sa position initiale.

á. — Le point de départ de l'inscription a été l'état de repos. Le tracé figure l'ouverture et la fermeture de la bouche.

Les vibrations qui accompagnent la ligne du mouvement articulatoire montrent le commencement et la fin des voyelles ; elles permettent ainsi d'établir le rapport qui existe entre la portion du mouvement productrice du son et celles qui le préparent ou le suivent.

On croit généralement que les voyelles correspondent à des stations organiques, par opposition aux consonnes qui correspondraient à des mouvements. En d'autres termes, les voyelles seraient produites au seul moment de la tenue. Les tracés montrent ce qu'il y a d'exagéré dans cette doctrine. Les deux voyelles *u* et *á* occupent non seulement le temps de la tenue, mais encore une partie plus ou moins grande de la tension. Quant à la détente, elle est toute prise par l'*u*, tandis qu'elle s'est accomplie en silence pour l'*á*. Les voyelles produites isolément, qui seraient strictement limitées à la tenue seule, sont extrêmement rares, si tant est qu'elles existent. Je viens de parcourir plus de 300 tracés de voyelles pris au hasard, sans en remontrer.

Aux exemples donnés ci-dessus, on pourrait objecter que la pression marquée par l'ampoule peut être due à l'afflu de l'air, et non pas aux seuls mouvements organiques. Voici trois autres tracés de la voyelle *u*, le premier représentant l'élévation de la langue prise sous le menton,

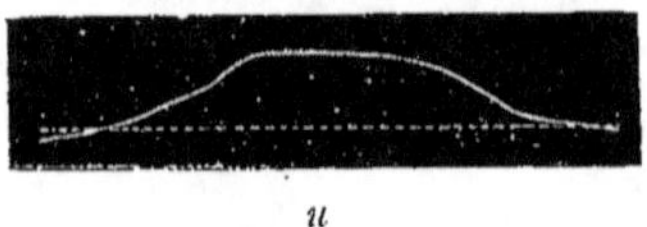

Fig. 119.

Élévation du dos de la langue pour *u* prise sous le menton (Appareil, p. 95).
Le pointillé marque la position de repos. — Les vibrations répondent à la voyelle.

et les deux derniers, la fermeture et la projection des lèvres

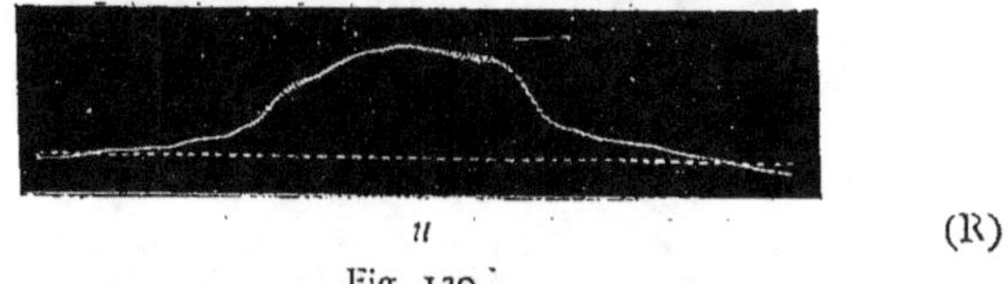

Fig. 120.

Fermeture des lèvres pour *u* prise au moyen d'une ampoule exploratrice
(page 89).

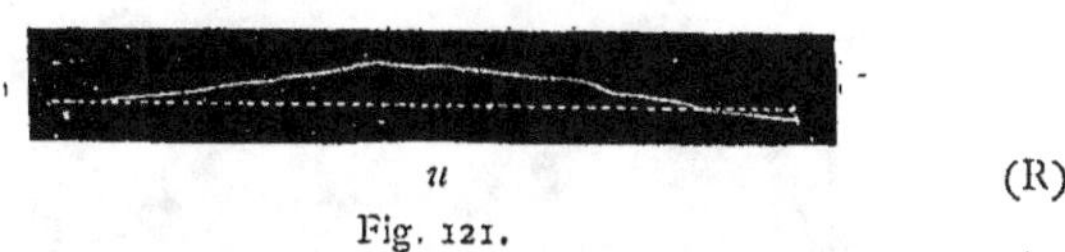

Fig. 121.

Projection des lèvres en avant pour la voyelle *u* (Appareil, p. 93).

en avant. Or, ils montrent tous trois très clairement que
la production du son ne coïncide pas exclusivement avec
le moment de la tenue, et que celle-ci même ne peut pas
être définie strictement une « station organique », puisqu'elle ne présente pas une pression uniforme.

VOYELLES ASSOCIÉES A DES CONSONNES

Lorsque les voyelles sont associées à des consonnes, le
rapport de l'émission sonore et du mouvement articulatoire se trouve notablement modifié. Nous avons à considérer la voyelle initiale suivie d'une consonne, la
voyelle finale précédée d'une consonne, et la voyelle
interconsonnantique. En voici des types :

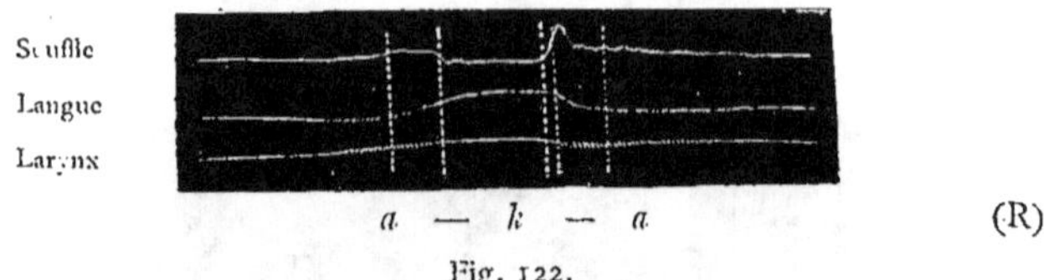

Fig. 122.

Inscription simultanée du souffle pris au sortir de la bouche au moyen d'une
embouchure,—des mouvements de la langue (Ampoule exploratrice),—du larynx
(Capsule exploratrice maintenue à l'aide d'une cravate de caoutchouc, p. 97).
Les lignes pointillées marquent le synchronisme.
La partie du tracé privée de vibrations appartient au *k*.

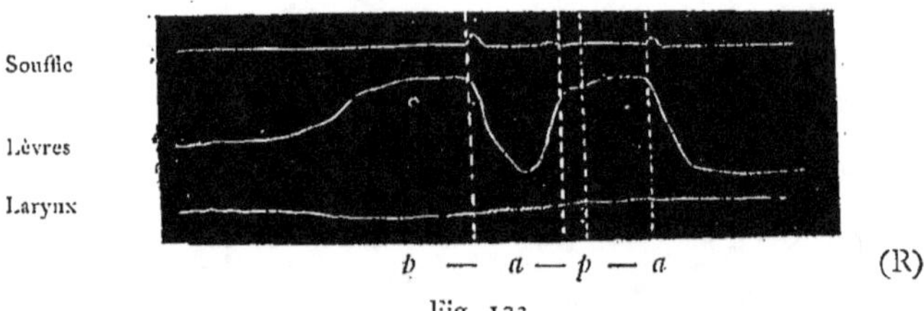

Fig. 123.

Inscription simultanée du souffle (Embouchure), — des mouvements des lèvres
(Explorateur à branches rigides, p. 92), —du larynx (Capsule exploratrice, p. 99).

Les inscriptions simultanées du souffle et du larynx
nous permettent de contrôler les indications de la ligne
articulatoire. Or nous pouvons constater aisément dans
ces tracés :

1° Que l'*a* initial correspond à une faible partie de la
tenue et presque entièrement à la détente, qui est aussi la
tension de la consonne ;

2° Que l'*a* final occupe toute la tension, qui fait suite à
la détente de la consonne, et la tenue ;

3° Que l'*a* interconsonnantique occupe les trois temps
de l'articulation, la tenue étant réduite à son *minimum* ;
c'est-à-dire que la voyelle partage la détente de la première
consonne et la tension de la seconde.

Mais il est des cas où l'union de la voyelle et de la consonne est encore plus étroite. Ainsi nous verrons (fig. 139-141) que toute la voyelle initiale peut être enfermée dans la tension de la consonne.

CONSONNES ISOLÉES

Passons maintenant aux consonnes. Ce n'est que très exceptionnellement, comme interjections (*fl*) ou signes d'appel (*sl*), que certaines consonnes sont employées seules : elles présentent alors le même type que les voyelles. C'est donc dans leur situation normale la plus simple, avant, après et entre voyelles que nous devons les étudier.

CONSONNES ASSOCIÉES A DES VOYELLES
Consonnes initiales.

Soient d'abord des tracés pris avec un appareil rigide, l'explorateur des lèvres à branches métalliques (p. 92), *vava, fafa, baba, papa*. Nous ne considérerons que la première consonne.

Dans les exemples choisis, le mouvement pour la fermeture des lèvres ou l'élévation de la langue forme la tension ; le temps de l'occlusion ou du rétrécissement de l'organe, la tenue ; l'ouverture, la détente.

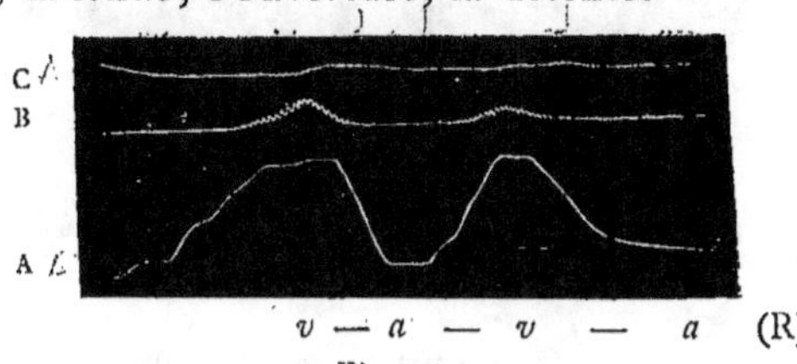

Fig. 124.

A. Mouvement des lèvres (Explorateur, p. 92). — B. Souffle (Oreille inscriptrice, p. 316). — C. Larynx (Capsule fermée, p. 99).

Les vibrations de l'air (B) les plus amples appartiennent à la consonne ; les plus fines, à la voyelle.

Le *v* (fig. 124) rappelle le type vocalique : il résonne
pendant une partie de la tension, durant toute la tenue et

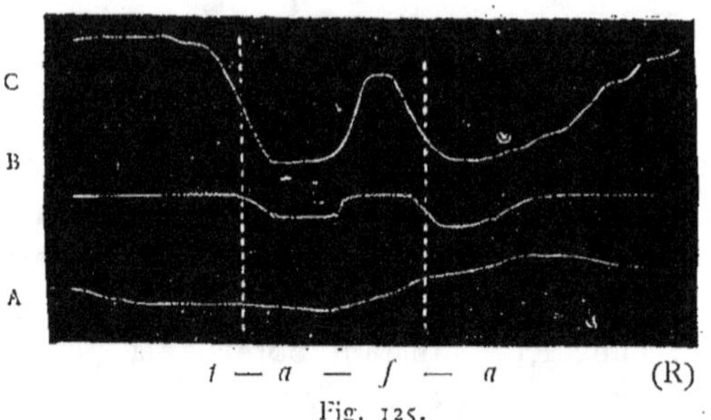

Fig. 125.

Même disposition que pour la figure 124.
Les lignes pointillées marquent le début de l'*a*.

une partie de la détente. L'*f* (fig. 125), privée de vibrations laryngiennes, ne donne qu'un bruit; mais elle a un
type articulatoire identique.

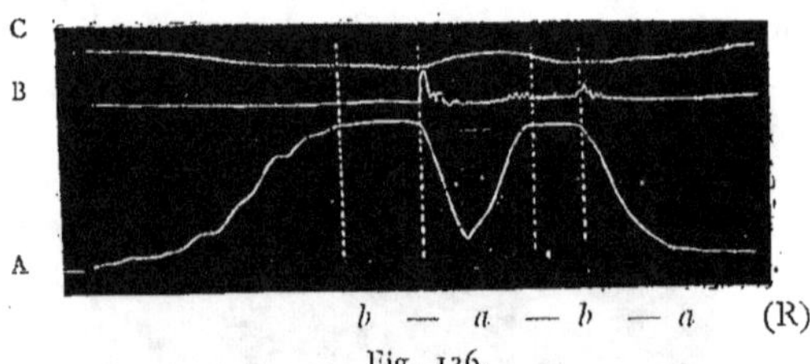

Fig. 126.

Même disposition que pour la figure 124.

Les lignes pointillées limitent la tenue du *b*. Les vibrations qui l'accompagnent sont visibles
sur la ligne du larynx (C). Elles ne paraissent pas sur la ligne du souffle (B) pour le *b*
initial; mais elles se montrent pour le *b* intervocalique. De même la pression des lèvres
a été moindre pour ce dernier (comparez la hauteur du tracé A).

Le *b* (fig. 126) accomplit toute sa tension en silence;
il donne un murmure laryngien pendant la tenue, mais
il n'éclate qu'au moment de la détente.

Le *p* (fig. 127) est préparé silencieusement pendant la tension et la tenue; c'est à la détente seulement qu'il se fait entendre.

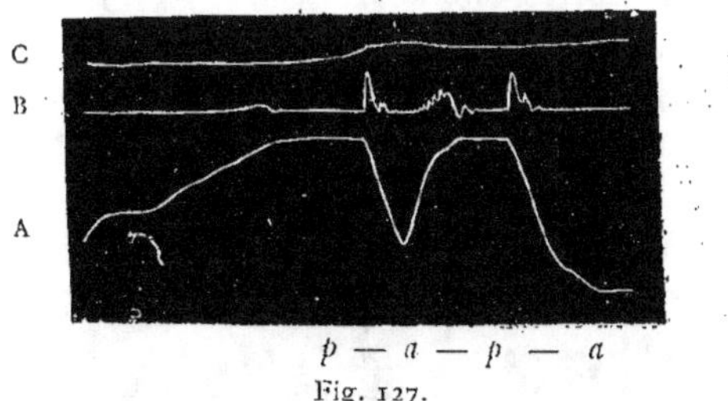

Fig. 127.

Même disposition que pour la figure 124.

La seconde partie du 1ᵉʳ *a* se lie étroitement à la consonne suivante. La force d'émission du souffle a été augmentée par le rapprochement des lèvres (A), qui ont été un instant sans se rejoindre. Comparez à ce double point de vue cette figure avec la précédente et avec la figure 123.

Pour rectifier l'impression que la rigidité des lignes articulatoires des exemples précédents pourrait laisser, je donne le tracé de *ba* (fig. 128) où la fermeture des lèvres

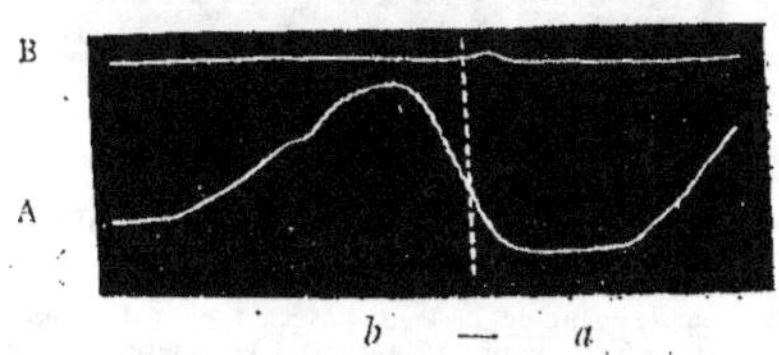

Fig. 128.

A. Lèvres (Ampoule, p. 86, placée au milieu des lèvres). — B. Souffle (Tambour rigide).

La ligne pointillée marque la fin de la tenue du *b*, qui coïncide avec le moment où les lèvres sont assez écartées pour laisser passer le souffle.

Les vibrations produites pendant la tenue du *b*, qui se montrent sur la ligne des lèvres (A), manquent naturellement sur celle du souffle (B). Quand elles apparaissent sur cette ligne, c'est qu'elles sont dues soit à une fermeture incomplète (fig. 126), soit à ce fait que les vibrations des lèvres (A) se communiquent à l'embouchure destinée à recueillir le souffle.

a été prise à l'aide d'une ampoule. On voit que, pendant la tenue, la pression des lèvres, au lieu de s'arrêter brusquement, se continue encore un peu de temps et ne diminue ensuite que peu à peu.

Nous obtiendrions pour les autres consonnes des tracés analogues qui correspondraient : ceux de *z j y r l* à *v*; ceux de *s ɛ* à *f*; ceux de *d g* à *b*; ceux de *t k* à *p*; enfin, si nous ne considérions que la voie buccale, celui de *m* à *b*, et celui de *n* à *d*, etc.. Par. exemple, *da, ta* (fig. 129), *ra* (fig. 130), *la* (fig. 131).

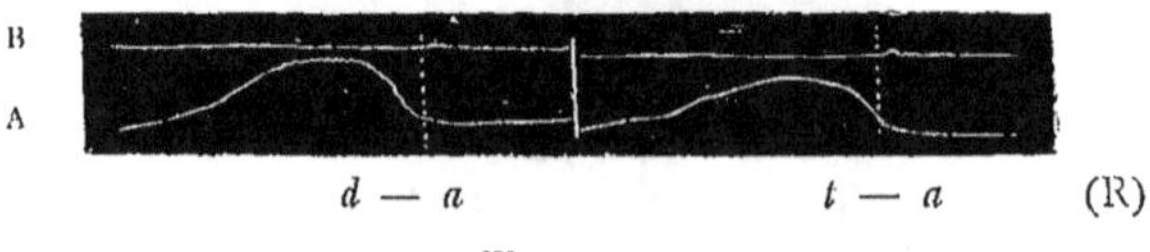

Fig. 129.

A. Mouvements de la langue pris derrière les dents (Ampoule). — B. Souffle (Tambour rigide).

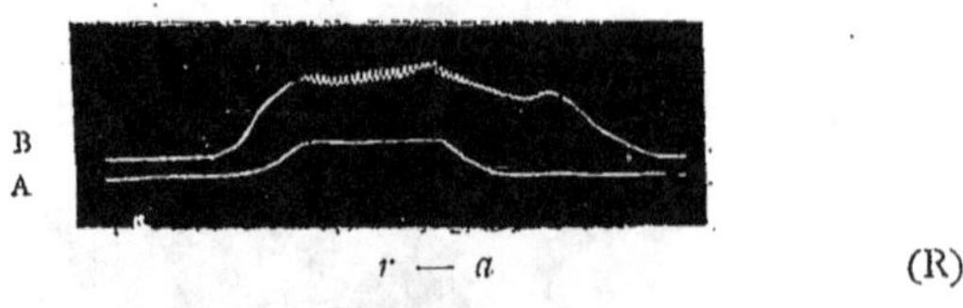

Fig. 130.

A. Redressement de la pointe de la langue (Ampoule). — B. Souffle (Tambour rigide).

Les larges vibrations que la pointe de la langue exécute pour l'*r* n'ont pas été saisies par l'appareil. — Voir, pour ce mouvement vibratoire, la figure 155.

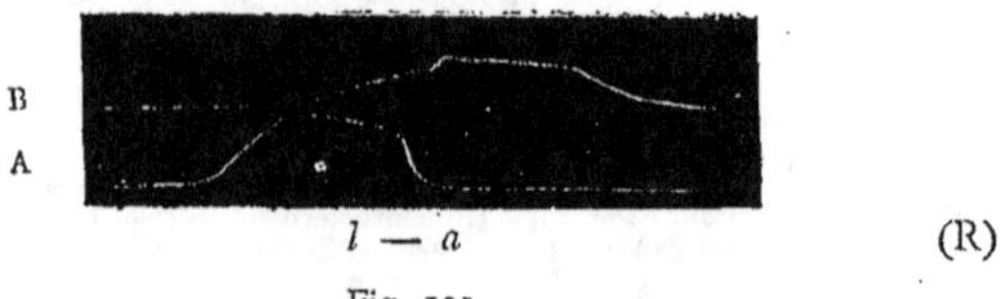

Fig. 131.

A. Élévation de la pointe de la langue. — B. Souffle (Tambour rigide).

Les descriptions données ci-dessus conviennent au français, mais non à toutes les langues. L'occlusion peut être complète, et le murmure laryngien même ne se faire entendre que pendant une partie seulement de la tenue de *v ʒ j y*; le larynx peut être silencieux pendant une partie ou la totalité de la tenue de *b d g*; la détente de *p t k* peut être distincte de la tension de la voyelle précédente. Le premier cas me paraît se réaliser en tchèque, incomplètement en allemand. Les deux derniers existent en allemand. Voici, comme exemples, des tracés au dialecte de Saint-Gall : ils ne donnent que le mouvement articulatoire soit des lèvres, soit de la langue; mais les vibrations, dont ils sont chargés, indiquent assez l'entrée en activité du larynx pour permettre d'isoler les consonnes sourdes et, par comparaison, les sonores.

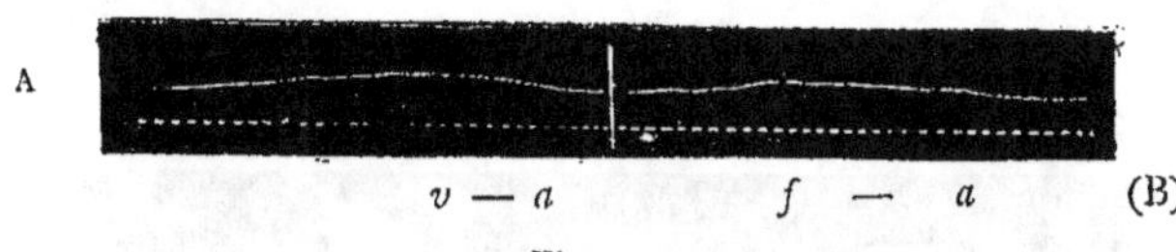

Fig. 132.

A. Rapprochement des lèvres (Ampoule).

La ligne pointillée permet de reconnaître la légère différence de pression qui existe entre *v* (plus faible) et *f* (plus fort).
Les vibrations de l'*a* dans *fa* aident à préciser, par comparaison, la fin du *v* dans *va*.
La tenue du *v* est incomplètement sonore. Comparez le *v* français (fig. 124).

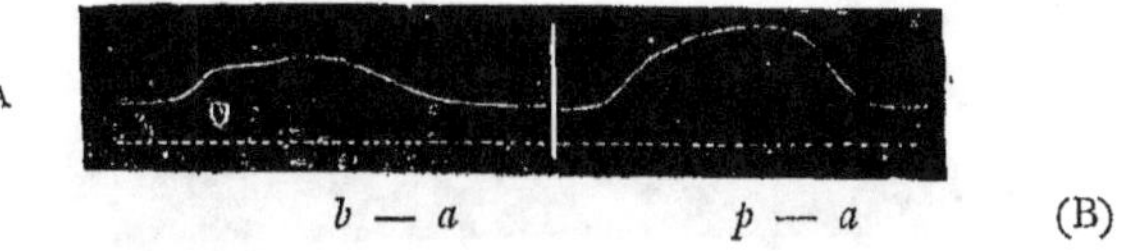

Fig. 133.

A. Fermeture des lèvres (Ampoule).

La différence de pression est indiquée par la ligne pointillée.
La tenue du *b* est complètement sourde. La détente du *p* l'est de même. Comparez *b* et français (fig. 126 et 127).

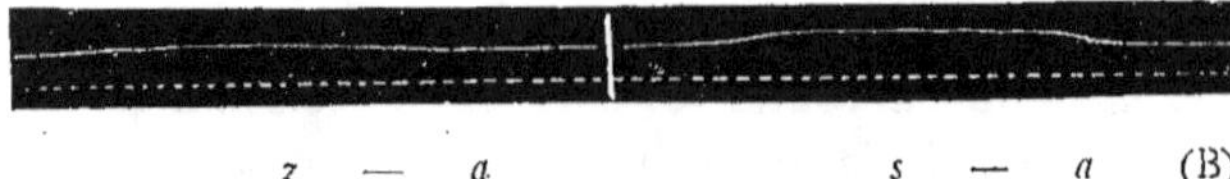

Fig. 134.

Élévation de la partie antérieure de la langue.

La tenue du ʒ est en partie sourde.

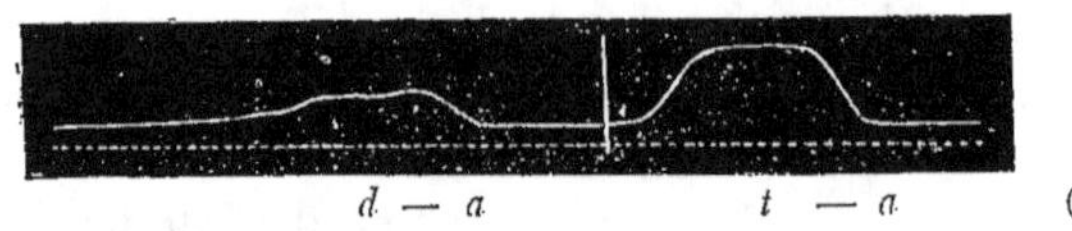

Fig. 135.

Élévation de la pointe de la langue.

La première moitié de la tenue du d est clairement sourde.

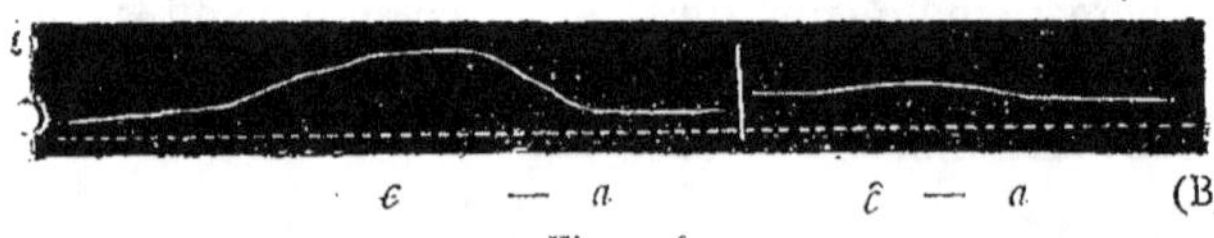

Fig. 136.

Élévation du dos de la langue.

Les vibrations appartiennent à la voyelle. Différence notable d'élévation de la langue.

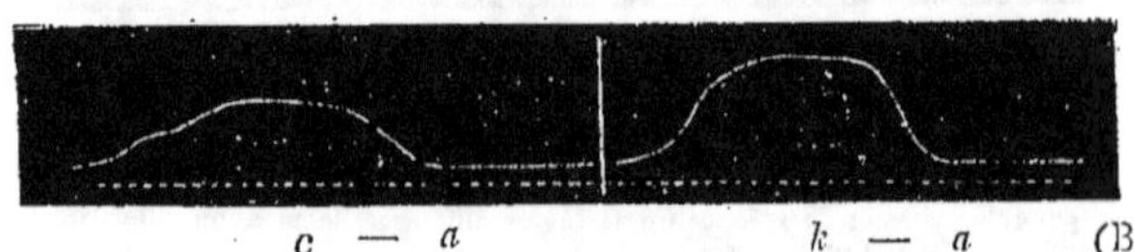

Fig. 137.

Élévation de la racine de la langue.

La dernière moitié seule de la tenue du g est sonore. Les trois temps du k sont
entièrement sourds.

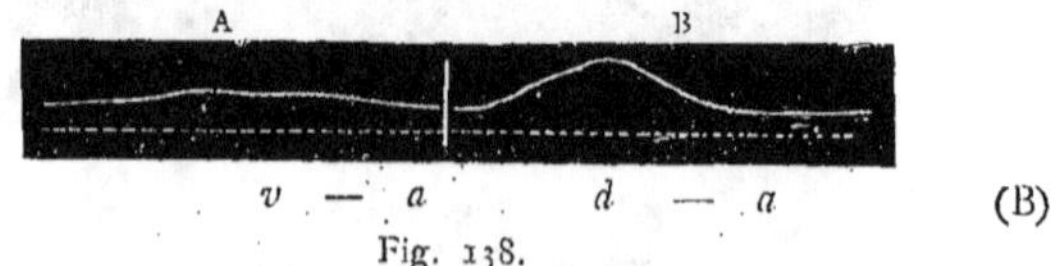

Fig. 138.

A. Rapprochement des lèvres. — B. Élévation de la pointe de la langue.

Ce dernier tracé nous montre un v plus sonore que celui de la figure 132, et un d dont la
tenue est entièrement sourde.

Consonnes finales

Les consonnes du type de v (z, j, y, r, l) et leurs correspondantes (f, s, ϵ, $\hat{c}$) se prolongent toutes jusqu'à
la détente inclusivement. Mais, pour la tension, elles
se partagent en deux groupes. Les plus nombreuses
(v, z, j, f, ϵ, $\hat{c}$, etc.) peuvent englober, comme dans les
exemples suivants, toute la voyelle dans leur tension;
les deux autres (r, l) ne commencent qu'après la tenue
de la voyelle.

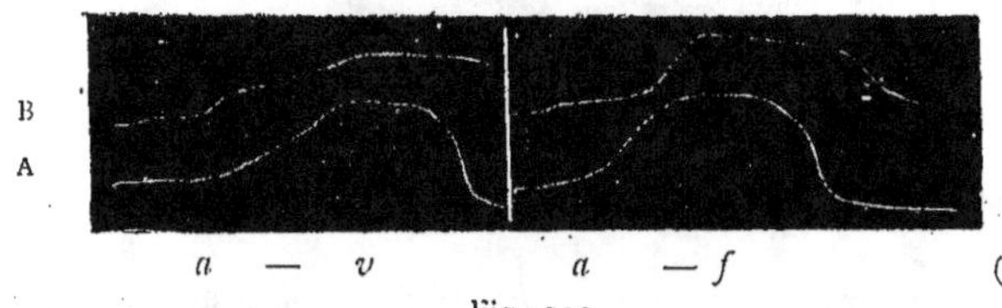

Fig. 139.

A. Rapprochement des lèvres (Ampoule). — B. Souffle (Tambour rigide).
Les vibrations montrent la place de l'*a* dans *af*, et, par comparaison, dans *av*.
La tension de la consonne qui est marquée par la ligne des lèvres (A) commence et finit avec
la voyelle. Comparez la figure suivante.

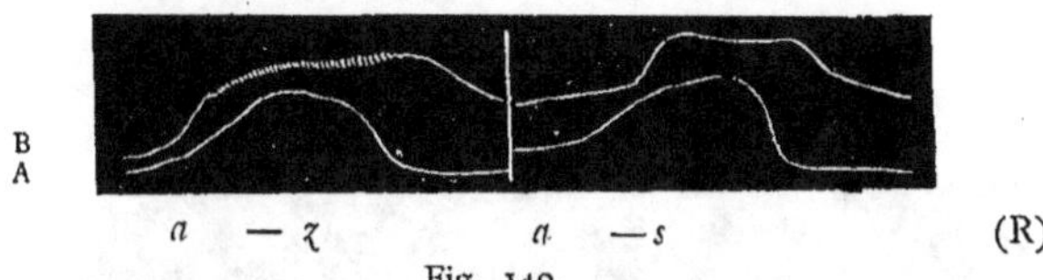

Fig. 140.

A. Élévation de la langue (Ampoule). — B. Souffle (Tambour rigide).
Mêmes remarques à faire que pour la figure 139. Le tracé est plus clair, car les vibrations
ont plus d'amplitude.

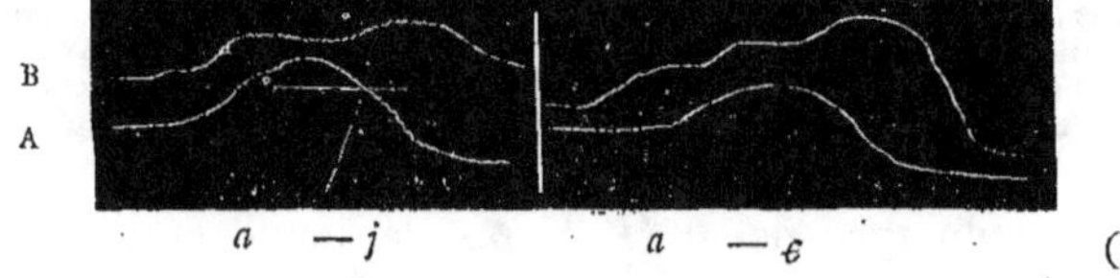

Fig. 141.

Même disposition et mêmes observations que pour la figure 140.

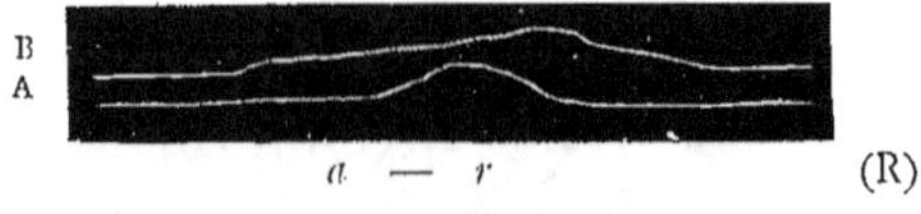

Fig. 142.

A. Élévation de la pointe de la langue. — B. Souffle (Tambour rigide).

A la différence des exemples précédents (fig. 139-141), la voyelle est nettement séparée de la consonne. Celle-ci ne commence qu'avec la détente de la voyelle.

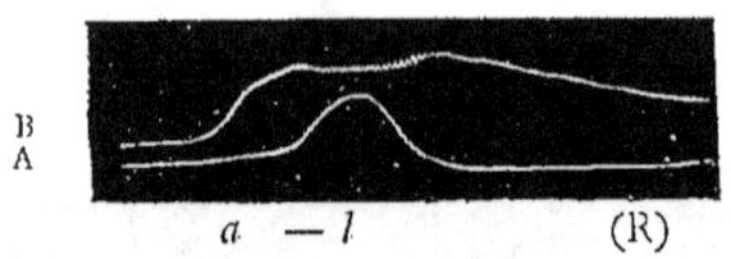

Fig. 143.

Même disposition et même remarque à faire que pour la figure précédente.

Les consonnes du type de *b* (*d*, *g*) peuvent aussi se faire entendre pendant leurs trois temps : la tension, qui se partage avec la voyelle; la tenue, quand elle est accompagnée de vibrations laryngiennes; et la détente.

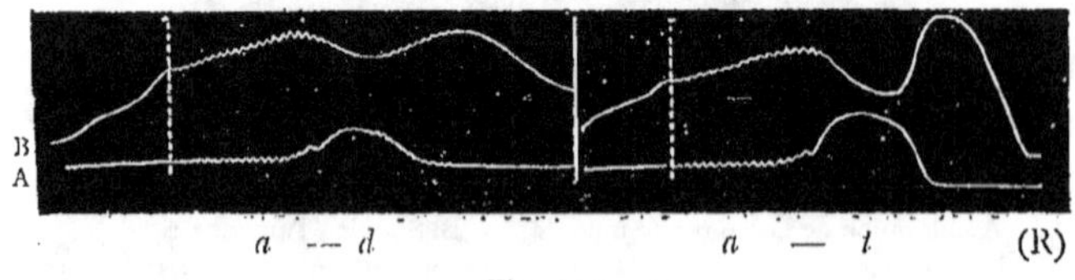

Fig. 144.

A. Élévation de la langue prise avec une ampoule. — B. Souffle inscrit à l'aide d'un tambour rigide, dont la membrane paresseuse, excellente pour rendre les vibrations, est lente à suivre les mouvements d'une certaine étendue. Avec une membrane plus flexible, l'occlusion serait marquée par des tracés plus anguleux (cf. fig. 122, 123, etc.).

Celles du type de *p* (*t*, *k*) ont la tenue entièrement silencieuse.

Consonnes médiales

Reprenons la série des exemples (fig. 124-127). La tension et la détente se confondent avec la détente de la première voyelle et la tension de la seconde. Le phénomène, moins apparent dans *vava baba* à cause de la continuité des vibrations, est très clair dans *fafa papa*, où l'absence de vibrations détermine exactement le temps de la tenue consonnantique.

Les autres consonnes se rangent sous l'un de ces deux types. Au 1er (*vava baba*) se rapportent z, j, r (fig. 145), l (fig. 146), d, g, m, n; au 2e (*fafa papa*), s, c, t, k.

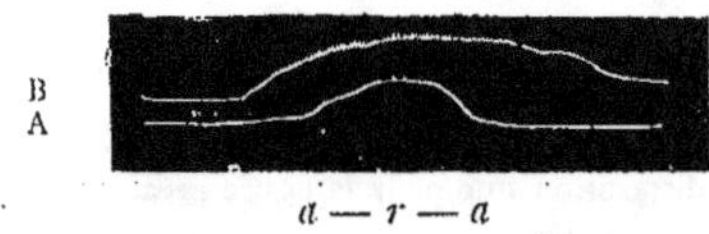

Fig. 145.

A. Mouvement de la langue et vibrations (Ampoule). — B. Souffle (Tambour rigide). Comparez avec la figure 142.

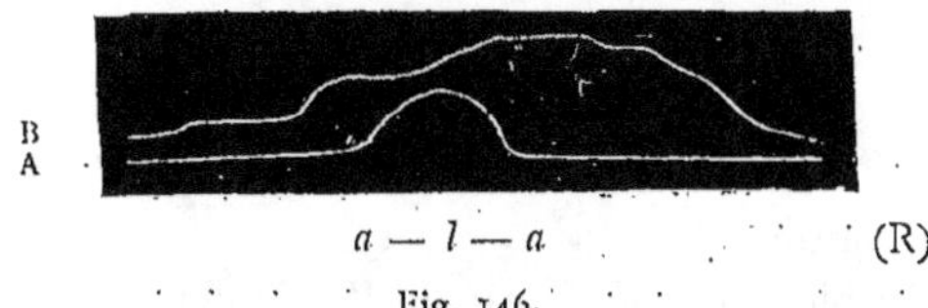

Fig. 146.

Même disposition que pour la figure précédente. Comparez avec la figure 143.

Les consonnes du second type, dont la tension, dans tous les exemples que je connais, se confond plus ou moins avec la détente de la voyelle précédente, ont leur détente propre et indivise en allemand et autres langues analogues.

Comparez les figures suivantes dans le dialecte de Saint-Gall.

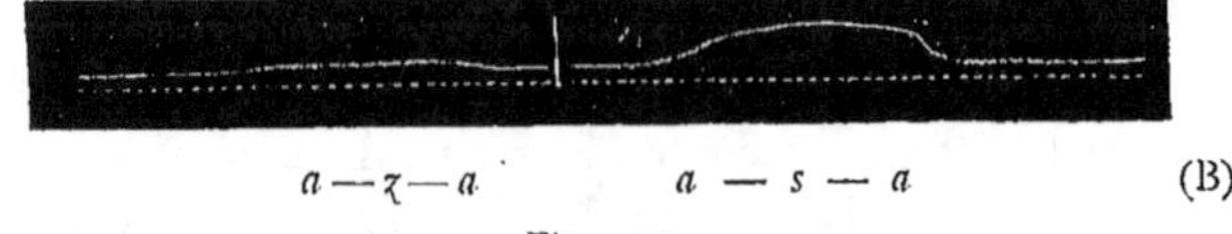

Fig. 147.

Mouvements de la langue et vibrations (Ampoule).

Les trois temps du z sont sonores. Le z intervocalique de Saint-Gall est donc différent du z
initial (cf. fig. 134).
La détente du s est sourde, comparée à la tension qui se partage avec la détente de la
voyelle.

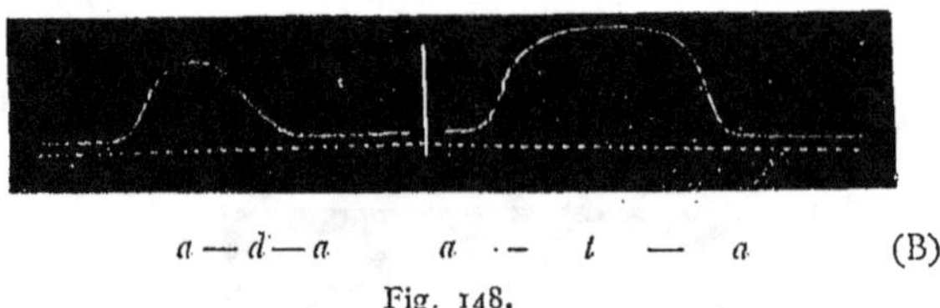

Fig. 148.

Même disposition que pour la figure précédente.

Le d est entièrement sonore comme le z.
Le t nous montre encore plus nettement que le s la différence qu'il y a entre la détente et la
tension, au point de vue de l'union de la consonne : la tension est presque entièrement
remplie des vibrations vocaliques ; la détente en est privée.

II

EFFET ACOUSTIQUE

Au point de vue acoustique, l'effet de l'articulation est
simple ou double.

Il est simple, en général, quand l'articulation est faible et
de courte durée.

Il est double, lorsque, se produisant pendant la tenue,
le son peut brusquement changer de hauteur ou d'intensité :
ou bien lorsque, à la faveur de deux voyelles qui l'encadrent,
une articulation consonnantique peut faire entendre un
son à la tension, un autre à la détente, et que la tenue est
suffisamment longue pour que l'oreille les distingue tous
les deux.

Ainsi, en supposant une articulation unique, ce qui exclut toute idée de diphtongaison, les voyelles gardent leur individualité aussi longtemps qu'on les tient. Mais elles apparaissent redoublées si elles viennent à éprouver un brusque changement dans leur intensité ou leur acuité. On entend alors deux voyelles, si bien que l'on peut supposer un arrêt dans le travail articulatoire. L'exemple suivant de *á á* montre qu'il n'en est rien. Le larynx a vibré sans interruption. Seulement, l'intensité a été subitement modifiée, en même temps que la ligne du souffle s'est élevée.

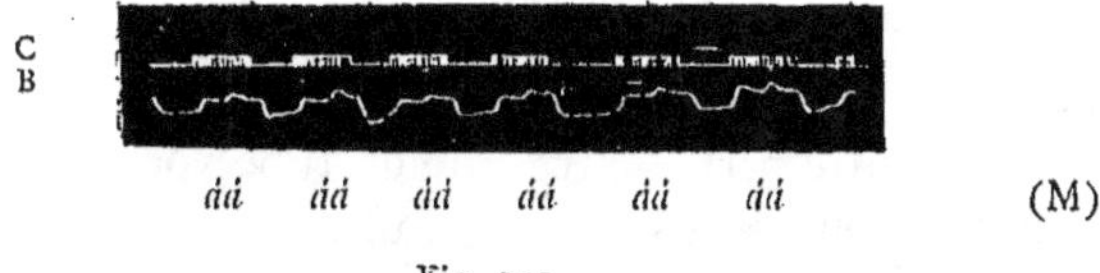

áá   áá   áá   áá   áá   áá   (M)

Fig. 149.

C. Souffle (Tambour avec membrane très élastique). — B. Vibrations du larynx (Inscripteur électrique, p. 105).

Le tracé a été inscrit à la plus petite vitesse du cylindre.

Les voyelles *áá* sont reproduites 6 fois de suite. Chaque groupe de vibrations laryngiennes marque la durée du groupe vocalique. Vers le milieu, le régime du souffle (B) change brusquement. La ligne remonte : c'est l'intensité qui s'accroît.

Les consonnes initiales et les finales ne peuvent produire qu'une impression unique. Il en est de même des consonnes entre voyelles, lorsqu'elles sont émises sans effort. Mais dès que, dans cette position, l'articulation prend une énergie et une durée exceptionnelles, on sent deux consonnes, celle de la tension et celle de la détente : la première plus faible, la seconde plus forte. Comparez les tracés suivants où l'unité du travail organique avec son énergie et sa durée, en même temps que la dualité du son, se lisent aisément.

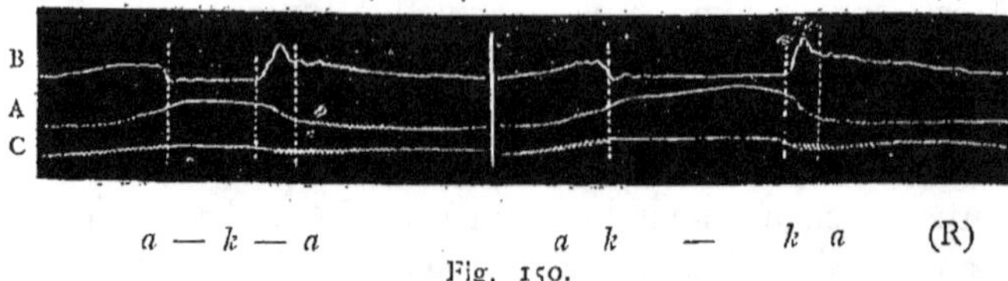

Fig. 150.

A. Élévation du dos de la langue (Ampoule). — B. Souffle (Tambour rigide). —
C. Larynx (Capsule fermée).

Noter que la langue se soulève moins vite pour *kk* que pour *k*.
Les voyelles et les consonnes sont bien délimitées par la présence des vibrations.
Les différences de pression, de durée, d'intensité sont considérables.

La longueur du silence qui sépare la tension de la détente permet à l'oreille de reconnaître les deux bruits caractéristiques qui accompagnent, d'une part, la fermeture, et, d'autre part, l'ouverture du tube vocal.

Dans les sourdes continues, l'affaiblissement du bruit pendant la tenue produit le même effet (fig. 151).

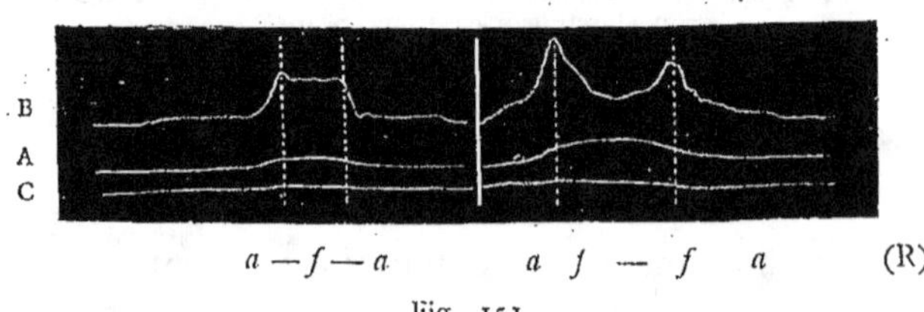

Fig. 151.

A. Rapprochement des lèvres (Ampoule). — B. Souffle (Tambour rigide). —
C. Larynx (Capsule fermée). Mêmes observations que pour la figure 150.

Enfin pour les consonnes dont la tenue est remplie par les vibrations du larynx, la différence n'est pas moins sensible : le bruissement laryngien n'est pas suffisant pour conserver l'impression acoustique, même il s'affaiblit (fig. 152, 153) et peut arriver jusqu'à s'effacer (fig. 154).

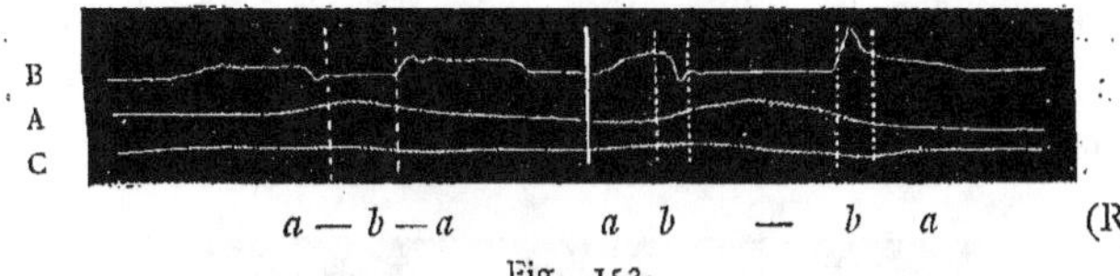

Fig. 152.

Même disposition que pour la figure 151.

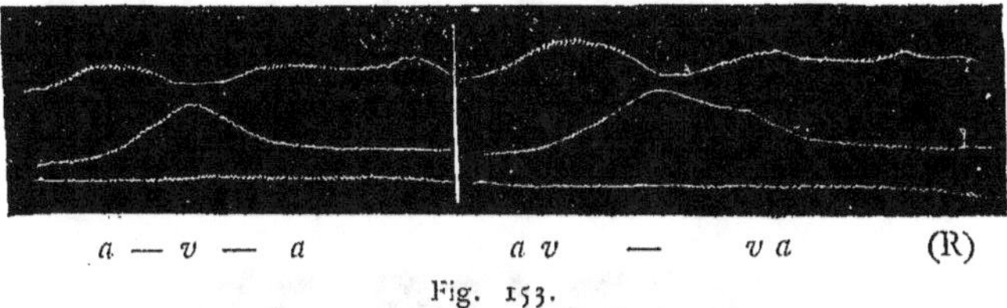

Fig. 153.

Même disposition que pour la figure précédente.

La différence de fermeture des lèvres est très sensible.

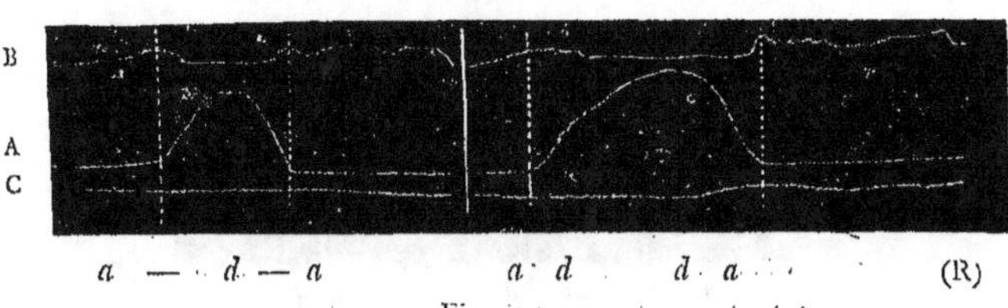

Fig. 154.

A. Pression de la pointe de la langue contre le palais derrière les dents
(Ampoule). — B. Souffle. — C. Larynx (Capsule fermée).

La langue se comporte pour *dd* comme pour *kk* (fig. 151).
Noter, entre autres choses, l'affaiblissement des vibrations laryngiennes durant l'effort articulatoire qu'exige *dd*.

Les tracés de *apa appa, ata atta, asa assa, aea aeea, aga
agga, aza azza, aja ajja,* que je ne donne pas pour ménager
la place, sont analogues.

Les expériences simultanées sont nécessaires pour faire
comprendre le mécanisme des sons redoublés. Mais, quand
on est renseigné, on peut les remplacer dans les recherches

spéciales par l'exploration du seul courant d'air, qui suffit alors pour révéler ce qui s'est passé dans l'organisme. Comparez :

A
B
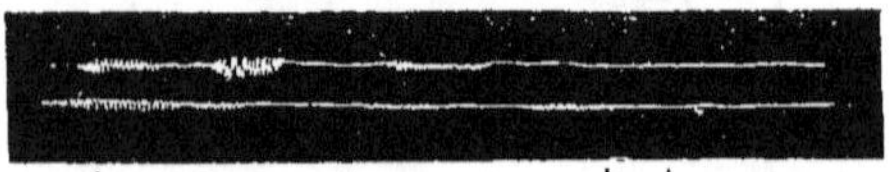

A. *i — r r e s p on s a b l e*
B. *— r —* (R)

Fig. 155.

Courant d'air recueilli au sortir de la bouche (Oreille inscriptrice, caoutchouc dilaté).

Le mot *irresponsable* a été prononcé la 1re fois (A) normalement, la 2e fois (B) avec une seule *r*.

A
B
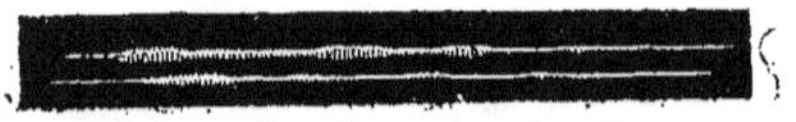

A. *i — ll — i — mi — t — é*
B. *— l —* (R)

Fig. 156.

Même appareil que pour la figure précédente, et même disposition de l'expérience.

A
B
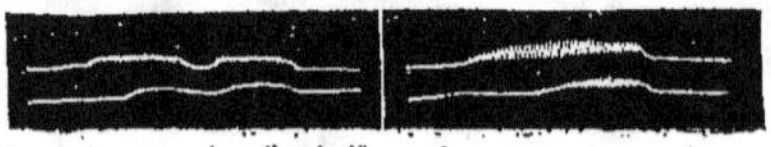

A. *i mm é m[orial] i n n é*
B. *— m — — n —* (R)

Fig. 157.

Courant d'air recueilli dans le nez.
Même disposition de l'expérience que pour les deux tracés précédents.

1° *Immémorial.* — La fin n'a pu être prise dans l'inscription puisqu'elle ne contient pas de nasales.
La première ondulation de la ligne A représente *mm*, celle de B, *m* ; la seconde ondulation de A et de B, *m* seulement.
2° *Inné.* — Le groupe des grandes vibrations de A représente *nn* ; celui de B, *n*.

On reconnaît aisément dans ces exemples les deux *r*, les deux *l*, les deux *n* et les denx *m*, par comparaison avec les mêmes mots dont la consonne aurait été simplifiée.

III

COMPARAISON MICROSCOPIQUE DES TEMPS DE L'ACTE ARTICULATOIRE ET DE LA VOIX

Pénétrons plus avant dans notre étude en comparant chacun des temps de l'articulation avec la voix.

Cette comparaison exige l'inscription simultanée de la parole et du travail organique.

Dans les tracés qui vont être étudiés successivement, la parole a été recueillie à l'aide de l'un des inscripteurs dont il sera parlé dans l'Appendice, et le travail organique a été inscrit directement au moyen d'ampoules appliquées sur l'organe articulateur, ou seulement indiqué par le tracé du souffle.

Lorsque la parole et le souffle ont été pris simultanément, j'ai toujours fait usage d'un tube en Y qui conduisait la colonne d'air parlante d'un côté à l'inscripteur de la parole, de l'autre à un tambour à levier. De cette façon, le souffle, recueilli dans une simple embouchure, et sans aucun embarras pour le sujet en expérience, s'inscrit à la fois comme mouvement vibratoire et comme masse qui se déplace.

Il est facile de recueillir à la fois la parole, le courant d'air et le mouvement articulatoire. Mais, comme on peut craindre que les appareils explorateurs du mouvement ne gênent la sortie du souffle, chacune des deux expériences a été faite séparément.

VOYELLES

Le mécanisme articulatoire étant essentiellement le

même pour toutes les voyelles, il suffira d'étudier attentivement quelques exemples.

VOYELLES ISOLÉES

La figure 158 représente : A, la voyelle *à* agrandie 4 fois en diamètre; B, C, D et E, F, des agrandissements de certaines périodes, le 3 premiers de 11 fois, les 2 derniers de 23 fois.

La voyelle a été saisie simultanément au moyen d'une ampoule appliquée sur la langue au point d'articulation de l'*à*, et à l'aide de l'inscripteur de la parole (membrane de baudruche). L est le tracé organique; V, celui de la voix.

La voyelle a dû être découpée en trois tronçons, qui sont placés les uns au-dessous des autres, et qu'il faut, par la pensée, remettre bout à bout.

Les lignes pointillées verticales indiquent le commencement et la fin de chaque période, et établissent le synchronisme entre le mouvement articulatoire et la voix. Les pointillées horizontales permettent de juger des variations du mouvement de fermeture.

Le mouvement organique correspond au déplacement de la membrane, qui a été amplifié 4 fois par le levier inscripteur (le grand bras étant de 52^{mm}, et le petit de 13), et 4 fois par la photographie. Si l'on avait désiré connaître les valeurs absolues qui sont représentées par le tracé, des expériences supplémentaires auraient été nécessaires pour les établir (voir page 153); mais, comme ici les rapports seuls entre les diverses phases d'un même mouvement nous intéressent, il a paru inutile d'aller plus loin.

La durée nous est fournie d'une façon absolue par les

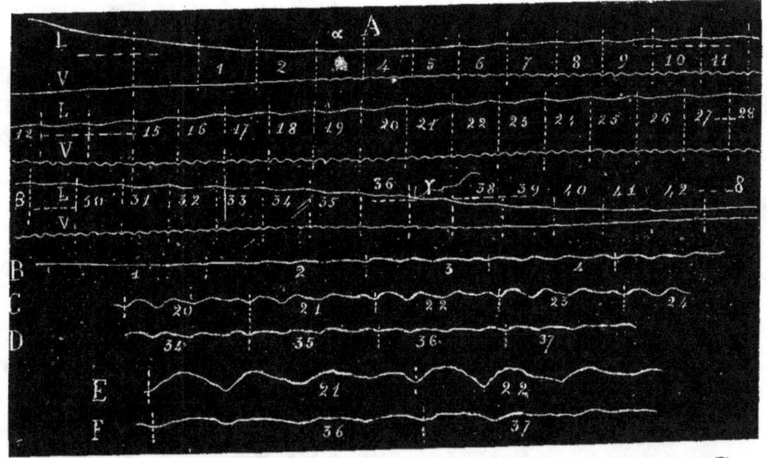

Fig. 158.
Voyelle à.

(R)

vibrations du diapason (fig. 159) qui ont été également agrandies 4 fois. Nous avons ainsi une moyenne de 14.^{mm} 25 pour 1 centième de seconde, soit 1425 ^{mm} pour l'unité de temps.

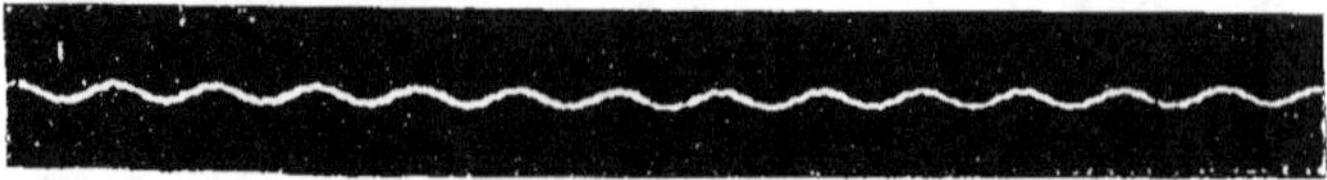

Fig. 159.

Diapason.

Chaque vibration complète $= \frac{2}{100}$ de seconde. Il y en a 12 sur une longueur de 85^{mm} 5, soit 14^{mm} 25 pour $\frac{1}{100}$ de seconde.

On remarquera que la vibration principale est chargée d'une vibration secondaire qui se trouve 7 fois dans la grande période. Cela tient à ce que les branches du diapason ont été très fortement ébranlées.

Après ces préliminaires, indispensables pour l'intelligence de la figure, abordons l'étude de la voyelle.

Au moment qui a précédé tout travail organique, la bouche était fermée. Alors l'ampoule, comprimée entre la langue et le palais, repoussait la membrane du tambour et rejetait la plume sur la droite. La ligne de la voix (V) s'inscrivait à vide. La bouche s'ouvre : l'ampoule se dilate, la plume revient à gauche, et la ligne qu'elle trace (L) prend sur le papier une direction descendante. L'ouverture est complète en α. A partir de ce point, la ligne organique remonte : il se fait un mouvement progressif de fermeture qui atteint son *maximum* en β, à 95^{mm} 5 de là, c'est-à-dire après une durée de presque 7 centièmes de seconde. Ce mouvement est représenté par un écart de 5 ^{mm}, correspondant à un déplacement de la membrane égal à 0^{mm} 31. Nous sommes arrivées au point de la plus forte tension articulatoire. A partir de β, le relâchement organique commence : la bouche s'ouvre de nouveau ; en γ, à une distance de 95 ^{mm} (= 6 centièmes 1/2 de seconde) elle est revenue à la position qu'elle occupait en α. Ensuite elle continue à s'ouvrir, car c'est vers une ouverture complète qu'elle tend, et à la fin de la voyelle, en δ, la plume s'est abaissée de 3 ^{mm} au-dessous du *zéro* (0 ^{mm} 18 dans la réalité). Je n'ai pas distingué dans ce mouvement ce qui revient à la langue de ce qui peut être attribué aux mâchoires. Mais étant donnée la direction du mouvement, il est clair que les mâchoires se sont séparées peu à peu d'une façon continue et que le mouvement de fermeture est dû seul à l'élévation de la langue.

La ligne organique est couverte de sinuosités régulières qui correspondent à celles de la voix et qui paraissent être produites par les vibrations de la langue. La période n'est pas complètement simple; mais c'est le son fondamental qui domine.

La voyelle commence à se montrer sur la ligne de la voix (V), à 36 ^{mm} en avant du point α, alors que l'ouverture est encore figurée par un écart de 2 ^{mm} au-dessus du *zéro*. Mais comme ces premiers débuts sont assez peu clairs, et que la période prise un peu plus loin présente une image plus facilement reconnaissable, nous négligeons les 6 premiers millimètres et nous prendrons pour origine de la courbe les vibrations amples, qui sont caractéristiques de l'*a*. Nous avons d'abord 2 périodes de 12 à 13 ^{mm} chacune. La 1re est à peine indiquée; mais la 2e a déjà de la précision. Elles appartiennent toutes les deux à la *tension*. Vient ensuite une 3e période où l'on reconnaît la forme de la voyelle, et, bien qu'elle n'ait pas encore acquis son amplitude normale, elle est suffisamment nette pour qu'on se croie autorisé à faire commencer avec elle la *tenue*. Celle-ci arrive à son point culminant avec la 21e ou la 22^{e}

période, se maintient avec soute sa force autour du point β et se prolonge jusqu'en γ. Alors la *détente* déjà commencée, en un sens, depuis le relâchement qui fait suite au maximum de la tenue, se précipite rapidement et se trouve complète après 6 ou 7 périodes qui perdent peu à peu de leur netteté et se réduisent à une vague et nue ondulation.

La hauteur musicale suit les variations du travail organique. Il est facile de l'apprécier en gros, surtout sur les agrandissements B C D. Comparez la longueur des périodes 2 et 3, 21 et 35, 22 et 36, etc. Mais on l'obtient aisément, comme l'on sait, d'une façon absolue, en divisant l'unité de temps ($= 1425^{mm}$) par la longueur de chaque période : le quotient indique le nombre total de vibrations que l'on aurait si le son s'était prolongé sans changement pendant une seconde. D'après des mesures prises à la loupe sur le tracé original agrandi 4 fois, nous pouvons dresser le tableau suivant :

Ordre des périodes.	Longueur en millimètres.	Nombre des vibr. à la seconde.	Notes correspondantes.
1 — 2	12,5	114	$la\sharp_1$
3 — 10	10,5	137,71	+ $ut\sharp_2$
11	10,3	138,34	+ $ut\flat_2$
12 — 16	10	142,5	— $ré_2$
17 — 19	9,6	148,43	— $ré_2$
20 — 23	10,3	138,34	+ $ut\sharp_2$
24	10	142,5	— $ré_2$
25 — 27	10,3	138,34	+ $ut\sharp_2$
28	10	142,5	— $ré_2$
29 — 34	10,3	138,34	+ $ut\sharp_2$
35 — 37	10,5	137,71	+ $ut\sharp_2$
38 — 41	11	129,54	ut_2

Ainsi la tension (1—2) et la détente (35—41) sont plus graves que la tenue. Cela est naturel, l'organe ne passant que par degrés du repos à l'action et de l'action au repos.

Pendant la 1re partie de la tenue, de 3 à 19, l'acuité du son croît parallèlement avec le mouvement de fermeture. Mais à partir de la 20e période, alors que la langue continue à s'élever, les cordes vocales fléchissent ou la pression de l'air diminue, et le ton commence à baisser. Le point de plus haute acuité a précédé celui du plus grand rétrécissement articulatoire de 90^{mm} environ (à peu près 6 centièmes 1/3 de seconde). C'est de la 20e à la 34e vibration que la voyelle semble être fixée : sauf deux reprises (24 et 28) où l'acuité se relève comme par suite d'un mouvement rythmique, la période se maintient à 10^{mm} 3 et cela bien que l'organe lui-même ne soit pas rigoureusement fixé dans une position stable. Le point β (28e vibration) a été accentué par une élévation du ton (10^{mm}) ; mais 8 vibrations avant, et 6 vibrations après, la note ne change pas (10^{mm} 3). La fin de la tenue ressemble au commencement : les 2 dernières périodes (35 et 36) ont la même longueur que les 7 premières (10^{mm} 5). La chute, on le voit, est beaucoup plus rapide que la mise en train.

Les divers degrés d'intensité se montrent suffisamment à l'œil. Comme la hauteur, en somme, varie peu, ils ont pour mesure les variations d'amplitude du tracé. Si l'on choisissait cet élément pour fixer la fin de la tension et le commencement de la détente, on prendrait à peu près la 6e vibration, la 3e après le point α, et la 35e, qui est également la 3e avant le point γ. Les agrandissements B C et D permettent d'apprécier ces nuances délicates. La 4e période a une amplitude de 1^{mm} 5 ; la 22e, de 2^{mm} 6 ; la 36e, de 1^{mm} 3, ce qui correspond (le tracé ayant été agrandi 11 fois par la photographie et 4 fois par le levier) à 0^{mm} 034, 0^{mm} 059,

0^{mm} 03. Resterait, si l'on voulait atteindre la réalité absolue, à déterminer l'influence de l'intermédiaire. Mais nous pouvons considérer les valeurs relatives comme exactes.

L'étude des variations du timbre est de beaucoup la plus intéressante et aussi la plus épineuse. Elle est tout entière fondée, comme l'on sait, sur la forme de la période. Mais ici l'œil et des mesures sommaires ne suffisent pas. Même, en suivant sous le microscope ces courbes contournées accusant un mouvement vibratoire qui s'exécute dans des plans variés, on a l'impression que la méthode fondée sur le théorème de Fourier aurait besoin de recevoir un complément. Toutefois, l'erreur ne peut être que minime. L'amplitude du tracé ne dépassant pas $\frac{2}{10}$ de millimètres, et le levier ayant, à partir du centre, 60^{mm}, l'erreur maxima ne peut être que de $\frac{1}{300}$ de millimètre. Nous la négligerons. Tenons-nous-en donc à la méthode telle qu'elle est indiquée p. 199-203 et dans l'Appendice, et soumettons à l'analyse l'une des périodes qui paraissent les plus parfaites, la 21e. Elle a été agrandie 23 fois, ce qui lui donne une longueur de 57^{mm} 5 (fig. 158 E), et, comme le trait est devenu très épais, les ordonnées ont été comptées à partir du bord supérieur. Le calcul a été fait sur 36 divisions, et il a donné, pour les valeurs C (demi-amplitudes) et pour o (points initiaux) des 16 premiers sons composants, les valeurs suivantes qui sont exprimées en millimètres :

C_1	0,079	o_1	— 27,8	C_9	0,115	o_9 — 0,0
C_2	0,024	o_2	— 26,5	C_{10}	0,308	o_{10} — 2,4
C_3	0,436	o_3	— 12,2	C_{11}	0,189	o_{11} — 4,5
C_4	1,068	o_4	— 8,7	C_{12}	0,094	o_{12} — 0,
C_5	0,374	o_5	— 10,1	C_{13}	0,074	o_{13} — 3,4
C_6	0,121	o_6	— 0,	C_{14}	0,040	o_{14} — 1,3
C_7	1,54	o_7	— 6,4	C_{15}	0,30	o_{15} — 0
C_8	0,047	o_8	— 6,1	C_{16}	0,09	o_{16} — 1,6

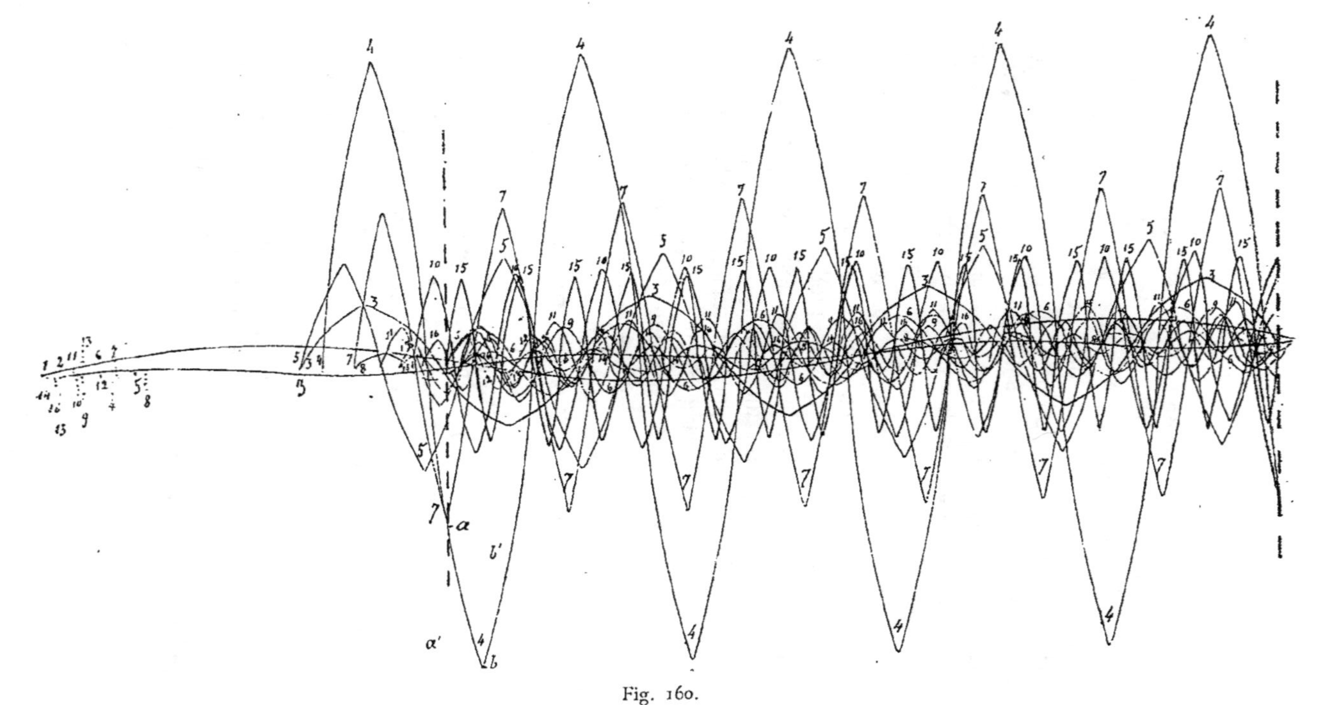

Fig. 160.

Ces chiffres parlent peu par eux-mêmes ; mais ils deviennent très expressifs, si on les traduit par un graphique. La figure 160 représente, chacune à sa place respective et avec son amplitude proportionnelle, les 16 courbes des sons composants, agrandies 2 fois pour la longueur et 40 fois pour les amplitudes.

Une comparaison attentive de la courbe analysée (fig. 158 E) et de la représentation de ses éléments constitutifs, tels qu'ils sont révélés par le calcul, suffit à montrer la concordance de l'une et de l'autre. On voit aisément que le 4ᵉ son composant impose la forme générale de la période, mais qu'il est notablement modifié par les autres, surtout par les 7ᵉ, 5ᵉ, 10ᵉ et 15ᵉ. Ainsi on comprend, par exemple, comment le point inférieur de la première ondulation est reporté un peu à gauche et concorde avec la coupure de la période, comment les *maxima* et les *minima* se succèdent sans une régularité apparente, comment aussi la partie négative est plus profondément découpée et plus ample que la partie positive. Pour nous en tenir au premier point, remarquons : 1° que la somme de toutes les courbes nous donne pour *a* 39ᵐᵐ 5, et pour *b*, 27, ce qui fait passer la courbe résultante par *a′ b′* ; 2° que le point choisi pour le début de la période a été exactement retrouvé par le calcul, à 2ᵐᵐ en avant de la partie négative de la courbe. Quelle que soit l'importance du son 4, le 7ᵉ, par son amplitude relative considérable, mérite une attention spéciale. La période fondamentale se retrouverait, avons-nous dit, 138,34 fois à la seconde. Le 7ᵉ son composant y sera donc contenu 940 fois. Or la note caractéristique de mon *a* grave, prise au *diapason à poids glissants* (p. 195), répond à 908 v. d. On est donc fondé à croire que le 7ᵉ son composant (940) est bien la note de mon *a* aigu, celle à laquelle est accordée la cavité de ma bouche disposée pour produire cette voyelle. Enfin, autre concordance à noter, les principaux sons composants qui se révèlent par l'amplitude de leur courbe sont, à peu de chose près, les mêmes que ceux dont les observations faites sur les sourds-muets ont montré l'importance.

La question vaut la peine qu'on s'y arrête un instant. Les sourds-muets ne sont que rarement complètement sourds. Le plus souvent ils présentent des lacunes dans leurs champs auditifs. Des médecins, M. Bezold d'abord, et, après lui, MM. Schwendt et Wagner[1], entre autres, se sont appliqués à cette étude, et, après avoir, à l'aide de sifflets ou de diapasons, circonscrit les champs auditifs de certains sujets et constaté les lacunes, ils ont pu nous dire quels sont les restes auditifs indispensables pour que tel ou tel élément de la parole puisse être entendu. Or pour entendre un *a*, il faut, d'après ces recherches, être capable d'entendre, me dit M. Schwendt :

$$si\,b_3 \qquad ut\,\sharp_4 \qquad mi_4 \qquad sol\,\sharp_4 \qquad la_4 \qquad si\,b_4 \qquad fa_5$$

Comparons ces résultats avec notre analyse en remplaçant le nombre des vibrations par la note la plus voisine. Nous avons : 1, $ut\,\sharp_2$; 2, $ut\,\sharp_3$; 3, $\text{SOL}\,\sharp_3$ (voisin de $si\,b_3$) ; 4, $\text{UT}\,\sharp_4$; 5, FA_4 (voisin de mi_4); 6, $\text{SOL}\,\sharp_4$; 7, $si\,b_4$; 8, $ut\,\sharp_5$; 9, $ré_5$; 10, FA_5. L'accord, on le voit, est presque complet.

Telle est la période considérée vers le milieu de la tenue. Tout autre elle se présente à la tension (fig. 158 A et B) et à la détente (fig. 158 A, C et F). Ce qui frappe à pre-

---

1. *Untersuchungen von Taubstummen*, Bâle, 1899. — *La Parole*, 1899, p. 641.

mière vue, dans les deux cas, c'est l'affaiblissement des
harmoniques graves et le renforcement des harmoniques
supérieurs. En effet, le 4ᵉ son composant semble seul
avoir quelque importance, attendu que la courbe se laisse
assez facilement décomposer en 4 parties à peu près égales
et qu'elle est comme festonnée d'une petite dentelure
qui apparaît moins pendant la tenue. L'analyse vient
justifier cette première impression. Elle donne pour la
36ᵉ période les amplitudes suivantes en millimètres :

1	— 0,310	9	— 0,027
2	— 0,437	10	— 0,076
3	— 0,079	11	— 0,568
4	— 0,214	12	— 0,125
5	— 0,151	13	— 0,067
6	— 0,078	14	— 0,392
7	— 0,082	15	— 0,132
8	— 0,021	16	— 0,323

La figure 161 représente aussi un *à*. La voix (V) a été
inscrite comme précédemment (fig. 158) ; mais le mouvement de la langue (L) — les mâchoires ayant été maintenues écartées pendant toute l'émission de la voyelle — a
été saisi à l'aide d'un tambour de très petite capacité muni
d'un levier très long (petit bras 14ᵐᵐ, grand bras 120ᵐᵐ).
D'où il résulte que le mouvement organique est représenté
avec un agrandissement considérable. Aussi une correction
est devenue nécessaire (voir p. 148) : elle est indiquée
dans ses détails au commencement de la 1ʳᵉ et de la 3ᵉ rangée, et par un seul trait pour toutes les périodes. De plus,
afin que tout le tracé pût contenir dans une seule page, il
a fallu rapprocher les lignes et même les faire croiser au
commencement et à la fin. Mais cette disposition ne nuit
pas à la clarté, car la distance relative entre chacune des
deux lignes a été conservée dans les trois tronçons.

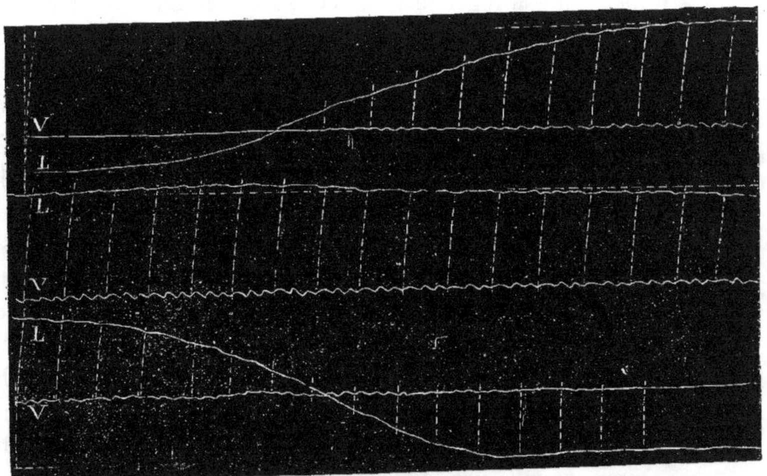

Fig. 161.
Voyelle à.

(R)

L'intérêt de cette figure réside dans la grande amplitude du tracé qui représente le soulèvement de la langue. Les moindres variations du mouvement musculaire sont visibles, et peuvent être suivies sans peine de vibration à vibration. Ainsi, pendant la tenue, la pression n'est à aucun instant uniforme (voir la 2e rangée). Les mouvements de tension (1re rangée) et de détente (3e rangée) nous apparaissent avec une très grande netteté, et le progrès ou le relâchement simultanés de l'organe et de la voix se lisent aisément. Toutefois il ne faut pas se laisser duper par l'amplitude inusitée du tracé. L'agrandissement par le levier (8,57) et par la photographie (3,875) est de 32,2 en diamètre ; ce qui fait pour le plus grand écart moyen entre le point culminant de la tension et le *zéro* (28^{mm}) une valeur réelle de $0^{mm}86$. C'est de cette quantité minime que la membrane du tambour s'est éloignée du fond de la cuvette sous la poussée de l'organe. Ce chiffre n'a rien d'excessif, et, étant données les dimensions de l'appareil, ne diffère pas sensiblement de celui que nous avons déjà trouvé (fig. 158).

Les mouvements des lèvres pour les voyelles labiales ne sont pas moins utiles à consulter que ceux de la langue. La figure 162 représente : A, la voyelle *u* avec la fermeture des lèvres ; — B, la même voyelle avec l'avancement des lèvres, dans la prononciation de M. Burguet.

Les remarques faites jusqu'ici sur la progression et la détente régulières du mouvement organique trouvent encore leur application. L'organe se met assez promptement en position, et pendant ce temps le tracé de la voix acquiert peu à peu sa forme normale, sans que l'on puisse fixer une limite indiscutable à la tension. Le mouvement commencé se continue d'abord faiblement ; puis il se relâche peu à peu,

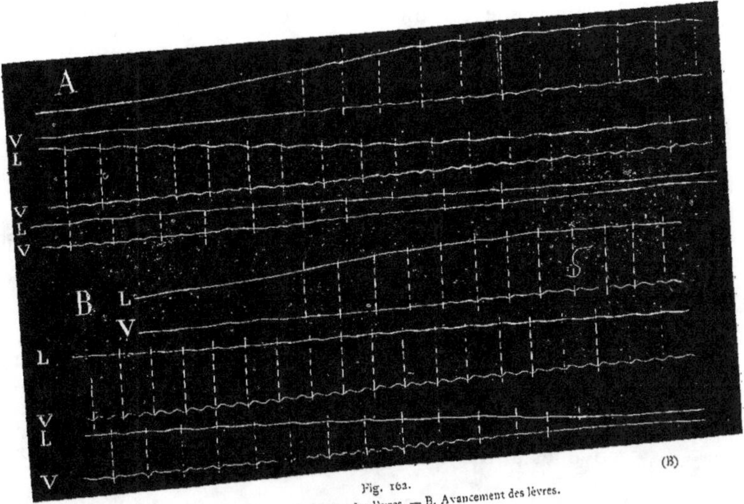

Fig. 162.

Voyelle *u*. A. Fermeture des lèvres. — B. Avancement des lèvres.

jusqu'à ce qu'enfin il cesse plus ou moins brusquement avec la détente de la voyelle en même temps que la période se dépouille de ses sinuosités caractéristiques.

L'instabilité du mouvement pendant la tenue n'influence pas sensiblement la forme de la période. Mais il en serait autrement si le changement dans la position organique prenait des proportions notables. Soit, par exemple (fig. 163), la voyelle *e* prononcée par M. Burguet (moins la détente). Le pouvoir amplificateur du levier était faible. Aussi l'élévation de la langue produite pendant l'émission de la voyelle est-elle peu marquée malgré son importance réelle; néanmoins elle est très appréciable. Comme conséquence, un changement correspondant se révèle dans la voyelle. Que l'on compare par exemple, les périodes de la 1re rangée ou du début de la 2e avec celles de la fin : au fur et à mesure que la ligne organique (L) monte, attestant un progrès dans la fermeture de la bouche et le rapprochement de la langue vers le palais, on voit que la période se complique et se charge de sinuosités rappelant celle de l'*i*. On assiste ainsi à la formation d'une diphtongue.

Avant de quitter l'étude des voyelles isolées, je transcris ici les notes que m'a communiquées M. Schwendt sur les champs auditifs nécessaires pour l'audition de certaines voyelles autres que *a* (p. 363).

ae (allemand) : fa$_5$♯, la$_5$♯.
e : fa$_3$, ré$_4$, mi$_4$, ut$_5$♯, si$^b_5$, si$_5$, ut$_6$, ré$_6$, ut$_7$.
i : fa$_2$, ut$_3$, la$_3$, fa$_5$, mi$_6$, fa$_6$, sol$_7$.
oe (allemand) : sol$_3$, ut$_5$♯, fa$_5$ — sol$_5$.
u : mi$_3$, si$_3$, la$_4$, sol$_5$, la$^b_5$, la$_5$, si$_5$.
o : ré$_3$, si$^b_3$, si$_3$, ut$_4$, ré$_4$♯.
u (allemand) : fa$_1$, ut$_3$, fa$_3$, mi$_4$, sol$_4$.

Agrandissement : 4.

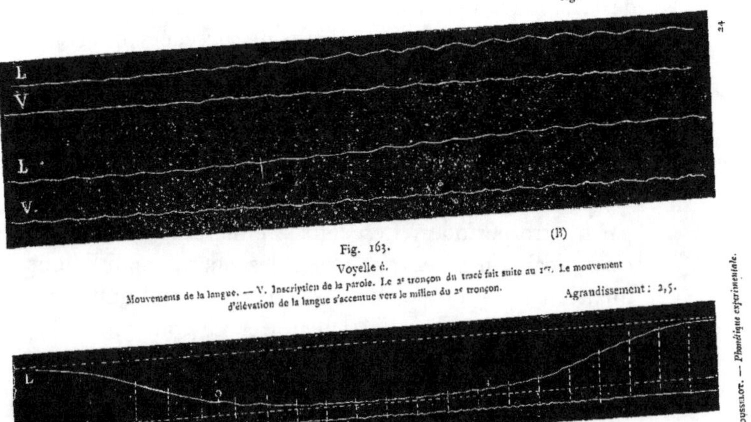

Fig. 163.

Voyelle é.

Mouvements de la langue. — V. Inscription de la paroi. Le 2e tronçon du tracé fait suite au 1er. Le mouvement d'élévation de la langue s'accentue vers le milieu du 2e tronçon.

Agrandissement : 2,5.

Fig. 164.

dad[*a*].

Les lignes pointillées horizontales mettent en évidence les différences de pression organique. — Les pointillées verticales séparent les périodes. — o est l'origine de la période.

VOYELLES ASSOCIÉES A DES CONSONNES

Trois cas sont possibles. La voyelle peut s'unir à la consonne par sa tension, par sa détente, ou par les deux à la fois.

La figure 164, qui représente *dada* réduit à la fin du premier *d* et au commencement du deuxième, nous permet d'embrasser d'un seul coup d'œil l'*a* associé à deux consonnes, dont la seconde appartient à une autre syllabe.

La ligne articulatoire (L) marque l'ouverture, puis la fermeture de l'organe. C'est ici l'abaissement et l'élévation de la langue. Les deux mouvements, on le voit, se sont accomplis régulièrement et se sont succédé sans arrêt.

La ligne de la voix (V) nous donne pour la tenue de l'*a* le type vibratoire que nous connaissons déjà. En coupant la période, comme nous l'avons fait (fig. 158), nous retrouvons à peu près les mêmes éléments. Le moment de la tension qui termine la détente de la consonne est marqué par quatre périodes. Les deux premières sont bien imprécises, mais on y reconnaît déjà les quatre ondulations du quatrième son composant; les deux dernières ont une grande amplitude sur la ligne articulatoire. Le commencement de la détente est semblablement marqué sur la ligne organique par une plus grande ampleur des périodes, qui annonce la tension de la consonne suivante.

Le tracé que nous venons d'étudier suggère trois observations importantes : 1° La voyelle interconsonantique devient naturellement plus courte que la voyelle isolée, l'organe pouvant prendre son point d'appui sur les consonnes. 2° Le commencement de la tension et la fin de la détente ne répondent pas à un même degré de l'action musculaire. Le tube vocal, en effet, est plus ouvert, quand apparaissent les premières périodes vocaliques ; plus fermé, quand disparaissent les dernières. Cette différence est due à l'explosion de la première consonne (comme nous le verrons plus loin). 3° Le caractère de la tenue est sensiblement modifié : un coup d'œil sur la ligne de la voix permet de constater que le mouvement vibratoire du début ne se maintient pas, mais change bientôt et accuse la prédominance du quatrième son composant.

La figure 165 nous permet de mieux suivre encore le progrès du travail organique et celui de la voix. L'expérience a été faite comme la précédente avec un petit tambour à long levier et l'inscripteur de la parole à membrane de baudruche ; mais le tracé est reproduit à une plus grande échelle (agr. de 3,94).

A représente l'*a* interconsonantique de *baba* ; B, celui de *fafa*, avec, dans l'un et l'autre cas, la fin de la première consonne et le commencement de la seconde.

Nous aurions à faire les mêmes observations que pour la figure précédente sur l'amplitude des vibrations organiques (ici il s'agit des lèvres) au moment de la tension et de la détente, sur la durée de la voyelle, le défaut de symétrie entre le début et la fin de celle-ci. Bornons-nous à quelques considérations sur la hauteur musicale et le timbre.

Nous savons que, dans la voyelle isolée que nous avons étudiée (fig. 158), la tension et la détente sont plus graves que la tenue. Ici, la hauteur de la voyelle paraît être influencée par la consonne, et inversement agir sur elle. Dans *baba* (A), le premier *b* est grave ; mais il devient plus aigu au voisinage de la voyelle. La première période de l'*a* seule est plus longue que les suivantes. A partir de la seconde période, la durée, sauf quelques variations accidentelles, reste sensiblement fixe, même pour le deuxième *b*. Au contraire, dans *fafa* (B), la période possède dès le début la longueur qu'elle conservera pendant toute la tenue de la voyelle. C'est seulement avec la douzième que le relâchement se fait sentir. La différence entre les deux exemples tient à la nature des consonnes : *baba* contient deux consonnes sonores; *fafa* deux sourdes. Le larynx se met plus difficilement en activité pour un *b* initial; il persévère dans le mouvement acquis pour un *b* postvocalique. Pendant l'*f* initiale, le larynx peut se préparer à une action totale du premier coup ; mais il sera porté à se relâcher avant de prendre le repos que l'*f* postvocalique réclame.

La période a été comptée à partir de son point d'origine (*o*), du moment où le levier inscripteur a quitté l'axe moyen pour se porter au-dessus. La prédominance du troisième harmonique (quatrième son composant) est parfaitement claire A, 5 — 17, surtout 7, 8, 9, 11, 12, 14, 15, 16, B 9 — 15, surtout 13. Dans les premières périodes, on peut bien le soupçonner à la simple vue, par exemple A, 3 ; mais il est recouvert par d'autres harmoniques. La tension est ce qui nous intéresse le plus ici par le voisinage de la consonne. Or, si dans la voyelle isolée nous avons reconnu la prédominance de ce quatrième son composant à la tension comme à la détente, dans les deux cas (A et B) que nous avons sous les yeux, ce fait n'existe pas. Pour chacune des périodes 1 et 2 (A et B), qui sont très faciles à déterminer par la ligne de la langue, nous avons trois sinuosités et demie ; la 3ᵉ (A et B) est déjà différente. Il semble donc qu'il y ait un mélange réel du bruissement consonantique avec le son de la voyelle.

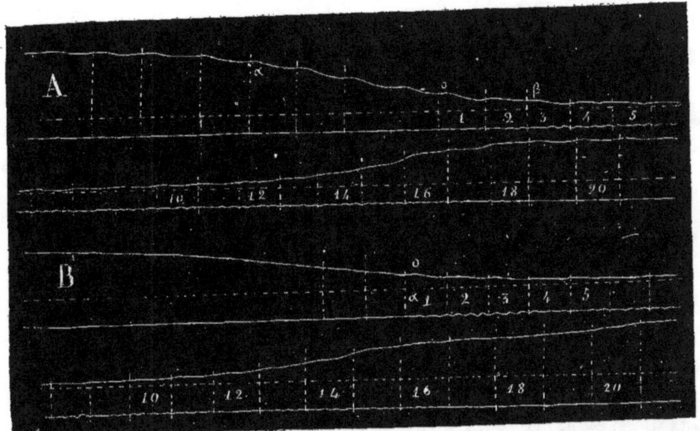

Fig. 165.
A. dab[a]. — B. ſaſ[a].

TRACÉS DE LA VOIX DANS LES VOYELLES

Une fois que l'on a étudié le tracé de la voix conjointement avec celui des mouvements organiques, on peut alors simplifier l'expérience et se contenter du seul tracé de la voix. Avec un peu d'habitude, on arrive à y reconnaître ce que la comparaison a d'abord enseigné. Soit par exemple la figure 166. Elle représente un *a* (celui de *pâte*) que j'ai tenu 91 centièmes de seconde. Le début et la fin de la voyelle ayant été mal rendus par la gravure, je les ai reproduits agrandis (fig. 167). Les périodes ont été coupées suivant deux systèmes : à partir du point d'origine (traits supérieurs), et à partir du point où le levier inscripteur descend au-dessous de l'axe moyen (traits inférieurs), comme il a été fait ci-dessus (fig. 158). On y lira sans peine tout ce que nous avons noté précédemment sur les trois temps de la voyelle, la durée, la forme des périodes, leurs variations. On pourra même reconnaître la partie négative de la période à sa plus grande amplitude, et la partie positive à ses ondulations moins profondément découpées (cf. fig. 158).

De même, la figure 168, qui représente un *u* (ou) de M. Burguet, devient claire comparée à la figure 163. Le changement qui se fait peu à peu dans les détails de la période, comparables à ceux que nous avons observés dans *é* (fig. 163), correspond, à n'en pas douter, à l'accroissement de l'occlusion.

Enfin je donne (fig. 169) un *a* de M. Burguet, dit sur fa_2 et agrandi 11 fois sous le microscope. On y remarquera aussi la même particularité que dans le tracé précédent : la période s'enrichit de détails à mesure que la voyelle tend

Agrandissement : 3,83.

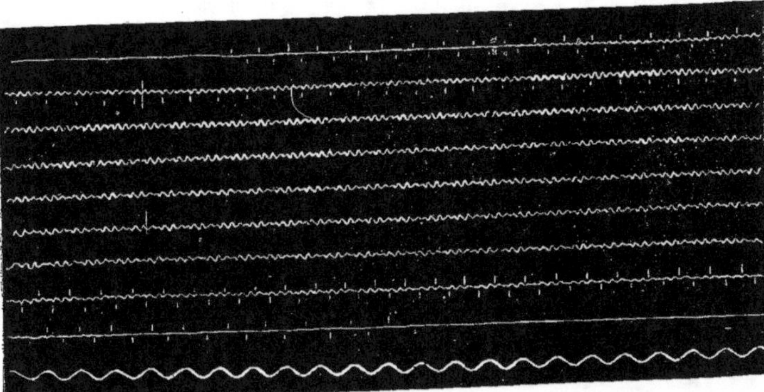

Fig. 166.   (R)

Voyelle *a* (de pâte).

Inscripteur à membrane de caoutchouc dur, très tendu. — Surface vibrante 10 mm de diamètre.

Les traits placés au-dessus de la ligne marquent l'origine de la période ; les traits placés en dessous délimitent la période comme dans la figure 158.

Pour les premières et les dernières périodes, voir la figure 167.

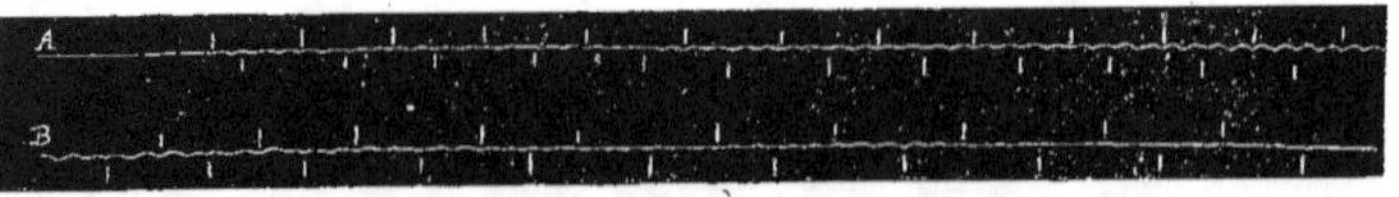

Fig. 167.
Agrandissement de la figure précédente : A, début; B, fin de la voyelle.

Agrandissement : 3,83.

Fig. 168.
Voyelle *i*.

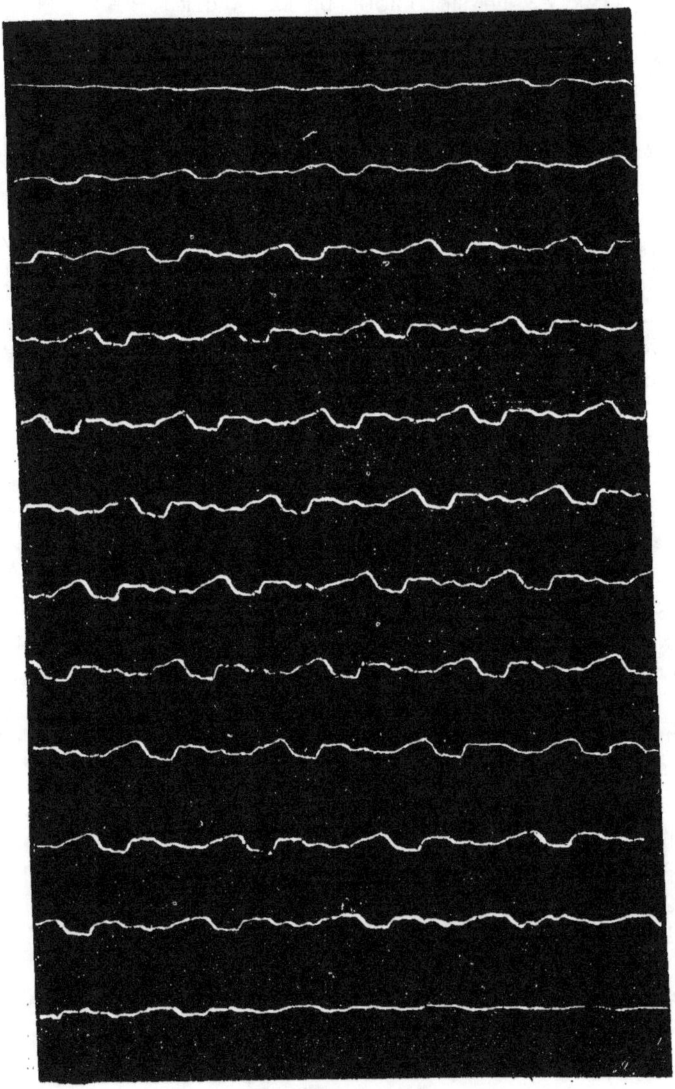

Fig. 169.   (B)
Voyelle *a*.

vers sa fin, indice que la langue se soulève. De plus, la durée, sans être aussi instable que chez moi, n'est pas non plus uniforme. La période, plus longue dans la première ligne (une au moins est facile à mesurer), prend dès la deuxième ligne une longueur qu'elle conservera sans variations bien sensibles jusqu'à la dixième : alors elle s'allonge pour revenir à sa longueur normale dans la dernière ligne.

Tous les tracés que nous avons étudiés jusqu'ici montrent clairement que, si l'on veut avoir dans l'œil l'image caractéristique d'une voyelle, c'est pendant la tenue qu'il faut la considérer.

Mais cette image, que l'on souhaiterait toujours simple et facile à reconnaître, est modifiée par bien des facteurs. Elle dépend, en effet, de la façon dont l'inscription a été prise, de la membrane enregistrante, de la hauteur et de l'intensité de la voyelle, enfin du registre de la voix.

Les deux premières causes sont à connaître pour être éliminées. Les deux autres font partie du phénomène à observer.

La période n'a pas la même figure si l'inscription a été saisie à distance ou avec les lèvres appliquées sur l'embouchure, si l'air s'est écoulé au fur et à mesure de l'émission ou s'il s'est accumulé dans l'appareil.

Quand l'inscription est faite à distance, l'amplitude est plus faible et la période se réduit à une simple ligne où les accidents de la courbe se traduisent par des dentelures (fig. 170, 2ᵉ ligne). Si l'air s'accumule plus ou moins dans l'appareil, ce qui arrive quand les lèvres s'appuient sur les bords de l'embouchure, la période forme une courbe plus ou moins accentuée (3ᵉ et 4ᵉ lignes). Cette imperfection, conséquence de la loi de transmission des ondes sonores, peut être facilement évitée par l'expérimentateur : il n'a

qu'à laisser toujours dans la partie supérieure de l'embouchure un espace assez grand pour l'écoulement du souffle.
En tout cas, il est aisé d'en tenir compte dans les résultats,
et de ne pas la prendre pour la preuve d'une augmentation
de l'amplitude. Même, comme toutes les données de l'expérience, elle peut être utilisée. Nous savons déjà que les
ondulations les plus amples de l'*à* concordent avec la partie
négative de la période. Or l'amplification du son fondamental par la compression de l'air nous montre bien que
les ondulations les plus amples de la deuxième ligne
occupent en effet la partie négative de la période dans les
lignes 3 et 4.

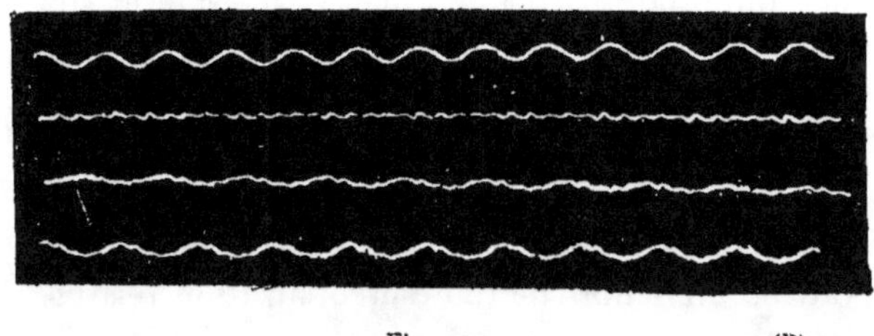

Fig. 170.   (B)

Fragment de la voyelle *à*.

1re ligne : diapason de 200 v. d.
2e ligne : *à* inscrit loin de l'embouchure.
3e et 4e lignes : le même *à* inscrit les lèvres appuyées sur l'embouchure.

Membranes. — La membrane a une action considérable
sur la figure de la période. Elle la modifie en raison de son
élasticité, de son épaisseur, de sa dimension et de sa note
propre. Une membrane peu élastique ou épaisse donne un
tracé rectiligne et ondulé ; une membrane élastique et
mince reproduit des courbes que découpent profondément
les harmoniques. L'étendue du champ vibratoire influe

notablement sur l'amplitude du tracé. Elle doit être proportionnée à l'épaisseur ou à l'élasticité de la membrane. Une membrane d'une faible étendue et d'une grande souplesse donne des sinuosités très délicates qui n'apparaissent pas avec un intermédiaire moins élastique, soit qu'elles échappent à un appareil trop inerte, soit qu'elles se fondent dans la courbe résultante. Ce sont les membranes les plus élastiques et en même temps les plus résistantes qui donnent les tracés les plus riches en détails apparents. De plus, la note propre à chaque membrane vient, dans les cas où elle s'accorde avec celle de la voyelle, ajouter son action, qui se traduit par un accroissement de l'amplitude du tracé. Ainsi dans les exemples qui vont suivre, on ne manquera pas de noter l'amplitude particulière des voyelles dites sur $fa_2\sharp$ qui est la note propre de la plupart des membranes employées.

Pour permettre d'apprécier la part qui revient ainsi à la membrane dans les tracés des voyelles, je réunis quelques spécimens de voyelles prononcées sur des notes données en voix de poitrine en dehors de toute préoccupation relative à l'intensité, et inscrites avec des membranes d'une substance, d'une épaisseur et d'un diamètre déterminés.

Les substances utilisées dans les tableaux suivants (fig. 171-185) sont : le mica, l'aluminium, le cuivre, l'or, le verre, l'ébonite, l'ivoire, la baudruche, le caoutchouc durci par le temps.

Les voyelles ont été dites chacune sur les trois notes $ré_2$, $fa_2\sharp$, la_2. Elles sont disposées par lignes, à peu près suivant leur ressemblance de forme. Chaque ligne ne contient qu'une même voyelle diversifiée par la hauteur musicale, et chaque colonne, qu'une même note émise sur des voyelles différentes.

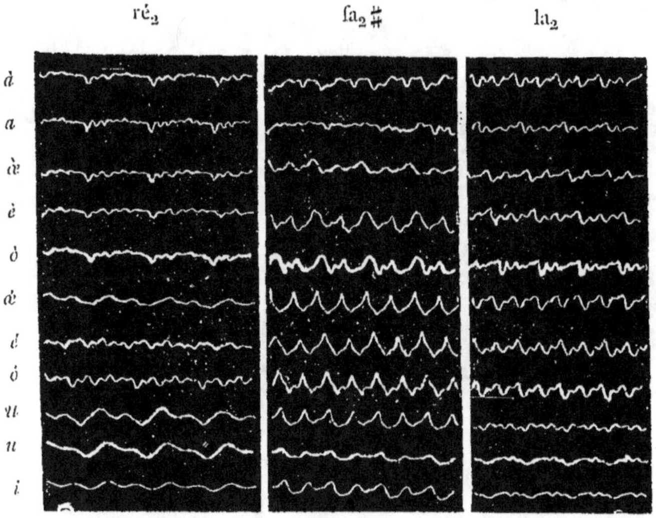

Fig. 171.   (B)

MICA (épaisseur 0^{mm} 04 ; diamètre 30^{mm}).

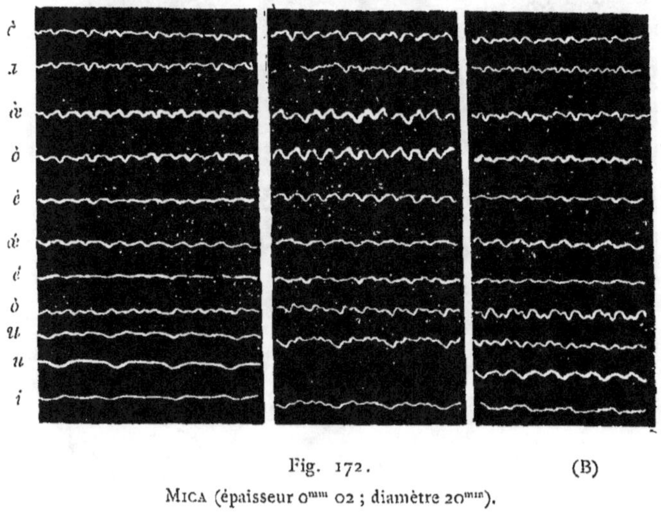

Fig. 172.   (B)

MICA (épaisseur 0^{mm} 02 ; diamètre 20^{mm}).

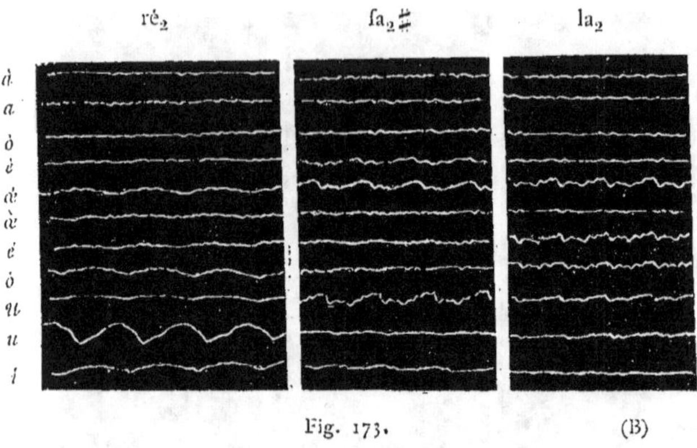

Fig. 173.   (B)

MICA (épaisseur 0ᵐᵐ 02 ; diamètre 10ᵐᵐ).

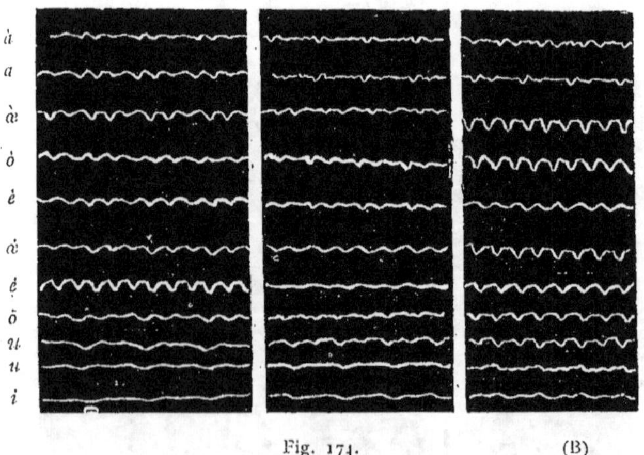

Fig. 174.   (B)

ALUMINIUM (épaisseur 0ᵐᵐ 10 ; diamètre 30ᵐᵐ (3ᵉ col., 2ᵉ ligne, lire : fa₂#).

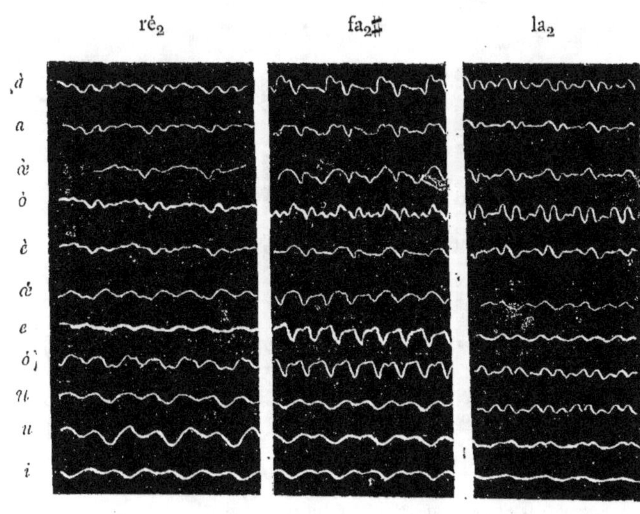

Fig. 175.   (B)

Cuivre jaune (épaisseur 0^{mm}13 ; diamètre 30^{mm}).

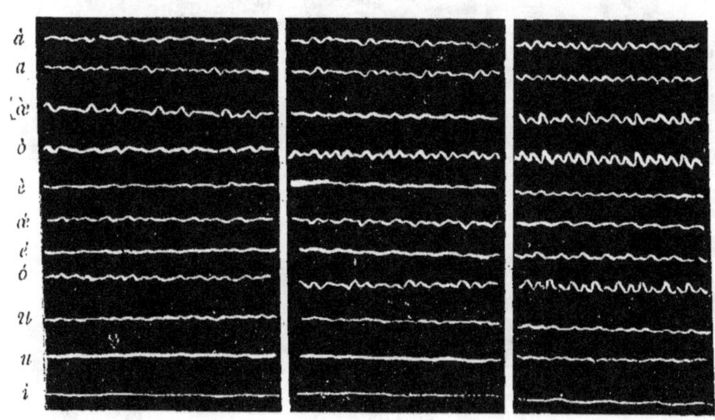

Fig. 176.   (B)

Or (épaisseur 0^{mm}15 ; diamètre 30^{mm}).

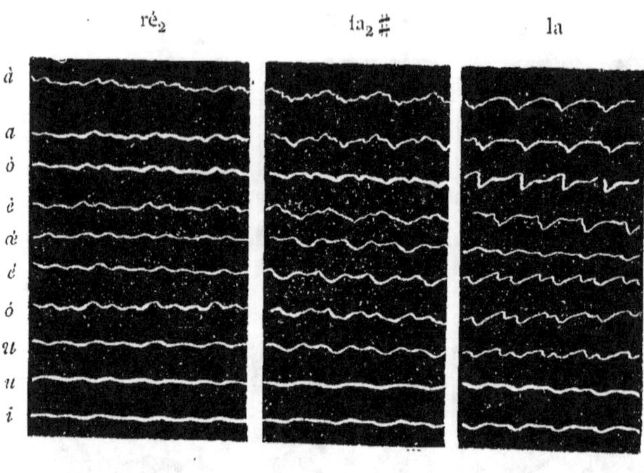

Fig. 177.   (B)

Cuir (épaisseur 0ᵐᵐ 06 ; diamètre 30ᵐᵐ).

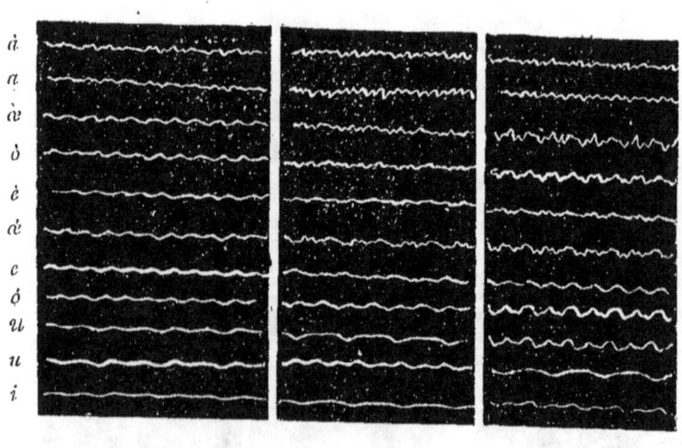

Fig. 178.   (B)

Verre (épaisseur 0ᵐᵐ 12 ; diamètre 30ᵐᵐ).

ré₂   fa₂ ♯   la₂

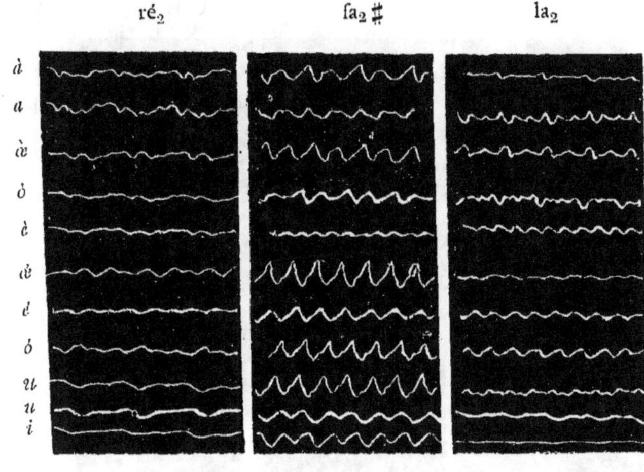

Fig. 179.   (B)
ÉBONITE (épaisseur 0ᵐᵐ 18 ; diamètre 30ᵐᵐ).

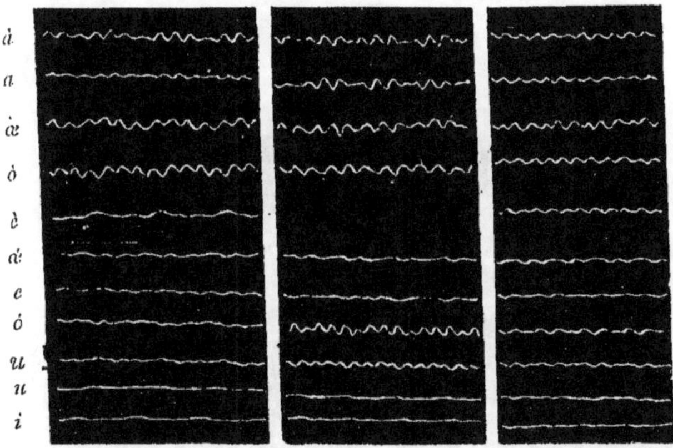

Fig. 180.   (B)
ÉBONITE (épaisseur 0ᵐᵐ 18 ; diamètre 20ᵐᵐ).

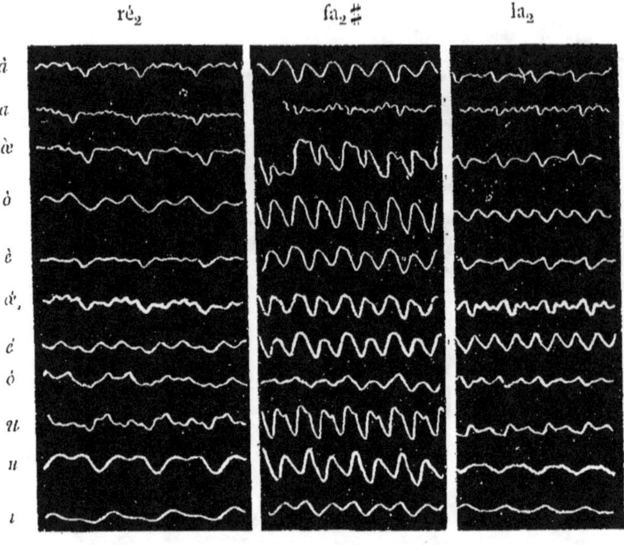

Fig. 181.   (B)

Ivoire (épaisseur 0ᵐᵐ 10; diamètre 30ᵐᵐ).

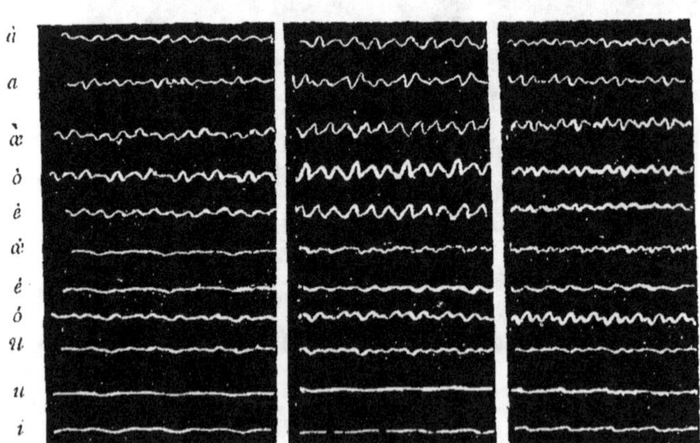

Fig. 182.   (B)

Ivoire (épaisseur 0ᵐᵐ 10; diamètre 20ᵐᵐ).

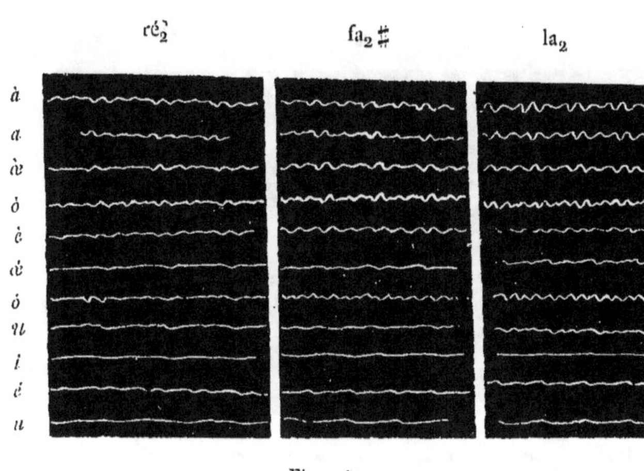

Fig. 183.　　　　　　　　　　　　(B)

BAUDRUCHE (épaisseur 0^{mm} 02 ; diamètre 15 sur 20).

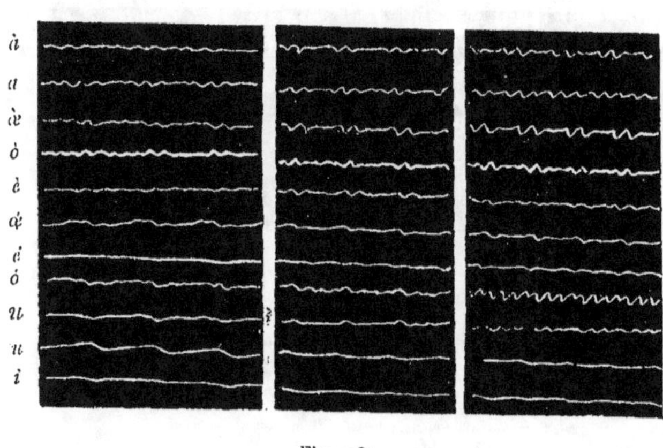

Fig. 184.　　　　　　　　　　　　(B)

BAUDRUCHE (épaisseur 0^{mm} 02 ; diamètre 10 sur 12).

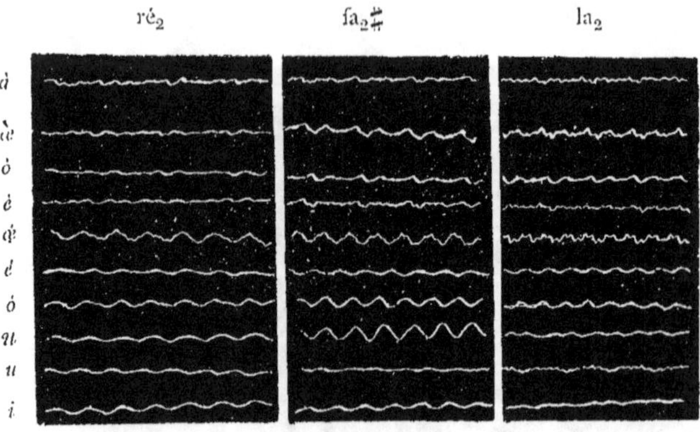

Fig. 185.   (B)

Caoutchouc vieilli, très tendu et très mince (diamètre 10ᵐᵐ).

Autres expériences :

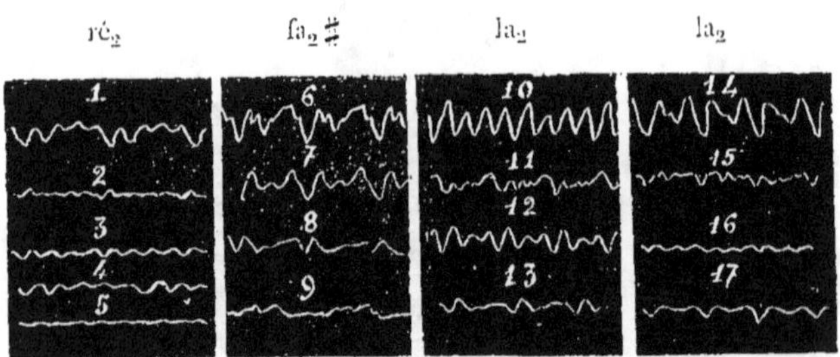

Fig. 186.   (B)

Voyelle *à* inscrite à différentes hauteurs et avec différentes membranes.
(Les tracés 4, 5 et 10 ont été pris à une plus grande vitesse.)

1, 15, Papier a lettre (épais. 0ᵐᵐ 09 ; diam. 30ᵐᵐ).
2, Carte de visite (épais. 0ᵐᵐ 20 ; diam. 30ᵐᵐ).
3, Maillechort (épais. 0ᵐᵐ 25 ; diam. 30ᵐᵐ).
4, 10, Argent (épais. 0ᵐᵐ 14 ; diam. 30ᵐᵐ).
5, Fer (épais. 0ᵐᵐ 25 ; diam. 30ᵐᵐ).
6, Papier glacé (épais. 0ᵐᵐ 16 ; diam. 30ᵐᵐ).
7, Tissu élastique (épais 0ᵐᵐ 06 ; diam. 20ᵐᵐ).
8, 13, Vessie (épais. 0ᵐᵐ 10 ; diam. 20ᵐᵐ).
12, Caoutchouc dilaté (diam. 10ᵐᵐ sur 12).
14, Gutta (épais. 0ᵐᵐ 06 ; diam. 20ᵐᵐ).
16, Papier végétal (épais. 0ᵐᵐ 03 ; diam. 10ᵐᵐ).
17, Carton (épais. 0ᵐᵐ 28 ; diam. 30ᵐᵐ).

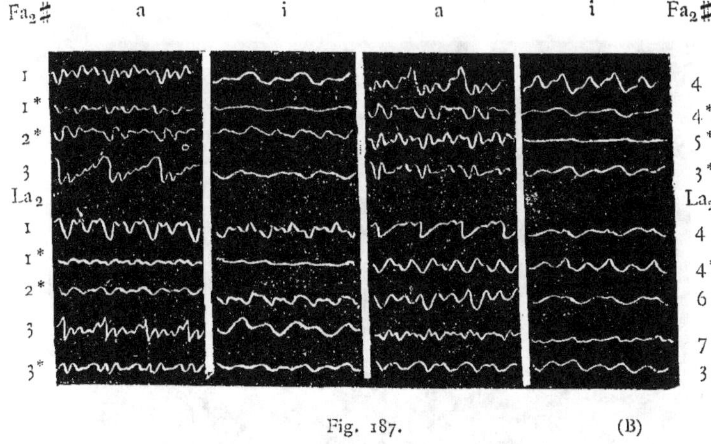

Fig. 187.   (B)

Voyelles *a* et *i*.

Dites : celles des 4 premières rangées sur fa₂ ♯ ; celles des 5 dernières sur *la₂*.
Recueillies à l'aide de différentes membranes qui varient de deux en deux colonnes.

Pour les deux colonnes de gauche :

   1 IVOIRINE (épais. 0ᵐᵐ 26 ; diam. 30ᵐᵐ).
   1* IVOIRINE (même épais. ; diam. 20ᵐᵐ).
   2 PARCHEMIN VÉGÉTAL (épais. 0ᵐᵐ 08 ; diam. 30ᵐᵐ).
   2* PARCHEMIN VÉGÉTAL (même épais. ; diam. 20ᵐᵐ).
   3 PARCHEMIN (épais. 0ᵐᵐ 07 ; diam. 30ᵐᵐ).
   3* PARCHEMIN (même épais. ; diam. 20ᵐᵐ).

Pour les deux colonnes de droite :

   4 OPALINE (épais. 0ᵐᵐ 13 ; diam. 30ᵐᵐ).
   4* OPALINE (même épais. ; diam. 20ᵐᵐ).
   5 PAPIER GLACE (épais. 0ᵐᵐ 16 ou 0ᵐᵐ 17 ; diam. 30ᵐᵐ).
   5* PAPIER GLACE (même épais. ; diam. 20ᵐᵐ).
   6 TISSU ÉLASTIQUE (épais. 0ᵐᵐ 06 ; diam. 20ᵐᵐ).
   7 CARTON (épais. 0ᵐᵐ 33 ; diam. 30ᵐᵐ).

Enfin la figure 188 contient : 1° plusieurs voyelles dites
sur fa₂ ♯ et inscrites par une plaque de platine ; 2° un *u* crié
fort sur la₂ et recueilli par une plaque de verre ; 3° *a, i* sur
fa₂ ♯ (papier à décalquer) ; 4° *i* sur la₂ et *a* sur fa₂ (papier
glace).

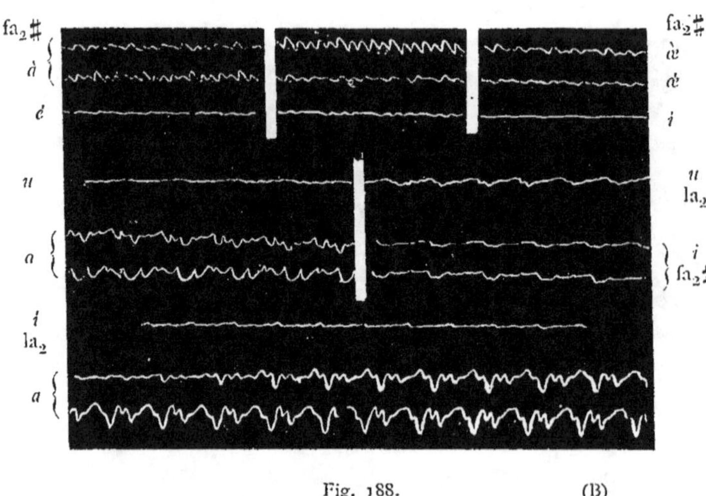

Fig. 188.   (B)

Voyelles diverses.

Les 3 premières lignes et la 4ᵉ à gauche : PLATINE (épais. 0ᵐᵐ115; diam. 30ᵐᵐ). — La 4ᵉ ligne à droite : VERRE. — La 5ᵉ : CARTE ÉPAISSE (diam. 30ᵐᵐ). — La 6ᵉ : PAPIER A DÉCALQUER (diam. 20ᵐᵐ). — La 7ᵉ : PAPIER GLACÉ (diam. 20ᵐᵐ). — Les 2 dernières : PAPIER GLACÉ (diam. 30ᵐᵐ).

Voyelles inscrites par le PLATINE : 2ᵉ colonne, ò ó u.

Note : fa₂♯, sauf pour les deux voyelles (i, u) qui ont été dites sur la₂.

Les 2 dernières lignes représentent un a, depuis le début jusque vers le milieu. Elles montrent très bien l'accroissement progressif de l'intensité.

Les tracés du phonographe rentrent naturellement dans la classe de ceux qu'on obtient avec des membranes rigides et épaisses. Ils s'observent très bien au microscope au moyen d'un petit artifice d'éclairage. En enveloppant le rouleau, placé sous le microscope, d'un écran qui ne laisse arriver la lumière que par une fente, on dirige un rayon rasant sur la surface de la cire, et le tracé, suivant la position de l'ombre, apparaît soit en relief soit en creux.

En voici des spécimens photographiques [1] (fig. 189).

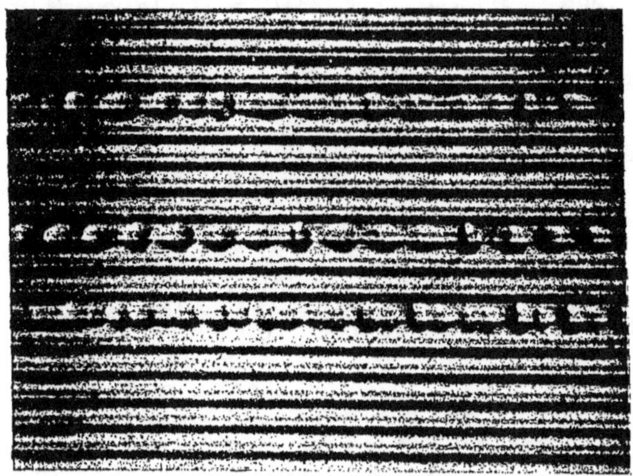

Fig. 189.

Entailles du phonographe agrandies un peu moins de 4 fois sur une
photographie directe elle-même agrandie 3 fois (agr. total 10.89).

(Pour voir les entailles en creux, retourner la figure).

M. Hermann a donné de nouvelles courbes [2] obtenues
avec le dispositif décrit (p. 118) en ralentissant beaucoup
le mouvement du cylindre enregistreur. L'amplitude des
courbes se trouve alors considérablement agrandie (fig. 190,
191, 192 et 193) et l'aspect linéaire du tracé phonographique disparaît.

---

1. On en trouvera de très intéressants, qui ont été dessinés à la chambre claire, dans le volume de M. Marichelle :
la Parole, Paris, Delagrave, 1897.

2. Archiv für die gesammte Physiologie, t. LXI (1895),
planches lithographiées dont on a pris un décalque.

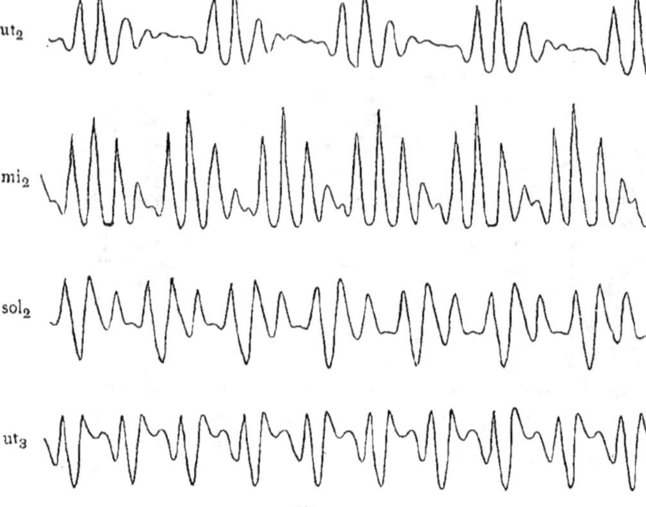

Fig. 190.
Voyelle *ä* (allemand).

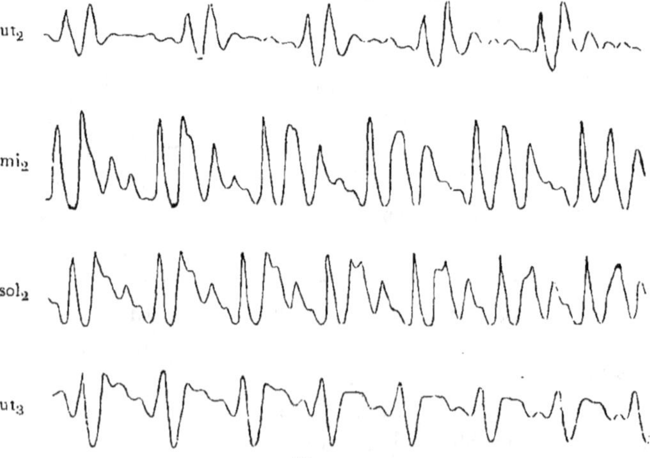

Fig. 191.
Voyelle *ä* (allemand).

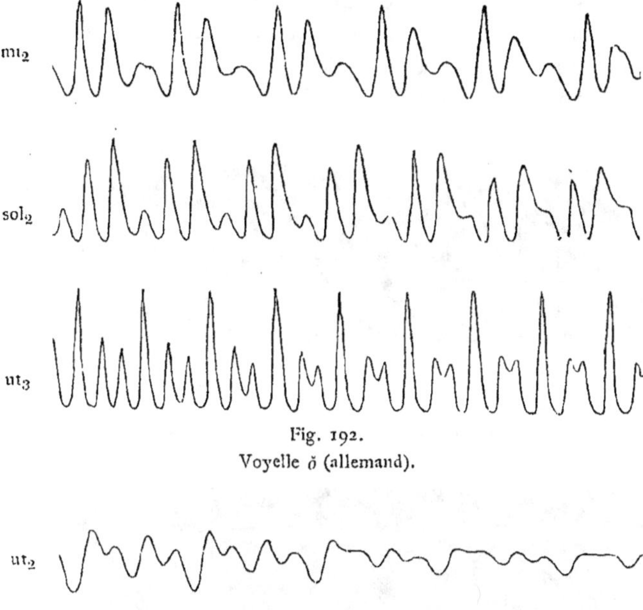

Fig. 192.

Voyelle *ŏ* (allemand).

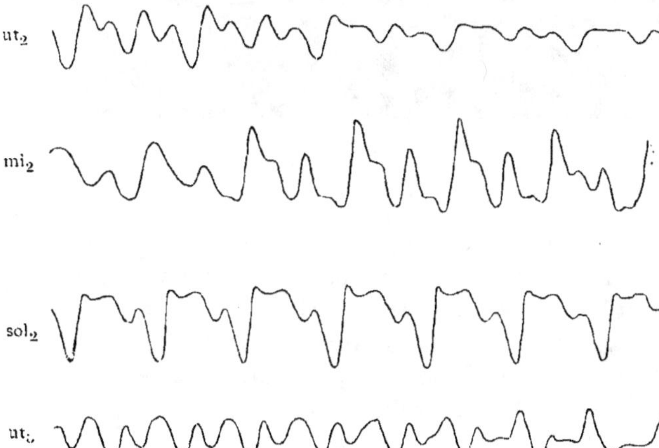

Fig. 193.

Voyelle *ü* (allemand).

Enfin, les flammes manométriques photographiées d'après le procédé de M. Doumer (p. 112 et 195) ont fourni des tracés d'une grande délicatesse. J'en reproduis deux spécimens (fig. 194 et 195) que je dois à l'obligeance de l'auteur.

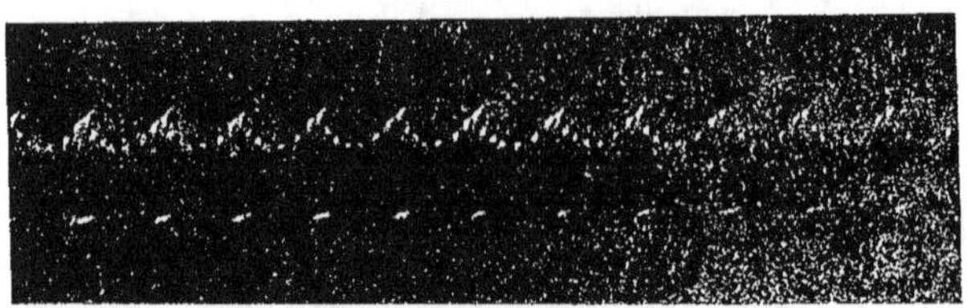

Fig. 194.

Voyelle *i* (Doumer).

La seconde flamme est réglée par un diapason chronomètre.

Fig. 195.

Voyelle *u* (Doumer).

M. Marage n'a obtenu au moyen de l'acétylène que des résultats grossiers[1] où il n'a pu reconnaître par période, suivant la nature de la voyelle émise, qu'une flamme (*i*, *u*, *ou*), deux flammes (*e*, *eu*, *o*), trois flammes (*a*).

Il semble d'une façon générale que les meilleurs tracés sont ceux où se reconnaissent le plus de détails, et que

---

1. *Mémoires de la Société de Physique*, année 1897.

l'inscription pèche plutôt par défaut que par excès. Je crois
en avoir la preuve pour *o*, *u*, *i*, *u*. Ces voyelles, inscrites
au phonographe isolément et d'une voix modérée, ne se
reconnaissent pas toujours à la reproduction (comparez ce
qui a été dit p. 195). Les tracés, dans ce cas, paraissent très
simples et privés de détails. Mais, lorsque la gravure a été
prise sur un ton élevé et avec une intensité notable, la
reproduction est satisfaisante, et la courbe est alors toute
festonnée de petites ondulations secondaires, par exemple l'*i*
des figures 171, 172, 182, 183, 187 (7) et 188 (*la₂*). Comparez les *u* (fig. 171, 173, 175, 182, 183, 185, 188).

Hauteur musicale. — On a déjà pu remarquer, dans les
tracés qui précèdent, l'effet de la hauteur musicale sur la
forme de la période. Mais il est utile d'embrasser d'un coup
d'œil toutes les notes d'une gamme pour une même
voyelle.

Nous avons (fig. 196) 4 gammes de voyelles parlées. La
première colonne représente un *à* (ouvert) et un *a* (moyen),
le premier dans la gamme de *ut₂*, le deuxième dans celle de
la₁; la deuxième, *ó* et *u*, tous les deux dans la gamme de
ut₂. Chaque colonne se termine par un tracé du diapason,
qui a servi de mesure pour le temps : celui de gauche pour
la gamme de *la₁*; celui de droite pour les trois gammes de
ut₂. Les premières périodes de chaque rangée ont été
séparées par des points; on reconnaîtra aisément les suivantes.

Pour être à même de comparer plus aisément la durée
des diverses notes des gammes, réduisons les échelles du
temps en millimètres. Celle de droite donne à la seconde
1325^{mm} (chaque vibration ayant 26^{mm} 5) ; celle de gauche,
1350^{mm}.

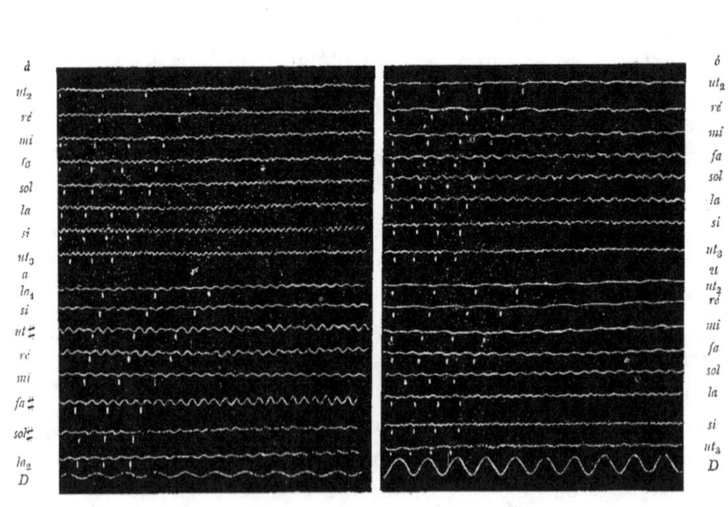

Fig. 196.
Gammes sur les voyelles à, a, ó, ú.

L'ut_2 a, comme longueur de période, 10^{mm} pour a, 9,62 pour *ó*, 9,6 pour *u*, c'est-à-dire, dans l'unité de temps, 132,5 vibrations pour *a*, 138 pour *ó*, 137,5 pour *u*. Le diapason allemand donne 132. La petite erreur que nous constatons ici dans le point de départ vient de la difficulté qu'il y a à prendre le ton bien juste pour une voyelle parlée.

Bornons-nous à vérifier la première gamme de ut_2, celle de *à*.

Nous avons en millimètres :

ut_2	*ré*	*mi*	*fa*	*sol*	*la*	*si*	ut_3
10	9	7,5	7	6,5	5,75	5,12	4,75

soit en vibrations pour l'unité de temps :

132,5	149,2	165,5	176,6	203	230	258,92	278

tandis que nous devrions avoir :

132	148,5	165	176	198	220	247,5	264

Le parleur a haussé le ton dans les notes aiguës.

La deuxième gamme, celle de la_1, est d'accord avec le diapason français. Les notes mesurées donnent :

la_1	*si*	(*ut*♯)	*ré*	*mi*	(*fa*♯)	(*sol*♯)	la_2
108	122,34	142,1	150	169,9	180	210,6	221,3

La gamme naturelle serait (formule, p. 9) :

108,75	121,5	135	144	162	180	202	216

Malgré les petites erreurs que ces chiffres mettent en évidence, nous pouvons considérer ces gammes comme suffisamment justes, et comparer entre elles les périodes des différentes notes.

Voyelle à. — Nous savons par ce qui précède que la période a été coupée au début de la partie négative. Or, en nous contentant de ce que l'œil armé de la loupe peut découvrir, nous pouvons décomposer la période de la manière suivante :

Ut. — 8 sinuosités ; 4 grandes et 4 petites.

Ré. — 7 sinuosités ; 4 grandes, 3 petites.

Mi. — 6 sinuosités, 4 grandes, 2 petites. Les deux petites semblent n'en faire qu'une allongée ; mais à certains endroits, par exemple, dans la première période de la figure, elles se distinguent nettement.

Fa. — 6 sinuosités ; 4 grandes et 2 petites. La dernière paraît diminuée.

Sol. — 5 sinuosités, la 5e, à peu près égale aux autres, représente les 4 petites de l'*ut*.

La. — 5 sinuosités ; 4 grandes, et 1 très petite, presque confondue avec la 4e qui semble agrandie. La 5e sinuosité est le dernier reste du groupe des petites de l'*ut*.

Si. — 4 sinuosités à peu près égales. Le dernier groupe a entièrement disparu. On peut subdiviser la période en deux groupes comprenant chacun deux sinuosités.

Ut. — 4 sinuosités plus sensiblement égales que pour *si*, et un peu diminuées.

Dans cette gamme, la période nous apparaît donc divisée en deux parties : la première plus ample, plus profondédément découpée et plus stable ; la deuxième plus faible, plus indécise et, en apparence, seule soumise au changement. Ces deux parties sont égales en durée pour ut_2. Puis, au fur et à mesure que le ton s'élève, il semble que, la première restant immuable, la deuxième disparaisse peu à peu, si bien qu'au sommet de l'octave il n'en reste plus rien. Ainsi de quatre sinuosités qu'elle possède pour ut_2, elle en perd une pour *ré*, une seconde pour *mi*, une troisième pour *sol*. Pour *la*, elle est si réduite qu'elle semble n'être qu'un accessoire de la quatrième sinuosité de la première partie. Pour *si*, qui dans l'exemple que nous étudions est presque un ut_3, elle ne se reconnaît plus. Dans la réalité, nous avons la trace d'un harmonique élevé, qui est le septième (huitième son composant) de ut_2, le sixième de $ré_2$, le cinquième approximatif de mi_2 et de fa_2, le quatrième de sol_2 et de la_2, le troisième de si_2 et de ut_3; c'est-à-dire un ut_5 (1056 v. d.), qui, au moment de la compression de l'onde sonore, se trouve affaibli par l'interférence des harmoniques graves, et, comme il est naturel, devient dominant dans les notes aiguës. Cet ut_5 correspond, à n'en pas douter, à la résonnance caractéristique de l'*à* de M. Burguet. Ce résultat est entièrement confirmé par l'analyse mathématique qui indique pour les amplitudes des différents sons composants en millimètres :

I	II	III	IV	V	VI	VII	VIII	IX	X	XI	XII	XIII	XIV	XV	XVI
0,236	0,19	0,23	0,007	0,31	0,04	0,21	0,48	0,07	0,12	0,11	0,56	0,10	0,26	0,25	0,08

Donc la comparaison des tracés d'une même voyelle dite successivement sur les notes de la gamme peut à première vue faire connaître le son caractéristique.

Voyelle a. — Cette voyelle, comme le montrera l'analyse, n'est pas la même que la précédente. En outre, elle a été inscrite avec une membrane flexible. C'est en partie à ce fait, en partie à la prédominance du quatrième son composant que la période doit sa forme. La superposition des deux tracés (fig. 197) montre que chaque sinuosité de cette seconde voyelle équivaut à deux de la première. Nous ne devons donc nous attendre à rencontrer l'indice de la note caractéristique que dans les cas où le nombre des petites sinuosités est impair. C'est en effet ce qui a lieu, Nous le distinguons dans *si, ré, sol,* qui répondent à *ré, fa, si* de la première gamme. S'il se présente quelque discordance, cela tient au défaut de justesse du *si,* qui se trouve trop aigu (c'est le *la,* lui-même trop haut, qui laisse voir clairement la petite sinuosité impaire). Or la petite vibration secondaire qui se montre ainsi isolée a constamment la même mesure, $1^{mm}4$ environ. Ce qui donne (l'échelle étant de 1.350^{mm} à seconde) 950 v. d. qui est le septième son composant de la voyelle dite sur $ut_2\sharp$.

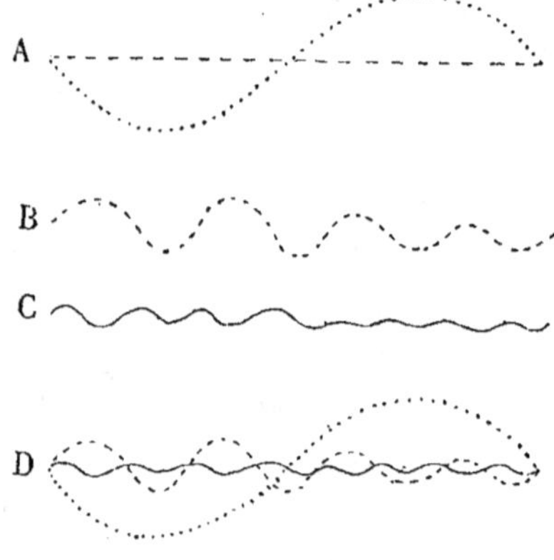

Fig. 197.

A représente la période telle qu'elle aurait été prise par une membrane très souple et très grande.

B est un agrandissement de *a* ($ut_2\sharp$).

C est un agrandissement de *á* (ut_2), légèrement diminué en longueur pour qu'il puisse cadrer avec B.

D. Les trois courbes sont réunies afin que le rapport de chacune avec les deux autres saute aux yeux.

L'analyse mathématique confirme ce résultat. Elle donne :

I	II	III	IV	V	VI	VII	VIII	IX	X	XI	XII	XIII	XIV	XV	XVI
0,48	0,22	0,85	2	0,27	0,32	0,61	0,15	0,7	0,08	0,09	0,30	0,06	0,60	0,57	0,18

Cet *a* tient donc le milieu entre le précédent qui est très aigu et l'*a* grave (cf. fig. 158).

L'importance considérable que prend le quatrième son composant dans ce tracé pourrait bien être due en grande partie à la membrane. En effet, une membrane plus flexible encore et avec un champ vibratoire plus étendu n'aurait laissé voir aucun harmonique (fig. 197, A); une plaque plus rigide, comme celle de verre, au contraire, rend apparent le huitième son composant (fig. 197, C). Il semble donc naturel qu'avec une membrane d'une élasticité moyenne, le quatrième son composant seul se montre nettement, que le septième, avec les autres, se perde, pour l'œil, dans la plupart des courbes (fig. 197, B), et n'en puisse être extrait que par l'analyse mathématique.

Voyelles ó et u. — Les gammes de l'ó et de l'u présentent un type de développement tout autre que celui de l'*a*. Au lieu de se tronquer peu à peu par la perte successive de l'une de ses sinuosités secondaires, la période garde tous ses éléments initiaux, visibles dans la note la plus grave, mais en les resserrant, en leur donnant plus de relief, en les détachant de plus en plus les uns des autres jusqu'à ce que, dans les notes aiguës, elle apparaisse, de nue qu'elle était dans les notes graves, toute festonnée d'une sinuosité légère et profonde qui la couvre tout entière.

Intensité. — Quand elle n'est pas excessive, l'intensité se traduit, suivant ses degrés, par l'amplitude du tracé. Mais quand elle est trop forte, l'inscription se fait mal. Il

faut alors y remédier soit en changeant la membrane enregistrante pour une plus rigide, soit en modifiant les conditions de l'expérimentation (p. 378).

Registre de la voix. — Les voyelles dont les tracés ont
été reproduits plus haut ont toutes été émises à voix haute
dans le registre de poitrine, la plupart sur une note voulue
(toutes celles de M. Burguet sont dans ce cas, mais non
les miennes).

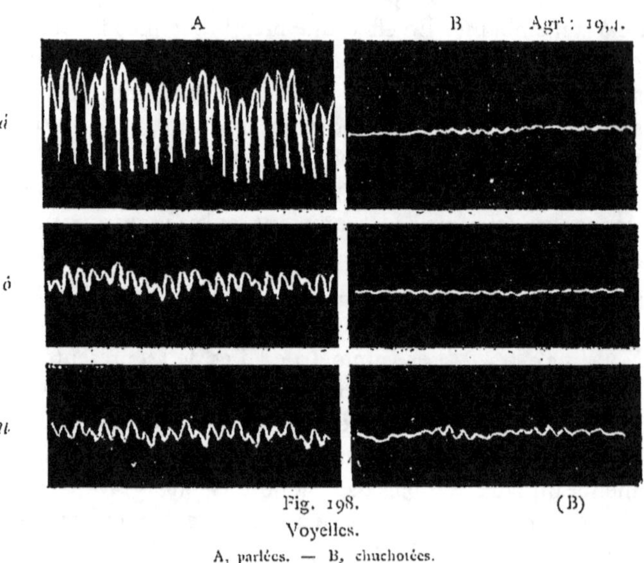

Fig. 198.
Voyelles.
A, parlées. — B, chuchotées.

Il n'existe pas de différence caractéristique entre la
voyelle parlée et la voyelle chantée. Seulement la première
est moins fixe et moins intense, et en général plus courte
que la seconde. Lorsque la voyelle chantée s'inscrit mal,
c'est l'intensité excessive qui est en cause. Un expérimen-

tateur novice a seul pu s'y tromper. On a vu précédemment que la plupart des voyelles étudiées par les physiciens
ont été justement des voyelles chantées (p. 194 et suiv.).

Dans la voix *chuchotée*, pourvu que le chuchotement soit
très fort, on obtient des tracés où l'on remarque une
période et un mouvement ondulatoire différent pour
chaque voyelle. Je donne (fig. 198) un spécimen de *á*, *ó*,

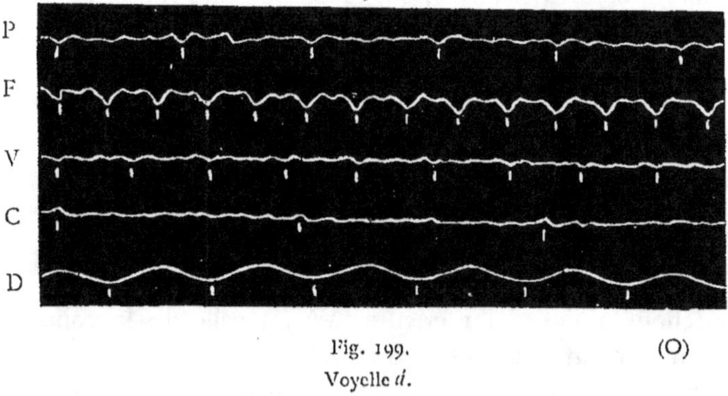

Fig. 199.   (O)

Voyelle *á*.

P. Voix de poitrine. — F. Voix de fausset. — V. Voix de ventriloque.
C. Voix crapuleuse. — D. Diapason de 200 v. d.

u chuchotés en regard des mêmes voyelles parlées. On ne
manquera pas de remarquer la différence d'intensité. Pour
la mettre plus en évidence, le tracé a été pris à une faible
vitesse (0^{mm},6 pour 1 centième de seconde) et agrandi
19, 4 fois.

Enfin, je termine (fig. 199) par un exemple de l'*á* dans la
voix de *fausset* (F), la voix de *ventriloque* (V) et la voix *crapuleuse* (C) opposées à la voix de *poitrine* (P) ; ce qui frappe le
plus ici, c'est la différence d'acuité.

CONSONNES

Continues.

Nous commencerons par celles des consonnes qui se rapprochent le plus des voyelles par leur figure et leur mécanisme articulatoire : les semi-voyelles, les spirantes, les vibrantes et les fricatives, qui toutes sont des continues.

Semi-voyelles.

(y, w, $\ddot{w}$)

Pour bien comprendre les semi-voyelles, il faut les comparer avec les voyelles correspondantes. Considérons (fig. 200) *aüa* (A) et *aua* (B). La ligne supérieure (L) est celle des lèvres (ampoule et tambour à petite capsule et à caoutchouc rigide) ; l'inférieure (V) est celle de la voix (Inscripteur à membrane de baudruche).

Avec un tambour à membrane plus élastique nous aurions eu pour le mouvement des lèvres un tracé plus expressif. Mais les vibrations seraient moins belles.

Au point de vue physiologique (L), la semi-voyelle se distingue nettement de la voyelle : à la détente, par un relâchement brusque de l'organe ; à la tenue, par une plus grande poussée organique, par l'amplitude ou la forme des vibrations (cf. L dans A et dans B). Le commencement et la fin de la tenue peuvent être ici approximativement fixés à α et à β. Toutefois on ne saurait rien préciser à cet égard, car les sons se fondent sur leurs limites et s'influencent bien en deçà et au delà. Nous y reviendrons à propos de la figure suivante.

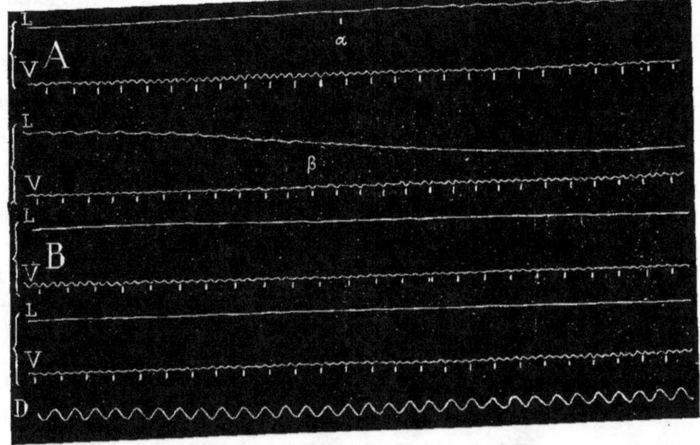

Fig. 100. (R)

A, aⁿⁿa. — B, ana. (Ces tracés ne contiennent que la fin du 1er *a* et le commencement du 2e.)

La période de l'*a* (V) se compose de trois sinuosités irrégulières, deux petites et une grande. Le passage à l'*ü*, comme à l'*u*, est marqué par la diminution progressive de l'amplitude des deux petites sinuosités. La tenue de la semi-voyelle se distingue de celle de l'*u* par une moindre amplitude de la courbe. Au moment de la détente, les deux petites sinuosités se sont presque réduites pour *ü* à une seule. En même temps qu'elles perdent de leur amplitude, les sinuosités secondaires gagnent en régularité, et deviennent à peu près égales en longueur. La courbe se simplifie donc et l'on peut être tenté de croire que cette vibration secondaire, qui revient trois fois dans la période, représente le principal son composant. Ici, l'échelle nous donnant 866^{mm} à la seconde, et cette petite sinuosité ayant 1^{mm}8 de longueur, ce serait la note de 472 v. d., environ *si* b$_3$.

La figure 201 permet de suivre avec une plus grande sûreté le passage de la voyelle à la consonne. Les syllabes *aüa* ont été inscrites par la membrane de baudruche (V) et en même temps par le petit tambour (S) réunis à une seule embouchure au moyen d'un tube en Y. Les deux tracés se contrôlent et se complètent : l'un (S) rend visible surtout le son fondamental; l'autre (V), les harmoniques. Ils diffèrent principalement pour la consonne. On les suivra avec intérêt depuis le début jusqu'à la fin. Les deux *a* sont sensiblement les mêmes. Noter, pour les harmoniques aigus, les périodes 4 et 75 (8 petites vibrations). La période de l'*a* est caractérisée pour la forme (19) par deux groupes de sinuosités secondaires, composés: le premier, d'une grande et de deux petites; le second, de deux grandes. L'*ü*, là où il paraît le plus pur, ne compte que deux sinuosités toutes nues, la première plus petite que la seconde. Le passage de la voyelle à la consonne se fait par l'effacement progressif

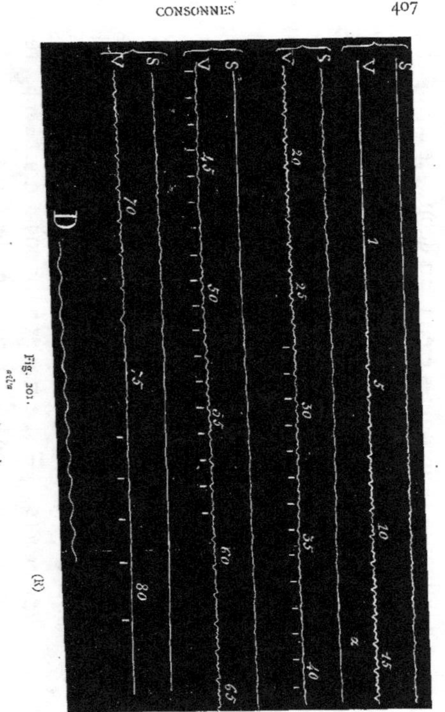

Fig. 201.
ačʾu
D. Diapason de 200 v. d. à la seconde.

des sinuosités secondaires de chacun des groupes de la période vocalique. D'abord c'est le premier groupe qui est atteint. A partir de la 20ᵉ période, les deux petites sinuosités n'en font plus qu'une ; la seconde est d'abord la plus grande, mais elle ne tarde pas à se diminuer au profit de la première ; à la 24ᵉ période, elle est toute petite ; à la 33ᵉ, elle se voit encore ; à la 34ᵉ, elle disparaît, pour ne réapparaître qu'à la 53ᵉ. Le deuxième groupe commence à s'altérer dans la 23ᵉ période : les deux sinuosités, qui sont à peine amoindries à ce moment, tendent à se réunir et n'y arrivent complètement qu'avec la 38ᵉ période. La séparation recommence avec la 49ᵉ. Nous n'avons donc le $\ddot{u}$ parfaitement pur qu'entre les périodes 38 et 49. La zone d'influence réciproque s'étend, au début, de la 20ᵉ à la 38ᵉ ; à la fin, de la 50ᵉ à la 60ᵉ, où la forme de l'a est complètement restaurée. Soit donc, pour ces deux syllabes, qui se composent de 80 périodes : a, 19 ; $a\ddot{u}$, 19 ; $\ddot{u}$, 11 ; $\ddot{u}a$, 10 ; a, 21. La zone d'influence a donc été, à la tension du $\ddot{u}$, presque deux fois plus étendue qu'à la détente.

Si nous cherchions, par la seule inspection de la courbe, d'avoir une idée rapide des sons composants, nous remarquerions que la petite sinuosité a 2ᵐᵐ 4 et qu'une plus petite encore est contenue, en α, huit fois dans une longueur de 2ᵐᵐ 7. L'échelle étant de 1093ᵐᵐ, nous obtiendrions ainsi des périodes secondaires de 455 et de 3238 v. d., soit $la\sharp_3$ et $sol\sharp_6$. — Le tracé (fig. 200) a donné $si\,\flat_3$, résultat que l'on peut considérer comme identique.

Avec la figure 202, A aya et B aia, dont l'échelle est reproduite à part (fig. 203), outre le passage de la voyelle à la consonne sur lequel il n'est utile de revenir que pour le signaler et inviter le lecteur à en faire l'étude lui-même (car le dessin est très net), on observera la

Fig. 202.

A. *ayn*. (Les deux *n* sont tronqués.) — B. *aia*. — (Échelles fig. 203.)

différence qui distingue la semi-voyelle de la voyelle. Au
début (α) et à la fin (γ), les vibrations de la voix ont une amplitude notable aussi bien pour le *y* que pour l'*i* ; mais à la

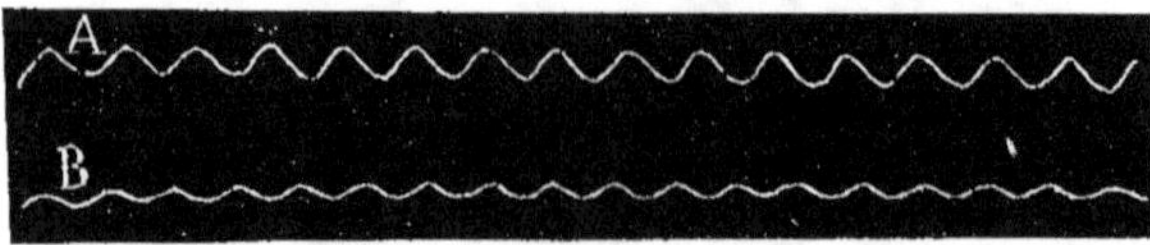

Fig. 203.

Échelles de la fig. 202 : A. pour A ; B pour B.

tenue (β) le *y* paraît presque entièrement étouffé par rapport
à la voyelle.

Spirantes
(ç, ĉ, ḣ).

Le ç (*ch* doux allemand) est très voisin du *y*, dont il n'est
guère que la sourde. Le ĉ est le *ch* dur des Allemands, la *j*
des Espagnols, le représentant du *ch* français à Cognac, de
iss français dans des dialectes de l'Est, etc. Le *ḣ* est la
sonore correspondante (= *j* français à Cognac, *is* (*iẕ*)
français dans l'Est, etc.).

Comme il ne s'agit pas ici d'une analyse rigoureuse de
telle ou telle variété de ces sons, mais seulement de leur
mécanisme général, j'ai cru pouvoir les inscrire tels que je
les prononce, bien qu'ils soient étrangers à mon dialecte
d'origine. Les figures seront suffisamment exactes, j'espère,
car je suis habitué à entendre ces sons dès l'enfance et je
me suis souvent exercé à les reproduire.

Le ç de *aça* (fig. 204 A) ne commence à se faire sentir dans la voyelle initiale qu'à la 24ᵉ période (V) et encore faiblement par une simple diminution de l'intensité; la 25ᵉ n'est guère plus touchée, la 26ᵉ l'est déjà sensiblement, la 27ᵉ l'est bien davantage : on y peut encore reconnaître la forme générale de l'*a*; mais la première sinuosité, la plus ample, est très aplatie, et l'ensemble est moins net que la première période elle-même. Suivent trois périodes où l'on ne reconnaît que vaguement la forme générale de la voyelle. Enfin vient une ligne en apparence unie et sans aucune trace d'un mouvement périodique. C'est la tension de la consonne. Après une longueur de 146 ᵐᵐ (= 13 centièmes de seconde), brusquement le mouvement périodique' réapparaît. La première période ne présente de nette que la dernière sinuosité. On doit parcourir ensuite 11 périodes, même 12, pour arriver à la forme absolument parfaite de l'*a* (ici deux groupes formés chacun de deux sinuosités à peu près égales). Nous n'avons d'abord (période 2) que deux grandes vibrations, représentant les deux groupes; puis (3) la première se diminue et la deuxième s'allonge, se préparant à donner naissance à trois sinuosités secondaires dont les deux dernières (celles qui formeront le second groupe) commencent à se montrer dès la quatrième période; la seconde du premier groupe n'apparaît que dans la 9ᵉ période; elle grandit dans les 10ᵉ, 11ᵉ, 12ᵉ, et ne devient égale à la 1ʳᵉ que dans la 13ᵉ.

Les harmoniques de la voyelle sont clairement indiqués dans le tracé du souffle (S) recueilli par le petit tambour à membrane rigide : ils sont très nets pour l'*a* initial jusqu'à la 25ᵉ période et la première partie de la 26ᵉ; ils se montrent de nouveau, après la consonne, dans la 10ᵉ.

Une question nouvelle, puisque nous avons pour la

première fois une consonne sourde, se pose ici pour la
tension et la détente. Passons-nous directement de l'*a* au
ç, ou par l'intermédiaire d'un *y*? En d'autres termes, les
périodes privées de sinuosités secondaires ou des sinuosités
qui paraissent caractéristiques de l'*a* doivent-elles être
attribuées à la voyelle ou à la consonne? La même question
se reposera dans tous les cas analogues, toutes les fois
qu'une voyelle se trouvera en contact avec une consonne
sourde. Il serait donc important de la résoudre. Malheu-
reusement, je suis obligé d'en renvoyer la solution définitive à plus tard, si tant est qu'une solution définitive soit
possible. En attendant, je me bornerai aux réflexions
suivantes. Une voyelle finale se termine aussi par des
périodes en apparence dénuées d'harmoniques (cf. l'*a* final
de *aẽa* B) : le souffle (S) continue à agir mécaniquement,
marquant une note fondamentale très ample sans aucun
accident. On pourrait donc être tenté de voir dans ces
périodes amorphes les dernières périodes de la voyelle.
Mais, même dans le cas d'une voyelle isolée, on doit se
demander si les dernières périodes sont bien vocaliques.
J'hésite à le croire, car avec l'inscripteur que j'ai employé
pour *aça*, un *a* articulé à voix haute aussi faiblement que
possible, ou même simplement chuchoté, donne toujours,
outre le tracé de la période, des vibrations secondaires. Il
semble donc naturel de voir, même dans les périodes finales
des voyelles isolées, des éléments consonantiques, ceux
d'une semi-voyelle. Ce seraient ces éléments qui prendraient
vie par la prolongation du mouvement, et deviendraient,
par exemple, un *y* à Dreux dans *dráᵉy* pour *drẽ* « Dreux »,
et dans l'Angoumois (Saint-Genis d'Hiersac) *pãw* pour *pã*
« pas ». Il n'y a donc aucune difficulté à attribuer à la
consonne les périodes 28, 29 et 30. Quant à 26 et 27, il

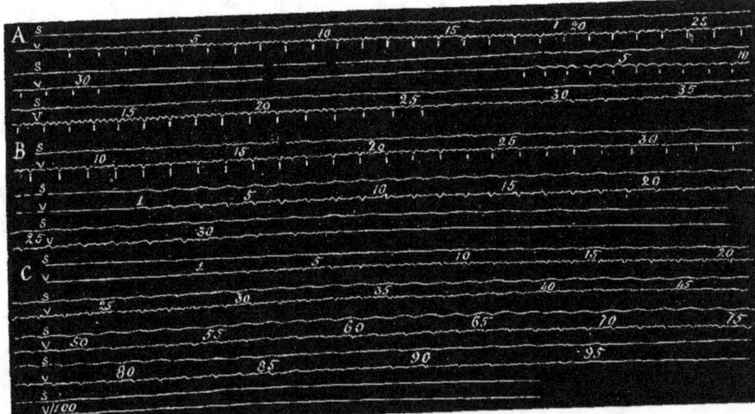

Fig. 204.

A. aʒa. — B. aʒa. — C. aba. (Echelle fig. 201). — Des coupures ont été faites: 1° dans la tenue de ʒ; 2° dans le début de l'a et la tenue du ʒ de aʒa.

faudrait les partager entre la voyelle et la consonne :
26, plutôt vocalique ; 27, plutôt consonantique. La tension
pourrait être comptée entre 27 et 30. Nous aurions alors
un $ę$ faible et laryngien, c'est-à-dire un y qui se fondrait
progressivement en un $ę$ fort et sourd.

Autre question analogue à la précédente :

Passons-nous directement du $ę$ à l'a, ou bien avons-nous
encore un intermédiaire ? Il ne s'agit pas de l'influence de
la consonne sur la voyelle. Elle est évidente (cf. le commencement de l'a initial avec celui de l'a final). Le caractère consonantique des deux premières périodes ne paraît
pas douteux ; de 4 à 7, nous devons encore avoir la consonne
influencée par la voyelle (comparez le tracé de y dans aya,
fig. 202) ; cette influence se fait sentir davantage dans
8 et 9. Mais à partir de 10, nous avons bien la voyelle
légèrement influencée au début par la consonne. La détente
irait donc de 1 à 9 : elle serait laryngienne et douce et
correspondrait, par conséquent, à un y.

D'où, sur une longueur totale de 220^{mm}, nous en aurions
25 pour la tension et 28 pour la détente, soit sur une durée
de 20 centièmes de seconde, environ 1/9 pour la tension,
et 1/8 pour la détente.

Il est temps maintenant de passer à la tenue. Le larynx
se tait. Dès lors, comme c'est cet organe qui, dans la
symphonie de la parole, fait la basse et marque le ton,
nous ne devons pas nous attendre à rencontrer ces vibrations amples qui groupent entre elles des vibrations secondaires. Mais, tout bruit étant un mouvement vibratoire de
l'air, nous sommes en droit de rechercher dans la ligne
en apparence toute droite de la tenue la trace de vibrations
quelconques. Et, en effet, il en existe. Il ne me sembla
pas d'abord que les appareils fussent assez sensibles pour les

saisir, car à première vue rien ne les décèle. Il me fallut un
jour bien clair et des tracés exceptionnellement avantageux
pour me les faire découvrir sous le microscope. Maintenant,
je les obtiens sans difficulté. La seule condition requise
est d'avoir un appareil très sensible, l'inscripteur avec
membrane de baudruche par exemple ou le tambour à petite
cuvette, et de régler le contact de la plume sur le cylindre
au *minimum*. Cette disposition, excellente pour la consonne, est défectueuse pour la voyelle, car la plume alors
rebondit sous la poussée de l'air et le tracé manque de
suite. C'est ainsi que j'ai inscrit (fig. 205) certains bruits
de la bouche : 1, sifflet ; 2, claquement des lèvres (baiser) ;
3, claquement de la langue appliquée sur la région dentale ;
4, claquement de la langue contre la partie centrale du
palais dur ; 5-12, bruits de consonnes réduites à la simple
explosion sans voyelle suivante : 5 *p*, 6 *t*, 7 *k*, 8 *f*, 9 *s*,
10 *c* (*ch* français), 11 *ç* (*ch* doux allemand), 12 *ĉ* (*ch* dur
allemand). Comme terme de comparaison, j'ajoute
(fig. 206) les tracés des consonnes sonores correspondantes,
produites dans les mêmes conditions : 5' *b*, 6' *d*, 7' *g*,
8' *v*, 9' *z*, 10' *j*, 11' *h* (*j* saintongeois), 13 *l*, 14 *r* (de la
pointe de la langue).

Revenons à la tenue du *ç* en examinant à la loupe le
tracé du tambour (L) dont la plume touchait très légèrement le cylindre, on compte 6 vibrations en 3^{mm} 8, soit
pour chacune 0^{mm} 63, ce qui correspondrait, l'échelle étant
de 1093^{mm}, à la seconde, à 1735 v. d. ou la_5. D'autre part,
les sinuosités du *ç* isolé (fig. 205) indiqueraient à première
vue si_2 et la_2. Cela dit sans insister et simplement à titre
d'indication.

Le *ĉ* (fig. 204 B) commence à se faire sentir dans la 24ᵉ
période de l'*a* initial, par l'apparition d'une 3ᵉ sinuosité

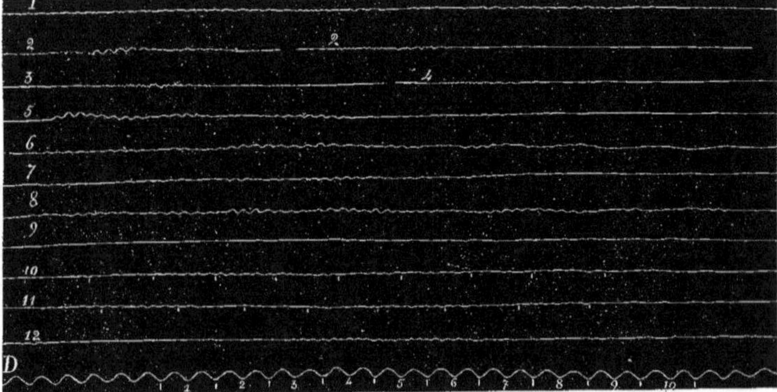

Fig. 205.

1, sifflet : 2-4 claquements : 2, des lèvres; 3 et 4, de la langue. — Bruits de consonnes : 5 p, 6 t, 7 k, 8 f, 9 s, 10 ɕ, 11 č, 12 č.

D. Diapason (tracé divisé en centièmes de seconde).

(R)

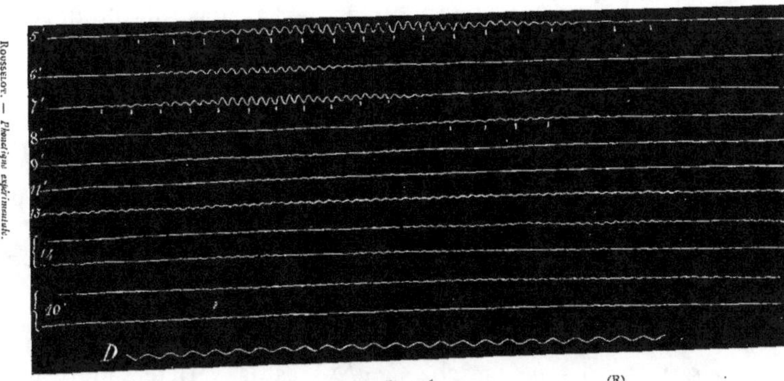

Fig. 2c6.

Bruits de consonnes.

5'. *b*, 6'. *d*, 7'. *g*, 8'. *v*, 9'. *z*. 10' *j*, 11'. *h*, 13. *l*, 14. *r*.

(R)

dans le premier groupe (c'est le type du second *a*). L'influence s'accentue dans la 27ᵉ, où le deuxième groupe gagne aussi une nouvelle sinuosité. C'est le rétrécissement organique qui est cause de cette modification. Pour le passage de l'*a* initial à la consonne, nous aurions à renouveler les observations faites plus haut pour le *ç*. Quant à la détente, nous devons noter que, dans cet exemple, l'influence de la consonne a été d'une bien moindre durée : après 3 périodes, la voyelle a repris sa forme normale. Mais peut-être serait-il plus juste de dire que l'influence du *ĉ*, après avoir été prépondérante sur les 3 premières périodes, a continué d'une manière peu sensible, mais réelle, jusqu'à la fin de la voyelle. En effet, la 3ᵉ sinuosité du premier groupe, qui est caractéristique de cet *a*, et que nous avons vue apparaître quand l'organe se resserre (27ᵉ période) ou quand la bouche tend à se refermer (cf. *aça*, période 31ᵉ) semble bien être due à la persévérance partielle du rétrécissement organique demandé par le *ĉ*.

Pour le tracé du *ĉ* isolé, voir figure 205.

Le *h* (fig 204 C, *aha*) est la variété sonore du *ĉ*. Son influence apparaît dans la 33ᵉ période. Devenu pur vers la 45ᵉ, la ligne du souffle (L) n'accusant plus les vibrations secondaires de la voyelle, il cesse vers la 57ᵉ. Il n'y a pas lieu de recommencer les constatations déjà faites pour *aüa*.

Le tracé de la tenue du *h* dénote une forte influence de la voyelle (cf. fig. 206). Nous étudierons ce fait dans les deux consonnes suivantes.

Vibrantes.
(*l*, *r*).

Les consonnes *l* et *r* ont, pour la voix, des tracés qui ressemblent beaucoup à ceux des voyelles qui leur sont

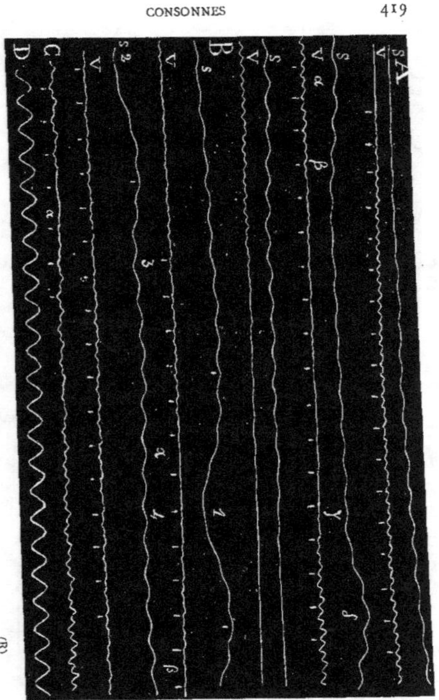

Fig. 207.
A. *ala.* — B. *ara.* — C. *ara.*

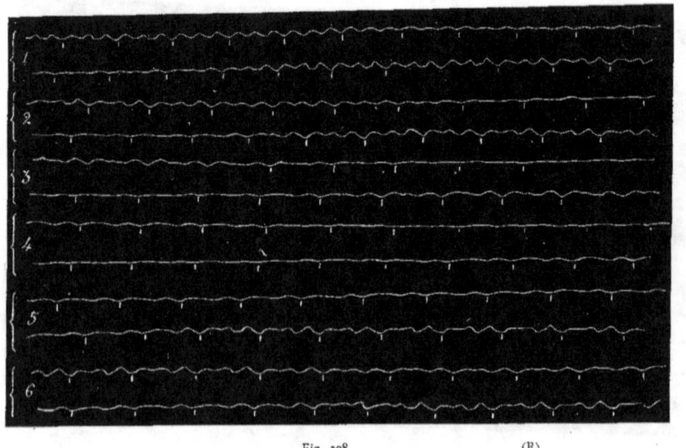

Fig. 208. (R)

1. *ala.* — 2. *élé.* — 3. *éle.* — 4. *ili.* — 5. *óló.* — 6 *óló.*

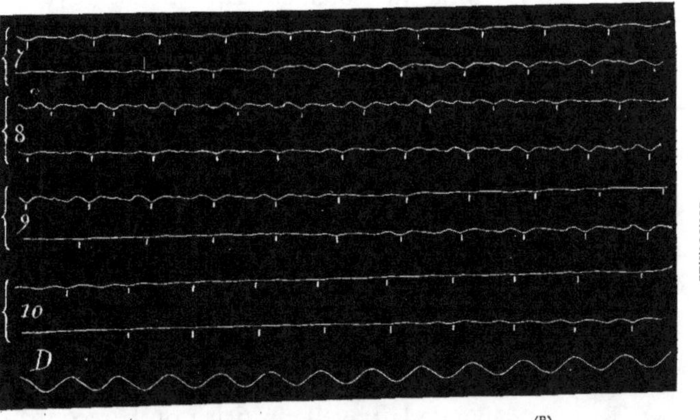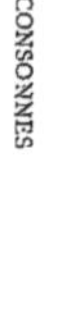

Fig. 209.

7. *ulu.* — 8. *àlà.* — 9. *élà.* — 10. *uiu.*

(Les *l* seules sont entières : elles occupent la fin de la première ligne de chaque groupe, et le commencement de la deuxième.)

contiguës. Ainsi (fig. 207) *l* dans *ala* (A) et *r* dans *ara* (B et C) offrent une image atténuée de l'*a*. Les figures 208 et 209 nous montrent de même que l'*l*, associée à diverses voyelles, se modèle en quelque sorte sur celles-ci. Le fait n'a rien d'étonnant. La disposition générale de la bouche pour *l* et *r* est celle de la voyelle, et le mouvement organique propre à la consonne ne fait que la modifier un instant sans détruire la résonance fondamentale.

L'*l* produite isolément sans aucune voyelle (fig. 206) se rapproche du type de l'*l* dans *ala*.

Nous avons (fig. 207) pour A et pour B le tracé du souffle (S) recueilli avec le tambour à petite capsule, et celui de la voix (V) enregistré par l'inscripteur à membrane (baudruche) ; pour C, le tracé de la voix seulement. D est le diapason chronographe (200 v. d.).

A, *ala*. — La 1ʳᵉ rangée contient la voyelle initiale depuis son début ; la 2ᵉ, la fin de la voyelle, *l* et le commencement du deuxième *a* ; la 3ᵉ, la fin du deuxième *a* (le milieu a été supprimé).

La préparation de la consonne commence en réalité dès le début de la voyelle initiale ; on le reconnaît à ce fait que le débit du souffle va en s'accroissant depuis ce moment-là (cf. fig. 143). C'est vers la fin de la voyelle, en α, que la ligne du souffle atteint sa plus grande élévation : le canal rétréci, mais non obstrué, par l'élévation de la pointe de la langue, imprime alors sa plus grande vitesse à l'écoulement de l'air expiré. La pression de l'air diminue ensuite à mesure que la langue, se rapprochant du palais, resserre la partie antérieure de l'orifice. Cette phase de l'articulation s'accomplit pendant la durée de trois périodes. La première appartient encore sûrement à l'*a* ; la seconde aussi, quoiqu'elle soit un peu diminuée ; mais déjà la troisième est à la consonne : elle en constitue la tension, du moins la part qui lui est propre. Vient ensuite la tenue, de β à γ :

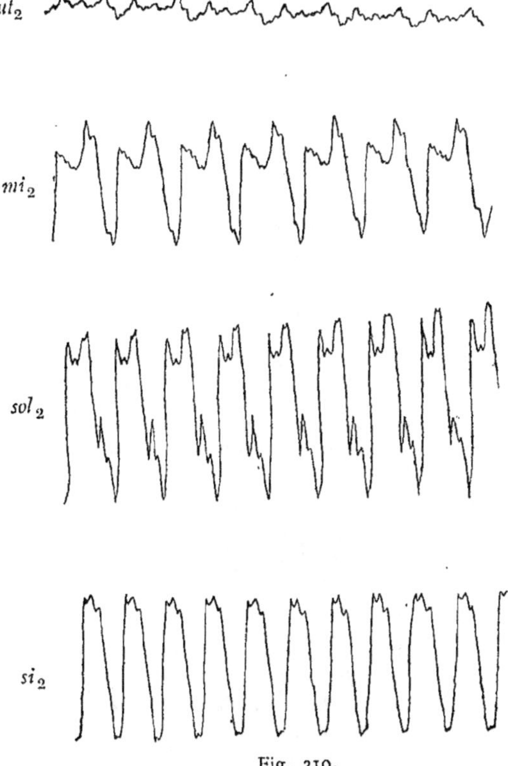

Fig. 210.

Consonne *l* (Hermann).

la pression de l'air est plus forte que pour la voyelle, mais elle reste sensiblement au même niveau ; les vibrations de la voix ont aussi un aspect uniforme : à partir de γ, commence la détente qui reproduit en sens inverse la tension. La période s'allonge légèrement pendant la consonne et le ton

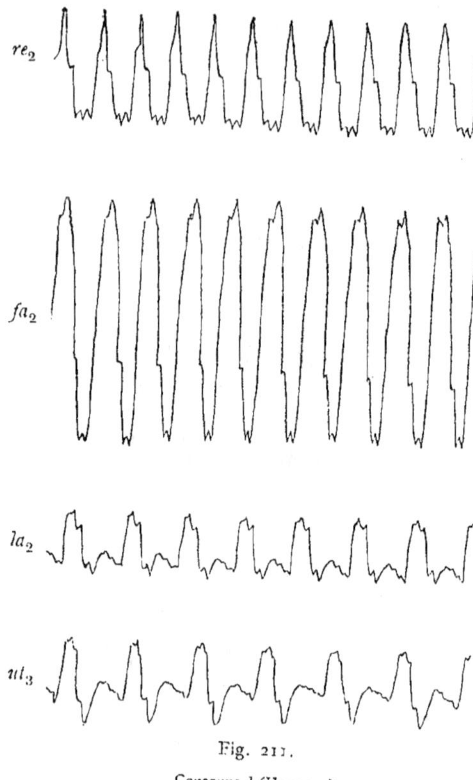

Fig. 211.

Consonne *l* (Hermann).

s'abaisse; les trois sinuosités secondaires de l'*a* s'aplatissent, se régularisent, et nous apparaissent subdivisées, à différents endroits, en de toutes petites sinuosités régulières aussi, qui se trouvent reproduites six fois dans la vibration secondaire. Nous avons : la période principale, $7^{mm}5$; la période secondaire, $2^{mm}5$, enfin la petite sinuosité, $0^{mm}41$. L'échelle nous donne 12^{mm} pour $1/100$ de seconde ou 1200^{mm} pour l'unité de temps. Donc, à supposer, ce qui est vraisemblable, étant donnée leur régularité, que ces diverses courbes représentant le son fondamental et les principaux sons composants, il faudrait reconnaître dans l'*l* qui est inscrite ici des sons de

	160 v. d.	480	2880
ou	mi_2—	si_3—	$fa\sharp_6$—

Ces mesures prises sur l'agrandissement photographique à l'aide d'une simple loupe ont été vérifiées pour la petite sinuosité sur l'original sous le microscope et au micromètre oculaire. Les résultats obtenus sont naturellement plus précis mais non bien différents. J'ai trouvé, au voisinage de la voyelle initiale, 2133 ($ut\sharp_6$ —) ; ailleurs, 3158 (sol_6+) ; généralement, 3200 ($sol\sharp_6$ —). La note moyenne est donc sol_6.

M. Hermann a étudié les tracés phonographiques de l'*l* agrandis par le dispositif, un peu modifié[1], qui lui a servi pour les voyelles. On vient de voir (fig. 210 et 211) la reproduction de ses courbes lithographiées.

L'analyse de Fourier, pratiquée avec les simplifications de M. Hermann (voir l'Appendice), a donné pour le son *l*, l'amplitude totale étant 100 :

---

1. *Archiv für die gesammte Physiologie*, t. LVIII (1894), p. 255-263.

N°s d'ordre	Notes	I	II	III	IV	V	VI	VII	VIII	IX	X	XI	XII	XIII	XIV	XV
1	ut$_2$ / c	13,2	23,5	25,7 g_1	5,1	5,8	3,1	2,4	3,7	1,6	1,8	5,1 fis_1	1,4	2,2	1,6	1
2	ré$_2$ / d	25,3	27,6 d_1	5,3	7,9	2,5	2,5	4,5	1,4	2,2	3,3 fis_2	2,6	0,4	0,3	0,5	0,8
3	mi$_2$ / e	24,7	24,5	6	6,5	4,9	4,5	0,4	2,5	3,1 fis_1	2,1					
4	fa$_2$ / f	36,8	26,7	8,2	3,8	8 a_2	5,9	0,9	6,3 f_1	4,2 g_1	1,5					
5	sol$_2$ / g	41,3	5,5	19,6	1,7	10,2 h_2	5,4 d_1	4,8 f_1	1,2	2,9	1,5					
6	la$_2$ / a	53,2	4,1	7,7	1,4	4,4 cis_2	1,3	1,2	1,2	0,7	0,3					
7	si$_2$ / h	51,4	14,1	9,6	4,1	6,6 dis_1	2,7	3,5	1,2	1,2	1,5					
8	ut$_2$ / c	47,5	15,1	4,9	2,1	7,5 c_1	2,4	0,6	1,5	0,5	0,8					

D'autre part, la mesure de la petite sinuosité prouve que celle-là est contenue respectivement

pour	1	2	3	4	5	6	7	8	
	11,38	10,68	9,71	8,28	7,09	6,24	5,49	5,12	fois

dans la période, ce qui indique comme caractéristiques les notes :

$$fa\sharp\sharp_5 — \quad sol_5 \quad sol_5 \quad fa\sharp\sharp_5 \quad fa_5 \quad fa_5+ \quad fa_5+ \quad fa_5+$$

La plus forte résonance commune à toutes ces analyses est donc voisine des notes : si_4, $ut\sharp_5$, $ré_5$, fa_5, $fa\sharp_5$ ou sol_5, résultat concordant avec ceux que j'ai obtenus, sauf la différence d'une octave. Chacune des petites sinuosités que M. Hermann a comptées se dédouble pour moi en deux.

Les expériences otologiques supposent la possibilité d'entendre fa_1.

Les variétés d'r sont nombreuses, je ne prendrai pour exemple que celle qui m'est familière, l'r linguale (fig. 207 B). Comparez l'r isolée (fig. 206). Les battements de la langue, tantôt libérant, tantôt interceptant l'émission du souffle, se lisent très clairement sur la ligne (S). Nous pouvons reconnaître ici quatre battements : le premier est le plus fort; le quatrième est à peine sensible. Au point de vue de la durée, on peut leur attribuer respectivement (le commencement du premier étant un peu arbitraire) : 45^{mm}, $31^{mm}5$, 35^{mm}, 45^{mm}, ce qui suppose 26 38 34 et 26 vibrations à la seconde, c'est-à-dire la_{-2}, $ré\sharp_{-1}$, $ut\sharp_{-1}$, la_{-2}.

La ligne de la voix accuse un allongement de la période au moment du premier battement, aussi bien dans les deux tracés B et C (α). Nous avons (B α) : $8^{mm}5$ pour la première période et 8^{mm} pour les deux autres, tandis que les précédentes et les suivantes n'ont que $7^{mm}5$; et (C α), après des périodes de $7^{mm}2$ seulement : 9^{mm} et 8^{mm}, puis $7^{mm}2$, etc. Ces mesures correspondent : 8,5 (141) à $ré_2$ — ; 8 (150) à $ré\sharp_2$ — ; 9 (133) à $ut\sharp_2$ —. Ce sont les notes successives du son fondamental.

En outre, chaque période se laisse aisément décomposer en trois petites sinuosités secondaires, qui semblent bien indiquer la présence de la_3 —, $la\sharp_3$ —, si_3 +.

Enfin on peut reconnaître sous le microscope de petites ondulations dont il y aurait à la seconde (B α) : 711 ($fa\sharp_4$ —), 2133 ($ut\sharp_6$ —).

Nous aurions en somme, si cette vue sommaire est exacte :

Battements : en moyenne, si_{-2}
Son fondamental : $ut\sharp_2$, $ré\sharp_2$
Autres sons composants : la_3, si_3, fa_4, $ut\sharp_6$
Les otologistes réclament : ut_{-2}, ut_{-1} ut_1

Les battements ont pour effet, quand ils sont forts, d'étouffer la voix (1) ; mais, quand ils sont faibles, la ligne de la voix n'en paraît pas sensiblement modifiée (2, 3 et surtout 4). Dès que la langue, dans son mouvement vibratoire, s'écarte du palais, la figure de la période précédemment altérée, réapparaît avec toute sa netteté. Le passage de la voyelle pure à la consonne se fait comme pour l.

Fricatives.

$(\int v, s\, z, \varepsilon\, j).$

Commençons par s, dont j'ai deux bons tracés (fig. 212) donnant, avec la voix (V), l'un (A) le mouvement organique, l'autre (B) le déplacement du souffle.

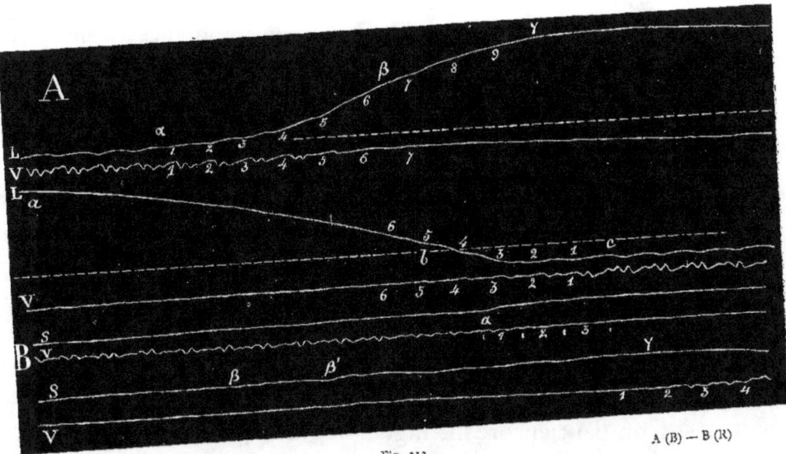

Fig. 222.

(Échelles : A. fig. 159 — B. fig.)

222. — A. Dialecte de Saint-Gall. — B. Dialecte de Cellefrouin. — (Les jeux α ne sont reproduits qu'en partie.)

asa (fig. 212 A). La figure ne contient de chacun des deux *a* que la partie avoisinant la consonne. La tenue de l's a également été supprimée sur une longueur de 11^{mm} 85.

L représente le mouvement de la langue pris derrière les dents d'en haut au moyen d'une ampoule.

La mesure du temps est fournie par la figure 159, ce qui fait 1425^{mm} pour la seconde.

Le mouvement organique est marqué au moment de la tension par l'élévation, à la détente par la descente de la ligne (L). On voit que la tension est bien plus énergique que la détente. Pendant la tenue, la langue a sensiblement gardé la même position.

A partir de l'instant où la langue commence à s'élever (α), abandonnant ainsi la position de la voyelle pour prendre celle de la consonne, la forme de l'*a* s'altère et la courbe se dépouille peu à peu de ses sinuosités secondaires. Comparez la période (1) avec les périodes précédentes, et les suivantes entre elles. La 6e est déjà presque toute nue et laisse à peine entrevoir quelques-uns des détails de la voyelle. A ce point (β), le tracé marque une élévation de la langue équivalant à un déplacement du levier égal à 10^{mm}, l'élévation totale étant représentée par 17^{mm} 5. La position de l'*a* est complètement perdue ; aussi est-il naturel que toute trace des harmoniques propres à la voyelle ait disparu. Au delà, on peut encore distinguer vaguement une période amorphe sur la ligne de la voix, et quatre sur celle du mouvement articulatoire jusqu'en γ, soit trois en plus. Nous sommes alors rigoureusement dans le domaine articulatoire de la consonne, et c'est à celle-ci qu'il convient de les attribuer. Nous avons donc, avant l's sourde, une *s* sonore, c'est-à-dire un *z* caractérisé par des vibrations laryngiennes et la faiblesse de l'articulation linguale. Ce n'est qu'à partir de γ, quand la langue est fortement tendue et le larynx en repos, que l's est incontestable.

C'est aussi en partant de la voyelle qu'il convient d'étudier la détente. La période de l'a est parfaite en *c*, alors que la langue s'est déjà complètement abaissée depuis deux vibrations, mais sans avoir encore pris la position normale de la voyelle. Les périodes 1, 2, 3, 4 et 5 ne sont que des esquisses de plus en plus vagues de l'*a*; mais elles semblent bien lui appartenir. La 6e, au contraire, se rattache plus vraisemblablement à l's. Ainsi on peut faire terminer la consonne en *b* par une *s* sonore, et commencer de même la voyelle en *b* par une sorte d'*a*, peu riche en harmoniques graves, la pointe de la langue ayant encore à parcourir, pour arriver à la position voulue, une distance équivalant à 6mm.

Il n'y a pas, on le voit, de passage brusque et indiscutable de la consonne à la voyelle, pas plus que de la voyelle à la consonne. C'est par des transitions graduelles que la voix, comme l'organisme, va de l'une à l'autre. Et les limites que nous leur appliquons ne peuvent échapper au reproche d'arbitraire.

La tenue peut être comptée à partir de β jusqu'à *b*, y comprise la partie du tracé qui a été supprimée (11mm 85). Notons que, dans cet espace, la langue s'est abaissée depuis *a*, soit pendant une durée correspondant à 65mm avant l'apparition d'une vibration laryngienne, tandis qu'à la tension, les vibrations du larynx ont persévéré jusqu'au moment où le rétrécissement organique a été le plus considérable. Cette différence tient à l'effort respiratoire qui a été beaucoup plus grand à la détente qu'à la tension (comparez la figure suivante).

Malgré le peu d'amplitude des sinuosités qui remplissent

la tenue, il est possible d'y reconnaître, avec de l'attention, un système de vibrations qui se reproduisent périodiquement et qui se groupent sans se confondre. On arrive à déterminer ainsi une sinuosité principale de 8^{mm} 77 qui renferme des sinuosités secondaires de 5^{mm} 4, de 2^{mm} 7, de 1^{mm} 35 et de 0^{mm} 675 (fig. 212, A). De plus, dans un agrandissement de 20 diamètres, outre les sinuosités précédentes qui sont ainsi certifiées, on en distingue de plus petites qui mesurent 1^{mm} 66 et 1^{mm} 35.

L'échelle étant de 1425^{mm} à la seconde pour la figure 212 et de 7000 pour l'agrandissement, les vibrations que nous venons d'énumérer correspondent aux notes suivantes :

$$mi_2 \qquad ut_3 \qquad ut_4 \qquad ut_5 \qquad ut_6 \qquad ut_7 \qquad mi_7$$

Ce résultat concorde assez avec les conclusions des otologistes (Schwendt), qui nous ont appris que pour percevoir l's, il faut être capable d'entendre :

$$mi_3 \qquad\qquad ut_6 \qquad ut_7$$

L's que nous venons d'étudier est une s suisse (M. Burguet), analogue sans doute à celle qu'ont observée les médecins auristes. La mienne est un peu différente; dans deux expériences faites en vue d'un rapide contrôle (l'appareil était réglé de façon à pouvoir donner le maximum d'amplitude pour la consonne — membrane mince, levier long — la voyelle étant sacrifiée), j'ai obtenu une première fois mi_3 et une deuxième fois, suivant la place de la tranche observée : $ré_3$ (285) au voisinage des deux a, $mi_3 +$ (333) et $mi_3 -$ (313) vers le milieu de la consonne.

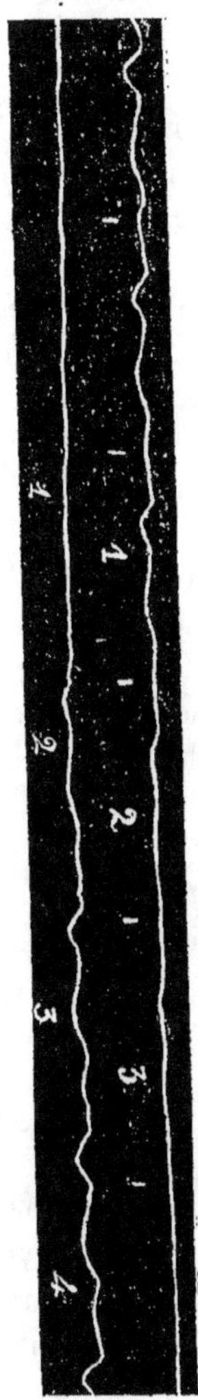

L's prononcée sans voyelle (fig. 205)
donne clairement des sinuosités régulières
de 8^{mm} en contenant 6 petites ; soit $ré^{\#}_2$
et la_4.

Le tracé B (fig. 212) nous permet de
compléter l'étude de l's dans *asa*, en nous
offrant les tracés synchroniques de la voix
(V) et du souffle (S). La ligne du souffle
concorde avec celle du mouvement musculaire : elle s'élève quand le débit d'air
augmente, et nous révèle ainsi indirectement le travail organique. Comparer pour
le tracé de la voix les agrandissements B
et B' (fig. 213).

Dès l'instant où l'air commence à s'é-
couler avec plus de force (α), la forme de
la voyelle s'altère (1) ; la période suivante
(2) ne se reconnaît que difficilement ; la
3e ne présente plus que très effacée la figure
de l'*a*. Comparer les périodes de la première rangée avec celles de l'agrandissement B (fig. 213). On peut croire que la
voyelle, malgré l'altération qui résulte de
la fermeture de l'organe, a persévéré jusqu'à la troisième période. Au delà, on est
sûrement dans le domaine de la consonne.

Pendant la première partie de la tension
qui dure depuis α jusqu'à β, y comprise
la longueur d'une ligne (16^{cm}) qui a été
supprimée dans la figure, l'écoulement de
l'air se fait d'une manière à peu près
constante, indice d'un travail organique

sensiblement uniforme. Mais, à partir de β et surtout de β', le débit de l'air augmente et cet accroissement s'accentue jusqu'au début de la voyelle (γ).

La première vibration que nous observons (cf. fig. 213 B') présente déjà une esquisse suffisante de l'*a* pour que nous puissions l'attribuer à la voyelle. On constate donc ici un passage de la sourde à la voyelle plus brusque que pour le tracé A. C'est une différence de langue. La première *s* est du dialecte de Saint-Gall; la seconde de celui de Cellefrouin. Or, chacun sait que l'*s* allemande incline vers χ, tandis que l'*s* française est encore très solide. Mais ce qui apparaît avec une clarté particulière dans ce tracé, c'est le mariage de la consonne et de la voyelle. Les dernières périodes du premier *a* et les premières du deuxième, en même temps qu'elles montrent la forme de la voyelle, laissent voir par intervalle, et d'autant mieux qu'elles sont observées plus près de la consonne, la petite vibration caractéristique de l'*s*, celle qui répond à $ré_7$. Observer attentivement les agrandissements B et B' (fig. 213).

La comparaison et la mesure des sinuosités de l'*s* (fig. 212 B — échelle 1399^{mm}) et (fig. 213 B et B' — échelle 3916^{mm}) permettent de reconnaître des vibrations : 1° de 5^{mm}, 1^{mm}2, 0^{mm}6; 2° de 0^{mm}8, soit :

$$ut_3 \qquad ré_5' \qquad ré_6' \qquad\qquad ré_7'$$

Nous retrouvons les mêmes caractères et avec plus de netteté (fig. 214) dans *asa*. Les portions conservées de l'*a* dans la figure sont admirablement rendues par le cliché et font voir très bien l'affaiblissement graduel de la voyelle devant la consonne, comme son accroissement régulier après la détente. La ligne du souffle montre très nettement les variations successives de la force d'écoulement de l'air,

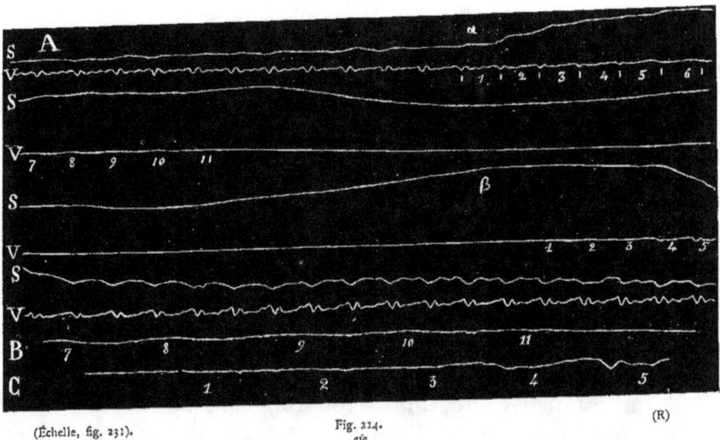

(Échelle, fig. 231).

Fig. 214.
a/a

(R)

dont le débit augmente à la tension, fléchit d'une façon
très appréciable au milieu de la tenue pour se relever considérablement un peu avant la détente (β). Les moments les
plus forts de la consonne sont donc la tension et la détente,
toute proportion gardée, comme dans les explosives.

Le passage de la voyelle à la consonne est ici très visible.
Dès la période (1) qui concorde avec le rapprochement des
lèvres (augmentation du débit de l'air), la dernière sinuosité
se partage en deux et la nouvelle figure de la courbe
s'accentue graduellement jusqu'à (6). Les périodes de (7)
à (11), reproduites dans l'agrandissement B, ne permettent
plus guère de reconnaître, au milieu d'un mouvement
vibratoire assez simple, que des sinuosités de :

$$5^{mm}8 \qquad 4^{mm}6 \qquad 2^{mm}4 \qquad 1^{mm}2 \qquad 0^{mm}6$$

de longueur, qui pourraient correspondre (l'échelle étant
de 3916^{mm} à la seconde) à :

$$fa_4 \qquad la_4 \qquad sol\sharp_5 \qquad sol\sharp_6 \qquad sol\sharp_7$$

Les observations otologiques supposent :

$$fa\sharp_3 \qquad la_4 \qquad la_5 \qquad sol\sharp_6$$

A la tension de la seconde voyelle, après la période (1)
qui est peu claire, nous trouvons dans la période (2) à la
fois la forme très nette de la voyelle et la petite période
caractéristique de la consonne (3 vibrations dans un espace
de $3^{mm}5$, c'est-à-dire $sol\sharp_6$). Cf. l'agrandissement C.

L'f isolée (fig. 205) suppose, au milieu de sons aigus, des
notes plus graves : $si-_1$ et si_3.

Les correspondantes sonores de s et de f, z et v, ont des

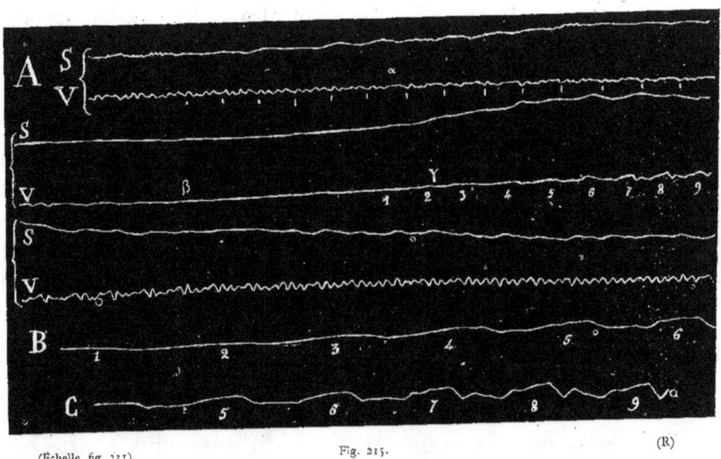

Fig. 215.

tracés d'un caractère analogue à ceux que nous venons d'étudier. La principale différence tient aux vibrations laryngiennes qui s'ajoutent pendant la tenue.

Fig. 215 : *aza*. — La consonne se fait sentir en α. La deuxième tranche de la période, qui ne comprenait pour la voyelle que deux sinuosités, se coupe nettement en trois. Cette forme persévère jusqu'en β. A partir de là, la vibration devient simple et perd de son amplitude. Nous verrons plus loin que cette portion de la tenue est relativement forte. En γ, la période prend une forme qui annonce la voyelle (voir surtout les agrandissements B et C), et qui se précise progressivement dans l'espace de quatre ou cinq périodes. Mais aucune des vibrations de la détente ne reproduit exactement celles de la tension.

Fig. 216 : *ava*. — Le *v* s'annonce déjà en α par la gémination de la dernière sinuosité de la période ; il s'est accentué en β, et il est tout à fait clair une ou deux périodes après (comparer la première rangée de A et l'agrandissement B). Le courant d'air fléchit alors, entravé par les dents qui s'appuient sur la lèvre d'en bas ; la période du souffle sonore (S) se simplifie. Enfin, l'air prenant un cours plus rapide, et l'organe étant plus ouvert, nous voyons réapparaître en γ (comparer l'agrandissement C, 4) la forme de l'*a* qui se continue ensuite (D').

Pour les sonores, la portion indécise où l'on peut hésiter entre la voyelle et la consonne est donc plus courte que pour les sourdes, puisque nous pouvons noter avec sûreté la première vibration où l'influence consonantique se fait sentir. Mais le passage de la voyelle à la consonne ou de la consonne à la voyelle n'en est pas moins progressif, demandant pour être complet l'espace de quelques vibrations.

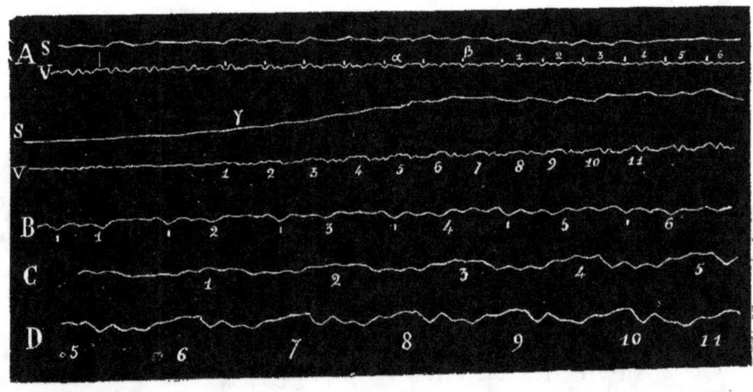

(Échelle, fig. 231).

Fig. 216.

(R)

Les courbes du z et du v peuvent être analysées d'après la méthode de Fourier.

Quant à celle du v, si l'on se contentait de la seule mesure des sinuosités, on trouverait, y comprise la période du son fondamental, des longueurs de :

$$8^{mm}5 \qquad 5^{mm}2 \qquad 3^{mm}3 \qquad 1^{mm}76 \quad \text{ou} \quad 1^{mm}65$$

qui correspondraient à :

$$mi_2 \qquad ut_3 \qquad la_3 \qquad sol_4 \qquad la_4$$

Les observations otologiques supposent :

$$fa_1 \qquad ut_3 \qquad ut_4$$

Les sons composants sont, on le voit, plus graves pour les sonores que pour les sourdes. Le fait est naturel, car le sifflement est moindre, le frottement de l'air contre les parois étant plus faible.

Je ne m'arrêterai pas longtemps aux autres fricatives, c, j, dont le type est le même que celui de s, f, z, v. Notons cependant un exemple de c : aca (fig. 217 A) et deux de j : aja (fig. 217 B et C). Le souffle a été inscrit avec un nouveau tambour (voir l'Appendice) qui, à la fois très élastique et capable de donner les vibrations, permet de suivre très bien les variations de la colonne d'air et par conséquent les différences de fermeture. La parole a été recueillie par l'inscripteur avec membrane de baudruche. On remarquera en A la grande dépression du courant d'air qui se fait pendant la tenue du c. Le j de B est normal : le courant d'air est modéré et animé par les vibrations laryngiennes; celui de C est plus fort et relativement sourd (une partie du tracé de la tenue a été supprimée). Mais

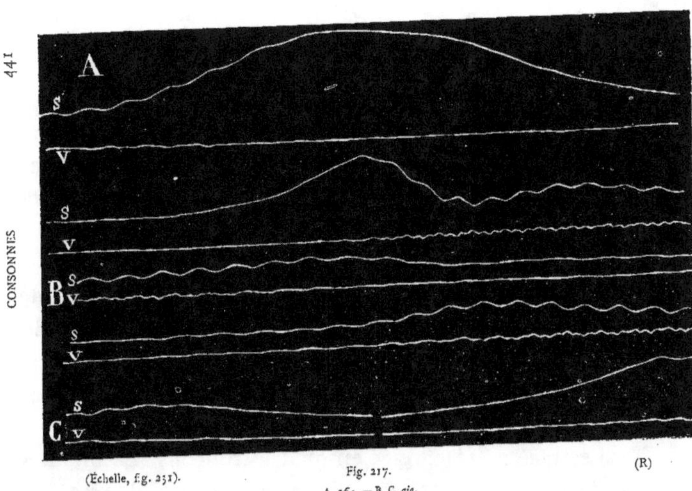

(Échelle, fig. 251).

Fig. 217.

A. aɛa. — B. C. aja.

(R)

l'un et l'autre laissent voir la petite ondulation caractéristique de la consonne, $0^{mm}5$ par seconde pour une échelle
de 1200 (fig. 207).

Le ε isolé (fig. 205) indique :

$$mi_1 \qquad la_3 \qquad ut_4 \qquad la_4 \qquad ré_6$$

Les recherches sur les lacunes acoutisques indiquent
pour ε :

$$ut\sharp_4 \qquad la_5 \qquad ré_6 \qquad fa\sharp_6 \qquad mi_7$$

Nasales
$(m, n, \dot{n}, \upsilon)$.

Les nasales tiennent des continues et des explosives. Le
courant d'air sort sans interruption par les fosses nasales,
mais il est obstrué à des points déterminés de la bouche, et
c'est à cette occlusion que les nasales doivent leurs
différences de timbre.

Je choisis comme type l'n.

Soit (fig. 218) *ana*. Pour embrasser le phénomène
complètement, j'ai pris à la fois les divers tracés : de la
langue (L), de l'air sortant par le nez, qui nous renseigne
sur les mouvements du voile du palais (N), du souffle (S)
et de la voix (V). — Échelle (fig. 219).

Le tracé a été partagé en quatre tronçons. Le premier et
le dernier appartiennent exclusivement aux deux *a*. Je les
ai reproduits en entier, parce qu'ils sont très beaux et qu'ils
aident à mieux comprendre l'action de la consonne sur les
voyelles. Le second et le troisième renferment la consonne.

Pour les deux *a*, la ligne de la langue est toute droite,
l'ampoule choisie en vue de l'n étant insuffisante pour

rendre les légers mouvements de la langue pendant la voyelle ; la ligne du nez ne donne rien dans le premier tronçon et annonce un *a* très pur, mais elle accuse un léger écoulement de l'air par les fosses nasales pendant toute la durée de l'*a* final (influence de l'*n*) ; la ligne du souffle ne marque que le son fondamental ; la ligne de la voix est, elle, tout à fait expressive. Considérons successivement les deux *a* sur cette ligne. Les sinuosités du premier forment trois groupes distincts. Mais, dès que la langue commence à s'élever, et le voile du palais à s'abaisser (*α*), le troisième groupe perd de ses sinuosités secondaires ; plus loin, on voit se 'dépouiller à leur tour, d'abord le second après cinq périodes, enfin le premier après sept. Viennent ensuite trois ou quatre périodes où les trois sinuosités principales de l'*a* se montrent encore, les vibrations nasales ayant toute leur amplitude. Puis le canal buccal se ferme et le nez seul livre passage à l'air sonore. C'est la tenue de la consonne. Après celle-ci, à partir du moment où la langue commence de nouveau à quitter le palais, jusqu'à ce qu'elle ait repris complètement sa place sur le plancher de la bouche, nous voyons réapparaître sucessivement : 1° les trois principales sinuosités de l'*a* (9 périodes dont l'amplitude croît progressivement de 3 à 12) ; 2° le premier et le deuxième groupe (4 périodes, de 12 à 17) ; 3° enfin le troisième groupe (18), complétant la figure de l'*a* telle que nous l'avions vue avant la consonne.

Dans les deux zônes mixtes qui séparent, à la tension et à la détente, la voyelle pure et la consonne pure, pouvons-nous établir une limite plus précise ? Si nous n'avions que le tracé de la voix, nous serions tentés de croire que le premier *a* finit avec les dernières sinuosités secondaires, et que le second commence dès que celles-ci réapparaissent.

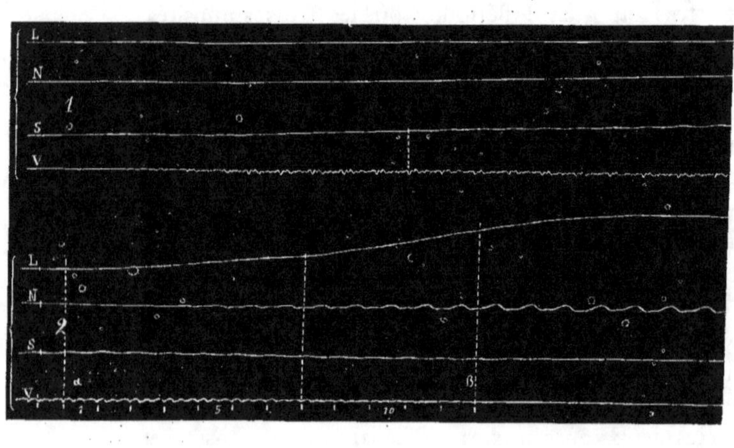

L
N
1
S
V
L
N
2
S
V
α
β
5
10

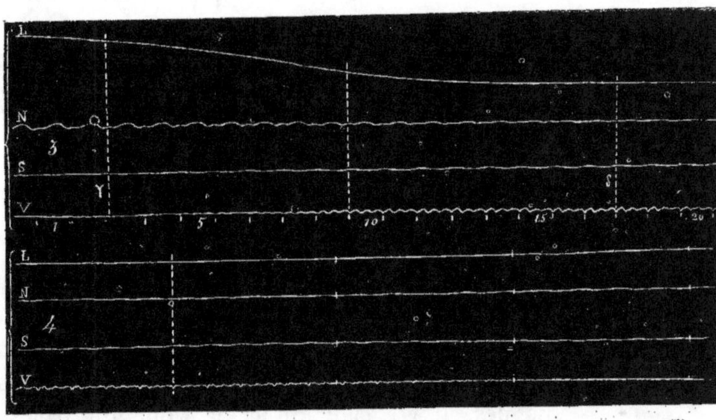

(Échelle fig. 219).

Fig. 218.

aux

(R)

Ainsi nous aurions d'abord la détente du premier *a* commençant avec la première altération constatée et finissant avec la dernière trace de ces sinuosités, indice des harmoniques caractéristiques; puis la tension de la consonne qui se terminerait à la fermeture complète de la bouche. Après la tenue de la consonne, une progression analogue se produirait en sens inverse. La ligne qui marque l'élévation de la langue (L) parlerait dans le même sens.

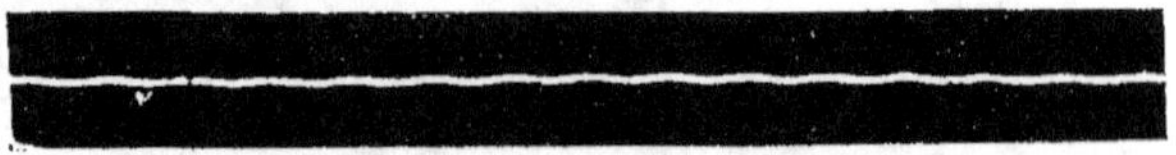

Fig. 219.

Échelle de la fig. 219. — Diapason de 200 v. d.

Mais la ligne du nez (N) montre en avant et en arrière de ces limites un débordement notable des vibrations nasales, non pas de ces vibrations faibles qui peuvent accompagner les voyelles sans leur faire perdre leur pureté, mais de ces vibrations larges et amples qui sont caractéristiques des nasales. Il est clair qu'ici la voile du palais prend les devants sur la langue et la précède dans ses mouvements. Donc, il nous faut reconnaître, avant et après la consonne, une voyelle nasale (ã). Les limites pourraient être les suivantes : α, fin de l'*a* initial; α-β, ã; β-γ, *n*, en y comprenant les périodes 1 et 2 qui sont plutôt consonantiques; γ-δ, ã; δ, début assuré du second *a*, lequel est légèrement nasalisé.

Explosives.

Dans les explosives, avons-nous dit, le son se produit à la tension et à la détente. La tenue intervient seulement au

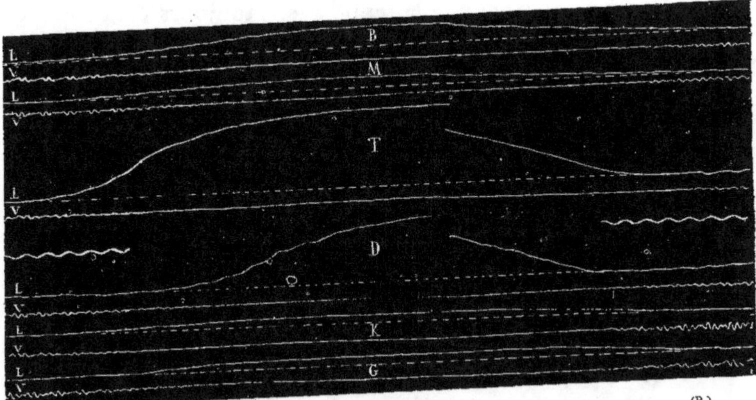

Fig. 220.

B. aba ; M. ama. — T. ata (B) ; D. ada. — K. aka ; G. aga.

moins dans les sourdes comme terme de la tension et comme préparation de la détente. C'est donc sur le premier et le troisième temps articulatoire que se portera particulièrement notre attention.

La figure 220 contient une série d'occlusives dont les tracés, malgré l'agrandissement, peuvent être embrassés d'un coup d'œil. Chacune des consonnes a été inscrite, comme les precédentes, entre deux *a*. Tous les tracés ont été diminués : ils ne contiennent que la fin de la première voyelle et le commencement de la seconde ; même la tenue de certaines consonnes a été rognée, afin que l'œil pût l'embrasser plus aisément. On jugera de l'importance de la suppression par la direction des lignes articulatoires (L), le point culminant de la tenue ayant toujours été conservé. L'ouverture, celle qui correspond à la voyelle, est marquée par la ligne pointillée. Les divers degrés de fermeture et de pression peuvent être appréciés d'après l'écartement de chaque point de la ligne articulatoire au-dessus de la ligne pointillée, comparé à l'élévation totale de la ligne articulatoire au moment de la plus grande tension. La variété des ampoules exploratrices, qui sont appropriées à chaque groupe d'articulations, permet seulement la comparaison de *b m*, de *t d*, et de *k g*.

Dès que la tension commence, la période vocalique perd de son amplitude ; quand elle est terminée, toute trace de vibration disparaît. C'est entre ces deux extrêmes qu'il faut chercher la caractéristique de la consonne.

Lorsque, après l'occlusion, l'organe s'entr'ouvre, la consonne éclate, et ses petites vibrations se montrent en se fondant peu à peu dans la période de la voyelle.

Figure 221 (Échelle 222) : *apa*. — A. Mouvement organique et voix (Inscripteur à membrane). — B. Souffle et

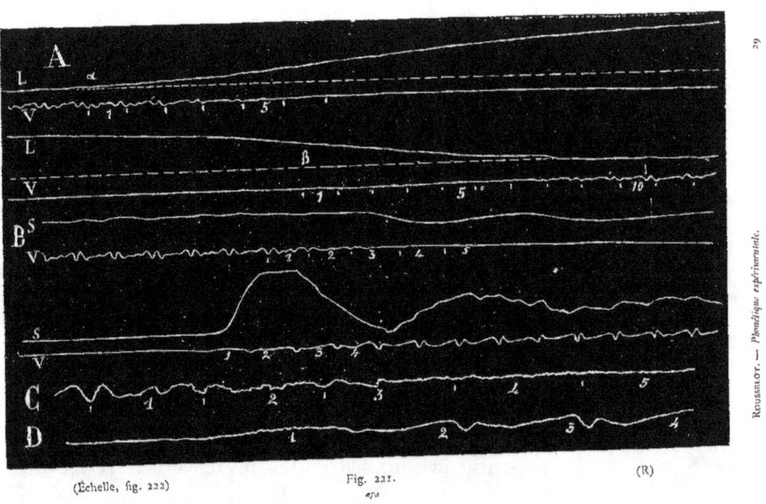

(Échelle, fig. 222) Fig. 221. (R)

voix. — C et D. Agrandissements de la tension et de la
détente de B.

Ces deux tracés nous fournissent une tension et une
détente assez bien délimitées pour nous permettre d'étudier
en détail le passage de la voyelle à l'explosive et celui de
l'explosive à la voyelle.

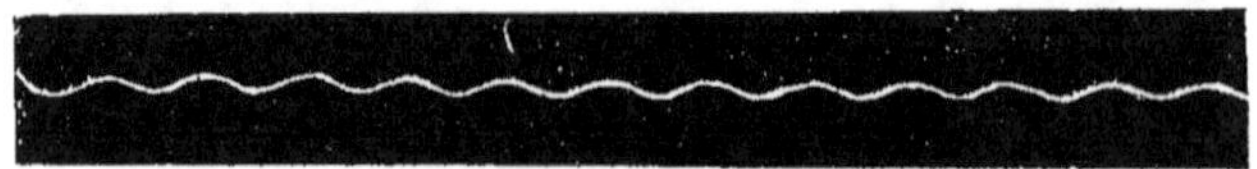

Fig. 222.

Partons de la voyelle (A). La période vocalique est à son
plus haut degré de perfection et d'amplitude au moment
où les lèvres vont se rapprocher (z). Mais à peine le mouvement de fermeture a-t-il commencé, l'amplitude diminue
progressivement, la forme de la période demeurant la
même. Plus tard, les détails de la période s'effacent à leur
tour. Plus tard encore, il ne reste plus qu'une période nue
où l'on retrouve à peine la forme antérieure. Enfin toute
trace d'un mouvement vibratoire disparaît : l'on est arrivé au
silence de la tenue. Ces différents états peuvent se diviser
pour le tracé que nous considérons en trois tranches formées
de deux vibrations chacune.

La pression la plus forte des lèvres étant représentée par
une élévation de la ligne égale à 9^{mm} 5, la première tranche
(1-2) finit à 1^{mm}, la seconde (2-4), à 2^{mm} 3, la troisième
(5-6), à 4^{mm}. A ce moment, le courant d'air est intercepté
et le reste de la ligne articulatoire ne marque plus que la
compression et de légères vibrations des lèvres.

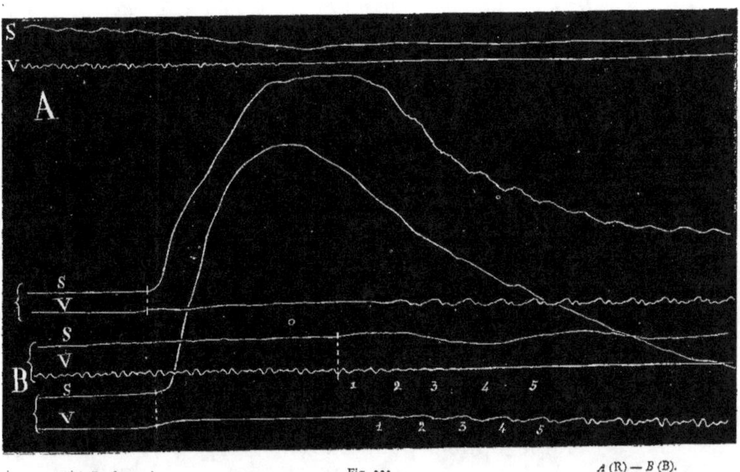

(Échelle, fig. 222)   Fig. 223.   A (R) — B (B).
apa

Si nous refaisons le même travail sur le tracé (B), nous retrouvons des éléments analogues. Au point où la ligne du souffle commence à s'infléchir (1), la vibration vocalique perd de son amplitude; un peu après (1), elle s'altère dans sa forme. Suivent deux autres vibrations et la sortie du souffle est interceptée. Le redressement de la ligne qui se remarque plus loin est dû à l'élasticité de la membrane. Nous avons donc, comme dans l'exemple précédent, quatre vibrations pouvant se diviser en trois tranches : 2, 1, 1. Les deux vibrations de la première tranche appartiennent certainement à la voyelle, les deux dernières restent à déterminer. Comparez l'agrandissement C.

Je pourrais relever dans mes tracés un grand nombre de variantes. Je n'en signalerai que quelques-unes. Elles sont du reste peu importantes.

Malgré la part d'arbitraire qui entre forcément dans les groupements qu'il est possible de faire, on peut ranger les vibrations que j'ai sous les yeux de la façon suivante : 2, 1, 1, neuf fois (type B); 1, 1, 1, cinq fois (type A) ; 1, 1, trois fois. J'ai fourni sept exemples du 1er genre et deux du 2e. Les autres sont de M. Burguet, soit deux du 1er type, trois du 2e, et trois du 3e, c'est-à-dire que dans la prononciation française le passage de la voyelle à la consonne semble être moins brusque que dans la prononciation allemande, même quand elle est francisée. Lorsque le *p* sonne double pour l'oreille (*appa*), je ne remarque pas, à ce point de vue, de différence caractéristique.

Passons maintenant à la troisième partie de la consonne. Les choses se présentent comme pour la tension, mais dans un ordre inverse. Commençons donc par B, qui nous fournit le point de départ le plus assuré. La ligne du souffle se redresse, marquant l'ouverture des lèvres : c'est le com-

(B)

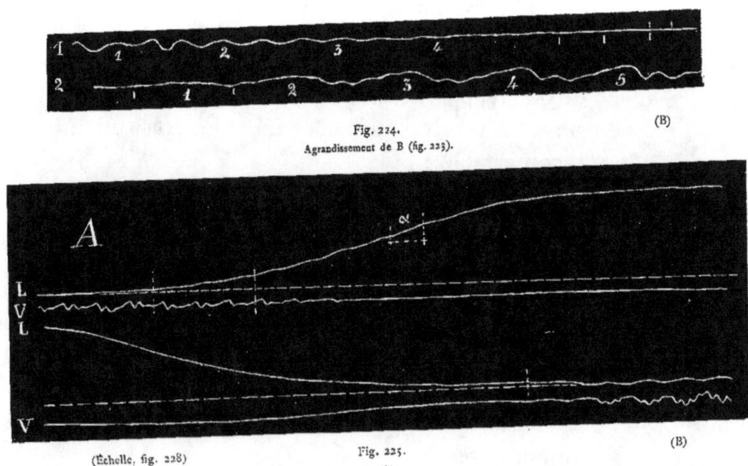

Fig. 224.
Agrandissement de B (fig. 223).

(B)

(Échelle, fig. 228)

Fig. 225.

apo

mencement de la détente. Or, à cet instant, apparaît une première vibration amorphe, puis une seconde vibration où l'on peut reconnaître déjà la voyelle. La ligne du souffle atteint alors son point culminant. Viennent après deux vibrations auxquelles il manque peu de détails pour présenter le type complet de l'*a*. Quand celui-ci se montre dans toute sa pureté, la ligne du souffle est redescendue au *zéro*, position qu'elle aurait gardée si la membrane avait été moins élastique. Comparez l'agrandissement D.

Les choses sont différentes dans A. Nous avons, à partir de (β), point où la ligne articulatoire est à 5 ^{mm} du pointillé marquant l'ouverture des lèvres : d'abord six vibrations, à peine esquissées, puis une septième où l'*a* se reconnaît, puis deux autres où l'*a* est très net, mais moins intense qu'après l'ouverture complète de la bouche. Les six vibrations du début appartiennent à la consonne et répondent à l'explosion. Ce type est rare chez moi. En voici un autre exemple incontestable :

Figure 223 (Échelle fig. 222). — *apa* : A, prononcé par moi; B, prononcé à l'allemande par M. Burguet.

Ligne du haut : souffle. — Ligne du bas : voix.

Dans cette dernière variante (A), on constate entre l'explosion et la première vibration un écart de 4 centièmes de seconde. Dans le *p* allemand (fig. 219), l'écart a été à peu près le même.

On a (fig. 224) un agrandissement des périodes les plus importantes de B.

Cependant le *p* français, quand il est fort comme dans l'exemple ci-dessus (fig. 223 A), ne ressemble point au *p* allemand. Comparez la ligne labiale (L) dans les figures 221 A et 225. La figure 225 (*apa* prononcé à l'allemande) permet une très intéressante comparaison de la ligne

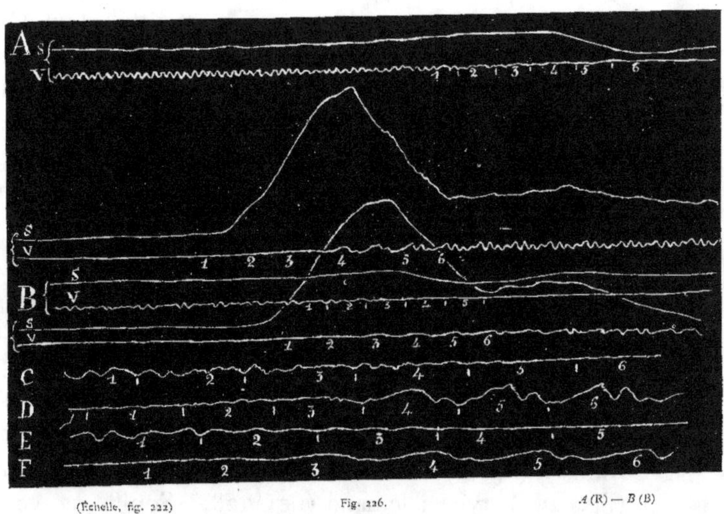

(Échelle, fig. 222)   Fig. 226. A (R) — B (B)

articulatoire (L) des lèvres avec la ligne du souffle (fig. 223). Elle montre comme les lèvres restent longtemps ouvertes pour l'explosion avant le commencement de la voyelle.

Nous avons donc à la détente deux types qui diffèrent non seulement d'une langue à l'autre, mais encore chez la même personne en raison de l'intensité de la consonne.

Pour ne parler d'abord que de deux des exemples que je viens de donner et qui ont été inscrits par moi, il y a entre eux une différence sensible. Dans B (fig. 221), la première vibration apparaît dès que le premier filet d'air a pu se faire jour, elle semble même devancer un peu l'explosion. C'est, pour le dire en passant, le type qu'a toujours reproduit M. Burguet dans les tracés que j'ai de sa prononciation française. Mais dans A (fig. 223), un écart considérable se montre entre l'explosion et l'apparition de la première vibration. D'ordinaire, cet écart n'atteint pas pour moi 1 centième 1/2 de seconde.

Si nous laissons de côté la part qui appartient exclusivement à la consonne dans la détente, il nous reste, pour le passage de la consonne à la voyelle, une ou deux vibrations de forme indécise, puis apparaît la période de l'*a* nettement caractérisée; soit le type : 1, 1, 2.

Les tracés de *ata* (fig. 226) — Échelle fig. 222 — : type français (A), type allemand (B) : et de *aka* type français (fig. 227), type allemand (fig. 228 : Souffle et voix, et 229 : Langue et voix), donnent lieu à des observations analogues.

Si je compare les périodes soit de l'implosion, soit de l'explosion, avec celles de la voyelle pure, comme j'ai déjà fait pour *p*, je trouve :

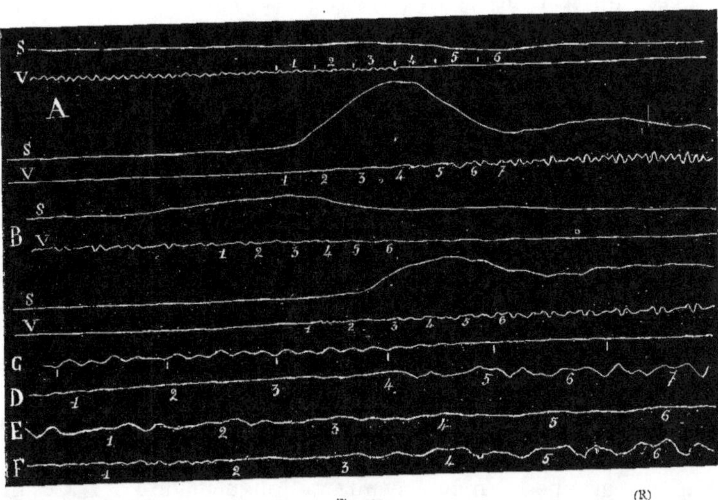

(Échelle, fig. 228)　　　　　Fig. 227.　　　　　(R)

A la tension :

T — Types 1, 1, 1, sept fois; 1, 1, trois fois.

K — Types : 1, 1, 1, deux fois; 1, 2, une fois; 1, 1, cinq fois; 1, une fois.

A la détente :

T — Types 1, 1, 2, une fois; 1, 1, 1, trois fois; 1, 1, deux fois; 1, cinq fois. Retard sur l'explosion : nul (deux fois B. R.), de 1 cent. 1/4 de seconde (une fois), 1 cent. 1/2 (deux fois), de 6 cent. 1/2 pour la prononciation allemande (fig. 226, B). Une fois encore je trouve pour moi-même un écart de 3 cent. 1/2 (fig. 226, A).

K — Types 2, 2, trois fois; 1, 1, trois fois; 1, trois fois; 1, 4, une fois. — Retard de la première vibration sur l'explosion : nul, deux fois (R), une fois (B); de 1 centième 1/4 de seconde, une fois; de 1 centième 1/2, une fois (R); de 5 centièmes 3/4 (fig. 229) et 3 centièmes 3/4 (fig. 228) pour la prononciation allemande.

Si maintenant nous examinons les tracés au microscope, nous apercevrons, outre les vibrations dont nous avons seulement tenu compte jusqu'ici, la trace du mouvement vibratoire de la consonne.

Reprenons chacune des consonnes étudiées.

P — Après la voyelle, nous voyons en C (fig. 221) de petites vibrations régulières formant des groupes de 4, le groupe lui-même ayant une longueur de $6^{mm}1$. Ces mêmes groupes s'unissent à leur tour 2 à 2. Ce qui donne en millimètres :   12,2   6,1   1,52,
et pour l'unité de temps (3960^{mm}) :

324 v. d.   648   1296

mi mi_4 mi_5

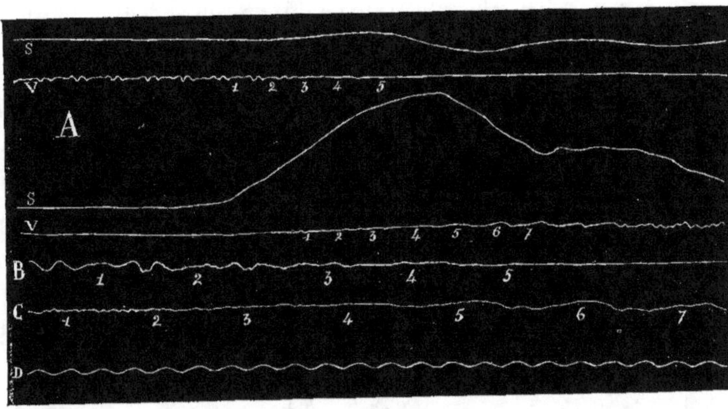

Fig. 228.

aka

D. Diapason de 200 v. d. à la seconde.

(B)

A la détente (D), je mesure (1) : 11^{mm}, $2^{mm}2$.

C'est-à-dire pour une seconde :

$$360 \qquad 720$$
$$fa\sharp_3 \qquad fa\sharp_4$$

A la même ligne (2), je trouve en outre : $1^{mm}1$ et deux fois dans le groupe $0^{mm}55$. L'apparition de cette dernière sinuosité, qui pourrait correspondre au 19ᵉ son composant de la voyelle (152 v. d.), appartient peut-être à l'*a* où on la retrouve (3), (4), (5).

Le *p* de M. Burguet (fig. 224), quoiqu'il ne soit pas bien clair, semble aussi donner pour la détente un *mi₃*. Mais (fig. 225), la ligne organique, au moment de la tension (α), est chargée d'une petite sinuosité très nette de $0^{mm}77$; soit, à l'échelle de 925^{mm} par seconde, 1200 ou *ré₄*.

Le *p* isolé (fig. 205), articulé avec force, donne *la₃*.

T — Figure 220 dont l'échelle est de 1249^{mm} à la seconde. Nous trouvons à la tension, sur la ligne organique (L), une vibration de $0^{mm}5$, soit 1388, ou *fa₅*, et plus loin, sur la ligne de la voix, 4 vibrations, qui se subdivisent chacune en deux pour 7^{mm}, soit 713 et 1426,

ou :
$$fa\sharp_4 \qquad fa\sharp_5$$

Et (fig. 226) *ata* *A* (R) — Échelle de 1440^{mm} — 5 vibrations en 20^{mm} (360), subdivisées en 3 (1080) :

$$fa\sharp_3 \qquad ut\sharp_4$$

Le *t* isolé (fig. 205), prononcé fortement : *ré₃*.

Les otologistes supposent :

$$fa\sharp_4 \; — \; fa\sharp_5$$

K — Je mesure pour K français (fig. 227 C, D) des sinuosités de $1^{mm}5$ (c'est la majorité) et de 1^{mm} ; (E) $1^{mm}5$ et dans le beau tracé F, 5^{mm}, $4^{mm}25$, $1^{mm}5$ et $0^{mm}85$; soit à peu près :

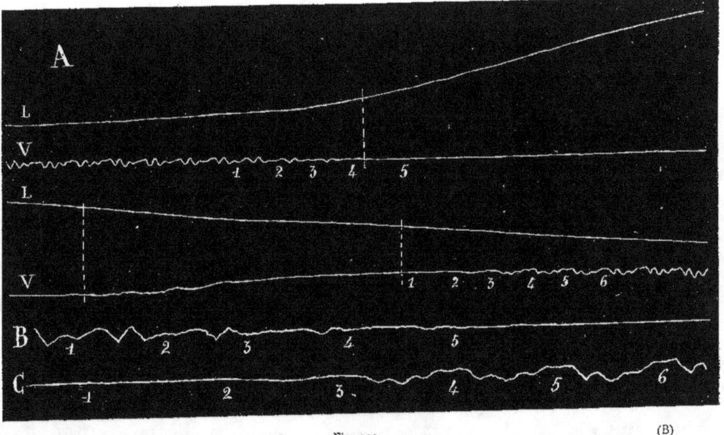

(Échelle, fig. 228)

Fig. 229.
aka

$$sol_4 \qquad si\flat_4 \qquad mi_6 \qquad si_6 \qquad ré_7$$

Le *k* isolé (fig. 205) :

$$la\sharp_3 \qquad ré'_4 \qquad sol_4 \qquad ré'_5 \qquad ré'_6$$

Et pour un *k* allemand (fig. 228 B,C), $4^{mm}5$, 2^{mm}, $0^{mm}75$; enfin (fig. 229 B, C), 4^{mm}, $1^{mm}5$, $1^{mm}07$;

$$\text{soit :} \qquad si_4 \qquad si_5 \qquad si_6 \qquad fa_7$$

Les otologistes demandent :

$$ré'_4 — ré'_5$$

Les sonores *b d g* diffèrent principalement de *p t k*, au point de vue où nous nous plaçons ici, par la persistance des vibrations laryngiennes pendant l'occlusion et l'apparition constante des vibrations vocaliques dès l'ouverture du tube vocal.

Figure 230 A. — Échelle fig. 228. — *aba* : souffle (s) et voix (v). Les vibrations à la détente accusent par leur amplitude l'influence de la voyelle. Mais le caractère le plus saillant, c'est la forme de la première période (cf. C), qui est déjà, au moins dans la seconde partie, celle de l'*a*.

Même remarque pour *ada* (fig. 230 D, cf. E et F).

Pour *aga* (fig. 231 A), l'explosion a été précédée d'un relâchement de la langue qui a permis à un léger filet d'air de passer (cf. *aka*, fig. 227 B), si bien que l'explosion concorde avec la quatrième période qui est bien celle de l'*a*, les précédentes n'en étant que des esquisses de plus en plus parfaites (cf. C).

Enfin, je termine par le tracé de *bb* dans *abba* (E) inscrit avec les vibrations du larynx (La), le souffle

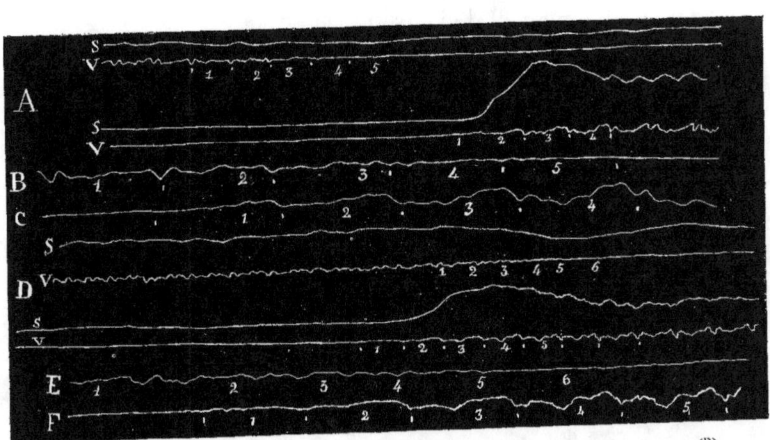

(Échelle, fig. 228)

Fig. 230.

A. *obs.* — B, C. Agrandissements de A. — D. *obs.* — E, F. Agrandissements de D.

recueilli de deux façons à la fois par le tambour à
double effet de M. Burguet — membrane en caoutchouc
(s), plaque de verre (s′) — et la voix (v). Le tracé s′
est renversé, il faut donc, par la pensée, faire concorder la
courbe avec celle de s, en comptant comme positives les
parties qui sont négatives dans la figure. La tension et la
détente sont seules représentées en entier. La tenue a été
réduite de la longueur d'une ligne.

On remarquera que c'est au moment de la tenue et de
la tension que les vibrations laryngiennes ont le moins
d'amplitude. C'est la conséquence de l'effort articulatoire
qu'exige une consonne redoublée. Un autre effet de cette
même cause, c'est le retard de la période vocalique sur le
mouvement de l'explosion (cf. F).

Si maintenant nous recherchons dans les tracés précédents
la trace des sons composants, nous trouvons :

B	$4^{mm}5$	2^{mm}	1^{mm}
soit :	la_4	si_5	si_6
D	7^{mm}	$1^{mm}8$	$0^{mm}9$
soit :	$ut\sharp_2$	$ut\sharp_6$	$ut\sharp_7$
G	6^{mm}	$1^{mm}6$	$0^{mm}8$
soit :	si_2	$ré\sharp_6$	$ré\sharp_7$

Les otologistes supposent :

B	mi_3	
D	$fa\sharp_4$	$fa\sharp_5$
G	$ré_4$	$ré_5$

J'ai des exemples qui concordent assez avec ces données,
entre autres :

B	sol_3	$ré_5$
D	fa_4	fa_5

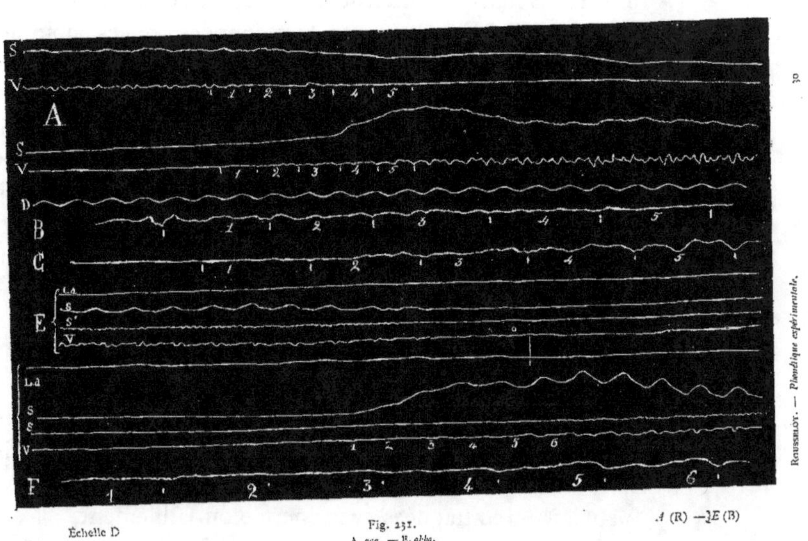

Fig. 231.

A. aga. — E. alba.

A (R) — $\frac{1}{2}E$ (B)

Je ne veux pas du reste, je le répète, insister sur ce point. C'est une vue que j'indique plutôt que des résultats que je propose.

§ II

QUALITÉS GÉNÉRALES DES ARTICULATIONS

Il n'est pas question ici des qualités transitoires que revêtent les articulations dans certains cas donnés par le fait du groupement, comme la durée relative, la hauteur musicale relative, l'intensité relative, l'accent. J'en traiterai à l'article IV. Je veux parler de ces modes, de ces habitudes de parole qui affectent le langage tout entier, et dont les unes sont individuelles, les autres régionales ou même nationales. En outre, mon intention n'est pas de traiter le sujet avec tous les développements qu'il pourrait comporter. Je me bornerai à quelques indications. Si ce que je dirai suffit pour attirer l'attention des observateurs sur ces différents points, j'aurai atteint l'unique but que je me propose.

On peut articuler à voix parlée ou à voix chantée, à voix haute ou à voix basse (chuchotée), à voix claire ou à voix rauque, en voix de poitrine ou de fausset ou encore de ventriloque, en voix calme ou émue, aiguë ou grave, forte ou modérée, avec ou sans des propensions à faire prévaloir tel ou tel jeu organique ; enfin les articulations peuvent être attaquées avec énergie ou faiblement.

La voix parlée, haute, claire, de poitrine, calme, modérée, est la voix normale. C'est à elle que se rapportent toutes les descriptions qui sont faites sans viser un cas particulier.

Les divers degrés de force et de hauteur musicale

dépendent du genre de vie des sujets parlants. Il est très important de les observer, car ils ne se modifient pas sans que la langue ne traverse une crise sérieuse. C'est à un fait de ce genre que j'ai cru devoir attribuer la transformation rapide qui s'est produite avec ma génération dans le parler de Cellefrouin. Mais il suffit de le signaler.

Les propensions à mettre principalement en jeu certains organes, et à en laisser d'autres en repos, à affecter telles ou telles positions articulatoires, par exemple, à tenir les lèvres appliquées contre les dents comme les Anglais, ou les mâchoires rapprochées l'une contre l'autre comme les Russes, ou la bouche à peine ouverte comme certaines populations des hauts sommets des Alpes, à porter la langue en avant comme dans l'Est de la France, ou en arrière comme dans l'Ouest, à laisser le voile du palais abaissé comme à Hambourg, etc., tous ces faits, qu'il est bon de mentionner ici, car ils donnent un caractère particulier à toute une langue, se retrouveront dans l'étude de chaque classe d'articulations.

Je ne m'arrêterai pas davantage à la prononciation dans la voix chantée ou émue. Le chanteur ou l'orateur articulent mal quand la préoccupation d'atteindre et de tenir une note juste, ou l'émotion leur font soit exagérer, soit accomplir imparfaitement les mouvements articulatoires requis. J'ai entendu un orateur qui changeait les $\grave{a}$ en $\acute{a}$, les $\tilde{a}$ en $\hat{o}$, un chanteur chez qui tous les $\acute{e}$ des notes aiguës devenaient des i : l'émotion et l'effort que demandent les notes hautes leur faisaient, à l'un trop fermer les lèvres, à l'autre trop soulever la langue vers le palais.

Je donnerai seulement quelques détails : 1° sur la voix chuchotée et la voix rauque ; 2° sur la voix de fausset et de ventriloque ; 3° sur les modes d'attaque des articulations.

I

VOIX CHUCHOTÉE — VOIX RAUQUE

La voix chuchotée diffère de la voix haute par la suppression voulue ou forcée des vibrations sonores du larynx. Le chuchotement ne se compose que de bruits, suffisants pour permettre de reconnaître les divers éléments du langage. Ces bruits prennent naissance dans le frôlement du courant d'air le long du tube vocal disposé, sauf en ce qui

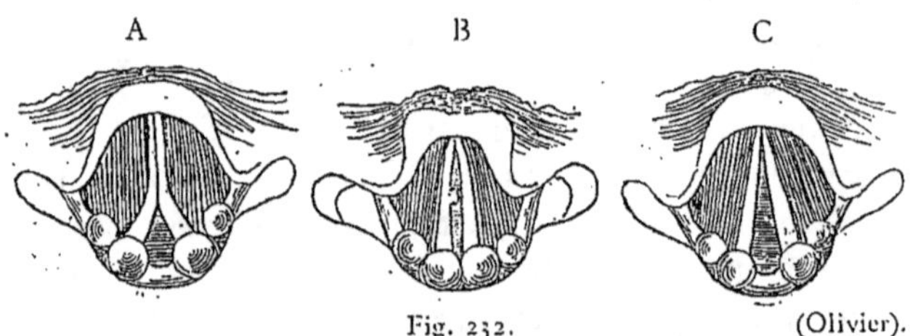

Fig. 232.   (Olivier).

Position des cordes vocales pendant le chuchotement.

concerne le larynx, comme pour la parole normale. Aussi a-t-on eu la pensée d'y chercher la note caractéristique des voyelles (p. 179).

Dans le chuchotement involontaire, comme dans le chuchotement hystérique, par exemple, les cordes vocales sont tenues écartées par la contraction. Un effort suggestionné au malade peut le faire cesser.

Dans le chuchotement voulu, les cordes vocales peuvent occuper diverses positions : elles peuvent être rapprochées par le haut et écartées par le bas de manière à figurer un γ renversé (fig. 232 A), rapprochées en haut et en bas et écartées au milieu (B), écartées en forme de triangle

(C), ou enfin rapprochées sur toute leur longueur; elles se comportent autrement dans le chuchotement fort, autrement dans le chuchotement doux (plus rapprochées dans le premier que dans le second cas). Tous ces faits ont été reconnus au laryngoscope par divers observateurs, Czermak, Rosapelly[1], Olivier[2]. Même on a pu, grâce à un polype implanté sur le bord de la muqueuse, voir s'agiter les cordes vocales[3] (fig. 232 B).

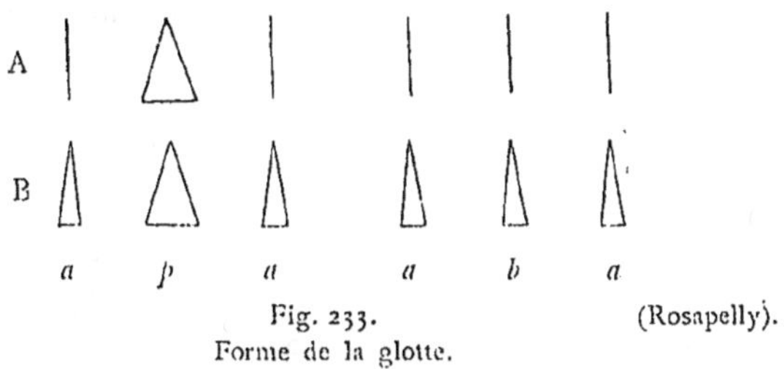

Fig. 233. (Rosapelly).
Forme de la glotte.
A. dans la parole, B. dans le chuchotement.

M. le Dr Rosapelly a fait porter son examen de la glotte non seulement sur les voyelles, mais encore sur les consonnes (sans doute uniquement sur *p*, *b*). Un bouchon maintenait les mâchoires écartées pendant que le patient faisait effort pour prononcer *apa*, *aba*. Le miroir laryngoscopique pouvait ainsi être employé. La figure 233 représente la forme de la glotte dans *apa*, *aba* (A, voix parlée ; B, voix chuchotée). Le *p*, dans les deux cas, présente une

---

1. *Mémoires de la Société de linguistique*, IX, p. 488-499.
2. *La Parole*, 1899, p. 20-31.
3. Olivier, *ibid*.

image identique. Le *b*, dans la voix chuchotée, a le même mécanisme glottal que les voyelles.

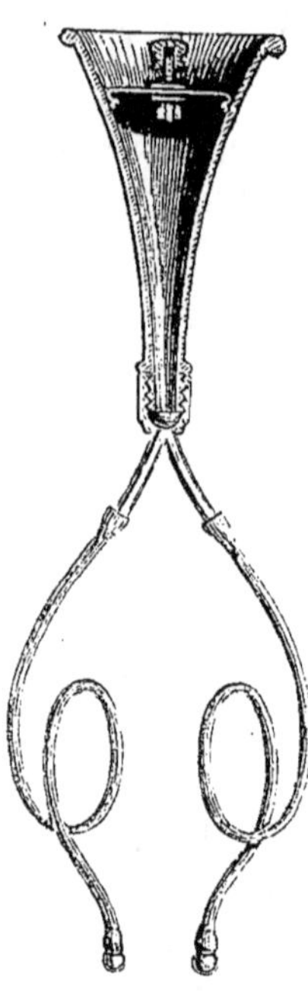

Fig. 234.

Poursuivant son examen par des moyens acoustiques, M. le Docteur Rosapelly a constaté qu'en chuchotant les unes après les autres les consonnes *p*, *b*, *t*, *d*, *k*, *g*, dans *appa* et *abba*, *atta* et *adda*, *akka* et *agga*, après s'être bouché les oreilles avec de la cire ou du coton, il entendait, pour les sonores, « un bruit soufflant » qui réunissait deux bruits correspondant à l'implosion et à l'explosion : un silence marquait l'occlusion des sourdes. L'expérience est, paraît-il, assez délicate et exige qu'il règne autour de l'observateur un silence parfait. On obtient des indications plus nettes avec le stéthoscope, appareil composé d'un petit entonnoir, qui s'applique sur la région à ausculter, et de deux caoutchoucs qui s'introduisent dans les oreilles de l'observateur (fig. 234).

« Quand la personne, observe M. Rosapelly, dont on ausculte le larynx respire sans parler, on entend un souffle très net, mais peu intense, à moins qu'elle ne respire fortement. Si elle se met à parler en voix chuchotée, le souffle prend une intensité plus grande ; il est plus dur et semble plus près de l'oreille. Dans les deux cas, le maximum d'intensité du souffle se trouve au niveau du cartilage cricoïde.

Le souffle du chuchotement s'entend dans les voyelles et dans les consonnes sonores. Il ne s'entend pas dans les sourdes ».

L'étude expérimentale du larynx permet de juger indirectement de l'état de la glotte pendant le chuchotement.

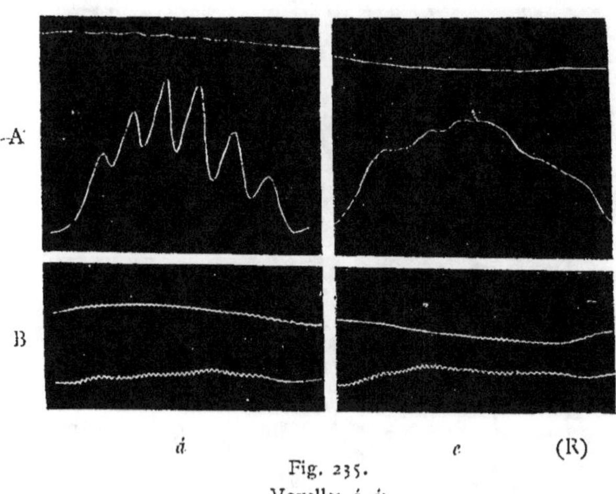

Fig. 235.
Voyelles *á, é:*
A. Chuchotées. — B. Parlées.
La ligne du haut est celle du larynx. — La ligne du bas est celle du souffle.
La quantité du souffle émis est proportionnelle à l'élévation de la ligne.

Le degré d'ouverture est proportionnel à la quantité d'air qui passe, et le rapprochement peut se reconnaître à la présence de légères vibrations dans les tracés.

L'écoulement de l'air peut se mesurer au *spiromètre* (p. 160) ou se déduire du déplacement des leviers de deux tambours inscripteurs dans lesquels, à l'aide d'une embouchure et d'une olive, on aura conduit la totalité du courant d'air (p. 131, 132).

La quantité d'air dépensée dans le chuchotement est extrêmement variable. J'ai employé pour la syllabe *ka* chuchotée
avec différents degrés d'intensité depuis 1 jusqu'à 519^{cm3},
tandis que dans la voix haute, l'écart n'a été, pour la même
syllabe, que de 16 à 280^{cm3}. Le chuchotement ordinaire

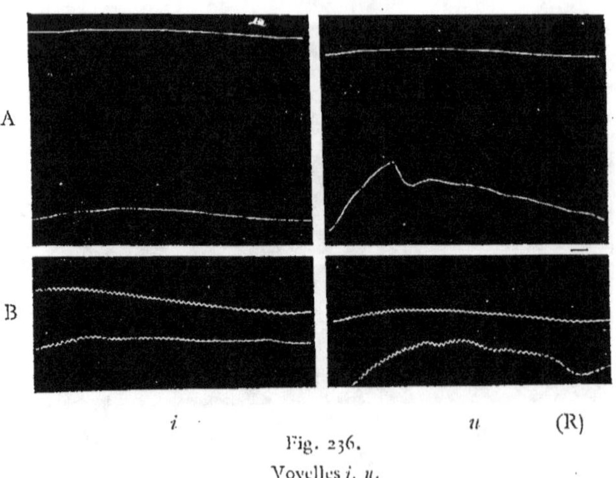

Fig. 236.

Voyelles *i, u*.

Même disposition que figure 235.

exige plus d'air que la voix haute. Comparez, par exemple
(fig. 235-8), les voyelles chuchotées *á, é, i, u, ó, ú* (A) avec
les mêmes voyelles dites à voix haute (B), et (fig. 238) *pa,
ba* chuchotés (A) avec *pa, ba* parlés (B).

Le mouvement vibratoire de l'air qui porte le chuchotement à nos oreilles ne peut être saisi que par des appareils
très sensibles. J'en donne un spécimen (fig. 239).

Quant au larynx, nous constatons d'abord qu'il prend
la même position que pour la voix parlée. Le fait se montre

clairement dans les figures 235-238 et 239, où la courbe
laryngienne garde la même forme, quel que soit le registre
que l'on ait choisi pour chaque articulation. En outre, il est
possible d'y saisir un mouvement vibratoire. Je ne veux pas
parler des sinuosités que l'on remarque pour *à* (fig. 235),

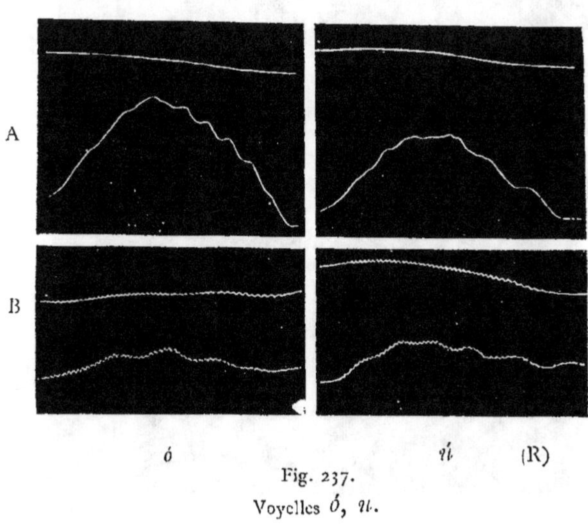

Fig. 237.
Voyelles *ó*, *ü*.
Même disposition que figure 235.

et dont l'origine est claire. Je parle de véritables vibrations
qu'il serait possible de confondre avec celles de la voix
haute, si elles n'exigeaient pas, pour être enregistrées,
des soins spéciaux. Je les ai remarquées d'abord de loin en
loin dans des morceaux d'une certaine étendue, puis je les
ai recherchées méthodiquement dans les voyelles. Voici,
entre autres, les résultats d'une expérience que j'ai faite
avec M. Burguet : 1° Grande capsule exploratrice 40$^{m.n}$ de

diamètre, maintenue sur le cartilage thyroïde à l'aide d'une cravate de caoutchouc (p. 99) et tambour inscripteur à petite cuvette, petit bras du levier 15^{mm}, grand bras 80^{mm} : aucun chuchotement n'est inscrit. — 2° Ampoule oblongue

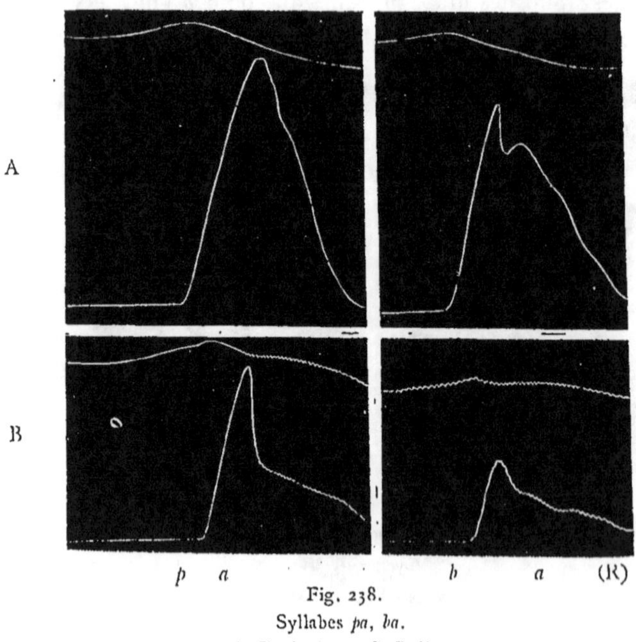

Fig. 238.

Syllabes *pa*, *ba*.

A. Chuchotées. — B. Parlées.

Même disposition que dans la figure 235.

(grand diamètre 40 .^{mm} ; petit diamètre 28^{mm}), même tambour ; le grand bras du levier diminué de 20^{mm} : chuchotement faible, rien ; chuchotement fort, toutes les voyelles, sauf *i*, donnent des vibrations, mais la plupart peu distinctes. — 3° Ampoule moyenne (32^{mm} de diamètre), même tambour : *u*, *o*, *œ* donnent des vibrations à peine esquissées ;

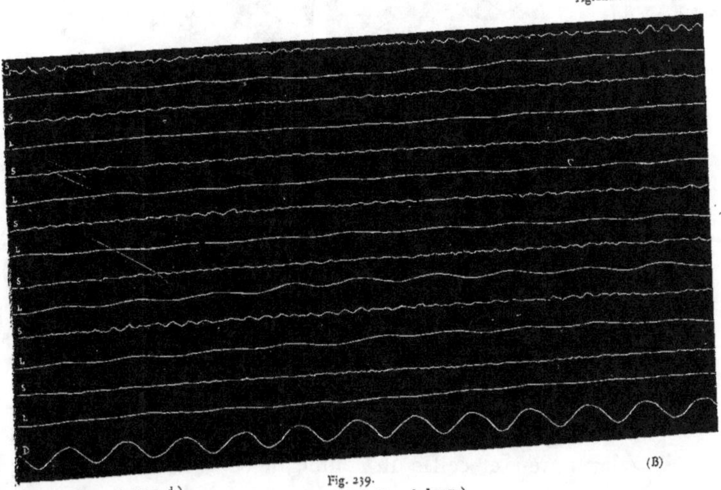

Fig. 239.
Voyelles chuchotées (S. Souffle. — L. Larynx.)

a, é, u en ont de nettes ; *é, i,* de très nettes. — Enfin
4° petite ampoule (28ᵐᵐ de diamètre), même tambour :
toutes les voyelles ont des vibrations très nettes ; celles de
é et *i* sont plus légèrement indiquées.

Comme contrôle, j'ai pris en même temps les bruits du
souffle au moyen de l'inscripteur à membrane (parchemin :

A   B

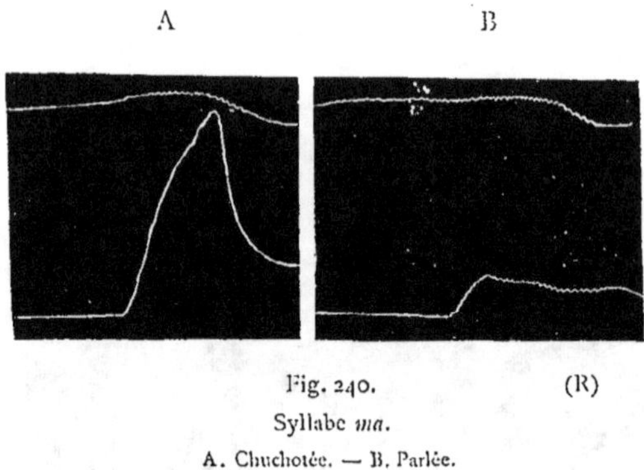

Fig. 240.   (R)
Syllabe ma.
A. Chuchotée. — B. Parlée.

0ᵐᵐ 09 d'épaisseur, 16ᵐᵐ de diamètre — levier de paille :
0ᵐᵐ 23 de diamètre, attaché par un fil d'aluminium de
0ᵐᵐ 2 d'épaisseur, inséré dans une paille de 0ᵐᵐ 9 collée sur
la membrane — petit bras du levier 14ᵐᵐ, grand bras 55ᵐᵐ).
Les tracés ainsi obtenus (fig. 239) nous permettent de faire
les observations suivantes : 1° Les vibrations du cartilage
laryngien et celles du souffle ne se correspondent pas ; les
premières sont bien pendulaires, mais les secondes ne sont
pas réunies en figures régulières revenant périodiquement.
2° Les vibrations laryngiennes ont eu à peu près la même
durée pour toutes les voyelles chuchotées : l'écart est entre
147 et 155 v. d. à la seconde ; elles correspondent donc à

ré$_2$ ou *ré*$_2$♯. C'est le ton sur lequel M. Burguet chuchote le plus aisément. 3° Les tracés du souffle changent pour chaque voyelle; mais, aux endroits où ils sont les meilleurs, on remarque dans tous une petite sinuosité qui ne varie guère. Dans une expérience que je viens de faire sur mes voyelles chuchotées, je trouve des différences plus caractéristiques.

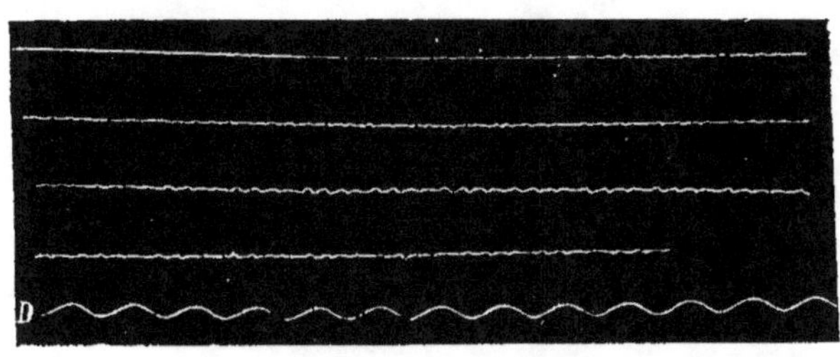

Fig. 241.   (R)

Voyelle *a* dite de voix enrouée.
(Le tracé manque de régularité. Comparez les autres *a*.)

Mais cette question ne peut être séparée de celle des voyelles. Ce que je tiens à faire remarquer ici, c'est la prédominance des sons aigus dans la voix chuchotée.

Je n'ai pas recherché s'il est possible de saisir sur le cartilage laryngien des mouvements vibratoires pour les consonnes chuchotées. Mais je puis dire que les vibrations y sont du moins beaucoup plus faibles. En effet, dans le tracé de la syllabe *ma* chuchotée (fig. 240 A), les vibrations sont très nettes pour la voyelle et font défaut pour la consonne.

La voix rauque résulte d'une déformation des cordes vocales. Un ulcère, un polype, une intervention maladroite, un arrondissement des rubans vocaux, la perte de l'équilibre entre les forces respiratoires et laryngiennes par excès de travail et défaut de nutrition, etc., sont autant de causes de la raucité. Je n'insisterai pas sur ce défaut qui n'a rien que de personnel.

Je me contenterai de rapporter deux expériences faites, l'une sur moi un jour que j'avais la voix enrouée, l'autre sur un malade qui avait la corde vocale droite ulcérée, avec

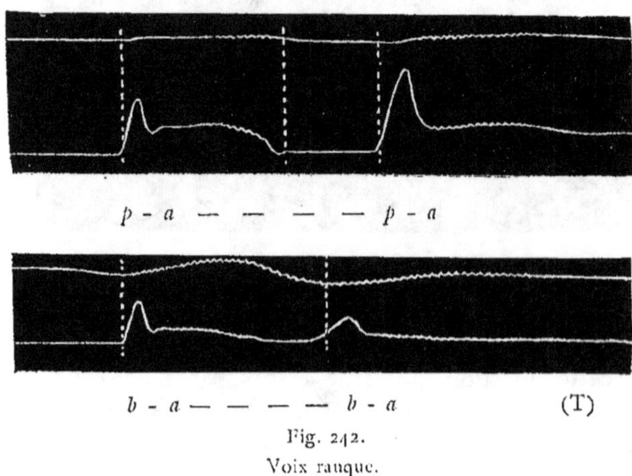

Fig. 242.
Voix rauque.

perte de substance, et qui opérait la suppléance par la corde vocale gauche.

La figure 241 représente mon *a* enroué. En le comparant à ceux que j'ai déjà reproduits, on constate l'hésitation et l'irrégularité du mouvement périodique.

La figure 242 nous permet de constater que dans le larynx malade, les vibrations sont bien en retard pour la syllabe *pa* dans *papa*, et qu'elles manquent pendant l'occlusion du premier *b* dans *baba*.

II

VOIX DE FAUSSET — VOIX DE VENTRILOQUE

Pour le mécanisme de la voix de fausset, se reporter à
la page 252. Chez moi, la seule différence visible au laryngoscope entre la voix de fausset et la voix de poitrine
réside dans le pourtour de la glotte, lequel se resserre pour

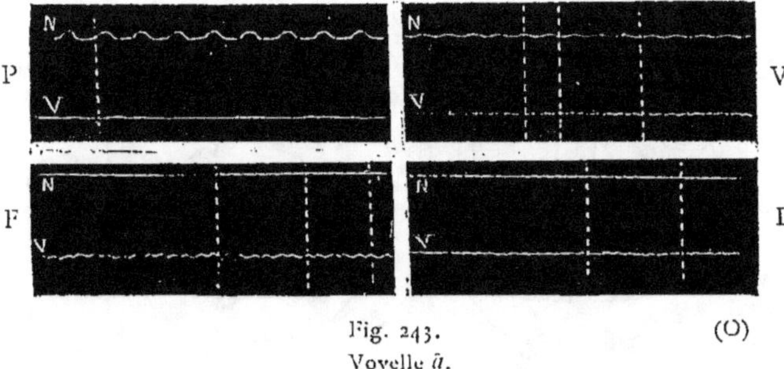

Fig. 243.   (O)
Voyelle *ā*.

P. Voix de poitrine. — V. Voix de ventriloque. — F. Voix de fausset. — L. Voix lointaine.
N. Souffle nasal. — V. Voix.

la voix de fausset. Si, en effet, on représente par 5 le pourtour de la glotte à l'état respiratoire, il faudra compter 4
pour la voix de poitrine, 3 pour la voix de fausset. Cette
appréciation est du Dr Natier, qui m'a présenté en même
temps un malade dont la voix eunuquoïdale était produite
par un mécanisme tout différent : chez celui-ci, les cordes
vocales étaient séparées, mais se rejoignaient au niveau des
apophyses de façon à donner à la glotte la figure d'un
8 très aplati.

Ce qui frappe le plus dans les tracés de la voix de fausset
c'est l'élévation du ton (fig. 199). Mais on remarquera que

la caractéristique de la voyelle n'en est pas pour cela effacée, si l'expérience est bien faite.

On remarquera encore dans la voix de fausset un affaiblissement considérable des vibrations nasales. Comparez (fig. 243) la voyelle $\bar{a}$ dans les différents registres.

La voix de fausset se rencontre chez des sujets nerveux, soit seule, soit associée à la voix de poitrine.

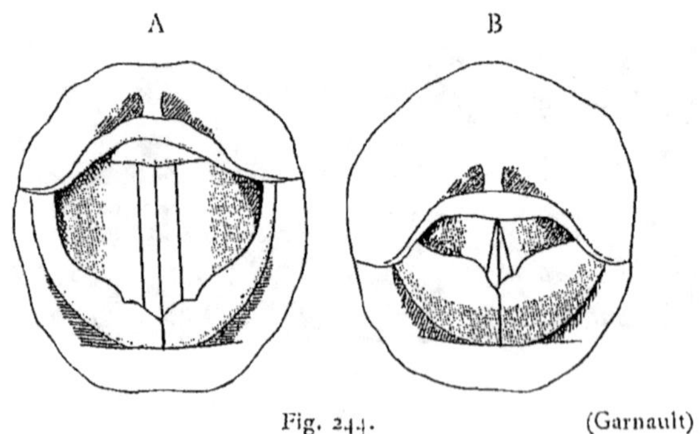

Fig. 244.   (Garnault)

La glotte.

A. Voix de poitrine. — B. Voix de ventriloque.

La voix de ventriloque a été étudiée par MM. Flatau et Gutzmann[1], ensuite par le Dr Garnault[2] sur un sujet que j'ai observé moi-même, M. O'Kill. Le ventriloque évite autant que possible les sons qui réclament des mouvements des lèvres : « Pour parler en voix de ventriloque, dit M. Garnault, il faut, les lèvres restant entr'ouvertes, émettre

---

1. *Die Bauchrednerkunst...* Berlin, 1894.
2. *Revue scientifique*, année 1900, n° 21.

un son accompagné d'une certaine résonance nasale, en
resserrant la gorge comme pour le retenir, tout en faisant
un effort ressemblant à celui qui accompagne le début de
la nausée. On doit éprouver la sensation que le son
résonne au fond de la gorge. Au début, le son ressemble

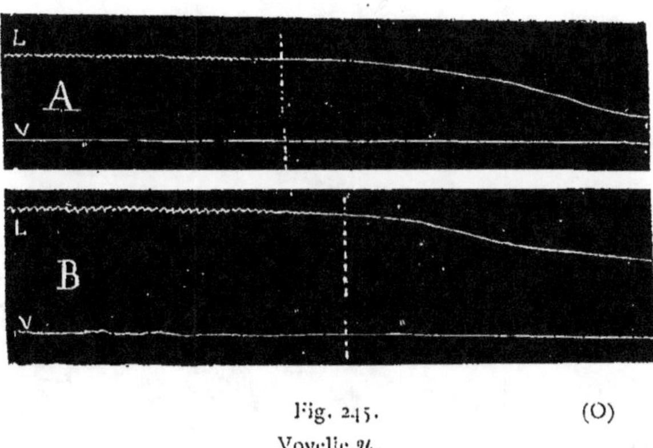

Fig. 245.   (O)

Voyelle *u*.

L. Langue. — V. Voix.
A. Voix de ventriloque. — B. Voix de poitrine.
L'élévation de la langue est marquée par la distance qui sépare les lignes L et V.

à un grognement; il est parfait lorsqu'il a pris les caractères d'un bourdonnement d'abeille. Pour donner la sensation que le son se rapproche, il faut le faire résonner
plus en avant sur le palais; plus il résonne en arrière
dans la gorge, plus il semble s'éloigner. Il ne faut pas exagérer la résonance nasale, mais elle doit être suffisante
pour que, pendant l'émission en voix de ventriloque, le
brusque pincement des narines arrête instantanément le
son. »

Les croquis (fig. 244) permettent de comparer la position du larynx en voix de poitrine et en voix de ventriloque. Entièrement fermée dans le premier cas, la glotte laisse un petit triangle ouvert à sa base dans le second. De plus, les cordes vocales supérieures et toutes les muqueuses de la glotte jouent, en se rabattant, le rôle d'étouffoir.

Le ton s'élève. Comparez (fig. 199) les voix de poitrine, de fausset, de ventriloque et une certaine voix crapuleuse. L'échelle est de 2.600^{mm} à la seconde. Nous avons pour les périodes de l'a émis en ces différentes voix sur un ton normal :

crapuleuse 82   poitrine 151   ventriloque 260   fausset 433
soit mi_1 $ré\sharp_2$ ut_3 la_3

Dans une autre expérience sur la même voyelle, j'ai obtenu :

mi_1 fa_2 $ut\sharp_3$ $fa\sharp_3$

Et sur $é$:

mi_1 $ré_2$ $ut\sharp_3$ $ré\sharp_4$

Les relations restent donc à peu près les mêmes.

La langue participe au mouvement de contraction des parties sus-glottiques. Ainsi une grosse ampoule placée pour la voyelle u au fond de la bouche est plus comprimée contre le palais dans la voix ordinaire que dans la voix de ventriloque. Comparez (fig. 245) l'élévation de la langue en A (voix de ventriloque) et en B (voix normale).

Enfin le courant d'air qui passe par les fosses nasales (fig. 243 V) est aussi moins considérable que dans la voix de poitrine (P), mais plus fort que dans la voix de fausset (F) et la voix lointaine (L).

III

MODES D'ATTAQUE DES ARTICULATIONS

Une note sur un violon peut être attaquée de plusieurs façons, mollement ou avec énergie, et ces deux cas comportent de nombreux degrés. Il en est de même pour toutes les articulations. Que l'on compare à cet égard les sons français, par exemple, et les sons allemands : les premiers ont quelque chose de plus doux, de mou, si l'on veut ; les seconds sont plus énergiques ou plus rudes. Cette différence vient de la façon dont se fait l'attaque dans les deux langues. Le Français amène doucement la tension et fait mollement la détente ; l'Allemand a quelque chose de plus saccadé, de plus brusque dans les mouvements. De là le caractère général de l'une et l'autre langue : l'Allemand parle un français rude ; le Français parle un allemand trop doux, qui manque de vigueur.

Le mode d'attaque des voyelles se reconnaît très bien dans le tracé de la voix. Ainsi (fig. 246) je reproduis le tracé de la voyelle *a* prononcée avec trois degrés d'attaque différents : d'abord énergiquement (A), puis d'une façon plus douce (B), ces deux fois à l'allemande, enfin à la française (C). Il suffit de comparer les premières périodes pour se rendre compte de la différence. Comme ces trois voyelles ont été émises par la même personne (M. Burguet), je donne à titre de contrôle un *a* (D) que j'extrais d'une phrase allemande inscrite par une autre personne. Quant à l'*a* français de M. Burguet, il paraît juste d'après ceux dont j'ai déjà reproduit le début.

A rapprocher des tracés précédents, les deux voyelles de la figure 247 qui ont été enregistrées par l'oreille inscriptrice (caoutchouc dilaté). La première est un *æ* hongrois,

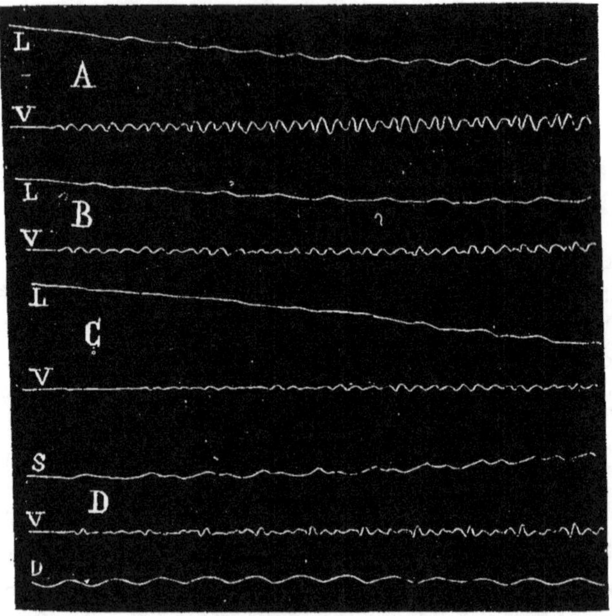

Fig. 246.   A B C (B) — D (V)

Attaque de la voyelle *a*.

A. Énergique.— B. Douce — C. Faible (à la française). — D. Attaque ordinaire en allemand.
Lignes L. Larynx ; V. Voix ; S. Souffle ; D. Diapason de 200 v. d.

la seconde un *æ* français. La différence de l'attaque est très apparente : pour l'*æ* hongrois, la vibration est du coup assez ample ; pour l'*æ* français, l'amplitude, d'abord très faible, grandit peu à peu.

La ligne du larynx (L), de son côté, dit aussi quelque chose. Les premières vibrations laryngiennes se montrent (fig. 246) plus fortes pour A et B que pour C.

Toutefois, c'est la ligne du souffle qui nous fournit les tracés les plus expressifs. Déjà dans D (fig. 246), nous voyons la période acquérir du premier coup une amplitude marquée. Mais on ne saurait avoir rien de plus net que les tracés que

Fig. 247.   1 (S) 2 (R)

Attaque de la voyelle *a*.

1 en hongrois; 2 en rançais.

je dois à un Suisse des environs de Saint-Gall. Comparez (fig. 248) 1 *after*, 2 *oben*, 3 *eine*, 4 *um*, dont la voyelle initiale a été énergique, avec *um* (5), dont l'attaque a été plus molle.

Dans le chaldéen d'Ourmiah le *ain* et le *allap* donnent sur les tracés une figure identique à celle que produit l'attaque forte (fig. 248), dans des mots comme *ʿaziz* « chéri », *ʿâlâm* « éternité », *ʾilâm* « Elam » …, et *ʿâbâd* « éternité », *ʾallap* « aleph », *ʾida* « main », *ʿiyman* « quand », … etc., que j'ai inscrits de la bouche de M. Babakhan.

Ainsi on peut distinguer deux degrés d'attaque forte, à l'allemande, l'*esprit rude* (ʿ), et l'*esprit doux* (ʾ), que nos chanteurs essaient d'imiter sous le nom de *coup de glotte*. Vient ensuite l'attaque faible, à la française.

Les consonnes se comportent comme les voyelles : elles sont à leur tour attaquées brusquement ou avec douceur.

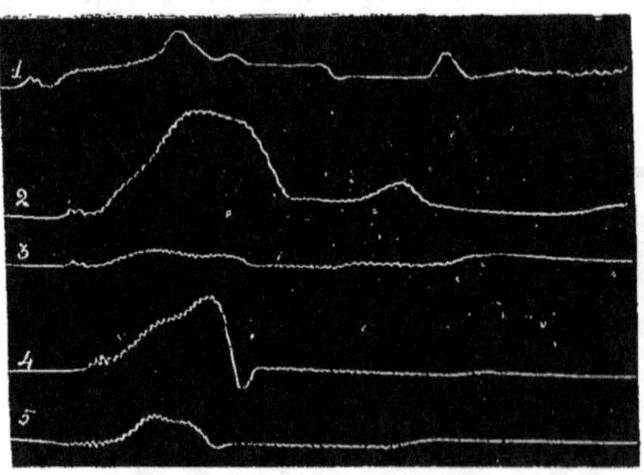

1. *after*; 2. *oben*; 3. *eine*; 4 et 5. *um*.

Fig. 248.   (K)

Attaque des voyelles.

Attaque forte, 1-4. — Douce, 5.
Considérer le début de la voyelle initiale.

Et, comme pour les voyelles, on peut mesurer leur degré d'énergie d'après la force expiratoire qui les produit. Comparez (fig. 249) les consonnes *p*, *b*, *s*, *r*, en allemand (A) et en français (B). Le tracé des articulations allemandes prouve directement l'énergie des explosions sourdes, indirectement celle des autres consonnes. Dans *pa* (A), la glotte est largement ouverte et l'air, sous l'effort expiratoire, sort en masse. Dans *sa*, le courant d'air est plus

ralenti en allemand (A) qu'en français (B) en raison de
l'effort articulatoire qui est plus grand. Dans *ba* (A), l'air,
arrêté par la pression de la glotte, ne peut s'emmagasiner

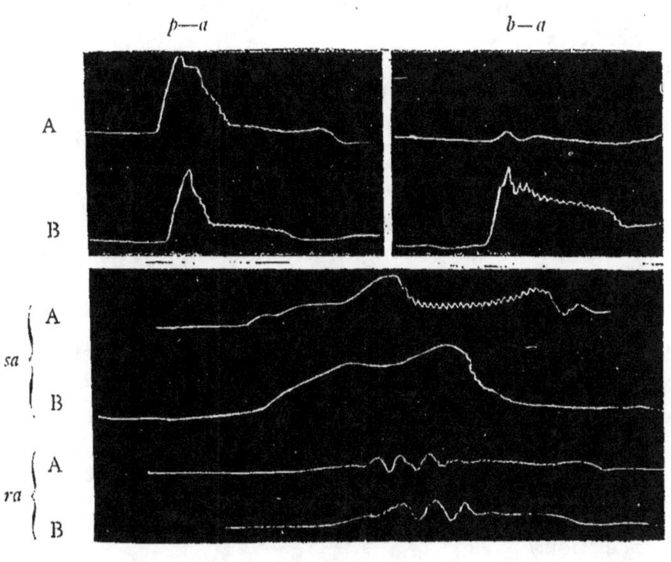

Fig. 249.   A (B) — B (R)

Attaque des consonnes.

A. Articulation allemande. — B. Articulation française.

Le souffle a été recueilli au sortir de la bouche à l'aide d'une embouchure et d'un petit
tambour à cuvette étroite. (Voir l'Appendice.)

dans la bouche comme en français (B), et ne s'écoule, au
moment de l'ouverture, que très faiblement. Enfin dans
ra (A), l'énergie de l'effort articulatoire est indiquée par
le retard des vibrations laryngiennes (cf. B).

§ III

CLASSIFICATION DES ARTICULATIONS

Deux subdivisions : 1° Catégories générales; 2° Classes particulières.

I

CATÉGORIES GÉNÉRALES

On peut d'une façon générale distinguer les articulations : 1° en inspiratoires et expiratoires; 2° en laryngiennes, mi-laryngiennes et non laryngiennes, ou (ce qui revient au même) en sonores, mi-sonores et sourdes; 3° en buccales, mi-nasales et nasales ; 4° en constrictives, mi-occlusives et occlusives; 5° en voyelles et en consonnes.

1° ARTICULATIONS INSPIRATOIRES ET EXPIRATOIRES

Cette division, la plus générale de toutes, est basée sur la direction imprimée au courant d'air utilisé pour les diverses articulations.

Les articulations *inspiratoires* sont produites soit au moyen d'un appel d'air du dehors, soit par un mouvement de succion. En dehors de monosyllabes, comme *oui, non,* chuchotés au moment de l'inspiration, et de quelques bruits interjectifs, qui ont pour but principal de provoquer les animaux à certains actes déterminés [1], ces articulations sont à peu près sans usage dans nos langues d'Europe. J'en

---

1. *Les modifications phonétiques du langage,* p. 36.

ai rencontré pourtant de tout à fait inconscientes en breton et en russe.

Mais leur terrain classique est le pays des Hottentots. Les Papouins en emploient une pour dire « oui », et certains d'entre eux, en y joignant un clignement d'œil, pour dire « non »[1]. M. Adjarian (Arménien) et ses compatriotes, MM. Yemellyanof et Basmadjian en ont reproduit devant moi qu'ils ont apprises chez des peuplades du Caucase.

En dehors de ces cas et, sans doute, d'autres analogues, les articulations usitées dans le discours sont toutes *expiratoires*, c'est-à-dire produites par le courant d'air sortant des poumons.

Ces deux sortes d'articulations se distinguent sans peine dans les tracés de la colonne d'air pris au moyen d'une embouchure et d'un tambour à levier. Dans l'expiration, l'air est refoulé dans le tambour et le levier s'écarte de la cuvette; dans l'inspiration, au contraire, l'air est aspiré, par conséquent raréfié dans le tambour, le levier se dirige vers la cuvette, et le tracé se fait en sens inverse.

On peut donc, à la suite de MM. Havet et Ballu[2], représenter les articulations inspiratoires par les caractères de nos alphabets, mais renversés : ainsi on fait connaître, du même coup, le lieu de l'articulation et la direction du courant d'air.

Le Père Antunes, qui a longtemps vécu chez les Hottentots et qui s'est appliqué à bien prononcer leur langue, m'a fourni les tracés suivants (fig. 250) des trois clics : labial.

---

1. Note du R. P. Trilles, missionnaire.
2. *Mémoires de la Société de linguistique*, II, p. 221.

(1), latéral (2), et palatal (3) isolés, et du clic initial du
mot *jaisen* (4) « malade ». Il y en a un quatrième, qui est
guttural. Le Père Antunes n'est pas arrivé à le bien reproduire. C'est peut-être pour cela que la représentation qu'il
en donne n'est pas inspiratoire.

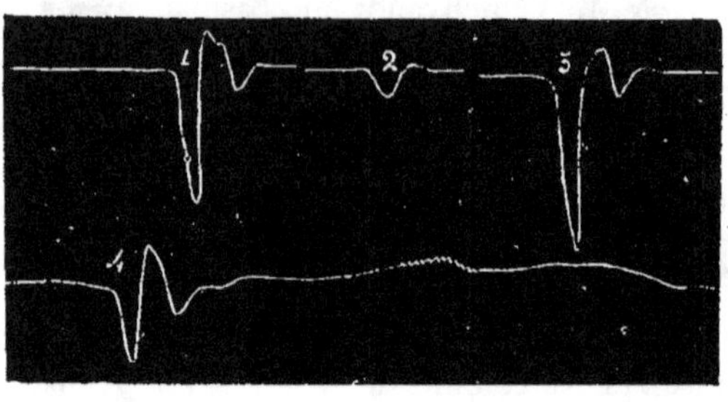

Fig. 250   (A)

Clics hottentots.

1. Labial. — 2. Latéral. — 3 Palatal. — 4. Labial initial (*jaisen*).

Les claquements des lèvres et de la langue usités à
Cellefrouin donnent pour le souffle des tracés analogues à
ceux des clics hottentots. Je les ai en outre recueillis avec
l'inscripteur de la parole et reproduits (fig. 205 : 2, 3 et 4).
On remarquera que dans ces bruits ce sont les notes aiguës
qui dominent.

En circasien, *oiseau* se dit, autant que j'en puis juger par
les deux reproductions concordantes qui en ont été faites
devant moi, d'un mot formé de la syllabe *dzi*, puis d'une
sorte de hoquet qui se termine par la voyelle *u* : en réalité,
deux syllabes, l'une expiratoire, l'autre inspiratoire. Ce fait
apparaît clairement dans les deux tracés (fig. 251, 1 et 2).

La ligne du haut (1, L) nous montre les vibrations du larynx interrompues immédiatement après la première syllabe, ce qui nous permet de délimiter exactement la seconde. La

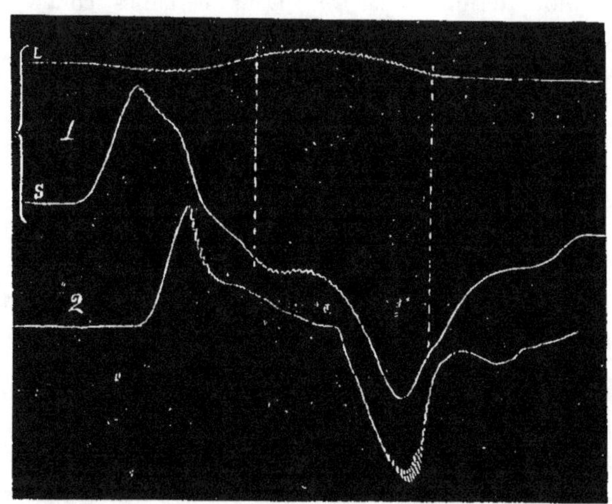

Fig. 251. 1 (A) - 2 (B)
q circasien.
(*dziqu*)
L. Larynx. — S. Souffle.

ligne du bas (S) est celle de la colonne d'air. Or la première syllabe est expiratoire, car le tracé de l'air remonte ; mais la seconde se dénonce d'elle-même comme inspiratoire par la direction que prend la ligne en descendant au-dessous de sa normale. Je la représente par une *h* renversée (*dziqu*).

En géorgien, il existe un *ǯ* (*k* mouillé inspiratoire) et un *ʃ* (sorte de *š* inspiratoire) qui retentit, m'a-t-on dit, comme un coup de cloche. Je les reproduits aussi (fig. 252) d'après des imitations que je n'ai pas été à même de vérifier.

Dans le bas-breton de Guéméné-sur-Scorff (Morbihan), on entend assez souvent un *b* ou un *p* adventices à la fin des mots terminés par *m*. Dans certaines conditions, ce *b* ou ce *p* peuvent être inspiratoires. Cela se voit très bien dans le tracé suivant (fig. 253) qui représente le

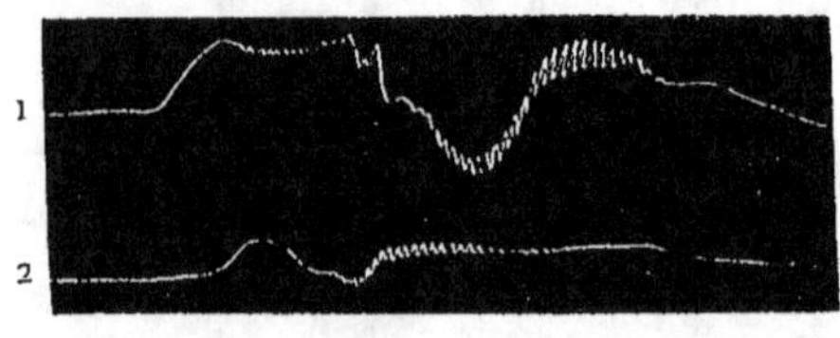

Fig. 252.   (Y)

Articulations inspiratoires en géorgien.

1. ʒ̯ *a* — 2. ʃ *a*

courant d'air, et le mouvement des lèvres recueilli avec le dispositif (fig. 33). La ligne du bas est celle des lèvres; la ligne du milieu, celle du souffle sortant par la bouche; la ligne du haut, celle du nez. Les mots prononcés par M. Loth sont *toram kwat* « cassons du bois ». L'*m* est marquée à la fois par la fermeture des lèvres et l'émission de l'air par le nez. Au moment de la fermeture des lèvres, le rétrécissement du canal a augmenté la vitesse du courant d'air qui est représentée par l'élévation de la ligne du souffle au début de l'*m*; puis les lèvres étant fermées, la ligne reste, comme il est naturel en pareil cas, à peu près horizontale. Mais, et c'est ce qu'il y a ici de remarquable, à l'instant même où l'air cesse de s'écouler par le nez, nous constatons un brusque déplacement de la ligne du souffle vers le bas, déplacement qui ne peut pas avoir son explication dans l'élasticité de la membrane dépassant le but dans

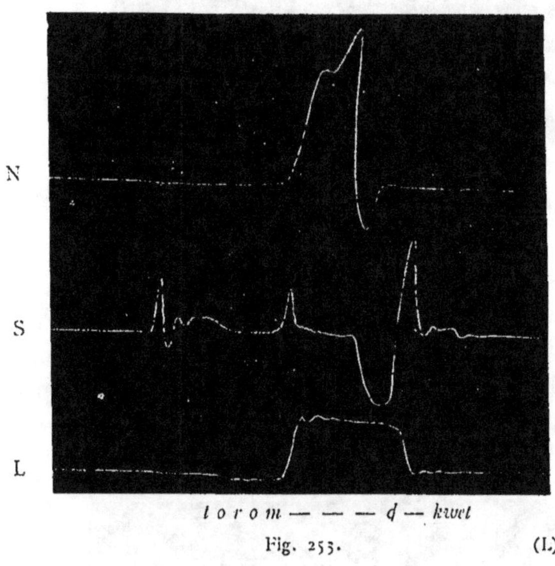

Fig. 253. (L.)

Articulation inspiratoire en breton (*d*).

(Elle est située entre *m* et *k*).

N. Nez. — S. Souffle. — L. Lèvres.

un mouvement de retour, comme cela a eu lieu pour la première syllabe *lo,* et qui ne peut être dû qu'à une inspiration, ou plus exactement un mouvement de succion. Les lèvres pendant ce temps sont restées closes, se relâchant sans doute extérieurement (ce qu'indique un léger abaissement de la ligne), tout en se resserrant dans leur portion interne. Le léger bruit qui résulte de ce mouvement est un *p* inspiratoire.

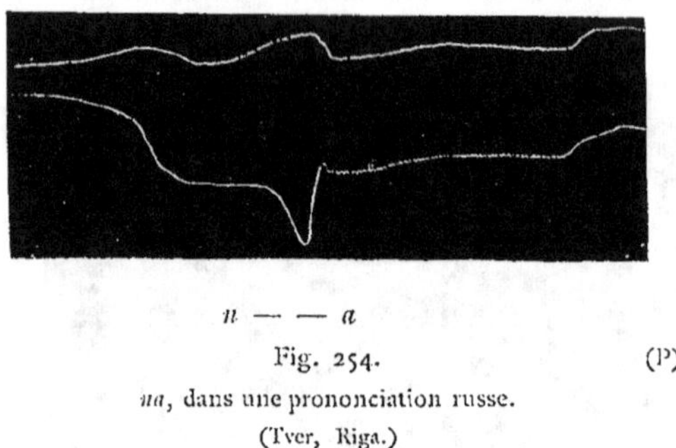

Fig. 254.   (P)

na, dans une prononciation russe.
(Tver, Riga.)

Pour n'être pas connu, ce fait n'est point isolé en breton. J'ai pu l'observer encore dans des expériences que j'ai faites sur la prononciation d'une personne originaire d'un village

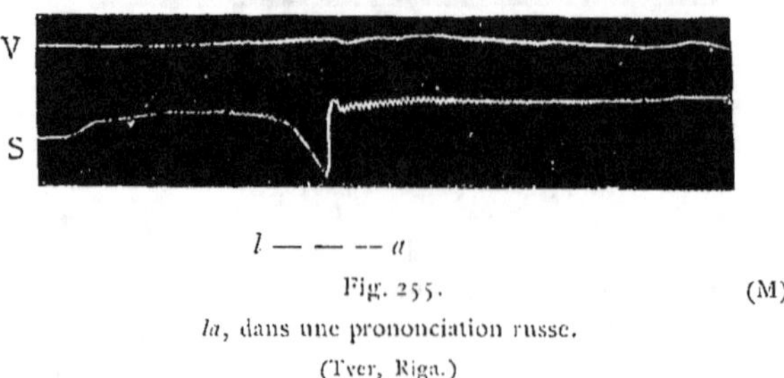

Fig. 255.   (M)

la, dans une prononciation russe.
(Tver, Riga.)

voisin de Guéméné. Un léger appel d'air par la bouche se voit pendant l'émission d'une *m* finale suivie de *l*.

J'ai rencontré un phénomène analogue dans deux feuilles d'expériences dues à deux Russes avec une telle régularité, qu'il m'est impossible de ne pas le signaler ici. C'est pour les syllabes *na* (fig. 254) et *la* (fig. 255). La ligne du haut est celle du nez ; celle du bas représente le souffle recueilli dans une embouchure. Il y a une aspiration évidente de l'air à la fin de la consonne.

2° SONORES, MI-SONORES ET SOURDES

Cette distinction repose tout entière sur le mode de fonctionnement du larynx qui est proprement l'organe de la voix.

Toute articulation qui s'accompagne des vibrations *sonores* du larynx est dite *sonore* : telles sont les voyelles, les consonnes *d y w ẅ l r v ż j m n ṇ b d g*. Les autres sont des *sourdes*, *č ç f s ε p t k*, etc. Les sonores deviennent des sourdes quand elles sont privées accidentellement des vibrations sonores du larynx qui les accompagnent à l'état normal, par exemple : si elles sont chuchotées, si elles s'assimilent en partie à une sourde contiguë, si elles se trouvent à la finale..., etc.

Certains auteurs donnent aux sonores le nom de *vocaliques*, et aux sourdes celui de *soufflées*.

Le jeu du larynx comporte bien des degrés. On a d'abord à tenir compte du rapprochement ou de l'écartement des cordes vocales : suivant que l'un ou l'autre tendent à se modifier, la sonore ou la sourde sont en voie de changer de classe. D'autre part, la participation du larynx à une articulation ou son abstention peuvent être totales ou partielles. Il y a donc toute une classe considérable d'articulations qui évoluent entre les sonores et les sourdes. On pourrait les désigner sous le nom de *mi-sonores* ou de *mi-sourdes*, et, dans le cas spécial où les sonores sont sourdes par le milieu, de *médio-sourdes*. Les variétés sont ici infiniment nombreuses, et l'expérimentation seule peut en donner une idée exacte.

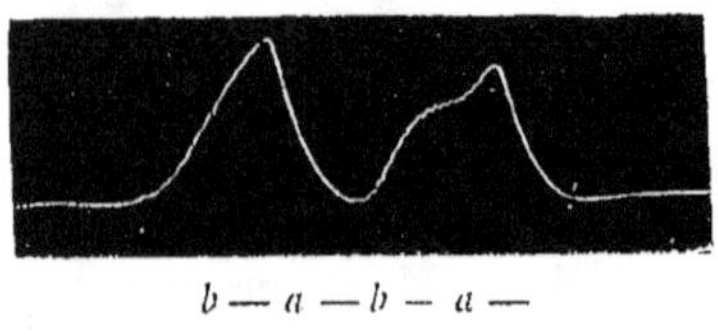

Fig. 256.   (R)

Pression de l'air dans la bouche et vibrations de la consonne sonore.

Souvent le tracé du souffle pris avec un tambour sensible, ou celui de la voix, ou bien encore celui du mouvement organique semblent pouvoir suffire. On peut encore se contenter de prendre avec un simple tube la pression de l'air dans la bouche, comme figure 256 pour *baba*. Mais il n'y a de sécurité complète qu'avec l'inscription simultanée du larynx et du souffle ou, dans certains cas, du mouvement articulatoire.

Le degré de rapprochement des cordes vocales peut se lire sur la ligne du souffle et se conclure de la quantité de l'air qui traverse la glotte ; mais il se voit mieux sur la ligne du larynx où il est marqué par des vibrations très faibles ou a peine esquissées.

La durée de la participation sonore du larynx à une articulation quelconque se mesure sans peine. Il suffit de

comparer le moment de l'apparition ou de l'arrêt des vibrations laryngiennes avec le début ou la fin de l'articulation
(cf. par exemple, fig. 122-128, 150-154).

Les variétés se montrent alors, non seulement de
langue à langue, de dialecte à dialecte, mais encore, dans
un même mot, de syllabe à syllabe.

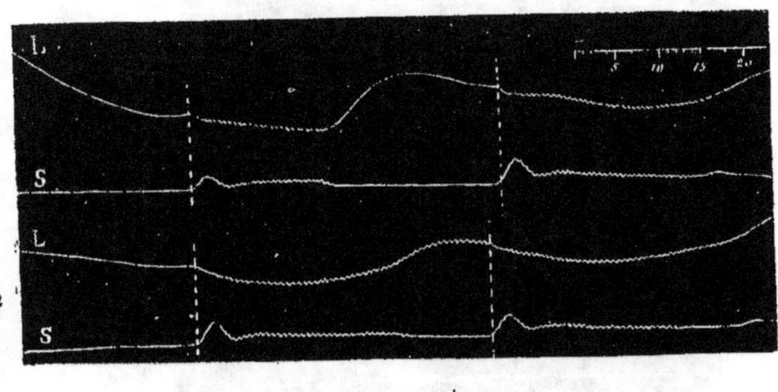

1. *t* — — — — — *a* — — — — *t* — *a* — —
2. *b* — — — — *a* — — — *b* — *a* — —

Fig. 257.   (K)

Sourde et sonore autrichiennes.

L. Larynx. — S. Souffle.

J'ai déjà signalé à diverses reprises les différences qui
existent, au point de vue de la sonorité, entre les consonnes
françaises et allemandes. Mais il est bon d'y revenir et
d'ajouter quelques autres exemples.

Nous avons (fig. 257) une sourde (*t*) et une sonore (*b*)
à l'initiale et à la médiale entre voyelles : *tata* (1), *baba* (2)
dans un dialecte autrichien. On voit que pour le *t* dans les
deux positions, le larynx (L) entre en vibration exactement
au moment de l'explosion (tranche 1). C'est à cet égard à

peu près le *t* français. Le *b* initial diffère complètement du *b* intervocalique : le premier a l'occlusion sourde, sans

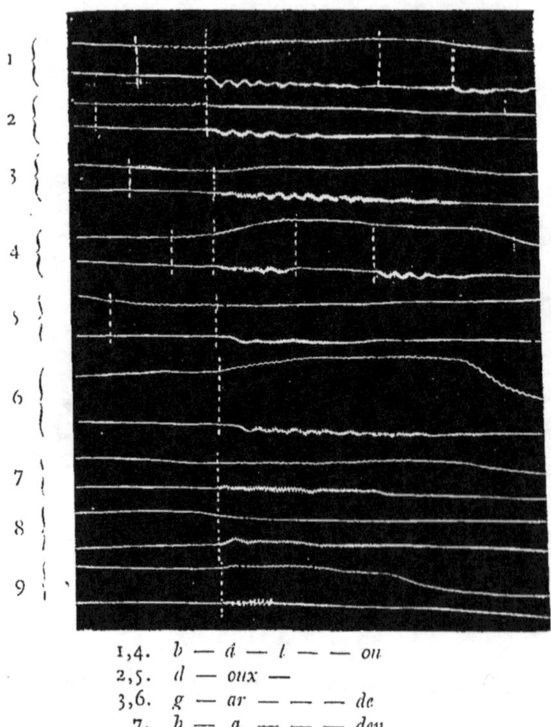

1,4. *b — d — t — — — on*
2,5. *d — oux —*
3,6. *g — ar — — — — de*
7. *b — a — — — — den*
8. *d — u*
9. *g — ar — ten*

Fig. 258.   (R.M.H.)

Comparaison des explosives sonores françaises et allemandes.
La première ligne de chaque groupe est celle du larynx ; la deuxième, celle de la voix
(oreille inscriptrice à membrane de caoutchouc dilaté).

vibrations laryngiennes ; le second est sonore et les vibrations du larynx sont même très amples. Le *b* intervocalique ressemble au *b* français ; le *b* initial, à la sourde correspondante (comparez le *t*). Il n'est donc pas étonnant que les instituteurs de la région d'où cet exemple est tiré, soient obligés, dans les dictées, d'avertir leurs élèves s'ils doivent écrire un *b* ou un *p* à l'initiale. La comparaison de

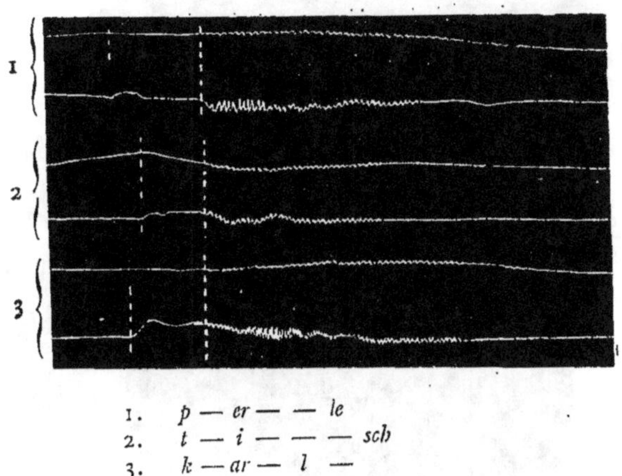

Fig. 259.   (H)

Explosives sourdes sonores.

1re ligne, larynx ; 2e voix (oreille inscriptrice à caoutchouc dilaté).
L'explosion est marquée par le premier pointillé ; l'entrée en vibration du larynx par le second.
Ce tracé est l'un des premiers où j'ai remarqué les vibrations propres du *p* sur la ligne du souffle. Mais elles sont si faibles que la gravure peut à peine les faire soupçonner.

diverses langues offre toujours un grand intérêt. Je rapporterai donc les résultats que m'ont donnés des expériences faites à Marbourg avec un Saxon, un descendant des Français établis à Friedrichsdorf, parlant encore la langue de ses ancêtres, et moi. Les mots choisis (fig. 258) commencent tous par une explosive sonore, *b*, *d*, *g* : pour le français *bâton*, *doux*, *garde* ; pour l'allemand, *Baden*, *du*, *Garten*.

Les initiales allemandes sont sonores au moment même de l'explosion et les initiales françaises avant l'explosion. Le

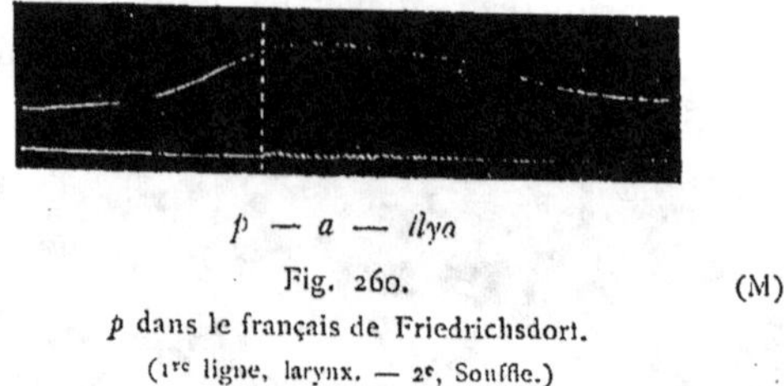

Fig. 260.   (M)

p dans le français de Friedrichsdorf.
(1ʳᵉ ligne, larynx. — 2ᵉ, Souffle.)

fait est connu. Mais ce que nous avons à remarquer ici d'intéressant c'est que le jeune émigré, qui a conservé à peu

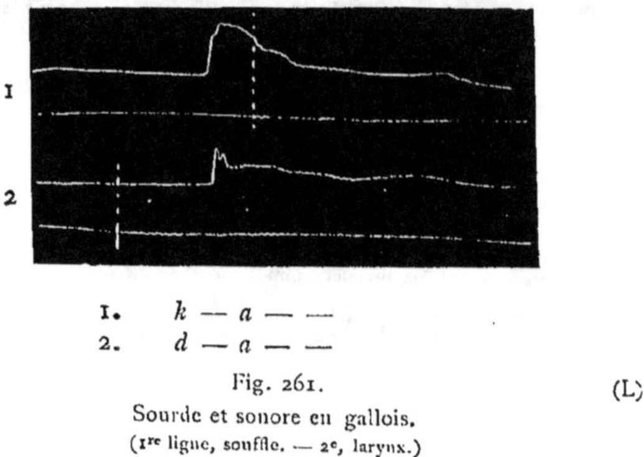

Fig. 261.   (L)

Sourde et sonore en gallois.
(1ʳᵉ ligne, souffle. — 2ᵉ, larynx.)

près purs le *b* et le *d*, s'est germanisé pour le *g*. Quant aux sourdes, le type saxon est très net, bien différent de celui des sonores françaises. La figure 259 montre à quel point le larynx est en retard sur l'explosion. L'émigré a bien conservé le *p* rrançais (fig. 260) dans le mot *paille* ; mais notons en passant qu'il a perdu l'*l* mouillée : il dit *pallyœ*.

Le gallois (fig. 261) présente, pour les sourdes, un type allemand, *ka* ; pour les sonores, un type français, *da*.

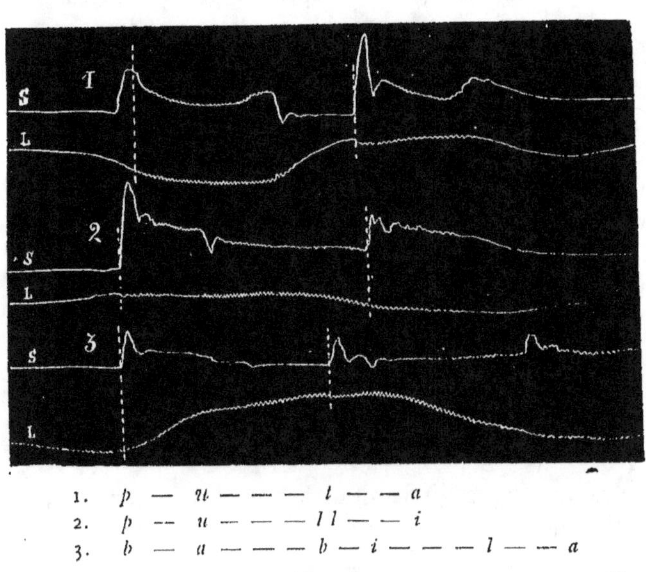

1.   *p* — *u* — — — — *l* — — *a*
2.   *p* — *u* — — — *l l* — — *i*
3.   *b* — *a* — — — *b* — *i* — — — *l* — — *a*

Fig. 262.   (B)

Explosives sourdes et sonores en chaldéen.

S. Scuffle ; L. Larynx.

Dans le dialecte populaire d'Ourmiah, on rencontre de même la forme allemande pour le *p* (*púta* « garance »), la forme française pour *b* (*Babila*, nom d'homme) et pour le *p* dans un mot emprunté aux montagnards (*pulli*, petite monnaie) (fig. 262).

M. Adjarian[1] a dressé des tableaux fort instructifs des variations qu'ont subies certaines consonnes arméniennes anciennes dans différents dialectes modernes de son pays. Prenant comme point de départ les dialectes où la forme archaïque semble avoir persévéré, il range en dessous les produits de l'évolution, qui nous apparaît plus ou moins avancée selon les lieux. Chacun de ses tracés se compose de deux lignes : celles du haut représente le souffle, celle du bas le larynx. Comme ce qui nous intéresse c'est le moment où le larynx se met en train et celui où la consonne éclate, deux lignes de construction nous avertissent de ces deux moments : la ligne pointillée, du premier ; la ligne pleine, du second. Quand il y a accord, la ligne pointillée seule est tracée.

Nous voyons (fig. 263) les aspirées p', k', t', $\hat{s}'$ (ts'), $\hat{c}'$ (tch'), se réduire, par le rapprochement successif des deux moments de l'explosion et de l'entrée en jeu du larynx, à de simples fortes (p, k, t, $\hat{s}$, $\hat{c}$). C'est Nouxa qui présente le type archaïque, qui s'adoucit successivement à Choucha (Ch), Sivas (S), Aslanbeg (A), Constantinople (C), Mouch (M).

D'autre part (fig. 264) des douces b, g, d, $\hat{z}$ (dz), j (dj), complètement sonores à Nouxa (N), si bien que le larynx vibre pendant l'occlusion de la consonne, perdent graduellement de leur sonorité à Mouch (M) et à Choucha (Ch), et deviennent tout à fait sourdes pendant l'occlusion dans les autres dialectes. L'assourdissement s'étend même à l'explosion pour g, $\hat{z}$, j dans l'un des parlers de Mouch (M[2]), pour toutes les douces à Sivas et à Aslanbeg. Ainsi, des sonores sont entièrement transformées sourdes.

---

1. *La Parole*, année 1899, p. 119-127.

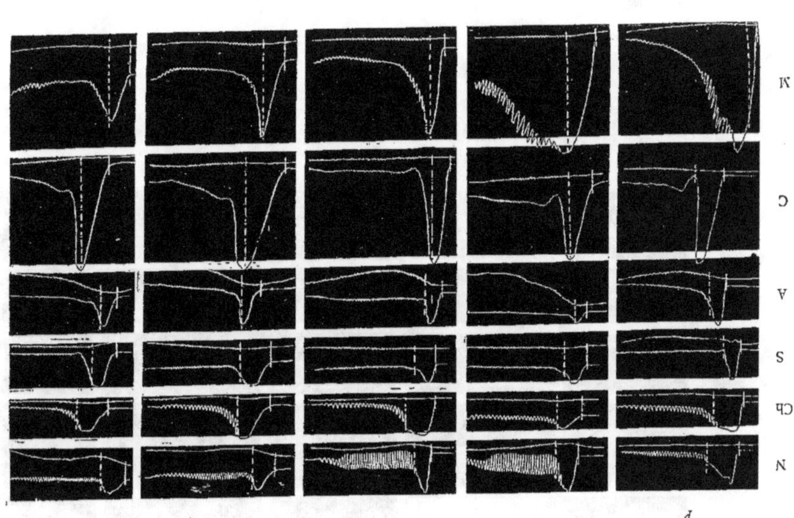

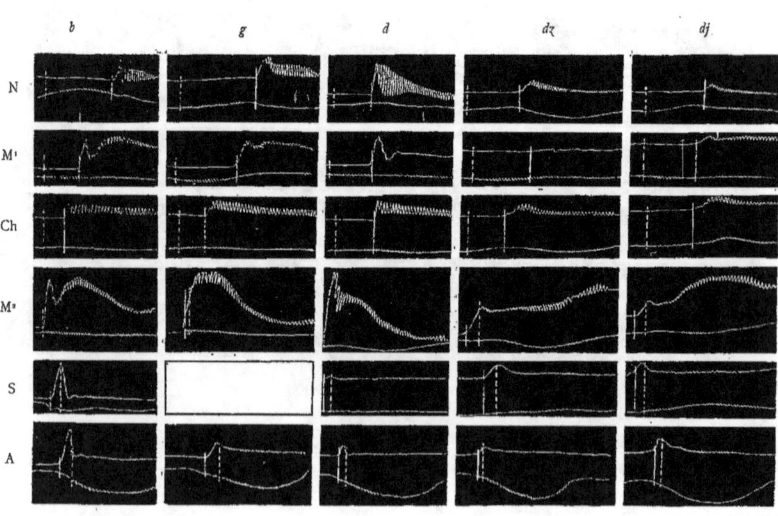

Fig. 264.

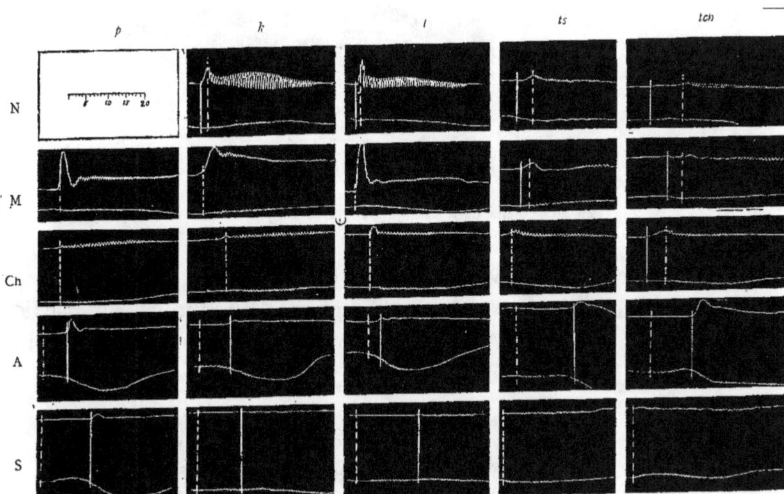

Fig. 265.

Inversement (fig. 265), les fortes *p*, *k*, *t*, *ŝ* (*ts*) *ĉ* (*tch*), entièrement sourdes à Nouxa (N), ont une explosion sonore

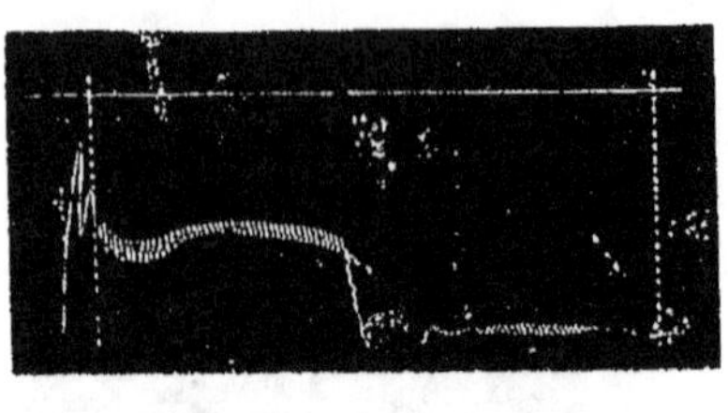

Fig. 266.   (A)

Ligne du haut : larynx. Ligne du bas : souffle.
Il en est de même dans les figures 267-272. Le synchronisme est marqué par des verticales.

à Mouch (M), excepté *ŝ* et *ĉ*, à Choucha, sauf le seul *ĉ*. L'occlusion même est sonore, au moins en partie, à Aslanbeg (A), et (sauf pour *ŝ*, *ĉ*) d'une façon complète à

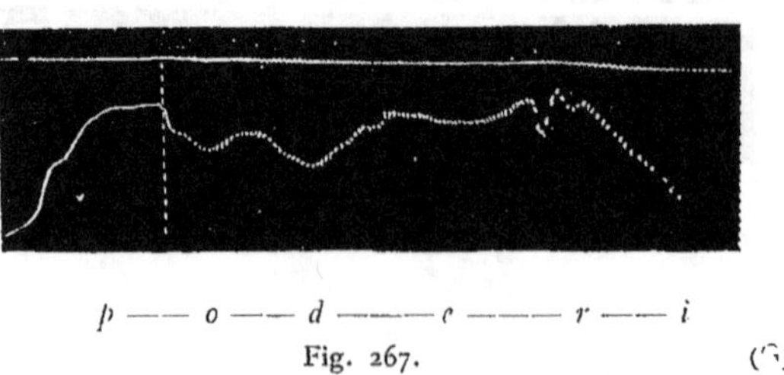

Fig. 267.   (S)

Sivas (S). Remarquer les différences dans l'évolution qui se manifestent pour les diverses classes.

Un autre tableau, qu'il est inutile de reproduire ici, montre qu'à Constantinople on rencontre (ce qui n'a rien d'étonnant, étant donné le perpétuel renouvellement de la colonie arménienne dans cette ville) tous les types des douces sonores en voie de devenir sourdes.

Les dialectes italiens nous fournissent aussi des variétés remarquables. A côté de types voisins du français, nous

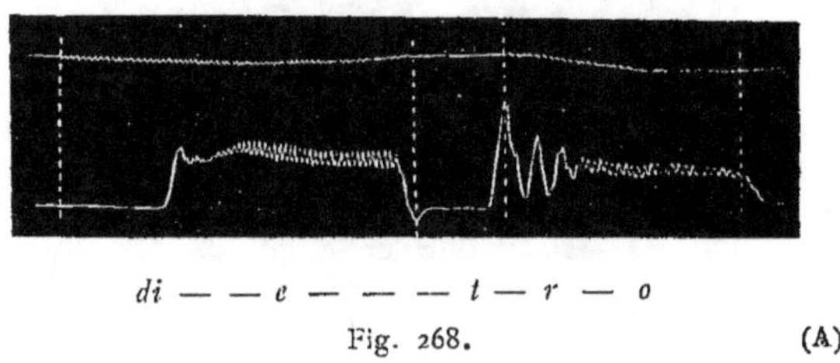

Fig. 268.   (A)

rencontrons des consonnes initales notablement sourdes, par exemple : *pena* (fig. 266) et *poderi* (fig. 267), *dietro* (fig. 268) ou *gente* (fig. 269) et *dugento* (fig. 270), *riordinare*

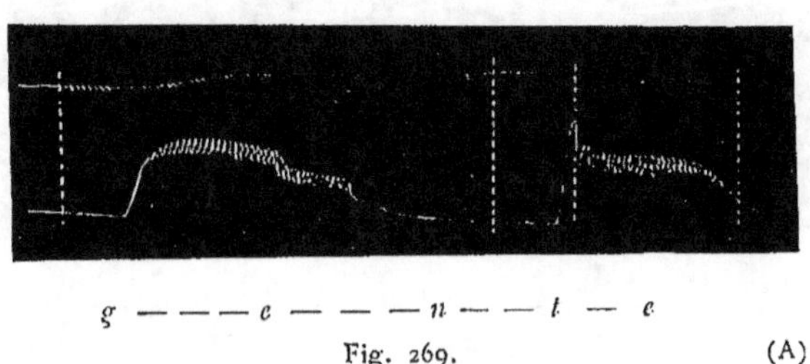

Fig. 269.   (A)

(fig. 271) et *riffa* (fig. 272). Les formes sonores sont dues à des personnes originaires de Terni (département de Pérouse), de Florence ; les formes sourdes sont siennoises, émiliennes ou pérugines. Il serait intéressant de rechercher

si ces dernières ne représentent pas le type ancien d'où
seraient sorties les formes sonores actuelles. L'argument que
l'on tire de la façon dont les latins transcrivaient les sourdes

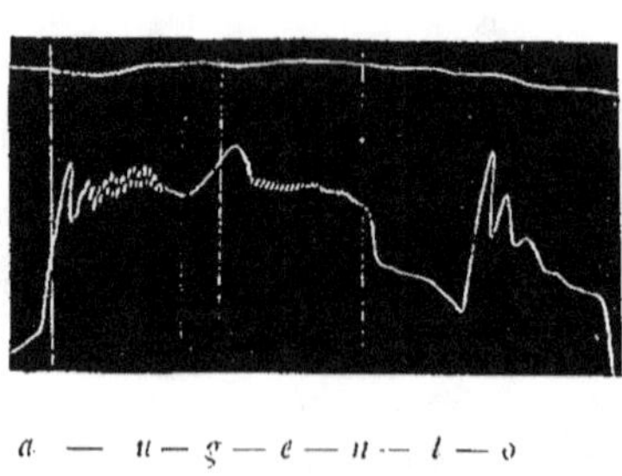

Fig. 270.   (C)

grecques (κυϐερνᾶν = *gubernare*) trouverait dans la géogra-
phie du phénomène une confirmation décisive.

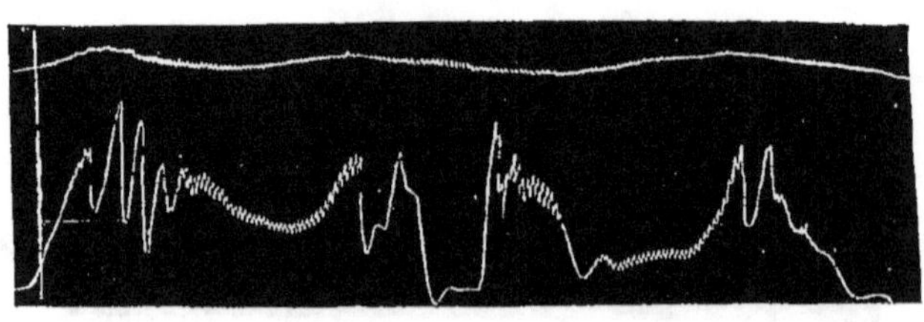

Fig. 271.   (F)

J'ai dans mon étude du parler de Cellefrouin [1] un excellent exemple d'une sonore en partie assourdie. C'est un *v*

---

1. *Les modifications phonétiques du langage*, p. 50.

en contact avec une *f* (fig. 273). La ligne du bas représente
les mouvements des lèvres inscrits avec l'appareil du

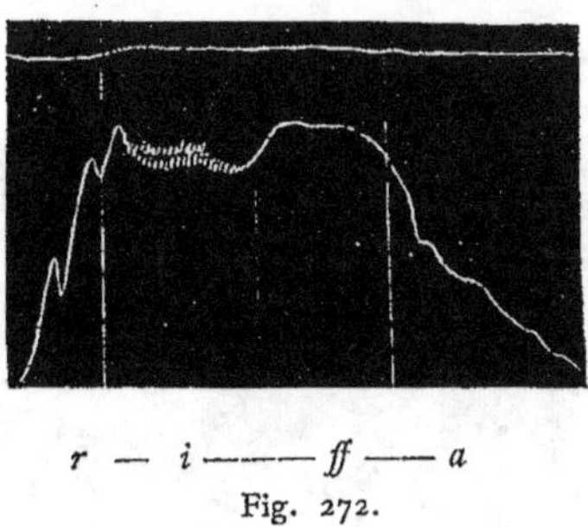

Fig. 272.   (C)

Dr Rosapelly (fig. 32); celle du haut, les vibrations du
larynx recueillies au moyen de l'explorateur électrique

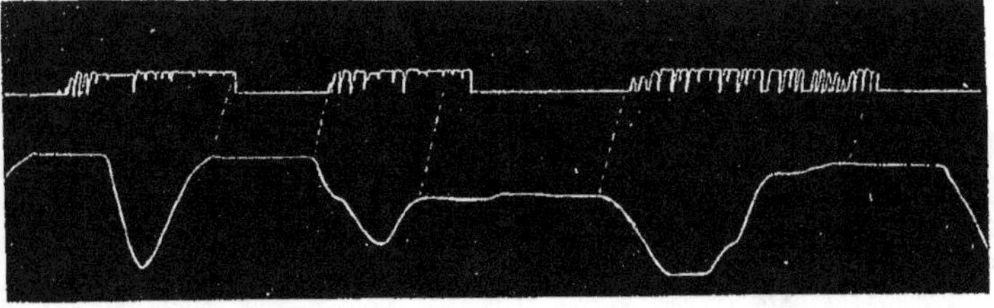

Fig. 273.

Consonne *v* assourdie.

(fig. 45, 41 et 42). Les mots inscrits sont : *mă pŏv fæ̆m*
« ma pauvre femme ! » Le *v*, qui seul ici nous intéresse, se distingue sur la ligne des lèvres par une
fermeture plus grande que celle de l'*o* et moindre que

celle de l'*f*. Or le larynx, qui pour un *v* normal aurait vibré tout le temps, n'a donné de vibrations que pendant un tiers environ de la durée totale de l'articulation. Nous

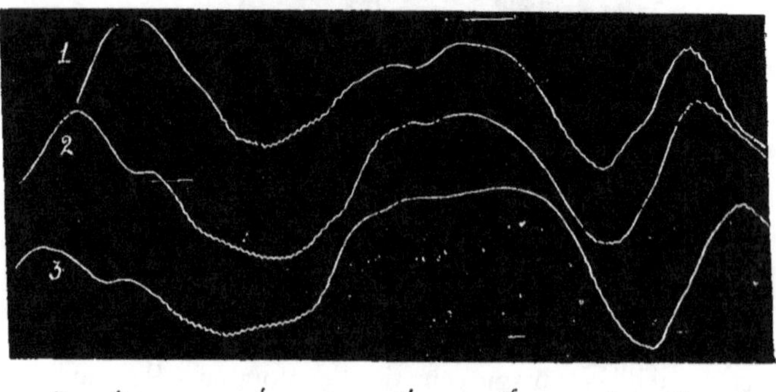

1.	*p* — — — *ó* — — — *v'*	*f* — — *a* — *m*
2.	*p* — — — *ó* — — — *v*	*f* -- — *a* — *m*
3.	*p* — — — *o* — — -.. *f*	*f* — — *a* — *m*

Fig. 274.   (R)

Consonne *v* assourdie.

La petite dépression que l'on voit entre *v'*, *v*, *f* et l'*f* de *femme* marque la séparation des deux consonnes. Les vibrations du *v* (2) vont jusque là ; celle du *v'* (1) s'arrêtent plus tôt. Pour fixer le début de la consonne, avec l'approximation que comporte cette expérience (on a vu ci-dessus comment on arrive à une plus grande précision), prendre comme fin de l'*ó* la fin des vibrations de *póf* (3).

sommes bien en présence d'un *v* (la ligne des lèvres en fait foi), mais d'un *v* au tiers sonore, et au deux tiers sourd.

L'expérience peut être faite plus simplement, avec une ampoule placée entre les lèvres (fig. 274) : la différence de pression sert à distinguer le *v* et *f*, et la fin des vibrations, le degré d'assourdissement.

J'ai déjà donné aussi des exemples de *médio-sourdes*[1]. Ce sont des sonores qui s'assourdissent sous l'effort de la tension

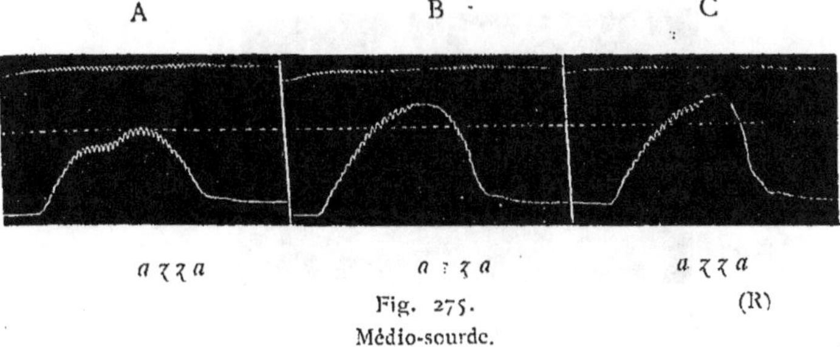

Fig. 275.

Médio-sourde.

Ligne du haut : larynx. Ligne du bas : langue. La ligne pointillée permet de mieux comparer l'élévation de la langue dans les trois expériences A, B, C.

musculaire, non par le début ou la fin, mais par le milieu. Voici deux autres tracés qui montrent très bien la relation

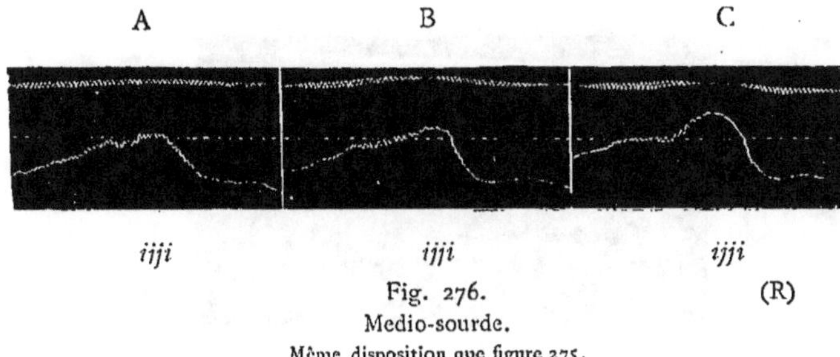

Fig. 276.

Medio-sourde.

Même disposition que figure 275.

qui existe entre l'augmentation de l'effort musculaire et la détente du larynx.

---

1. *Les modifications phonétiques du langage*, pp. 43-44, 84-86.

Les figures 275 et 276 représentent trois fois les composés
artificiels *azza* et *iiji* dans ma prononciation. La ligne du

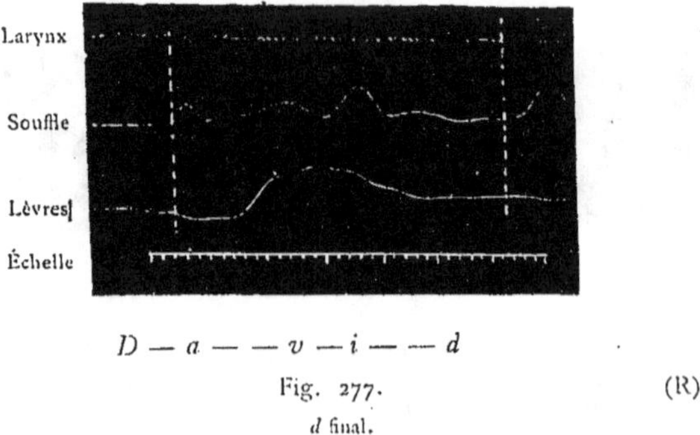

Fig. 277.   (R)

d final.

bas marque la pression de la langue contre le palais prise
au moyen d'une ampoule exploratrice (fig. 28) et en même

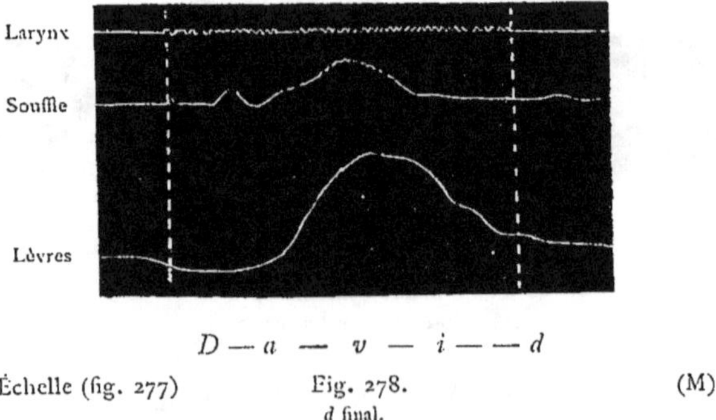

Échelle (fig. 277)   Fig. 278.   (M)

d final.

temps les vibrations de l'air contenu dans la bouche. La
ligne du haut est celle du larynx, dont les vibrations ont
été recueillies à l'aide de la capsule exploratrice (fig. 40).

Or nous avons en A des vibrations laryngiennes d'une grande amplitude et z, j, très sonores ; en B, des vibrations diminuées, et z, j, un peu moins sonores ; enfin en C, des vibrations à peines esquissées, et z, j, en partie chuchotés ou sourds. On remarquera que les vibrations recueillies dans la bouche concordent avec celles que nous a livrées l'explorateur du larynx.

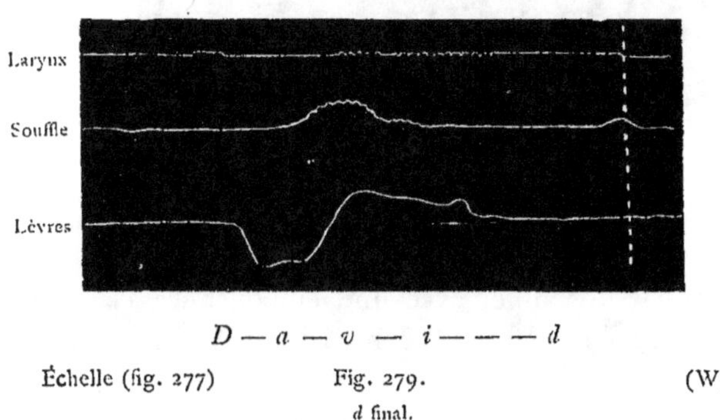

Échelle (fig. 277)   Fig. 279.   (W)
d final.

Les finales des mots offrent des difficultés spéciales. Souvent pour les consonnes et quelquefois même pour les voyelles, la qualité laryngienne est douteuse, et l'oreille, seule, est impuissante à décider.

En ce qui concerne les consonnes, on peut se demander jusqu'à quel point elles se sont assourdies, et même si elles ont franchi la limite qui les sépare des sourdes correspondantes.

Soit, par exemple, le *d* final français entendu tel, jusqu'à quel point est-il sonore ? Pour résoudre la question, j'ai fait des expériences dont il suffira de rapporter

quelques-unes. Le mot inscrit était *David*. Les vibrations du
larynx étaient recueillies à l'aide de l'explorateur électrique

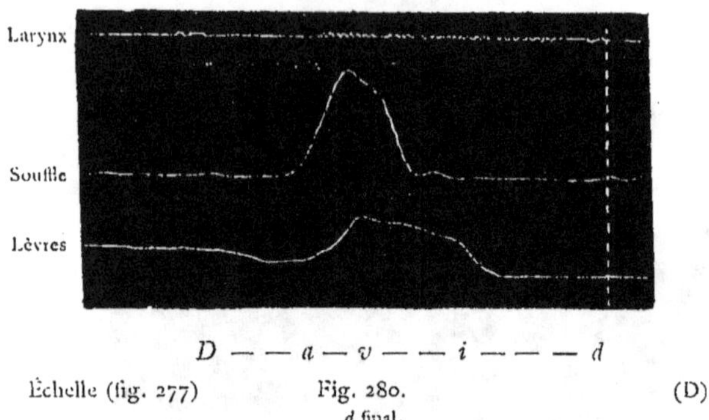

Échelle (fig. 277)   Fig. 280.   (D)
                          d final.

(p. 101-109); le souffle, avec une embouchure élastique
adaptée à l'explorateur des lèvres (fig. 33). La ligne du

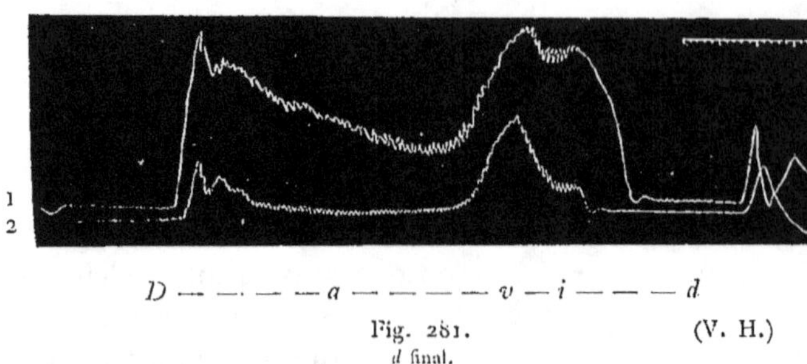

                Fig. 281.   (V. H.)
                d final.

souffle donne le moment de l'explosion de la consonne et
fournit un point fixe pour la comparaison. Or chez moi,
le larynx, qui vibre pendant la plus grande partie de la fer-

meture (fig. 277), s'arrête un peu plus tôt chez M. Meillet (fig. 278) ; mais il continue jusqu'à l'explosion chez M. Weeks (fig. 279) et chez un jeune étudiant de Paris

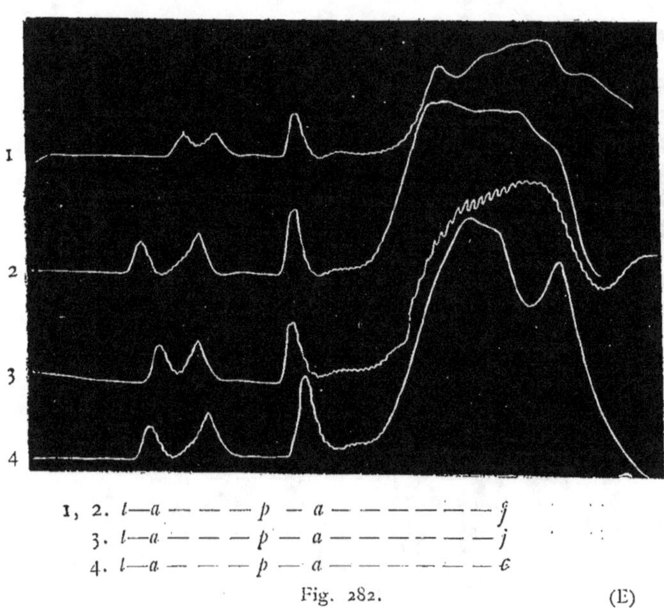

1, 2. *l*—*a* — — — *p* — *a* — — — — — — *f̧*
3. *l*—*a* — — — *p* — *a* — — — — — — *j*
4. *l*—*a* — — — *p* — *a* — — — — — — *ȼ*

Fig. 282.   (E)

Consonne *j* finale en picard.

(Souffle)

Le commencement de la consonne finale est suffisamment marqué par la fin des vibrations sur la ligne (4). Juger des autres par comparaison.

(fig. 280). — L'échelle (fig. 277), qui s'applique également aux figures 278-280, représente des centièmes de seconde.

On peut à la rigueur, dans certains cas, se borner à recueillir le souffle, comme dans la figure 281, qui représente le même mot *David*, prononcé par M. Van Hamel :

1, à la française ; 2, à la façon hollandaise. Il apparaît clairement que le premier est sonore jusqu'à l'explosion, que le second est sourd. Mais le tracé ne peut dire d'une façon assurée si la sonorité du *d* français s'est prolongée pendant

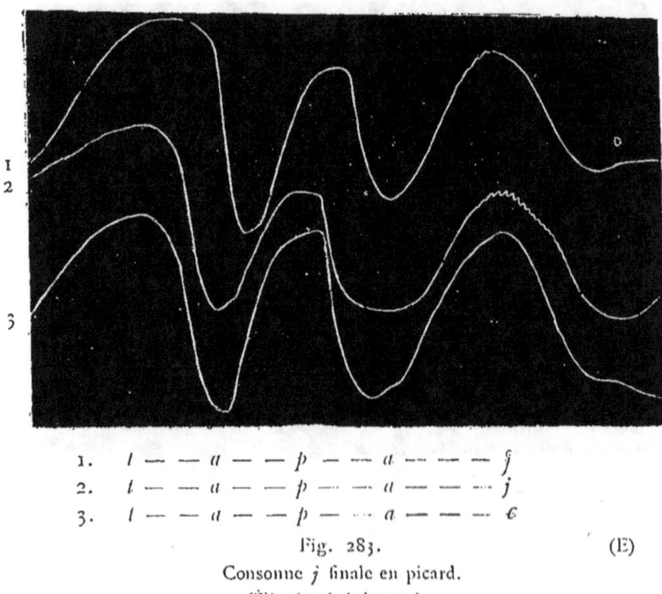

1.   *l — — a — — p — — a — — — ǰ*
2.   *l — — a — — p — — a — — — j*
3.   *l — — a — — p — — a — — — e*

Fig. 283.   (E)

Consonne *j* finale en picard.

(Élévation de la langue.)

l'explosion ; car, dans le mouvement rapide que fait la plume en ce moment, les vibrations auraient disparu. Cependant l'affaiblissement notable qu'éprouvent les vibrations vers la fin de l'occlusion est une marque à peu près certaine qu'elles ne se sont pas continuées au delà.

Les dialectes présentent des cas plus embarrassants. J'en choisis deux qui se rapportent à des parlers français, l'un de la Picardie (Saint-Pol), l'autre de la Bretagne (Loudéac).

A Saint-Pol, *tapage* se termine par une consonne incertaine. Elle n'est plus un *j* et il semble qu'elle n'est pas encore un *š*. M. Gilliéron l'écrit *ʃ*. Recourons à l'expérience et

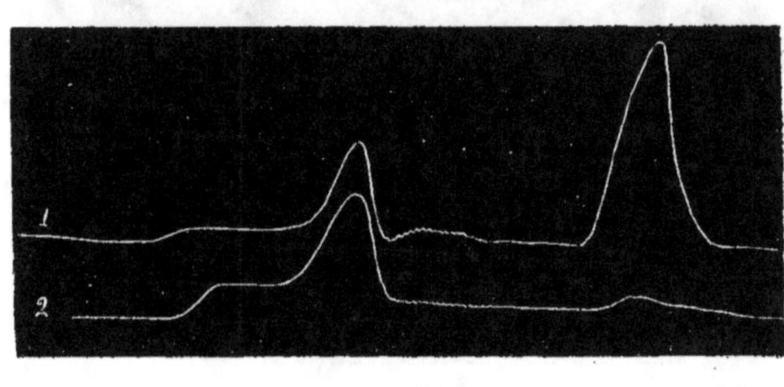

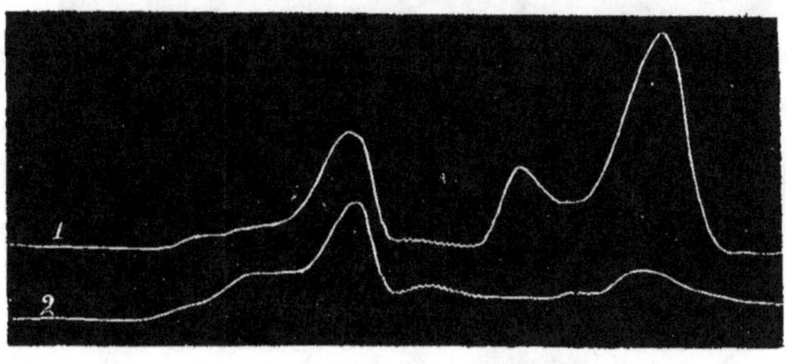

Fig. 284.
Sonores finales devenues sourdes.

inscrivons, en ne prenant que le souffle, d'abord le mo-Saint-Polois, puis *tapaj* et *tapaš*. M. Edmont, dont j'ai enregistré la prononciation, disait ces trois mots d'une façon correcte. Nous avons (fig. 282) deux types pour le $\int$: l'un (1) plus faible, l'autre (2) plus fort. Comparé à j français (3),

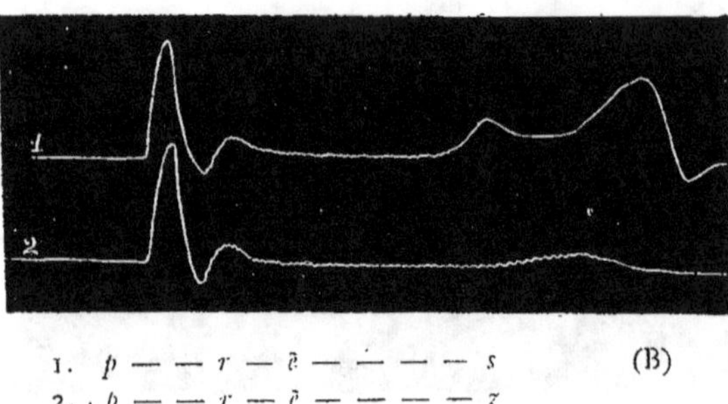

1. p — — r — $\tilde{e}$ — · — — — s (B)
2. · p — — r — $\tilde{e}$ — — — — — z

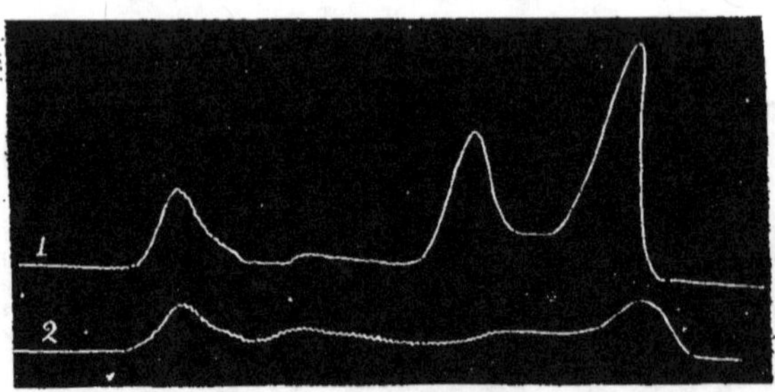

1. v — — i — l — a — ϵ
2. v — — i — l — a — j

Fig. 284*.   (B)

Sonores finales devenues sourdes.

le $\int$ est notablement assourdi ; mais il paraît, comparé à ϵ, avoir gardé un peu de sonorité. A un autre point de vue, il n'est pas encore un ϵ, car il s'en distingue par une moindre dépense de souffle. Renouvelons l'expérience par

un autre procédé et inscrivons les mouvements de la langue :
il sera facile de distinguer la consonne finale pour laquelle
la langue se porte vers le palais, et la valeur de l'articula·

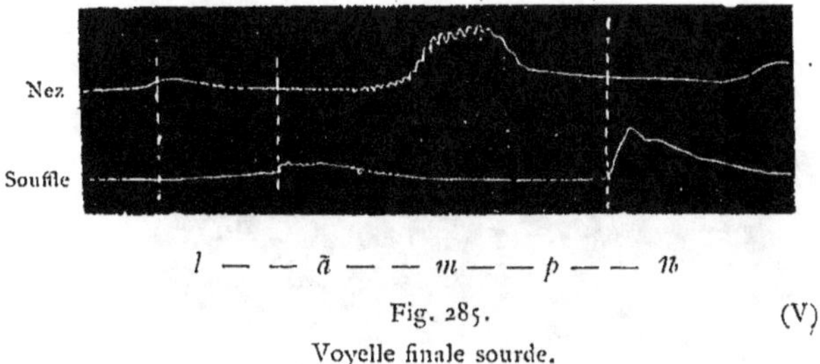

Fig. 285. (V)
Voyelle finale sourde.

tion sera ainsi mise en évidence. Or nous avons (fig. 283)
pour Saint-Pol une consonne finale légèrement sonore (1),

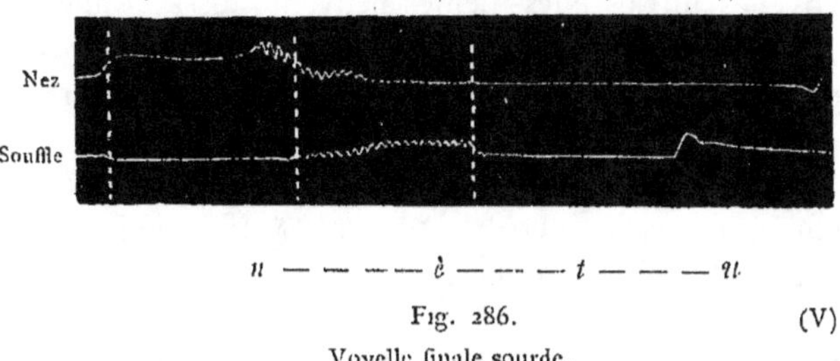

Fig. 286. (V)
Voyelle finale sourde.

beaucoup moins que le *j* français (2) et en même temps
articulée plus fortement que celui-ci, mais plus faiblement
que le *ɛ*. La sonore finale est donc restée, dans le parler de
M. Edmont, à une étape intermédiaire.

A Loudéac, les sonores finales (*d*, *v*, *z*, *j* et sans doute *b*, *g*) sont entièrement passées dans la classe des sourdes. Comparez (fig. 284) *sit* et *sid* « cidre », *fœf*, *fœv* « fève », *prɛ̃s* et *prɛ̃z* « prise », *vilaɛ* et *vilaj* « village ». Les mots *sit*, *fœf*, *prɛ̃s*, *vilaɛ* sont patois. Les autres, dont la prononciation n'offrait aucune difficulté pour le sujet en expérience, sont ici comme termes de comparaison.

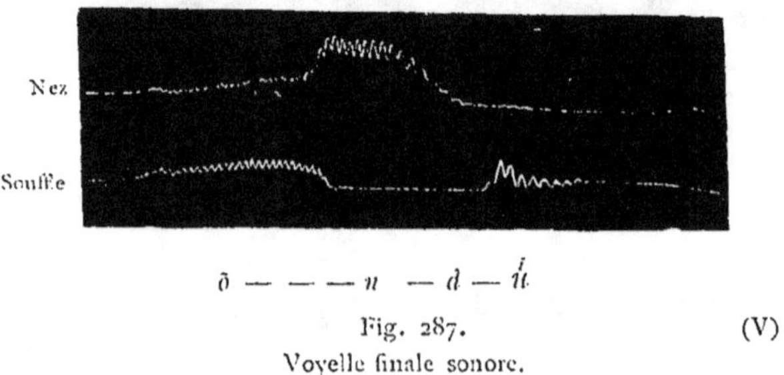

Fig. 287. (V)
Voyelle finale sonore.

Les voyelles finales elles-mêmes peuvent aussi donner lieu à des hésitations. Dans tel ou tel cas, sont-elles sonores ou simplement chuchotées? La question se pose notamment pour le portugais et le russe.

En portugais de Beira, l'*u* final de *lãmpu* (lampo) « précoce » (fig. 285) et de *nètu* (neto) « petit-fils » (fig. 286) est évidemment chuchoté comparé à l'*u* de *õndú* (onde) « d'où » (fig. 287).

En russe, la voyelle finale peut être chuchotée dans une prononciation rapide. C'est ainsi que (fig. 288) *starучka* (1) « petite vieille » et *starучki* (3) « petites vieilles », prononcés lentement et avec un intervalle assez long, ont une finale sonore; mais, prononcés plus rapidement et à des intervalles rapprochés, ont des finales chuchotées (2), (4).

L'*i* même de *vstrètit* « rencontrer » (fig. 289) est dans le même cas.

. De même que, sous l'influence d'une prononciation rapide, des voyelles finales s'assourdissent, de même, dans

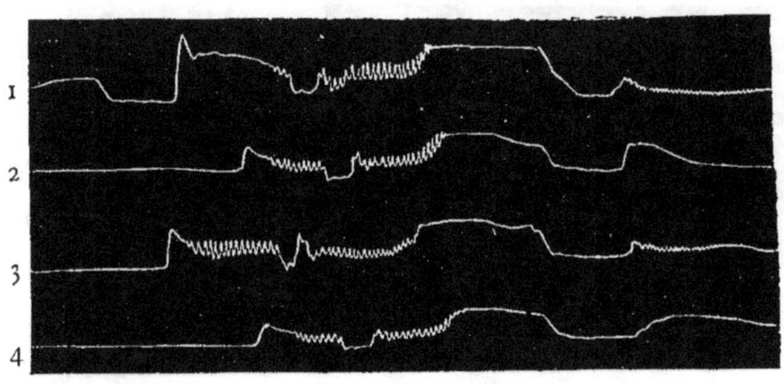

1. *s — — t — a — r — u — — ɛ — — k — a*   (lent)
2.   *s t ar — u — — ɛ — — k — a*   (vite)
3. *s — t — a — r — u — — ɛ — — k — i*   (lent)
4.   *sta — r — u — — ɛ — — k — i*   (vite)

Fig. 288.   (O)

Voyelles finales sonores (1, 3), sourdes (2, 4).

(Oreille inscriptrice).

La voyelle finale est très facile à isoler : elle suit l'occlusion du *k* qui est très bien marquée.

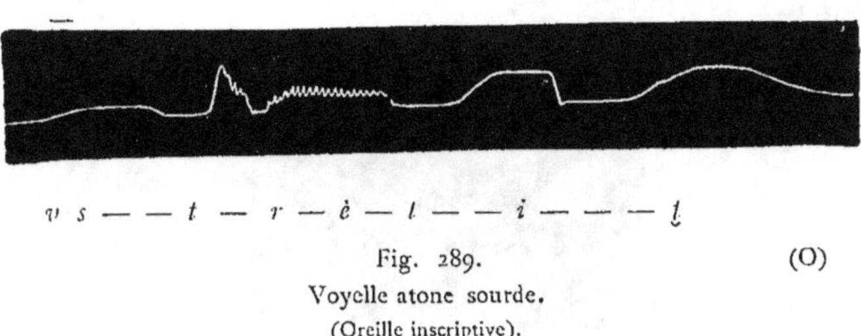

v s — t — r — è — t — — i — — — t

Fig. 289.   (O)

Voyelle atone sourde.

(Oreille inscriptive).

un débit lent et emphatique, il arrive que l'explosion des consonnes sourdes finales devienne sonore et donne nais-

sance à une voyelle. C'est ainsi que, dans ce vers de Racine :
« Implacable Vénus, suis-je assez confondue », déclamé
avec emphase par M. Brunot, *Vénus* est devenue *Vénisœ*,

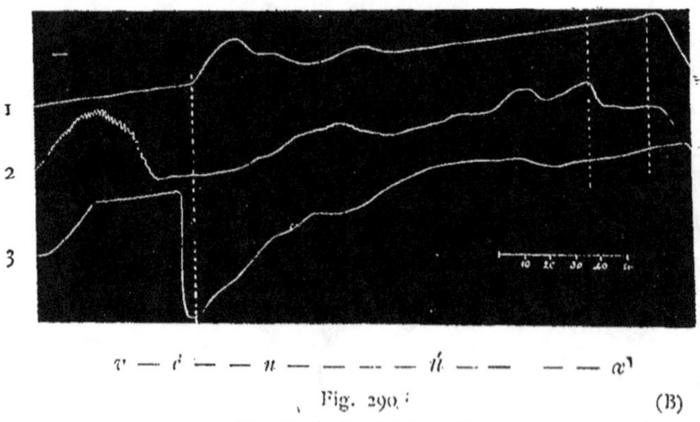

Fig. 290. (B)

Voyelle finale additionnelle.

1, nez; 2, souffle; 3, lèvres. — Le souffle et le mouvement des lèvres ont été pris avec le dispositif décrit p. 92. — La partie de la ligne 3 correspondant à *v* forme un plateau qui n'aurait pas dû se produire. Cette déformation, qui ne présente ici aucun inconvénient, tient à ce fait que le levier inscripteur a été arrêté dans sa marche par le tambour voisin.

La direction ascendante du tracé est due au déplacement du chariot. (Voir p. 67-68, 71-73.) L'expérience d'où ce mot est tiré, portant sur plusieurs vers, il était nécessaire d'user du chariot. Dans ce cas, les lignes synchroniques sont perpendiculaires, non au tracé, mais à la génératrice du cylindre et parallèles aux lignes faites par les plumes, le chariot étant au repos (p. 146).

agr¹ : 1,57

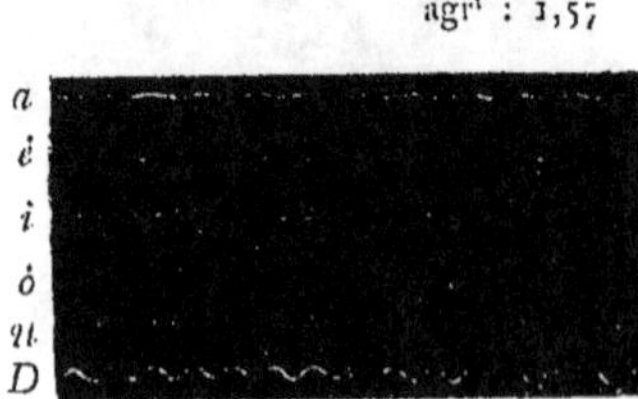

Fig. 291. (B)

Vibrations du larynx pour diverses voyelles inscrites à la grande
vitesse du cylindre.

avec un *œ* final (fig. 290). Les exemples de ce fait ne me
manquent pas ; ils sont du reste faciles à constater par la
simple audition dans le débit des orateurs et des acteurs.

agr^t : 5,75

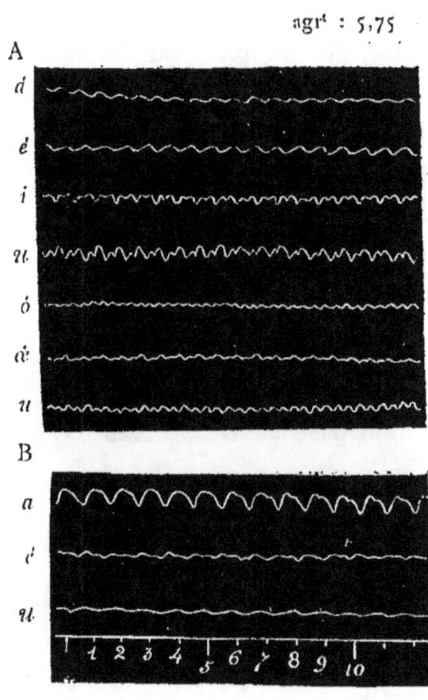

Fig. 292.   (B)

Vibrations du larynx pour des voyelles inscrites à la moyenne vitesse du cylindre.
Cette figure contient deux séries d'expériences : A et B.

Nous ne nous sommes occupés jusqu'ici que de deux
faits relativement simples, à savoir si une articulation est
accompagnée de vibrations laryngiennes et pendant combien
de temps. Nous avons constaté que de ce chef les nuances
sont fort nombreuses. Mais peut-être n'est-ce pas tout, et

faudrait-il faire entrer encore en ligne de compte la forme,
l'amplitude des vibrations. J'ai des tracés qui invitent à des
recherches sur ce point. Les voyelles *á, é, i, ó, u* (fig. 291)
et (fig. 292), représentées par la seule ligne du larynx, se
distinguent entre elles. Les vibrations laryngiennes sont
chez moi, en général, plus amples pour le *d* que pour le *g*,
plus faibles pour l'*m* ; elles affectent une forme spéciale

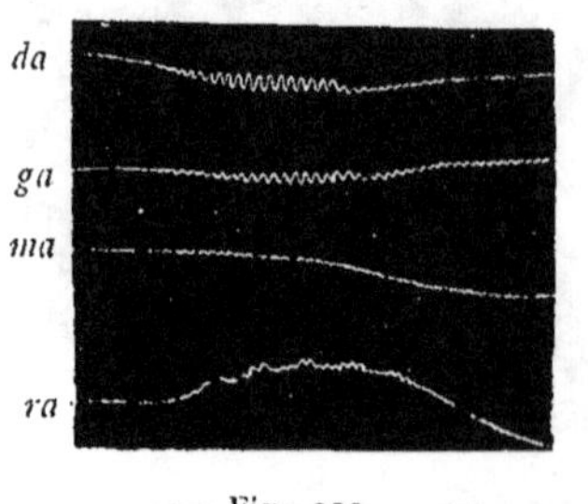

Fig. 293.   (R)

Vibrations du larynx dans les consonnes.

pour l'*r*. Comparez (fig. 293) *da, ga, ma, ra.* On trouverait
aussi dans plusieurs des figures précédentes des traits qui
pourraient sembler caractéristiques. Mais la question n'est
pas si simple. Il faudrait éliminer des tracés tous les éléments étrangers à l'action propre du larynx. Le loisir me
manque et je suis obligé, pour le moment du moins, de
passer outre.

Comment rendre par l'écriture des nuances dont je n'ai
pu que faire entrevoir l'infinie variété ? Nos alphabets ne
possèdent pas le moyen de distinguer les sonores et les
sourdes, encore moins les divers degrés de sonorité. Peut-
être suffirait-il de convenir pour chaque articulation d'un

type sourd ou sonore, de choisir celui qui réalise le plus
complètement l'idée contenue dans la définition, par
exemple : le p allemand, qui est entièrement sourd, pour
p; le b français, qui est tout à fait sonore, pour b. Un
signe (une apostrophe, si l'on veut) indiquerait la modification, au point de vue de la sonorité, de l'articulation
typique. Ainsi le p français serait un p' en partie sonore, et
le b allemand serait un b' en partie sourd. Quant aux
divers degrés que comporte cette modification, ils seraient
notés par des indices. Nous aurions, par exemple, entre p et
b, un p' en voie de devenir sonore; et, si l'on pouvait
constater dix degrés par exemple, on aurait : $p'_1 \, p'_2 \ldots p'_{10}$.

3° ARTICULATIONS BUCCALES MI-NASALES ET NASALES

La région du tube vocal où se produisent les bruits ou
les résonances qui caractérisent les diverses articulations
permet de distinguer celles-ci en *buccales* et en *nasales*.

Ce sont, comme l'on sait, les mouvements du voile du
palais, qui servent de base à cette distinction. Le voile est-il
relevé, l'articulation est buccale; est-il abaissé, l'articulation
est nasale (p. 266-269). Nous avons ainsi des paires d'articulations qui, en conséquence de ce double mouvement,
sont tantôt buccales, tantôt nasales, par exemple, en fran-
çais : *a* et *an*, *o* et *on*, *è* et *in*, *eu* et *un*, *b* et *m*, *d* et *n*. Je
ne veux pas dire que la différence qui existe entre ces
diverses articulations soit due uniquement à la position du
voile (nous verrons qu'il n'en est pas rigoureusement ainsi),
mais il suffit qu'elle vienne principalement de là pour justifier la division adoptée.

On donne le nom de *pures* aux articulations buccales
parce qu'elles paraissent exemptes, comme l'on dit, d'*infection
nasale*, c'est-à-dire de résonances prenant naissance dans les
cavités du nez. Dans la réalité, il est bien difficile, sinon
impossible, d'obtenir des sons entièrement privés de résonances soit buccales, soit nasales. Ne semblerait-il pas, par
exemple, que l'interjection que l'on produit négligemment,
la bouche close et le voile du palais reposant sur la langue,
dût être uniquement nasale? Pourtant il n'en est rien, au

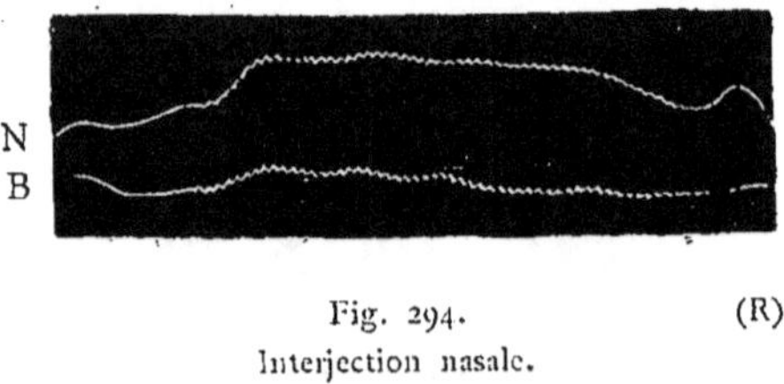

Fig. 294.   (R)
Interjection nasale.

moins chez moi, comme en témoigne la figure 294. L'air
a été recueilli au sortir du nez (N) par une olive, et dans
la bouche (B) au moyen d'un petit tube de verre. Le
tracé obtenu montre très bien par des différences de pression et de vibrations la part très nette qui revient aux
résonances buccales dans le son produit. Du reste, si l'on
prolonge ce murmure, on sent la langue vibrer très fortement contre les dents.

Des vibrations nasales se rencontrent de même dans les
tracés soit des voyelles, soit des consonnes que l'on croirait uniquement buccales (cf. p. 287). Ce fait peut s'expliquer par la propagation du mouvement vibratoire à travers

les tissus. Mais il peut être dû aussi à un léger écoulement
de l'air par le nez, qui est compatible avec la pureté de l'impression auditive (voir p. 268). C'est en réalité ce qui a lieu.
Pour m'en rendre compte, j'ai recueilli dans deux tambours
tout l'air sortant de la bouche et des narines au moyen de

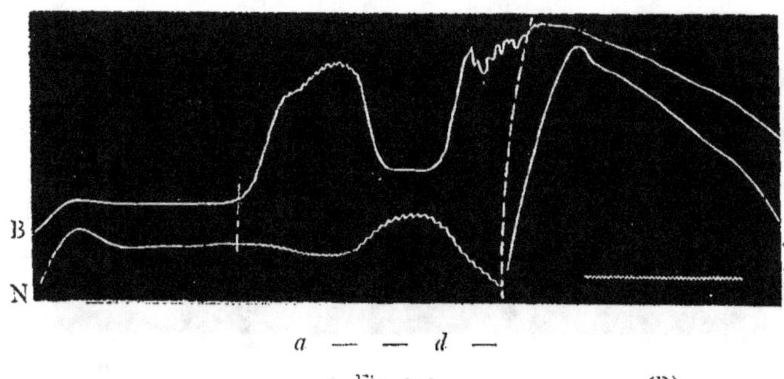

Fig. 295.   (R)

Émission du souffle par la bouche (B) et par le nez (N) pour l'articulation
d'une syllabe non nasale.
Remarquer que l'explosion du *d* est ici sonore.

deux olives réunies par un tube en Y, et je m'appliquais à
ne produire qu'une seule syllabe pendant le cours d'une
expiration. Les tracés ainsi obtenus sont très expressifs :
celui de *ad*, par exemple (fig. 295). Dès que l'organe se
met en position pour émettre le son, les deux lignes ascendantes de l'expiration s'arrêtent et l'écoulement de l'air est
un instant interrompu sur les deux voies à la fois. Pour *a*
l'air sort par la bouche, mais non sans influencer la ligne
du nez, qui autrement serait restée horizontale. Des vibrations marquent la place de la voyelle aussi bien en N qu'en

B. La voyelle émise, la bouche se ferme pour le *d*, et la ligne (B) descend, marquant l'occlusion. Mais en même temps, la ligne (N) s'élève sous la pression de l'air qui s'accumule dans le nez. Au moment de l'explosion, qui est sonore, le souffle sort avec force par la bouche, tandis

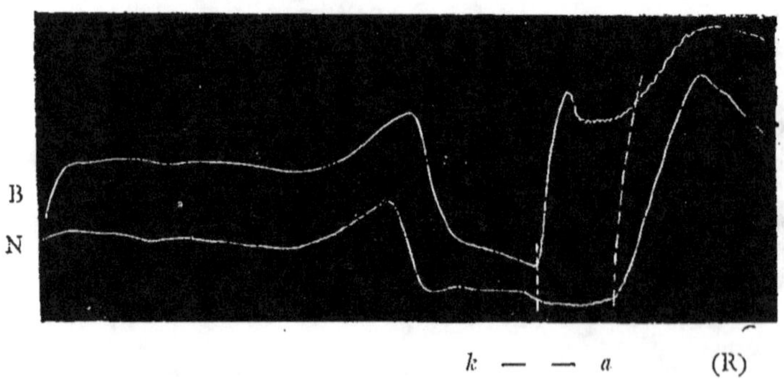

Fig. 296.
Émission totale du souffle pour une articulation non nasale.
N. Nez. — B. Bouche.

qu'il abandonne la voix nasale, pour la reprendre vivement dès que l'explosion sera terminée. La syllabe *al* donne une image identique, dans ses lignes essentielles, avec cette seule différence que l'occlusion de la consonne ne s'accompagne pas de vibrations ; quant à l'écoulement de l'air par la voie nasale, il se produit dans les mêmes proportions.

Lorsque la syllabe prononcée commence par une consonne, *ka*, par exemple (fig. 296), le tracé nous montre d'abord l'arrêt des puissances expiratoires, puis une reprise de l'écoulement de l'air au moment de la mise en place des

organes d'articulation, une légère pression par la voie nasale
durant l'occlusion, l'explosion de la consonne, et peu

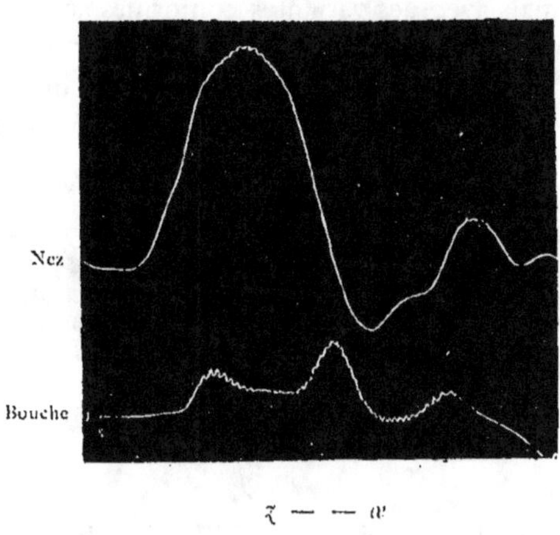

Fig. 297.   (Ro)
Nasalité anormale.

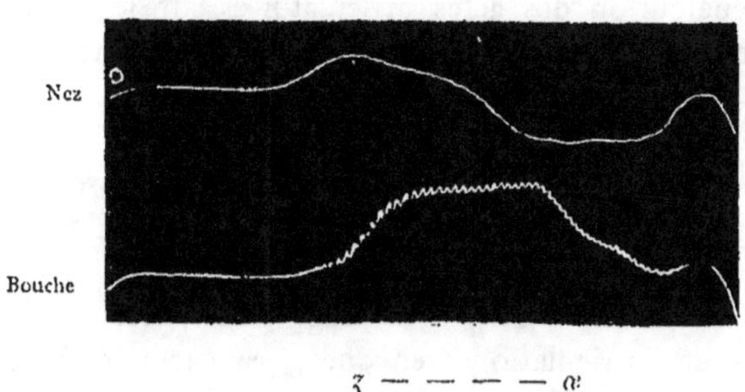

Fig. 298.   (R)
Écoulement d'air par le nez en dehors des nasales.

après, avant la fin de la voyelle, l'abaissement du voile du palais et la continuation de l'expiration nasale.

Les choses doivent se passer à peu près de même chez tous les sujets, mais avec des variantes conformes au degré de stabilité organique de chacun. On en peut juger par les figures 297 et 298, qui représentent la syllabe *za* inscrite avec une narine bouchée par M. Roussey et par moi.

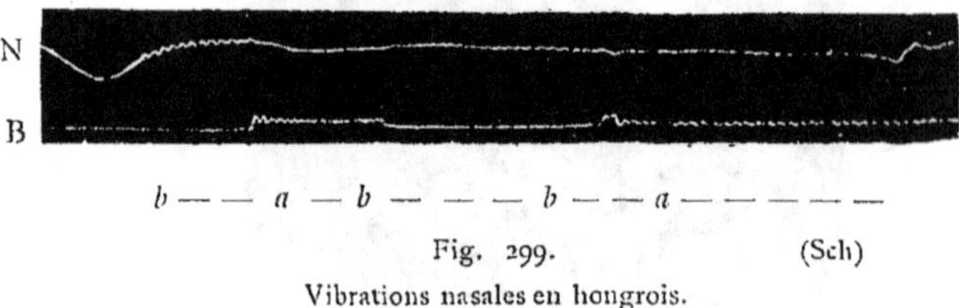

Fig. 299.   (Sch)

Vibrations nasales en hongrois.

Dans les deux cas, une certaine quantité d'air sort par le nez, mais beaucoup plus grande chez M. Roussey. Celui-ci n'aurait-il pas pu croire, comme le Président de Brosses, que l's est une nasale (voir p. 321)?

Cette répercution des actes articulatoires sur les voies nasales peut souvent être utilisée pour reconnaître les vibrations du larynx sans qu'il soit nécessaire d'explorer cet organe lui-même directement, et pour délimiter diverses articulations qui se distinguent peu sur la ligne du souffle prise à vitesse moyenne. En voici un spécimen (fig. 299), *babbal* « avec fèves », que j'emprunte à la langue hongroise. M. Schlumsky a fait un excellent usage de ce procédé dans son étude des articulations tchèques, par exemple, pour isoler *a* de *y* dans *ay* (fig. 300).

A l'état normal, le léger filet d'air qui trouve ainsi son issue par le nez durant les articulations buccales, ne produit aucun effet acoustique appréciable, à moins qu'il ne concoure à la formation du timbre connu. Ce n'est que pendant le rhume, quand l'orifice antérieur des voies nasales se trouve obstrué, qu'il se fait sentir : il éveille

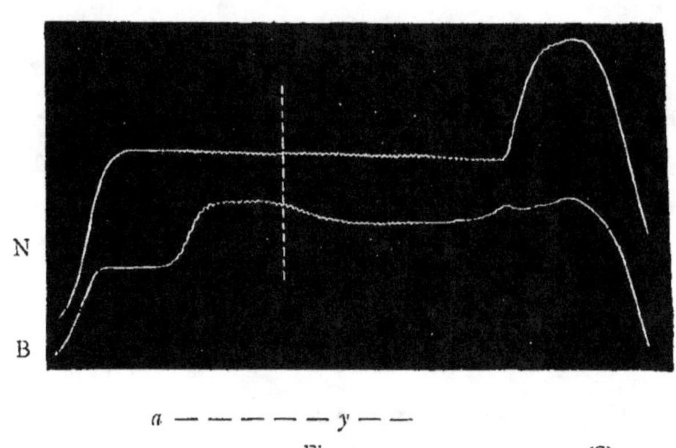

Fig. 300.   (S)

Un petit déplacement dans la ligne du nez marque le commencement du y.

alors dans les cavités des résonances inaccoutumées et produit un nasonnement désagréable à entendre.

Il nous échappe aussi, et fort heureusement, dans nos expériences quand elles se font avec une narine ouverte. Le tambour n'en est impressionné que s'il devient excessif. Dans ce cas, les données de l'expérimentation concordent avec celles d'une oreille très exercée. Il n'en faut pas davantage pour nous autoriser à voir dans la présence de fortes vibrations et surtout d'une déviation de la ligne du nez le signe certain de la nasalité.

Les cas de nasalité sont beaucoup plus fréquents que l'on ne suppose d'ordinaire. On en rencontre dans toutes les

langues, et leur recherche est l'une des tâches les plus
faciles et les plus intéressantes de la phonétique expérimentale, en même temps qu'elle est décourageante pour le
simple auditeur. Une olive nasale, une embouchure et deux
tambours suffisent dans la plupart des cas. Mais, si l'on y

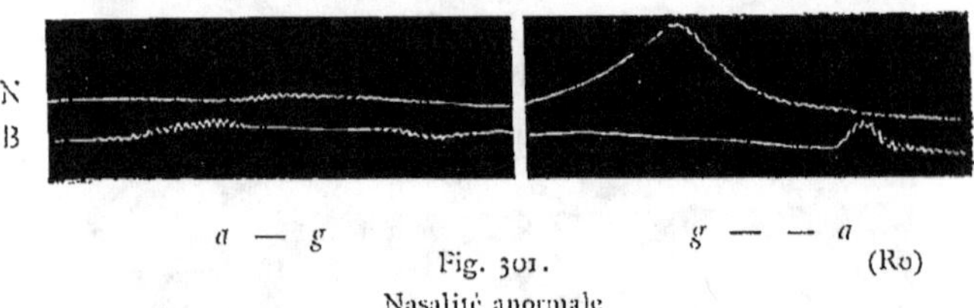

Fig. 301.
Nasalité anormale

Des vibrations nasales se produisent pendant les deux *g* surtout durant l'occlusion du
initial.
Ici, un œ a été prononcé involontairement après le *g*.

ajoute un troisième tambour avec une ampoule pour l'exploration des mouvements de la langue et des lèvres, avec
la capsule laryngienne et un palais artificiel, l'outillage
est complet.

Ce qu'il importe de déterminer, c'est la présence des
vibrations nasales, leur durée, leurs rapports avec les
mouvements de la langue ou des lèvres, leur amplitude, la
force et les variations de force de l'écoulement de l'air par
le nez. Tout cela se fait sans peine et avec plaisir,
car il y a bien des surprises agréables autant pour l'expérimentateur que pour l'historien du langage. Je vais
essayer d'en donner une idée par une rapide énumération :
Nasalité anormale : *g* (Franche-Comté) dans *ag*, *ga* (fig.
301); *d* (Marseille) dans *dœ*, *éd* (fig. 302); — toute la partie
sonore du mot (Pérouse), *aprile* (fig. 303), *essere* (fig. 304)
du « tu » en suédois (fig. 305); — des phrases entières

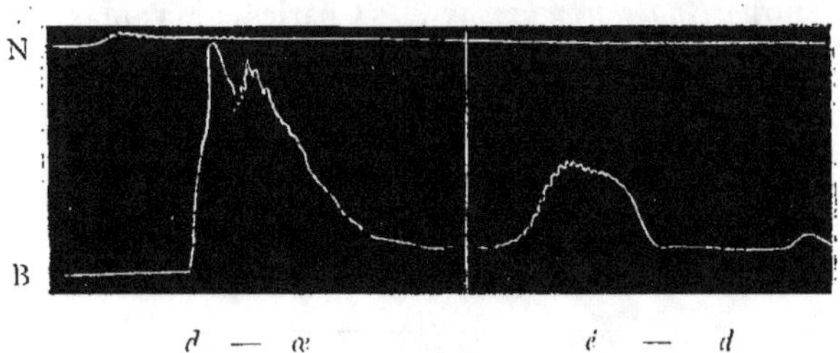

Fig. 302.   (F)
Nasalité anormale d'une occlusive sonore (d) initiale ou finale

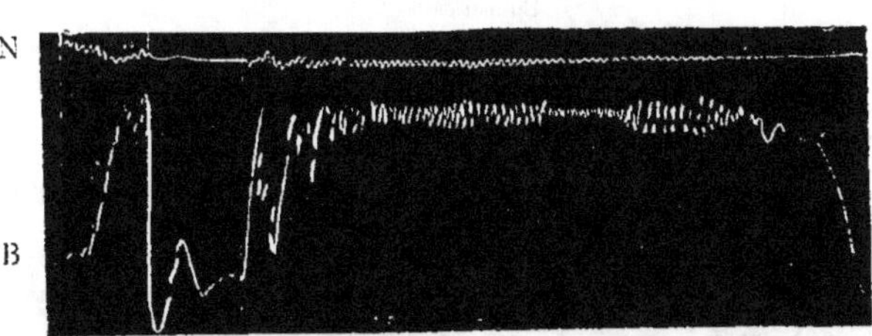

Fig. 303.   (A)   (Josselyn)
Nasalité anormale.
Voyelle initiale et toutes articulations sonores d'un mot

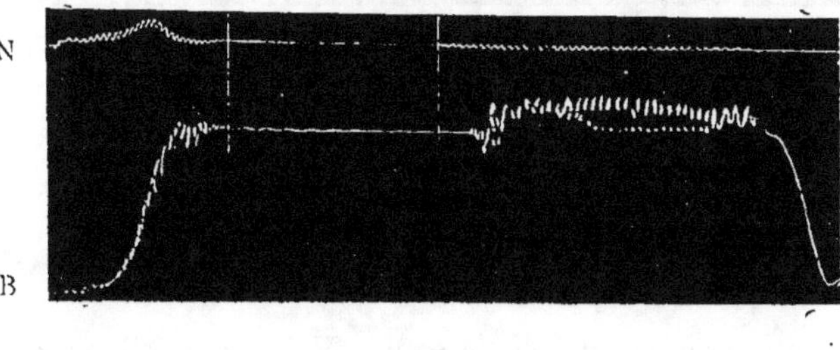

Fig. 304.   (A)   (Josselyn)
Nasalité anormale.
Voyelle initiale avec résonances nasales pour les autres parties sonores du mot.

(Hambourg), *Kádl üm maks maks...* « Charles et Max Max... »
(fig. 306).

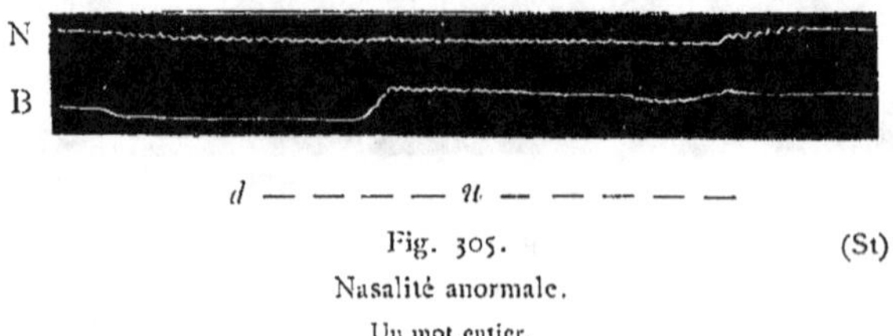

Fig. 305. (St)

Nasalité anormale.

Un mot entier.

Remarquer que la fin de l'*u* est fortement nasalisée.

Accidentellement, la nasalité peut se produire sous l'influence de la maladie ou simplement d'une grande fatigue.

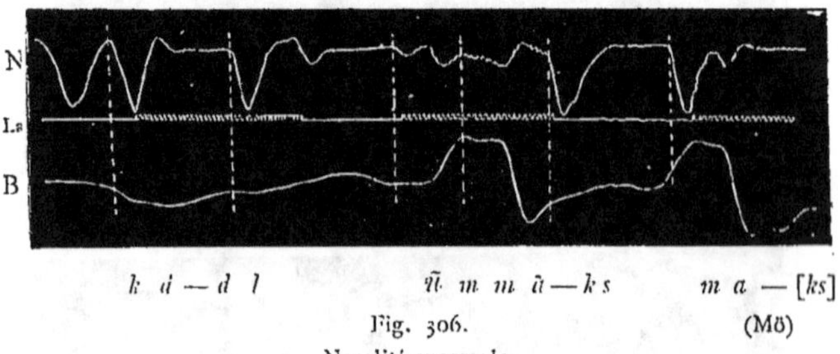

Fig. 306. (Mö)

Nasalité anormale.

Le tracé du nez a été pris comme les précédents avec une olive et un tambour ; celui du
larynx (*La*), avec l'explorateur électrique (p. 105); celui des lèvres, par l'explorateur (p. 92).
Dans cette expérience et dans les six suivantes, le tambour inscripteur du souffle nasal a été
renversé. En conséquence, la ligne du nez se déplace vers le bas de la figure.
Le voile du palais ne reste jamais complètement soulevé. Un jet d'air se produit au
moment de l'explosion de *k*, *dl*, *ks*.

J'ai un cas personnel de ce genre. Voici en quelle circonstance. J'avais entrepris d'obtenir, d'une façon matériellement
irréprochable, une inscription complexe embrassant la voix,

les vibrations du nez et du larynx, avec les mouvements des lèvres et de la langue. Le thème était fourni par ces deux vers de Racine :

O toi ! qui vois la honte où je suis descendue,
Implacable Vénus, suis-je assez confondue ?

Le travail fut long et se prolongea bien après l'heure du déjeuner. Je réussis à la fin. Mais, pressé de partir, j'emportais ma feuille encore toute humide de vernis. A la porte du laboratoire, un coup de vent me l'arracha des mains. Il me fallut recommencer. On devine mon énervement. A ma grande surprise, il se traduisit par la nasalisation de toutes les consonnes.

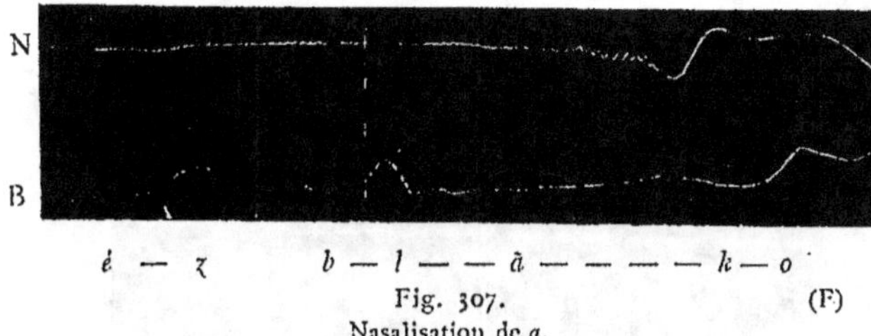

Fig. 307. (F)
Nasalisation de *a*.

L'occlusion n'a été complète pour aucune consonne, ni pour *b*, ni pour *n*, mais il est clair que l'*n* a disparu, puisque l'air est sorti librement par la bouche entre *bl* et *k*.

Nasalité normale, mais généralement inaperçue ou imparfaitement sentie :

Voyelles nasalisées au contact de consonnes nasales. Les cas sont choisis en vue de montrer la propension des voyelles à subir la nasalisation, suivant leur qualité et suivant la composition des groupes ou leur place relative ment à l'accent. Rapprocher ce qui a été dit sur la position que prend le voile du palais pendant l'émission des diverses voyelles (p. 267-269).

France. — Les parlers de France présentent des cas nombreux et variés de nasalisation. Je signale quelques-uns des plus difficiles à analyser.

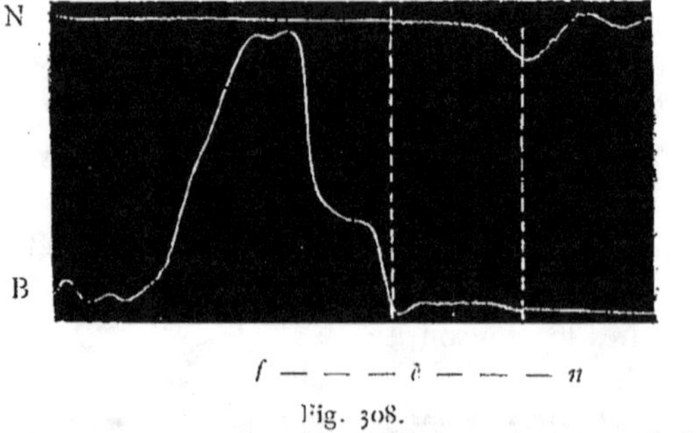

Fig. 308.   (F)

Nasalisation incomplète de e.

A gauche du 1er pointillé, nous avons l'e pur; à droite du 2e, n (l'écoulement de l'air par la bouche est interrompu) ; entre les deux lignes pointillées, ê.

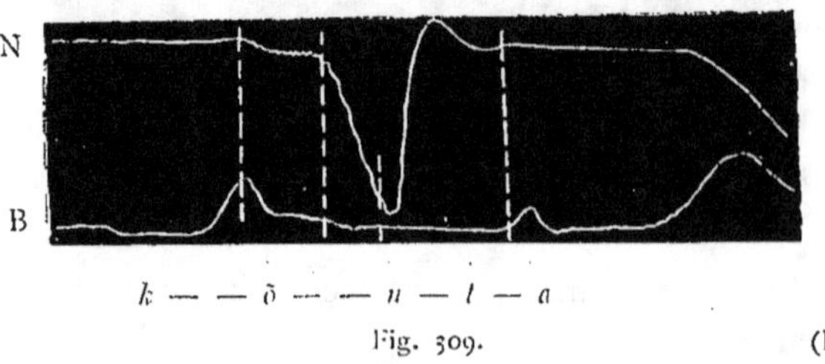

Fig. 309.   (F)

Nasalisation de o.

L'o est nasalisé à partir de l'explosion du k; puis vient l'n reconnaissable à la dépression qui marque sur la ligne B la cessation de l'écoulement du souffle.

Quercy, Gourdon (Lot) : *ā* dans *blãko* « blanche » (fig. 307); *ē* dans *fên* « foin » (fig. 308); *õ* dans *kõnta* « compter » (fig. 309); *ī* dans *di* « dans », et *ũ* dans *fũn* « fond » (fig. 310), *ñ* dans *dũm puê* « d'un puits »

(fig. 311) ; mais *ũ* dans *fūm* « fumée » (fig. 312) est moins
nasalisé (ici il est à la tonique). Tous ces mots sont

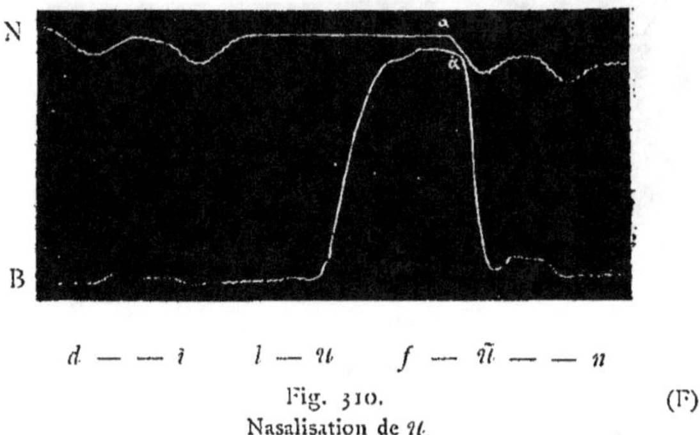

Fig. 310.   (F)
Nasalisation de *u*.

La nasalisation est complète dès le début. L'amplitude du tracé B rend nécessaire une
correction : α correspond à á. — L'*u* est maintenue.

extraits des phrases suivantes que j'écris à dessein avec la
graphie vulgaire : *lo fum del fen ez blanco* « la fumée du

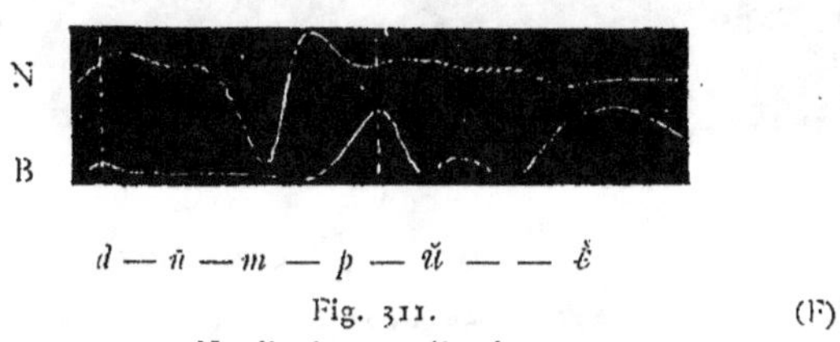

Fig. 311.   (F)
Nasalisation complète de *u*.
La 1re, pointillée, marque l'explosion du *d* et le commencement de l'*ñ*.

foin est blanche » ; *voli conta* « je veux compter » ; *din lou
foun d'un pous* « dans le fond d'un puits ». La place de la
voyelle est bien délimitée sur la ligne de la voix par les

premières vibrations qui se montrent après l'explosion de
la consonne et par l'arrêt du courant d'air pendant l'*m* ou

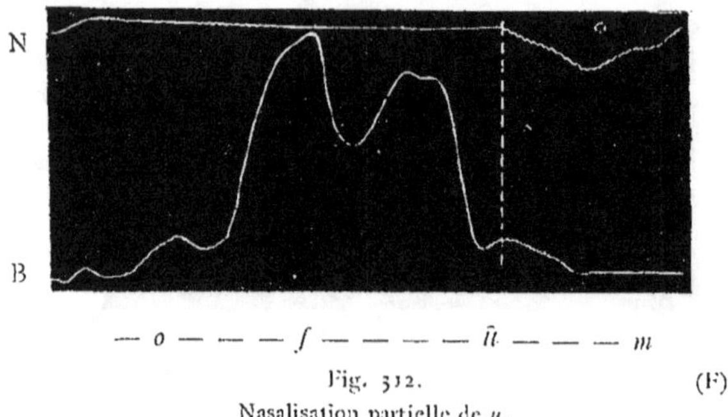

Fig. 312.   (F)

Nasalisation partielle de *u*.

Le commencement de l'*ũ* est marqué par la ligne pointillée ; la fin, par l'arrêt de l'écoulement du souffle sur la ligne B.

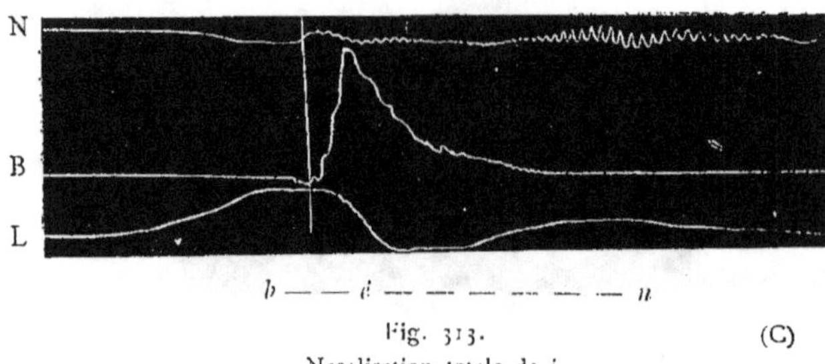

Fig. 313.   (C)

Nasalisation totale de *é*.

Le *b* lui-même est nasalisé. L'*n* finale est très nette sur les trois lignes, même sur celle des
lèvres (L.).
Remarquer la dépression qui s'est produite dans la bouche quand le souffle s'est échappé
par le nez un instant avant l'explosion.

l'*n*. Le degré de nasalité peut être considéré comme proportionnel à l'importance du tracé nasal.

Rouergue, Milhau. — L'*é* est très nettement nasalisé dans *bén* « vent » (fig. 313) ; mais non tout l'*o* dans *conto* « compte » (fig. 314).

Provence, Aups (Var). — *ũ* dans « *toumbo* « tombe » (fig. 315) ; *ĩ* dans *vin* « vin » (fig. 316). L'étude de ces deux voyelles nasales a été faite en présence de plus de

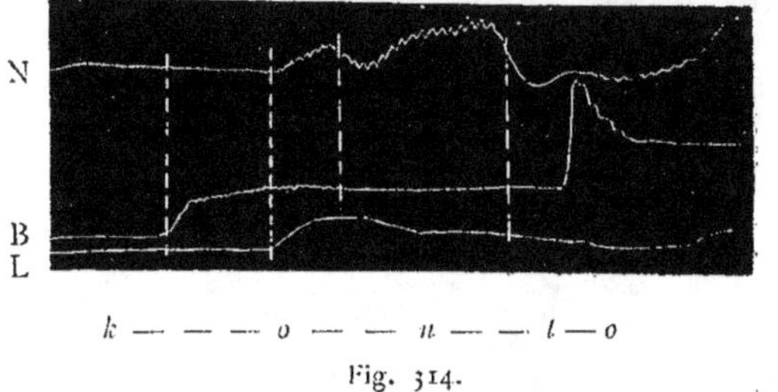

Fig. 314.   (C)

Nasalisation partielle de ó.

La voyelle qui suit *k* est comprise entre la 1re et la 3e ligne pointillée. C'est en réalité une diphtongue semi-nasale. La 1re partie (entre les deux premières lignes pointillées) est un ó pur. La 2e est un *ũ* nasal : les lèvres (L) se sont fermées, et l'air est sorti abondamment par le nez (N). La consonne *n* est encore intacte : l'embouchure ayant été très appliquée contre les lèvres, la pression s'est maintenue dans le tambour ; mais les vibrations ont disparu, signe certain que l'occlusion a été complète.

L'*o* final est nasalisé.

quinze étudiants de diverses nationalités. Tous avaient cru à une voyelle pure. Après l'expérience, qui (on le voit) est très concluante, chacune des articulations étant bien distincte, le phénomène ne fit de doute pour personne, et toutes les oreilles devinrent aptes à le saisir.

Les tracés prouvent non seulement la nasalité de l'*i* et de l'*u*, mais, de plus, ils font comprendre, en montrant la brièveté des voyelles comparée à la longueur des consonnes, comment on a pu n'être pas frappé du fait de la nasalisation.

Dép^t de la Charente, Nauteuil-en-Vallée. — Chez les personnes très âgées, on entend dans *Martin, chin* « chien »,

ĩy, étape qui précédé *ẽ* ou peut-être *ĩ*. Les mots comme
... tõ čĩn « ... ton chien » (fig. 317), inscrits seulement à

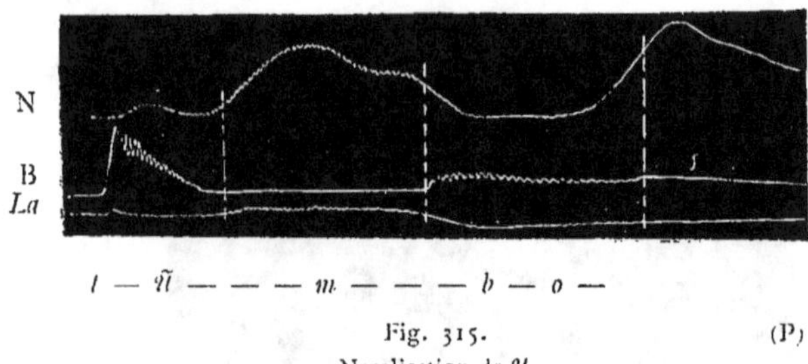

Fig. 315.   (P)

Nasalisation de *ĩi*.

La ligne du larynx (*La*) indique le commencement précis de la voyelle. La nasalisation
n'est que peu en retard (cf. fig. 353). L'*m* est très intense; c'est ce qui fait croire à la
pureté de l'*ĩi*. La nasalité empiète même sur le *b* et l'*o* final.

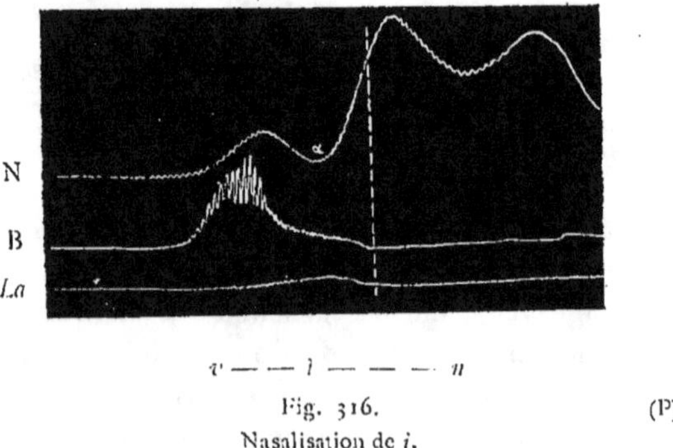

Fig. 316.   (P)

Nasalisation de *i*.

Le *v* initial lui-même est nasalisé. Le courant d'air nasal a faibli pendant la 1re partie de l'*ĩ*,
mais a grandi d'une façon considérable pendant la 2e. L'*n* est d'une durée et d'une intensité
telles qu'elle absorbe pour l'oreille toute la nasalité.

l'aide de l'olive nasale, suffisent pour trancher la question.
(Voir *Modifications phonétiques du langage*, p. 249.)

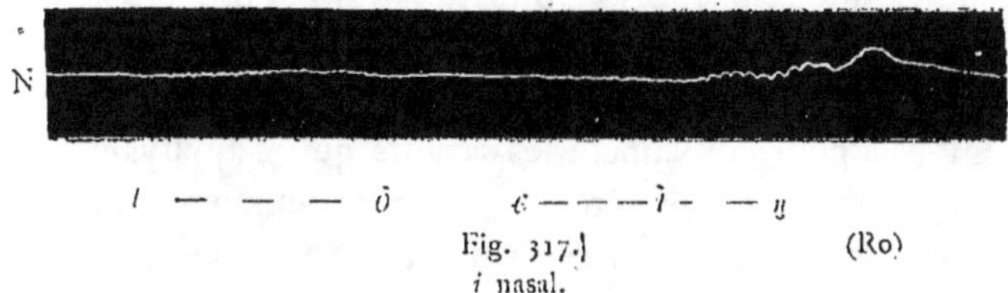

i — — — õ   ε — — —ĩ — — ŋ

Fig. 317.]   (Ro)

i nasal.

Le ε détermine la place des deux nasales õ et ĩ.

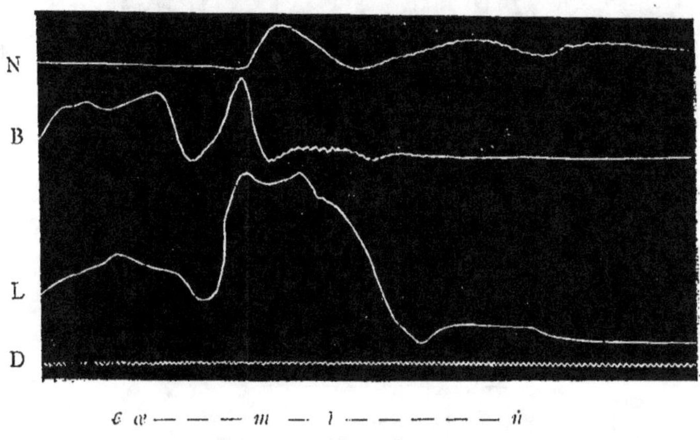

ε œ — — — m — i — — — — — ŋ

Fig. 318.   (N)

Nasalisation de *i*.

Cette figure et la suivante sont tirées d'expériences faites en excursion avec l'enregistreur de voyage (p. 77) que je faisais marcher à la main. Le diapason (D) battait les 2/100 de seconde. Le souffle de la bouche (B) et le mouvement des lèvres (L) ont été pris au moyen du dispositif (fig. 33). La correction de la ligne des lèvres a été faite d'après la figure 69.

Les branches rigides de l'explorateur ont maintenu les lèvres légèrement écartées ; c'est ce qui explique l'écoulement de l'air qui s'est fait pendant l'occlusion de l'*m*.

L'*ĩ* et l'*n* finale sont hors de doute : l'*ĩ* est attesté par les vibrations nasales (N) ; l'*n* par la fermeture de la bouche qui a intercepté les vibrations (B) et l'ouverture des lèvres (L).

Bretagne française, Saint-Benoît-des-Ondes (Ille-et-Vilaine). — *ĩ* dans *chemins* (fig. 318) comparé à *mis* (fig. 319). La dernière syllabe de *chemins* est douteuse à l'oreille. Est-ce un *ĩ* ou simplement un *i* ? Toute incertitude disparaît à la vue des deux tracés.

Franche-Comté, Bournois (Doubs). — *ĩ*, *ũ* (fig. 320).

La réalité d'un *i* nasal et d'un *u* nasal a été contestée. Le tracé donné ici et les précédents (fig. 316 — 318) ne suffiraient pas pour convaincre les savants qui, s'appuyant (à tort, je crois) sur l'histoire du français, pensaient que les voyelles extrêmes, *i*, *u*, *u*, ne peuvent se nasaliser sans

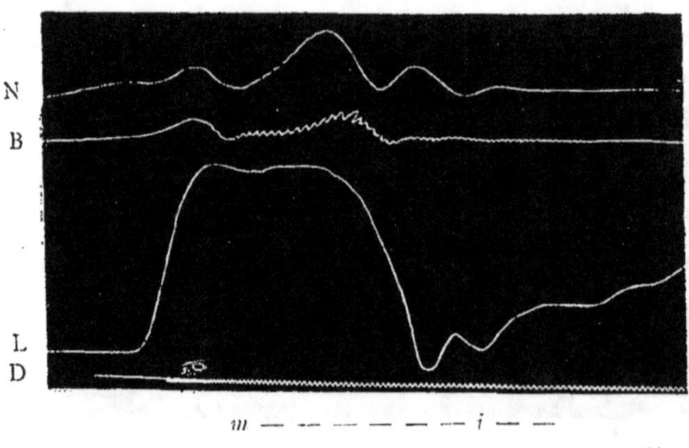

Fig. 319. (N)

i final pur pour servir de comparaison avec l'*ĩ* (fig. 316).

Même disposition que pour la figure précédente.

descendre d'un degré dans l'échelle vocalique et devenir respectivement *é*, *ó*, *ǘ*. La preuve de leur erreur doit être demandée à l'exploration des mouvements de la langue. Pour le cas qui nous occupe, le palais artificiel suffit, comme le montre la figure 321, A et B. En se soulevant, la langue touche les bords du palais, et, plus elle s'élève, plus la limite de la région de contact se rapproche du centre. Or le contact est limité sur les figures par les pointillés *a' b'* pour *i*, et *a b* pour *ĩ*; par *c' d'* pour *u*, et *c d* pour *ũ*. Donc,

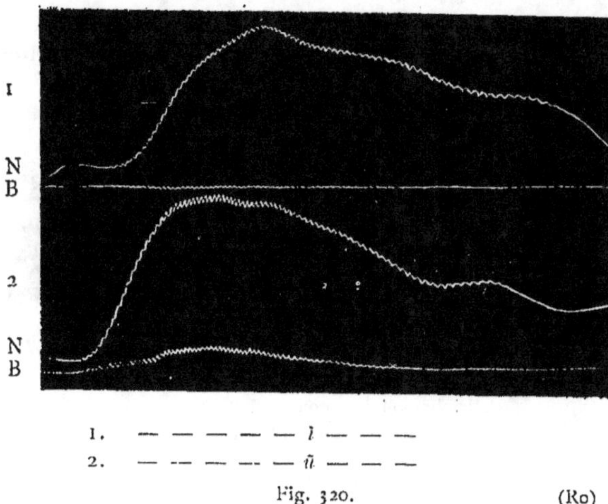

Fig. 320.   (Ro)

Voyelles $\tilde{\imath}$, $\tilde{u}$ en franc-comtois.

L'importance du jet d'air émis à travers les fosses nasales est proportionnelle
au déplacement de la ligne du nez (N).

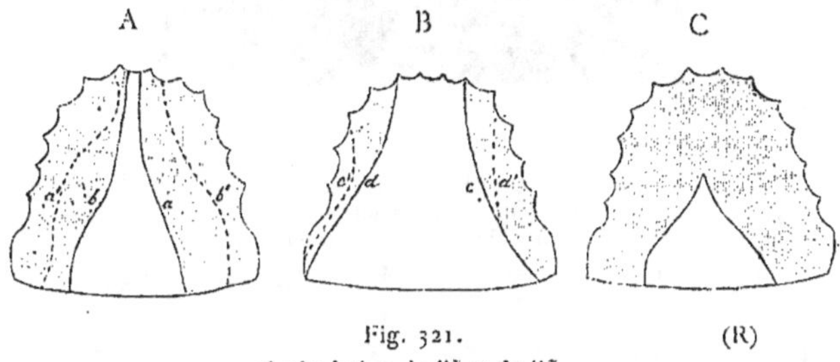

Fig. 321.   (R)

Articulation de l'$\tilde{\imath}$ et de l'$\tilde{u}$.

A et C : $\tilde{\imath}$; B : $\tilde{u}$.

La partie ombrée du palais a été touchée par la langue dans l'articulation des voyelles
nasales. Le pointillé intérieur marque la limite du contact pour les voyelles non nasales
correspondantes, i et u.

loin de s'abaisser, pour prendre la position de l'*é* et de l'*ǽ*, la langue se soulève plutôt davantage pour articuler la voyelle nasale; même pour *ĩ*, elle peut s'appliquer complètement sur le palais (C).

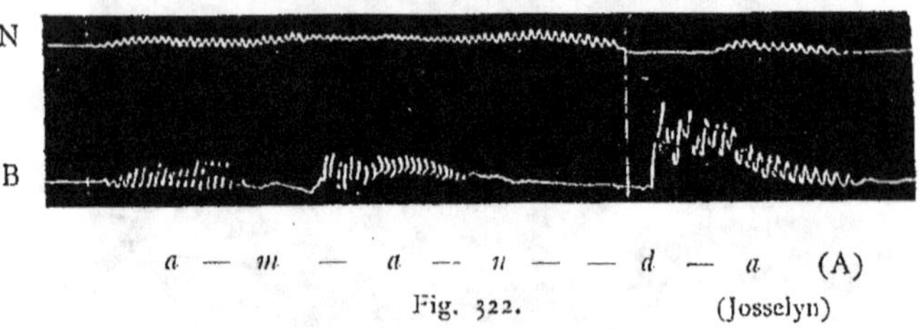

Fig. 322.   (Josselyn)

Nasalisation de *a* atone en italien.

Le 2e *a* n'est nasalisé qu'après la fin de l'explosion du *d*.

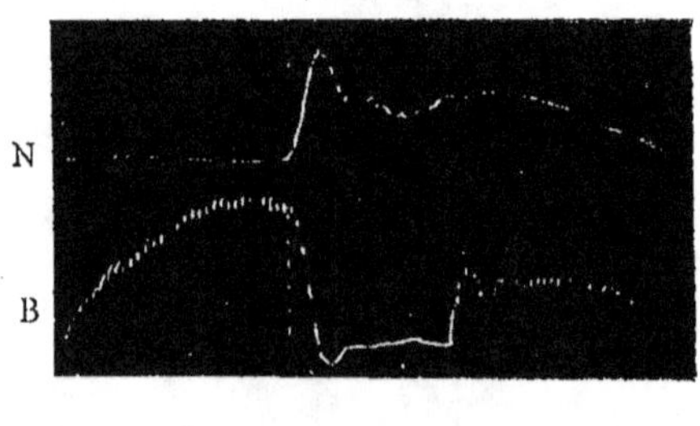

Fig. 323.   (Josselyn)

Nasalisation de l'*o* final atone en italien après *m*, et conservation de l'*a* pur à l'initiale et sous l'accent.

La place de l'*m* est nettement marquée sur la ligne de la bouche (B).

Italie, Terni (Pérouse). — Nasalisation de l'initiale atone et de la finale : *amanda* (fig. 322); de la finale : *amo* (fig. 323). — Rome, nasalisation de *o* devant *m* et de deux

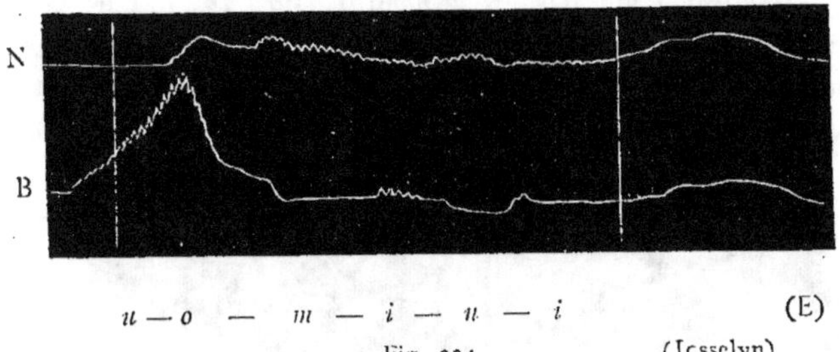

$$u — o \quad — \quad m — i — u — i \qquad \text{(E)}$$

Fig. 324. (Jcsselyn)

Nasalisation de *o* et de *i* en italien.

La place des consonnes nasales est clairement marquée sur la ligne de la bouche (B). Ce qui permet de constater avec certitude la nasalisation de l'*o* de la diphtongue *uo*, et les deux *i* de — *mini*.

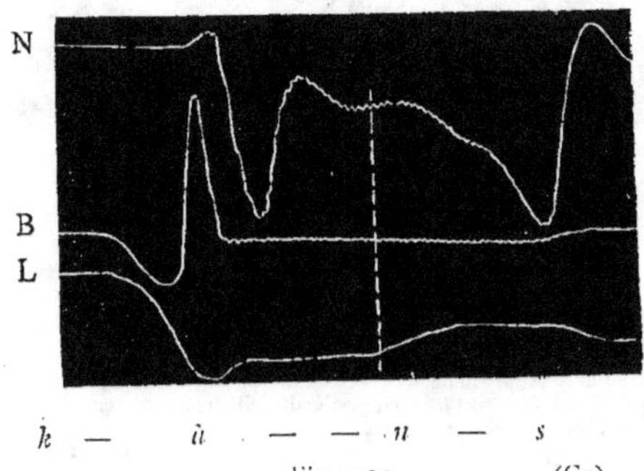

$$k \quad — \quad a \quad — \quad — \quad n \quad — \quad s$$

Fig. 325. (Co)

Nasalisation de *a* + *ns* en flamand.
(*kans*).

Une inspiration précède l'explosion du *k* (B). La ligne des lèvres (L) marque clairement *a*, et le commencement de l'*n* (suivant la ligne pointillée).

La direction de la ligne du nez (N) est ici descendante, le tambour inscripteur ayant été renversé.

Au moment de l'explosion du *k*, la pression diminue dans les fosses nasales puisque ligne remonte. Après l'explosion, le voile du palais venant à céder, un jet rapide d'air s'échappe par le nez, nasalisant fortement la voyelle. Puis le voile se soulève, mais sans obstruer complètement le passage de l'air. Enfin il s'abaisse de nouveau, et l'on pourrait croire à une *n* normale en comparant N L sur cette figure et sur la suivante, si des vibrations ne se montraient pas sur la ligne de la bouche (B), prouvant que l'occlusion n'est pas complète. L'*n* est donc déjà altérée et près de disparaître.

La ligne de la bouche s'est maintenue droite par suite de la rigidité de la membrane du tambour et de l'application excessive de l'embouchure sur les lèvres.

i atones au contact de nasales : *uomini* (fig. 324). Ces exemples sont empruntés à M. Josselyn [1].

Belgique, Alost (Flandre orientale). — Double résultat de la syllabe *an*, selon qu'elle est suivie de *s* ou de *t* : *kãns*

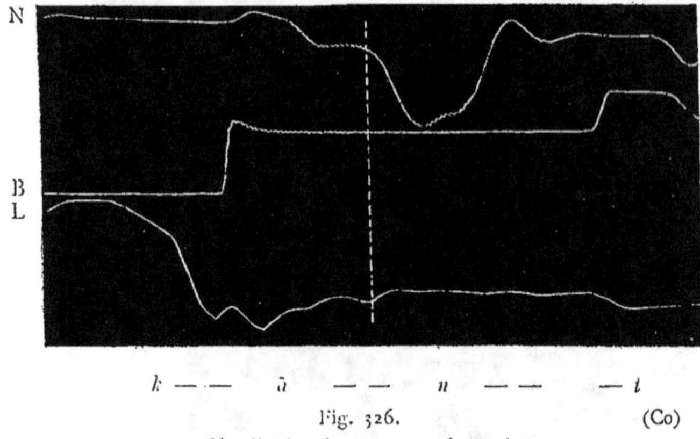

Fig. 326. (Co)

Nasalisation de *a + nt* en flamand.
(*kant*).
Même disposition que dans la figure précédente.

Noter la persistance de l'*u*, caractérisée par l'absence de vibrations sur la ligne de a bouche, au moment de l'occlusion et le rapprochement des lèvres.

Dans l'expérience précédente (fig. 325), la langue était sollicitée à se tenir loin du palais par l'*s*; dans celle-ci, au contraire, elle est attirée par le *t*.

La première partie de l'*a* est pure; le jet d'air si remarquable dans la figure 325, manque ici. A la place, se montre un affaiblissement de la pression nasale.

Le *k* est du type français : les vibrations de la voyelle se montrent pendant l'explosion.

« chance [2] » (fig. 325), *kãnt* « côté » (fig. 326). La nasalité de la voyelle est beaucoup plus intense dans le premier cas, à tel point que l'*n* a été presque entièrement absorbée.

1. *La Parole*, n° 3, 1901.
2. Colinet, *Het dialect van Aalst*, p. 245-248.

Russie, Saint-Pétersbourg — Comparer *ănna* « Anne » (1)
et *ăngelotçik* « petit ange » (2) (fig. 327); *on* « lui » (1) et
ona « elle » (2) (fig. 328). L'*a* (1) et l'*o* (2) sont presque
entièrement purs; les deux autres nasalisés.

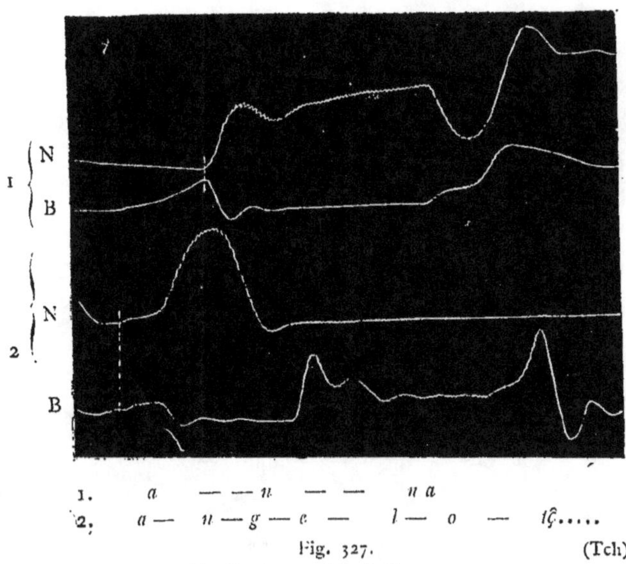

Fig. 327.   (Tch)

Nasalisation partielle de l'*a* en russe.

1. — Le passage seul de *a* à *u* (après la ligne pointillée) est nasalisé.
2. — Toute la portion de l'*a*, comprise entre la ligne pointillée et l'occlusion de l'*u* (B),
est nasalisée.

Perse, Ourmiah (langue syriaque) : *ā* dans *ēān* « conte »
et *aēnan* « nous », *ū* dans *aēlun* « vous », *ı* dans *ēallin*,
3ᵉ pers. aor. du verbe « encourager » (fig. 329). Les diverses articulations sont clairement distinguées sur la figure,
et l'on peut voir que l'*a* est plus nasalisé dans *ēān* que

dans *aênan*, que l'*u* et l'*i* sont à leur tour moins nasalisés que l'*a* de *aênan*.

Suède : *i* dans *vinden* « le vent », *vind* « vent », *viŋen* (*vingen*) « l'aile d'un oiseau », *uŋ* (*ung*) « jeune » (fig. 330).

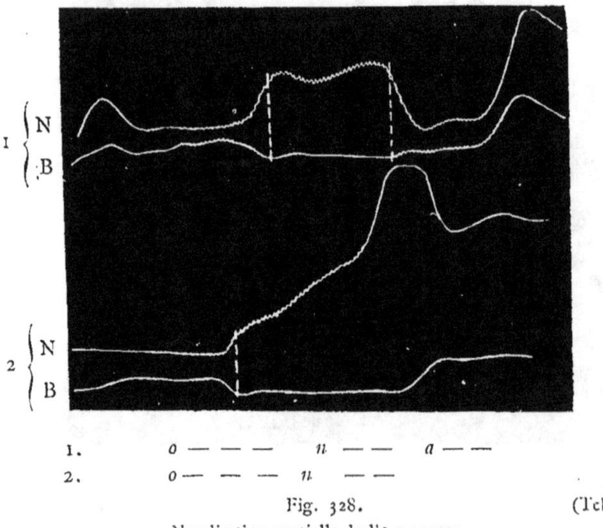

Fig. 328.   (Tch)

Nasalisation partielle de l'*o* en russe.

Considérer ces vibrations nasales situées en N, à gauche de la 1ʳᵉ ligne pointillée (1 et 2). Pour *ona*, une partie de l'*o* est nasalisée ; pour *on*, c'est seulement au moment du passage de *o* à *n* que l'air commence à sortir par le nez.

On remarquera que la nasalité va en s'accroissant : peu importante pour *vinden* où l'*i* est tonique et suivi d'une syllabe atone, elle devient plus grande dans *vind*, et augmente encore dans *viŋen* où il est atone ; elle est complète dans *uŋ*.

Angleterre, Londres. — La nasalité présente des degrés variables suivant les voyelles et aussi suivant les personnes.

Comparez *tune* (fig. 331), *bone* (fig. 332), *gun* (fig. 333), *shone* (fig. 334), *kind* (fig. 335), *bin* (fig. 336), enfin *bone* (fig. 337) qui est beaucoup plus nasal que *bone* (fig. 332).

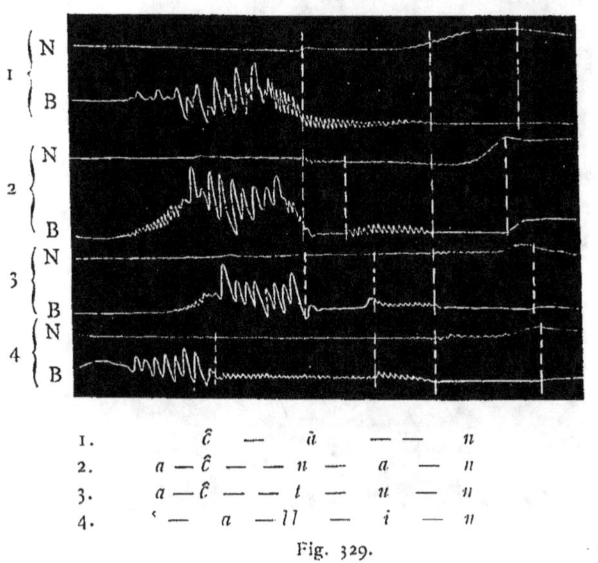

Fig. 329.   (Ba)

Nasalisation de voyelles en chaldéen.

Les deux dernières lignes pointillées de droite limitent l'*u* finale qui est indiquée avec précision sur les lignes B.
La nasalité de la voyelle contiguë se montre sur les lignes N.
Tous les tracés sont excellents.

Alsace, vallée de Munster. — Chez le sujet étudié, il se manifeste une grande tendance à la nasalité non seulement dans les voyelles, mais encore dans les consonnes : *holem* « cherche-lui... » (fig. 338) *kum* « vieux » (fig. 339), *hòmer* « marteau » (fig. 340), *han* « coq » (fig. 341).

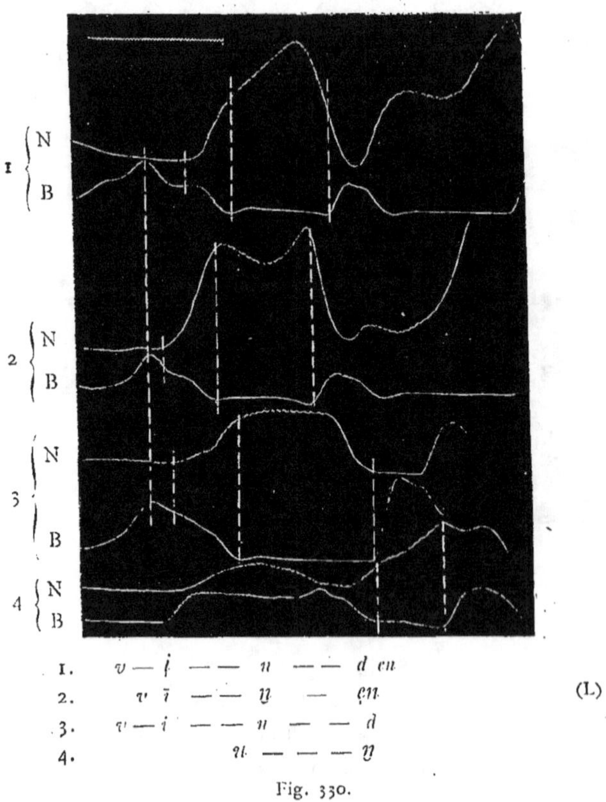

(L.)

Fig. 330.

Nasalisation de voyelles en suédois.

L'échelle gravée à gauche de la figure donne les $\frac{2}{100}$ de seconde et s'applique à toutes les planches de ce paragraphe.

Pour 1-3, l'apparition de la nasalité est marquée par la 2ᵉ ligne pointillée; l'occlusion complète de l'n par la 3ᵉ.

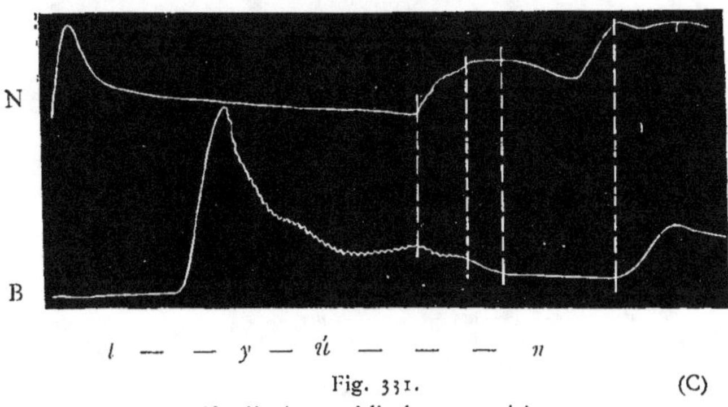

Fig. 331.   (C)
Nasalisation partielle de *u* en anglais.
(*lune*).

La 3ᵉ ligne pointillée marque le commencement de l'*n*. Entre les deux précédentes, sont comprises la fin de l'*u* et la préparation de l'*n* ; entre la 1ʳᵉ et la 2ᵉ, est la partie nasalisée de l'*u*.

L'occlusion nasale devient de plus en plus complète depuis le début du *l* jusqu'à la nasalisation de l'*u*.

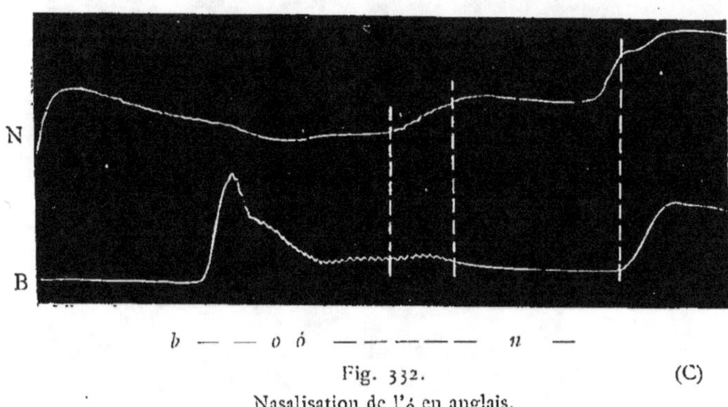

Fig. 332.   (C)
Nasalisation de l'*ó* en anglais.
(*bone*).

Est nasaliséе fortement la partie de l'*ó* placée entre es deux premières lignes pointillées.
Remarquer la ligne du nez (N) pour le *b* initial : l'air sort en vibrant pendant l'occlusion buccale ; c'est un *b* sonore.

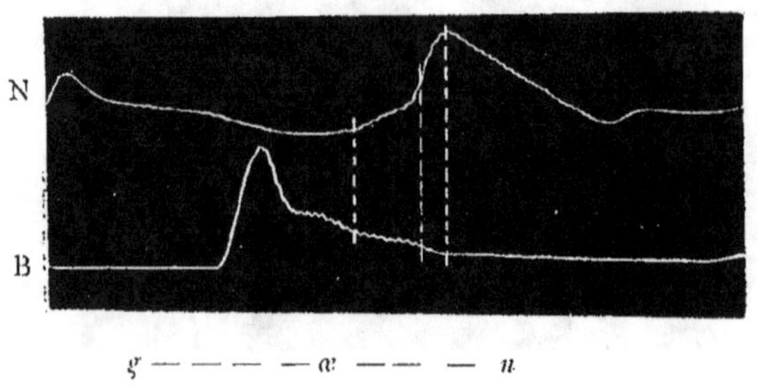

Fig. 333. (C)

Nasalisation incomplète de œ en anglais.

(*gun*).

Même disposition que pour la figure 332.

Le *g* est sonore. Le mot entier est, dans la réalité, plus ou moins nasalisé.
Remarquer surtout les vibrations nasales pour la portion de l'œ comprise entre les deux premières lignes pointillées et pour le passage de œ à *n*, entre les deux dernières.

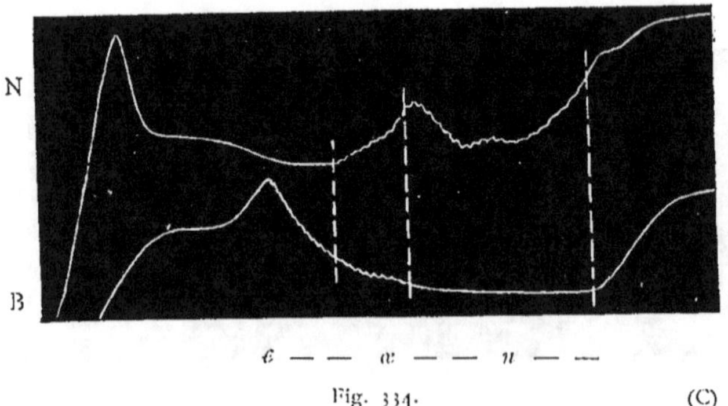

Fig. 334. (C)

Nasalisation incomplète de œ en anglais.
(*shone*).

Les deux premières lignes pointillées limitent la partie de la voyelle nasalisée.
On peut suivre aisément sur ce tracé la marche du double courant d'air, qui est sensiblement la même pour les figures 331-335. L'interruption n'est complète que pour la voie buccale ; la nasalité varie de force, mais elle est continue.

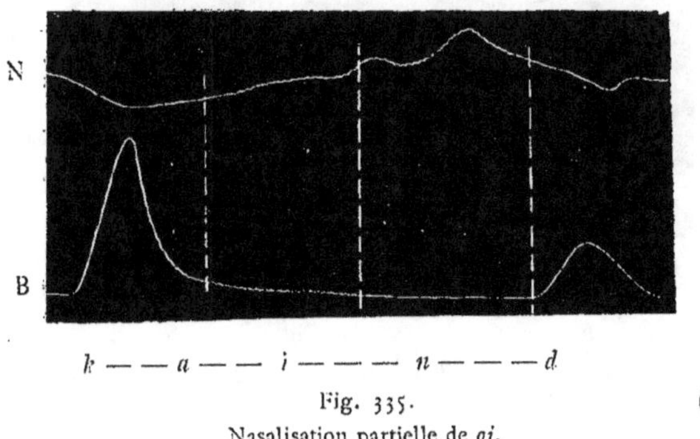

Fig. 335.   (C)

Nasalisation partielle de *ai*.
(*kind*).

Un peu après l'explosion du *k*, le courant d'air nasal, qui s'est affaibli jusque là, augmente peu à peu et se charge de vibrations de plus en plus fortes.

Comparer avec la figure 331 qui présente pour la ligne nasale une direction contraire : ici la nasalité augmente après l'explosion du *k*; là, elle diminue.

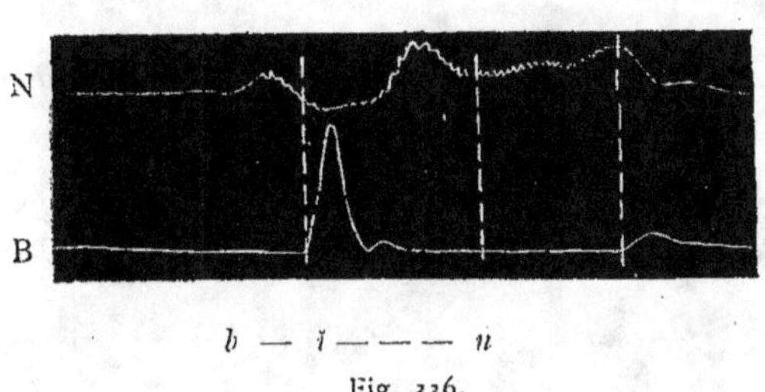

Fig. 336.   (C)

Nasalisation complète de l'*i* en anglais.
(*bin*).

Le *b* est ici encore plus nettement nasal et sonore pendant son occlusion que dans la figure 332.

Les degrés de la nasalité de l'*i* (moindre pour la 1re moitié, plus grande pour la 2e) sont très clairs.

Noter la durée de l'*n* finale.

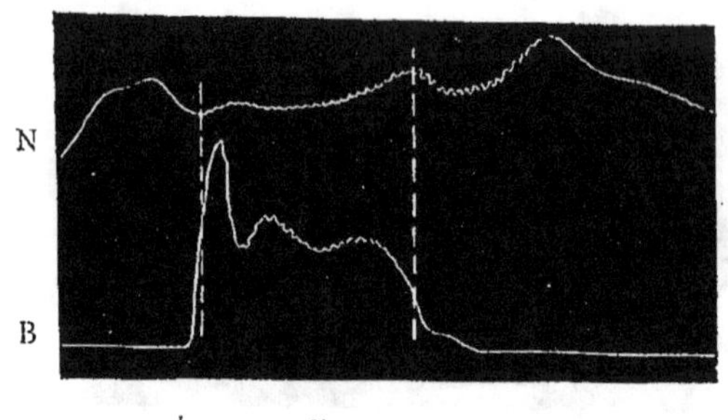

Fig. 337.   (Ri)

Nasalisation complète de *Ou* en anglais.

(*bone*).

Le *b* initial est sourd pendant son occlusion. (Cf. fig. 336.)

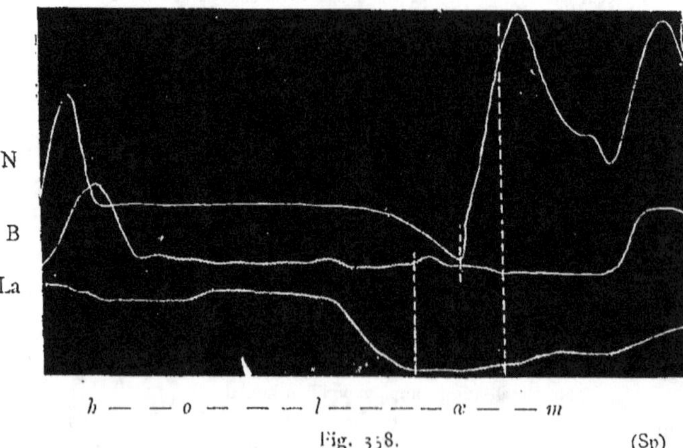

Fig. 338.   (Sp)

Demi-nasalité de l'α en alsacien.

La ligne du larynx (La) aide à déterminer le début de α, qui est compris entre les deux grandes lignes pointillées. La seconde moitié de la voyelle est nasalisée.

Remarquer que dans cet exemple l'*h* est sonore, contrairement à ce qui s'est produit dans les tracés suivants (fig. 340 et 341).

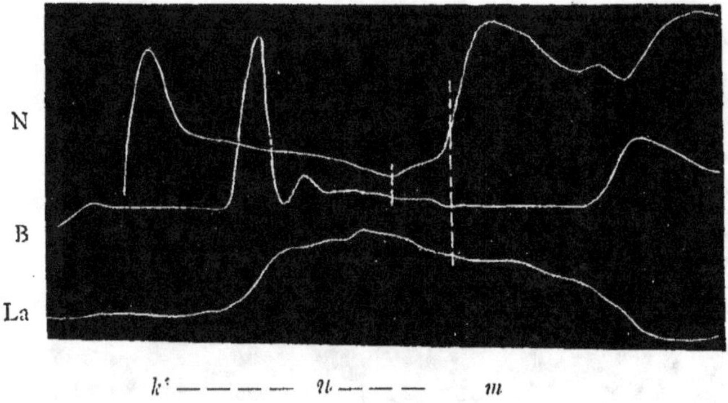

Fig. 339.   (Sp)

Nasalité incomplète de u en alsacien.

Le dernier tiers de la voyelle est nasalisé.

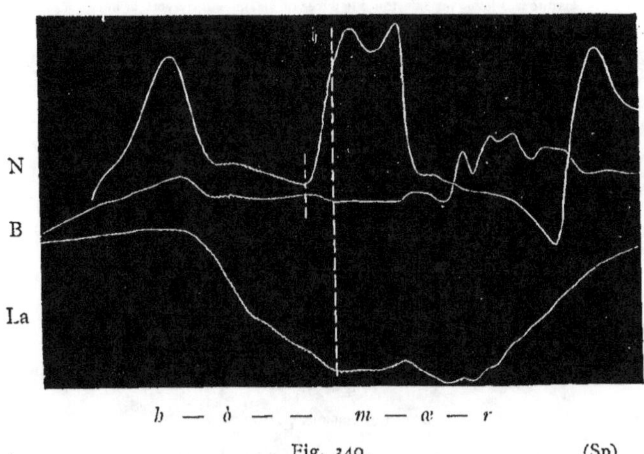

Fig. 340.   (Sp)

Nasalité de δ en alsacien.

Sur la fin de la voyelle δ, nasalité intense. — Remarquer la voyelle qui suit m.

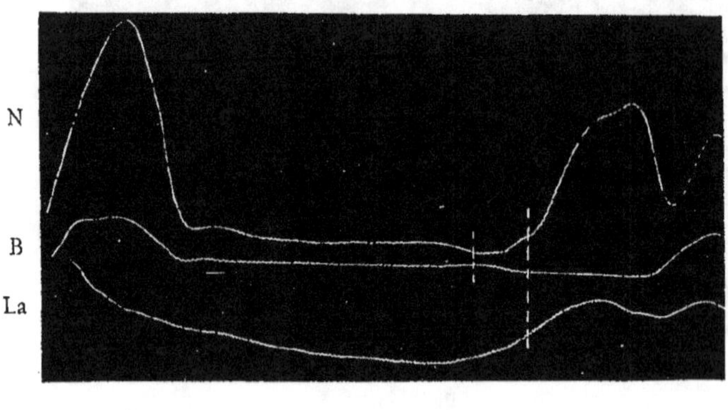

b — — — — $\acute{a}$ — — — — — — — n

Fig. 341.   (Sp)

Nasalité de $\acute{a}$ en alsacien.

Nasalité très faible pendant toute la durée de l'$\acute{a}$, plus forte vers la fin.

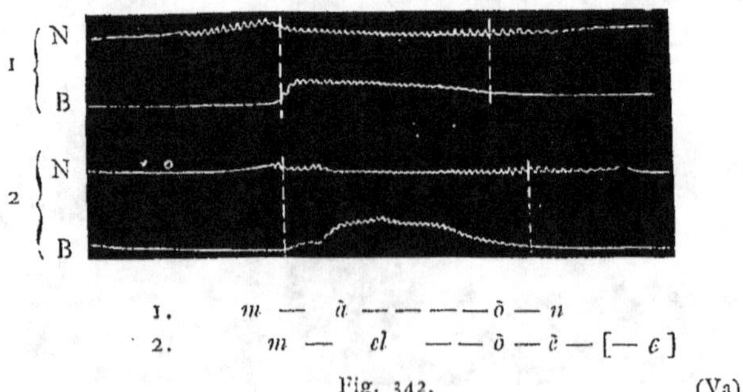

1. m — $\acute{a}$ — — — — $\tilde{o}$ — n
2. m — el — — $\tilde{o}$ — $\tilde{e}$ — [— ε]

Fig. 342.   (Va)

Diphtongues nasales portugaises.

Remarquer que, sur la ligne nasale, les vibrations deviennent de plus en plus amples, tandis que celles de la ligne buccale diminuent en proportion. La nasalité va donc en croissant. A la fin de la diphtongue, elle existe seule.

L'm de (2) est en partie spirante.

Diphtongues nasales portugaises : *mão* « main », *melões*
« melon » (fig. 342). Dans tous ces mots, les deux
voyelles de la diphtongue sont nasalisées et suivies d'un
élément consonantique nasal, pour lequel l'air sort uniquement par le nez. Il en est de même dans *mãe* « mère »
(ci-dessous, fig. 345).

On détermine aisément la consonne nasale qui suit la
diphtongue au moyen du palais artificiel. C'est une *n*
vélaire. Comparez les traces de la langue (fig. 343).

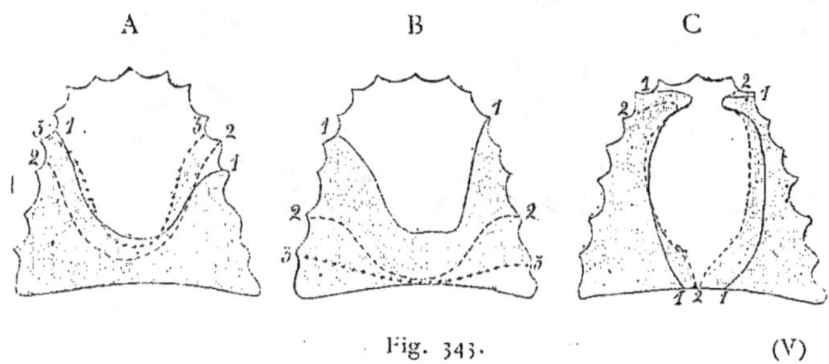

Fig. 343.   (V)

Articulations de l'*n* finale en portugais.

A. 1. *fĩ* « fin »; 2. *-ẽ* (-em); 3. *mãĩ* (mãe) « mère »

B. 1. *pwẽ* (põe) « il met »; 2. *ũ* (um) « un »; 3. *-ãõ* (-ão)

C. 1. *pãẽɛ* (pães) « pains »; 2. *kãẽɛ* (cães) « chiens »

Les lieux d'articulation sont limités par les diverses lignes notées d'un chiffre.

Nasalisation des voyelles finales.

Nous avons vu dans la plupart des tracés que les voyelles
finales sont légèrement nasalisées par la précipitation que
l'on a de reprendre la respiration nasale avant même la
fin de la voyelle. Cette tendance a produit un *e* féminin

nasal à Lezay[1] (Deux-Sèvres), où je l'ai simplement reconnu à l'oreille, aux environs d'Amiens, par exemple, dans *tombe* (fig. 344). C'est sans doute une voyelle analogue qu'avait en vue Palsgrave quand il disait des Français à propos de l'*e* final : « Sometyme they sounde hym lyke an *a* and a lyttell in the noose, and sometyme almost lyke an *o* and very moche in the noose[2]. »

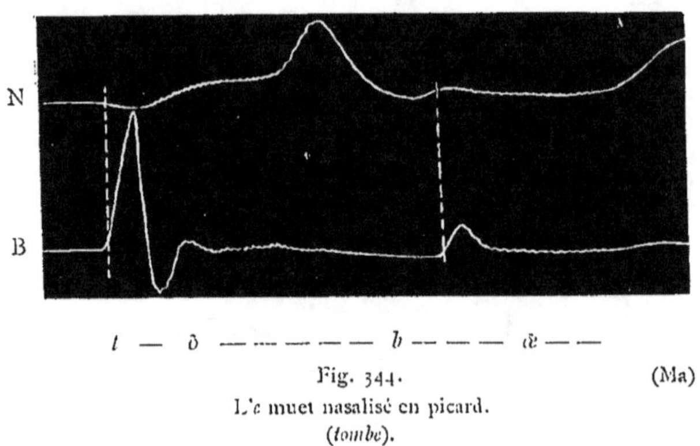

Fig. 344. (Ma)

L'*e* muet nasalisé en picard.
(*tombe*).

C'est par suite de la même tendance que, dans certaines régions du nord de la France, les *i* à la finale deviennent *ē* : Paris = *parë*.

Durée de la nasalité avant l'explosion de la consonne.

Un excellent exemple de la variabilité de cet élément nous est fourni par le portugais *mãe* « mère ». Prononcé plusieurs fois de suite, dans une même expérience, par

1. *Revue des patois gallo-romans*, II, p. 106.
2. *Lesclarcissement de la langue francoyse*, I, ch. 3.

M. Leite de Vasconcellos, originaire d'Ucanha (prov. de la
Beira), il a donné pour l'*m* initiale les trois variantes suivantes (fig. 345). Il en est de même pour l'*n* initiale. Dans
certains cas, un défaut de coordination se montre entre
l'abaissement du voile du palais et la fermeture de la glotte,
comme dans la figure 286, où la sortie de l'air par le nez
devance l'apparition des vibrations nasales (cf. fig. 358).

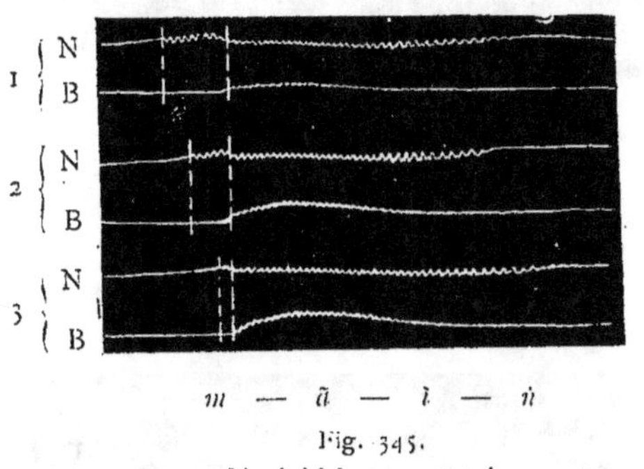

Fig. 345.   (Va)
L'*m* initiale en portugais.

La 2ᵉ ligne pointillée marque l'explosion de l'*m* ; la 1ʳᵉ, le début de la nasalité.

Le français possède des *m* et des *n* fortement nasales,
comparées à l'allemand, par exemple (fig. 346). On trouve
même en Autriche des types d'*m* et d'*n* à l'initiale qui
rappellent la forme portugaise (fig. 347). Mais il ne faudrait
pas se laisser aller sur ce point à des généralités trop
hâtives. Bien que le type ordinaire en France soit conforme
à la figure 346 (1), j'ai pourtant inscrit une *m* initiale qui
pourrait passer pour portugaise ou autrichienne : elle est
due à M. Edmont de Saint-Pol (Pas-de-Calais), dans
májõn (fig. 348).

En revanche, si je m'en rapporte à l'imitation que le Père Trilles m'en a fournie, l'*n* initiale des Papouins, est d'une

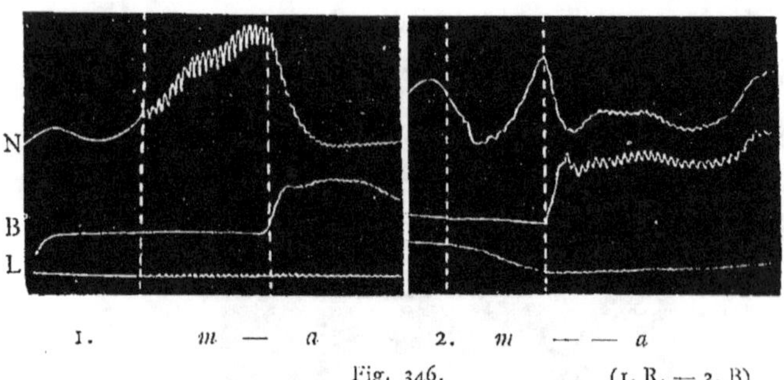

Fig. 346.   (1. R. — 2. B)

L'*m* française et l'*m* allemande.

Ces deux *m* ont été inscrites par les mêmes appareils et l'une après l'autre.
Remarquer l'amplitude et la durée des vibrations de l'*m* française.
L. Larynx.

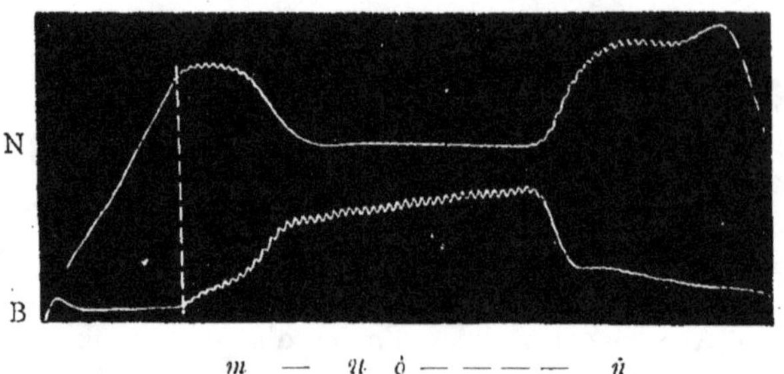

Fig. 347.   (K)

L'*m* initiale dans un dialecte autrichien.

(*mụon* « matin »).

La nasalité concorde avec l'explosion.

longueur extraordinaire : *ñmādī* « la jalousie » (fig. 349).
Cela tient au caractère mélodique des nasales initiales dans

les langues d'Afrique. Comparez les figures suivantes
(350, 351).

Mélodie des nasales initiales.

Dans le Souahili (Zanzibar), d'après le Père Sacleux, une
m ou une *n* peuvent porter l'accent. Voici, comme

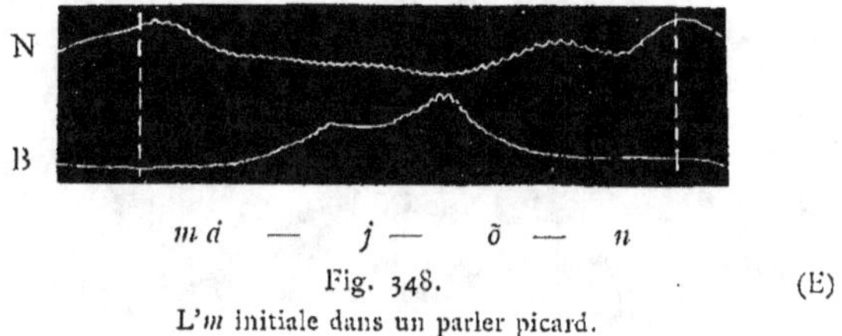

Fig. 348.   (E)
L'*m* initiale dans un parler picard.

exemple, deux mots : *mtu* « personne » et *nei* « contrée »
(fig. 350 et 351) où l'on constate non seulement une

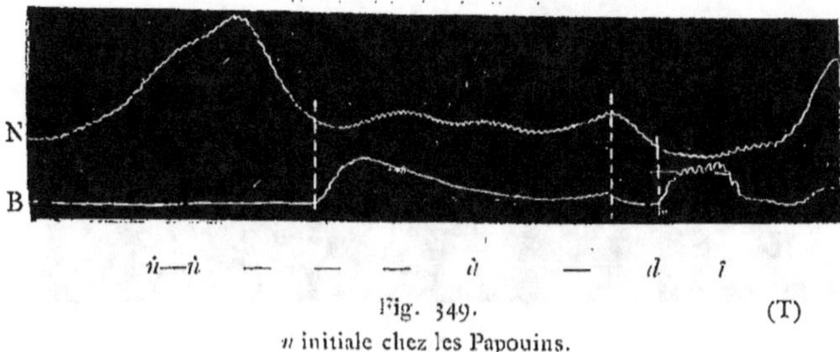

Fig. 349.   (T)
n initiale chez les Papouins.

élévation de la voix sur *m*, *n*, mais une véritable mélodie.
En mesurant par demi-dixièmes de seconde ou au-dessous,
et en prenant la moyenne, j'ai trouvé, entre autres, pour
la nasale les hauteurs musicales suivantes :

$$si_1,\ fa\sharp_2;\ -\ ré_2,\ ut_2,\ mi_2;\ -\ ut\sharp_2,\ fa\sharp_2\ mi_2;$$
$$ré\sharp_2,\ ut\sharp_2,\ mi_2,\ fa\sharp_2,\ sol\sharp_2.$$

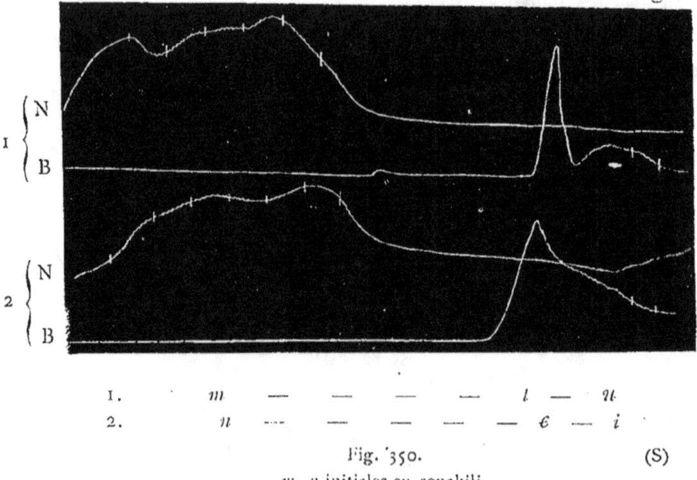

Fig. 350.   (S)

m, n initiales en souahili.

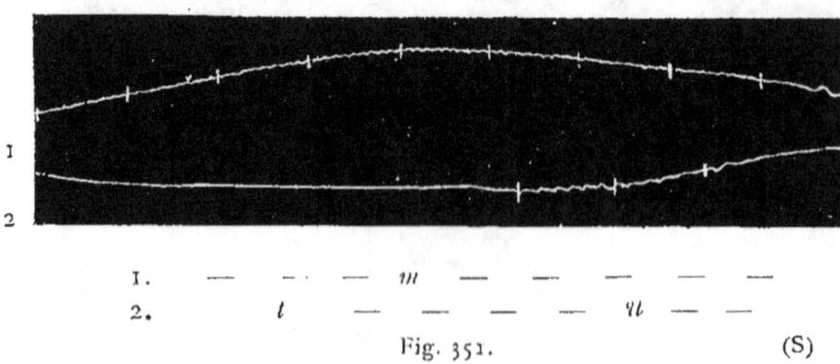

Fig. 351.   (S)

m initiale en souahili.

Ce tracé est celui du larynx agrandi 3 fois 1/3.
La 1ʳᵉ ligne représente m et le début du l; la 2ᵉ, l et u.
Chaque tranche est de 5 centièmes de seconde.

Faiblesse de la nasalité après une consonne sourde.

Ce phénomène n'est pas universel. Je l'ai d'abord constaté chez moi, dans un groupe artificiellement composé[1], ôpôptô (fig. 352), puis reproduit pour les mots *enfant, ampan* (fig. 353 1 2); je le retrouve chez M. Théry, originaire

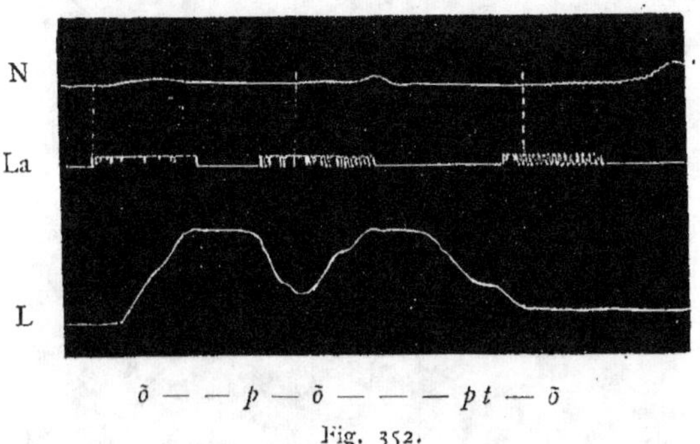

Fig. 352. (R)

Influence d'une consonne sourde sur la nasalité.

N. Nez; — La, Larynx (explorateur électrique, p. 105); — L. Lèvres (Explorateur Rosapelly, p. 91).

de l'Aisne, *pampan* (fig. 353 5), et l'on a pu le remarquer dans quelques-unes des figures précédentes; mais l'accord de la voyelle buccale et de la nasale est complet chez M. Raulin qui est du Maine, *ampan, enfant* (fig. 353 3, 4).

Il peut y avoir là un fait purement organique et nullement dialectal. La preuve, c'est que le frère de M. Raulin

---

1. *Modifications phonétiques du langage*, p. 42.

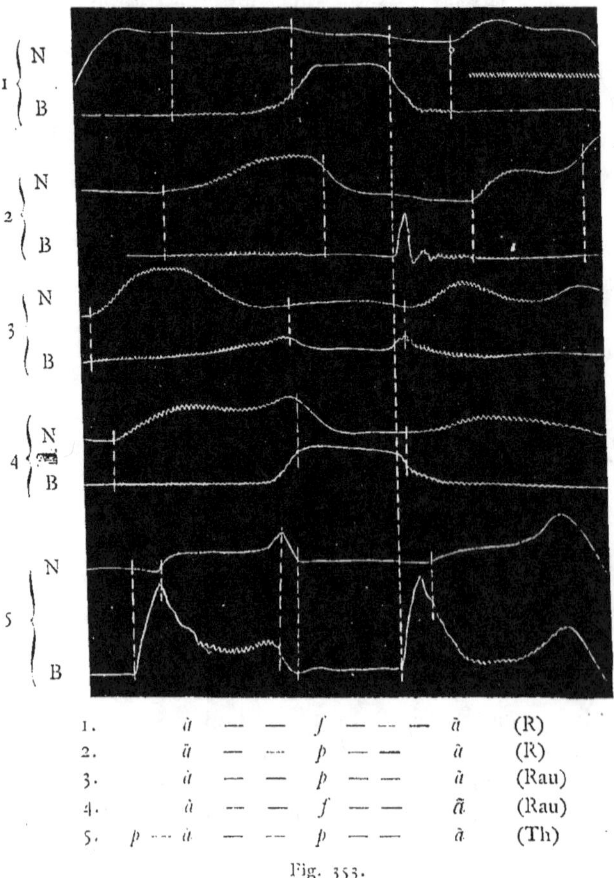

Fig. 353.

Influence d'une consonne sourde sur la nasalité.

La grande ligne pointillée marque le moment de l'explosion ; les petites qui suivent à droite, le commencement de la nasalité. — Échelle à droite.

Les lignes pointillées de gauche montrent l'accord de la bouche et du nez pour les nasales initiales.

se rapproche de ma prononciation. Mais il est fort possible
aussi que le phénomène représente un état phonétique et
réponde à une étape de l'évolution des nasales : soit à une
nasalisation encore incomplète, soit à un commencement de
dénasalisation. La première hypothèse pourrait être vraie
pour moi ; la seconde pour M. Théry. C'est à la géogra-
phie de décider.

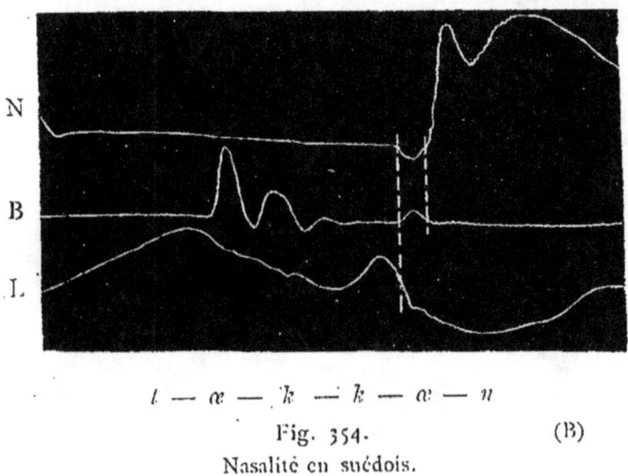

Fig. 354.   (B)

Nasalité en suédois.

A rapprocher la figure 344, qui permet de constater la
différence qu'il y a entre la sourde *l* et la sonore *b* au point
de vue de leur influence sur la nasale.

Absorption de la voyelle précédente ou même de l'explosion de la consonne dans la nasale et nasalisation à
distance.

Comparez les mots suédois *töcken* « brouillard » (fig. 354),
toppen « la cime » (fig. 355) et *vatten* « eau » (fig. 356), et
vous constaterez l'envahissement progressif de la nasale : dans

le premier cas, il reste quelque chose de la voyelle pure;
dans le second, l'explosion se fait encore par la bouche et
par le nez; dans le troisième, tout le souffle passe exclusivement par les fosses nasales.

L'*a* de *toppen* (fig. 355) et celui de *vatten* (fig. 356) sont
en partie nasalisés; mais non l'*œ* de *töcken* (fig. 354).

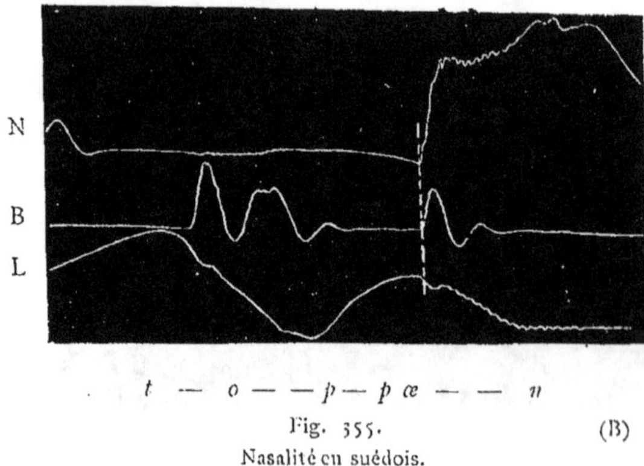

Fig. 355.   (B)
Nasalité en suédois.

Absorption de la consonne nasale dans la voyelle nasale
précédente.

Ce phénomène, qui s'est accompli en français, est dû :
d'une part, à l'ouverture progressive des lèvres ou à l'abaissement de la langue, en un mot, à la suppression graduelle
de l'occlusion consonantique; de l'autre, à la fermeture
prématurée des voies nasales. Le premier et le plus
important facteur du changement est mis en évidence dans
la figure 357. Les tracés qu'elle reproduit ont été extraits
de phrases complètes : *l'ay borra dedin* « je l'ai enfermé

dedans », *n'ay montsat un* « j'en ai mangé un », *souy pɔsa
sul poun* « je suis passé sur le pont ».

La ligne supérieure, celle du nez, nous fait connaître la
place des nasales ; celle du bas, qui représente les mouvements de la langue, les divers degrés d'occlusion. Or, dans
dedin (1), la langue est restée un peu au-dessous de la posi-

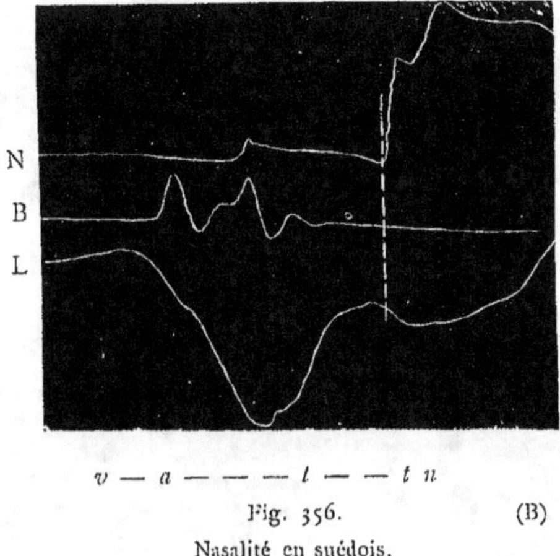

Fig. 356. (B)

Nasalité en suédois.

tion de l'*n* (cf. les *d*) ; l'*n* existe encore mais faible. Dans
dedin (2), la langue s'est élevée au même niveau que pour
le *d* ; donc nous avons une *n* bien articulée. Dans *t un*, la
langue est restée bien au-dessous de la position du *t* ; néanmoins, on peut croire encore à une *n* faible, cf. *dedin* (1).
Enfin dans *poun*, la langue est restée presque immobile sur
le plancher de la bouche ; l'*n* n'a pas été prononcée. Cette
paresse s'explique par la présence de l'*u* qui s'articule en
arrière : avec la même somme ᴇ ravail, la langue n'a

pas pu atteindre la position voulue. Mais la durée du phénomène n'a pas encore été diminuée.

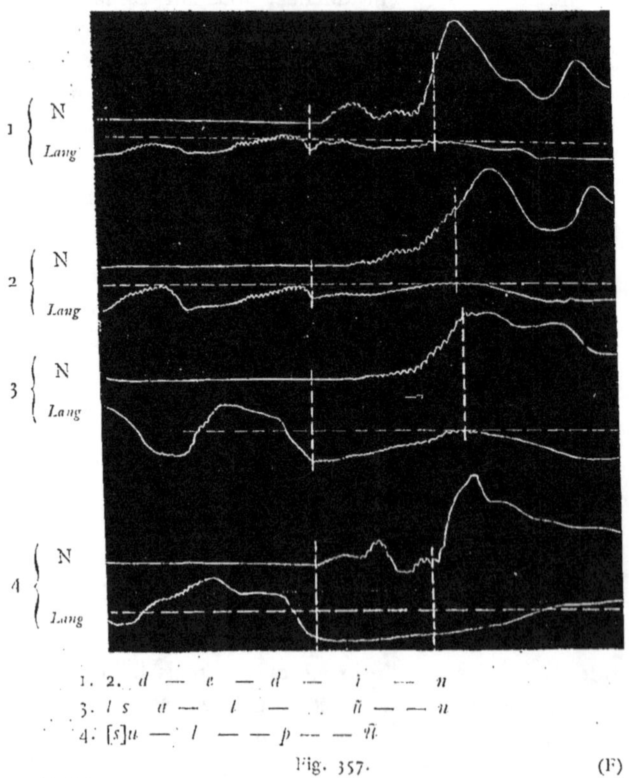

Fig. 357.   (F)

Modification dans l'articulation de l'n finale, par abaissement de la langue.

Le mouvement de la langue (*Lang.*) est marqué entre les deux lignes pointillées.

Il peut aussi y avoir dans l'articulation un déplacement qui change la nasale, par exemple, l'*n* en *m* ou *ŋ* vélaire;

comme dans les exemples cités du portugais, ou dans le
mot *muòn* déjà inscrit (fig. 347). L'élévation du dos de la

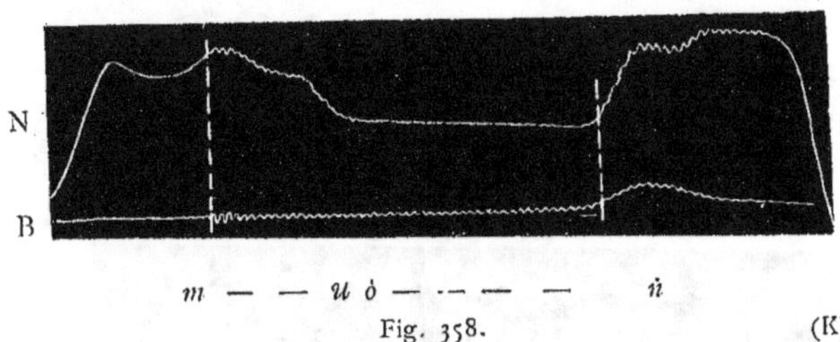

Fig. 358.   (K)
Changement d'articulation de l'*n* finale.

Noter l'écoulement de l'air sourd pour l'*m* initiale.
Le caractère vélaire de l'articulation est marqué par l'élévation de la ligne B, à droite de la
2ᵉ pointillée.

langue prise, avec une ampoule, au niveau du palais mou
(fig, 358) rend la transformation évidente.

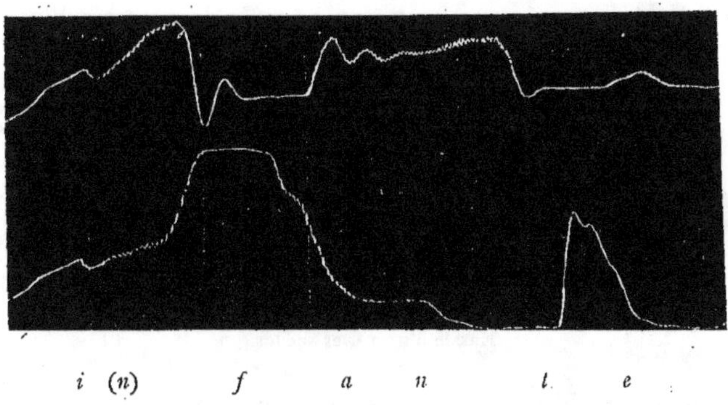

Fig. 359.   (G) (Josselyn)
Absorption de l'*n* dans une voyelle nasalisée en italien.

M. Josselyn a trouvé exceptionnellement chez un pérugin
et chez un émilien un cas de *in*, où la consonne s'est entiè-

rement fondue dans la voyelle, *infante* (fig. 359). La seconde
ligne du tracé, qui est celle du souffle, aurait marqué un
arrêt dans l'écoulement de l'air, si l'*n* avait été articulée.

Intensité de la nasalité.

L'intensité objective de la nasalité a son expression dans
l'amplitude des vibrations et la force du courant d'air qui

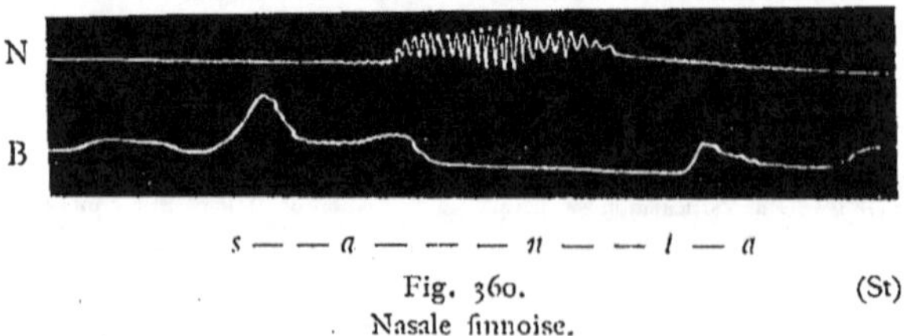

Fig. 360.   (St)
Nasale finnoise.

fait résonner les cavités nasales. Mais, comme ces deux
données ne nous sont connues que par le moyen d'une

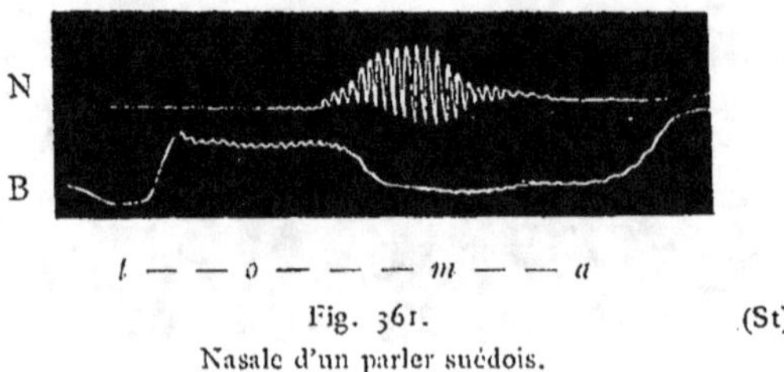

Fig. 361.   (St)
Nasale d'un parler suédois.

membrane, qui peut être plus ou moins sensible au mouvement vibratoire et au déplacement de l'air, il faut, avant de
porter un jugement sur le phénomène, faire la part qui
revient à l'intermédiaire. De plus, on ne doit pas oublier
que les deux voies nasales sont rarement identiques : l'une

des deux peut être plus ou moins obstruée. Il est donc prudent de ne comparer au point de vue spécial de l'intensité que les tracés d'une même personne, pris dans des conditions semblables, c'est-à-dire avec le même tambour, dans le même temps et par la même narine. La comparai-

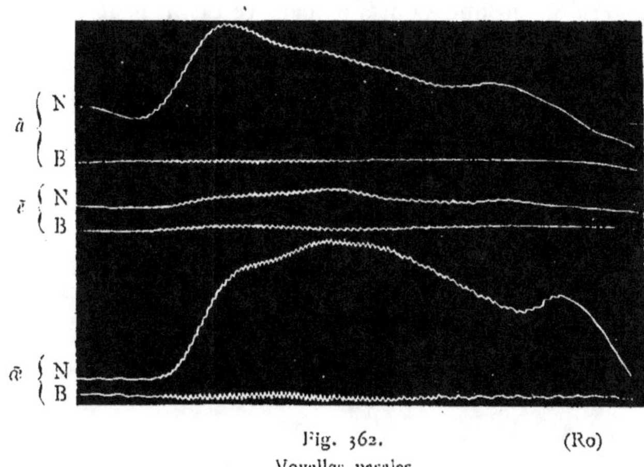

Fig. 362.   (Ro)
Voyelles nasales.
La dépense de l'air nasal est proportionnelle au déplacement de la ligne du nez.

son des tracés de diverses personnes a besoin de s'appuyer sur des expériences supplémentaires qui permettent de supprimer les chances d'erreur. Quoique ces précautions n'aient pas été prises, je crois cependant pouvoir citer des nasales dont l'amplitude m'a étonné au moment même où je les recueillais. Elles sont d'un finlandais et appartiennent : l'une au finnois *santa* « sable » (fig. 360); l'autre à un parler suédois, *toma* « venir » (fig. 361).

Quant à l'intensité subjective de la nasalité, à l'impression spéciale qu'un son nasal produit sur notre oreille, la mesure est encore à chercher. Remarquons : 1° que l'écoulement de l'air par le nez est à peu près sans effet acoustique pour les sourdes *p t k f s e*, et les sonores non occlusives *v s j l r*; 2° qu'il n'est très nettement senti que joint aux sonores explosives *b d g* et aux voyelles ouvertes *a è é à o*; 3° qu'il ne modifie que faiblement les voyelles très fermées *i u u*, et que pourtant, dans ce cas, il peut être

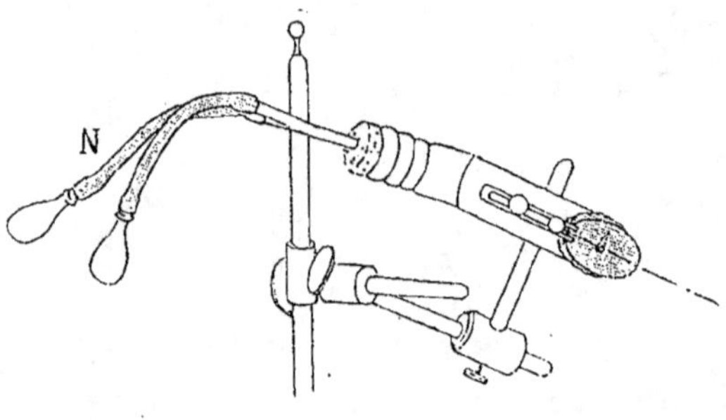

Fig. 363.

très considérable plus même que pour *a é à* nasalisés, comme le montrent les tracés de *ĩ ũ* (fig. 320), comparés avec ceux de *ã, õ, ẽ* (fig. 362) ; 4° qu'il communique à la consonne une puissance auditive considérable, car, dans une expérience où *b d* n'étaient plus distincts à une distance de 8 mètres, *m n ŋ* étaient encore parfaitement entendues à 10 mètres et au delà.

Timbre nasal.

Enfin, il nous reste à poser une dernière question, plus délicate encore que les autres, celle du timbre. N'y a-t-il qu'un seul timbre nasal ou y en a-t-il plusieurs ? La diffi-

culté de la recherche est accrue par ce fait que les vibrations recueillies au sortir des narines ne doivent pas être
complètement pures de toute résonance buccale. En effet,
dans deux expériences où j'ai produit le murmure nasal
qui précède l'explosion de *m n ŋ*, en maintenant les lèvres
ou la langue dans les positions articulatoires voulues,
l'oreille d'auditeurs non prévenus sentait des différences

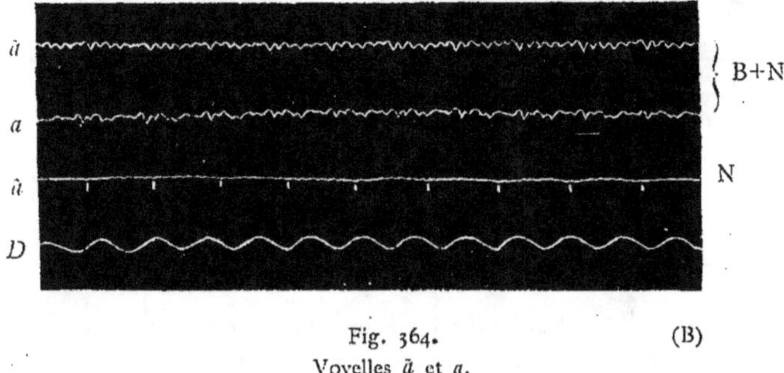

Fig. 364.   (B)
Voyelles ã et a.

ã a été inscrit : d'abord (B + N) avec le dispositif (fig. 367 moins N') ; puis N avec le dispositif (fig. 363).
a a été inscrit avec le même dispositif que ã (B + N), mais N ne servait de rien, le voile
du palais interceptant la sortie de l'air par le nez, au moins en très grande partie.
D. Diapason de 200 v. d.

caractéristiques. L'un, à 10 ou 20 centimètres, distinguait
aisément *m*; hésitait entre *n* et *œ*; et confondait constamment *ŋ* avec *i*. L'autre, à une distance plus grande, recon-
naissait très bien *m* et *n*; quant à *ŋ*, il l'entendait *u*. Un
simple avertissement a suffi pour faire cesser toute hésitation.

Malgré cette cause d'erreur, on peut cependant concevoir
l'espérance de trouver dans les tracés du souffle nasal la
caractéristique d'une résonance propre qui se distinguerait
par son amplitude des résonances étrangères.

Les tambours grands et moyens, même les plus sensibles (à cuvettes peu profondes et à ouverture centrale), ne m'ont jusqu'ici rendu que le son fondamental. Seul, mon petit tambour de 1^{cm} de diamètre, 2^{mm} de profondeur, à attache de levier imitant le manche du marteau, relié uniquement à une olive nasale, a donné des tracés où se lit clairement l'octave (fig. 218).

B + N

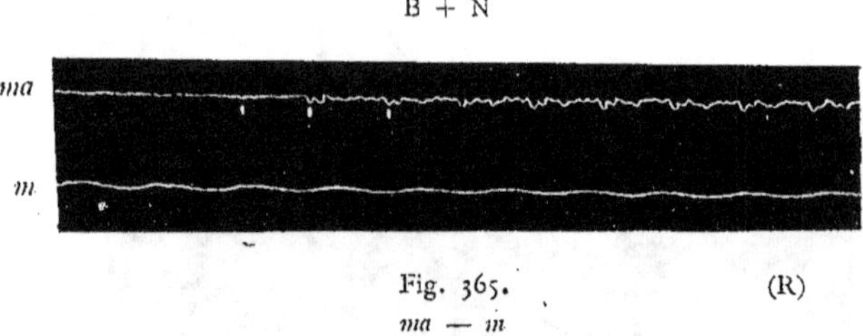

Fig. 365.   (R)

ma — m

L'inscription a été faite avec le dispositif (fig. 367 B + N, moins N').
La partie correspondante à m a été prise dans la partie du tracé qui précède la voyelle.

Peut-on aller plus loin ? Oui, en perfectionnant le mode d'expérimentation. D'abord, on peut conduire, à l'aide de deux olives, tout l'air sortant par le nez dans un tambour, que l'on choisit naturellement le plus sensible. La courbe obtenue s'enrichit alors de sinuosités plus nombreuses (voir fig. 370, N). Mais le tracé est d'ordinaire plus expressif encore, si, au tambour, on substitue l'inscripteur de la parole à membrane (baudruche, par exemple) selon le dispositif représenté (fig. 363). On compte sept sinuosités régulières dans chaque période pour $\tilde{a}$ (fig. 364, N), autant, quoique avec plus de peine, mais d'une façon aussi sûre pour m (fig. 365).

La même expérience renouvelée sur les nasales françaises, v, n, m, $\tilde{a}$, $\tilde{e}$, $\tilde{o}$, $\tilde{œ}$ (fig. 366), a confirmé ce résultat. De plus, cet agrandissement, qui est de 11 diamètres, a rendu

sensible la subdivision de cette septième sinuosité en deux
ou trois plus petites, qui se montrent dans tous les tracés,
particulièrement dans ceux de *n̦*, de *ã*, soit que l'inscription
ait été faite dans de meilleures conditions, soit que la

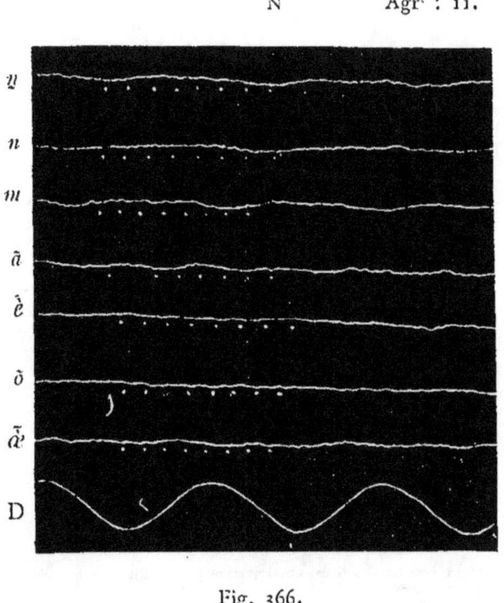

Fig. 366.   (R)

Nasales.

Inscrites avec l'appareil (fig. 363). — Le bord supérieur du tracé a été seul conservé dans
l'agrandissement.
D. Diapason de 200 v. d.

composition des sons partiels favorise l'isolement des harmoniques qu'elle représente.

Nous avons donc la trace évidente d'un septième son composant (avec son octave ou sa douzième), qui, d'après ce
que nous savons sur la formation du timbre nasillard (p. 19),
semble bien, au moins en ce qui me concerne, répondre à la

résonance du nez et se dénonce comme la caractéristique de mes nasales.

Mais allons plus loin. Quelle modification l'harmonique nasal impose-t-il à la forme de la voyelle pure ? L'expérience

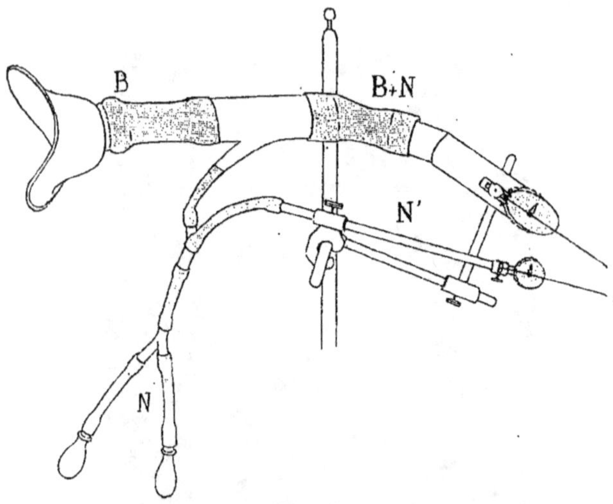

Fig. 367.

L'air recueilli par les olives nasales N est conduit dans le courant d'air qui vient de la bouche B : les deux s'inscrivent ensemble B + N.

Le courant d'air nasal grâce à un embranchement est conduit dans un tambour spécial N' et s'inscrit à part. Cet embranchement peut être ajouté ou supprimé à volonté.

à faire est même assez simple. Il suffit de conduire l'air recueilli par les deux olives dans l'inscripteur de la parole qui reçoit déjà l'air de la bouche (fig. 367, N et B + N), ou encore de partager le courant d'air nasal entre l'inscripteur (B + N) et le tambour (N'). Les tracés que l'on obtient par ce procédé sont très intéressants. La voyelle nasale se distingue alors très nettement de la voyelle orale correspondante. La première a un tracé simple, peu accidenté ; la seconde, une

courbe plus complexe. Comparez (fig. 364) ã et a (B + N).
D'où vient la différence ? Naturellement de l'addition des
vibrations nasales (même figure, N). L'harmonique que
nous avons déjà isolé fait ici sentir son action d'une manière

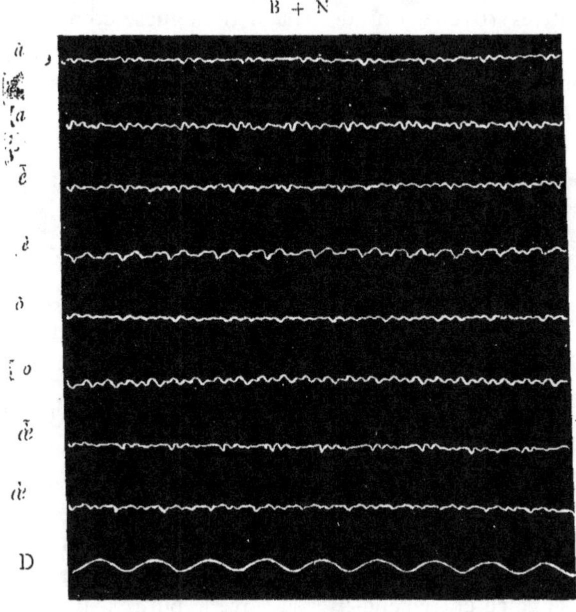

Fig. 368.

Voyelles françaises : nasales et non-nasales.

Elles sont inscrites avec le double courant d'air (fig. 367, B + N, moins N').
D. Diapason de 200 v. d.

prépondérante. C'est lui qui a en quelque sorte nivelé le
tracé de l'*a* pur. La même observation se fait sur la figure 365,
qui représente une partie de la syllabe *ma*. Les premières
périodes appartiennent à *m*, les dernières à *a* : la pureté de

cet *a* est mise hors de doute par la comparaison de son tracé avec celui de la figure 364. Or, entre *m* et *a*, il s'est produit naturellement quelques périodes d'un *a* nasalisé (cf. fig. 218). Il y en a deux qui sont parfaitement caractérisées et de tout point comparables à celles de l'*ã* (fig. 364).

Les autres voyelles ont des tracés analogues, comme on en peut juger d'un seul coup d'œil par le tableau (fig. 368), où sont disposées les unes au-dessous des autres les nasales

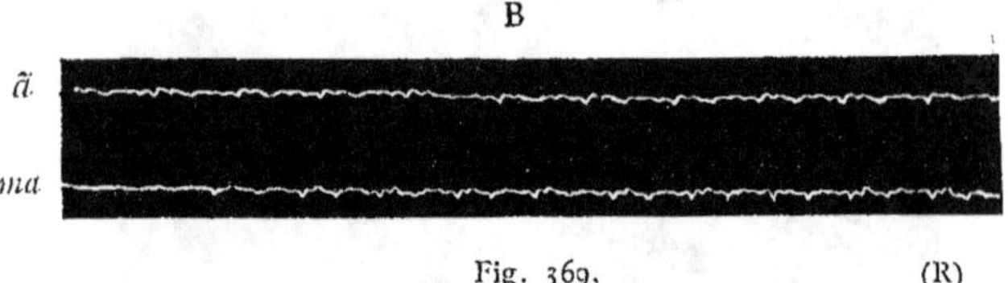

Fig. 369.   (R)

Voyelle nasale recueillie dans le souffle buccal seulement.

françaises avec leurs variétés orales correspondantes, inscrites successivement par les mêmes appareils. La complication du tracé est toujours du côté de la voyelle pure ; la simplicité et la régularité, du côté de la nasale.

Nous obtenons une contre épreuve en inscrivant la voyelle nasale par la bouche seulement. Alors, la différence signalée entre celle-ci et la voyelle pure, s'efface, par exemple, entre *ã* et l'*a* de *ma* (fig. 369), au moins suffisamment pour appuyer la théorie.

Mais la correspondance des voyelles buccales et nasales n'est qu'approximative, et l'on peut songer à un moyen de comparaison préférable à l'inscription successive. Au lieu d'articuler, l'une après l'autre, les deux variétés de la voyelle (*ã* et *a*, par exemple), il semble meilleur d'isoler dans la voyelle nasale elle-même ce qui appartient au nez

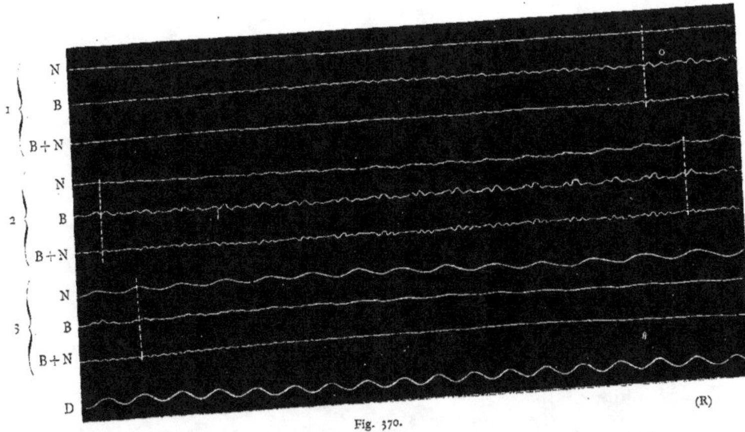

Fig. 370.

Voyelle ă.

Inscrite simultanément dans le souffle nasal seul N, dans le souffle buccal seul B, dans les deux courants d'air réunis B + N.

seul, à la bouche seule, et aux deux organes réunis, en joignant aux appareils déjà accouplés (fig. 367), un nouvel inscripteur qui ne recevra que le souffle buccal. Le résultat obtenu nous est montré (fig. 370) pour la voyelle ã. Le dispositif lui-même est représenté (fig. 371).

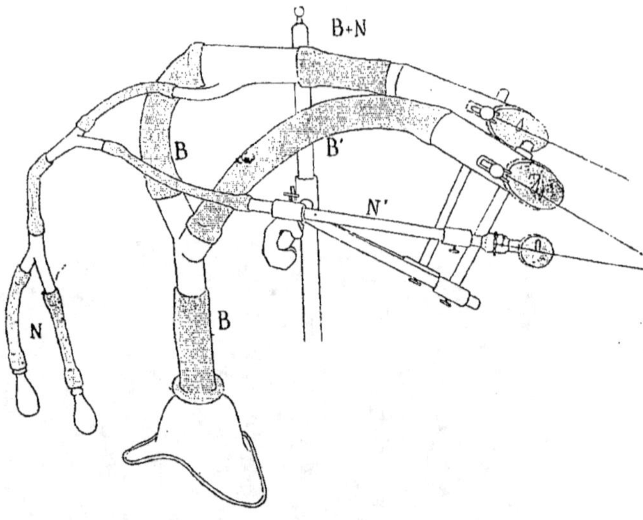

Fig. 371.

L'air de la bouche (B) se rend seul à l'inscripteur B' ; il se mélange avec celui du nez (N et est inscrit en B + N. L'air du nez est inscrit seul par le tambour N'.

Nous retrouvons pour les tracés N, B, B + N les mêmes caractéristiques que plus haut. Mais là doivent s'arrêter nos conclusions, car, pour être en droit d'instituer une comparaison détaillée des divers tracés, il faudrait disposer de trois appareils inscripteurs identiques, ce qui n'est pas mon cas. J'interromps donc mes recherches à ce point, n'ayant pas le loisir de les pousser davantage, et avec l'espoir de les reprendre avant longtemps. Mais j'ajoute que, si l'on veut que chacun des tracés garde bien son individualité, il est nécessaire de tenir la voyelle aussi peu que possible. Autrement, tout l'air contenu dans les différentes parties des appareils vibrerait à l'unisson.

Quoi qu'il en soit, il semble bien que les vues exposées plus haut soient confirmées, et il est permis de croire qu'un timbre nasal unique imprime son caractère à tous les sons pour lesquels un écoulement de l'air se fait par le nez.

Les diverses formes de la nasalité que nous avons à considérer sont, on le voit, fort nombreuses, et toutes ont de l'intérêt pour l'histoire du langage. Cependant très peu ont une valeur acoustique suffisante pour être utilisée dans la parole. Ainsi s'explique l'indigence de nos alphabets. Les Latins n'avaient que deux caractères : *m*, *n*. Les Français ont donné à ces deux signes un double emploi : ils s'en servent pour désigner les consonnes, et pour compléter l'expression figurée des voyelles nasales (*an*, *am* = *ã* ; *ain*, *ein*, *en*, *in* = *ĕ̃*, etc.).

Il est clair que nous ne pouvons songer à rendre typographiquement toutes les nuances (les tracés le font à merveille). Mais des additions s'imposent. Tout en conservant *m* et *n*, qu'il y aura lieu de préciser à l'aide de signes diacritiques, on peut prendre, comme symbole général de la nasalité, le tilde espagnol (˜), qu'on modifierait dans sa forme (˜) pour marquer une teinte variable de nasalité. Les degrés intermédiaires seraient notés par des indices. Enfin la nasalisation partielle serait convenablement indiquée par un double caractère dont l'un seulement serait affecté du tilde. Ainsi, on aurait un *a* nasal ($\tilde{a}$), un *a* légèrement nasalisé ($\tilde{a}$), un *a* incomplètement nasalisé (*a$\tilde{a}$* ou *$\tilde{a}$a*); entre *a* et *$\tilde{a}$*, on pourrait avoir $\tilde{a}_1$, $\tilde{a}_2$, $\tilde{a}_3$..., etc. De même pour les consonnes.

4.° ARTICULATIONS CONSTRICTIVES, MI-OCCLUSIVES ET OCCLUSIVES

Cette distinction est fondée sur la nature de l'obstacle vocal. N'y a-t-il qu'un simple resserrement des parois de l'organe, l'articulation est *constrictive*. Y a-t-il, au contraire, fermeture complète, l'articulation est *occlusive*. Enfin l'obstacle est-il constitué de telle sorte qu'il y ait, dans la région articulatoire, sur un point fermeture légère, sur l'autre simple rapprochement organique, l'articulation est *mi-occlusive*.

Les constrictives ont des formes variées. Ce sont les voyelles et les consonnes dites continues ou prolongeables, que l'on subdivise en semi-voyelles (*w*, *ẅ*, *y*, *ç̧*), spirantes (*ɛ h*), fricatives (*ʃ v*, *s ʒ*, *ʃ j*), vibrantes (*l*, *r*), nasales (*m*, *n*, *ṅ*). Les anciens réunissaient toutes ces consonnes sous le nom de semi-voyelles.

Les occlusives, au contraire, composent un groupe bien défini : *p b*, *t d*, *k g*. On lui donne différents noms qui tous rappellent l'une des conséquences de l'occlusion : muettes, instantanées ou momentanées (par opposition aux continues), plosives, explosives ou implosives (suivant leur place dans le groupe phonique). Les anciens les appelaient consonnes.

Quant aux mi-occlusives, beaucoup les regardent encore comme des articulations composées et les représentent par deux lettres (*ts dz, te dj*.....). Ce sont : *ŝ, ẑ, ĉ, ĵ*, etc.

Chacune de ces articulations se présente sous deux formes, suivant que le mouvement de constriction ou d'occlusion est énergique ou faible. C'est ainsi que nous obtenons les voyelles tendues ou relâchées et les consonnes fortes (*ʃ s ɕ..., p t k*) ou douces (*v ʒ j..., b d ʒ*).

En outre, l'obstacle vocal peut être constitué de deux manières : ou bien il est ferme et limité au seul point articulatoire, ou bien il est mou, diffus, de façon à toujours intéresser la voûte palatine.

Ainsi prennent naissance deux nouvelles variétés d'articulations : les dures (*l, n, s ʒ, c j..., t d, k g....*), et les articulations mouillées, dites aussi palatalisées (*l, v, s ʒ, ɕ j; t d, k g,* etc.).

Voilà bien des variétés à noter en dehors même de toute considération portant sur la place même où se forme l'obstacle vocal, et nous ne pouvons pas encore les concevoir toutes. C'est à en donner une idée, comme à en marquer les rapports, que je vais m'appliquer. Cette étude n'est pas simplement théorique et seulement utile pour l'histoire des évolutions phonétiques; elle emprunte un grand intérêt pratique à ce fait que chacune des formes de la constriction et de l'occlusion engendre des nuances de sons très appréciables à l'oreille et utilisables dans la parole.

Les divers degrés de fermeture servent à différencier les voyelles comme les consonnes. En conséquence nous avons des voyelles plus ou moins *ouvertes* ou *fermées*. Mais comme ces distinctions forment la base principale sur laquelle repose la classification des voyelles, je m'abstiendrai d'en parler ici, et je n'aurai en vue dans ce qui va suivre que les seules consonnes.

Les constrictives, les mi-occlusives et les occlusives se distinguent nettement sur les simples tracés du souffle. Comparer, par exemple, les figures 122-127, 150-154, 201, 202, 207, 214-117, 221 B, 223, 226, 227, etc., 238, 240, 242, 249, 257-266, 281, 284-289, 315, 316, 339, etc. Dans l'occlusive, l'émission de l'air se fait brusquement; c'est une sorte d'explosion qui se traduit sur la ligne par une déviation subite dans le sens de la verticale (type, fig. 127). Pour la constrictive, la sortie de l'air se fait lentement et croît ou diminue d'une façon progressive : le tracé prend des formes arrondies et onduleuses (type, fig. 124). La mi-occlusive est émise mollement et tient le milieu par son tracé entre les deux autres classes, plus près de la première (type, fig. 412).

Pour obtenir du souffle une ligne qui marque bien la forme de l'obstacle propre à chaque catégorie d'articulations, il est nécessaire d'avoir un tambour à membrane assez élastique et de tenir l'embouchure convenablement appliquée sur les lèvres (p. 132). En effet, la résistance qu'oppose une membrane trop rigide et l'accumulation de l'air dans le tambour déforment le tracé (fig. 144); d'autre part, si l'air est recueilli d'une façon insuffisante, le tracé de la consonne peut à peu près disparaître (fig. 265, dernière rangée).

Quand l'expérience est bien faite, la seule ligne de la colonne d'air suffit pour renseigner sur certains degrés de constriction et d'occlusion. C'est ainsi que l'on peut voir que des occlusives tendent à devenir spirantes et que des constrictives ont une sorte d'explosion qui les rapprochent des occlusives.

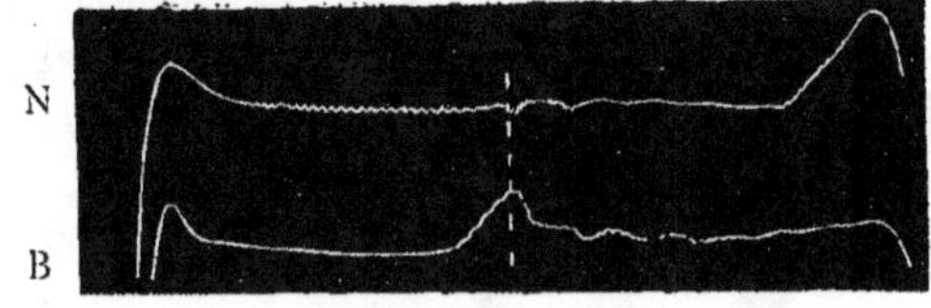

Fig. 372.   (S)

z explosif en tchèque.

N. Nez. — B. Bouche.

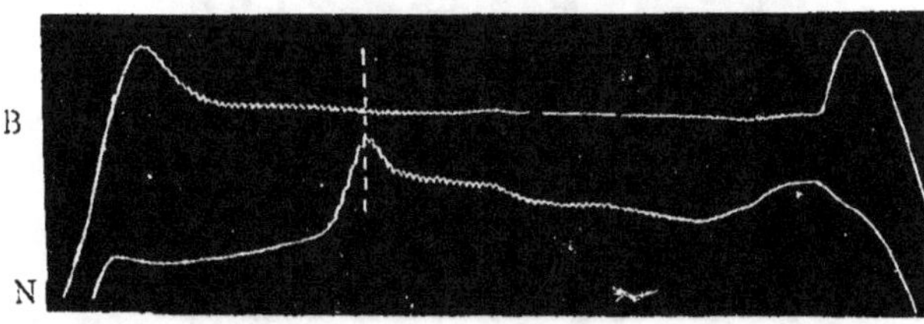

Fig. 373.   (S)

y explosif en tchèque.

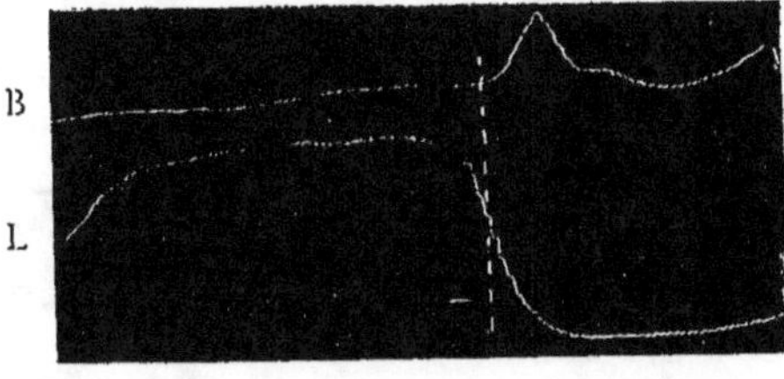

Fig. 374.   (S)

v explosif en tchèque.

B, Bouche. — L. Lèvres.

L'ouverture des lèvres est suivie d'une sortie brusque de l'air par la bouche.

Par exemple, le *p* de *poderi* (fig. 267) nous apparaît comme spirant à côté de celui de *pena* (fig. 266); de même le *g* de *gente* (fig. 269) et celui de *dugente* (fig. 270) comparés au *t* de la dernière syllabe.

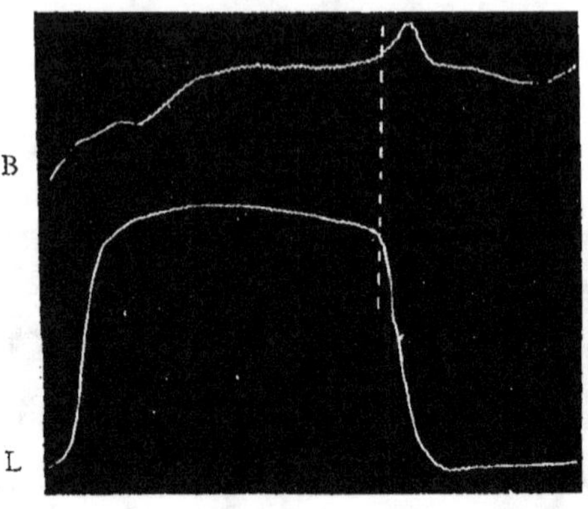

Fig. 375.   (S)

explosive en tchèque.

B. Bouche. — L. Langue.
La détente de la langue est suivie d'une petite explosion.

D'autre part, des constrictives peuvent s'accompagner, au début ou à la fin, d'un jet d'air qui ressemble à une explosion comme *ll* dans *pulli*, et *l* dans *Babila* (fig. 262, 2 et 3). Ce caractère est très accusé dans *aea* (fig. 217), grâce à l'élasticité du tambour inscripteur du souffle, et à la force de l'articulation.

Il y a donc des constrictives qui peuvent être dites explosives. M. Schlumsky en a recueilli beaucoup d'exemples en tchèque, entre autres : *ʒ* dans *ʒa* (fig. 372), *y* dans *ya*

(fig. 373), où la ligne de la bouche est contrôlée par celle
du nez, *v* dans *va* (fig. 374) et *l* dans *la* (fig. 375), où le
mécanisme de ces constrictives explosives nous est clairement indiqué. Nous pouvons en effet reconnaître, dans
la ligne des lèvres pour *v*, dans celle de la langue pour *l*, la
force de constriction qui produit un léger mouvement
explosif : l'air est en partie retenu par l'obstacle et il éclate
dès que celui-ci est écarté.

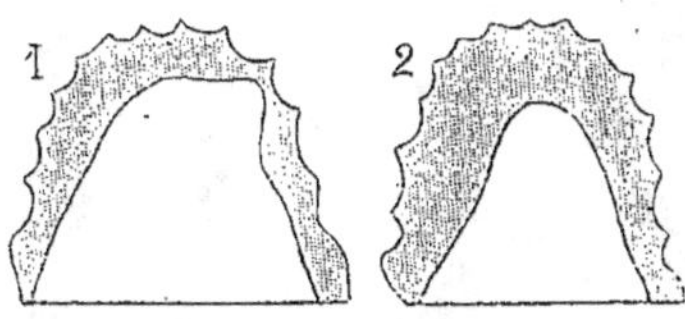

Fig. 376.
y occlusif.

1. Landais (Be). — 2. Irlandais (W).
La partie ombrée a été touchée par la langue.

Même, la fermeture peut être complète. J'en ai rencontré
un exemple pour *y* en landais (fig. 376, 1) et un autre en
irlandais (2).

Ces sortes de constrictives sont d'un grand intérêt pour
l'histoire des évolutions phonétiques, et leur constatation
permet de comprendre certains changements et de faire
disparaître certaines anomalies difficiles à expliquer. C'est
un *y* explosif dans *ie* après une consonne, qui est devenu
lye ou *le* : en russe (*země — zemye* « terre », d'où *novaia
zĕmla* « Nouvelle-Zemble »), en macédonien (*ferrum,
flyer*), au sud-ouest du Poitou (*chantiyan, eātilā* « chan-
taient »). Ce sont deux *y*, l'un explosif et l'autre non, qui
ont eu dans les langues romanes un double traitement :

l'un se conservant isolé et évoluant pour son propre compte ; l'autre mouillant la consonne précédente (voir pour les exemples la *Grammaire des langues romanes*, de Meyer-Lübke, I, p. 452 et suiv.).

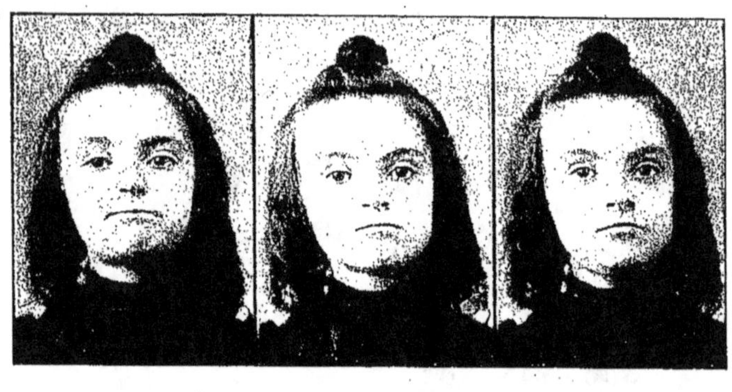

Fig. 377.   (Burguet)

Position des lèvres pour *p b m*, en parisien.

On sent dans la figure que la pression des lèvres diminue de *p* à *b* et de *b* à *m*,

Différences de force dans la constriction et dans l'occlusion :

Constatons d'abord celles qui caractérisent les diverses classes : fortes, douces, nasales, aspirées. Toutes répondent à des degrés de force qui deviennent évidents dès qu'on fixe le mouvement articulatoire, soit au moyen de la photographie, soit sur un palais artificiel, soit à l'aide d'une ampoule placée au point même d'articulation et d'un tambour.

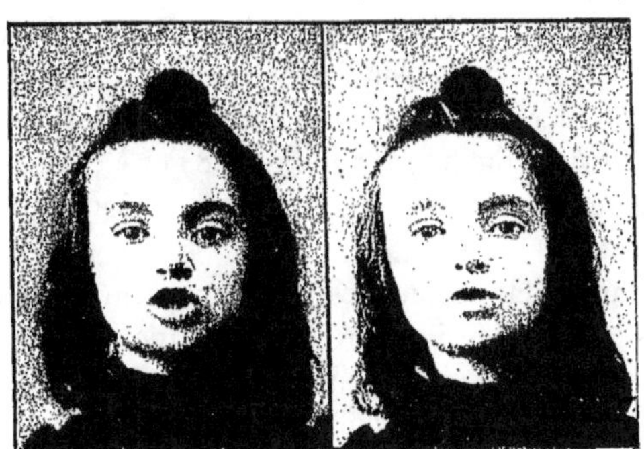

Fig. 378.

Position des lèvres pour ɛ j en parisien.

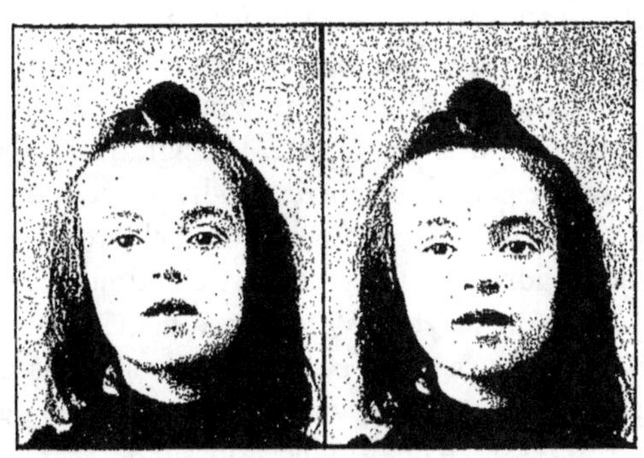

Fig. 379.

Position de la langue pour k g en parisien.

On devine que l'articulation est moins forte pour k que pour g.

La photographie de la bouche et des lèvres mises en position pour articuler les divers sons montre très bien dans certains cas, et, dans d'autres, fait suffisamment sentir les différences même délicates de fermeture. Comparez, par exemple : *p b m* (fig. 377), *ɛ j* (fig. 378) et *k g* (fig. 379) que j'emprunte au petit traité de prononciation française de M. Burguet.

Le palais artificiel donne des renseignements précieux, mais il faut savoir les interpréter. Quelquefois l'énergie du contact se voit ou seulement se devine par la plus ou moins grande rapidité avec laquelle la tache faite par la langue s'efface. D'ordinaire, on n'obtient, pour la comparaison de deux articulations, que cette seule donnée : la région de contact augmente ou diminue. Or, il est des cas où deux interprétations sont possibles, et toutes les deux contradictoires : c'est quand le changement est peu considérable. Lorsqu'on fait varier la force de l'articulation, la zone de contact varie en proportion, augmentant pour les fortes et diminuant pour les faibles. Mais on n'a pas oublié qu'un muscle perd du volume quand il se contracte, qu'il en gagne quand il se détend. Un agrandissement de la zone de contact peut donc correspondre à une mouillure, c'est-à-dire à un affaiblissement de l'obstacle vocal, et non à une augmentation de la force de l'articulation. De même, une diminution de la zone de contact peut être l'indice d'un excès de contraction et non d'un affaiblissement. Toutefois, je me hâte de le dire, il est rare que l'expérimentateur soit laissé dans l'indécision sur le vrai sens des tracés qu'il a sous les yeux. Mais il n'a peut-être pas été inutile de l'avertir. La première précaution à prendre, c'est de ne comparer entre elles que des articulations produites avec des degrés de force concordants et dans des

conditions analogues. On se gardera, par exemple, de rapprocher un *p* fort d'un *b* faible, et réciproquement.

Le relevé des tracés exige aussi quelques précautions
pour être bien fait, surtout quand les différences sont peu
sensibles. Les nouvelles recherches auxquelles je viens de
me livrer m'ont conduit à quelques légères améliorations
dont je vais profiter dès maintenant. J'ai percé mon palais

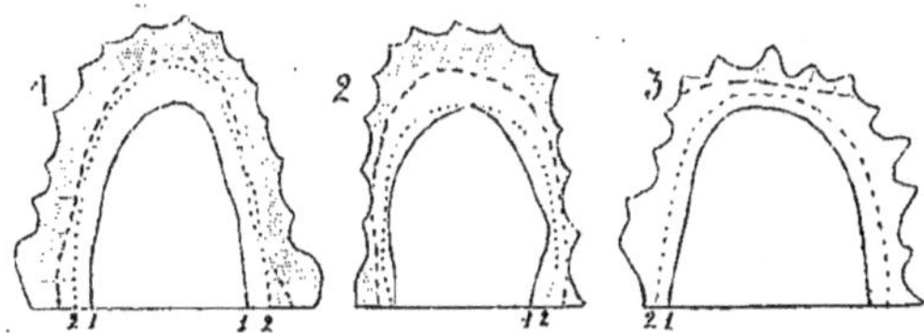

Fig. 380.

Différence de pression de la langue contre le palais pour les dentales.

1. Parisien (A).— 2. Russe (O).— 3. Grec de Pyrghi dans l'île de Chio (Ts). Exploration
aite sur place par M. Pernod.
La partie ombrée de la figure est le lieu d'articulation de l'*n*. — Pour (3), l'occlusion
s'achève contre les dents.
La ligne (2) limite l'articulation du *d*, et la ligne (1) celle du *t*.

artificiel de trous de façon à le diviser en petits comparti-
ments faciles à reconnaître; puis j'ai opéré le transport de
ces trous sur le papier en posant l'appareil à plat et en
répandant au-dessus une pluie de poudre de minium. J'obtiens ainsi une projection très exacte des points de repère
et un contour tout à fait correct. Un décalque fait sur
papier transparent me permet de prendre le dessin renversé,
comme auparavant (p. 59). Il suffit ensuite de le retourner
pour avoir à l'envers une image directe représentant la
voûte palatine orientée suivant sa position réelle. C'est
ainsi que je la représenterai désormais.

Ces précautions prises, on constate sans aucune peine
que les dentales peuvent se classer d'après leur différence

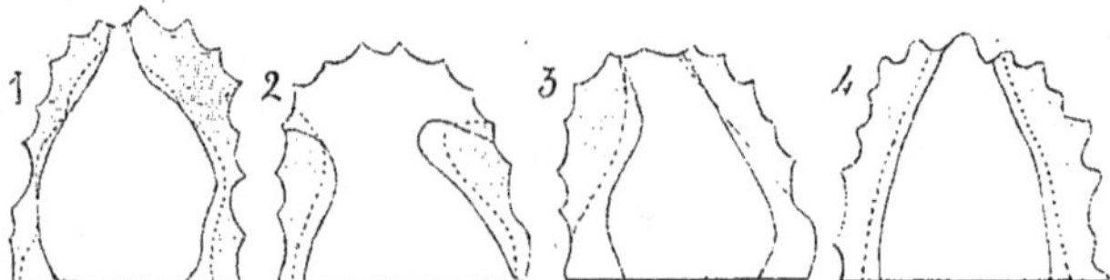

Fig. 381.

Différence de pression de la langue contre le palais pour *s z*, *c j*.

1 Russe (O) : *sa za*. — 2. Parisien (B) : *ca ja*. — 3. Parisien (B) : *sa za*. — 4. Pyrghi (Ts) : *sa za*.
La partie ombrée répond à la douce : *za* ou *ja*. — La ligne pleine limite *sa* ou *ca*.

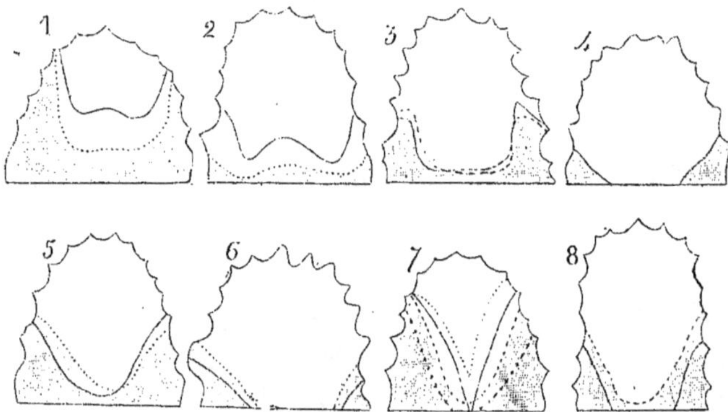

Fig. 382.

Différence de pression de la langue contre le palais pour les gutturales.

1. Bournois (Ro). — 2. Angoumois (R). — 3. Aveyron (Ri). — 4. Auvergne (D). 5. —
Paris (A). — 6. Pyrghi (Ts). — 7. Bretagne française (Po). — 8. Russe (O).
La partie ombrée répond à *ga*. La ligne, soit intérieure, soit extérieure, limite *ka*.
— (4), il n'y qu'un seul tracé pour *ka* et pour *ga*.
— (7), la ligne pleine intérieure limite *ki* ; la pointillée placée au-dessus, *gi*.

de pression dans l'ordre suivant : *t d n* (fig. 380). Il faut
quelque attention pour distinguer *s* et *z*, *c* et *j* (fig. 381),

mais on y parvient. C'est que tout le mouvement de constriction n'est pas accompli par la langue seule : comparez la
position des lèvres pour *e j* (fig. 378). Quant à *k g*, je
trouve dans mes tracés deux formes divergentes : tantôt
le palais est moins touché pour *g* (fig. 382, 1, 2, 3), tantôt,
au contraire, il est touché davantage (5-8). Mais, dans
les deux cas, la conclusion doit être la même : le *g* est une
douce. La différence de forme tient seulement à une différence dans le point d'articulation. M. Josselyn a rencontré
les deux types en Italie : le premier à Terni, le second à
Sienne. Une troisième forme est commune pour *k* et pour
g. Peut-être n'est-elle qu'apparente et disparaîtrait-elle
dans une expérimentation plus précise.

La photographie et le palais artificiel présentent des
résultats expressifs dans leur simplicité. Mais les appareils
enregistreurs, en rendant possibles les inscriptions simultanées de plusieurs points de l'organisme, nous fournissent
des données bien plus complètes. Ils nous ont montré
(fig. 133, 135, 137, 139, 144) la différence de fermeture
qui existe entre la forte et la douce ; il nous permettent
d'aller plus loin encore et de pénétrer la raison de cette
différence.

Celle-ci apparaît très clairement dans une expérience
faite pour un autre objet avec un Russe, M. Vandacouroff.
L'inscription comprenait le souffle (B), le larynx (La) et les
mouvements articulatoires, soit de la langue (L), soit des
des lèvres (Lè). Or, dans huit tracés successifs de la syllabe *ba*, des variantes se remarquent pour la pression des
lèvres, pour l'amplitude et le nombre des vibrations laryngiennes. Et ces deux faits sont corrélatifs : faible pression,
vibrations du larynx amples et nombreuses (fig. 383, A),

forte pression, vibrations de beaucoup diminuées (B).
Même constatation pour *da* (fig. 384).

C'est le cas de rappeler que le *z* et le *j*, en devenant forts,
perdent des vibrations du larynx (fig. 275 et 276).

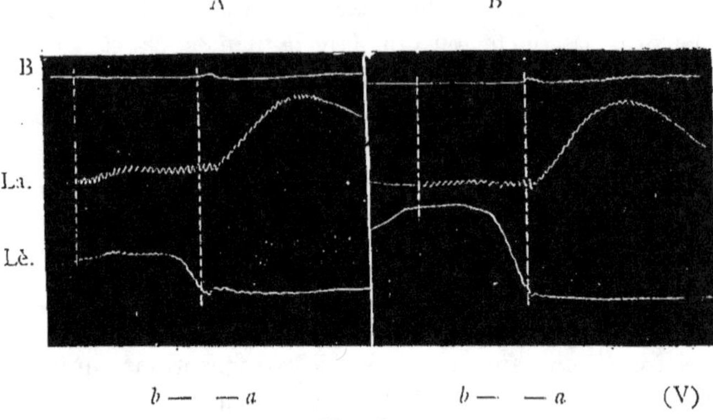

Fig. 383.

Comparaison de l'activité laryngienne et de la force de l'articulation labiale.

B. Souffle de la bouche. — La. Larynx. — Lè. Lèvres.
A. Articulation faible. — B. Articulation énergique.

Quant à la différence d'occlusion qui existe entre les
aspirées et les fortes ou les douces, les expériences ne sont
pas moins probantes. M. Vandacouroff a enregistré des
pa avec une force expiratoire variable, de telle sorte que nous
rencontrons des *p′* aspirés à côté de *p* forts, reconnaissables à
la durée de l'explosion sourde. Eh bien ! aux premières
formes correspondent des occlusions très faibles (fig. 385,
A), aux secondes des occlusions plus énergiques (B).

Comparés aux tracés de *ba*, ceux de *p′a* montrent
que l'occlusion des aspirées est encore plus faible que celle
des douces.

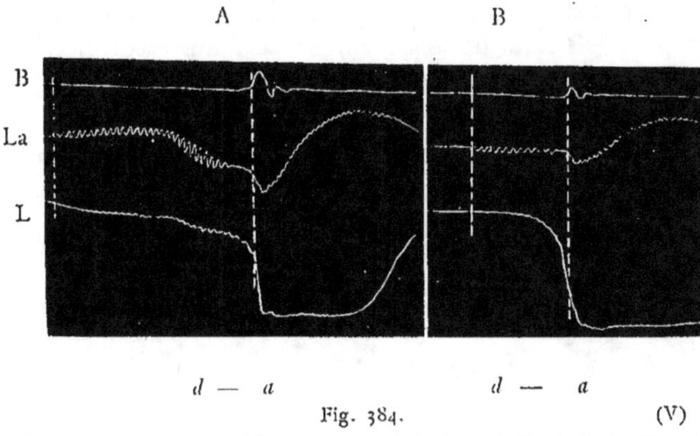

Fig. 384.   (V)

Comparaison de l'activité laryngienne et de la force de l'articulation linguale.

B. Souffle de la bouche. — La. Larynx. — L. Langue.
A. Articulation faible. — B. Articulation énergique.
On remarquera que, pendant l'occlusion de (A), la pression linguale a été en diminuant, et que proportionnellement l'amplitude des vibrations laryngiennes a été en augmentant.;

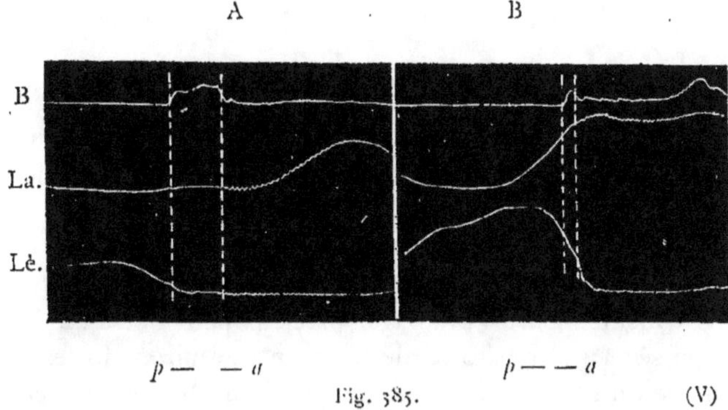

Fig. 385.   (V)

Comparaison de l'activité du larynx et de l'articulation.

B. Souffle de la bouche. — La. Larynx. — Lè. Lèvres.
A. Aspirée. — B. Forte.
Le *p* de (A) est réellement aspiré. Comparez (A et B), le tracé de l'air sourd chassé par l'explosion : il est compris entre les deux lignes pointillées.

M. Vandacouroff ne nous apprend rien pour le *k'* et surtout pour le *t'*, qui ne se présentent pas d'une façon nette dans sa prononciation, du moins telle qu'il l'a inscrite; mais la conclusion ne saurait être différente.

C'est en effet ce dont semblent donner la preuve les tracés empruntés à d'autres langues. Nous avons vu (fig. 261) que la forte galloise est aspirée et la douce abso-

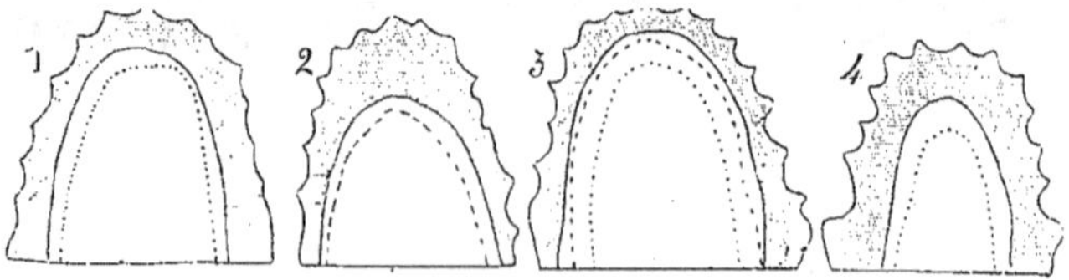

Fig. 386.

Comparaison du *t'* et du *d*.

1. Gallois (J). — 2. Danois (Sc). — 3. Arménien (N) — 4. Anglais (M).
La partie ombrée représente le *t'*; le pointillé placé au-dessous limite le *d*.
Le 3e pointillé (3) limite le *t*.

lument sonore. Or le *t*, contrairement à ce qui se passe en français, possède sur le palais artificiel une région d'articulation moins étendue que le *d*, ce qui doit s'interpréter ici par une moindre énergie linguale (fig. 386).

Il faut comprendre de même, je pense, les tracés de *t* et de *d* danois (2), ou anglais (4).

L'arménien offre l'avantage, précieux pour notre étude, de posséder les trois sortes de consonnes : aspirées, fortes et douces. Or M. Adjarian, dont on peut contrôler les aspirées (fig. 263, C) et qui reproduit pour *t* le type de Nouxa (fig. 265, N), pour *d* celui de Choucha (fig. 264, Ch.), m'a fourni en même temps quelques tracés de son palais artificiel. On y voit que les dentales s'échelonnent ainsi suivant la force de l'articulation : *forte, douce, aspirée*. Ces documents sont confirmés par de plus nouveaux, que je viens de recueillir, tout exprès pour achever de résoudre la question, grâce au concours d'un autre Arménien, M. Nahapetian, de Kars. Or, les régions de contact sur son

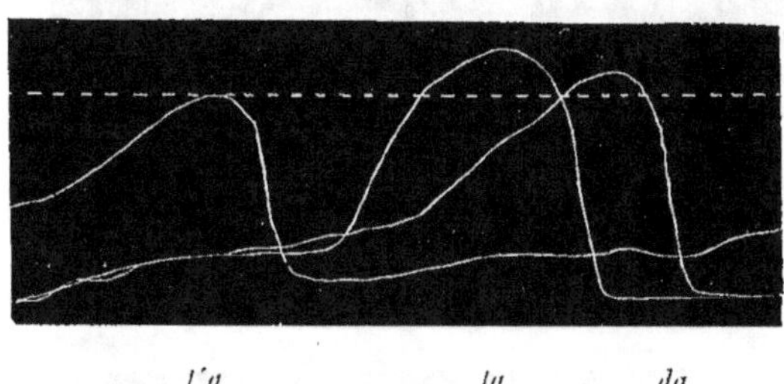

Fig. 387.   (N)

Pression de la langue pour les dentales en arménien.
(Ampoule exploratrice.)

La ligne pointillée sert de terme fixe de comparaison.

palais artificiel (fig. 386, 3) sont les mêmes que sur celui de M. Adjarian. En outre, les tracés du mouvement organique, pris avec une ampoule et un tambour très sensibles, se montrent concordants.

Comparez *t, d, t'* (fig. 387), *k, g, k'* (fig. 388), *ŝ, ẑ, ŝ'* (fig. 389). Les labiales présentent une interversion : le *b* est moins fort que le *p'*, soit *p, p', b* (fig. 390). Nous avons de même *ĉ, ĉ' ĵ* (fig. 391).

Dans les expériences de la nature de celles-ci, où il s'agit de différences délicates et variables, on fait sagement

d'inscrire les articulations à comparer chacune plusieur
fois de suite, pendant toute la révolution du cylindre, et
sans déplacer le chariot. De la sorte, tous les tracés sont
bien à la même place et les articulations se trouvent avoir

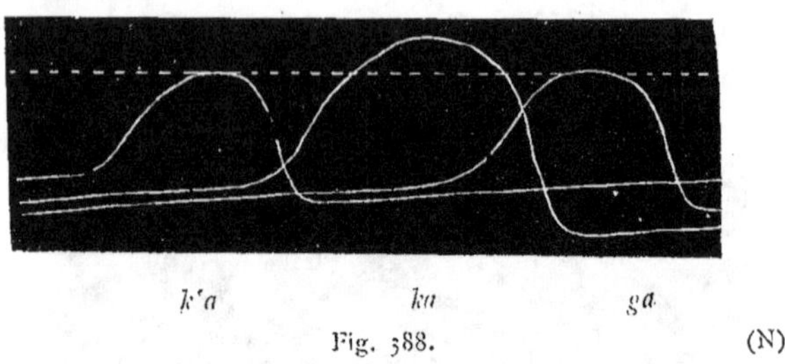

Fig. 388.   (N)

Pression de la langue pour les gutturales en arménien.

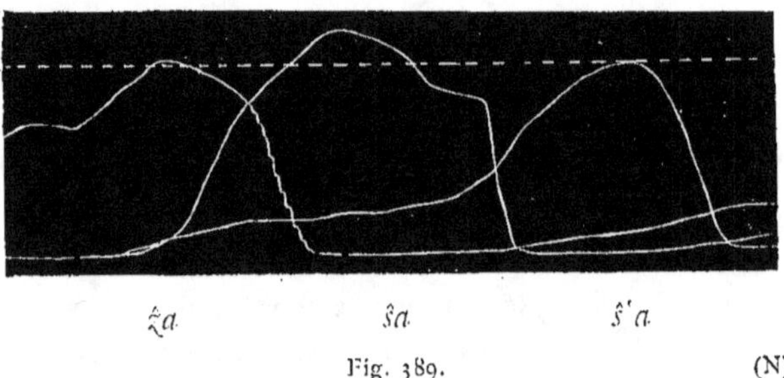

Fig. 389.   (N)

Pression de la langue pour les mi-occlusives en arménien.

été produites dans des conditions analogues. La seule difficulté, c'est de se reconnaître dans les lignes qui s'enche-
vêtrent. On y arrive avec un peu d'attention.

Si donc, négligeant les variétés intermédiaires et les consonnes doubles (voir p. 348-358), nous entreprenions de

classer les constrictives et les occlusives suivant l'énergie
organique qui détermine la fermeture partielle ou complète

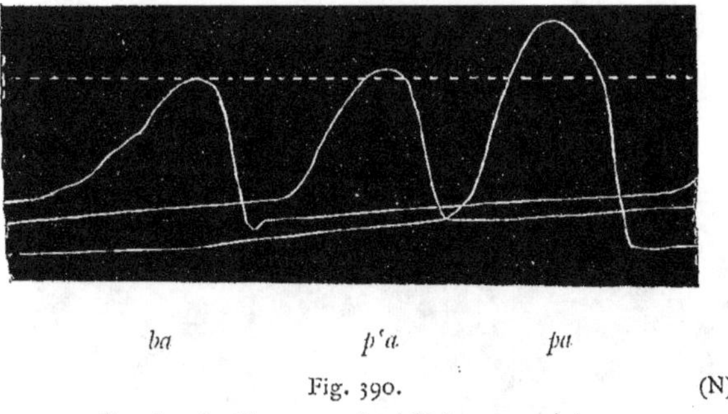

Fig. 390.   (N)

Pression des lèvres pour les labiales en arménien.
(Ampoule exploratrice.)

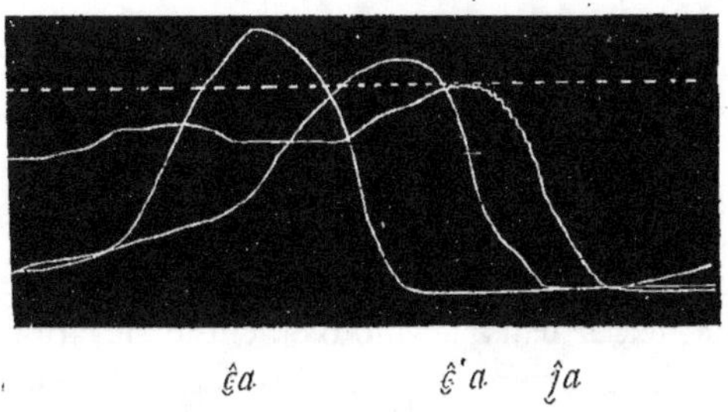

Fig. 391.   (N)

Pression de la langue pour les mi-occlusives en arménien.

du tube vocal, il conviendrait de mettre en tête les fortes,
puis viendraient en général les douces, enfin les aspirées.

C'est à peu près dans cet ordre, du reste, que se succèdent
les étapes de l'évolution qui entraîne directement les occlu-

sives dans la classe des constrictives, ou inversement. Ainsi
s'explique le changement de *p* en *b* puis en *v* (*saponem,
sabon, savon*), celui de *k* en *ĉ*, en *y*, puis en *i* et en *è* (*factum,
faĉtu, fait, fè*) ; ou encore celui de *w* en *g* dur (*werra,
guerre*). Il y a eu, par des degrés insensibles dont quelques-
uns seulement sont marqués dans l'écriture : pour les deux

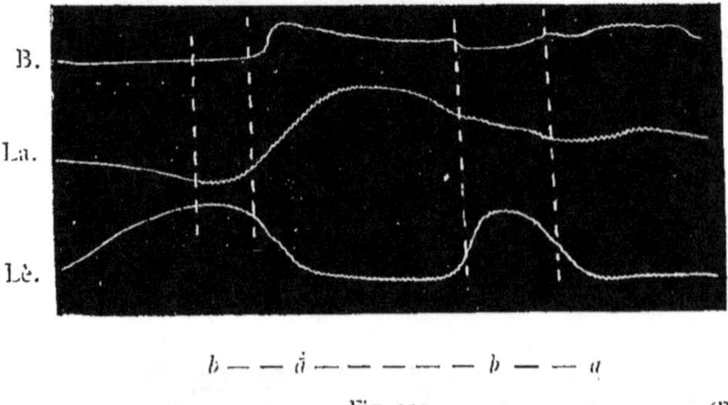

Fig. 392.   (Ba)

Pression labiale pour une consonne initiale et une intervocalique en arménien.
B. Souffle de la bouche. — La. Larynx. — Lè. Lèvres.

premiers cas, diminution progressive de la fermeture ; pour
le troisième, excès dans le mouvement d'élévation de la
racine de la langue vers le palais jusqu'à l'occlusion complète. On se rappelle aussi que, parmi les occlusives de
l'ancien grec, les fortes se sont maintenues, tandis que les
douces et les aspirées sont devenues spirantes.

La comparaison de diverses langues entre elles amène à
constater des degrés dans les mêmes ordres. Par exemple,
les douces allemandes sont plus fortes que les douces françaises, comme nous aurons l'occasion de le redire plus loin.

Aux divers degrés de constriction et d'occlusion qui résultent de la nature des consonnes, il faut ajouter les nombreuses variétés auxquelles une même consonne est soumise en raison de sa place dans le mot ou dans la phrase. Il suffira de citer deux exemples que je prends dans le chaldéen d'Ourmiah. Ils montrent la différence qu'il y

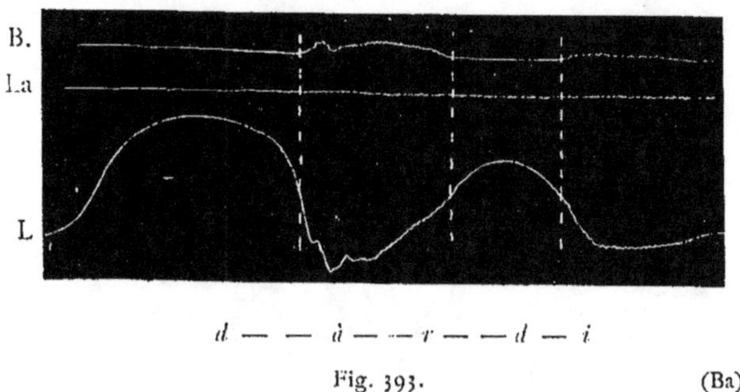

Fig. 393.   (Ba)

Pression linguale pour une consonne à l'initiale et après une autre consonne en chaldéen.

B. Souffle de la bouche. — La. Larynx (la capsule avait été placée par distraction sur un gros col). — L. Langue.

a au point de vue de l'occlusion pour un *b* et un *d* considérés à l'initiale, dans une syllabe accentuée, et après la tonique : *băba* « père » (fig. 392) et *dărdi* « maux » (fig. 393).

Degrés de dureté, de mollesse, de mouillure.

Ces trois états dépendent du degré de tension du muscle qui opère la constriction ou l'occlusion. Ils se reconnaissent sans peine, sur le palais artificiel, aux dimensions que présente la région de contact. En dehors des cas où le mouvement articulatoire est exagéré, l'extension du contact concorde avec un relâchement de l'organe. Le son, dur et sec quand le muscle s'est raidi, s'amollit et se mouille à mesure que celui-ci se détend. Il est vrai que l'oreille n'est réellement

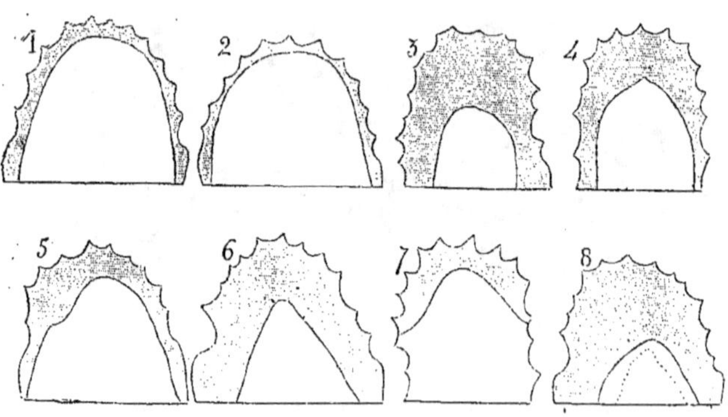

Fig. 394.

Articulation du *t.*

1. Landes (Be). — 2. Franche-Comté (Ro). — 3. Liège (G). — 4. Russe (O). — 5. Breton (L). — 6. Anjou ( ). — 7. Posen (H). — 8. Angoumois (R); le pointillé limite un *t* très fort.

frappée que par les positions extrêmes. Mais combien d'intermédiaires entre les deux! Il suffit, pour s'en faire une idée, de comparer les traces que laisse sur le palais artificiel une même articulation, *t,* par exemple (fig. 394), dans divers dialectes ou diverses langues. Quelles différences entre ces huit articulations et combien d'autres variétés elles laissent supposer!

Quoique, au point de vue acoustique, ces variantes n'aient aucun intérêt, puisque personne ne les remarque, elles ont cependant une grande importance au point de vue phonétique, car elles nous montrent soit l'assibilation, soit la mouillure en train de se préparer. Le *t* de la Franche-Comté tend visiblement vers *ʃ* (*th* dur anglais). Au contraire, le *t* de l'Angoumois, de l'Anjou et de la Bretagne est bien près d'être mouillé.

La mouillure présente un vaste champ d'étude dans les parlers populaires de la France, depuis ses premiers débuts jusqu'à ses étapes les plus reculées. Cependant les commencements du phénomène s'observent mieux en irlandais et surtout en russe. C'est dans cette dernière langue qu'il convient de les étudier tout d'abord. Je possède sur ce sujet des documents pris avec beaucoup de soin par un excellent élève, M. Oussof, qui me donnait les meilleures espérances et dont j'ai la douleur d'apprendre la mort au moment même où le cours de ce travail me fait revivre quelques jours avec lui : les souvenirs d'une collaboration aussi aimable que dévouée se pressent dans ma mémoire et m'étreignent le cœur.

Le russe a cet avantage de nous offrir un système complet d'articulations mouillées. Non seulement les gutturales, les dentales, *l* et *n*, se sont mouillées comme dans nos parlers français, mais encore les labiales, et ce sont celles-ci qui nous présentent le phénomène dans sa plus grande netteté.

Une consonne mouillée, au début de son évolution, pour une oreille peu exercée, et même à une étape déjà avancée, comme l'*n* mouillée française, pour une oreille tout à fait novice, ressemble à un son composé de la consonne et d'un *y*. Ainsi pour un Parisien, *l* sonne *ly*; pour la plupart des linguistes français, *k̬* = *ky*; pour un Allemand, *n̬* = *ny*. Il importe donc d'abord d'établir la réalité de la mouillure et de montrer la différence qui existe entre une

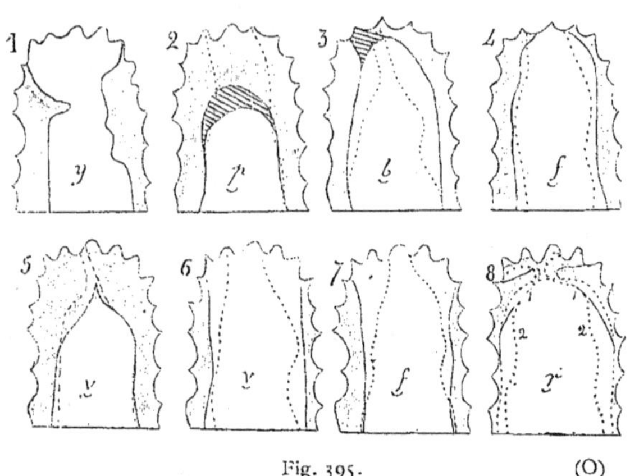

Fig. 395.   (O)

Labiales et *r* mouillées en russe, comparées aux mêmes
consonnes combinées avec *y*.

2-8, la partie ombrée représente la consonne mouillée; le pointillé limite la consonne + *y*
(l'occlusion sur le palais n'est jamais complète).
2 et 3, les rayures indiquent des points qui ont été légèrement touchés par la langue.
8. — (1) *r*; (2), *ry*.

consonne mouillée et la même consonne suivie d'un *y*. Je l'ai déjà fait pour *l*, *n̬* dans le parler de Cellefrouin[1], pour *k̬*, *g̬* en parisien[2]. M. Dauzat l'a recommencé pour *k̬*, *g̬*, *t̬*, *d̬* en auvergnat[3]. Mais la démonstration est plus claire

---

1. *Modifications phonétiques du langage*, p. 25, 26.
2. *La Parole*, année 1899, n° 7.
3. *La Parole*, année 1899, n° 8.

encore pour les labiales russes. L'articulation dure n'intéressant pas le palais, il est aisé de reconnaître le *y* dans
chacune des combinaisons où il figure, modifié sans doute,
mais toujours parfaitemeut net[1] et distinct de la consonne
mouillée. Comparez (fig. 395) le *y* isolé (1) ou joint à *p*
(2), *b* (3), *f* (4), *v* (5), avec *p*, *b*, *f*, *v* mouillés, et la différence apparaîtra d'elle-même. On sent fort bien, d'après

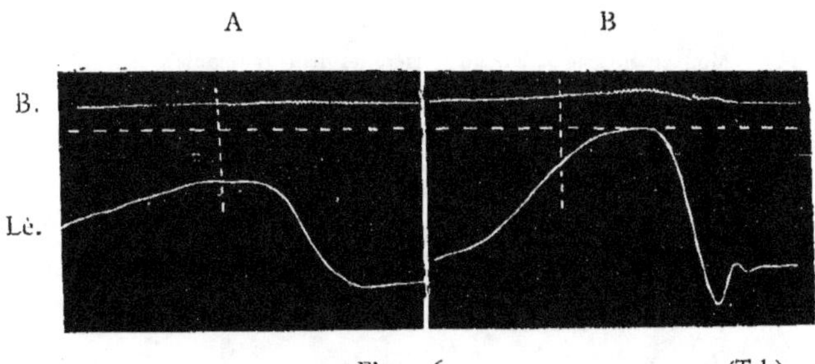

Fig. 396. (Tch)

Comparaison de *b* dur et de *b* mouillé en russe.

Lè. Lèvres (ampoule mince et dure). — L. Larynx (ampoule derrière les dents).
A *ba* (*b* dur). — B *ba* (*b* mouillé).

les tracés, le mécanisme propre de la consonne mouillée :
en même temps que l'organe articulateur se met en position, la langue se rapproche du palais qu'elle touche plus
ou moins en raison de l'écartement des mâchoires : plus
pour *p*, moins pour *v*. Les variétés elles-mêmes (et elles
sont assez considérables) se marquent très bien.

Rapprochez *v* mouillés (5 et 6), *f* mouillées (4 et 7), qui
attestent des degrés sensibles dans la mouillure.

Les tracés du mouvement des lèvres révèlent un contact
plus étendu ; mais la différence est surtout dans l'éléva-

tion de la langue derrière les dents, par exemple dans *b* dur et *b* mouillé (fig. 396).

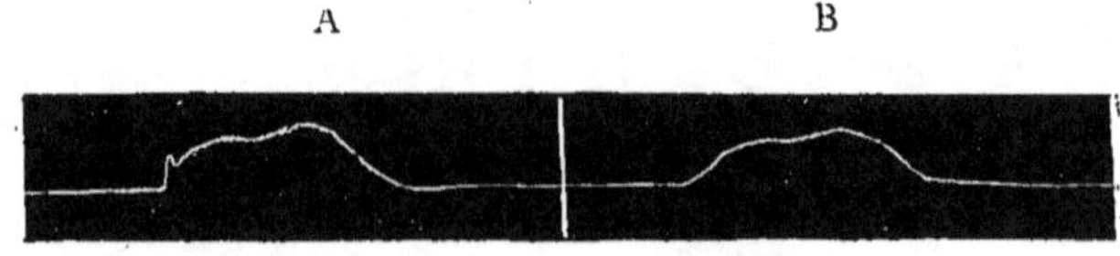

Fig. 397. (Tch)

Mouvements de la langue derrière les dents (ampoule).

A, dans *rœ* (*r* dur); B, dans *rœ* (*r* mouillée).

L'*r* mouillée (fig. 395, 8) nous introduit dans la catégorie des consonnes où la langue accomplit, à elle seule,

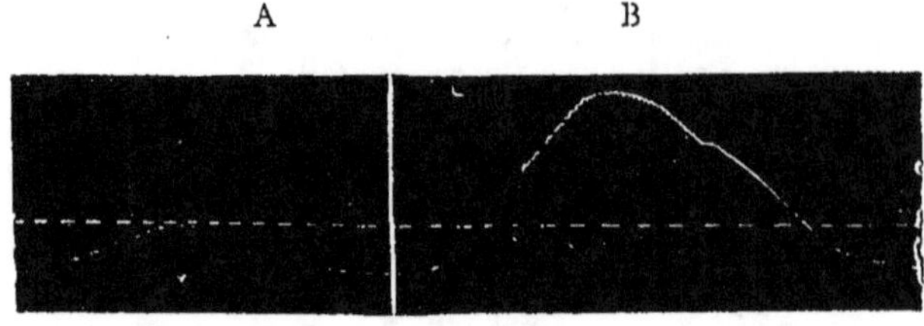

Fig. 398. (Tch)

Mouvements de la langue au milieu du palais (ampoule).

A, *rœ* (*r* dur); B *rœ* (*r* mouillée).

et l'articulation et la mouillure. La façon dont elle s'applique sur le palais se comprend sans peine, et se distingue nettement aussi de celle qui est usitée pour le *y*.

Les tracés de l'*r* mouillée comparés à ceux de l'*r* dure
nous montrent très bien comment, dans la mouillure, la
langue recule vers le centre du palais. Ainsi, dans des
expériences faites avec une ampoule exploratrice, nous
voyons clairement : 1° que la pointe de la langue se porte

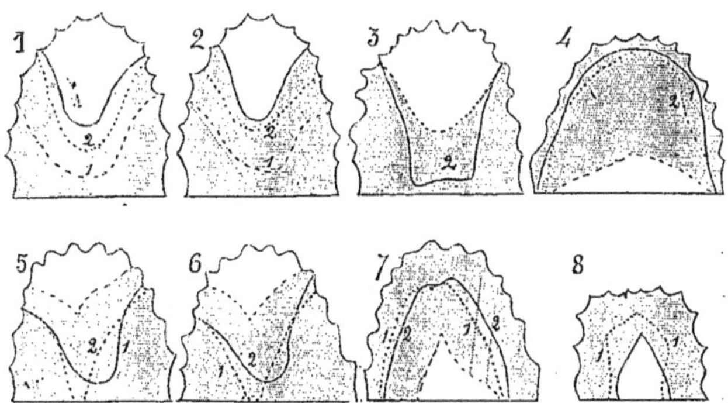

Fig. 399.

Comparaison des gutturales et des dentales mouillées, avec les dures seules ou
combinées avec *y*.

La partie ombrée représente la mouillure.

1. *k̬a* en parisien (A) — (1), *ka* ; (2), *kya*.
2. *ga* en parisien (A) — (1), *ga* ; (2), *gya*.
3. *k̬œ* en normand (B) — (2), *gyœ*.
4. *ḻa* en landais (Be) — (1), *ta* ; (2), *tya*.
5. *k̬i* en auvergnat (D) — (1), *ki* ; (2), *kyi*.
6. *gi* en auvergnat (D) — (1), *gi* ; (2), *gyi*.
7. *ḻu* en auvergnat (D) — (1), *tu* ; (2), *tyu*.
8. *ḻi* à Elymbi, île de Chio (Ph.) — (1), *ti*.

derrière les dents, d'une manière brusque pour l'*r* dure
(fig. 397, A), mollement pour l'*r* mouillée (B) ; 2° que, au
contraire, le dos de la langue reste éloigné du palais pour
r dure (fig. 398, A), et s'en rapproche considérablement
pour *r* mouillée (B),

La mouillure des occlusives gutturales et dentales et la distinction de k g, t d, d'une part avec k g, t d, et d'autre part avec *ky dy*, *ty dy* sont très marquées dans le parisien vulgaire (fig. 399, 1-2) dans le normand (3), dans le landais (4), dans l'auvergnat (5-7), dans un dialecte de Chio (8) recueilli sur place par M. Pernod.

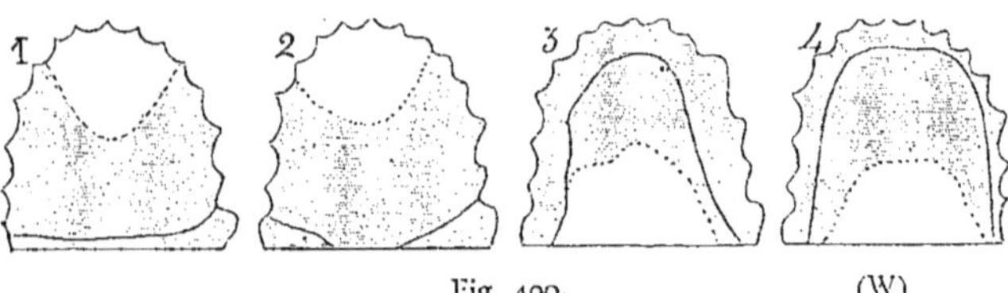

Fig. 400. (W)

Consonnes dures et consonnes mouillées en irlandais.

La partie ombrée représente la mouillure.
La ligne pleine limite la consonne dure.
1. k et k. — 2. g et g. — 3. t et t. — 4. d et d.

Les gutturales et les dentales mouillées font partie d'un système très régulier en irlandais, où la qualité de la consonne est déterminée par celle de la voyelle contiguë. Soit, par exemple : *loc* (*lok*) « bergerie » et *pic* (*pik*) « poix » (fig. 400, 1), *go* (préfixe adverbial) et *geadh* (*gé*) « oie » (2), *tá* (*tác*) « il est » et *teach* (*tác*) « maison » (3), *damsa* « à moi » et *a d-tigh* (*ädi*) « leur maison » (4).

En russe, la mouillure des occlusives gutturales et dentales est moins avancée (fig. 401). Elle l'est davantage en hongrois (fig. 402); plus encore dans la Bretagne française : « *tiens bon !* » (fig. 402, 4).

La mouillure de l'*n* est très bien sentie par tous les Français; mais elle se présente avec des variétés beaucoup plus nombreuses qu'on ne croit. En voici quelques-unes (fig. 403) empruntées à diverses régions (Angoumois, 1 ; Paris, 2-5 ; Portugal, 6 ; Russie, 7 ; Irlande, 8). Sans

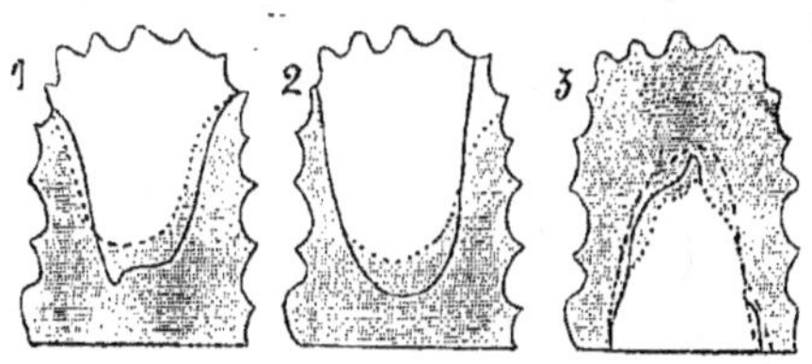

Fig. 401.   (O)

Gutturales et dentales mouillées ou combinées avec *y* en russe.

La partie ombrée représente la consonne mouillée.

1 *ḱa.* — 2. *ǵa.* Les deux lignes pointillées limitent respectivement *kya* (1), et *gya* (2).

3. *ḽa.* — La ligne pleine limite *tya* ; la pointillée (1), *ta.*

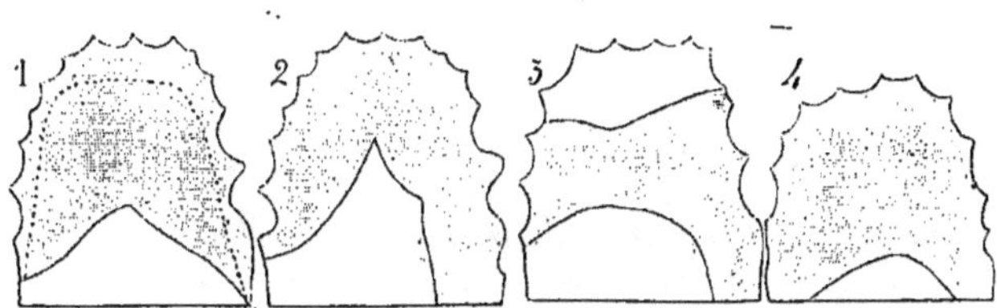

Fig. 402.

Dentales mouillées.

La partie ombrée représente la consonne mouillée.

1-3. *ḏ* en hongrois (Sch) — Trois variantes —. Le pointillé (1) marque le *d* dur.

4. *ḽ* dans le français des Bretons (L).

tenir compte des changements d'articulation qui nous occuperont plus tard, on est frappé des variantes qu'offre le mouvement occlusif, et de sa tendance à se relâcher.

Nous avons un exemple de *n* gutturale mouillée (fig. 403, 5). C'est à ce type qu'appartiennent les *n* mouillées recueillies par M. Pernot dans deux villages de Chio.

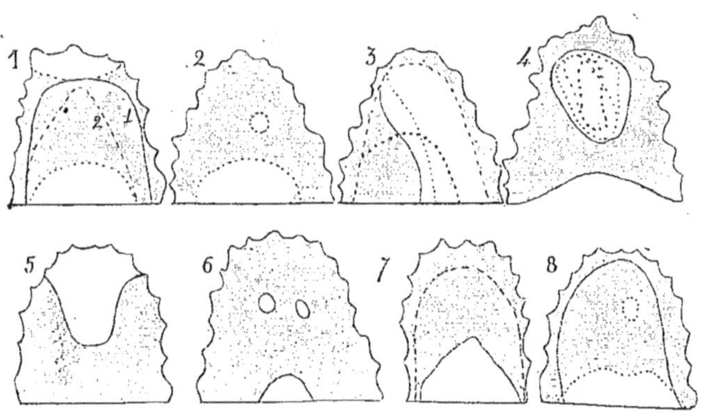

Fig. 403.

n mouillée.

1. *ɲ* en angoumoisin (R) ; (1) limite *n* ; (2), *ny*. — 2. *ɲɑ* en parisien (C). — 3. *ɲi*, *ɲó* en parisien (C) ; la ligne en pointillé limite *ɲu* ; celle en croisillé, *ɲɑ* ; le tracé qui contourne les alvéoles, *na* (C). — 4. *ɲ* en parisien (D) ; les pointillés concentriques de la partie antérieure du palais indiquent différents points qui n'ont pas été touchés suivant la nature des voyelles associées à *ɲ*. — 5. *ɲ* en parisien (A). — 6. *ɲ* en portugais (Va). — 7. *ɲ* en russe (O); l'*n* est indiquée en pointillé. — 8. *ɲ* en irlandais; l'*n* est marquée par la ligne intérieure (W).

L'*l* mouillée n'est plus connue à Paris et elle est en train de disparaître de la France. Elle est analogue à l'*n* mouillée, et ne présente pas moins de variantes. Comparez (fig. 404) des *l* d'Auvergne (1), de Portugal (2), de Hongrie (3), de Russie (4), et (fig. 405) diverses variétés de l'île de Chio (5-8).

Reste à établir la mouillure de *s ʒ* et de *ç j*. Les tracés distinguent ces consonnes quand elles sont mouillées et quand elles sont dures : en rouergat (fig. 406), 1), en auvergnat (2-5), en irlandais (6) — *sé* « lui » opposé à *ségh* « félicité » —,

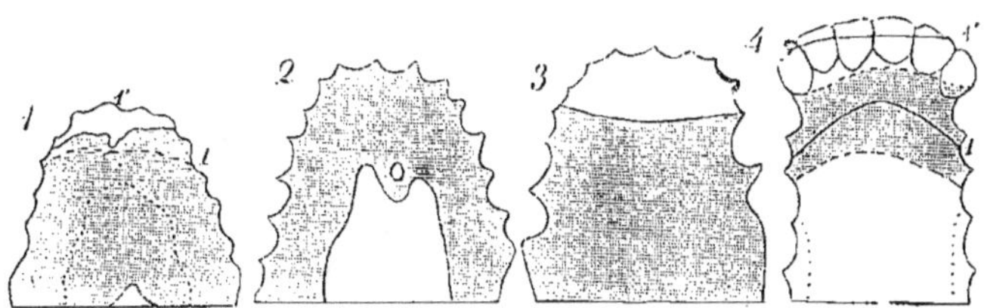

Fig. 404.

l mouillée. (Partie ombrée.)

1. *l* en auvergnat (D); *l* est limitée par la ligne (1) à partir des dents; *ly*, par le pointillé inférieur. — 2 *l* en portugais (Va). — 3. *l* hongroise (S). — 4. *l* russe (O); l'*l* est comprise entre les deux lignes (1) et (1').

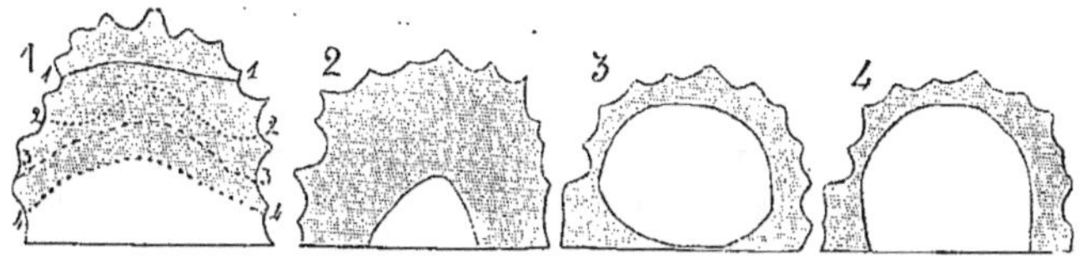

Fig. 405 (Pernot)

l mouillée à Chio.

1. *l* de Pyrghi (Ts); (1), *l*; (2) et (3) *l* de *pala*. — 2. *l* de Mesta (Z). — 3. *l* dans *pula* (Z). — 4. *l* dans *pulli* (Z).

en russe (7, 8). La forme même de la région du contact, le système consonantique de l'irlandais et du russe portent bien à croire qu'il s'agit ici réellement de consonnes mouillées et non de combinaisons avec *y*. De plus, en russe, *sy* donne un tracé très voisin de celui de *s*, et *ɛ* se distingue clairement de *y* (8). J'avoue que je suis convaincu, et pourtant, je dois le reconnaître, je n'ai pas une preuve palpable de la mouillure pour ces consonnes comme pour les autres.

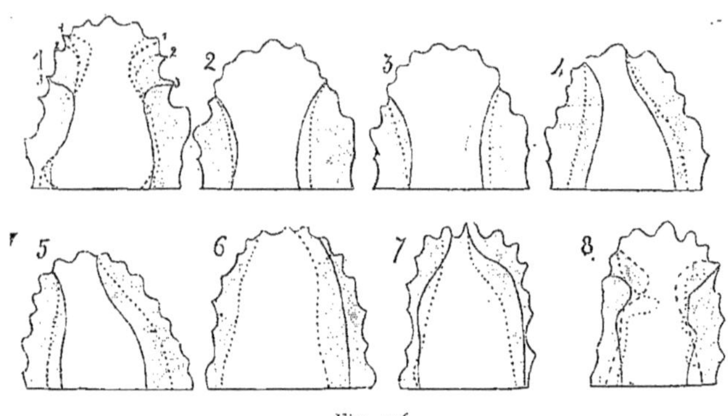

Fig. 406.

ɛ j̇, s ʒ mouillés.

1. Rouergat (Ri). — 2-5. Auvergnat (D). — 6. Irlandais (W). — 7-8. Russe (O).

1. *j̇*; pointillé (1) *jy*; (2), *y*; (3), *j.* — 2 *ɛ*; pointillé, *ɛ.* — 3. *j̇*; pointillé, *j.* — 4. *ʃ*; pointillé, *s.* — 5. *ʒ*; pointillé, *ʒ.* — 6. *ʃ*; pour *s* dure, la langue n'a touché que d'un côté suivant la ligne pleine.

7. *ʃ* et *ʒ* (ils ne sont pas distingués dans le tracé); pointillé, *s ʒ.* — 8 *ɛ*; la ligne pleine intérieure limite le *j̇*; la pointillée, *y.*

Les degrés de mouillure sont nombreux. Ils correspondent à l'étendue de la région de contact marquée sur le palais artificiel, et l'on a pu constater combien celle-ci est variable. Une consonne qui se mouille est une consonne dont le point d'articulation tend à se porter vers le centre de la voûte palatine, par conséquent la dentale se déplace en

arrière, et la gutturale se porte vers les dents, si bien
qu'elles peuvent se croiser sur le chemin de l'évolution et
se substituer les unes aux autres. Ce mouvement est facile
à suivre. Par exemple (fig. 403) nous avons une *n* mouillée
tout à fait dentale (2, 6-8), la pointe de la langue touchant
les alvéoles ; une autre, qui l'est moins (1), le dos de la
langue s'étant portée en arrière, et la pointe ayant pris son
point d'appui derrière les dents d'en bas ; une troisième
tout à fait gutturale (5), le dos de la langue seul ayant touché le palais dans la région du *g*. Nous ne pouvons pas
suivre plus loin l'évolution. Mais le *ǩ ġ* et le *ṭ ḍ* nous en présentent une plus complète (fig. 407). Nous voyons d'abord
un *ǩ* en marche pour quitter la région des gutturales
(*paǩè* (1), *sēǩèm* (2) dans le parisien vulgaire, *ǩĕ* « cuit »
(3) à Saint-Benoît-des-Ondes) et un *ṭ* qui est en train d'y
entrer (*a tigh à ṭĕ* « sa maison », et *tig -ṭig-* « viens » (4) en
irlandais). — Rapprochons-en « tiens bon ! » (fig. 402)
qui est déjà presque un *ǩ*.

Dans cette marche convergente, il doit arriver un
moment où l'oreille, déroutée, ne sait plus distinguer, au
milieu de la mouillure, l'élément guttural ou dental. C'est
en effet ce qui a lieu. Et même le sens musculaire est impuissant à compléter les impressions de l'oreille. Aussi voyons-
nous non seulement les auditeurs, mais encore les sujets
parlants eux-mêmes incapables de décider entre un *k* et un *t*,
un *g* et un *d*. Ainsi un habitant de Roussay, c^on de Montfaucon
(Maine-et-Loire), ne sait s'il dit *anguille* ou *andille*. Il écrira
anguille, guidé par l'orthographe savante. Mais, si un équivalent français ne vient pas à son aide, il mettra au hasard
soit *t* ou *d*, soit *k* ou *g*. Dans son glossaire, encore inédit,
du patois angevin, M. Onillon insère les deux formes :
tutille et *tuquille* « tâtillon », *tuiler* et *cuiler*, *tie* et *quie*

(d'un fuseau), *dire* et *guire*. M. Roussey, dans son glossaire de Bournois, ne sait pas non plus ce que sont en réalité les consonnes qu'il représente par *ǵy*, *ḱy*, et il rend par la même graphie les produits de *dy* et de *ǵy* (*ǵyèt* « diète » et *ǵyĕs* « glace ») de *ṭ* ou *ty* et de *ky* (*ḱüȧ* « tuer » et *ḱyȧ̊* « clef »).

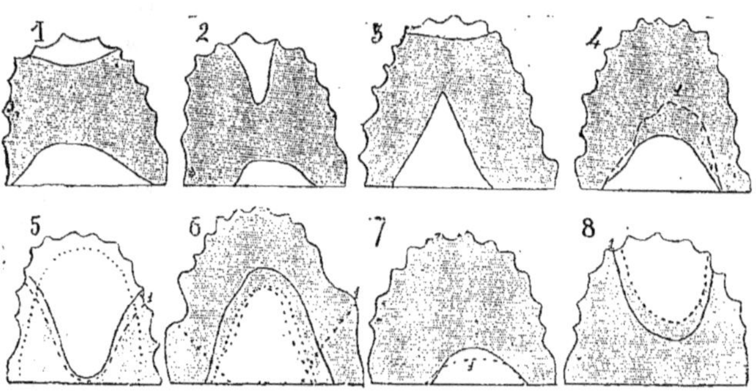

Fig. 407.

Échange des gutturales et des dentales mouillées.

1-3. *ḱ* tendant vers *ṭ* : (1. 2. Paris (B) ; 3, Ile-et-Vilaine (N).

4. *ṭ* tendant vers *ḱ* en irlandais (W).

5. *ṭ* devenu *ḱ* à Cancale (Ch) : la partie ombrée représente *tuer* ; (1) limite *ḱü* ; le pointillé circonscrit la région du contact de *t*.

6. *ḱ* devenu *ṭ* en angevin (*G*) : la partie ombrée représente *ṭœ́* ; la pointillée inférieure limite *ṭi* et la ligne pleine supérieure, *ta*. Le *k* serait figuré par un tracé inverse suivant le pointillé (1)

7. *ḱʲ* de Bournois (Ro) ; (1), *ǵⱼ*. — 8. *ḱ* ; (1), *ky* de Bournois (Ro).

Un jour, à Cancale, j'eus à décider une question de ce genre. Il s'agissait du mot *tuer*, dans lequel le *t* a été mouillé. Mais est-il resté *ṭ* ou est-il passé à *ḱ*? L'assistance était nombreuse. Trois ou quatre des personnes présentes avaient fait des études. Les avis étaient partagés, et moi-même je n'osais

me prononcer. J'eus alors recours au seul moyen que j'avais
à mon service, le palais artificiel. Le temps de faire bouillir
de l'eau, de ramollir du godiva, de mouler la voûte palatine, d'estamper une feuille d'étain, de prendre trois tracés,
c'est-à-dire moins de 20 minutes, c'est tout ce qu'il me
fallut pour obtenir une réponse définitive, à l'abri de toute
discussion. J'avais fait articuler la syllabe *ku* (5) puis *tu*,
ensuite le mot qui était l'objet du litige, *tuer*. L'ancien *t* a
disparu. Nous avons un son nouveau, un *k̦*, puisque le
tracé de *tuer* coïncide presque avec celui de *ku* qui est bien
celui d'une gutturale.

Pour l'articulation angevine, j'ai comparé le mot issu de
ecce-illum, *kœ* (6) avec *k*, *t* et *ț*. J'ai évité de prendre *k̦* qui
aurait pu n'être pas correct. Le *ț* est exact : il a un tracé
analogue à celui de *t*. Le *k̦* laisserait également une trace de
même sens que la consonne dure (*k*) mais plus étendue.
Or, le mot articulé nous donne l'image non plus d'un *k*,
mais celle d'un *ț*. Donc il faut écrire *țœ*.

Enfin, dans le parler de Bournois, l'articulation *k̦* (7),
bien qu'elle soit fort éloignée du *t* (fig. 403, 2), a pourtant la figure d'une dentale mouillée ; d'autre part, elle se
sépare nettement du *k̦* et du *ky* (8). Elle se trouve en
réalité sur la limite des deux régions dentale et gutturale,
où le *k̦* et le *ț* se rencontrent et se mêlent. Nous pouvons
prévoir ce qui arrivera : l'impulsion la plus forte vient de la
gutturale dont l'articulation est en train de se déplacer, et
l'on verra sortir du son actuel une dentale mouillée très
nette comme celles que nous venons d'étudier à Cancale et
en Anjou. Mais le changement n'est pas encore accompli.

Avant de quitter les mouillées, nous avons encore deux
questions dont il convient de dire un mot. Quel rapport

ont-elles avec la consonne dure $+ y$, et quelles sont leurs destinées ?

Tous les tracés réunis ci-dessus montrent que la consonne mouillée est plus palatale que la consonne $+ y$, si bien que cette combinaison semble être une première étape de la mouillure. Et, de fait, beaucoup de consonnes mouillées ont cette origine. Les autres doivent leur naissance au contact d'une voyelle ou d'une consonne que l'on peut considérer comme palatalisantes, ce qui nous fait songer à un y intercalaire initial. Donc, tout en rejetant la doctrine qui fait de la consonne mouillée une consonne dure $+ y$, je ne vois aucune raison pour ne pas admettre qu'une consonne s'est mouillée par suite de sa fusion intime avec un y, au moins virtuel.

Quant aux destinées de la mouillure, disons que, en général, sauf pour y, elles sont précaires. Parfaitement sentie par tous ceux qui la possèdent dans leur langue, la mouillure ne donne pas d'elle-même aux auditeurs une impression bien nette. Serait-ce là la cause de son instabilité ? Les langues romanes ont eu $k\ g\ t\ d\ l\ y$, probablement aussi s et r mouillée. Il en reste peu de chose aujourd'hui. Nos parlers de France sont très riches en consonnes mouillées, et tous nous montrent la mouillure comme un lieu de passage où aucune articulation ne se fixe.

Les consonnes mouillées peuvent se durcir de nouveau. C'est le cas le plus rare. M. Roussey m'a cité aux environs de Bournois un d devenu g (Dieu, *gǽ*). Inversement, g peut aboutir à d : *agu-ill-e* → *aduy, aguser* → *adúźé* (Roussay). L'*l* mouillée est revenue à son premier état, soit sans compensation, soit en cédant son élément palatal à la voyelle précédente. Nous avons à La Gacilly (Morbihan) *bouteille* → *butel, oreille* → *ŏrĕl, aguille* → *agul, médaille* → *mœdằl*, et aussi *paille* → *paĕl, garsaille* → *garsáĕl*. De même l'*n* mouillée donne au même endroit : *peigne* → *păĕn* et *păēn*. C'est sans doute de la même façon qu'il faut expliquer : *punctum* → *poyt* → *point*, *-orium* → *oir*, *-asia* → *aise*, par l'intermédiaire d'une *r* et d'une *s* mouillées.

Souvent la mouillure se termine à un *y*. C'est le cas ordinaire pour *ļ* : *paille* → *páy*; *blanc*, *bļã*, *byã*. C'est aussi la fin assez fréquente de *g*, soit qu'il ait été palatalisé au contact

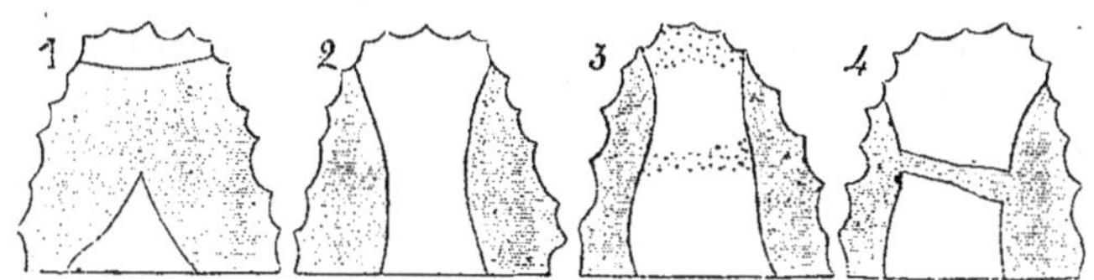

Fig. 408.
Évolution du *g* mouillé en Bretagne.

1. *g* (N). — 2. *g* réduit à *y* (N).

3. *g* presque réduit à *d* ou à *y* : la langue a touché à peine la surface pointillée. Le mot prononcé était *gã* « glan » (Por).

4. *g* en voie de devenir *y*. Le mot prononcé est *gér* « guère » (B).

d'une voyelle antérieure, soit qu'il remonte au groupe *gļ*. Ce changement s'explique, aussi bien pour *ļ* que pour *g*, par l'affaissement total du dos de la langue. Cette évolution est facile à suivre dans la Bretagne française pour ce qui concerne le *g* (fig. 408). Nous avons : (1) le point de départ, *g* (*gép*), la langue s'appuyant encore derrière les dents d'en bas; (2) le terme de l'évolution, *y* (*yér* « guère »), le dos de la langue cessant tout à fait de toucher la partie centrale du palais; (3) l'étape intermédiaire, où la langue touche légèrement en avant et au centre, ou à l'un de ces deux points

(4). Le résultat acoustique de ce mouvement à peine esquissé est que l'on croit entendre tantôt un *g*, tantôt un *d* suivis d'un *y*, l'un et l'autre fort indistincts, matière à perpétuels embarras pour l'explorateur. On devine la joie que me causa le tracé (3) m'expliquant ce phénomène, qui faisait mon tourment depuis près de trois semaines. J'eus plus tard une semblable fortune à Saint-Benoît-des-Ondes (4).

Dans la plupart des cas, la consonne mouillée a donné naissance à une mi-occlusive qui elle-même n'est qu'une étape momentanée conduisant à une articulation constrictive.

Mi-occlusives :

Les mi-occlusives, issues des consonnes mouillées, sont dues à un nouveau relâchement progressif du muscle qui constitue l'obstacle vocal. C'est la pointe de la langue qui commande toute cette évolution. Si elle se maintient dans la région alvéolaire du palais pour les dentales, ou si elle s'y établit pour les gutturales, le sort de la consonne mouillée est déjà fixé. Celle-ci se transformera en une articulation qui paraîtra double aux auditeurs et qui donnera l'impression d'un *t* ou d'un *d* plus ou moins distincts associés respectivement à *ç̆ y*, *ɛ̆ ĵ*, *ɛ ĵ*, *š ž̆*, *s ž*, à savoir *tç̆*, *tɛ̆*, *tɛ*, *tš*, *ts*, et *dy*, *dĵ*, *dĵ*, *dž̆*, *dž*. Le terme est *ç̆ y*, *ɛ ĵ* ou *s ž*. Mais il faut dire que, si ceux qui entendent ces sons sans pouvoir les émettre croient à la combinaison d'une occlusive et d'une ficative, ceux qui les produisent naturellement protestent tous contre cette interprétation. C'est ce que j'ai entendu bien des fois, au temps où je résistais à l'admettre, particulièrement de la bouche de M. Ballu, dont l'oreille est si fine. Depuis, M. Dauzat[1] s'est occupé de la question.

---

1. *La Parole*, année 1899, p. 619.

Il apporte lui aussi son témoignage, et il y ajoute une
remarque importante : « Les paysans d'Auvergne, dit-il,
et en particulier de Vinzelles dont les patois possèdent les
sons *ê*, *ŝ* (et les sonores douces correspondantes *ĵ*, *ẑ*)
répugnent à les transcrire par *tch*, *ts*...; et si on les oblige
à décomposer une émission, qui en réalité n'est pas complexe, ils se méprennent sur la correspondance de sonorité
ou de sourdité des éléments, et rendent *ê*, par exemple,

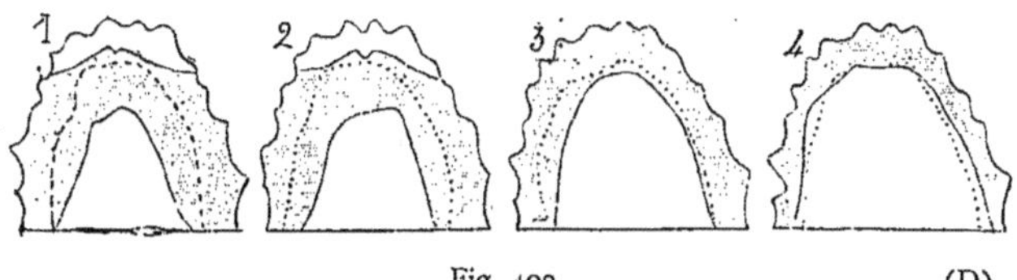

Fig. 409.   (D)

Mi-occlusives en auvergnat comparées à des groupes de consonnes.

La partie ombrée représente la mi-occlusive : 1. *ê* ; — 2. *ĵ* ; — 3. *ŝ* ; — 4. *ẑ*.

La ligne pointillée limite à partir des alvéoles : 1. *tɛ* ; — 2. *dj* ; — 3. *ts* ; — 4. *dʒ*.

soit par *dch*, soit par *tj*. Les sons *tɛ*, *dj*... que leur transmet
le français (ex. *tsar*, *adjoint*...) ne sont jamais rendus par
ê, *ŝ*... » Et en note : « Ainsi à Vinzelles, où la langue possède *ê*, *ĵ*, *ŝ*, *ẑ*, on brise les groupes *tɛ*, *ts*... du français par
l'intercalation d'un *ê* (*œ*) et l'on dit *tèzar* ou *tèsar*, *adèjwẽ*.
J'ai essayé de prononcer *ŝar*, *aĵwẽ* : on ne me comprenait
pas. »

Les tracés recueillis par M. Dauzat (fig. 409) montrent
en effet la dissemblance des articulations qu'il met en parallèle. Il est clair que *ê* n'équivaut pas à *tɛ*, ni *ĵ* à *dj*, ni *ŝ* à
ts. Entre *ẑ* et *dʒ*, la différence est moins grande, mais elle
est pourtant réelle.

Je n'avais pas attendu ces expériences pour redresser ce que mes transcriptions de la *Revue des Patois Gallo-Romans* avaient d'erroné. C'est aux nombreux tracés que j'ai recueillis au cours de mon excursion de 1895 en Bretagne que je dois mes convictions actuelles. Sous mes yeux, M. Bourdon a relevé, avec le soin exquis dont il est capable, les tracés qu'impriment sur le palais artificiel (fig. 410) le *ĉ* (1) et le *ĵ* (2) de Montmartin (Manche) et les composés

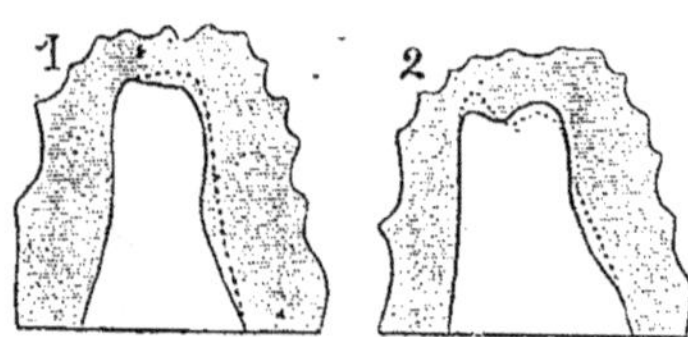

Fig. 410.   (B)

Distinction de *ĉ ĵ* et de *tɛ dj* en normand.

La partie ombrée représente : 1. *ĉ*; — 2. *ĵ*. Le pointillé limite : 1. *tɛ*; — 2. *dj*.

Le *ĉ* et le *ĵ* normands diffèrent, on le voit, notablement de ceux de l'Auvergne et se rapprochent beaucoup des groupes *tch, dj* français.

français *tɛ* et *dj*. Les premiers se distinguent des seconds par une zone de contact plus étendue. Et cela se conçoit. En effet il suffit que la langue se détente légèrement et s'écarte un peu du palais, pour que aussitôt apparaissent, non plus *ĉ* ou *ĵ*, mais *ɛ* et *j*. Les composés d'une dentale et de *ɛ* ou *j* doivent donc se reconnaître à une moindre palatalisation. D'autre part, la différence entre les tracés dans la zone centrale du palais ne peut être que minime, car c'est, non la partie transversale, mais la pointe de la langue qui exécute le mouvement essentiel. Du reste, la petite différence qui existe dans la palatalisation des deux sons comparés par M. Bourdon n'avait point échappé à mon oreille. J'avais, avant l'expérience, écrit par *tɛ* et *tɛ*; ne pouvant pas toujours me décider entre les deux graphies.

J'ai recommencé ces recherches à mon retour de Bretagne avec M. l'abbé Sourice, d'Andrezé, cᵒⁿ de Baupréau (Maine-et-Loire). J'étais mieux outillé pour observer le phénomène. M. l'abbé Sourice ne possédait dans sa langue ni *ki* ni *ti* : il les a appris à l'école. Les consonnes *k g, t,*

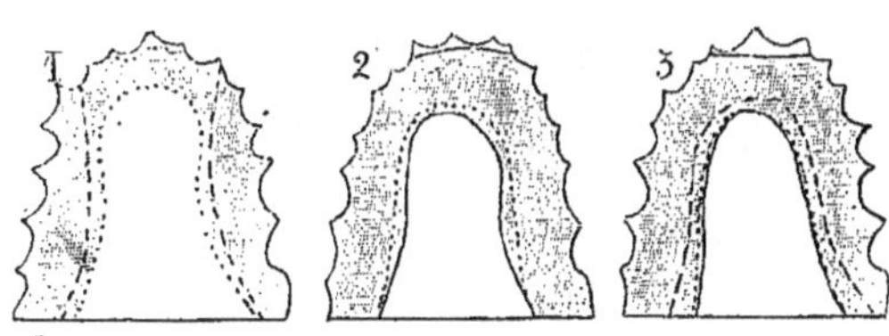

Fig. 411. (So)

Comparaison de *ĵ ĉ* avec *dj tɛ* en angevin.

1. La partie ombrée représente *ĵ*; le pointillé intérieur limite *j*.

2. *ĉ*; pointillé, *tɛ*.

3. *ĉ*, partie ombrée, et ligne pointillée voisine; *t* est limité par la ligne pointillée la plus près des alvéoles.

d ont abouti chez lui à une seule paire d'articulations que j'ai représentée d'abord par *ĉ* et *ĵ*, qu'il distingue fort bien de *tɛ dj* et de *t d*, quant à la position et au mouvement articulatoire. Pour *t*, il sent les dents avec le bout de la langue; pour *tɛ*, il ne sent que le bord des alvéoles et le palais; pour *ĉ*, il ne sent presque plus le palais. Pour *tɛ*, la langue, énergiquement appuyée sur le palais, se détache par un mouvement d'avant en arrière (c'est-à-dire qu'au *t* succède *ɛ*); pour le *ĉ*, au contraire, la langue, faiblement appliquée contre le palais, semble glisser d'arrière en avant (c'est-à-dire que, dans l'articulation, la langue, s'appuyant en arrière, c'est la pointe qui est la première à céder ; ainsi se produit pour l'oreille une sorte de *t*).

Les expériences viennent donner une expression objective et parfaitement nette à ces observations dictées par le sens musculaire. Nous avons (fig. 411, 1) les tracés de *ĵ* et de *j* pris dans *il é ĵi* « il est dit » et *il é ji* (syllabe qui se trouve dans ce parler). Pour *ĵ*, le bord des alvéoles est à peine effleuré et la partie centrale du palais est plus touchée que pour *j*. On sent que le moindre relâchement du *ĵ* amènera *ĵ*, qui est moins palatalisé, et finalement *j*. Le *ĝ* (issu d'un ancien *k*) dans *il é ĝi* « il est ici » (*eccu-hic*) est analogue (2); il n'y a entre lui et *ĵ* que la différence de la forte à la douce. Donc je dois écrire *ĝ*. De plus, la distinction de *ĝ* et de *tɛ* est très nette. Enfin, pour la comparaison de *ĝ* et de *t*, nous avons (3) le tracé de *ĝit* « petite » (la partie ombrée) qui se confond avec celui de *ĝit* « quitte » (pointillé) et celui de *tit* « Tite », dont la limite se rapproche de l'arcade dentaire.

Mais bien plus expressifs sont les tracés pris avec une ampoule sur la langue et une embouchure aux lèvres. L'ampoule a été placée successivement : au contact des dents, à 5ᵐᵐ, à 10ᵐᵐ en arrière, puis vers le milieu du palais dur, enfin sous le voile. Ainsi nous obtenons du même coup, avec la poussée de l'air, la hauteur de la langue considérée à cinq niveaux différents. L'expérience a porté sur les syllabes *di*, *ĵi*, *dji* et *ji* prononcées les unes après les autres pendant une seule révolution du cylindre, les appareils inscripteurs étant maintenus durant ce temps de la même manière et dans la même position. Les figures 412 et 413 reproduisent l'ordre de l'inscription. Chacune des rangées horizontales offre donc des données parfaitement comparables entre elles, tant pour les mouvements organiques que pour l'écoulement de l'air. En dehors de ce cas, la comparaison peut encore se faire sans restriction pour la ligne de la langue, mais non pour celle du souffle; car, si l'ampoule a un fonctionnement régulier et n'est influencée que par la pression qu'elle supporte, la façon seule dont l'embouchure est appliquée sur les lèvres suffit pour amener des variantes considérables dans l'amplitude des tracés, laquelle dépend en grande partie de la quantité et de la vitesse du souffle qui a été *recueilli*. Mais cette ligne, intéressante du reste à considérer en elle-même, n'a ici d'autre but que de nous aider à délimiter exactement les consonnes.

Ce qu'il nous importe en effet de reconnaître, ce sont les divers degrés d'élévation de la langue pour d, $\hat{\jmath}$, dj, j aux cinq niveaux choisis. Une ligne pointillée, qui représente dans toutes les rangées une position fixe, nous servira de point de repère.

En lisant le tableau (sur les deux pages) horizontalement de gauche à droite, on peut faire les remarques suivantes : 1° Derrière les dents, la pression la plus forte est pour d et dj, la plus faible pour $\hat{\jmath}$ et j; le d de dj a été affaibli par le j, mais il est reconnaissable. — 2° A un demi-centimètre des dents, la langue s'abaisse un peu pour d et dj; elle s'élève pour $\hat{\jmath}$ et j. — 3° A un centimètre des dents et au delà, la langue est plus basse pour d et dj que pour $\hat{\jmath}$ et j : d'un côté, le mouvement de dépression et, de l'autre, le mouvement d'élévation s'accroissent d'une manière à peu près continue. Donc le $\hat{\jmath}$ se rapproche du j; il diffère complètement du dj.

En lisant le même tableau de haut en bas, on embrasse d'un coup d'œil les diverses positions du dos de la langue depuis la pointe jusque vers la racine. Mais pour rendre cette vue plus aisée et plus claire, j'ai réuni dans un second

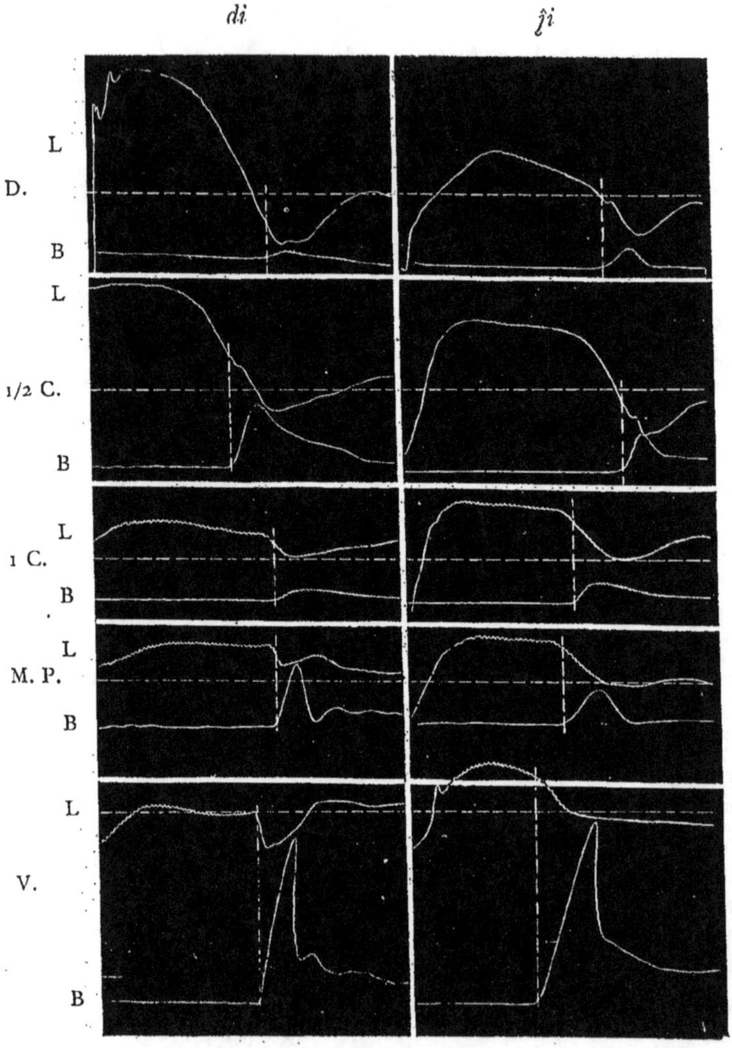

Fig. 412.

(So)

Comparaison de *d*, *ĵ*, *dj*, *j*.

L. Élévation de la langue. — B. Souffle sortant de la bouche.

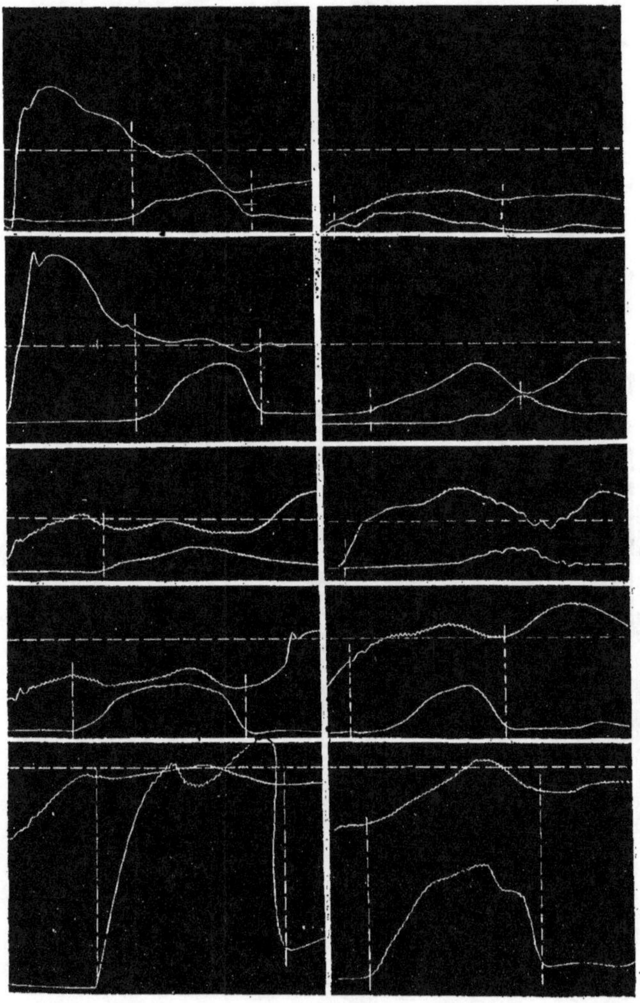

Fig. 413. (So)

La ligne pointillée sert de repère pour apprécier les hauteurs du tracé organique.
Lieux explorés : D. derrière les dents; 1/2 C., 1 C. à 1/2 cm., 1 cm. en arrière des dents ;
M. P. au milieu du palais; V. sous le voile.

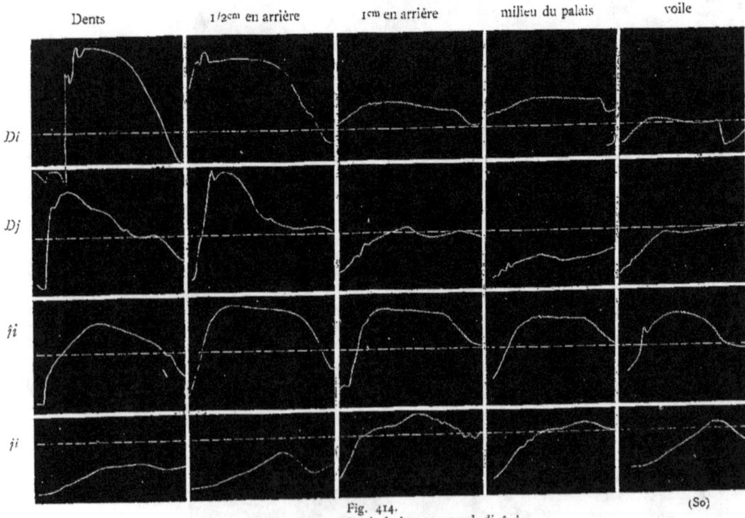

Fig. 414.
Elévation comparative de la langue pour *d. dj, j, j*.

(So)

tableau (fig. 414) les tracés organiques des consonnes en
les rangeant dans le sens horizontal et en rapprochant *d* et
dj, *ĵ* et *j*. Ainsi l'on voit que pour *d* le dos de la langue
s'abaisse régulièrement à partir des dents ; que pour *dj* la
plus grande pression s'est transportée à 1/2 centimètre en
arrière, et qu'il y a ensuite affaissement vers le centre du
palais, mais redressement sous le voile ; que pour *ĵ* la plus

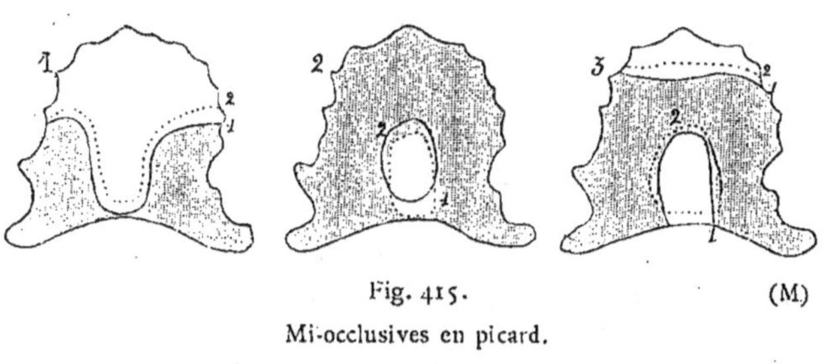

Fig. 415.   (M)

Mi-occlusives en picard.

1. (1) *k̯* ; (2) *g̯*. — 2. (1) *d̯* ; (2) *t̯*. — 3. (1) *ĉ* ; (2) *ĵ*.

grande élévation de la langue se trouve à 1/2 centimètre
des dents, et que le niveau faiblit peu jusqu'à la partie la
plus reculée ; enfin que pour *j* le dos de la langue s'élève
progressivement depuis la pointe jusqu'à 1 centimètre des
dents et que, à partir de là, elle fléchit peu, comme pour *ĵ*.

Donc nous pouvons conclure hardiment à une différence
profonde entre *ĵ* et *dj*, différence qui exclut la présence
d'un *d*, et à la parenté de *ĵ* et de *j*. La principale différence
entre ces deux dernières articulations vient uniquement du
point d'appui de la langue : placé contre le palais pour *ĵ*, il
est reporté, derrière les dents d'en bas pour *j*. Le degré
de palatalisation se voit aussi sur le tableau, le dos de

la langue étant plus soulevé dans la partie postérieure pour
ĵ que pour *j*.

Les tracés *t*, *ê̮*, *tɛ*, *ɛ* sont analogues. J'ai préféré donner
d, *ĵ*, *dj*, *j*, parce que les vibrations, qui distinguent les
sonores des sourdes, rendent les consonnes plus reconnaissables.

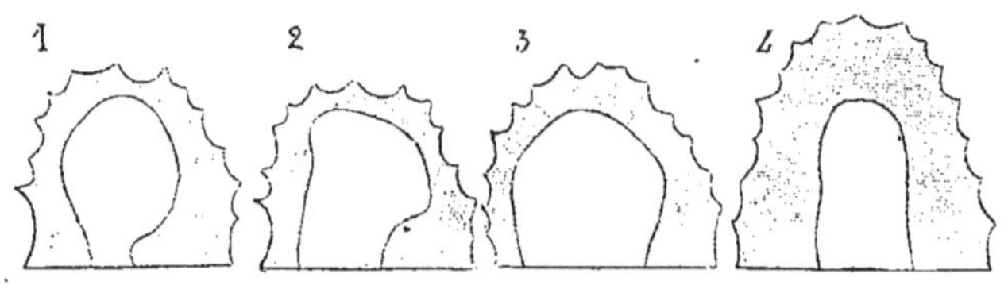

Fig. 416.

Variétés de palatalisation dans le *ĉ*.

1. Entre voyelles à Ménéac (P). — 2. A la finale, Ménéac (P). — 3. En péruvien (E). —
4. Dans un dialecte portugais (Va).

La semi-occlusive commence au moment où l'occlusion
dentale s'affaiblit et cesse avec celle-ci : alors apparaît une
simple constrictive. Entre ces deux limites les étapes sont
nombreuses.

D'abord l'occlusion peut être plus ou moins dentale
sans que l'oreille en soit suffisamment avertie. Comparez à
ce point de vue les figures 409, 410, 411 et 415-419. La
région antérieure du palais a été touchée d'une façon très
variable : tantôt jusqu'aux dents (fig. 409 (3, 4), 410, 416,
417, 418 (2-4), 419) ou à peu près (fig. 411 1, 2); tantôt
jusqu'à une certaine distance des alvéoles (fig. 409 1, 2) et
surtout (415 3). Dans ce dernier exemple, on voit que le
ê̮ ĵ picard (3) issu de *ǩg* (1) est fort loin même de *t d* (3)
et l'on devine que le caractère dental puisse être douteux.

Mais c'est la palatalisation surtout qui est variable. Soient, par exemple, les mots *biquet* et *bique* devenus à Ménéac (Côtes-du-Nord) *bic̆ĕ* (fig. 416, 1) et *bic̆* (2). Le premier est encore à peine dégagé de la mouillure, le second en est déjà loin. Comparez à celui-ci le *ch* de *mucho* (3) prononcé par un jeune Péruvien et le *c̆* (4) de M. Leite de Vasconcellos.

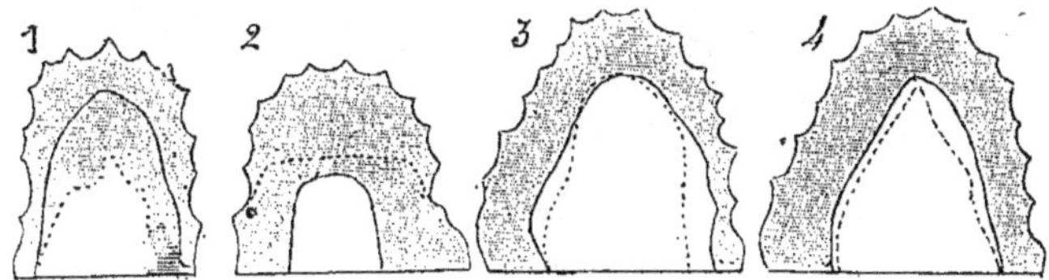

Fig. 417.

Comparaison de mi-occlusives dans une même langue.

1. Russe (O) : partie ombrée, *c̆*; la ligne pleine limite *ŝ*.

2. Patois des Vosges (Sar.) : partie ombrée, *c̆*; la ligne pointillée limite *ê*.

3 et 4. Arménien (N.) : partie ombrée, *z̆* (3), *ĵ* (4); la ligne pointillée limite *ŝ* (3), *ê* (4).

La comparaison des diverses étapes se fait bien dans les langues qui en possèdent plusieurs avec des valeurs significatives bien marquées. Par exemple : en russe, *c̆* et *ŝ* (fig. 417, 1); dans les Vosges, *c̆* et *ê* (2); en arménien, *z̆* (3) et *ĵ* (4) — parties ombrées —, *ŝ* (3) et *ê* (4) — pointillé.

L'oreille se perd souvent dans ces nuances et je n'oublierai jamais les embarras que j'ai éprouvés, aux débuts de mes explorations linguistiques, quand j'ai eu à noter les différences que j'entendais dans le centre de la France entre les sons qui dérivent du latin *ca* ou *ga* en position forte. Qu'on juge du secours précieux qu'apporte au chercheur le palais artificiel par la comparaison d'un ancien *ca* dans l'Aveyron (fig. 418, 1) et dans le Périgord (2, 3).

Il n'est pas rare que l'impression auditive doive être rectifiée d'après les tracés. Bien souvent j'ai écrit pour des

Fig. 418.

Mi-occlusives.

1. *ĉ* en rouergat (Ri). — Le pointillé marque un *ĉ* très sec.

2. *ĉ̂* en périgourdin (P) ; la partie couverte de rayures a été peu touchée.

3. *ĵ* en périgourdin (P). — L'évolution du *g* latin paraît plus avancée que celle du *c*, la partie blanche de la figure étant plus étendue pour le premier que pour le second.

4. Partie ombrée, *ĵ* dans la Bretagne française (P) ; le pointillé limite le *ĉ*.

articulations correspondantes *dj* et *tĉ*, sans me laisser influencer par le défaut de parallélisme, *dj* appelant *tɕ*, et *tĉ* supposant *dy*. J'étais sincère ; mais je n'étais pas toujours dans le vrai. Pous les représentants actuels de *ca ga* latins en Périgord (fig. 418), j'avais noté *tĉ* et *dj* ; les tracés n'y contredisent pas, car ils sont sensiblement différents pour les deux articulations, la langue touchant au centre du palais plus pour la première que pour la seconde. En revanche, je me suis trompé en Bretagne. Pour *gui* et *curé*, j'ai écrit *dji* et *tɕuré* ; c'est *ĵi* et *ɕuré* ou même *ĉuré* que j'aurais dû mettre (fig. 418, 4), l'articulation sourde étant ici plus palatale que la sonore.

Les mi-occlusives entrent dans la catégorie des constrictives par *ç̂ y*, *ɛ j*, *ɛ j*, *ś ź*, *s z*, suivant la position que le dos de langue occupe sous le palais au moment où la pointe cesse d'opérer l'occlusion. Le rapport entre la mi-occlusive et la constrictive qui s'en dégage se montre assez nettement (fig. 419), où l'on sent bien que le *ç̂* du Périgord tend vers *ɛ* (1), le *ê* russe vers *ɛ* (2) et le *ś* russe vers *s* (3).

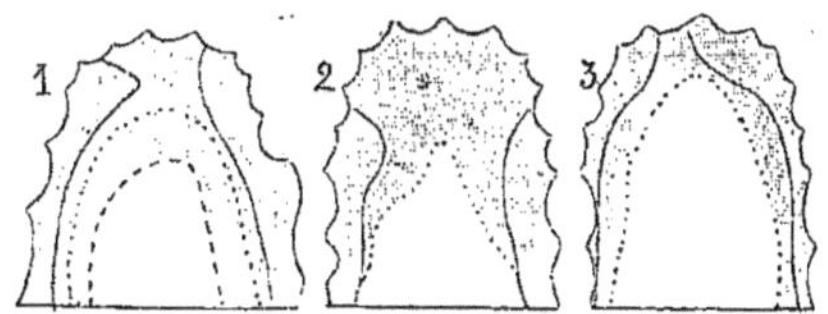

Fig. 419.

Comparaison de *ç̂*, *ê*, *ś*, avec *ɛ* et *s*.

1. Périgourdin (P) : partie ombrée *ç̂* ; pointillé, *ê* ; ligne pleine, *ɛ*.
2. Russe (O) : *ê* et *ɛ* (ligne pleine).
3. Russe (O) : *ś* et *s* (ligne pleine).

Telle est la marche ordinaire que suivent les mi-occlusives dans leur évolution, celle que l'on observe aussi bien en Europe dans les langues latines qu'en Afrique dans les langues bantou. Mais il y a un autre procédé que nous font connaître certains parlers de Savoie (Albertville), et qui consiste dans la transposition apparente de l'élément spirant, *ś* devenant *st* (*caballum*, *śœvó*, *stœvó*). L'explication du phénomène est simple. Dans *ś*, la mise en position de l'organe se fait en silence. Dans *st*, au contraire, le son éclate au moment même où la langue se rapproche du palais : nous entendrons alors une *s*; puis, après l'occlusion, à la détente, un *t*. C'est un changement analogue à celui que nous avons reconnu dans *l* se dédoublant, pour ainsi dire, en *yl, il, èl* (p. 616).

Constrictives :
L'évolution qui entraîne les mi-occlusives peut encore se continuer dans la classe des constrictives et transformer

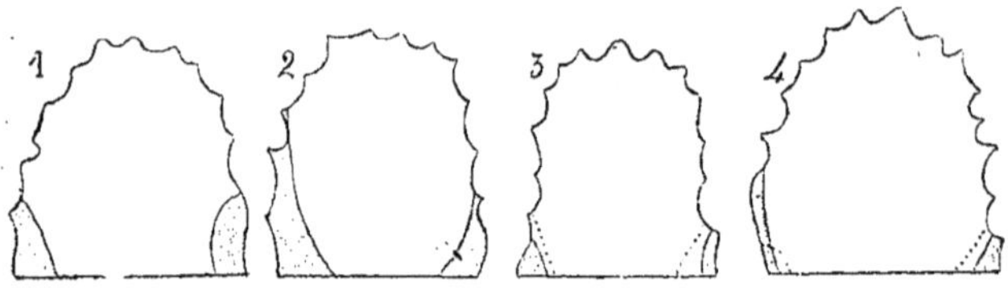

Fig. 420.

č ȟ et *ç̌*.

1. *č̢* gallois (J). — 2. *ç̌* alsacien (Sp). — 3. *č ȟ* russe (O). — 4. *č ȟ* arménien (A).

Dans 3 et 4, la partie ombrée représente *ȟ*; le pointillé limite *č*.

ɕ j, s ʒ, en *č ȟ* : *cheval* → *hvó* (Cognac) *poisson* → *puɕõ* (Est); ou même les faire disparaître entièrement : *testa* → *téṣa, téča, téha, téa* « tête » (vallée de la Cénicle, près de Suse). Comparez aux tracés de *ɕ j* et *s ʒ* ceux de *č* en gallois (fig. 420, 1), de *ç̌* en alsacien (2), de *č ȟ* en russe (3) et en arménien (4).

Enfin on rencontre des exemples où une constrictive est, par exagération de la fermeture, passée directement à une occlusive, comme, par exemple, *y* dans quelques villages de Chio, mais seulement après une consonne. Nous en parlerons à propos des articulations groupées. La substitution directe de *p b* à *f v* se rencontre dans la nomenclature des vices de prononciation; celle de *t d* à *s ʒ* est fréquente. (Voir *Appendices*.)

Il est à peine besoin de nous arrêter sur la graphie que je proposerais pour distinguer les trois catégories d'articulations que nous venons d'étudier.

En réservant le caractère ordinaire pour le type connu, on peut distinguer les occlusives, devenues spirantes par le signe (^) : *ĉ* (*ch* dur allemand), *ç̂* (*ch* doux allemand), etc., les constrictives devenues occlusives par le même signe renversé (y̆).

Les consonnes mouillées sont convenablement marquées par (‿) : *l̫, v̫, k̫, s̫*, etc.; et les mi-occlusives par (^): *ŝ ẑ, ŝ ĵ*, etc.

Une légère modification des signes (^) et (‿) pourrait indiquer une étape intermédiaire qui serait précisée à l'aide d'indices.

5° VOYELLES, SEMI-VOYELLES, CONSONNES

Voyelles et *consonnes* sont de ces termes traditionnels que tout le monde comprend tant qu'on ne songe pas à les définir, mais qui deviennent vagues dès qu'on cherche à en préciser le sens. Aussi les explications qui en ont été données sont-elles variées et toutes incomplètes. Elles peuvent se résumer d'un mot. On a dit : que la voyelle répond à une *station organique*, la consonne à un *mouvement*; que la voyelle est une *résonance*, la consonne un *bruit*; que la voyelle seule fait *syllabe* et que la consonne se lie à la voyelle. Ainsi le mécanisme articulatoire, la constitution physique du son, le rôle des éléments de la parole ont été invoqués tour à tour et (il faut le dire) sans succès.

Le tort qué l'on a, c'est de chercher une différence caractéristique entre les deux portions d'une série *naturelle* dont les extrêmes seuls sont nettement séparés. Il serait très facile de définir la voyelle et la consonne si le type de l'une était simplement l'*a*, et celui de l'autre, le *b*; mais la distinction, qui nous apparaît très nette aux deux bouts de la série, tend à s'effacer dans la région moyenne, par exemple entre *i* et *j*.

Non seulement le choix du caractère pris comme essentiel est arbitraire, mais on pourrait dire que le caractère choisi lui-même ne convient rigoureusement à aucun des objets que l'on a voulu définir.

Que la voyelle soit caractérisée, comme le dit M. Béclard[1], par « l'immobilisation des parties, une fois ces parties accommodées à la production du son », c'est contre quoi protestent tous les tracés que nous avons vus de la tenue des voyelles (surtout p. 354-378), c'est ce que démontrera impossible le fait de la diphtongaison.

Que la consonne ne soit qu'un bruit, au sens qu'elle serait formée de vibrations irrégulières, c'est ce que nous ne pouvons plus admettre après les expériences que nous avons étudiées ci-dessus (p. 404-465).

Enfin supposer que la voyelle est suffisamment définie par son rôle dans le mot et par le fait qu'elle constitue la syllabe, c'est se condamner, si l'on veut être logique, à admettre que toute consonne (même un *p*) peut être une voyelle.

Il est meilleur, semble-t-il, au lieu de serrer la matière au risque de la voir s'évanouir, d'accepter avec leur sens

---

1. *Traité élémentaire de Physiologie*, II, p. 198.

imprécis des dénominations vulgaires dont l'emploi est commode et admis de tous.

Sous cette réserve, recherchons les traits généraux qui distinguent les voyelles et les consonnes.

Pour toutes les articulations, la tenue correspond à une position de l'organe, avec émission sonore pour certaines consonnes comme pour les voyelles (p. 334-340) ; et cette position même n'est jamais conservée d'une façon absolue. (Voyez les tracés organiques étudiés jusqu'ici.) Toutefois, si l'on compare la tenue des voyelles avec celle des consonnes, on voit que la première a plus de stabilité que la seconde. Le fait est surtout clair lorsqu'on met en parallèle le tracé d'une voyelle sentie comme telle, avec celui de la semi-voyelle correspondante, qui fait office de consonne.

Nous avons (fig. 421) les deux diphtongues *ei* (A) et *ie* (B) où la ligne organique marque nettement la stabilité relative que prend l'organe articulateur durant la tenue de chacune des deux voyelles. Ce caractère, très visible dans a prononciation lente, s'affaiblit, sans pourtant disparaître dans la prononciation rapide (C).

Opposons à *ei* et à *ia* les syllabes *ey* (fig. 422) et *ya* (fig. 423). Nous remarquerons non seulement une diminution de stabilité pour *y*, par rapport à *i*, mais encore une *augmentation de mouvement*. L'*i* a une certaine fixité organique ; le *y* n'en a plus du tout : l'*i* dans *ei* (fig. 422) et dans *ia* (fig. 423) se maintient encore un peu quand l'organe a pris sa position ; le *y* cesse dès que l'organe, ayant atteint son maximum de tension, commence à se détendre. En outre, ce maximum de tension est plus considérable pour *y* que pour l'*i*, la plume étant plus déviée pour le premier que pour le second.

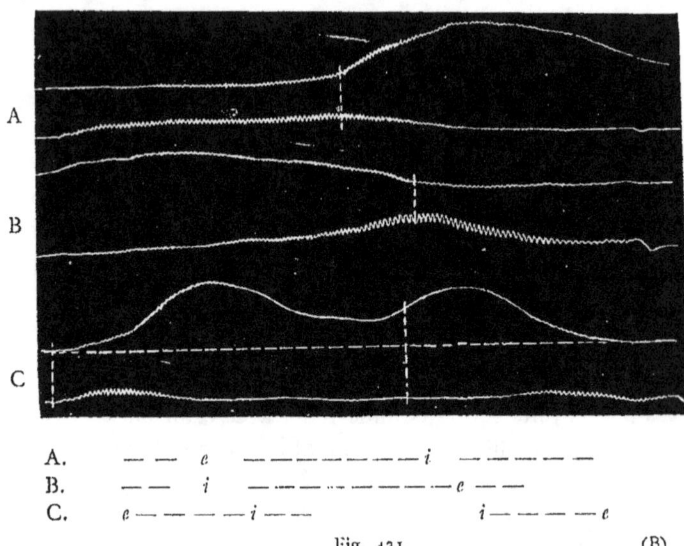

Fig. 421. (B)

Diphtongues *ei* et *ie*.

Chaque diphtongue est représentée par deux lignes : 1° Langue, 2° Souffle.

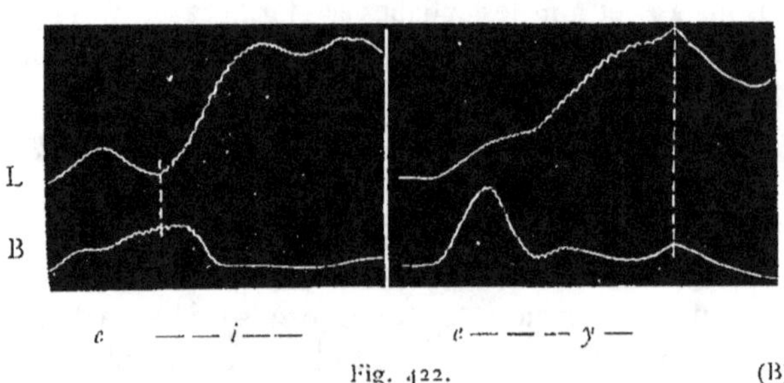

Fig. 422. (B)

Diphtongues *ei* et *ey*.

L. Élévation de la langue. — B. Souffle.

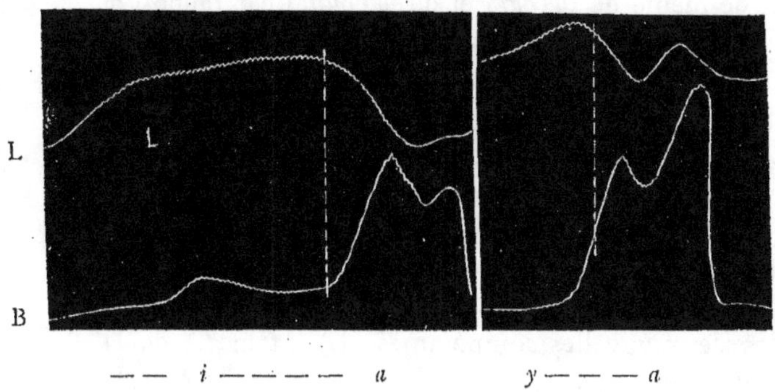

Fig. 423.   (B)

Diphtongues *ia* et *ya*.

Comparaison de l'*i* et du y.

L. Mouvements de la langue. — B. Souffle.

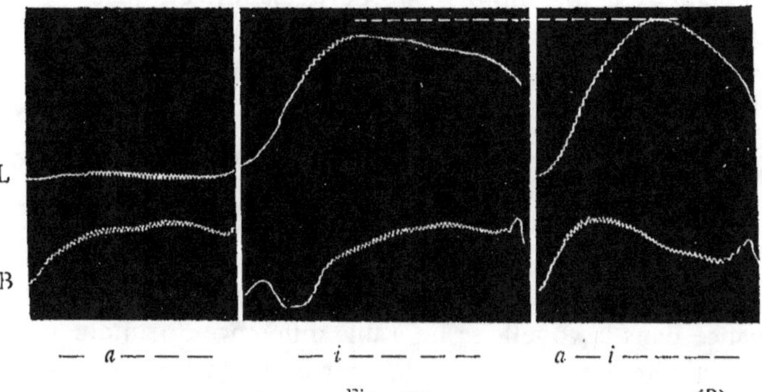

Fig. 424.   (B)

Comparaison de *a*, *i* et de la diphtongue *ai*, accentuée sur *i*.

L. Mouvements de la langue. — B. Souffle.

Le *y* est donc distingué de *i* par un certain *mouvement*.
Il en est de même de *w* (*oui*) et de *ü* (*huile*) par rapport à
u et à *u*. Cette relation a été sentie, et le caractère consonantique de *y*, *w*, *ü*, ne fait de doute pour personne. Aussi
a-t-on réservé à ces articulations le nom de *semi-voyelles*.

Mais il ne faudrait pas croire que cette dualité de caractère
ne convienne qu'aux seules voyelles fermées. L'*a* lui-même,
la plus ouverte de toutes les voyelles, peut se produire dans
des conditions identiques. Comparons *a*, *i* et *ai* accentué
sur la finale (fig. 424). Nous retrouvons dans *ai* les positions des deux voyelles composantes (L). Même l'*i* de la
diphtongue a été plus fermé que l'*i* isolé. Mais l'*a* pur n'a
duré qu'un instant : à peine dans la position de l'*a*, la
langue s'est portée vers celle de l'*i*. L'*a* correspond ici à un
mouvement. Dirons-nous que c'est une consonne ?

Avant de quitter ce point de vue, ajoutons que la
voyelle demande le maximum de travail laryngien et le
minimum d'effort articulatoire, et que, inversement, la
consonne exige le maximum d'effort articulatoire et, quand
il existe, le minimum de travail laryngien. Aussi peut-on
observer que, chez les malades atteints de paralysie labio-
glosso-laryngée (cf. p. 302), les consonnes sonores disparaissent successivement à proportion qu'elles sont plus
éloignées des voyelles. C'est ainsi que se perdent d'abord
b d g v z j, pendant que *m n r l* restent encore intactes.

La prédominance du bruit dans la consonne et de la
résonance dans la voyelle se lie à une différence organique
dans l'articulation de l'une et de l'autre et constitue aussi
un caractère qu'il ne faut pas négliger. Mais par bruit,
il faut entendre ici celui qui est dû, non à des ondes
sonores irrégulières (p. 7), mais à des ondes pendulaires

comprises dans les deux extrémités, non musicales, du champ auditif de l'oreille, comme en produisent des diapasons de 7.000 v. d. et au-dessus, qui donnent la sensation d'un grincement ou de 50 v. d. et au-dessous, qui ne font entendre qu'un bourdonnement confus. Nous avons vu en effet que les sons aigus dominent dans les consonnes (p. 408, 427-428, 432..., etc.), tandis que les harmoniques graves entrent principalement dans la composisions des voyelles. Je croirais que ceux-ci sont dus plutôt aux chambres de résonance susglottiques, et ceux-là au frôlement de l'air contre les parois, les uns supposant une position à peu près fixe des organes, les autres s'expliquant très bien avec un mouvement de constriction, de fermeture ou de brusque séparation des organes. Aussi ai-je été tenté de voir un élément consonantique dans le début et la fin des voyelles (p. 412).

VALLAZ. **Essai sur le patois d'Hermence** (Valois). In-8. 1898..................... **8 fr.**

NDSTROEM. **L'analogie dans la déclinaison des substantifs latins en Gaule**, 2 par-ies. In-8. 1897-98.. **7 fr. 50**

VET (Ch.-L.). **Lexique de la langue de Molière** comparée à celle des écrivains de son emps, 3 vol. grand in-8. 1896-1897.. **45 fr.**
  Cet ouvrage, fruit de vingt années de travail du savant auteur qui fait autorité pour tout ce qui concerne Molière et ses contemporains, est sorti des presses de l'Imprimerie nationale. L'auteur a obtenu pour ce eau travail un prix de l'Académie.

ATZKE (S.-E.). **Die dialektischen Eigentuemlichkeiten in der Entwickelung des mouillierten « L » im Altfranzœsischen.** 118 pages in-8. S. d. 1890.................. **3 fr.**

AZUC. **Grammaire languedocienne,** dialecte de Pézenas. In-8. 1901............ **7 fr. 50**

EUNIER (L.-F.). **Les Composés** qui contiennent un verbe à un mode personnel en latin, en français, en italien et en espagnol. In-8. 1875.................................... **5 fr.**

EYER-LUEBKE (W.). **Grammaire des langues romanes.** Traduction française par E. Rabiet, Auguste et Georges Doutrepont. 4 vol. grand in-8, 1890-1906. Broché..... **125 fr.**
Nous vendons séparément, broché, momentanément encore, le Tome premier : *Phonétique*, 1890.
  ne **30 fr.**
- La 2e partie du Tome I... net **15 fr.**
- Le Tome deuxième : *Morphologie.* 1895 (pas séparément). Peut seulement être vendu ensemble avec tous les autres volumes.
- La 2e partie du Tome II.. net **15 fr.**
- Le Tome troisième : *Syntaxe.*... **35 fr.**
- La deuxième partie du Tome III.. net **20 fr.**
- Le Tome quatrième : *Table.*... **40 fr.**

ABIET (E.). **Le patois de Bourberain (Côte-d'Or).** I. Phonétique. II. Morphologie et Syntaxe. 2 parties grand in-8. 1889-1891..................................... **10 fr.**

Revue des Parlers populaires, dirigée par GUERLIN DE GUER. Deux années. 1902-1903. In-8.
  20 fr.

ROSSI-SACCHETTI (V.). **Dictionnaire italien-français de tous les verbes italiens.** 1 vol. gr. in-8. 1908.. **10 fr.**

ROUSSEY (Ch.). **Glossaire du parler de Bournois** (Cant. de l'Isle-s.-le Doubs). LXIV-419 pp. In-8 à 2 col. 1894.. **15 fr.**
  Publication de la Société des Parlers de France.

RYDBERG. **Le développement du facere dans les langues romanes.** In-8. 1893.
  10 fr.

SACHS-VILLATTE. **Dictionnaire encyclopédique français-allemand et allemand-français.** Grande édition. Partie française allemande, avec supplément. 2 tomes en 1 vol. demi-chagrin. In-8... **52 fr. 50**
— Grande Édition : Partie allemande-française, demi-chagrin. In-8................ **52 fr. 50**
— Petite Édition : 2 vol. reliés demi-chagrin. In-8........................... **20 fr.**
— Ou chaque partie reliée séparément. In-8................................. **10 fr.**

SACLEUX (Ch.). **Essai de phonétique** avec son application à l'étude des idiomes africains. In-8, 1905.. **6 fr.**

SCHELER (A.). **Dictionnaire d'étymologie française,** d'après les résultats de la science moderne, 3e édition, Grand in-8, 1888... **18 fr.**

SCHILLING et VOGEL. **Grammaire espagnole,** avec exercices et clef des exercices. 2 vol. in-8, 1888.. **7 fr.**

STAAF. **Le suffixe « arius » dans les langues romanes.** In-8. 1896.......... **7 fr. 50**

STIER (GEORGES). **École de conversation française-allemande.** Méthode d'enseignement pratique d'après un plan entièrement nouveau. 1 vol. in-16 de 302 pages. 1897.......... **3 fr.**
— Relié.. **5 fr.**

THIBAUT. **Le grand Dictionnaire français-allemand et allemand-français.** 150e édition entièrement refondue et augmentée. 1908. 2 vol. gr. in-8, reliés en demi-chagrin. I. français-allemand. — II. allemand-français. Les 2 volumes. **17 fr. 50.** — Chaque volume.... **8 fr. 75**

THUROT (CHARLES). **De la prononciation française** depuis le commencement du XVIe siècle, d'après les témoignages des grammaires. 2 vol. et index. Gr. in-8, 1881-84............. **36 fr.**
— Séparément le vol. I (Réimpression) 1901................................... **18 fr.**

VAN DEN BERG (P.-J.). **Per istrade aperte.** Nouvelle méthode pratique pour apprendre la langue italienne. 1re partie. In-8, VIII-223 pp., 1907, — et 2e partie. In-8. 1908. Chaque volume
  3 fr. 50

WULFF. **Poèmes inédits de Juan de la Cueva.** Viaje de Sannio. In-4, 1887...... **7 fr. 50**
— **Un chapitre de phonétique andalouse.** In-8. 1889........................... **3 fr.**
— **L'emploi de l'infinitif dans les plus anciens textes français.** S. d., in-4...... **4 fr.**
— **Von der Rolle des Akzentes in der Versbildung.** 2 parties. In-8. 1891-92... **3 fr. 50**